U0160532

多铁性材料结构的
多场耦合理论及应用

张春利　陈伟球　著

科　学　出　版　社

北　京

内 容 简 介

多铁性材料结构的磁电效应是通过磁-电-弹耦合产生的，在未来新型智能化和功能化器件上有重要的应用价值。本书在严格力学框架下，采用Mindlin级数展开技术，系统建立适用于分析多铁性材料结构的磁-电-弹耦合力学响应与磁电效应的一维和二维简化结构理论体系。在此基础上，对几类典型结构在磁场作用下的磁-电-弹耦合问题进行力学建模，导出相应变形模式下磁电效应的解析表达式，数值讨论影响结构磁电效应的关键因素；构建伸缩式、弯曲式和宽频式环境磁场能量俘能器，并采用简化结构理论对其进行力学建模和分析。

本书适合力学、机械、材料、器件等领域的学者和工程师阅读，也可供力学、机械、材料、仪器等工科专业的研究生和高年级本科生学习使用。

图书在版编目（CIP）数据

多铁性材料结构的多场耦合理论及应用 / 张春利，陈伟球著. —北京：科学出版社，2024.2

　ISBN 978-7-03-077990-8

　Ⅰ．①多…　Ⅱ．①张…　②陈…　Ⅲ．①铁电材料-耦合-研究　Ⅳ．①TM22

中国国家版本馆CIP数据核字（2024）第032296号

责任编辑：朱英彪　李　娜 / 责任校对：任苗苗
责任印制：吴兆东 / 封面设计：蓝正设计

科 学 出 版 社 出版
北京东黄城根北街 16 号
邮政编码：100717
http://www.sciencep.com

北京市金木堂数码科技有限公司印刷
科学出版社发行　各地新华书店经销
*
2024 年 2 月第 一 版　开本：720×1000 1/16
2024 年 9 月第二次印刷　印张：14 1/4
字数：287 000

定价：118.00 元
（如有印装质量问题，我社负责调换）

前　言

　　铁弹性、铁电性、铁磁性和铁涡性是铁性(ferroics)材料常见的基本物理特性。具有两种及以上铁性的材料称为多铁性(multiferroic)材料。在外部磁场或电场作用下，多铁性材料内部的磁/电序参量，通过应变介导方式耦合实现二者的转换。这种磁、电相互转换的物理现象称为磁电(magnetoelectric，ME)效应。多铁性材料的磁电效应在传感器、作动器、俘能器、存储器和自旋电子器件等领域有巨大的应用前景。

　　物理和材料领域的学者已从微观角度为实现室温下有较大磁电效应的多铁性材料开展了较广泛的研究。本书作者着眼于力学分析在未来新型多铁性器件领域中的应用，对多铁性材料结构的多场耦合力学行为及其器件的力学建模开展了系统研究，发展了明德林(Mindlin)型简化结构理论，拓宽了连续介质力学的运用范畴，为基于磁电效应的多铁性器件的设计和研发奠定了理论分析与计算基础。

　　本书主要内容如下：第 1 章简要介绍多铁性材料的历史发展与其力学研究情况以及几种梯度理论。第 2 章基于 Mindlin 级数展开技术，从三维方程出发把位移、电势和磁势展开成相应坐标的幂级数形式，导出多铁性材料结构的一维和二维多场耦合结构理论，并进一步得到正交曲线坐标系下更为一般的多铁性板壳简化结构理论。基于第 2 章构建的简化结构理论，第 3～5 章分别分析多铁性层合板、双层柱壳、双层球壳、双层板和薄膜-弹性基底以及纤维型结构，探讨影响磁电效应的内在机理。第 6 章构建伸缩式、弯曲式和宽频式三种典型磁场俘能器结构，并采用第 2 章的耦合结构分析理论，对三种多铁性结构进行理论分析，揭示决定磁场俘能器性能的关键因素。第 7 章考虑极化梯度对介质内能的影响，导出考虑极化梯度的 Mindlin 型多铁性简化结构理论，进一步把简化结构理论的适用范围从宏观尺度拓展到微纳尺度。

　　感谢美国内布拉斯加大学林肯分校的杨嘉实教授，德国锡根大学的张传增教授，浙江大学的丁皓江先生、吕朝锋教授、徐荣桥教授和王惠明教授等对本书内容提出的宝贵建议。感谢国家自然科学基金委员会提供的项目支持。此外，还要感谢梁超硕士和李德志博士在本书撰写过程中给予的帮助。

　　限于作者的学识和水平，书中难免会有不妥之处，敬请读者批评指正。

作　者

2023 年 9 月于浙大求是园

目　　录

第1章 绪 论

1.1 引 言

多铁性材料(multiferroic materials)，通常也称为磁电材料(magnetoelectric materials)，是一种具有两种(或两种以上)铁性的多功能材料[1]。Spaldin 和 Fiebig[2] 给出了多铁性材料内部三种铁性(铁弹性(ferroelasticity)，铁电性(ferroelectricity)，铁磁性(ferromagneticity))之间的耦合关系，如图 1.1 所示。多铁性材料在磁场作用下产生电极化现象或者在电场作用下产生诱导磁化的现象，称为磁电效应。值得一提的是，2007 年，van Aken 等[3]在氧化物 LiCoPO$_4$ 中发现了第四种铁性——铁涡性(ferrotoroidicity)，并推断铁涡性也能产生磁电效应，他们绘制了在空间和时间反演变换下四种不同铁性的示意图，如图 1.2 所示。图中，T 表示电涡矩，r 表示矢径，S 表示自旋。

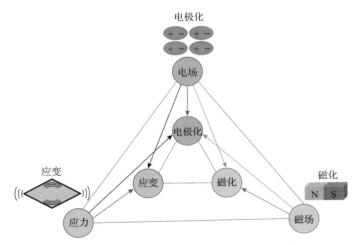

图 1.1 多铁性材料的磁-电-弹耦合关系[2]

多铁性材料因具有多种功能属性，成为制备新型元器件的最佳材料，在诸如传感器、俘能器、驱动器、变压器、滤波器、振荡器、存储器[4-6](尤其是高速、海量存储器[7,8])和电子自旋器件等方面有着巨大的应用价值。目前，物理学家正尝试用多铁性材料制造将逻辑运算功能与存储功能有机融合的新型计算机芯片。多铁性材料曾荣登 2007 年国际期刊 *Science*[9]预测的未来七大热点问题之一。

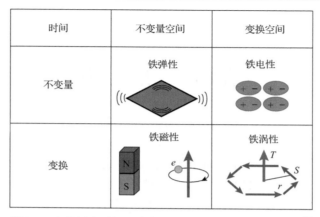

图 1.2　在空间和时间反演变换下四种不同铁性的示意图[3]

1.2　多铁性材料的研究历史与现状

1894 年，Curie[10]按照晶体对称性原理推断①：在一些非对称晶体内部，必存在磁与电互相耦合的可能性。随后，Debye 称其为磁电效应。1958 年，Landau 基于晶体对称性原理，给出了（磁电系统）晶体 Landau 自由能表达式[11]。Landau 自由能表达式②直观地给出了磁电效应的物理解释。1959 年，Dzyaloshinskii 运用对称性原理，在理论上证明了单相反铁磁材料 Cr_2O_3 内部具有磁电效应[11]。

在对磁电效应的研究进程中，具有里程碑意义的工作是 Astrov[12,13]实验观测到单相反铁磁材料 Cr_2O_3 的磁电效应。Folen 等[14,15]改变相关实验参数，重新开展了 Astrov 的实验，得到关于 Cr_2O_3 磁电效应的测量结果。在 80～330K 的奈尔（Néel）温度范围内，其磁电效应的测量峰值为 4.13pS/m。Rado 和 Folen[15]的研究结果表明，Cr_2O_3 的正/逆磁电效应与外加磁/电场呈线性关系。20 世纪 60 年代初，Smolensky 等[16]合成了第一个具有磁电效应的单相多铁性材料。然而，单相多铁性材料只在相当低的居里（或奈尔）温度下具有磁电效应。直到 21 世纪初，随着材料合成技术的进步，研究者才合成了有较高居里温度和较大磁电效应[17]的铋基（Bi）化合物（如 $BiMnO_3$、$BiFeO_3$ 等）和稀土磁性材料（如 $TbMn_2O_5$、$YMnO_3$、$LaMnO_3$）等单相多铁性材料[18]。迄今的研究表明，大多数单相多铁性材料在室温下的磁电效应非常微弱，这在很大程度上限制了其实际应用。

---

① 原文为：The application of symmetry conditions provides us that a body with asymmetric molecules gets electrically polarized when placed in a magnetic field and perhaps magnetically（polarized）when placed in an electric field.

② Landau 自由能表达式：

$$F(E,H) = F_0 - P_i^s E_i - M_i^s H_i - \frac{1}{2}\varepsilon_0\varepsilon_{ij}E_iE_j - \frac{1}{2}\mu_0\mu_{ij}H_iH_j - \alpha_{ij}E_iH_j - \frac{1}{2}\beta_{ijk}E_iH_jH_k - \frac{1}{2}\gamma_{ijk}H_iE_jE_k - \cdots$$

学者发现由压电/压磁材料复合而成的多铁性复合材料，在室温下具有较大的磁电效应[4,19,20]，它主要是由材料各组分之间的乘积属性(product property)产生的。Nan[21]给出了描述这种乘积属性的形象表达式，即

$$\text{正磁电效应} = \frac{磁场}{变形} \times \frac{变形}{电场} \quad 或 \quad \text{逆磁电效应} = \frac{电场}{变形} \times \frac{变形}{磁场}$$

通过乘积属性实现磁电效应的多铁性复合材料的一个显著特点是：复合材料的各组分本身并没有磁电效应。多铁性复合材料磁电效应的实现机理为[4]：在外磁场的作用下，压磁相(或磁致伸缩相)产生弹性变形，再通过界面的耦合作用把弹性变形传递到压电相，进而在压电相内产生电极化(或电场)。上述过程的逆过程描述了多铁性复合材料实现逆磁电效应的内在机理。因此，人们较容易利用乘积属性制备具有磁电效应的多铁性复合材料。文献[22]~[26]用定向凝固法把钛酸钡($BaTiO_3$)压电材料和铁酸钴($CoFe_2O_4$)压磁材料复合制成了具有磁电效应的复合材料。基于上述复合材料的乘积属性，许多学者针对钛酸盐/铁酸盐复合材料做了大量工作[19,21,27-58]。

Newnham 等[59]在描述复合材料各相的构成方式时，引入了连通性的概念，并用相应的数字符号来表示各构成相在空间坐标方向的连通性[19,60]。例如，在三个方向都不连通的封闭点状用数字 0 表示，在一个方向连通的纤维状用数字 1 表示，在两个方向连通的层状用数字 2 表示，在三个方向都连通的三维矩阵状用数字 3 表示。在此概念下，不同的数字组合描述了不同类型的复合材料。这样一来，由压电材料和压磁材料复合而成的两相多铁性复合材料，可以用数字对来表示，例如，当材料由立方[19,60]、椭球[57]或其他点状[61-63]夹杂构成时，记为 0-3 型或 3-0型，当材料由纤维状[21,58]夹杂构成时，记为 1-3 型或 3-1 型，当材料由异质层状[64,65]构成时，记为 2-2 型。多铁性复合材料中三种常见的连通性方式[4]如图 1.3 所示。

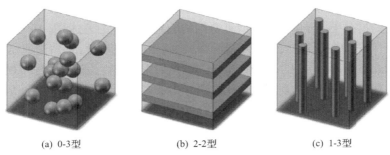

(a) 0-3型　　　　　　　(b) 2-2型　　　　　　　(c) 1-3型

图 1.3　多铁性复合材料中三种常见的连通性方式[66]

2001 年，Ryu 等[67]用锆钛酸铅压电陶瓷($Pb(Zr_xTi_{1-x})O_3$，PZT)和 Terfenol-D制成了 2-2 型层状多铁性复合材料，实验发现层状多铁性复合材料具有非常强的

磁电效应。Dong 及其合作者[35,40,44,46,47,49,65,68-81]以及 Xing 等[82]对由 Terfenol-D 和压电材料构成的层状多铁性复合材料展开了一系列重要的实验和理论研究。Nan 及其团队[21,32-34,39,42,45,83-91]、Srinivasan 等[43,92-95]、Bichurin 等[20]、Or 及其团队[96-104]以及其他学者[37,38,48,50,53,105-109]也对多铁性复合材料及其结构做了大量的研究工作。

　　之后，研究人员还探索了用磁性和铁电氧化物合成多铁性薄膜、纤维等微纳尺度的复合材料，例如，Zheng 等[110]在 2004 年用脉冲-激光沉积（pulsed laser deposition，PLD）法把钛酸钡和铁酸钴沉积在钛酸锶（$SrTiO_3$）单晶基底上，制成了多铁性复合纳米薄膜和纳米纤维。实验结果表明：多铁性复合材料在纳米尺度范围内，压电相和压磁相之间的弹性耦合作用有显著增强。Zheng 等[110]的工作在多铁性纳米器件的应用和材料研究中具有开创性意义。在此基础上，学者针对多铁性纳米薄膜、纳米纤维及纳米颗粒型复合材料开展了一系列的实验研究[27,54-56,111-124]和理论研究[122,125-131]。

1.3　多铁性材料磁电效应的理论分析

　　磁和电的耦合效应是多铁性材料在器件应用中的核心物理机制。对于多铁性材料磁电效应的预测和分析，学者早期提出了几种方法，主要包括简单力学模型分析法、等效电路法、格林函数法和有限元法等。

1）简单力学模型分析法

　　早在 1991 年，Harshe[19]针对由具有 6mm 对称性的压电材料和压磁材料构成的 2-2 型和 3-0 型多铁性复合材料进行了简单的理论分析。对于 2-2 型双层复合材料，Harshe 假设结构内只有单一的伸缩变形，而没有剪应力和剪切应变，并应用平衡条件、界面连续条件和边界条件建立了简单的一维力学模型。基于此，Harshe 给出了 2-2 型双层复合材料在不同情况下磁电效应表达式。此外，Harshe 把单位长度 3-0 型立方块体复合材料分解成四块单独的子块体，同样在不考虑剪应力和剪切应变的情况下，导出了 3-0 型复合结构的磁电效应的表达式。1993 年，Harshe 等[60]基于同样的假设对 2-2 型多层复合结构的磁电效应进行了理论建模和分析。

　　在 Harshe 研究的基础上，Bichurin 等[132]采用均匀性假设，考虑双层结构和多层结构的真实边界条件，利用均匀化方法导出了多铁性层合结构更为一般的磁电效应表达式，结果表明 Harshe 得到的表达式只是它的一个特例。采用同样的方法，Bichurin 等[133]通过引入界面耦合因子 k（$k=0$ 表示界面之间没有作用力，$k=1$ 表示界面完美连接）导出了多铁性层合结构磁电效应的一般表达式，并与实验结果进行了对比。在此基础上，Bichurin 等[134]分析了层合圆柱结构在交变磁场作用下的磁电效应，发现在共振频率附近磁电效应得到显著增强，其峰值达到 23V/(cm·Oe)（1Oe= 79.5775A/m）。Bichurin 等[135]还以双层板结构为例，在磁声共振（magnetoacoustic resonance，MAR)域对其磁电效应进行了理论分析，发现铁酸镍-压电锆钛酸铅和钇铁石榴石-压电锆钛酸铅双层结构的 MAR 域在 5～10GHz 范围内，其磁电效应峰值为 80～480V/(cm·Oe)，结果表明，MAR 域内的磁电效应可用于设计高频微纳传感器和换能器。Bichurin 等[136]还研究了压电/压磁双层结构和多层结构的磁电效应，并得到在微波频域 Nickel Ferrite-PZT 复合材料可实现较大的磁电效应的结论。

2) 等效电路法

等效电路法是把力学量类比成电学量，画出等效电路图，再利用电学中的电路理论计算得到结构的磁电效应。Dong 等[40]用等效电路法分析了 L-T 模式层合板结构的磁电效应，结果表明，L-T 模式层合板结构的磁电效应要比 T-T 模式层合板结构大好几倍。随后，Dong 等[68]导出了 T-T、T-L 和 L-L 三种模式①的层合板结构磁电效应的理论公式。采用等效电路法，Dong 及其合作者[70,72,78]还研究了环形层合板和推挽式(push-pull)复合层合板等多铁性结构的磁电效应。

3) 格林函数法

简单力学模型分析法和等效电路法在理论上都比较粗糙。Nan[21]基于格林函数技术和摄动法，建立了两相多铁性复合材料的磁电效应分析的理论体系，并导出了 3-1 型和 1-3 型纤维复合材料磁电效应的精确表达式。Nan 等[57]还研究了多铁性复合材料结构的线性耦合和非线性耦合关系，给出了设计柔性聚合物基体多铁性复合材料结构的具体建议。

4) 有限元法

Liu 等[137]基于材料内的磁感应强度只与外磁场有关的假设，给出了分析多铁性层合结构磁电效应的有限元列式，其分析过程分为两个步骤：首先计算磁场作用下压磁相的响应，然后把得到的结果作用在压电相上。考虑压磁相的导电性，Blackburn 等[138]建立了更为准确描述多铁性材料物理属性的有限元法，并给出了对应于偏微分方程组(partial differential equation，PDE)的矩阵形式。

简单力学模型分析法虽然有明显的物理意义，但是只适用于具有规则几何形状和单一变形模式结构的磁电效应分析。等效电路法是基于压电和压磁材料的本构关系，把力学量类比成电学量，然后画出等效电路图，再运用电学电路关系来计算磁电效应的。它在结构的动态响应分析中非常方便，但不能用于结构的静态响应分析。另外，等效电路法是基于力学量和电学量的类比，其分析结果的精度存在一定问题。格林函数法虽然有严格的理论意义，但是其过程复杂，不适合实际器件结构的分析。对于有限元法，不同的问题需要给出不同的列式，难以给出统一的解析公式。

此外，学者还从微观尺度采用第一原理(first principle)[139-141]、基于分子力

---

① 这些模式名中，L 表示纵向(沿板的长度方向)，T 表示横向(沿板的厚度方向)。

学的蒙特卡罗(Monto Carlo)法[142-148]以及从介观尺度采用相场模拟(phase-field simulation，PFS)[149-155]等方法，研究了多铁性材料的多场耦合响应与磁电效应。

1.4 多铁性材料结构的磁-电-弹耦合力学研究

多铁性材料结构的磁-电-弹(magneto-electro-elastic，MEE)多场耦合力学行为得到了广泛而深入的研究。关于 MEE 多场耦合力学行为的问题，主要集中在静力响应、动力响应和数值分析等方面。

1.4.1 静力响应问题

Pan[156]利用准 Stroh 公式和传递矩阵法导出了四边简支的各向异性 MEE 多层矩形板在静力荷载作用下的三维精确解。在此基础上，Pan 和 Heyliger[157]得到了四边简支各向异性 MEE 板和 MEE 层合板静力弯曲问题的解析解。基于推广的 Stroh 公式，Pan[158]给出了各向异性 MEE 介质在全空间、半空间和双材料(两种材料各占据一个半空间)全空间问题的三维格林函数。Wang 和 Shen[159]给出了 MEE 介质三维形式的通解，并导出了无限大 MEE 介质内含有一般位错的基本解和均匀半无限大 MEE 介质的格林函数。Ding 和 Jiang[160]给出了适用于横观各向同性 MEE 介质边界元计算的基本解；针对不同特征值，得到了相应的通解形式，并把它们表示成 5 个调和函数，基于这些通解得到了无限大 MEE 介质的基本解和相应的边界积分方程。对于两相横观各向同性 MEE 介质，Ding 等[161]给出了对应不同特征值的精确形式的无限大和半无限大平面问题的二维格林函数解；与 Pan[158]的解相比，Ding 等给出的解在边界元计算中更加方便。Buroni 和 Saez[162]基于推广的 Stroh 公式、Radon 变换和 Cauchy 留数定理，采用 Stroh 特征值得到了一个新的三维各向异性 MEE 介质格林函数一阶导数的表达式。Wang 等[163]导出了一般各向异性 MEE 半空间在表面圆形区域内受均布和压痕型(indentation-type)荷载两种情况下的解析解。此外，采用傅里叶积分变换，Hou 等[164]研究了两个 MEE 球之间的赫兹接触问题，并给出了相应的格林函数。在此基础上，Chen 等[165]研究了 MEE 半空间在平面、圆锥形和球形三种压头作用下的接触问题，并导出了相应问题的全场解析。利用汉克尔(Hankel)变换和阿贝尔(Abel)积分，Rogowski 和 Kalinski[166]研究了 MEE 半空间在截锥形压头(truncated conical indenter)作用下的接触问题，并得到了各物理场在椭球坐标系下用初等函数表示的解析解。Li 等[167,168]采用势理论导出了 MEE 半空间在半无限大压头和椭圆形平压头作用下的三维封闭解。考虑接触面之间的相对滑动，Zhou 等[169-171]利用傅里叶积分变换研究了 MEE 结构的摩擦接触问题。Wu 等[172]考虑压头和 MEE 之间的滑动摩擦效应，采用广义势理论导出了 MEE 半空间在柱形压头作用下的解析解。

Jiang 和 Ding[173]研究了 MEE 矩形截面梁在各种荷载(包括均匀拉伸、电位移、磁感应强度、纯剪、纯弯以及非均布荷载)作用下的静力响应问题,并导出了解析解。Chen 和 Lee[174]把非均质 MEE 板近似成层合板结构,利用状态空间法研究了考虑热传导的非均质 MEE 板的静力弯曲问题,给出了闭合形式的解析解。利用幂级数和傅里叶级数展开法,Wang 和 Zhong[175]研究了有限长 MEE 圆柱壳分别在压力和非均匀温度分布下的静态响应,并导出了相应的精确解。Wang 和 Zhong[176]还基于 Chen[177]的工作,引入两个位移函数,导出了球面各向同性 MEE 介质的精确解。考虑温度场的作用,Chen 等[178]通过引入两个位移函数把横观各向同性磁-电-热弹(magneto-electro-thermoelastic,METE)介质的三维方程进行简化,利用算子理论和广义 Almansi 定理得到了一个仅由六个调和函数组成的通解,并把势理论推广到 METE 材料的混合边值问题。基于混合变量法,Wang 等[179]给出了三维 MEE 介质的状态方程,并得到四边简支矩形 MEE 层合板在面荷载作用下的精确解。Ding 等[180,181]用状态空间法和有限 Hankel 变换导出了压电圆板在静荷载作用下的精确解。Zhao 等[182]采用直接位移法得到了异质 MEE 圆板在电荷载作用下轴对称变形的解析解。

基于 Pseudo-Stroh 方法,Pan 和 Han[183]应用传递矩阵法导出了四边简支的功能梯度矩形 MEE 层合板结构静力问题的精确解。Jiang 和 Ding[184]利用四个位移调和函数给出了二维 MEE 介质的通解形式,使用试凑法求解了材料密度呈梯度变化的 MEE 梁的静力问题。Huang 等[185]研究了材料属性为厚度坐标任意函数的功能梯度 MEE 梁的平面应力问题,以多项式函数变化的功能梯度 MEE 梁为例,导出了功能梯度 MEE 梁承受纯拉伸和纯弯曲时的解析解,以及功能梯度 MEE 悬臂梁受均布荷载与自由端受纯剪作用两种情况下的解析解。Huang 等[186]研究了材料属性沿厚度呈指数或任意函数变化的各向异性功能梯度 MEE 梁受任意荷载作用的平面应力问题,并针对不同的边界条件和荷载情况,导出了相应的解析解和半解析解。Tsai 等[187]利用渐近法对材料属性沿厚度非均匀变换的双曲功能梯度 MEE 壳结构进行了静力分析,给出了三维解,并采用无量纲化和渐近展开法,得到了基于推广的 Love-Kirchhoff 假设的 MEE 介质的经典壳理论。Li 等[188]研究了受均布荷载作用的功能梯度圆板的静力问题,把位移、电势和磁势展开成径向坐标的多项式,各多项式的系数是厚度坐标的函数,导出了材料属性沿厚度任意梯度变化的解析解,它可以成功退化到均匀板情况。Wang 等[189]研究了厚度功能梯度分布 MEE 圆板结构的拉伸-弯曲耦合变形,并采用直接位移法导出了其轴对称解。Xu 等[190]研究了变厚度功能梯度 MEE 梁的位移和应力场分布。Yue 等[191]基于多铁性结构的二维方程,导出了具有任意功能梯度的悬臂型 MEE 梁的一般解。利用修正的 Pagano 法,Wu 等[192]给出了边界简支的功能梯度 MEE 矩形板结构的三维解,并对力、电和磁三种不同荷载作用在板侧面的情况进行了分析。假设所有材料常数沿长度方向呈相同的指数变化，Zhao 和 Chen[193]在 Hamilton 体系下，引入位移、电势和磁势以及它们的对偶变量作为状态向量，系统建立了求解功能梯度 MEE 介质平面问题的辛分析(symplectic analysis)方法。在此基础上，Zhao 和 Gan[194]得到了功能梯度 MEE 梁在任意侧向荷载作用下的解析解。

1.4.2 动力响应问题

在文献[156]的基础上，Pan 和 Heyliger[195]研究了四边简支的 MEE 矩形层合板结构的自由振动问题，数值算例表明：某些振动响应只与 MEE 矩形层合板结构的弹性性质有关，而与压电和压磁属性无关。对于某些振动只与弹性性质有关的这个特性，Chen 等[196]给出了严格的理论证明。Ramirez 等[197]采用离散层合模型并结合里兹(Ritz)法给出了二维 MEE 层合板结构自由振动问题的近似解，研究了四边简支和悬臂层合板结构的固有振动特性和厚度方向的模态性质。Ramirez 等[198]又给出了适用于功能梯度 MEE 层合板结构自由振动分析的一般离散层合模型。Buchanan[199]基于 Pan 和 Heyliger[195]的工作，把 MEE 介质在直角坐标系下的基本方程推广到圆柱坐标系中，得到了无限长 MEE 圆柱结构的轴对称解，并给出适用于数值计算的有限元列式。Hou 和 Leung[200]利用分离变量法和正交展开技术，研究了平面应变假设下的 MEE 空心圆柱结构的动力学问题，该方法对任意荷载作用下的 MEE 空心圆柱结构都适用。Hou 等[201]通过引入新的变量，研究了一种特殊非均匀性的 MEE 空心圆柱结构的瞬态响应问题。Wang 和 Ding[202]利用分离变量法和模态叠加法，研究了非均匀性的 MEE 空心圆柱结构的瞬态响应问题。Milazzo[203]基于一阶剪切变形理论和准静态电磁学，提出了适用于分析 MEE 板结构自由振动的等效单层法。Chen 等[204]采用半解析模型得到了层状 MEE 方板结构的固有频率和振型。Li 和 Zhang[205]基于 Mindlin 板理论研究了理想具有 Pasternak 型弹性基底的 MEE 板结构的自由振动问题，考察了电/磁势、基底弹簧系数对固有频率的影响。Chen 等[206]假设功能梯度 MEE 层合板结构的材料属性呈指数形式变化，用状态空间法计算了结构的固有频率和模态振型，并以夹芯层结构为例讨论了材料梯度指数变化因子对结构的位移、电场和磁场的影响。Xin 和 Hu[207]结合状态空间法和离散奇异卷积算法，导出了四边简支和层状 MEE 板结构自由振动的半解析解。Ansari 等[208]则采用变分微分求积(variational differential quadrature)技术研究了 MEE 板结构在热环境下的非线性自由振动问题。

在波的传播方面，Chen 等[209]利用状态空间法研究了谐波在 MEE 层合结构中的传播特性。考虑初应力的作用，Zhang 等[210]考察了 MEE 层合结构中的 Love 波传播特性。Chen 和 Shen[211]应用有效场方法，研究了轴向剪切波在无限大 MEE 介质中的传播问题。Wei 和 Su[212]研究了 MEE 板结构中的准 P 波、准 SV 波和准 SH 波的传播特性。Feng 等[213]研究了 Stoneley 波在两个 MEE 半平面间的传播特性，发现界面上传播的 Stoneley 波都是非色散的。Xue 等[214]提出了雅可比椭圆函数展开方法，研究了在圆形 MEE 杆结构中非线性孤立波的传播问题。Ma 等[215]研究了弹性波在 MEE 纳米梁结构中的传播特征。del Toro 等[216]研究了弹性波在 MEE 周期结构中的传播特性。

1.4.3　数值方法

在 MEE 介质的数值计算方面，学者也开展了一些有益的研究。例如，Garica Lage 等[217]给出了 MEE 板结构的分层混合型有限元模型，并利用 Reissner 混合变分原理得到了混合变量有限元方程。Buchanan[218]利用有限元法分析了无限大 MEE 板结构的自由振动问题。Annigeri 等[219,220]给出了半解析有限元模型，并研究了 MEE 圆柱壳和多相层合梁结构的自由振动问题。采用半解析有限元模型，Bhangale 和 Ganesan[221,222]研究了各向异性功能梯度 MEE 板结构的静力响应和四边简支非均匀功能梯度 MEE 圆柱壳结构的自由振动。Zhang 等[223]基于一阶剪切变形理论，构建了适用于功能梯度 MEE 板壳结构静力学和动力学分析的有限元列式。Daga 等[224]利用有限元法分析了 MEE 有限圆柱壳结构受恒定内压作用的瞬态响应问题。

Milazzo 等[225]采用广义的位移和应力变量，给出了针对 MEE 介质边界元法（boundary element method，BEM）的边界积分方程和相应的数值实现方法，采用推广的 MEE 介质互易定理得到了边界积分方程，还利用修正的 Lekhnitskii 方法求出了问题的基本解。Davi 等[226]采用多维 BEM 分析了 MEE 双层梁结构的力学响应。Ding 和 Jiang[227,228]针对 MEE 介质导出了适用于 BEM 计算的边界积分方程，并用 BEM 分别对受轴向拉力作用的 MEE 杆和受法向压力作用的简支 MEE 环板进行了静力分析，其数值结果与精确解吻合得较好。Zhu 等[229]采用傅里叶分析导出了针对 MEE 介质的平面应变问题的基本解，并利用快速多极 BEM 研究了 MEE 介质的平面问题。Jiang 和 Ding[230]以及 Jiang 等[231]把边界轮廓法（boundary contour method，BCM）推广到 MEE 介质的分析中，首先证明了 MEE 介质边界单元的被积函数的收敛性，其次通过引入线性形函数和 MEE 介质的格林函数得到了 BCM 的基本方程。与传统的 BEM 相比，BCM 进一步降低了被积函数的维数，计算结果更加精确。

Li 和 Dunn[232]采用 Mori-Tanaka 平均场方法得到了纤维和层合结构的有效模量的封闭解。Jiang 和 Pan[233]用解析方法研究了各向异性 MEE 复合材料的夹杂问题，并采用 Stroh 方法分别给出无限大和半无限大平面 MEE 介质以及压电/压磁双材料无限大平面 MEE 介质的二维格林函数。Chen 等[234,235]通过拓展有限体积法至智能材料细观力学领域，研究了纤维复合材料、空心材料的有效模量，并与实验结果形成了良好对比。

上述在连续介质力学框架下的研究，不仅有助于更好地掌握多铁性材料结构的力学行为，也为简化结构理论提供了参考依据。但上述研究鲜有涉及磁电效应的理论分析。

1.5　梯度理论介绍

为适应材料与结构的微纳化发展趋势，学者先后建立了考虑梯度效应的高阶弹性、极化梯度和电场梯度等理论，统称为梯度理论。梯度理论可解决小尺度结构宏观力学行为所呈现出的尺寸效应以及裂纹和断裂奇异性问题等。

20世纪60年代，Toupin[236]、Mindlin 和 Tiersten[237]、Koiter[238]和 Mindlin[239,240]建立了高阶弹性理论。高阶弹性理论可分为偶应力理论(couple stress theory)和应变梯度理论(strain gradient theory)。偶应力理论源于 Voigt 的连续介质形变理论，由 Cosserat E 和 Cosserat F[241]在1909年提出。在偶应力理论中[236-238,240]，微元体的形变考虑了高阶转动梯度项。转动梯度项是二阶形变梯度的反对称部分，它有8个独立分量。偶应力理论不考虑二阶形变梯度的对称部分。Kröner[242]从晶格和非局部场理论方面给出了偶应力理论的物理解释。Mindlin[240]与 Green 和 Rivlin[243]导出了偶应力理论的一般方程，并完善了偶应力理论。Mindlin[239]建立的广义高阶应力理论包括高阶的应变梯度项，若保留至形变的二阶梯度项，则可得到一阶应变梯度理论(first-order strain gradient theory)。其中，二阶形变梯度有18个独立分量，分为反对称部分的8个独立分量和对称部分的10个独立分量。相应的控制方程和边界条件可由虚功原理导出。Fleck 和 Hutchinson[244,245]从形式上重新构造了一阶应变梯度理论，得到了相应的基本方程，并命名为应变梯度理论。在应变梯度理论中，二阶的形变梯度张量被分解为拉伸梯度张量和转动梯度张量两部分。目前，高阶弹性理论已经发展得相当成熟，在诸如微纳结构中的位错、断裂和波动等问题的分析中发挥了重要作用[246-273]。

Mindlin[274]基于 Toupin 型[275]经典压电理论，考虑极化梯度对弹性介质内能的影响，建立了介电材料的线性极化梯度理论(polarization gradient theory)，并基于原子壳模型的晶格动力学给出了相关解释：极化梯度对内能的贡献表示伴随各原子间的核-核(core-core)相互作用，还存在壳-壳(shell-shell)和核-壳(core-shell)相互作用，它属于长波近似，通常情况下壳-壳、核-壳的相互作用很微弱。Suhubi[276]用同样的方法，在 Eringen[277]经典弹性介质公式的基础上，导出了考虑非线性极化梯度效应的一般方程。Askar 等[278]基于晶格动力学理论对壳模型立方离子晶体[279]利用长波近似法，导出了考虑极化梯度的弹性介质的连续介质力学模型。Chowdhury 和 Glockner[280-282]以及 Chowdhury 等[283]基于连续介质热力学的普适定律，假定自由能函数依赖介质的形变梯度张量、极化矢量、极化梯度张量和温度，导出了物质和空间形式的普适方程；最后利用线性化方法，得到了与前述 Mindlin 型极化梯度理论相同的基本方程。另外，Maugin 和 Pouget[284]、Dost[285]、Dost 和 Gozde[286]、Chandrasekharaiah[287] 以及 Nowaki 和 Glockner[288] 等在 Mindlin 型极化梯度理论的基础上，考虑了温度梯度和极化梯度效应，导出了热弹性介质的基本方程。

Mindlin[289] 利用极化梯度理论成功地解释了 Mead[290] 在其薄膜电容实验中观察到的"反常"现象。根据经典理论，薄膜电容的倒数随电容厚度的变化曲线应该是一条过原点的直线。但是，Mead 所得到的一系列实验结果都不符合经典理论的预测。其主要原因是，在电极表面附近区域，经典理论无法描述由极化梯度对内能的贡献而引起的表面效应。Mindlin 和 Toupin[291] 还研究了弹性介质的声学和光学特性，并从理论上证明：压电应力常数和应变与极化梯度的耦合作用决定着介质的声学特性，极化与极化梯度间的耦合作用决定着介质的光学特性。Gou[292] 研究了在纵向拉伸作用下圆孔处的应力集中问题。Collet[293,294] 与 Dost[295] 以及 Majorkowska-Knap 和 Lenz[296] 研究了考虑极化梯度的介质中波的传播问题。Nowacki 与其合作者[297-301] 还研究了考虑极化梯度的位错问题和无限大介质中的热夹杂问题。Buchanan 等[302] 给出了考虑极化梯度效应的一般有限元列式，并利用近似方法分析了各向同性半空间介质（中心对称）的点电荷问题。此外，Yang 等[303] 把应变、电场和电场梯度作为内能的基本变量，导出了电场梯度理论（与极化梯度理论极为相似），并研究了线电荷源的场电势分布、圆柱壳电容和平面波传导等反平面问题。

挠曲电（flexoelectricity）[304,305] 是一种由应变梯度产生的电极化现象，可称为高阶压电效应。其最大的特点在于，应变梯度能打破材料的中心对称性，使中心对称晶体呈现出宏观压电效应。Ma 和 Cross[306-310] 先通过实验研究了在铁电材料中应变梯度产生的电极化现象。之后，学者开展了系列研究，如利用应变梯度产生的挠曲电场调控二极管的电荷传输特性[311] 和 ZnO 纳米线结构的光学性能[312]、提高磁电效应[313]，以及通过构型设计使中心对称的介质结构产生非均匀应变场来实现压电效应[314,315]。特别是，可利用应力或应变产生的挠曲电场操控传统硅基电子学器件的性能[316,317] 以及调控双层二硫化钼（MoS_2）肖特基势垒二极管的势垒高度[318]。关于挠曲电效应的应用，建议读者参考文献[319]～[321]。

1.6 本书主要内容

本书针对多铁性材料结构的磁电效应在关键元器件领域中的重要应用背景，在严格力学框架下，介绍多铁性材料的简化结构分析理论及其在磁电效应分析与磁场俘能器建模方面的具体应用。本书主要内容包括以下几个方面：

（1）多铁性材料结构的一维和二维简化结构理论的建立。从三维基本方程出发，采用级数展开技术，把位移、电势和磁势展开成厚度坐标的幂级数形式，其中，在电势和磁势展开中引入了局部坐标，分别导出直角坐标系和正交曲线坐标系下的二维简化结构理论的基本方程；从三维基本方程出发，采用级数展开技术把位移、电势和磁势沿结构横截面所在的两个坐标方向进行级数展开，建立多铁性梁/杆的一维简化结构理论。

（2）典型多铁性结构（如层合板、柱壳、球壳、多铁性薄膜-弹性基底和多铁性杆）磁电效应的理论分析。采用所建立的简化结构理论对这些结构分别在恒磁场和时间简谐磁场作用下的磁电效应进行理论分析，研究影响多铁性材料结构磁电效应的主要因素。

（3）构建基于多铁性磁电效应的磁场俘能器结构模型。利用层合板结构的伸缩模式构建高频拉伸式磁场俘能器，利用四层反对称结构的弯曲模式构建低频弯曲式磁场俘能器，利用多铁性杆系统构建宽频式磁场俘能器。采用简化结构理论对三种俘能器进行相应的理论分析，研究影响磁场俘能器工作性能的关键因素。

参 考 文 献

[1] Schmid H. Multi-ferroic magnetoelectrics[J]. Ferroelectrics, 1994, 162: 317-338.

[2] Spaldin N A, Fiebig M. The renaissance of magnetoelectric multiferroics[J]. Science, 2005, 309 (5733): 391-392.

[3] van Aken B B, Rivera J P, Schmid H, et al. Observation of ferrotoroidic domains[J]. Nature, 2007, 449: 702-705.

[4] Nan C W, Bichurin M I, Dong S X, et al. Multiferroic magnetoelectric composites: Historical perspective, status, and future directions[J]. Journal of Applied Physics, 2008, 103(3): 031101.

[5] Fiebig M. Revival of the magnetoelectric effect[J]. Journal of Physics D: Applied Physics, 2005, 38(8): R123-R152.

[6] Zhai J Y, Xing Z P, Dong S X, et al. Magnetoelectric laminate composites: An overview[J]. Journal of the American Ceramic Society, 2008, 91(2): 351-358.

[7] Scott J F. Multiferroic memories[J]. Nature Materials, 2007, 6(4): 256-257.

[8] Bibes M, Barthélémy A. Towards a magnetoelectric memory[J]. Nature Materials, 2008, 7(6): 425-426.

[9] AAAS. Breakthrough of the year: Areas to watch[J]. Science, 2007, 318(5858): 1848-1849.

[10] Curie P. Sur la symétrie dans les phénomenes physiques, symétrie d'un champ électrique et d'un champ magnétique[J]. Journal of Physique Theorectical Application, 1894, 3(1): 393-415.

[11] Wang K F, Liu J M, Ren Z F. Multiferroicity: The coupling between magnetic and polarization orders[J]. Advances in Physics, 2009, 58(4): 321-448.

[12] Astrov D N. The magnetoelectric effect in antiferromagnetics[J]. Soviet Physics—JETP, 1960,

　　　11: 708-709.

[13] Astrov D N. Magnetoelectric effect in chromium oxide[J]. Soviet Physics—JETP, 1961, 13: 729.

[14] Folen V J, Rado G T, Stalder E W. Anisotropy of the magnetoelectric effect in Cr_2O_3[J]. Physical Review Letters, 1961, 6(11): 607-608.

[15] Rado G T, Folen V J. Observation of the magnetically induced magnetoelectric effect and evidence for antiferromagnetic domains[J]. Physical Review Letters, 1961, 7(8): 310-311.

[16] Smolensky G A, Isupov V A, Krainik N N, et al. Concerning the coexistance of the ferroelectric and ferrimagnetic states[J]. Izvestiya Akademii Nauk SSSR Seriya Fizicheskay, 1961, 25: 1333.

[17] Filippetti A, Hill N A. Coexistence of magnetism and ferroelectricity in perovskites[J]. Physical Review B, 2002, 65(19): 195120.

[18] Prellier W, Singh M P, Murugavel P. The single-phase multiferroic oxides: From bulk to thin film[J]. Journal of Physics: Condensed Matter, 2005, 17(30): R803-R832.

[19] Harshe G R. Magnetoelectric effect in piezoelectric-magnetostrictive composites[D]. Centre County: The Pennsylvania State University, 1991.

[20] Bichurin M I, Petrov V M, Srinivasan G. Theory of low-frequency magnetoelectric coupling in magnetostrictive-piezoelectric bilayers[J]. Physical Review B, 2003, 68(5): 054402.

[21] Nan C W. Magnetoelectric effect in composites of piezoelectric and piezomagnetic phases[J]. Physical Review B, 1994, 50(9): 6082-6088.

[22] van den Boomgaard J, van Run A M J G, van Suchtelen J. Piezoelectric-piezomagnetic composites with magnetoelectric effect[J]. Ferroelectrics, 1976, 14(1): 727-728.

[23] van Suchtelen J. Product properties: A new application of composite materials[J]. Philips Research Reports, 1972, 27: 28-37.

[24] van Run A M J G, Terrell D R, Scholing J H. An in situ grown eutectic magnetoelectric composite material. Part II: Physical properties[J]. Journal of Materials Science, 1974, 9: 1710-1714.

[25] Boomgaard J V D, Terrell D R, Born R A J, et al. An in situ grown eutectic magnetoelectric composite material. Part I: Composition and unidirectional solidification[J]. Journal of Materials Science, 1974, 9(10): 1705-1709.

[26] van den Boomgaard J, van Run A M J G, van Suchtelen J. Magnetoelectricity in piezoelectric-magnetostrictive composites[J]. Ferroelectrics, 1976, 10(1): 295-298.

[27] Yan L, Wang Z G, Xing Z P, et al. Magnetoelectric and multiferroic properties of variously oriented epitaxial $BiFeO_3$-$CoFe_2O_4$ nanostructured thin films[J]. Journal of Applied Physics, 2010, 107(6): 064106.

[28] Bunget I, Raetchi V. Dynamic magnetoelectric effect in the composite system of nizn ferrite and PZT ceramics[J]. Revue Roumaine Physique, 1982, 27: 401-404.

[29] Patankar K K, Patil S A, Sivakumar K V, et al. AC conductivity and magnetoelectric effect in $CuFe_{1.6}Cr_{0.4}O_4$-$BaTiO_3$ composite ceramics[J]. Materials Chemistry and Physics, 2000, 65(1):

97-102.

[30] Mahajan R P, Patankar K K, Kothale M B, et al. Conductivity, dielectric behaviour and magnetoelectric effect in copper ferrite-barium titanate composites[J]. Bulletin of Materials Science, 2000, 23(4): 273-279.

[31] Ryu J, Carazo A V, Uchino K, et al. Piezoelectric and magnetoelectric properties of lead zirconate Titanate/Ni-Ferrite particulate composites[J]. Journal of Electroceramics, 2001, 7(1): 17-24.

[32] Nan C W, Liu L, Cai N, et al. A three-phase magnetoelectric composite of piezoelectric ceramics, rare-earth iron alloys, and polymer[J]. Applied Physics Letters, 2002, 81(20): 3831-3833.

[33] Cai N, Zhai J, Nan C W, et al. Dielectric, ferroelectric, magnetic, and magnetoelectric properties of multiferroic laminated composites[J]. Physical Review B, 2003, 68(22): 224103.

[34] Wan J G, Liu J M, Chand H L W, et al. Giant magnetoelectric effect of a hybrid of magnetostrictive and piezoelectric composites[J]. Journal of Applied Physics, 2003, 93(12): 9916-9919.

[35] Dong S X, Li J F, Viehland D. Ultrahigh magnetic field sensitivity in laminates of Terfenol-D and Pb(Mg$_{1/3}$Nb$_{2/3}$)O$_3$-PbTiO$_3$ crystals[J]. Applied Physics Letters, 2003, 83(11): 2265-2267.

[36] Zhai J Y, Cai N, Liu L, et al. Dielectric behavior and magnetoelectric properties of lead zirconate titanate/Co-ferrite particulate composites[J]. Materials Science and Engineering B, 2003, 99(1-3): 329-331.

[37] Kadam S L, Patankar K K, Mathe V L, et al. Electrical properties and magnetoelectric effect in Ni$_{0.75}$Co$_{0.25}$Fe$_2$O$_4$-Ba$_{0.8}$Pb$_{0.2}$TiO$_3$ composites[J]. Materials Chemistry and Physics, 2003, 78(3): 684-690.

[38] Kothale M B, Patankar K K, Kadam S L, et al. Dielectric behaviour and magnetoelectric effect in copper-cobalt ferrite+barium lead titanate composites[J]. Materials Chemistry and Physics, 2003, 77(3): 691-696.

[39] Nan C W, Liu G, Lin Y H. Influence of interfacial bonding on giant magnetoelectric response of multiferroic laminated composites of Tb$_{1-x}$Dy$_x$Fe$_2$ and PbZr$_x$Ti$_{1-x}$O$_3$[J]. Applied Physics Letters, 2003, 83(21): 4365-4368.

[40] Dong S X, Li J F, Viehland D. Giant magneto-electric effect in laminate composites[J]. IEEE Transactions on Ultrasonics, Ferroelectrics, and Frequency Control, 2003, 50(10): 1236-1239.

[41] Zhai J Y, Cai N, Shi Z, et al. Coupled magnetodielectric properties of laminated PbZr$_{0.53}$Ti$_{0.47}$O$_3$/NiFe$_2$O$_4$ ceramics[J]. Journal of Applied Physics, 2004, 95(10): 5685-5690.

[42] Zhai J Y, Cai N, Shi Z, et al. Magnetic-dielectric properties of NiFe$_2$O$_4$/PZT particulate composites[J]. Journal of Physics D: Applied Physics, 2004, 37(6): 823-827.

[43] Srinivasan G, Rasmussen E T, Bush A A, et al. Structural and magnetoelectric properties of MFe$_2$O$_4$-PZT(M=Ni, Co) and La$_x$(Ca, Sr)$_{1-x}$MnO$_3$-PZT multilayer composites[J]. Applied Physics A: Materials Science & Processing, 2004, 78(5): 721-728.

[44] Dong S X, Li J F, Viehland D, et al. A strong magnetoelectric voltage gain effect in magnetostrictive-piezoelectric composite[J]. Applied Physics Letters, 2004, 85 (16): 3534-3536.

[45] Shi Z, Nan C W, Zhang J, et al. Magnetoelectric effect of Pb (Zr,Ti) O_3 rod arrays in a (Tb, Dy) Fe_2/epoxy medium[J]. Applied Physics Letters, 2005, 87 (1): 012503.

[46] Dong S X, Zhai J Y, Wang N G, et al. Fe-Ga/Pb ($Mg_{1/3}Nb_{2/3}$) O_3-$PbTiO_3$ magnetoelectric laminate composites[J]. Applied Physics Letters, 2005, 87 (22): 222503-222504.

[47] Dong S X, Zhai J Y, Bai F M, et al. Magnetostrictive and magnetoelectric behavior of Fe-20 at.%Ga/Pb (Zr,Ti) O_3 laminates[J]. Journal of Applied Physics, 2005, 97 (10): 103902-103906.

[48] Kadam S L, Kanamadi C M, Patankar K K, et al. Dielectric behaviour and magnetoelectric effect in $Ni_{0.5}Co_{0.5}Fe_2O_4$+$Ba_{0.8}Pb_{0.2}TiO_3$ ME composites[J]. Materials Letters, 2005, 59 (2-3): 215-219.

[49] Dong S X, Zhai J Y, Li J F, et al. Magnetoelectric effect in Terfenol-D/Pb (Zr,TiO) $_3$/Mu-metal laminate composites[J]. Applied Physics Letters, 2006, 89 (12): 122903.

[50] Li Y J, Chen X M, Lin Y Q, et al. Magnetoelectric effect of $Ni_{0.8}Zn_{0.2}Fe_2O_4$/$Sr_{0.5}Ba_{0.5}Nb_2O_6$ composites[J]. Journal of the European Ceramic Society, 2006, 26 (13): 2839-2844.

[51] He H C, Zhou J P, Wang J, et al. Multiferroic Pb ($Zr_{0.52}Ti_{0.48}$) O_3-$Co_{0.9}Zn_{0.1}Fe_2O_4$ bilayer thin films via a solution processing[J]. Applied Physics Letters, 2006, 89 (5): 52904.

[52] Shi Z, Ma J, Lin Y H, et al. Magnetoelectric resonance behavior of simple bilayered Pb (Zr,Ti) O_3- (Tb,Dy) Fe_2/epoxy composites[J]. Journal of Applied Physics, 2007, 101 (4): 43902-43904.

[53] Chougule S S, Chougule B K. Studies on electrical properties and the magnetoelectric effect on ferroelectric-rich (x) $Ni_{0.8}Zn_{0.2}Fe_2O_4$+$(1-x)$ PZT ME composites[J]. Smart Materials and Structures, 2007, 16 (2): 493-497.

[54] Xie S H, Li J Y, Qiao Y, et al. Multiferroic $CoFe_2O_4$-Pb ($Zr_{0.52}Ti_{0.48}$) O_3 nanofibers by electrospinning[J]. Applied Physics Letters, 2008, 92 (6): 062901.

[55] Xie S H, Li J Y, Liu Y Y, et al. Electrospinning and multiferroic properties of $NiFe_2O_4$-Pb ($Zr_{0.52}Ti_{0.48}$) O_3 composite nanofibers[J]. Journal of Applied Physics, 2008, 104 (2): 024115.

[56] Pertsev N A, Kohlstedt H, Dkhil B. Strong enhancement of the direct magnetoelectric effect in strained ferroelectric-ferromagnetic thin-film heterostructures[J]. Physical Review B, 2009, 80 (5): 054102.

[57] Nan C W, Li M, Huang J H. Calculations of giant magnetoelectric effects in ferroic composites of rare-earth-iron alloys and ferroelectric polymers[J]. Physical Review B, 2001, 63 (14): 144415.

[58] Benveniste Y. Magnetoelectric effect in fibrous composites with piezoelectric and piezomagnetic phases[J]. Physical Review B, 1995, 51 (22): 16424-16429.

[59] Newnham R E, Skinner D P, Cross L E. Connectivity and piezoelectric-pyroelectric composites [J]. Materials Research Bulletin, 1978, 13 (5): 525-536.

[60] Harshe G, Dougherty J P, Newnham R E. Theoretical modelling of multilayer magnetoelectric

composites[J]. International Journal of Applied Electromagnetics in Materials, 1993, 4(2): 145-159.

[61] Huang J H. Analytical predictions for the magnetoelectric coupling in piezomagnetic materials reinforced by piezoelectric ellipsoidal inclusions[J]. Physical Review B, 1998, 58(1): 12-15.

[62] Kamenetskii E O. Theory of bianisotropic crystal lattices[J]. Physical Review E, 1998, 57(3): 3563-3573.

[63] Bergman D J, Strelniker Y M. Anisotropic ac electrical permittivity of a periodic metal-dielectric composite film in a strong magnetic field[J]. Physical Review Letters, 1998, 80(4): 857-860.

[64] Dong S X, Li J F, Viehland D. Longitudinal and transverse magnetoelectric voltage coefficients of magnetostrictive/piezoelectric laminate composite: Theory[J]. IEEE Transactions on Ultrasonics, Ferroelectrics, and Frequency Control, 2003, 50(5): 1253-1261.

[65] Dong S X, Li J F, Viehland D. Longitudinal and transverse magnetoelectric voltage coefficients of magnetostrictive/piezoelectric laminate composite: Experiments[J]. IEEE Transactions on Ultrasonics, Ferroelectrics, and Frequency Control, 2004, 51(7): 793-795.

[66] Bichurin M I, Petrov V M. Magnetoelectric effect in magnetostriction-piezoelectric multiferroics [J]. Low Temperature Physics, 2010, 36(6): 544-549.

[67] Ryu J, Carazo A V, Uchino K, et al. Magnetoelectric properties in piezoelectric and magnetostrictive laminate composites[J]. Japanese Journal of Applied Physics, 2001, 40: 4948-4951.

[68] Dong S X, Li J F, Viehland D. A longitudinal-longitudinal mode Terfenol-D/Pb(Mg$_{1/3}$Nb$_{2/3}$)O$_3$-PbTiO$_3$ laminate composite[J]. Applied Physics Letters, 2004, 85(22): 5306-5307.

[69] Dong S X, Cheng J R, Li J F, et al. Enhanced magnetoelectric effects in laminate composites of Terfenol-D/Pb(Zr,Ti)O$_3$ under resonant drive[J]. Applied Physics Letters, 2003, 83(23): 4812-4814.

[70] Dong S X, Li J F, Viehland D. Voltage gain effect in a ring-type magnetoelectric laminate[J]. Applied Physics Letters, 2004, 84(21): 4188-4190.

[71] Dong S X, Li J F, Viehland D. A longitudinal-longitudinal mode Terfenol-D/Pb(Mg$_{1/3}$Nb$_{2/3}$)O-PbTiO$_3$ laminate composite[J]. Applied Physics Letters, 2004, 85(22): 5305-5306.

[72] Dong S X, Li J F, Viehland D. Circumferentially magnetized and circumferentially polarized magnetostrictive/piezoelectric laminated rings[J]. Journal of Applied Physics, 2004, 96(6): 3382-3387.

[73] Dong S X, Li J F, Viehland D. Vortex magnetic field sensor based on ring-type magnetoelectric laminate[J]. Applied Physics Letters, 2004, 85(12): 2307-2309.

[74] Dong S X, Li J F, Viehland D. Characterization of magnetoelectric laminate composites operated in longitudinal-transverse and transverse-transverse modes[J]. Journal of Applied Physics, 2004, 95(5): 2625-2630.

[75] Xing Z P, Dong S X, Zhai J Y, et al. Resonant bending mode of Terfenol-D/steel/Pb(Zr,Ti)O$_3$

magnetoelectric laminate composites[J]. Applied Physics Letters, 2006, 89: 112911.

[76] Dong S X, Bai J G, Zhai J Y, et al. Circumferential-mode, quasi-ring-type, magnetoelectric laminate composite-a highly sensitive electric current and/or vortex magnetic field sensor[J]. Applied Physics Letters, 2005, 86(18): 182503-182506.

[77] Dong S X, Zhai J Y, Xing Z P, et al. Extremely low frequency response of magnetoelectric multilayer composites[J]. Applied Physics Letters, 2005, 86(10): 102901-102903.

[78] Dong S X, Zhai J Y, Bai F M, et al. Push-pull mode magnetostrictive/piezoelectric laminate composite with an enhanced magnetoelectric voltage coefficient[J]. Applied Physics Letters, 2005, 87(6): 062502.

[79] Dong S X, Zhai J Y, Li J F, et al. Small dc magnetic field response of magnetoelectric laminate composites[J]. Applied Physics Letters, 2006, 88(8): 82902-82907.

[80] Zhai J Y, Dong S X, Xing Z P, et al. Giant magnetoelectric effect in metglas/polyvinylidene-fluoride laminates[J]. Applied Physics Letters, 2006, 89(8): 083507.

[81] Dong S X, Zhai J Y, Li J F, et al. Near-ideal magnetoelectricity in high-permeability magnetostrictive/piezofiber laminates with a (2-1) connectivity[J]. Applied Physics Letters, 2006, 89(125): 252904.

[82] Xing Z P, Li J F, Viehland D. Giant magnetoelectric effect in $Pb(Zr,Ti)O_3$-bimorph/NdFeB laminate device[J]. Applied Physics Letters, 2008, 93(1): 013505.

[83] Nan C W, Huang J H, Weng G J. Effective magnetostriction of nanocrystalline magnetic materials: An alternative effective-medium description of interfacial effect[J]. Journal of Magnetism and Magnetic Materials, 2001, 233(3): 219-223.

[84] Nan C W, Cai N, Liu L, et al. Coupled magnetic-electric properties and critical behavior in multiferroic particulate composites[J]. Journal of Applied Physics, 2003, 94(9): 5930-5936.

[85] Cai N, Zhai J Y, Liu L, et al. The magnetoelectric properties of lead zirconate titanate/Terfenol-D/PVDF laminate composites[J]. Materials Science and Engineering B, 2003, 99(1-3): 211-213.

[86] Nan C W, Cai N, Shi Z, et al. Large magnetoelectric response in multiferroic polymer-based composites[J]. Physical Review B, 2005, 71(1): 014102.

[87] Shi Z, Ma J, Nan C W. A new magnetoelectric resonance mode in bilayer structure composite of PZT layer and Terfenol-D/epoxy layer[J]. Journal of Electroceramics, 2007, 21: 390-393.

[88] Cai N, Nan C W, Zhai J Y, et al. Large high-frequency magnetoelectric response in laminated composites of piezoelectric ceramics, rare-earth iron alloys and polymer[J]. Applied Physics Letters, 2004, 84(18): 3516-3518.

[89] Zeng M, Wan J G, Wang Y, et al. Resonance magnetoelectric effect in bulk composites of lead zirconate titanate and nickel ferrite[J]. Journal of Applied Physics, 2004, 95(12): 8069-8073.

[90] Nan C W, Liu G, Lin Y H, et al. Magnetic-field-induced electric polarization in multiferroic nanostructures[J]. Physical Review Letters, 2005, 94(19): 197203.

[91] Zhou J P, He H C, Shi Z, et al. Dielectric, magnetic, and magnetoelectric properties of laminated $PbZr_{0.52}Ti_{0.48}O_3/CoFe_2O_4$ composite ceramics[J]. Journal of Applied Physics, 2006, 100(9): 094106.

[92] Srinivasan G, Rasmussen E T, Gallegos J, et al. Magnetoelectric bilayer and multilayer structures of magnetostrictive and piezoelectric oxides[J]. Physical Review B, 2001, 64(21): 214408.

[93] Srinivasan G, Rasmussen E T, Hayes R. Magnetoelectric effects in ferrite-lead zirconate titanate layered composites: The influence of zinc substitution in ferrites[J]. Physical Review B, 2003, 67(1): 014418.

[94] Laletin V M, Paddubnaya N, Srinivasan G, et al. Frequency and field dependence of magnetoelectric interactions in layered ferromagnetic transition metal-piezoelectric lead zirconate titanate[J]. Applied Physics Letters, 2005, 87(22): 222507.

[95] Petrov V M, Srinivasan G. Enhancement of magnetoelectric coupling in functionally graded ferroelectric and ferromagnetic bilayers[J]. Physical Review B, 2008, 78(18): 184421.

[96] Wan J G, Or S W, Liu J M, et al. Magnetoelectric properties of a heterostructure of magnetostrictive and piezoelectric composites[J]. IEEE Transactions on Magnetics, 2004, 40(4): 3042-3044.

[97] Or S W, Li T L, Chan-Wong H L W. Dynamic magnetomechanical properties of Terfenol-D/ epoxy pseudo 1-3 composites[J]. Journal of Applied Physics, 2005, 97(10): 10M308.

[98] Jia Y M, Zhao X Y, Luo H S, et al. Magnetoelectric effect in laminate composite of magnets/ $0.7Pb(Mg_{1/3}Nb_{2/3})O_3$-$0.3PbTiO_3$ single crystal[J]. Applied Physics Letters, 2006, 88(14): 142504.

[99] Jia Y M, Tang Y X, Zhao X Y, et al. Additional dc magnetic field response of magnetostrictive/ piezoelectric magnetoelectric laminates by lorentz force effect[J]. Journal of Applied Physics, 2006, 100(12): 26102-1-26102-3.

[100] Or S W, Chan-Wong H L W. Magnetoelectric devices and methods of using same: US007298060B2[P]. [2007-11-20].

[101] Or S W, Chan-Wong H L W. Magnetoelectric devices and methods of using same: US007199495B2[P]. [2007-4-3].

[102] Wang Y J, Or S W, Chan-Wong H L W, et al. Enhanced magnetoelectric effect in longitudinal-transverse mode Terfenol-Dd/$Pb(Mg_{1/3}Nb_{2/3})O_3$-$PbTiO_3$ laminate composites with optimal crystal cut[J]. Journal of Applied Physics, 2008, 103(12): 124511.

[103] Wang Y J, Or S W, Chan-Wong H L W, et al. Magnetoelectric effect from mechanically mediated torsional magnetic force effect in NdFeB magnets and shear piezoelectric effect in $0.7Pb(Mg_{1/3}Nb_{2/3})O_3$-$0.3PbTiO_3$ single crystal[J]. Applied Physics Letters, 2008, 92(12): 123510.

[104] Guo S S, Lu S G, Xu Z, et al. Enhanced magnetoelectric effect in Terfenol-D and flextensional

cymbal laminates[J]. Applied Physics Letters, 2006, 88(18): 182906.

[105] Mahajan R P, Patankar K K, Kothale M B, et al. Magnetoelectric effect in cobalt ferrite-barium titanate composites and their electrical properties[J]. Pramana-Journal of Physics, 2002, 58: 1115-1124.

[106] Wan J G, Li Z Y, Wang Y, et al. Strong flexural resonant magnetoelectric effect in Terfenol-D/epoxy-Pb(Zr,Ti)O$_3$ bilayer[J]. Applied Physics Letters, 2005, 86(20): 202504.

[107] Devan R S, Deshpande S B, Chougule B K. Ferroelectric and ferromagnetic properties of (x)BaTiO$_3$+$(1-x)$ Ni$_{0.94}$Co$_{0.01}$Cu$_{0.05}$Fe$_2$O$_4$ composite[J]. Journal of Physics D: Applied Physics, 2007, 40(7): 1864-1868.

[108] Li L, Chen X M. Magnetoelectric characteristics of a dual-mode magnetostrictive/piezoelectric bilayered composite[J]. Applied Physics Letters, 2008, 92(7): 072903.

[109] Wang X, Pan E, Albrecht J D, et al. Effective properties of multilayered functionally graded multiferroic composites[J]. Composite Structures, 2009, 87(3): 206-214.

[110] Zheng H, Wang J, Lofland S E, et al. Multiferroic BaTiO$_3$-CoFe$_2$O$_4$ nanostructures[J]. Science, 2004, 303(5658): 661-663.

[111] Murugavel P, Padhan P, Prellier W. Enhanced magnetoresistance in ferromagnetic Pr$_{0.85}$Ca$_{0.15}$MnO$_3$/ferroelectric Ba$_{0.6}$Sr$_{0.4}$TiO$_3$ superlattice films[J]. Applied Physics Letters, 2004, 85(21): 4992-4994.

[112] Zavaliche F, Zheng H, Mohaddes-Ardabili L, et al. Electric field-induced magnetization switching in epitaxial columnar nanostructures[J]. Nano Letters, 2005, 5(9): 1793-1796.

[113] Chu Y H, Zhao T, Cruz M P, et al. Ferroelectric size effects in multiferroic BiFeO$_3$ thin films [J]. Applied Physics Letters, 2007, 90: 252906.

[114] Levin I, Li J, Slutsker J, et al. Design of self-assembled multiferroic nanostructures in epitaxial films[J]. Advanced Materials, 2006, 18(15): 2044-2047.

[115] Zheng H, Straub F, Zhan Q, et al. Self-assembled growth of BiFeO$_3$-CoFe$_2$O$_4$ nanostructures[J]. Advanced Materials, 2006, 18(20): 2747-2752.

[116] Eerenstein W, Wiora M, Prieto J L, et al. Giant sharp and persistent converse magnetoelectric effects in multiferroic epitaxial heterostructures[J]. Nature Materials, 2007, 6(5): 348-351.

[117] Ma Y G, Cheng W N, Ning M, et al. Magnetoelectric effect in epitaxial Pb(Zr$_{0.52}$Ti$_{0.48}$)O$_3$/La$_{0.7}$Sr$_{0.3}$MnO$_3$ composite thin film[J]. Applied Physics Letters, 2007, 90(15): 152911-152913.

[118] Xie S H, Li J Y, Proksch R, et al. Nanocrystalline multiferroic BiFeO$_3$ ultrafine fibers by sol-gel based electrospinning[J]. Applied Physics Letters, 2008, 93(22): 222904.

[119] Yan L, Wang Z G, Xing Z P, et al. Magnetoelectric and multiferroic properties of variously oriented epitaxial BiFeO$_3$-CoFe$_2$O$_4$ nanostructured thin films[J]. Journal of Applied Physics, 2010, 107(6): 064106.

[120] Reddy V A, Pathak N P, Nath R. Particle size dependent magnetic properties and phase transitions in multiferroic BiFeO$_3$ nano-particles[J]. Journal of Alloys and Compounds, 2012,

543: 206-212.

[121] Koner S, Deshmukh P, Khan A A, et al. Multiferroic properties of $La_{0.7}Ba_{0.3}MnO_3$/P(VDF-TrFE)(0-3)nano-composite films[J]. Materials Letters, 2020, 261(15): 127161.

[122] Kobayashi H, Fujiwara K, Kobayashi N, et al. Ferroelectric and magnetic properties for nano particles of multiferroic $YbFe_2O_4$[J]. Ferroelectrics, 2017, 512(1): 77-84.

[123] Feng R, Liu B W, Zhang Y, et al. Enhanced magneto-mechano-electric conversion in flexible multiferroic nanocomposites via slender magnetic nanofibers regulated by tailored carbon nanotubes[J]. Chemical Engineering, 2022, 446(15): 137137.

[124] Liu G, Nan C W, Sun J. Coupling interaction in nanostructured piezoelectric/magnetostrictive multiferroic complex films[J]. Acta Materialia, 2006, 54(4): 917-925.

[125] Khomskii D I. Multiferroics different ways to combine magnetism and ferroelectricity[J]. Journal of Magnetism and Magnetic Materials, 2006, 306(1): 1-8.

[126] Duan C, Jaswal S S, Tsymbal E Y. Predicted magnetoelectric effect in Fe/$BaTiO_3$ multilayers: Ferroelectric control of magnetism[J]. Physical Review Letters, 2006, 97(4): 047201.

[127] Zhang J X, Li Y L, Schlom D G, et al. Phase-field model for epitaxial ferroelectric and magnetic nanocomposite thin films[J]. Applied Physics Letters, 2007, 90(5): 52903-52909.

[128] Lu X Y, Wang B, Zheng Y, et al. Coupling interaction in 1-3-type multiferroic composite thin films[J]. Applied Physics Letters, 2007, 90(13): 133123-133124.

[129] Dang T T, Schell J, Boa A G, et al. Temperature dependence of the local electromagnetic field at the Fe site in multiferroic bismuth ferrite[J]. Physical Review B, 2022, 106(5): 054416.

[130] Kuo H Y, Wei K H. Free vibration of multiferroic laminated composites with interface imperfections[J]. Acta Mechanica, 2022, 233(9): 3699-3717.

[131] Liu Z S. Quantized topological charges of ferroelectric skyrmions in two-dimensional multiferroic materials[J]. Physica E: Low-dimensional Systems & Nanostructures, 2022, 144: 115466.

[132] Bichurin M I, Petrov V M, Srinivasan G. Modeling of magnetoelectric effect in ferromagnetic piezoelectric multilayer composites[J]. Ferroelectrics, 2002, 280(1): 165-175.

[133] Bichurin M I, Petrov V M, Srinivasan G. Theory of low-frequency magnetoelectric effects in ferromagnetic-ferroelectric layered composites[J]. Journal of Applied Physics, 2002, 92(12): 7681-7683.

[134] Bichurin M I, Filippov D A, Petrov V M, et al. Resonance magnetoelectric effects in layered magnetostrictive-piezoelectric composites[J]. Physical Review B, 2003, 68(13): 132408.

[135] Bichurin M I, Petrov V M, Ryabkov O V, et al. Theory of magnetoelectric effects at magnetoacoustic resonance in single-crystal ferromagnetic-ferroelectric heterostructures[J]. Physical Review B, 2005, 72(6): 060408.

[136] Bichurin M I, Kornev I A, Petrov V M, et al. Theory of magnetoelectric effects at microwave frequencies in a piezoelectric/magnetostrictive multilayer composite[J]. Physical Review B,

2001, 64 (9) : 094409.

[137] Liu G, Nan C W, Cai N, et al. Calculations of giant magnetoelectric effect in multiferroic composites of rare-earth-iron alloys and PZT by finite element method[J]. International Journal of Solids and Structures, 2004, 41 (16-17) : 4423-4434.

[138] Blackburn J F, Vopsaroiu M, Cain M G. Verified finite element simulation of multiferroic structures: Solutions for conducting and insulating systems[J]. Journal of Applied Physics, 2008, 104 (7) : 074104.

[139] Gao H G, Yue Z X, Liu Y D, et al. A first-principles study on the multiferroic property of two-dimensional $BaTiO_3$ (001) ultrathin film with surface Ba vacancy[J]. Nanomaterials, 2019, 9 (2) : 269.

[140] Shang J, Li C, Tang X, et al. Multiferroic decorated Fe_2O_3 monolayer predicted from first principles[J]. Nanoscale, 2020, 12 (27) : 14847-14852.

[141] Borisov V, Ostanin S, Mertig I. Multiferroic properties of the $PbTiO_3/La_{2/3}Sr_{1/3}MnO_3$ interface studied from first principles[J]. Journal of Physics: Condensed Matter, 2017, 29 (17) : 175801.

[142] Yang Y, Li L J, Li J L. Monte Carlo simulation of magnetoelectric coupling in multiferroic $BiFeO_3$[J]. Applied Physics Letters, 2011, 98 (18) : 182905.

[143] Qin M H, Tao Y M, Dong S, et al. Multiferroic properties in orthorhombic perovskite manganites: Monte Carlo simulation[J]. Journal of Applied Physics, 2012, 111 (5) : 053907.

[144] Ortiz-Alvarez H H, Bedoya-Hincapie C M, Restrepo-Parra E. Monte Carlo simulation of charge mediated magnetoelectricity in multiferroic bilayers[J]. Physica B: Condensed Matter, 2014, 454: 235-239.

[145] Wang Z D, Grimson M J. Magneto-electric effect for multiferroic thin film by Monte Carlo simulation[J]. European Physical Journal Applied Physics, 2015, 70 (3) : 030303.

[146] Albaalbaky A, Kvashnin Y, Ledue D, et al. Magnetoelectric properties of multiferroic $CuCrO_2$ studied by means of ab initio calculations and Monte Carlo simulations[J]. Physical Review B, 2017, 96 (6) : 064431.

[147] Housni I E, Mekkaoui N E, Khalladi R, et al. The magnetic properties of the multiferroic transition metal oxide perovskite-type $Pb(Fe_{1/2}Nb_{1/2})O_3$: Monte Carlo simulations[J]. Ferroelectrics, 2020, 568 (1) : 191-213.

[148] Yang Y, Li L J, Li J Y. Monte Carlo simulation of magnetoelectric coupling in multiferroic $BiFeO_3$[J]. Applied Physics Letters, 2011, 98 (18) : 182905.

[149] Ma F D, Jin Y M, Wang Y U, et al. Phase field modeling and simulation of particulate magnetoelectric composites: Effects of connectivity, conductivity, poling and bias field[J]. Acta Materialia, 2014, 70: 45-55.

[150] Dornisch W, Schrade D, Xu B X, et al. Coupled phase field simulations of ferroelectric and ferromagnetic layers in multiferroic heterostructures[J]. Archive of Applied Mechanics, 2019, 89 (6) : 1031-1056.

[151] Xue F, Yang T N, Chen L Q. Theory and phase-field simulations of electrical control of spin cycloids in a multiferroic[J]. Physical Review B, 2021, 103 (6): 064202.

[152] Li L J, Yang Y, Shu Y C, et al. Continuum theory and phase-field simulation of magnetoelectric effects in multiferroic bismuth ferrite[J]. Journal of the Mechanics and Physics of Solids, 2010, 58 (10): 1613-1627.

[153] Lich L V, Shimada T, Miyata K, et al. Colossal magnetoelectric effect in 3-1 multiferroic nanocomposites originating from ultrafine nanodomain structures[J]. Applied Physics Letters, 2015, 107: 232904.

[154] Wang J, Zhang Y J, Sahoo M P K, et al. Giant magnetoelectric effect at the graphone/ferroelectric interface[J]. Scientific Reports, 2018, 8: 12448.

[155] Wang Y, Liu C, Yu H J, et al. Phase field simulations on domain switching-induced toughening or weakening in multiferroic composites[J]. International Journal of Solids and Structures, 2019, 178-179: 48-58.

[156] Pan E. Exact solution for simply supported and multilayered magneto-electro-elastic plates[J]. Journal of Applied Mechanics, 2001, 68 (4): 608-618.

[157] Pan E, Heyliger P R. Exact solutions for magneto-electro-elastic laminates in cylindrical bending[J]. International Journal of Solids and Structures, 2003, 40 (24): 6859-6876.

[158] Pan E. Three-dimensional green's functions in anisotropic magneto-electro-elastic biomaterials [J]. Zeitschrift Für Angewandte Mathematic und Physik ZAMP, 2002, 53 (5): 815-838.

[159] Wang X, Shen Y. The general solution of three-dimensional problems in magnetoelectroelastic media[J]. International Journal of Engineering Science, 2002, 40 (10): 1069-1080.

[160] Ding H J, Jiang A M. Fundamental solutions for transversely isotropic magneto-electro-elastic media and boundary integral formulation[J]. Science in China Series E: Technological Sciences, 2003, 46 (6): 607-619.

[161] Ding H J, Jiang A M, Hou P F, et al. Green's functions for two-phase transversely isotropic magneto-electro-elastic media[J]. Engineering Analysis with Boundary Elements, 2005, 29 (6): 551-561.

[162] Buroni F C, Saez A. Three-dimensional green's function and its derivative for materials with general anisotropic magneto-electro-elastic coupling[J]. Proceedings of the Royal Society A—Mathematical Physical and Engineering Sciences, 2010, 466 (2114): 515-537.

[163] Wang H M, Pan E, Sangghaleh A, et al. Circular loadings on the surface of an anisotropic and magnetoelectroelastic half-space[J]. Smart Materials and Structures, 2012, 21 (7): 075003.

[164] Hou P F, Andrew Y T L, Ding H J. The elliptical Hertzian contact of transversely isotropic magnetoelectroelastic bodies[J]. International Journal of Solids and Structures, 2003, 40 (11): 2833-2850.

[165] Chen W Q, Pan E N, Wang H M, et al. Theory of indentation on multi-ferroic composite materials[J]. Journal of the Mechanics and Physics of Solids, 2010, 58 (10): 1524-1551.

[166] Rogowski B, Kalinski W. Indentation of piezoelectromagneto-elastic half-space by a truncated conical punch[J]. International Journal of Engineering Science, 2012, 60: 77-93.

[167] Li X Y, Zheng R F, Chen W Q. Fundamental solutions to contact problems of a magneto-electro-elastic half-space indented by a semi-infinite punch[J]. International Journal of Solids and Structures, 2014, 51 (1): 164-178.

[168] Li X Y, Wu F, Jin X, et al. 3D coupled field in a transversely isotropic magneto-electro-elastic half-space punched by an elliptic indenter[J]. Journal of the Mechanics and Physics of Solids, 2015, 75: 1-44.

[169] Zhou Y T, Lee K Y. Theory of sliding contact for multi-ferroic materials indented by a rigid punch[J]. International Journal of Mechanical Sciences, 2013, 66: 156-167.

[170] Zhou Y T, Kim T W. An exact analysis of sliding frictional contact of a rigid punch over the surface of magneto-electro-elastic materials[J]. Acta Mechanica, 2013, 225: 625-645.

[171] Zhou Y T, Zhong Z. Frictional indentation of anisotropic magneto-electro-elastic materials by a rigid indenter[J]. Journal of Applied Mechanics, 2014, 81 (7): 071001.

[172] Wu F, Wu T H, Li X Y. Indentation theory on a half-space of transversely isotropic multi-ferroic composite medium: Sliding friction effect[J]. Smart Materials and Structures, 2018, 27 (3): 035005.

[173] Jiang A M, Ding H J. Analytical solutions to magneto-electro-elastic beams[J]. Structural Engineering and Mechanics, 2004, 18 (2): 195-209.

[174] Chen W Q, Lee K Y. Alternative state space formulations for magnetoelectric thermoelasticity with transverse isotropy and the application to bending analysis of nonhomogeneous plates[J]. International Journal of Solids and Structures, 2003, 40 (21): 5689-5705.

[175] Wang X, Zhong Z. A finitely long circular cylindrical shell of piezoelectric/piezomagnetic composite under pressuring and temperature change[J]. International Journal of Engineering Science, 2003, 41 (20): 2429-2445.

[176] Wang X, Zhong Z. The general solution of spherically isotropic magnetoelectroelastic media and its applications[J]. European Journal of Mechanics—A/Solids, 2003, 22 (6): 953-969.

[177] Chen W Q. Problems of radially polarized piezoelastic bodies[J]. International Journal of Solids and Structures, 1999, 36 (28): 4317-4332.

[178] Chen W Q, Yong L K, Ding H J. General solution for transversely isotropic magneto-electro-thermo-elasticity and the potential theory method[J]. International Journal of Engineering Science, 2004, 42 (13-14): 1361-1379.

[179] Wang J G, Chen L F, Fang S S. State vector approach to analysis of multilayered magneto-electro-elastic plates[J]. International Journal of Solids and Structures, 2003, 40 (7): 1669-1680.

[180] Ding H J, Xu R Q, Guo F L. Exact axisymmetric solutions for laminated transversely isotropic piezoelectric circular plate (I) [J]. Science in China Series E: Technological Sciences, 1999,

42(4): 388-395.

[181] Ding H J, Xu R Q, Guo F L. Exact axisymmetric solution of laminated transversely isotropic piezoelectric circular plates (II) [J]. Science in China Series E: Technological Sciences, 1999, 42(5): 470-478.

[182] Zhao X, Li X Y, Li Y H. Axisymmetric analytical solutions for a heterogeneous multi-ferroic circular plate subjected to electric loading[J]. Mechanics of Advanced Materials and Structures, 2018, 25(10): 795-804.

[183] Pan E, Han F. Exact solution for functionally graded and layered magneto-electro-elastic plates [J]. International Journal of Engineering Science, 2005, 43(3-4): 321-339.

[184] Jiang A M, Ding H J. Analytical solutions for density functionally gradient magneto-electro-elastic cantilever beams[J]. Smart Structures and Systems, 2007, 3(2): 173-188.

[185] Huang D J, Ding H J, Chen W Q. Analytical solution for functionally graded magneto-electro-elastic plane beams[J]. International Journal of Engineering Science, 2007, 45(2-8): 467-485.

[186] Huang D J, Ding H J, Chen W Q. Static analysis of anisotropic functionally graded magneto-electro-elastic beams subjected to arbitrary loading[J]. European Journal of Mechanics—A/ Solids, 2010, 29(3): 356-369.

[187] Tsai Y H, Wu C P, Syu Y S. Three-dimensional analysis of doubly curved functionally graded magneto-electro-elastic shells[J]. European Journal of Mechanics—A/Solids, 2008, 27(1): 79-105.

[188] Li X Y, Ding H J, Chen W Q. Three-dimensional analytical solution for functionally graded magneto-electro-elastic circular plates subjected to uniform load[J]. Composite Structures, 2008, 83(4): 381-390.

[189] Wang Y Z, Chen W Q, Li X Y. Statics of FGM circular plate with magneto-electro-elastic coupling: Axisymmetric solutions and their relations with those for corresponding rectangular beam[J]. Applied Mathematics and Mechanics, 2015, 36: 581-598.

[190] Xu Y P, Yu T T, Zhou D. Two-dimensional elasticity solution for bending of functionally graded beams with variable thickness[J]. Meccanica, 2014, 49: 2479-2489.

[191] Yue Y M, Ye X F, Xu K Y. Analytical solutions for plane problem of functionally graded magnetoelectric cantilever beam[J]. Applied Mathematics and Mechanics, 2015, 36(7): 955-970.

[192] Wu C P, Chen S J, Chiu K H. Three-dimensional static behavior of functionally graded magneto-electro-elastic plates using the modified Pagano method[J]. Mechanics Research Communications, 2010, 37(1): 54-60.

[193] Zhao L, Chen W Q. Plane analysis for functionally graded magneto-electro-elastic materials via the symplectic framework[J]. Composite Structures, 2010, 92(7): 1753-1761.

[194] Zhao L, Gan W Z. Analytical solutions for functionally graded beams under arbitrary distributed loads via the symplectic approach[J]. Advances in Mechanical Engineering, 2015,

7 (1): 321263.

[195] Pan E, Heyliger P R. Free vibrations of simply supported and multilayered magneto-electro-elastic plates[J]. Journal of Sound and Vibration, 2002, 252 (3): 429-442.

[196] Chen W Q, Lee K Y, Ding H J. On free vibration of non-homogeneous transversely isotropic magneto-electro-elastic plates[J]. Journal of Sound and Vibration, 2005, 279 (1-2): 237-251.

[197] Ramirez F, Heyliger P R, Pan E N. Free vibration response of two-dimensional magneto-electro-elastic laminated plates[J]. Journal of Sound and Vibration, 2006, 292 (3-5): 626-644.

[198] Ramirez F, Heyliger P R, Pan E N. Discrete layer solution to free vibrations of functionally graded magneto-electro-elastic plates[J]. Mechanics of Advanced Materials and Structures, 2006, 13 (3): 249-266.

[199] Buchanan G R. Free vibration of an infinite magneto-electro-elastic cylinder[J]. Journal of Sound and Vibration, 2003, 268 (2): 413-426.

[200] Hou P F, Leung A. The transient responses of magneto-electro-elastic hollow cylinders[J]. Smart Materials & Structures, 2004, 13 (4): 762-776.

[201] Hou P F, Ding H J, Leung A. The transient responses of a special non-homogeneous magneto-electro-elastic hollow cylinder for axisymmetric plane strain problem[J]. Journal of Sound and Vibration, 2006, 291 (1-2): 19-47.

[202] Wang H M, Ding H J. Transient responses of a special non-homogeneous magneto-electro-elastic hollow cylinder for a fully coupled axisymmetric plane strain problem[J]. Acta Mechanica, 2006, 184: 137-157.

[203] Milazzo A. An equivalent single-layer model for magnetoelectroelastic multilayered plate dynamics[J]. Composite Structures, 2012, 94 (6): 2078-2086.

[204] Chen J Y, Heyliger P R, Pan E. Free vibration of three-dimensional multilayered magneto-electro-elastic plates under combined clamped/free boundary conditions[J]. Journal of Sound and Vibration, 2014, 333 (17): 4017-4029.

[205] Li Y S, Zhang J J. Free vibration analysis of magnetoelectroelastic plate resting on a Pasternak foundation[J]. Smart Materials and Structures, 2014, 23 (11): 025002.

[206] Chen J Y, Chen H L, Pan E N. Free vibration of functionally graded, magneto-electro-elastic, and multilayered plates[J]. Acta Mechanica Solida Sinica, 2006, 19 (2): 160-166.

[207] Xin L B, Hu Z D. Free vibration of simply supported and multilayered magneto-electro-elastic plates[J]. Composite Structures, 2015, 121: 344-350.

[208] Ansari R, Gholami R, Rouhi H. Geometrically nonlinear free vibration analysis of shear deformable magneto-electro-elastic plates considering thermal effects based on a novel variational approach[J]. Thin-Walled Structures, 2019, 135: 12-20.

[209] Chen J Y, Pan E, Chen H L. Wave propagation in magneto-electro-elastic multilayered plates[J]. International Journal of Solids and Structures, 2007, 44 (3-4): 1073-1085.

[210] Zhang J, Shen Y P, Du J K. The effect of inhomogeneous initial stress on love wave

propagation in layered magneto-electro-elastic structures[J]. Smart Materials and Structures, 2008, 17(2): 025026.

[211] Chen P, Shen Y P. Propagation of axial shear magneto-electro-elastic waves in piezoelectric-piezomagnetic composites with randomly distributed cylindrical inhomogeneities[J]. International Journal of Solids and Structures, 2007, 44(5): 1511-1532.

[212] Wei J P, Su X Y. Wave propagation in a magneto-electroelastic plate[J]. Science in China Series G—Physics Mechanics & Astronomy, 2008, 51(6): 651-666.

[213] Feng W J, Jin J, Pan E N. Stoneley(interfacial)waves between two magneto-electro-elastic half planes[J]. Philosophical Magazine, 2008, 88(12): 1801-1810.

[214] Xue C X, Pan E, Zhang S Y. Solitary waves in a magneto-electro-elastic circular rod[J]. Smart Materials and Structures, 2011, 20(10): 105010.

[215] Ma L H, Ke L L, Reddy J N, et al. Wave propagation characteristics in magneto-electro-elastic nanoshells using nonlocal strain gradient theory[J]. Composite Structures, 2018, 199: 10-23.

[216] del Toro R, Bacigalupo A, Lepidi M, et al. Dispersive waves in magneto-electro-elastic periodic waveguides[J]. International Journal of Mechanical Sciences, 2022, 236(15): 107759.

[217] Garcia Lage R, Mota Soares C M, Mota Soares C A, et al. Layerwise partial mixed finite element analysis of magneto-electro-elastic plates[J]. Computers & Structures, 2004, 82(17-19): 1293-1301.

[218] Buchanan G R. Layered versus multiphase magneto-electro-elastic composites[J]. Composites Part B: Engineering, 2004, 35(5): 413-420.

[219] Annigeri A R, Ganesan N, Swarnamani S. Free vibrations of clamped-clamped magneto-electro-elastic cylindrical shells[J]. Journal of Sound and Vibration, 2006, 292(1-2): 300-314.

[220] Annigeri A R, Ganesan N, Swarnamani S. Free vibration behaviour of multiphase and layered magneto-electro-elastic beam[J]. Journal of Sound and Vibration, 2007, 299(1-2): 44-63.

[221] Bhangale R K, Ganesan N. Static analysis of simply supported functionally graded and layered magneto-electro-elastic plates[J]. International Journal of Solids and Structures, 2006, 43(10): 3230-3253.

[222] Bhangale R K, Ganesan N. Free vibration studies of simply supported non-homogeneous functionally graded magneto-electro-elastic finite cylindrical shells[J]. Journal of Sound and Vibration, 2005, 288(1-2): 412-422.

[223] Zhang S Q, Zhao Y F, Wang X, et al. Static and dynamic analysis of functionally graded magneto-electro-elastic plates and shells[J]. Composite Structures, 2022, 281: 114950.

[224] Daga A, Ganesan N, Shankar K. Comparative studies of the transient response for PECP, MSCP, barium titanate, magneto-electro-elastic finite cylindrical shell under constant internal pressure using finite element method[J]. Finite Elements in Analysis and Design, 2008, 44(3): 89-104.

[225] Milazzo A, Benedetti I, Orlando A C. Boundary element method for magneto electro elastic

laminates[J]. Computer Modeling in Engineering & Sciences, 2006, 15 (1): 17-30.

[226] Davi G, Milazzo A, Orlando C. Magneto-electro-elastic bimorph analysis by the boundary element method[J]. Mechanics of Advanced Materials and Structures, 2008, 15 (3-4): 220-227.

[227] Ding H J, Jiang A M. Fundamental solutions for transversely isotropic magneto-electro-elastic media and boundary integral formulation[J]. Science in China Series E: Technological Sciences, 2003, 46 (6): 607-619.

[228] Ding H J, Jiang A M. A boundary integral formulation and solution for 2D problems in magneto-electro-elastic media[J]. Computers & Structures, 2004, 82 (20-21): 1599-1607.

[229] Zhu X Y, Huang Z Y, Jiang A M, et al. Fast multipole boundary element analysis for 2D problems of magneto-electro-elastic media[J]. Engineering Analysis with Boundary Elements, 2010, 34 (11): 927-933.

[230] Jiang A M, Ding H J. The boundary contour method for magneto-electro-elastic media with linear boundary elements[J]. Computers Materials & Continua, 2006, 3 (1): 1-11.

[231] Jiang A M, Wu G Q, Qiu H L. The boundary contour method for magneto-electro-elastic media with quadratic boundary elements[J]. International Journal of Solids and Structures, 2007, 44 (18-19): 6220-6231.

[232] Li J Y, Dunn M L. Micromechanics of magnetoelectroelastic composite materials: Average fields and effective behavior[J]. Journal of Intelligent Material Systems and Structures, 1998, 9 (6): 404-416.

[233] Jiang X, Pan E. Exact solution for 2D polygonal inclusion problem in anisotropic magnetoelectroelastic full-, half-, and bimaterial-planes[J]. International Journal of Solids and Structures, 2004, 41 (16-17): 4361-4382.

[234] Chen Q, Chen W Q, Wang G N. Fully-coupled electro-magneto-elastic behavior of unidirectional multiphased composites via finite-volume homogenization[J]. Mechanics of Materials, 2021, 154: 103553.

[235] Chen Q, Wang G N. Homogenized and localized responses of coated magnetostrictive porous materials and structures[J]. Composite Structures, 2018, 187: 102-115.

[236] Toupin R A. Elastic materials with couple-stresses[J]. Archive for Rational Mechanics and Analysis, 1962, 11 (1): 385-414.

[237] Mindlin R D, Tiersten H F. Effects of couple-stresses in linear elasticity[J]. Archive for Rational Mechanics and Analysis, 1962, 11 (1): 415-448.

[238] Koiter W T. Couple stresses in the theory of elasticity, I and II[J]. Proceedings of the Koninklijke Nederlandse Akademie van Wetenschappen, 1964, 67: 17-44.

[239] Mindlin R D. Second gradient of strain and surface-tension in linear elasticity[J]. International Journal of Solids and Structures, 1965, 1 (4): 417-438.

[240] Mindlin R D. Micro-structure in linear elasticity[J]. Archive for Rational Mechanics and Analysis, 1964, 16 (1): 51-78.

[241] Cosserat E, Cosserat F. Theorie des Corps Deformables[M]. Paris: Hermann, 1909.

[242] Kröner E. On the physical reality of torque stresses in continuum mechanics[J]. International Journal of Engineering Science, 1963, 1(2): 261-278.

[243] Green A E, Rivlin R S. Multipolar continuum mechanics[J]. Archive for Rational Mechanics and Analysis, 1964, 17(2): 113-147.

[244] Fleck N A, Hutchinson J W. A reformulation of strain gradient plasticity[J]. Journal of the Mechanics and Physics of Solids, 2001, 49(10): 2245-2271.

[245] Fleck N A, Hutchinson J W. Strain gradient plasticity[J]. Advances in Applied Mechanics, 1997, 33: 295-361.

[246] Zybell L, Mühlich U, Kuna M. Constitutive equations for porous plane-strain gradient elasticity obtained by homogenization[J]. Archive of Applied Mechanics, 2009, 79(4): 359-375.

[247] Kong S L, Zhou S J, Nie Z F, et al. Static and dynamic analysis of micro beams based on strain gradient elasticity theory[J]. International Journal of Engineering Science, 2009, 47(4): 487-498.

[248] Gao X L, Ma H M. Green's function and eshelby's tensor based on a simplified strain gradient elasticity theory[J]. Acta Mechanica, 2009, 207(3): 163-181.

[249] Aifantis E C. Exploring the applicability of gradient elasticity to certain micro/nano reliability problems[J]. Microsystem Technologies, 2009, 15(1): 109-115.

[250] Bennett T, Askes H. Finite element modelling of wave dispersion with dynamically consistent gradient elasticity[J]. Computational Mechanics, 2009, 43(6): 815-825.

[251] Shodja H M, Davoudi K M, Gutkin M Y. Analysis of displacement and strain fields of a screw dislocation in a nanowire using gradient elasticity theory[J]. Scripta Materialia, 2008, 59(3): 368-371.

[252] Zervos A. Finite elements for elasticity with microstructure and gradient elasticity[J]. International Journal for Numerical Methods in Engineering, 2008, 73(4): 564-595.

[253] Askes H, Morata I, Aifantis E C. Finite element analysis with staggered gradient elasticity[J]. Computers & Structures, 2008, 86(11-12): 1266-1279.

[254] Bertoldi K, Bigoni D, Drugan W J. Structural interfaces in linear elasticity. Part I: Nonlocality and gradient approximations[J]. Journal of the Mechanics and Physics of Solids, 2007, 55(1): 1-34.

[255] Giannakopoulos A E, Stamoulis K. Structural analysis of gradient elastic components[J]. International Journal of Solids and Structures, 2007, 44(10): 3440-3451.

[256] Lazar M, Maugin G A. A note on line forces in gradient elasticity[J]. Mechanics Research Communications, 2006, 33(5): 674-680.

[257] Giannakopoulos A E, Amanatidou E, Aravas N. A reciprocity theorem in linear gradient elasticity and the corresponding Saint-Venant principle[J]. International Journal of Solids and

Structures, 2006, 43(13): 3875-3894.

[258] Askes H, Aifantis E C. Gradient elasticity theories in statics and dynamics—A unification of approaches[J]. International Journal of Fracture, 2006, 139(2): 297-304.

[259] Zhang X, Sharma P. Inclusions and inhomogeneities in strain gradient elasticity with couple stresses and related problems[J]. International Journal of Solids and Structures, 2005, 42(13): 3833-3851.

[260] Lazar M, Maugin G A. Defects in gradient micropolar elasticity—I: Screw dislocation[J]. Journal of the Mechanics and Physics of Solids, 2004, 52(10): 2263-2284.

[261] Lazar M, Maugin G A. Defects in gradient micropolar elasticity—II: Edge dislocation and wedge disclination[J]. Journal of the Mechanics and Physics of Solids, 2004, 52(10): 2285-2307.

[262] Altan B S, Miskioglu I, Vilmann C R. Propagation of S-H waves in laminated composites: A gradient elasticity approach[J]. Journal of Vibration and Control, 2003, 9(11): 1265-1283.

[263] Polizzotto C. Gradient elasticity and nonstandard boundary conditions[J]. International Journal of Solids and Structures, 2003, 40(26): 7399-7423.

[264] Zhou D, Jin B. Boussinesq-Flamant problem in gradient elasticity with surface energy[J]. Mechanics Research Communications, 2003, 30(5): 463-468.

[265] Lam D C C, Yang F, Chong A C M, et al. Experiments and theory in strain gradient elasticity[J]. Journal of the Mechanics and Physics of Solids, 2003, 51(8): 1477-1508.

[266] Papargyri-Beskou S, Tsepoura K G, Polyzos D, et al. Bending and stability analysis of gradient elastic beams[J]. International Journal of Solids and Structures, 2003, 40(2): 385-400.

[267] Georgiadis H G, Velgaki E G. High-frequency Rayleigh waves in materials with micro-structure and couple-stress effects[J]. International Journal of Solids and Structures, 2003, 40(10): 2501-2520.

[268] Askes H, Aifantis E C. Numerical modeling of size effects with gradient elasticity-formulation, meshless discretization and examples[J]. International Journal of Fracture, 2002, 117(4): 347-358.

[269] Teneketzis Tenek L, Aifantis E C. On some applications of gradient elasticity to composite materials[J]. Composite Structures, 2001, 53(2): 189-197.

[270] Pelekanos G, Kleinman R E, van den Berg P M. Inverse scattering in elasticity—A modified gradient approach [J]. Wave Motion, 2000, 32(1): 57-65.

[271] Gutkin M Y, Aifantis E C. Dislocations in the theory of gradient elasticity[J]. Scripta Materialia, 1999, 40(5): 559-566.

[272] Aifantis E C. Gradient deformation models at nano, micro, and macro scales[J]. Journal of Engineering Materials and Technology, 1999, 121(2): 189-202.

[273] Georgiadis H G, Vardoulakis I. Anti-plane shear Lamb's problem treated by gradient elasticity with surface energy[J]. Wave Motion, 1998, 28(4): 353-366.

[274] Mindlin R D. Polarization gradient in elastic dielectrics[J]. International Journal of Solids and Structures, 1968, 4(6): 637-642.

[275] Toupin R A. The elastic dielectric[J]. Journal of Rational Mechanics Analysis, 1956, 5(6): 849-914.

[276] Suhubi E S. Elastic dielectrics with polarization gradient[J]. International Journal of Engineering Science, 1969, 7(9): 993-997.

[277] Eringen A C. On the foundations of electroelastostatics[J]. International Journal of Engineering Science, 1963, 1(1): 127-153.

[278] Askar A, Lee P C Y, Cakmak A S. Lattice-dynamics approach to the theory of elastic dielectrics with polarization gradient[J]. Physical Review B, 1970, 1(8): 3525-3537.

[279] Dick B G, Overhauser A W. Theory of the dielectric constants of alkali halide crystals[J]. Physical Review, 1958, 112(1): 90-103.

[280] Chowdhury K L, Glockner P G. On thermorigid dielectrics[J]. Journal of Thermal Stresses, 1979, 2(1): 73-95.

[281] Chowdhury K L, Glockner P G. Constitutive equations for elastic dielectrics[J]. International Journal of Non-Linear Mechanics, 1976, 11(5): 315-324.

[282] Chowdhury K L, Glockner P G. On thermoelastic dielectrics[J]. International Journal of Solids and Structures, 1977, 13(11): 1173-1182.

[283] Chowdhury K L, Epstein M, Glockner P G. On the thermodynamics of non-linear elastic dielectrics[J]. International Journal of Non-Linear Mechanics, 1978, 13(5-6): 311-322.

[284] Maugin G A, Pouget J. Electroacoustic equations for one-domain ferroelectric bodies[J]. The Journal of the Acoustical Society of America, 1980, 68(2): 575-587.

[285] Dost S. On generalized thermoelastic dielectrics[J]. Journal of Thermal Stresses, 1981, 4(1): 51-57.

[286] Dost S, Gozde S. On thermoelastic dielectrics with polarization effects[J]. Archives of Mechanics, 1985, 37(3): 157-176.

[287] Chandrasekharaiah D S. A generalized linear thermoelasticity theory for piezoelectric media[J]. Acta Mechanica, 1988, 71(1): 39-49.

[288] Nowaki J P, Glockner P G. Constitutive Equations of the Thermoelastic Dielectrics[M]. Waterloo: University of Waterloo Press, 1983.

[289] Mindlin R D. Continuum and lattice theories of influence of electromechanical coupling on capacitance of thin dielectric films[J]. International Journal of Solids and Structures, 1969, 5(11): 1197-1208.

[290] Mead C A. Anomalous capacitance of thin dielectric structures[J]. Physical Review Letters, 1961, 6(10): 545-546.

[291] Mindlin R D, Toupin R A. Acoustical and optical activity in alpha quartz[J]. International Journal of Solids and Structures, 1971, 7(9): 1219-1227.

[292] Gou P G. Effects of gradient of polarization on stress-concentration at a cylindrical hole in an elastic dielectric[J]. International Journal of Solids and Structures, 1971, 7(11): 1467-1476.

[293] Collet B. One-dimensional acceleration waves in deformable dielectrics with polarization gradients[J]. International Journal of Engineering Science, 1981, 19(3): 389-407.

[294] Collet B. Shock waves in deformable dielectrics with polarization gradients[J]. International Journal of Engineering Science, 1982, 20(10): 1145-1160.

[295] Dost S. Acceleration waves in elastic dielectrics with polarization gradient effects[J]. International Journal of Engineering Science, 1983, 21(11): 1305-1311.

[296] Majorkowska-Knap K, Lenz J. Piezoelectric Love waves in non-classical elastic dielectrics[J]. International Journal of Engineering Science, 1989, 27(8): 879-893.

[297] Nowacki J P, Hsieh R K T. Lattice defects in linear isotropic dielectrics[J]. International Journal of Engineering Science, 1986, 24(10): 1655-1666.

[298] Nowacki J P. Dislocations in Dielectrics with Polarization Gradient[M]. Amsterdam: North Holland, 1987.

[299] Nowacki J P, Glockner P G. Some dynamical problems of thermoelastic dielectrics[J]. International Journal of Solids and Structures, 1979, 15(3): 183-191.

[300] Nowacki J P. Electro-elastic fields of a plane thermal inclusion in isotropic dielectrics with polarization gradient[J]. Archives of Mechanics, 2004, 56(1): 33-57.

[301] Nowacki J P. Static and Dynamic Coupled Fields in Bodies with Piezoeffects or Polarization Gradient[M]. Berlin: Springer, 2006.

[302] Buchanan G R, Sallah M, Fong K F. Variational principles and finite element analysis for polarization gradient theory[J]. Computational Mechanics, 1990, 5: 447-458.

[303] Yang X M, Hu Y T, Yang J S. Electric field gradient effects in anti-plane problems of polarized ceramics[J]. International Journal of Solids and Structures, 2004, 41(24-25): 6801-6811.

[304] Tagantsev A K. Piezoelectricity and flexoelectricity in crystalline dielectrics[J]. Physical Review B, 1986, 34(8): 5883-5889.

[305] Cross L E. Flexoelectric effects: Charge separation in insulating solids subjected to elastic strain gradients[J]. Journal of Materials Science, 2006, 41(1): 53-63.

[306] Ma W H, Cross L E. Flexoelectricity of Barium titanate[J]. Applied Physics Letters, 2006, 88(23): 232902-232903.

[307] Ma W H, Cross L E. Flexoelectric effect in ceramic lead zirconate titanate[J]. Applied Physics Letters, 2005, 86(7): 72903-72905.

[308] Ma W H, Cross L E. Strain-gradient-induced electric polarization in lead zirconate titanate ceramics[J]. Applied Physics Letters, 2003, 82(19): 3293-3295.

[309] Ma W H, Cross L E. Flexoelectric polarization of Barium strontium titanate in the paraelectric state[J]. Applied Physics Letters, 2002, 81(18): 3440-3442.

[310] Ma W H, Cross L E. Large flexoelectric polarization in ceramic lead magnesium niobate[J].

Applied Physics Letters, 2001, 79(26): 4420-4422.

[311] Lee D, Yang S M, Yoon J G, et al. Flexoelectric rectification of charge transport in strain-graded dielectrics[J]. Nano Letters, 2012, 12(12): 6436-6440.

[312] Fu X W, Fu Q, Kou L Z, et al. Modifying optical properties of ZnO nanowires via strain-gradient[J]. Frontiers of Physics, 2013, 8(5): 509-515.

[313] Zhang C L, Zhang L L, Shen X D, et al. Enhancing magnetoelectric effect in multiferroic composite bilayers via flexoelectricity[J]. Journal of Applied Physics, 2016, 119(13): 134102.

[314] Sharma N D, Maranganti R, Sharma P. On the possibility of piezoelectric nanocomposites without using piezoelectric materials[J]. Journal of the Mechanics and Physics of Solids, 2007, 55(11): 2328-2350.

[315] Sharma N D, Landis C M, Sharma P. Piezoelectric thin-film superlattices without using piezoelectric materials[J]. Journal of Applied Physics, 2010, 108(2): 024304.

[316] Wang L F, Liu S H, Feng X L, et al. Flexoelectronics of centrosymmetric semiconductors [J]. Nature Nanotechnology, 2020, 15(8): 661-667.

[317] Sun L, Zhu L F, Zhang C L, et al. Mechanical manipulation of silicon-based Schottky diodes via flexoelectricity [J]. Nano Energy, 2021, 83: 105855.

[318] Sun L, Javvaji B, Zhang C L, et al. Effect of flexoelectricity on a bilayer molybdenum disulfide Schottky contact [J]. Nano Energy, 2022, 102: 107701.

[319] Yudin P V, Tagantsev A K. Fundamentals of flexoelectricity in solids[J]. Nanotechnology, 2013, 24(43): 432001.

[320] Wang B, Gu Y J, Zhang S J, et al. Flexoelectricity in solids: Progress, challenges, and perspectives[J]. Progress in Materials Science, 2019, 106: 100570.

[321] Deng Q, Lv S H, Li Z Q, et al. The impact of flexoelectricity on materials, devices, and physics[J]. Journal of Applied Physics, 2020, 128(8): 080902.

第 2 章　多铁性材料结构的简化结构理论

2.1　引　　言

在实践中，工程师和力学家曾为获得问题的解析解进行了不懈努力，但是，基于三维理论的解析求解过程尤为复杂、困难，甚至无法实现。在有限元法诞生之前，被人们熟知的结构理论，如 Euler 梁理论、Timoshenko 梁理论、Kirchhoff板理论等，是解决实际工程问题最为便捷、有效的分析方法。最早，Cauchy[1]和Poisson[2]对三维弹性方程沿板厚方向进行了幂级数近似展开(至前两项)，建立了易于求解的弹性板理论。在上述展开和 Kirchhoff[3]变分法的基础上，Mindlin[4,5]把位移展开成厚度坐标的无穷项幂级数形式，发展了弹性板的简化结构理论，并开创性地构建了针对石英晶体板的简化结构理论，称为 Mindlin 型简化结构理论。Tiersten 和 Mindlin[6]、Tiersten[7]把位移和电位移展开成厚度坐标的幂级数，导出了线性压电晶体板的二维方程。Mindlin 和 Spencer[8]把位移和电势(取代上述的电位移)进行了展开，得到了形式上较为简洁的基本方程，并给出了一阶简化结构理论的基本方程和相应的剪切修正因子。此外，Syngellakis 和 Lee[9]采用位移和电势的三角级数展开形式导出了压电晶体板的基本方程。在 Mindlin 工作的基础上，Yang[10,11]将结构理论推广到圆柱坐标系和一维梁模型，并系统研究了压电结构的简化分析方法。

简化结构理论的核心思想，类似于函数的渐近展开，主要是把结构的基本物理场展开成结构尺寸较小维度坐标的幂级数(或三角函数级数)形式。例如，在求解如图 2.1 所示板壳结构的力学问题时，可将位移场展开成厚度坐标的级数形式，在数学上把三维问题简化为易于求解的二维问题。从理论上来说，展开项数越多，结果越精确，也越趋近于三维理论的解；但在实际应用时，为方便起见，只需要展开至有限项就可得到较为精确且满足工程需要的解。例如，把板的位移场展开到厚度坐标的一次幂项，就能较精确地描述诸如板状结构的伸缩、剪切或者弯曲变形等问题。

Mindlin 型简化结构理论在弹性和石英晶体板的分析中发挥了重要作用，例如，电气电子工程师学会(IEEE)在压电器件结构的分析中，采用的是 Mindlin 型简化结构理论的符号体系。在有限元技术发展较为成熟和各种新的数值计算方法不断涌现的当下，简化结构理论仍因可以得到蕴含丰富物理意义及力学意义的解析解，而在实际工程中具有重要的应用价值。对于具有 MEE 多场耦合的多铁性材料和结构，在外部荷载作用下，其内部因不同物理场之间的互相影响而发生复

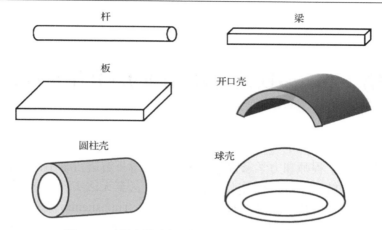

图 2.1　工程中常见杆、梁、板、壳等结构示意图

杂的多场耦合响应,这使得此类问题的解析求解较为困难。为此,本章采用 Mindlin型简化结构理论的思想,分别建立笛卡儿直角坐标系下多铁性层合板结构和一维多铁性结构以及正交曲线坐标系下多铁性层合壳体结构的简化结构理论,为多铁性材料结构的工程应用奠定了理论基础。

2.2　多铁性材料结构的三维方程

在经典连续介质理论框架下,多铁性材料遵循牛顿定律、准静态近似下电学和磁学的高斯定理。多铁性材料的控制方程包括

$$T_{ji,j} = \rho \ddot{u}_i \tag{2.1}$$

$$D_{i,i} = 0 \tag{2.2}$$

$$B_{i,i} = 0 \tag{2.3}$$

其中,u_i 是位移分量,$\ddot{u}_i$ 表示对 u_i 求时间的二阶偏导数;T_{ji} ($=T_{ij}$) 是应力分量;ρ 是物质密度;D_i 是电位移分量;B_i 是磁感应强度分量。这里,下标字母 i 和 j 的取值范围为 1、2 和 3,分别表示 x_1、x_2 和 x_3 坐标方向;下标中的重复指标表示遍历求和,即 Einstein 求和约定;下标符号 ",i" 表示对 x_i 求偏导数 ($\partial/\partial x_i$)。

式(2.1)是运动平衡方程,式(2.2)是准静态条件下的电学高斯方程,式(2.3)是没有磁极子的磁学高斯方程。

多铁性材料的本构方程为

$$T_{ij} = c_{ijkl}S_{kl} - e_{kij}E_k - h_{kij}H_k \tag{2.4}$$

$$D_i = e_{ikl} S_{kl} + \varepsilon_{ik} E_k + \alpha_{ik} H_k \tag{2.5}$$

$$B_i = h_{ikl} S_{kl} + \alpha_{ik} E_k + \mu_{ik} H_k \tag{2.6}$$

其中，$S_{kl}(=S_{lk})$ 是应变分量；E_k 是电场强度分量；H_k 是磁场强度分量；c_{ijkl} $(=c_{klij}=c_{jikl}=c_{ijlk})$ 是弹性常数；$\varepsilon_{ik}(=\varepsilon_{ki})$ 是介电常数；$e_{ikl}(=e_{ilk}=e_{kli})$ 是压电常数；$\mu_{ik}(=\mu_{ki})$ 是磁导率；$h_{ikl}(=h_{ilk}=h_{kli})$ 是压磁常数；$\alpha_{ki}(=\alpha_{ik})$ 是磁电耦合系数。这里下标字母 k、l 取值范围为 1, 2, 3，分别表示 x_1、x_2、x_3 坐标方向。

在准静态近似条件下，电场 E_i 和磁场 H_i 均为无旋场，可引入它们的标量势：电势 φ 和磁势 ψ。

应变-位移、电场-电势与磁场-磁势关系，通常也称为电磁介质材料的几何方程，分别为

$$S_{ij} = \left(u_{i,j} + u_{j,i} \right)/2 \tag{2.7}$$

$$E_i = -\varphi_{,i} \tag{2.8}$$

$$H_i = -\psi_{,i} \tag{2.9}$$

式(2.1)~式(2.9)构成了多铁性材料结构的三维方程。

2.3 笛卡儿直角坐标系下二维层合板结构的简化结构理论

考虑如图 2.2 所示的由 N 层多铁性材料构成的层合板结构。板的总厚度为 $2h$，板的厚度沿坐标 x_3 方向，坐标平面 $O\text{-}x_1 x_2$ 位于板的几何中面。板的上下表面和各层之间的 $N-1$ 个界面在 x_3 方向的坐标分别记为 $h_0, h_1, h_2, \cdots, h_{N-1}, h_N$（其中，$h_0 = -h$，$h_N = h$）。由图 2.2 可知，第 I 层上下界面在 x_3 方向的值分别为 h_I 和 h_{I-1}；为与其他层进行区别，在该层材料常数的符号上用上标"I"（$I = 1, 2, \cdots, N$）作为标志。

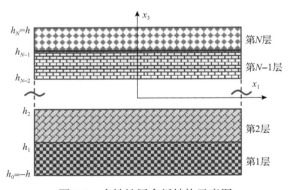

图 2.2 多铁性层合板结构示意图

2.3.1　位移模式和运动平衡方程

Mindlin 建立的一阶简化结构理论已被广泛应用于研究结构的伸缩、弯曲和厚度剪切变形。在实际应用中，大部分工程结构与元器件的工作模式也属于上述一种或几种耦合的变形模式。下面，建立多铁性材料结构的一阶简化结构理论。根据 Mindlin 板理论，一阶简化结构理论的位移模式可取为

$$u_a(x_1,x_2,x_3,t) = u_a^{(0)}(x_1,x_2,t) + x_3 u_a^{(1)}(x_1,x_2,t), \quad a = 1,2 \tag{2.10}$$

$$u_3(x_1,x_2,x_3,t) = u_3^{(0)}(x_1,x_2,t) + x_3 u_3^{(1)}(x_1,x_2,t) + x_3^2 u_3^{(2)}(x_1,x_2,t) \tag{2.11}$$

其中，位移 $u_a^{(0)}$、$u_3^{(0)}$ 和 $u_a^{(1)}$ 分别为伸缩、弯曲和厚度剪切变形。

需要注意的是，尽管 $u_i^{(0)}$ 和 $u_a^{(1)}$ 在一阶简化结构理论中占主导位置，但是在 x_3 方向的位移 u_3 中还考虑了 $u_3^{(1)}$ 和 $u_3^{(2)}$ 的影响。从式 (2.10) 和式 (2.11) 表示的位移模式出发，可以得到仅含 $u_i^{(0)}$ 和 $u_a^{(1)}$ 的二维方程，而 $u_3^{(1)}$ 和 $u_3^{(2)}$ 将由应力松弛条件消除。

把式 (2.10) 和式 (2.11) 代入应变-位移关系，并略去二阶小量，整理可得到应变的展开式为

$$S_{ij} = S_{ij}^{(0)} + x_3 S_{ij}^{(1)} \tag{2.12}$$

其中，$S_{ij}^{(0)}$ 和 $S_{ij}^{(1)}$ 分别为零阶应变和一阶应变，与之相对应的新的应变-位移关系为

$$S_{11}^{(0)} = u_{1,1}^{(0)}, \quad S_{22}^{(0)} = u_{2,2}^{(0)}, \quad S_{33}^{(0)} = u_3^{(1)}$$
$$S_{23}^{(0)} = \left(u_{3,2}^{(0)} + u_2^{(1)}\right)/2, \quad S_{31}^{(0)} = \left(u_{3,1}^{(0)} + u_1^{(1)}\right)/2, \quad S_{12}^{(0)} = \left(u_{1,2}^{(0)} + u_{2,1}^{(0)}\right)/2 \tag{2.13}$$

$$S_{11}^{(1)} = u_{1,1}^{(1)}, \quad S_{22}^{(1)} = u_{2,2}^{(1)}, \quad S_{33}^{(1)} = 2u_3^{(2)}$$
$$S_{23}^{(1)} = u_{3,2}^{(1)}/2, \quad S_{31}^{(1)} = u_{3,1}^{(1)}/2, \quad S_{12}^{(1)} = \left(u_{1,2}^{(1)} + u_{2,1}^{(1)}\right)/2 \tag{2.14}$$

式 (2.13) 和式 (2.14) 所表示的应变-位移关系表明：板在伸缩和弯曲模式下，由于泊松效应 (Poisson's effect)，会伴随产生厚度伸缩变形 ($S_{33}^{(0)}$ 和 $S_{33}^{(1)}$)，与之对应的位移分别为 $u_3^{(1)}$ 和 $u_3^{(2)}$。

以第 I 层板为研究对象，把式 (2.10) 和式 (2.11) 代入式 (2.1) 表示的运动平衡方程中，并在两边同时乘以 x_3^n ($n=0$ 或 1)，再在区间 (h_{I-1}, h_I) 内沿坐标 x_3 方向积分。最后，把得到的各层板的控制方程进行求和，由各界面处的应力连续条件可以得到简化结构理论的零阶和一阶运动平衡方程分别为

$$T_{ab,a}^{(0)} + F_b^{(0)} = \sum_{I=1}^{N} \rho^I \left[\left(h_I - h_{I-1} \right) \ddot{u}_b^{(0)} + \frac{h_I^2 - h_{I-1}^2}{2} \ddot{u}_b^{(1)} \right] \tag{2.15}$$

$$T_{a3,a}^{(0)} + F_3^{(0)} = \sum_{I=1}^{N} \rho^I \left(h_I - h_{I-1} \right) \ddot{u}_3^{(0)} \tag{2.16}$$

$$T_{ab,a}^{(1)} - T_{3b}^{(0)} + F_b^{(1)} = \sum_{I=1}^{N} \rho^I \left(\frac{h_I^2 - h_{I-1}^2}{2} \ddot{u}_b^{(0)} + \frac{h_I^3 - h_{I-1}^3}{3} \ddot{u}_b^{(1)} \right) \tag{2.17}$$

其中，下标 a 和 b 取值为 1 和 2，式 (2.16) 略去了高阶小量。

$T_{ij}^{(n)}$ 和 $F_j^{(n)}$（$n=0$ 或 1）分别表示板的伸缩、弯曲和剪切合力分量与表面荷载，定义如下：

$$\begin{cases} T_{ij}^{(n)} = \displaystyle\int_{-h}^{h} x_3^n T_{ij} \mathrm{d}x_3 = \sum_{I=1}^{N} \int_{h_{I-1}}^{h_I} x_3^n T_{ij} \mathrm{d}x_3 \\ F_j^{(n)} = \left[x_3^n T_{3j} \right]_{-h}^{h} \end{cases} \tag{2.18}$$

2.3.2　电势和电学方程

假设在层合结构的一些界面处有电极存在，且不考虑电极的刚度和质量效应的影响。对于电势的处理，沿用文献 [10] 中的线性分段近似方法。对于第 I 层板（$h_{I-1} < x_3 < h_I$），在厚度方向（x_3 方向）引入局部坐标，即

$$x_3^I = x_3 - \frac{h_{I-1} + h_I}{2} \tag{2.19}$$

由式 (2.19) 可知，与整体坐标类似，第 I 层的局部坐标 x_3^I 的原点位于第 I 层板的几何中面处。

记第 I 层内的电势为 φ^I，其分布可近似表示为

$$\varphi^I (x_1, x_2, x_3^I, t) = \varphi^{I(0)}(x_1, x_2, t) + x_3^I \varphi^{I(1)}(x_1, x_2, t) \tag{2.20}$$

由电场-电势关系可得到第 I 层内电场 E_j^I 的表达式为

$$E_j^I = E_j^{I(0)} + x_3^I E_j^{I(1)} \tag{2.21}$$

其中，零阶电场 $E_j^{I(0)}$ 和一阶电场 $E_j^{I(1)}$ 的表达式分别为

$$E_1^{I(0)} = -\varphi_{,1}^{I(0)}, \quad E_2^{I(0)} = -\varphi_{,2}^{I(0)}, \quad E_3^{I(0)} = -\varphi^{I(1)} \tag{2.22}$$

$$E_1^{I(1)} = -\varphi_{,1}^{I(1)}, \quad E_2^{I(1)} = -\varphi_{,2}^{I(1)}, \quad E_3^{I(1)} = 0 \tag{2.23}$$

与运动平衡方程的处理方法一样，对于第 I 层板，在静电高斯方程(2.2)两侧同乘以 $(x_3^I)^n$（$n=0,1$），并在其厚度区间 (h_{I-1}, h_I) 内积分，整理可得到零阶和一阶静电高斯方程分别为

$$D_{a,a}^{I(0)} + d^{I(0)} = 0 \tag{2.24}$$

$$D_{a,a}^{I(1)} - D_3^{I(0)} + d^{I(1)} = 0 \tag{2.25}$$

其中

$$D_i^{I(n)} = \int_{-\bar{h}_I}^{\bar{h}_I} \left(x_3^I\right)^n D_i^I \, \mathrm{d}x_3^I, \quad d^{I(n)} = \left[\left(x_3^I\right)^n D_3^I\right]_{-\bar{h}_I}^{\bar{h}_I} \tag{2.26}$$

这里，引入了符号 $\bar{h}_I = (h_I - h_{I-1})/2$。

2.3.3 磁势和磁学方程

在电磁学理论中，研究磁场时通常假设自然界中有(类比电场中的电荷)磁荷存在。在此类比下，磁场方程在形式上与电场方程相统一。因此，可直接给出第 I 层的磁势和磁场，分别为

$$\psi^I(x_1, x_2, x_3^I, t) = \psi^{I(0)}(x_1, x_2, t) + x_3^I \psi^{I(1)}(x_1, x_2, t) \tag{2.27}$$

$$H_i^I = H_i^{I(0)} + x_3^I H_i^{I(1)} \tag{2.28}$$

其中

$$H_1^{I(0)} = -\psi_{,1}^{I(0)}, \quad H_2^{I(0)} = -\psi_{,2}^{I(0)}, \quad H_3^{I(0)} = -\psi^{I(1)} \tag{2.29}$$

$$H_1^{I(1)} = -\psi_{,1}^{I(1)}, \quad H_2^{I(1)} = -\psi_{,2}^{I(1)}, \quad H_3^{I(1)} = 0 \tag{2.30}$$

相应地，磁学高斯方程的零阶方程和一阶方程分别为

$$B_{a,a}^{I(0)} + b^{I(0)} = 0 \tag{2.31}$$

$$B_{a,a}^{I(1)} - B_3^{I(0)} + b^{I(1)} = 0 \tag{2.32}$$

其中

$$B_i^{I(n)} = \int_{-\bar{h}_I}^{\bar{h}_I} \left(x_3^I\right)^n B_i^I \, \mathrm{d}x_3^I, \quad b^{I(n)} = \left[(x_3^I)^n B_3^I\right]_{-\bar{h}_I}^{\bar{h}_I} \tag{2.33}$$

2.3.4 多铁性板的本构方程

考虑薄板问题，可采用平面应力假设，即正应力 T_{33} 为零。把 $T_{33} = 0$ 这一条件代入应力本构方程 (2.4)，整理可得如下正应变 S_{33} 的表达式：

$$S_{33} = -\frac{c_{33kl}S_{kl} - c_{3333}S_{33} - e_{k33}E_k - h_{k33}H_k}{c_{3333}} \qquad (2.34)$$

需要指出的是，式 (2.34) 右边的展开式中含 S_{33} 的项互相抵消。把式 (2.34) 回代到本构方程 (2.4)～(2.6) 中，整理后可得到采用应力松弛条件后的薄板本构方程为

$$T_{ij} = \bar{c}_{ijkl}S_{kl} - \bar{e}_{kij}E_k - \bar{h}_{kij}H_k \qquad (2.35)$$

$$D_i = \bar{e}_{ikl}S_{kl} + \bar{\varepsilon}_{ik}E_k + \bar{a}_{ik}H_k \qquad (2.36)$$

$$B_i = \bar{h}_{ikl}S_{kl} + \bar{\alpha}_{ik}E_k + \bar{\mu}_{ik}H_k \qquad (2.37)$$

其中，薄板本构方程 (2.35)～(2.37) 中顶部带有上划线 "–" 的符号为薄板本构方程中的等效材料常数，分别为

$$\begin{cases} \bar{c}_{ijkl} = c_{ijkl} - c_{ij33}c_{33kl}/c_{3333}, \quad \bar{e}_{kij} = e_{kij} - e_{k33}c_{33ij}/c_{3333} \\ \bar{h}_{kij} = h_{kij} - h_{k33}c_{33ij}/c_{3333}, \quad \bar{\varepsilon}_{ik} = \varepsilon_{ik} + e_{i33}e_{k33}/c_{3333} \\ \bar{\mu}_{ik} = \mu_{ik} + h_{i33}h_{k33}/c_{3333}, \quad \bar{\alpha}_{ik} = \alpha_{ik} + e_{i33}h_{k33}/c_{3333} \end{cases} \qquad (2.38)$$

注意：薄板本构方程 (2.35)～(2.37) 中不含 S_{33} 项；对于应力分量 T_{33}，在式 (2.35) 中同时把指标 i 和 j 取为 3，即可发现 $T_{33} = 0$ 的假设自动满足。若图 2.2 所示的层合板结构也符合薄板情况，则本构方程 (2.35)～(2.37) 所描述的本构关系对每一层结构都是成立的。其中，S_{kl}、E_k 和 H_k 仍遵循式 (2.12)、式 (2.21) 和式 (2.28) 给出的关系。

把式 (2.35) 代入式 (2.18)，即可得到多铁性层合板的简化结构理论的本构关系为

$$\begin{aligned} T_{ij}^{(0)} = {}&c_{ijkl}^{(0)}S_{kl}^{(0)} + c_{ijkl}^{(1)}S_{kl}^{(1)} \\ &- \sum_{I=1}^{N}\left(e_{kij}^{I(0)}E_k^{I(0)} + e_{kij}^{I(1)}E_k^{I(1)} + h_{kij}^{I(0)}H_k^{I(0)} + h_{kij}^{I(1)}H_k^{I(1)}\right) \end{aligned} \qquad (2.39)$$

$$\begin{aligned} T_{ij}^{(1)} = {}&c_{ijkl}^{(1)}S_{kl}^{(0)} + c_{ijkl}^{(2)}S_{kl}^{(1)} \\ &- \sum_{I=1}^{N}\left(\bar{e}_{kij}^{I(1)}E_k^{I(0)} + e_{kij}^{I(2)}E_k^{I(1)} + \bar{h}_{kij}^{I(1)}H_k^{I(0)} + h_{kij}^{I(2)}H_k^{I(1)}\right) \end{aligned} \qquad (2.40)$$

式(2.39)为零阶应力本构关系, 式(2.40)为一阶应力本构关系, 相应的等效材料常数为

$$c_{ijkl}^{(0)} = \sum_{I=1}^{N}(h_I - h_{I-1})\bar{c}_{ijkl}^I, \quad c_{ijkl}^{(1)} = \sum_{I=1}^{N}\left(\frac{h_I^2 - h_{I-1}^2}{2}\right)\bar{c}_{ijkl}^I, \quad c_{ijkl}^{(2)} = \sum_{I=1}^{N}\left(\frac{h_I^3 - h_{I-1}^3}{3}\right)\bar{c}_{ijkl}^I$$

(2.41)

$$e_{kij}^{I(0)} = \int_{h_{I-1}}^{h_I}\bar{e}_{kij}^I dx_3 = (h_I - h_{I-1})\bar{e}_{kij}^I, \quad e_{kij}^{I(1)} = \int_{h_{I-1}}^{h_I}x_3^I\bar{e}_{kij}^I dx_3 = 0$$

$$\bar{e}_{kij}^{I(1)} = \int_{h_{I-1}}^{h_I}x_3\bar{e}_{kij}^I dx_3 = \frac{h_I^2 - h_{I-1}^2}{2}\bar{e}_{kij}^I, \quad e_{kij}^{I(2)} = \int_{h_{I-1}}^{h_I}x_3 x_3^I\bar{e}_{kij}^I dx_3 = \frac{(h_I - h_{I-1})^3}{12}\bar{e}_{kij}^I$$

(2.42)

$$h_{kij}^{I(0)} = \int_{h_{I-1}}^{h_I}\bar{h}_{kij}^I dx_3 = (h_I - h_{I-1})\bar{h}_{kij}^I, \quad h_{kij}^{I(1)} = \int_{h_{I-1}}^{h_I}x_3^I\bar{h}_{kij}^I dx_3 = 0$$

$$\bar{h}_{kij}^{I(1)} = \int_{h_{I-1}}^{h_I}x_3\bar{h}_{kij}^I dx_3 = \frac{h_I^2 - h_{I-1}^2}{2}\bar{h}_{kij}^I, \quad h_{kij}^{I(2)} = \int_{h_{I-1}}^{h_I}x_3 x_3^I\bar{h}_{kij}^I dx_3 = \frac{(h_I - h_{I-1})^3}{12}\bar{h}_{kij}^I$$

(2.43)

此外, 还需要引入两个剪切修正因子 κ_1 和 κ_2。采用 Mindlin 对弹性板的处理方法, 在计算中把零阶剪切应变按如下形式替换:

$$S_{31}^{(0)} \to \kappa_1 S_{31}^{(0)}, \quad S_{32}^{(0)} \to \kappa_2 S_{32}^{(0)}$$

(2.44)

关于两个剪切修正因子的确定, 通常选取容易得到精确解的板结构, 分别用二维结构理论和三维结构理论计算得到厚度剪切振动模式下的固有频率, 对比两种方法得到的固有频率, 即可确定 κ_1 和 κ_2 的值。

把式(2.36)代入式(2.26)的第一式, 并分别取 n 为 0 和 1, 可得零阶和一阶的电学本构关系分别为

$$\begin{aligned} D_i^{I(0)} &= e_{ikl}^{I(0)}S_{kl}^{(0)} + \bar{e}_{ikl}^{I(1)}S_{kl}^{(1)} + \varepsilon_{ik}^{I(0)}E_k^{I(0)} + \varepsilon_{ik}^{I(1)}E_k^{I(1)} \\ &+ \alpha_{ik}^{I(0)}H_k^{I(0)} + \alpha_{ik}^{I(1)}H_k^{I(1)} \end{aligned}$$

(2.45)

$$\begin{aligned} D_i^{I(1)} &= e_{ikl}^{I(1)}S_{kl}^{(0)} + e_{ikl}^{I(2)}S_{kl}^{(1)} + \varepsilon_{ik}^{I(1)}E_k^{I(0)} + \varepsilon_{ik}^{I(2)}E_k^{I(1)} \\ &+ \alpha_{ik}^{I(1)}H_k^{I(0)} + \alpha_{ik}^{I(2)}H_k^{I(1)} \end{aligned}$$

(2.46)

其中, 各阶电学等效材料常数为

$$
\begin{cases}
\varepsilon_{ik}^{I(0)} = \displaystyle\int_{-\bar{h}_I}^{\bar{h}_I} \bar{\varepsilon}_{ik}^{I} \, \mathrm{d}x_3^I = (h_I - h_{I-1}) \bar{\varepsilon}_{ik}^{I} \\[3mm]
\varepsilon_{ik}^{I(1)} = \displaystyle\int_{\bar{h}_I}^{\bar{h}_I} x_3^I \bar{\varepsilon}_{ik}^{I} \, \mathrm{d}x_3^I = 0 \\[3mm]
\varepsilon_{ik}^{I(2)} = \displaystyle\int_{-\bar{h}_I}^{\bar{h}_I} x_3^I x_3^I \bar{\varepsilon}_{ik}^{I} \, \mathrm{d}x_3^I = \dfrac{(h_I - h_{I-1})^3}{12} \bar{\varepsilon}_{ik}^{I}
\end{cases}
\tag{2.47}
$$

$$
\begin{cases}
\alpha_{ik}^{I(0)} = \displaystyle\int_{-\bar{h}_I}^{\bar{h}_I} \bar{\alpha}_{ik}^{I} \, \mathrm{d}x_3^I = (h_I - h_{I-1}) \bar{\varepsilon}_{ik}^{I} \\[3mm]
\alpha_{ik}^{I(1)} = \displaystyle\int_{-\bar{h}_I}^{\bar{h}_I} x_3^I \bar{\alpha}_{ik}^{I} \, \mathrm{d}x_3^I = 0 \\[3mm]
\alpha_{ik}^{I(2)} = \displaystyle\int_{-\bar{h}_I}^{\bar{h}_I} x_3^I x_3^I \bar{\alpha}_{ik}^{I} \, \mathrm{d}x_3^I = \dfrac{(h_I - h_{I-1})^3}{12} \bar{\alpha}_{ik}^{I}
\end{cases}
\tag{2.48}
$$

同样，把式 (2.37) 代入式 (2.33)，可以得到第 I 层板的磁学本构关系为

$$
B_i^{I(0)} = h_{ikl}^{I(0)} S_{kl}^{(0)} + \bar{h}_{ikl}^{I(1)} S_{kl}^{(1)} + \alpha_{ik}^{I(0)} E_k^{I(0)} + \alpha_{ik}^{I(1)} E_k^{I(1)} + \mu_{ik}^{I(0)} H_k^{I(0)} + \mu_{ik}^{I(1)} H_k^{I(1)}
\tag{2.49}
$$

$$
B_i^{I(1)} = h_{ikl}^{I(1)} S_{kl}^{(0)} + h_{ikl}^{I(2)} S_{kl}^{(1)} + \alpha_{ik}^{I(1)} E_k^{I(0)} + \alpha_{ik}^{I(2)} E_k^{I(1)} + \mu_{ik}^{I(1)} H_k^{I(0)} + \mu_{ik}^{I(2)} H_k^{I(1)}
\tag{2.50}
$$

其中，各磁学等效材料常数为

$$
\begin{cases}
\mu_{ik}^{I(0)} = \displaystyle\int_{-\bar{h}_I}^{\bar{h}_I} \bar{\mu}_{ik}^{I} \, \mathrm{d}x_3^I = (h_I - h_{I-1}) \bar{\mu}_{ik}^{I} \\[3mm]
\mu_{ik}^{I(1)} = \displaystyle\int_{-\bar{h}_I}^{\bar{h}_I} x_3^I \bar{\mu}_{ik}^{I} \, \mathrm{d}x_3^I = 0 \\[3mm]
\mu_{ik}^{I(2)} = \displaystyle\int_{-\bar{h}_I}^{\bar{h}_I} x_3^I x_3^I \bar{\mu}_{ik}^{I} \, \mathrm{d}x_3^I = \dfrac{(h_I - h_{I-1})^3}{12} \bar{\mu}_{ik}^{I}
\end{cases}
\tag{2.51}
$$

2.3.5　边界条件

至此，导出了多铁性层合板结构的二维简化结构理论的运动平衡方程 (2.15)～(2.17)。它包括本构关系 (2.39)、(2.40)、(2.45)、(2.46)、(2.49) 和 (2.50)，应变-位移关系 (2.13) 和 (2.14)，电势-电场梯度关系 (2.22) 和 (2.23)，电学高斯方程 (2.45) 和 (2.46)，磁势-磁场梯度关系 (2.29) 和 (2.30)，磁学高斯方程 (2.49) 和 (2.50)。把位移 $u_i^{(0)}$ 和 $u_a^{(1)}$、电势 $\varphi^{I(0)}$ 和磁势 $\psi^{I(0)}$ 依次代入式 (2.15)～式 (2.17)、

式(2.45)、式(2.46)、式(2.49)和式(2.50)中，可以得到 $2N+5$ 个由 $u_i^{(0)}$、$u_i^{(1)}$、$\varphi^{I(0)}$ 和 $\psi^{I(0)}$ 表示的方程。在板的边界处，设面内单位外法向矢量为 n，切向矢量为 s，对于实际问题，通常边界情况是给定的（或已知的），也即相应边界上的应力或位移、电位移或电势、磁感应强度或磁势的值是已知的。例如，边界上有如下应力或位移分量的值是已知的（即力学边界条件）：

$$\begin{cases} T_{nn}^{(0)} \text{ 或 } u_n^{(0)} \\ T_{ns}^{(0)} \text{ 或 } u_s^{(0)} \\ T_{n3}^{(0)} \text{ 或 } u_3^{(0)} \\ T_{nn}^{(1)} \text{ 或 } u_n^{(1)} \\ T_{ns}^{(1)} \text{ 或 } u_s^{(1)} \end{cases} \tag{2.52}$$

类似地，结构中每层的电学和磁学边界条件通过给定如下电学分量和磁学分量的值来确定：

$$\begin{cases} D_n^{I(0)} \text{ 或 } \varphi^{I(0)} \\ D_n^{I(1)} \text{ 或 } \varphi^{I(1)} \\ B_n^{I(0)} \text{ 或 } \psi^{I(0)} \\ B_n^{I(1)} \text{ 或 } \psi^{I(1)} \end{cases} \tag{2.53}$$

2.4　正交曲线坐标系下二维层合壳体结构的简化结构理论

壳体（如特殊的柱壳和球壳等）结构在实际器件中也有着广泛的应用[12]。本节将在正交曲线坐标系下，建立一般多铁性层合壳体结构的二维简化结构理论，并在此基础上通过取特殊的拉梅（Lamé）系数而退化得到几种典型（平板、柱壳和球壳）结构的简化结构理论。

2.4.1　正交曲线坐标系下的三维方程

在正交曲线坐标系 $O\text{-}\gamma_1\gamma_2\gamma_3$ 下，以张量形式表示的控制方程和几何关系与其在笛卡儿直角坐标系下的形式相同，本构关系仍为式(2.3)～式(2.5)。记正交曲线坐标系 $O\text{-}\gamma_1\gamma_2\gamma_3$ 的拉梅系数为 g_1、g_2 和 g_3。下面给出以张量形式表示的控制方程和几何关系。若没有特别说明，本节方程中的分量均表示在坐标系 $O\text{-}\gamma_1\gamma_2\gamma_3$ 中的张量分量。其中，运动平衡方程为

$$T_{ji}\,|_j = \rho \ddot{u}_i \tag{2.54}$$

其中，符号"$X\,|_j$"表示张量或标量"X"对曲线坐标 γ_j 的协变导数。

在准静态近似下，电场和磁场的高斯方程分别为

$$D_i\,|_i = 0 \tag{2.55}$$

$$B_i\,|_i = 0 \tag{2.56}$$

应变-位移、电势-电场和磁势-磁场之间的梯度关系分别为

$$S_{ij} = \left(u_i\,|_j + u_j\,|_i \right) / 2 \tag{2.57}$$

$$E_i = -\varphi\,|_i \tag{2.58}$$

$$H_i = -\psi\,|_i \tag{2.59}$$

在正交曲线坐标系下，本构关系与笛卡儿直角坐标系下的本构关系，即式 (2.35)～式 (2.37)，在形式上是一样的。把式 (2.57)～式 (2.59) 的梯度关系代入本构关系 (2.35)～(2.37)，可得在正交曲线坐标系下由位移、电势和磁势表示的本构关系，具体为

$$T_{ij} = \frac{1}{2} c_{ijkl} \left(u_k\,|_l + u_l\,|_k \right) + e_{kij} \varphi\,|_k + h_{kij} \psi\,|_k \tag{2.60}$$

$$D_i = \frac{1}{2} e_{ikl} \left(u_k\,|_l + u_l\,|_k \right) - \varepsilon_{ik} \varphi\,|_k - \alpha_{ik} \psi\,|_k \tag{2.61}$$

$$B_i = \frac{1}{2} h_{ikl} \left(u_k\,|_l + u_l\,|_k \right) - \alpha_{ik} \varphi\,|_k - \mu_{ik} \psi\,|_k \tag{2.62}$$

取如图 2.3 所示总厚度为 $2h$ 的 N 层多铁性层合薄壳的一个微元，设坐标系 $O\text{-}\gamma_1\gamma_2\gamma_3$ 的坐标线 γ_1 和 γ_2 及其曲面位于结构的几何中面内，坐标线 γ_3 沿壳体结构厚度方向且为直线，对应的拉梅系数 $g_3 = 1$。同样，使用上标符号"I"（$I = 1$，$2,\cdots,N$）来区别各层的材料属性。第 I 层结构的上下表面的坐标记为 h_I 和 h_{I-1}。对于多铁性层合薄壳结构，其下表面、中间 $N-1$ 层界面和上表面在厚度方向的坐标依次记为 $\gamma_3 = h_0, h_1, \cdots, h_{N-1}, h_N$。其中，$h_0 = -h$，$h_N = h$。考虑层合薄壳结构情况，即假设壳的厚度 $2h$ 远小于壳几何中面的两个主曲率半径 R_1 和 R_2。令几何中面对应于坐标线 γ_1 和 γ_2 的拉梅系数分别为 Γ_1 和 Γ_2，则沿坐标线 γ_1 和 γ_2 方向的微分弧长分别为 $\mathrm{d}l_1 = \Gamma_1 \mathrm{d}\gamma_1$ 和 $\mathrm{d}l_2 = \Gamma_2 \mathrm{d}\gamma_2$。对应于坐标系 $O\text{-}\gamma_1\gamma_2\gamma_3$ 的拉梅系数 g_1 和

g_2 与几何中面的拉梅系数 Γ_1 和 Γ_2 存在如下几何关系：

$$g_1 = \Gamma_1\left(1 + \gamma_3 / R_1\right) \tag{2.63}$$

$$g_2 = \Gamma_2\left(1 + \gamma_3 / R_2\right) \tag{2.64}$$

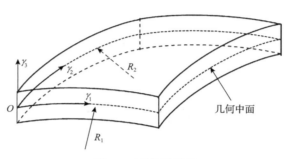

图 2.3　壳单元模型

采用前述简化结构理论思想，把位移 u_j 展开成沿其厚度坐标 γ_3 的幂级数形式，即

$$u_j = \sum_{n=0}^{\infty} \gamma_3^n u_j^{(n)}(\gamma_1, \gamma_2, t) \tag{2.65}$$

与前面一样，每一层的电学分量和磁学分量需分层考虑。对于第 I 层（$h_{I-1} < \gamma_3 < h_I$），把坐标原点取在第 I 层的几何中面上，引入厚度方向的局部坐标 γ_3^I 为

$$\gamma_3^I = \gamma_3 - \frac{h_I + h_{I-1}}{2} \tag{2.66}$$

类似地，把第 I 层内的电势和磁势展开成局部坐标 γ_3^I 的幂级数形式，分别为

$$\varphi^I = \sum_{n=0}^{\infty} (\gamma_3^I)^n \varphi^{I(n)}(\gamma_1, \gamma_2, t) \tag{2.67}$$

$$\psi^I = \sum_{n=0}^{\infty} (\gamma_3^I)^n \psi^{I(n)}(\gamma_1, \gamma_2, t) \tag{2.68}$$

把位移展开式（2.65）、电势展开式（2.67）和磁势展开式（2.68）代入应变-位移、电势-电场和磁势-磁场之间的梯度关系（2.57）~（2.59），可得到 n 阶应变表达式为

$$
\begin{cases}
S_{11}^{(n)} = \dfrac{1}{g_1}\left(\dfrac{\partial u_1^{(n)}}{\partial \gamma_1} + \dfrac{1}{g_2}\dfrac{\partial g_1}{\partial \gamma_2} u_2^{(n)} + \dfrac{\partial g_1}{\partial \gamma_3} u_3^{(n)} \right) \\[2mm]
S_{22}^{(n)} = \dfrac{1}{g_2}\left(\dfrac{\partial u_2^{(n)}}{\partial \gamma_2} + \dfrac{1}{g_1}\dfrac{\partial g_2}{\partial \gamma_1} u_1^{(n)} + \dfrac{\partial g_2}{\partial \gamma_3} u_3^{(n)} \right) \\[2mm]
S_{33}^{(n)} = (n+1)u_3^{(n+1)} \\[2mm]
2S_{23}^{(n)} = \dfrac{1}{g_2}\dfrac{\partial u_3^{(n)}}{\partial \gamma_2} + (n+1)u_2^{(n+1)} - \dfrac{1}{g_2}\dfrac{\partial g_2}{\partial \gamma_3}u_2^{(n)} \\[2mm]
2S_{12}^{(n)} = \dfrac{1}{g_2}\dfrac{\partial u_1^{(n)}}{\partial \gamma_2} + \dfrac{1}{g_1}\dfrac{\partial u_2^{(n)}}{\partial \gamma_1} - \dfrac{1}{g_1 g_2}\left(\dfrac{\partial g_1}{\partial \gamma_2}u_1^{(n)} + \dfrac{\partial g_2}{\partial \gamma_1}u_2^{(n)} \right) \\[2mm]
2S_{13}^{(n)} = \dfrac{1}{g_1}\dfrac{\partial u_3^{(n)}}{\partial \gamma_1} + (n+1)u_1^{(n+1)} - \dfrac{1}{g_1}\dfrac{\partial g_1}{\partial \gamma_3}u_1^{(n)}
\end{cases}
\tag{2.69}
$$

n 阶电场表达式为

$$
E_1^{I(n)} = -\frac{1}{g_1}\frac{\partial \varphi^{I(n)}}{\partial \gamma_1^I}, \quad E_2^{I(n)} = -\frac{1}{g_2}\frac{\partial \varphi^{I(n)}}{\partial \gamma_2^I}, \quad E_3^{I(n)} = -(n+1)\varphi^{I(n+1)}
\tag{2.70}
$$

以及 n 阶磁场表达式为

$$
H_1^{I(n)} = -\frac{1}{g_1}\frac{\partial \psi^{I(n)}}{\partial \gamma_1^I}, \quad H_2^{I(n)} = -\frac{1}{g_2}\frac{\partial \psi^{I(n)}}{\partial \gamma_2^I}, \quad H_3^{I(n)} = -(n+1)\psi^{I(n+1)}
\tag{2.71}
$$

对于第 I 层，在三维运动平衡方程 (2.54) 两边同乘以 γ_3^n，并在区间 $[h_{I-1}, h_I]$ 内积分，然后把各层的结果进行叠加，利用层间应力连续条件可得多铁性层合薄壳结构的 n 阶运动平衡方程为

$$
T_{aj}^{(n)}\mid_a - nT_{3j}^{(n-1)} + F_j^{(n)} = \sum_{I=1}^{N}\left(\rho^I \sum_{m=0}^{\infty} G_{mn}^I \ddot{u}_j^{(m)} \right)
\tag{2.72}
$$

其中

$$
G_{mn}^I = \int_{h_{I-1}}^{h_I} \gamma_3^m \gamma_3^n \mathrm{d}\gamma_3
\tag{2.73}
$$

$T_{ij}^{(n)}$ 为 n 阶应力分量，其表达式为

$$
T_{ij}^{(n)} = \int_{-h}^{h} T_{ij}\gamma_3^n \mathrm{d}\gamma_3
\tag{2.74}
$$

$F_j^{(n)}$ 为 n 阶面力分量，其表达式为

$$F_j^{(n)} = \left[T_{3j} \gamma_3^n \right]_{-h}^h \tag{2.75}$$

在电学和磁学高斯方程 (2.55) 和 (2.56) 两边同乘以 $(\gamma_3^I)^n$，并在区间 $[\bar{h}_I, -\bar{h}_I]$ 内积分，可得第 I 层结构内 n 阶电学和磁学高斯方程分别为

$$D_a^{I(n)} \big|_a - n D_3^{I(n-1)} + d^{I(n)} = 0 \tag{2.76}$$

$$B_a^{I(n)} \big|_a - n B_3^{I(n-1)} + b^{I(n)} = 0 \tag{2.77}$$

其中

$$D_i^{I(n)} = \int_{-\bar{h}_I}^{\bar{h}_I} D_i^I \left(\gamma_3^I \right)^n \mathrm{d}\gamma_3^I \tag{2.78}$$

$$d^{I(n)} = \left[D_3^I \left(\gamma_3^I \right)^n \right]_{-\bar{h}_I}^{\bar{h}_I} \tag{2.79}$$

$$B_i^{I(n)} = \int_{-\bar{h}_I}^{\bar{h}_I} B_i^I \left(\gamma_3^I \right)^n \mathrm{d}\gamma_3^I \tag{2.80}$$

$$b^{I(n)} = \left[B_3^I \left(\gamma_3^I \right)^n \right]_{-\bar{h}_I}^{\bar{h}_I} \tag{2.81}$$

把本构关系 (2.60) ～ (2.62) 代入多铁性层合壳体结构的应力、电位移和磁感应强度的表达式，可得到一般壳体结构的本构关系为

$$T_{ij}^{(n)} = \sum_{I=1}^N \sum_{m=0}^\infty \left[G_{mn}^I c_{ijkl}^I S_{kl}^{(m)} - \bar{G}_{mn}^I \left(e_{kij}^I E_k^{I(m)} + h_{kij}^I H_k^{I(m)} \right) \right] \tag{2.82}$$

$$D_i^{I(n)} = \sum_{m=0}^\infty \left[\hat{G}_{mn}^I e_{ikl}^I S_{kl}^{(m)} + \tilde{G}_{mn}^I \left(\varepsilon_{ij}^I E_j^{I(m)} + \alpha_{ij}^I H_j^{I(m)} \right) \right] \tag{2.83}$$

$$B_i^{I(n)} = \sum_{m=0}^\infty \left[\hat{G}_{mn}^I h_{ikl}^I S_{kl}^{(m)} + \tilde{G}_{mn}^I \left(\alpha_{ij}^I E_j^{I(m)} + \mu_{ij}^I H_j^{I(m)} \right) \right] \tag{2.84}$$

其中

$$\bar{G}_{mn}^I = \int_{h_{I-1}}^{h_I} \left(\gamma_3^I \right)^m \gamma_3^n \mathrm{d}\gamma_3 \tag{2.85}$$

$$\hat{G}_{mn}^I = \int_{-\bar{h}_I}^{\bar{h}_I} \gamma_3^m \left(\gamma_3^I\right)^n \mathrm{d}\gamma_3^I \tag{2.86}$$

$$\tilde{G}_{mn}^I = \int_{-\bar{h}_I}^{\bar{h}_I} \left(\gamma_3^I\right)^m \left(\gamma_3^I\right)^n \mathrm{d}\gamma_3^I \tag{2.87}$$

对于层合薄壳结构，应用厚度坐标方向正应力 T_{33} 为零的应力松弛条件，即把 $T_{33} = 0$ 代入本构关系(2.35)，可得

$$S_{33} = -\frac{c_{33kl}S_{kl} - c_{3333}S_{33} - e_{k33}E_k - h_{k33}H_k}{c_{3333}} \tag{2.88}$$

同样，式(2.88)右边展开后不含 S_{33} 项。把式(2.88)回代到本构关系(2.35)~(2.37)中，可得

$$T_{ij} = \overline{c}_{ijkl}S_{kl} - \overline{e}_{kij}E_k - \overline{h}_{kij}H_k \tag{2.89}$$

$$D_i = \overline{e}_{ikl}S_{kl} + \overline{\varepsilon}_{ik}E_k + \overline{\alpha}_{ik}H_k \tag{2.90}$$

$$B_i = \overline{h}_{ikl}S_{kl} + \overline{\alpha}_{ik}E_k + \overline{\mu}_{ik}H_k \tag{2.91}$$

其中，等效材料常数与薄板本构关系中的等效材料常数形式完全一样，即式(2.38)。

对于薄壳结构，把本构关系(2.89)~(2.91)代入多铁性壳体结构的应力、电位移和磁感应强度的表达式，可得多铁性层合薄壳结构的简化结构理论的本构关系为

$$T_{ij}^{(n)} = \sum_{I=1}^N \sum_{m=0}^\infty \left[G_{mn}^I \overline{c}_{ijkl}^I S_{kl}^{(m)} - \overline{G}_{mn}^I \left(\overline{e}_{kij}^I E_k^{I(m)} + \overline{h}_{kij}^I H_k^{I(m)} \right) \right] \tag{2.92}$$

$$D_i^{I(n)} = \sum_{m=0}^\infty \left[\hat{G}_{mn}^I \overline{e}_{ikl}^I S_{kl}^{(m)} + \tilde{G}_{mn}^I \left(\overline{\varepsilon}_{ij}^I E_j^{I(m)} + \overline{\alpha}_{ij}^I H_j^{I(m)} \right) \right] \tag{2.93}$$

$$B_i^{I(n)} = \sum_{m=0}^\infty \left[\hat{G}_{mn}^I \overline{h}_{ikl}^I S_{kl}^{(m)} + \tilde{G}_{mn}^I \left(\overline{\alpha}_{ij}^I E_j^{I(m)} + \overline{\mu}_{ij}^I H_j^{I(m)} \right) \right] \tag{2.94}$$

至此，导出了一般多铁性层合薄壳结构的二维控制方程和本构关系。对于单层多铁性壳体结构，可以设定壳体层数 $N=1$，在上述方程中进行以下替换：$h_{I-1} \leftrightarrow -h$，$h_I \leftrightarrow h$，$\gamma_3^I \leftrightarrow \gamma_3$，即可得到单层多铁性壳体结构的基本方程。其中，本构关系为

$$T_{ij}^{(n)} = \sum_{m=0}^{\infty} G_{mn}^s \left(\overline{c}_{ijkl} S_{kl}^{(m)} - \overline{e}_{kij} E_k^{(m)} - \overline{h}_{kij} H_k^{(m)} \right) \tag{2.95}$$

$$D_i^{(n)} = \sum_{m=0}^{\infty} G_{mn}^s \left(\overline{e}_{ikl} S_{kl}^{(m)} + \overline{\varepsilon}_{ij} E_j^{(m)} + \overline{\alpha}_{ij} H_j^{(m)} \right) \tag{2.96}$$

$$B_i^{(n)} = \sum_{m=0}^{\infty} G_{mn}^s \left(\overline{h}_{ikl} S_{kl}^{(m)} + \overline{\alpha}_{ij} E_j^{(m)} + \overline{\mu}_{ij} H_j^{(m)} \right) \tag{2.97}$$

其中

$$G_{mn}^s = \int_{-h}^{h} \gamma_3^m \gamma_3^n \mathrm{d}\gamma_3 \tag{2.98}$$

控制方程为

$$T_{aj}^{(n)} \big|_a - n T_{3j}^{(n-1)} + F_j^{(n)} = \rho \sum_{m=0}^{\infty} G_{mn}^s \ddot{u}_j^{(m)} \tag{2.99}$$

$$D_a^{(n)} \big|_a - n D_3^{(n-1)} + d^{(n)} = 0 \tag{2.100}$$

$$B_a^{(n)} \big|_a - n B_3^{(n-1)} + b^{(n)} = 0 \tag{2.101}$$

其中

$$F_j^{(n)} = \left[T_{3j} \gamma_3^n \right]_{-h}^{h} \tag{2.102}$$

$$d^{(n)} = \left[D_3 \gamma_3^n \right]_{-h}^{h} \tag{2.103}$$

$$b^{(n)} = \left[B_3 \gamma_3^n \right]_{-h}^{h} \tag{2.104}$$

2.4.2 多铁性层合薄壳结构的一阶简化结构理论

前面在正交曲线坐标系下，建立了一般多铁性层合壳体结构以张量表示的二维方程，理论上它们适用于任意壳体结构的分析。接下来，针对厚度很小的多铁性层合薄壳结构，导出适用于研究工程中常用变形模式的一阶简化结构理论。如前所述，一阶简化结构理论能准确刻画结构的伸缩、弯曲和厚度剪切变形模式。注意：为了便于工程应用，本节中的方程均采用物理分量形式。对于一阶简化结

构理论，其对应式 (2.65) 的位移模式中为零的量有

$$u_1^{(n)} = 0, \quad u_2^{(n)} = 0, \quad n > 1 \tag{2.105}$$

$$u_3^{(n)} = 0, \quad n > 2 \tag{2.106}$$

其余的量都不为零。其中，$u_a^{(0)}$ 对应于面内伸缩位移；$u_3^{(0)}$ 对应于弯曲位移；$u_a^{(1)}$ 对应于厚度剪切位移。

尽管在一阶简化结构理论中主要考虑 $u_i^{(0)}$ 和 $u_a^{(1)}$，与平板结构类似，在位移模式 (2.105) 和 (2.106) 中也考虑了 $u_3^{(1)}$ 和 $u_3^{(2)}$ 的影响。在后面的应变表达式中，将看到 $u_3^{(1)}$ 对应的是厚度伸缩变形 $S_{33}^{(0)}$，$u_3^{(2)}$ 对应的是结构因泊松效应而伴随产生的伸缩变形和弯曲变形 $S_{33}^{(1)}$。因此，在一阶简化结构理论中必须考虑 $u_3^{(1)}$ 和 $u_3^{(2)}$。不过，可以通过应力松弛条件消去 $u_3^{(1)}$ 和 $u_3^{(2)}$，得到仅包含 $u_i^{(0)}$ 和 $u_a^{(1)}$ 项的简化结构理论的二维方程。

对于第 I 层，电势和磁势的一阶展开式分别为

$$\varphi^{I(n)} = 0, \quad n > 1 \tag{2.107}$$

$$\psi^{I(n)} = 0, \quad n > 1 \tag{2.108}$$

于是，由式 (2.69) 表示的 n 阶应变通式与式 (2.105) 和式 (2.106) 表示的位移模式，可得薄壳简化结构理论的零阶应变分量 $S_{ij}^{(0)}$ 和一阶应变分量 $S_{ij}^{(1)}$ 分别为

$$
\left\{
\begin{aligned}
S_{11}^{(0)} &= \frac{1}{g_1}\left(\frac{\partial u_1^{(0)}}{\partial \gamma_1} + \frac{1}{g_2}\frac{\partial g_1}{\partial \gamma_2}u_2^{(0)} + \frac{\partial g_1}{\partial \gamma_3}u_3^{(0)}\right) \\
S_{22}^{(0)} &= \frac{1}{g_2}\left(\frac{\partial u_2^{(0)}}{\partial \gamma_2} + \frac{1}{g_1}\frac{\partial g_2}{\partial \gamma_1}u_1^{(0)} + \frac{\partial g_2}{\partial \gamma_3}u_3^{(0)}\right) \\
S_{33}^{(0)} &= u_3^{(1)} \\
2S_{23}^{(0)} &= \frac{1}{g_2}\frac{\partial u_3^{(0)}}{\partial \gamma_2} + u_2^{(1)} - \frac{1}{g_2}\frac{\partial g_2}{\partial \gamma_3}u_2^{(0)} \\
2S_{12}^{(0)} &= \frac{1}{g_2}\frac{\partial u_3^{(0)}}{\partial \gamma_2} + \frac{1}{g_1}\frac{\partial u_2^{(0)}}{\partial \gamma_1} - \frac{1}{g_1 g_2}\frac{\partial g_1}{\partial \gamma_2}u_1^{(0)} - \frac{1}{g_1 g_2}\frac{\partial g_2}{\partial \gamma_1}u_2^{(0)} \\
2S_{13}^{(0)} &= \frac{1}{g_1}\frac{\partial u_3^{(0)}}{\partial \gamma_1} + u_1^{(1)} - \frac{1}{g_1}\frac{\partial g_1}{\partial \gamma_3}u_1^{(0)}
\end{aligned}
\right. \tag{2.109}
$$

$$
\begin{cases}
S_{11}^{(1)} = \dfrac{1}{g_1}\left(\dfrac{\partial u_1^{(1)}}{\partial \gamma_1} + \dfrac{1}{g_2}\dfrac{\partial g_1}{\partial \gamma_2}u_2^{(1)} + u_3^{(1)}\dfrac{\partial g_1}{\partial \gamma_3} \right) \\[2mm]
S_{22}^{(1)} = \dfrac{1}{g_2}\left(\dfrac{\partial u_2^{(1)}}{\partial \gamma_2} + \dfrac{1}{g_1}\dfrac{\partial g_2}{\partial \gamma_1}u_1^{(1)} + u_3^{(1)}\dfrac{\partial g_2}{\partial \gamma_3} \right) \\[2mm]
S_{33}^{(1)} = 2u_3^{(2)} \\[2mm]
2S_{23}^{(1)} = \dfrac{1}{g_2}\dfrac{\partial u_3^{(1)}}{\partial \gamma_2} + 2u_2^{(2)} - \dfrac{1}{g_2}\dfrac{\partial g_2}{\partial \gamma_3}u_2^{(1)} \\[2mm]
2S_{12}^{(1)} = \dfrac{1}{g_2}\dfrac{\partial u_1^{(1)}}{\partial \gamma_2} + \dfrac{1}{g_1}\dfrac{\partial u_2^{(1)}}{\partial \gamma_1} - \dfrac{1}{g_1 g_2}\dfrac{\partial g_1}{\partial \gamma_2}u_1^{(1)} - \dfrac{1}{g_1 g_2}\dfrac{\partial g_2}{\partial \gamma_1}u_2^{(1)} \\[2mm]
2S_{13}^{(1)} = \dfrac{1}{g_1}\dfrac{\partial u_3^{(1)}}{\partial \gamma_1} + 2u_1^{(2)} - \dfrac{1}{g_1}\dfrac{\partial g_1}{\partial \gamma_3}u_1^{(1)}
\end{cases}
\tag{2.110}
$$

根据第 I 层中的电场通式(2.70)和磁场通式(2.71)，考虑式(2.107)和式(2.108)表示的电势和磁势截断条件，可得到它们的零阶分量表达式和一阶分量表达式。其中，电场的零阶分量表达式为

$$
E_1^{I(0)} = -\frac{1}{g_1}\frac{\partial \varphi^{I(0)}}{\partial \gamma_1^I}, \quad E_2^{I(0)} = -\frac{1}{g_2}\frac{\partial \varphi^{I(0)}}{\partial \gamma_2^I}, \quad E_3^{I(0)} = -\varphi^{I(1)}
\tag{2.111}
$$

电场的一阶分量表达式为

$$
E_1^{I(1)} = -\frac{1}{g_1}\frac{\partial \varphi^{I(1)}}{\partial \gamma_1^I}, \quad E_2^{I(1)} = -\frac{1}{g_2}\frac{\partial \varphi^{I(1)}}{\partial \gamma_2^I}, \quad E_3^{I(1)} = 0
\tag{2.112}
$$

同样，磁场的零阶分量表达式为

$$
H_1^{I(0)} = -\frac{1}{g_1}\frac{\partial \psi^{I(0)}}{\partial \gamma_1^I}, \quad H_2^{I(0)} = -\frac{1}{g_2}\frac{\partial \psi^{I(0)}}{\partial \gamma_2^I}, \quad H_3^{I(0)} = -\psi^{I(1)}
\tag{2.113}
$$

磁场的一阶分量表达式为

$$
H_1^{I(1)} = -\frac{1}{g_1}\frac{\partial \psi^{I(1)}}{\partial \gamma_1^I}, \quad H_2^{I(1)} = -\frac{1}{g_2}\frac{\partial \psi^{I(1)}}{\partial \gamma_2^I}, \quad H_3^{I(1)} = 0
\tag{2.114}
$$

由对应坐标系的拉梅系数(g_1 和 g_2)与几何中面的拉梅系数($\varGamma_1$ 和 $\varGamma_2$)之间的关系式(2.63)和式(2.64)，可得如下关系：

$$\frac{\partial g_1}{\partial \gamma_2} = \frac{\partial \Gamma_1}{\partial \gamma_2}, \quad \frac{\partial g_1}{\partial \gamma_3} = \frac{\Gamma_1}{R_1}, \quad \frac{\partial g_2}{\partial \gamma_1} = \frac{\partial \Gamma_2}{\partial \gamma_1}, \quad \frac{\partial g_2}{\partial \gamma_3} = \frac{\Gamma_2}{R_2} \tag{2.115}$$

另外，对于层合薄壳结构，有近似关系：$g_1 \approx \Gamma_1$ 和 $g_2 \approx \Gamma_2$。把它们代入应变、电场和磁场的零阶分量表达式与一阶分量表达式，可得多铁性层合薄壳结构的应变、电场和磁场表达式为

$$\begin{cases} S_{11}^{(0)} = \dfrac{1}{\Gamma_1}\left(\dfrac{\partial u_1^{(0)}}{\partial \gamma_1} + \dfrac{1}{\Gamma_2}\dfrac{\partial \Gamma_1}{\partial \gamma_2}u_2^{(0)} + \dfrac{1}{R_1}\Gamma_1 u_3^{(0)} \right) \\[3mm] S_{22}^{(0)} = \dfrac{1}{\Gamma_2}\left(\dfrac{\partial u_2^{(0)}}{\partial \gamma_2} + \dfrac{1}{\Gamma_1}\dfrac{\partial \Gamma_2}{\partial \gamma_1}u_1^{(0)} + \dfrac{1}{R_2}\Gamma_2 u_3^{(0)} \right) \\[3mm] S_{33}^{(0)} = u_3^{(1)} \\[3mm] 2S_{23}^{(0)} = \dfrac{1}{\Gamma_2}\dfrac{\partial u_3^{(0)}}{\partial \gamma_2} + u_2^{(1)} - \dfrac{1}{R_2}u_2^{(0)} \\[3mm] 2S_{12}^{(0)} = \dfrac{1}{\Gamma_2}\dfrac{\partial u_1^{(0)}}{\partial \gamma_2} + \dfrac{1}{\Gamma_1}\dfrac{\partial u_2^{(0)}}{\partial \gamma_1} - \dfrac{1}{\Gamma_1 \Gamma_2}\left(\dfrac{\partial \Gamma_1}{\partial \gamma_2}u_1^{(0)} + \dfrac{\partial \Gamma_2}{\partial \gamma_1}u_2^{(0)} \right) \\[3mm] 2S_{13}^{(0)} = \dfrac{1}{\Gamma_1}\dfrac{\partial u_3^{(0)}}{\partial \gamma_1} + u_1^{(1)} - \dfrac{1}{R_1}u_1^{(0)} \end{cases} \tag{2.116}$$

$$\begin{cases} S_{11}^{(1)} = \dfrac{1}{\Gamma_1}\left(\dfrac{\partial u_1^{(1)}}{\partial \gamma_1} + \dfrac{1}{\Gamma_2}\dfrac{\partial \Gamma_1}{\partial \gamma_2}u_2^{(1)} + \dfrac{1}{R_1}\Gamma_1 u_3^{(1)} \right) \\[3mm] S_{22}^{(1)} = \dfrac{1}{\Gamma_2}\left(\dfrac{\partial u_2^{(1)}}{\partial \gamma_2} + \dfrac{1}{\Gamma_1}\dfrac{\partial \Gamma_2}{\partial \gamma_1}u_1^{(1)} + \dfrac{1}{R_2}\Gamma_2 u_3^{(1)} \right) \\[3mm] S_{33}^{(1)} = 2u_3^{(2)} \\[3mm] 2S_{23}^{(1)} = \dfrac{1}{\Gamma_2}\dfrac{\partial u_3^{(1)}}{\partial \gamma_2} + 2u_2^{(2)} - \dfrac{1}{R_2}u_2^{(1)} \\[3mm] 2S_{12}^{(1)} = \dfrac{1}{\Gamma_2}\dfrac{\partial u_1^{(1)}}{\partial \gamma_2} + \dfrac{1}{\Gamma_1}\dfrac{\partial u_2^{(1)}}{\partial \gamma_1} - \dfrac{1}{\Gamma_1 \Gamma_2}\left(\dfrac{\partial \Gamma_1}{\partial \gamma_2}u_1^{(1)} + \dfrac{\partial \Gamma_2}{\partial \gamma_1}u_2^{(1)} \right) \\[3mm] 2S_{13}^{(1)} = \dfrac{1}{\Gamma_1}\dfrac{\partial u_3^{(1)}}{\partial \gamma_1} + 2u_1^{(2)} - \dfrac{1}{R_1}u_1^{(1)} \end{cases} \tag{2.117}$$

$$E_1^{I(0)} = -\frac{1}{\Gamma_1}\frac{\partial \varphi^{I(0)}}{\partial \gamma_1^I}, \quad E_2^{I(0)} = -\frac{1}{\Gamma_2}\frac{\partial \varphi^{I(0)}}{\partial \gamma_2^I}, \quad E_3^{I(n)} = -\varphi^{I(1)} \tag{2.118}$$

$$E_1^{I(1)} = -\frac{1}{\Gamma_1}\frac{\partial \varphi^{I(1)}}{\partial \gamma_1^I}, \quad E_2^{I(1)} = -\frac{1}{\Gamma_2}\frac{\partial \varphi^{I(1)}}{\partial \gamma_2^I}, \quad E_3^{I(1)} = 0 \tag{2.119}$$

$$H_1^{I(0)} = -\frac{1}{\Gamma_1}\frac{\partial \psi^{I(0)}}{\partial \gamma_1^I}, \quad H_2^{I(0)} = -\frac{1}{\Gamma_2}\frac{\partial \psi^{I(0)}}{\partial \gamma_2^I}, \quad H_3^{I(0)} = -\psi^{I(1)} \tag{2.120}$$

$$H_1^{I(1)} = -\frac{1}{\Gamma_1}\frac{\partial \psi^{I(1)}}{\partial \gamma_1^I}, \quad H_2^{I(1)} = -\frac{1}{\Gamma_2}\frac{\partial \psi^{I(1)}}{\partial \gamma_2^I}, \quad H_3^{I(1)} = 0 \tag{2.121}$$

在 n 阶运动平衡方程 (2.72) 中，分别令 n 取值为 0 和 1，可得层合薄壳结构的运动平衡方程为

$$\frac{\partial(N_{11}\Gamma_2)}{\partial \gamma_1} + \frac{\partial(N_{21}\Gamma_1)}{\partial \gamma_2} + \frac{\partial \Gamma_1}{\partial \gamma_2}N_{12} - \frac{\partial \Gamma_2}{\partial \gamma_1}N_{22} + \frac{\Gamma_1\Gamma_2}{R_1}Q_{13} + F_1^{(0)}$$
$$= \sum_{I=1}^{N}\Gamma_1\Gamma_2\rho^I\left(\bar{h}_I\ddot{u}_1^{(0)} + \frac{\hat{h}_I\ddot{u}_1^{(1)}}{2}\right) \tag{2.122}$$

$$\frac{\partial(N_{12}\Gamma_2)}{\partial \gamma_1} + \frac{\partial(N_{22}\Gamma_1)}{\partial \gamma_2} + \frac{\partial \Gamma_2}{\partial \gamma_1}N_{21} - \frac{\partial \Gamma_1}{\partial \gamma_2}N_{11} + \frac{Q_{23}}{R_2}\Gamma_1\Gamma_2 + F_2^{(0)}$$
$$= \sum_{I=1}^{N}\Gamma_1\Gamma_2\rho^I\left(\bar{h}_I\ddot{u}_2^{(0)} + \frac{\hat{h}_I\ddot{u}_2^{(1)}}{2}\right) \tag{2.123}$$

$$\frac{\partial(Q_{13}\Gamma_2)}{\partial \gamma_1} + \frac{\partial(Q_{23}\Gamma_1)}{\partial \gamma_2} - \frac{\Gamma_1\Gamma_2}{R_1}N_{11} - \frac{\Gamma_1\Gamma_2}{R_2}N_{22} + F_3^{(0)} = \sum_{I=1}^{N}\Gamma_1\Gamma_2\rho^I\bar{h}_I\ddot{u}_3^{(0)} \tag{2.124}$$

$$\frac{\partial(M_{11}\Gamma_2)}{\partial \gamma_1} + \frac{\partial(M_{21}\Gamma_1)}{\partial \gamma_2} + \frac{\partial \Gamma_1}{\partial \gamma_2}M_{12} - \frac{\partial \Gamma_2}{\partial \gamma_1}M_{22} - \Gamma_1\Gamma_2 Q_{31} + F_1^{(1)}$$
$$= \sum_{I=1}^{N}\Gamma_1\Gamma_2\rho^I\left(\frac{\hat{h}_I\ddot{u}_1^{(0)}}{2} + \frac{\tilde{h}_I\ddot{u}_1^{(1)}}{3}\right) \tag{2.125}$$

$$\frac{\partial(M_{12}\Gamma_2)}{\partial \gamma_1} + \frac{\partial(M_{22}\Gamma_1)}{\partial \gamma_2} + \frac{\partial \Gamma_2}{\partial \gamma_1}M_{21} - \frac{\partial \Gamma_1}{\partial \gamma_2}M_{11} - \Gamma_1\Gamma_2 Q_{32} + F_2^{(1)}$$
$$= \sum_{I=1}^{N}\Gamma_1\Gamma_2\rho^I\left(\frac{\hat{h}_I\ddot{u}_2^{(0)}}{2} + \frac{\tilde{h}_I\ddot{u}_2^{(1)}}{3}\right) \tag{2.126}$$

其中

$$\hat{h}_I = h_I^2 - h_{I-1}^2, \quad \tilde{h}_I = h_I^3 - h_{I-1}^3 \tag{2.127}$$

注意：在上述层合薄壳结构的运动平衡方程中，把 $T_{ij}^{(0)}$ 和 $T_{ij}^{(1)}$ 符号换成了壳体理论中的常用符号 N（轴力）、Q（剪力）和 M（弯矩）。它们之间的对应关系为：$N_{ab} = T_{ab}^{(0)}$、$Q_{3j} = T_{3j}^{(0)}$、$Q_{j3} = T_{j3}^{(0)}$、$M_{ab} = T_{ab}^{(1)}$。

在 n 阶电学高斯方程(2.76)和磁学高斯方程(2.77)中，令 n 取值分别为 0 和 1，可得一阶简化结构理论的电学高斯方程为

$$\frac{\partial\left(D_1^{I(0)}\varGamma_2\right)}{\partial \gamma_1^I} + \frac{\partial\left(D_2^{I(0)}\varGamma_1\right)}{\partial \gamma_2^I} + \left(\frac{1}{R_1} + \frac{1}{R_2}\right)\varGamma_1\varGamma_2 D_3^{I(0)} + d^{I(0)} = 0 \tag{2.128}$$

$$\frac{\partial(D_1^{I(1)}\varGamma_2)}{\partial \gamma_1^I} + \frac{\partial(D_2^{I(1)}\varGamma_1)}{\partial \gamma_2^I} + \left(\frac{1}{R_1} + \frac{1}{R_2}\right)\varGamma_1\varGamma_2 D_3^{I(1)} - \varGamma_1\varGamma_2 D_3^{I(0)} + d^{I(1)} = 0 \tag{2.129}$$

一阶简化结构理论的磁学高斯方程为

$$\frac{\partial\left(B_1^{I(0)}\varGamma_2\right)}{\partial \gamma_1^I} + \frac{\partial\left(B_2^{I(0)}\varGamma_1\right)}{\partial \gamma_2^I} + \left(\frac{1}{R_1} + \frac{1}{R_2}\right)\varGamma_1\varGamma_2 B_3^{I(0)} + b^{I(0)} = 0 \tag{2.130}$$

$$\frac{\partial\left(B_1^{I(1)}\varGamma_2\right)}{\partial \gamma_1^I} + \frac{\partial\left(B_2^{I(1)}\varGamma_1\right)}{\partial \gamma_2^I} + \left(\frac{1}{R_1} + \frac{1}{R_2}\right)\varGamma_1\varGamma_2 B_3^{I(1)} - \varGamma_1\varGamma_2 B_3^{I(0)} + b^{I(1)} = 0 \tag{2.131}$$

至此，导出了正交曲线坐标系下任意多铁性层合薄壳结构的一阶简化结构理论。对于具有任意几何形状(如柱壳和球壳等)的层合薄壳结构，只需设定相应壳体几何中面的拉梅系数($\varGamma_1$ 和 $\varGamma_2$)与曲率半径(R_1 和 R_2)，即可得到相应的控制方程。下面针对平板、柱壳和球壳三种典型结构进行具体讨论。

对于平板结构，采用如图 2.4 所示的笛卡儿坐标系 $O\text{-}x_1x_2x_3$，符号 (x_1, x_2, x_3) 对应于前述正交曲线坐标系下的 $(\gamma_1, \gamma_2, \gamma_3)$，此时有

$$\gamma_1 = x_1, \quad \gamma_2 = x_2, \quad \gamma_3 = x_3 \tag{2.132}$$

$$R_1 = R_2 = \infty, \quad \varGamma_1 = \varGamma_2 = 1 \tag{2.133}$$

同时，将前述正交曲线坐标系下的协变导数看作笛卡儿张量的导数。把式(2.133)代入式(2.116)~式(2.121)，可得如下应变、电场和磁场：

$$
\begin{cases}
S_{11}^{(0)} = \dfrac{\partial u_1^{(0)}}{\partial \gamma_1}, \quad S_{22}^{(0)} = \dfrac{\partial u_2^{(0)}}{\partial \gamma_2}, \quad S_{33}^{(0)} = u_3^{(1)} \\[2mm]
2S_{23}^{(0)} = \dfrac{\partial u_3^{(0)}}{\partial \gamma_2} + u_2^{(1)}, \quad 2S_{12}^{(0)} = \dfrac{\partial u_1^{(0)}}{\partial \gamma_2} + \dfrac{\partial u_2^{(0)}}{\partial \gamma_1} \\[2mm]
2S_{13}^{(0)} = \dfrac{\partial u_3^{(0)}}{\partial \gamma_1} + u_1^{(1)}
\end{cases}
\tag{2.134}
$$

$$
\begin{cases}
S_{11}^{(1)} = \dfrac{\partial u_1^{(1)}}{\partial \gamma_1}, \quad S_{22}^{(1)} = \dfrac{\partial u_2^{(1)}}{\partial \gamma_2}, \quad S_{33}^{(1)} = 2u_3^{(2)} \\[2mm]
2S_{23}^{(1)} = \dfrac{\partial u_3^{(1)}}{\partial \gamma_2} + 2u_2^{(2)}, \quad 2S_{12}^{(1)} = \dfrac{\partial u_1^{(1)}}{\partial \gamma_2} + \dfrac{\partial u_2^{(1)}}{\partial \gamma_1} \\[2mm]
2S_{13}^{(1)} = \dfrac{\partial u_3^{(1)}}{\partial \gamma_1} + 2u_1^{(2)}
\end{cases}
\tag{2.135}
$$

$$
E_1^{I(0)} = -\frac{\partial \varphi^{I(0)}}{\partial \gamma_1^I}, \quad E_2^{I(0)} = -\frac{\partial \varphi^{I(0)}}{\partial \gamma_2^I}, \quad E_3^{I(n)} = -\varphi^{I(1)}
\tag{2.136}
$$

$$
E_1^{I(1)} = -\frac{\partial \varphi^{I(1)}}{\partial \gamma_1^I}, \quad E_2^{I(1)} = -\frac{\partial \varphi^{I(1)}}{\partial \gamma_2^I}, \quad E_3^{I(1)} = 0
\tag{2.137}
$$

$$
H_1^{I(0)} = -\frac{\partial \psi^{I(0)}}{\partial \gamma_1^I}, \quad H_2^{I(0)} = -\frac{\partial \psi^{I(0)}}{\partial \gamma_2^I}, \quad H_3^{I(0)} = -\psi^{I(1)}
\tag{2.138}
$$

$$
H_1^{I(1)} = -\frac{\partial \psi^{I(1)}}{\partial \gamma_1^I}, \quad H_2^{I(1)} = -\frac{\partial \psi^{I(1)}}{\partial \gamma_2^I}, \quad H_3^{I(1)} = 0
\tag{2.139}
$$

上述方程与 2.2 节在直角坐标系中导出的基本方程完全一样,其本构方程和控制方程也与 2.3 节的推导结果完全一样,这里不再赘述。

对于柱壳结构,采用如图 2.5 所示的柱坐标系 $O\text{-}\theta zr$,符号 (θ, z, r) 对应于前述正交曲线坐标系的 $(\gamma_1, \gamma_2, \gamma_3)$,此时有

$$
\gamma_1 = \theta, \quad \gamma_2 = z, \quad \gamma_3 = r
\tag{2.140}
$$

$$
\begin{cases}
R_1 = R, \quad R_2 = \infty, \\
\varGamma_1 = R, \quad \varGamma_2 = 1
\end{cases}
\tag{2.141}
$$

同样,把式 (2.141) 代入上述相应公式,可得多铁性柱壳简化结构理论的应变、电场和磁场为

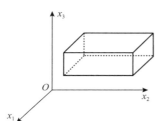

图 2.4　笛卡儿坐标系中的平板单元

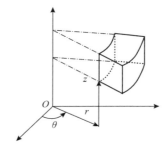

图 2.5　柱坐标系下的柱壳单元

$$\begin{cases} S_{11}^{(0)} = \dfrac{1}{R}\left(\dfrac{\partial u_1^{(0)}}{\partial \gamma_1} + u_3^{(0)} \right), \quad S_{22}^{(0)} = \dfrac{\partial u_2^{(0)}}{\partial \gamma_2}, \quad S_{33}^{(0)} = u_3^{(1)} \\[2mm] 2S_{23}^{(0)} = \dfrac{\partial u_3^{(0)}}{\partial \gamma_2} + u_2^{(1)}, \quad 2S_{12}^{(0)} = \dfrac{\partial u_1^{(0)}}{\partial \gamma_2} + \dfrac{1}{R}\dfrac{\partial u_2^{(0)}}{\partial \gamma_1} \\[2mm] 2S_{13}^{(0)} = \dfrac{1}{R}\dfrac{\partial u_3^{(0)}}{\partial \gamma_1} + u_1^{(1)} - \dfrac{u_1^{(0)}}{R} \end{cases} \tag{2.142}$$

$$\begin{cases} S_{11}^{(1)} = \dfrac{1}{R}\left(\dfrac{\partial u_1^{(1)}}{\partial \gamma_1} + u_3^{(1)} \right), \quad S_{22}^{(1)} = \dfrac{\partial u_2^{(1)}}{\partial \gamma_2}, \quad S_{33}^{(1)} = 2u_3^{(2)} \\[2mm] 2S_{23}^{(1)} = \dfrac{\partial u_3^{(1)}}{\partial \gamma_2} + 2u_2^{(2)}, \quad 2S_{12}^{(1)} = \dfrac{\partial u_1^{(1)}}{\partial \gamma_2} + \dfrac{1}{R}\dfrac{\partial u_2^{(1)}}{\partial \gamma_1} \\[2mm] 2S_{13}^{(1)} = \dfrac{1}{R}\dfrac{\partial u_3^{(1)}}{\partial \gamma_1} + 2u_1^{(2)} - \dfrac{u_1^{(1)}}{R} \end{cases} \tag{2.143}$$

$$E_1^{I(0)} = -\frac{1}{R}\frac{\partial \varphi^{I(0)}}{\partial \gamma_1^I}, \quad E_2^{I(0)} = -\frac{\partial \varphi^{I(0)}}{\partial \gamma_2^I}, \quad E_3^{I(n)} = -\varphi^{I(1)} \tag{2.144}$$

$$E_1^{I(1)} = -\frac{1}{R}\frac{\partial \varphi^{I(1)}}{\partial \gamma_1^I}, \quad E_2^{I(1)} = -\frac{\partial \varphi^{I(1)}}{\partial \gamma_2^I}, \quad E_3^{I(1)} = 0 \tag{2.145}$$

$$H_1^{I(0)} = -\frac{1}{R}\frac{\partial \psi^{I(0)}}{\partial \gamma_1^I}, \quad H_2^{I(0)} = -\frac{\partial \psi^{I(0)}}{\partial \gamma_2^I}, \quad H_3^{I(0)} = -\psi^{I(1)} \tag{2.146}$$

$$H_1^{I(1)} = -\frac{1}{R}\frac{\partial \psi^{I(1)}}{\partial \gamma_1^I}, \quad H_2^{I(1)} = -\frac{\partial \psi^{I(1)}}{\partial \gamma_2^I}, \quad H_3^{I(1)} = 0 \tag{2.147}$$

运动平衡方程为

$$\frac{1}{R}\frac{\partial N_{11}}{\partial \gamma_1} + \frac{\partial N_{21}}{\partial \gamma_2} + \frac{Q_{13}}{R} + \frac{F_1^{(0)}}{R} = \sum_{I=1}^{N} \rho^I \left(\overline{h}_I \ddot{u}_1^{(0)} + \frac{\hat{h}_I \ddot{u}_1^{(1)}}{2} \right) \quad (2.148)$$

$$\frac{1}{R}\frac{\partial N_{12}}{\partial \gamma_1} + \frac{\partial N_{22}}{\partial \gamma_2} + \frac{F_2^{(0)}}{R} = \sum_{I=1}^{N} \rho^I \left(\overline{h}_I \ddot{u}_2^{(0)} + \frac{\hat{h}_I \ddot{u}_2^{(1)}}{2} \right) \quad (2.149)$$

$$\frac{1}{R}\frac{\partial Q_{13}}{\partial \gamma_1} + \frac{1}{R}\frac{\partial Q_{23}}{\partial \gamma_2} - \frac{N_{11}}{R} + \frac{F_3^{(0)}}{R} = \sum_{I=1}^{N} \rho^I \overline{h}_I \ddot{u}_3^{(0)} \quad (2.150)$$

$$\frac{1}{R}\frac{\partial M_{11}}{\partial \gamma_1} + \frac{\partial M_{21}}{\partial \gamma_2} - Q_{31} + \frac{F_1^{(1)}}{R} = \sum_{I=1}^{N} \rho^I \left(\frac{\hat{h}_I \ddot{u}_1^{(0)}}{2} + \frac{\tilde{h}_I \ddot{u}_1^{(1)}}{3} \right) \quad (2.151)$$

$$\frac{1}{R}\frac{\partial M_{12}}{\partial \gamma_1} + \frac{\partial M_{22}}{\partial \gamma_2} - Q_{32} + \frac{F_2^{(1)}}{R} = \sum_{I=1}^{N} \rho^I \left(\frac{\hat{h}_I \ddot{u}_2^{(0)}}{2} + \frac{\tilde{h}_I \ddot{u}_2^{(1)}}{3} \right) \quad (2.152)$$

电学和磁学高斯方程为

$$\frac{\partial D_1^{I(0)}}{\partial \gamma_1^I} + R\frac{\partial D_2^{I(0)}}{\partial \gamma_2^I} + D_3^{I(0)} + d^{I(0)} = 0 \quad (2.153)$$

$$\frac{\partial D_1^{I(1)}}{\partial \gamma_1^I} + R\frac{\partial D_2^{I(1)}}{\partial \gamma_2^I} + D_3^{I(1)} - RD_3^{I(0)} + d^{I(1)} = 0 \quad (2.154)$$

$$\frac{\partial B_1^{I(0)}}{\partial \gamma_1^I} + R\frac{\partial B_2^{I(0)}}{\partial \gamma_2^I} + B_3^{I(0)} + b^{I(0)} = 0 \quad (2.155)$$

$$\frac{\partial B_1^{I(1)}}{\partial \gamma_1^I} + \frac{\partial B_2^{I(1)}}{\partial \gamma_2^I} + B_3^{I(1)} - RB_3^{I(0)} + b^{I(1)} = 0 \quad (2.156)$$

对于球壳结构，采用如图 2.6 所示的球坐标系 $O\text{-}\theta\phi r$，(θ,ϕ,r) 对应于前述正交曲线坐标系的 $(\gamma_1,\gamma_2,\gamma_3)$，此时有

$$\gamma_1 = \theta, \quad \gamma_2 = \phi, \quad \gamma_3 = r \quad (2.157)$$

$$\begin{cases} R_1 = R, \quad R_2 = R \\ \varGamma_1 = R\sin\phi, \quad \varGamma_2 = R \end{cases} \quad (2.158)$$

于是，把式 (2.158) 代入式 (2.116)～式 (2.121)，可得多铁性球壳简化结构理论的应变、电场和磁场为

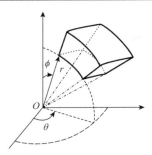

图 2.6　球壳坐标系下的球壳单元

$$
\begin{cases}
S_{\theta\theta}^{(0)} = \dfrac{1}{R\sin\phi}\dfrac{\partial u_{\theta}^{(0)}}{\partial \theta} + \dfrac{u_{\phi}^{(0)}}{R}\cot\phi + \dfrac{u_{r}^{(0)}}{R} \\[2mm]
S_{\phi\phi}^{(0)} = \dfrac{1}{R}\dfrac{\partial u_{\phi}^{(0)}}{\partial \phi} + \dfrac{u_{r}^{(0)}}{R} \\[2mm]
S_{rr}^{(0)} = u_{r}^{(1)} \\[2mm]
2S_{\phi r}^{(0)} = u_{\phi}^{(1)} + \dfrac{1}{R}\dfrac{\partial u_{r}^{(0)}}{\partial \phi} - \dfrac{u_{\phi}^{(0)}}{R} \\[2mm]
2S_{\theta\phi}^{(0)} = \dfrac{1}{R}\dfrac{\partial u_{\theta}^{(0)}}{\partial \phi} + \dfrac{1}{R\sin\phi}\dfrac{\partial u_{\phi}^{(0)}}{\partial \theta} - \dfrac{u_{\theta}^{(0)}\cot\phi}{R} \\[2mm]
2S_{\theta r}^{(0)} = \dfrac{1}{R\sin\phi}\dfrac{\partial u_{r}^{(0)}}{\partial \theta} + u_{\theta}^{(1)} - \dfrac{u_{\theta}^{(0)}}{R}
\end{cases}
\tag{2.159}
$$

$$
\begin{cases}
S_{\theta\theta}^{(1)} = \dfrac{1}{R\sin\phi}\dfrac{\partial u_{\theta}^{(1)}}{\partial \theta} + \dfrac{u_{\phi}^{(1)}}{R}\cot\phi + \dfrac{u_{r}^{(1)}}{R} \\[2mm]
S_{\phi\phi}^{(1)} = \dfrac{1}{R}\dfrac{\partial u_{\phi}^{(1)}}{\partial \phi} + \dfrac{u_{r}^{(1)}}{R} \\[2mm]
S_{rr}^{(1)} = 2u_{r}^{(2)} \\[2mm]
2S_{\phi r}^{(1)} = \dfrac{1}{R}\dfrac{\partial u_{r}^{(1)}}{\partial \phi} + 2u_{\phi}^{(2)} - \dfrac{u_{\phi}^{(1)}}{R} \\[2mm]
2S_{\theta\phi}^{(1)} = \dfrac{1}{R}\dfrac{\partial u_{\theta}^{(1)}}{\partial \phi} + \dfrac{1}{R\sin\phi}\dfrac{\partial u_{\phi}^{(1)}}{\partial \theta} - \dfrac{u_{\theta}^{(1)}}{R}\cot\phi \\[2mm]
2S_{\theta r}^{(1)} = \dfrac{1}{R\sin\phi}\dfrac{\partial u_{r}^{(1)}}{\partial \theta} + 2u_{\theta}^{(2)} - \dfrac{u_{\theta}^{(1)}}{R}
\end{cases}
\tag{2.160}
$$

$$E_\theta^{I(0)} = -\frac{1}{R\sin\phi}\frac{\partial \varphi^{I(0)}}{\partial \theta}, \quad E_\phi^{I(0)} = -\frac{1}{R}\frac{\partial \varphi^{I(0)}}{\partial \phi}, \quad E_r^{I(0)} = -\varphi^{I(1)} \tag{2.161}$$

$$E_\theta^{I(1)} = -\frac{1}{R\sin\phi}\frac{\partial \varphi^{I(1)}}{\partial \theta}, \quad E_\phi^{I(1)} = -\frac{1}{R}\frac{\partial \varphi^{I(1)}}{\partial \phi}, \quad E_r^{I(1)} = 0 \tag{2.162}$$

$$H_\theta^{I(0)} = -\frac{1}{R\sin\phi}\frac{\partial \psi^{I(0)}}{\partial \theta}, \quad H_\phi^{I(0)} = -\frac{1}{R}\frac{\partial \psi^{I(0)}}{\partial \phi}, \quad H_r^{I(0)} = -\psi^{I(1)} \tag{2.163}$$

$$H_\theta^{I(1)} = -\frac{1}{R\sin\phi}\frac{\partial \psi^{I(1)}}{\partial \theta}, \quad H_\phi^{I(1)} = -\frac{1}{R\sin\phi}\frac{\partial \psi^{I(1)}}{\partial \phi}, \quad H_r^{I(1)} = 0 \tag{2.164}$$

电学和磁学高斯方程为

$$\frac{\partial D_\theta^{I(0)}}{\partial \theta} + \sin\phi\frac{\partial D_\phi^{I(0)}}{\partial \phi} + \cos\phi D_\phi^{I(0)} + 2\sin\phi D_r^{I(0)} + \frac{d^{I(0)}}{R} = 0 \tag{2.165}$$

$$\frac{\partial D_\theta^{I(1)}}{\partial \theta} + \sin\phi\frac{\partial D_\phi^{I(1)}}{\partial \phi} + \cos\phi D_\phi^{I(1)} + \sin\phi\left(2D_r^{I(1)} - RD_r^{I(0)}\right) + \frac{d^{I(1)}}{R} = 0 \tag{2.166}$$

$$\frac{\partial B_\theta^{I(0)}}{\partial \theta} + \sin\phi\frac{\partial B_\phi^{I(0)}}{\partial \phi} + \cos\phi B_\phi^{I(0)} + 2\sin\phi B_r^{I(0)} + \frac{b^{I(0)}}{R} = 0 \tag{2.167}$$

$$\frac{\partial B_\theta^{I(1)}}{\partial \theta} + \sin\phi\frac{\partial B_\phi^{I(1)}}{\partial \phi} + \cos\phi B_\phi^{I(1)} + \sin\phi\left(2B_r^{I(1)} - RB_r^{I(0)}\right) + \frac{b^{I(1)}}{R} = 0 \tag{2.168}$$

运动平衡方程为

$$\frac{1}{R\sin\phi}\frac{\partial N_{\theta\theta}}{\partial \theta} + \frac{1}{R}\frac{\partial N_{\phi\theta}}{\partial \phi} + 2\frac{\cot\phi}{R}N_{\theta\phi} + \frac{Q_{\theta r}}{R} + \frac{F_\theta^{(0)}}{R^2\sin\phi} = \sum_{I=1}^N \rho^I\left(\bar{h}_I\ddot{u}_\theta^{(0)} + \frac{\hat{h}_I\ddot{u}_\theta^{(1)}}{2}\right) \tag{2.169}$$

$$\frac{1}{R\sin\phi}\frac{\partial N_{\theta\phi}}{\partial \theta} + \frac{1}{R}\frac{\partial N_{\phi\phi}}{\partial \phi} + \frac{\cot\phi}{R}\left(N_{\phi\phi} - N_{\theta\theta}\right) + \frac{Q_{\phi r}}{R} + \frac{F_\phi^{(0)}}{R^2\sin\phi} = \sum_{I=1}^N \rho^I\left(\bar{h}_I\ddot{u}_\phi^{(0)} + \frac{\hat{h}_I\ddot{u}_\phi^{(1)}}{2}\right) \tag{2.170}$$

$$\frac{1}{R\sin\phi}\frac{\partial Q_{\theta r}}{\partial \theta} + \frac{1}{R}\frac{\partial Q_{\phi r}}{\partial \phi} + \frac{\cot\phi}{R}Q_{\phi r} - \frac{1}{R}\left(N_{\theta\theta} + N_{\phi\phi}\right) + \frac{F_r^{(0)}}{R^2\sin\phi} = \sum_{I=1}^N \rho^I\bar{h}_I\ddot{u}_r^{(0)} \tag{2.171}$$

$$\frac{1}{R\sin\phi}\frac{\partial M_{\theta\theta}}{\partial\theta}+\frac{1}{R}\frac{\partial M_{\phi\theta}}{\partial\phi}+2\frac{\cot\phi}{R}M_{\phi\theta}-Q_{r\theta}+\frac{F_{\theta}^{(1)}}{R^2\sin\phi}=\sum_{I=1}^{N}\rho^{I}\left(\frac{\hat{h}_{I}\ddot{u}_{\theta}^{(0)}}{2}+\frac{\tilde{h}_{I}\ddot{u}_{\theta}^{(1)}}{3}\right)$$

$$(2.172)$$

$$\frac{1}{R\sin\phi}\frac{\partial M_{\theta\phi}}{\partial\theta}+\frac{1}{R}\frac{\partial M_{\phi\phi}}{\partial\phi}+\frac{\cot\phi}{R}\left(M_{\phi\phi}-M_{\theta\theta}\right)-Q_{r\phi}+\frac{F_{2}^{(1)}}{R^2\sin\phi}=\sum_{I=1}^{N}\rho^{I}\left(\frac{\hat{h}_{I}\ddot{u}_{\phi}^{(0)}}{2}+\frac{\tilde{h}_{I}\ddot{u}_{\phi}^{(1)}}{3}\right)$$

$$(2.173)$$

2.5　一维简化结构理论

在实际应用中，具有一维几何特征的纤维、杆和梁等也是工程上常用的重要结构形式。本节建立直线型多铁性杆/梁的一维简化结构理论。考虑如图 2.7 所示的一维矩形截面梁模型，设梁长为 $2a$、宽为 $2b$、高为 $2c$。坐标系 $O\text{-}x_1x_2x_3$ 的原点取在结构的几何中心，坐标线 x_1 沿轴线方向，整个结构关于各坐标轴对称。

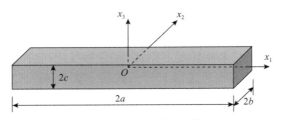

图 2.7　一维矩形截面梁模型

式 (2.1) 所描述的运动平衡方程、电学和磁学高斯方程，以及式 (2.3) 所描述的应变-位移、电势-电场和磁势-磁场关系仍然适用。为了方便起见，不再使用式 (2.2) 给出的以应变、电场、磁场为自变量的本构关系，而是使用以应力、电场和磁场为自变量的本构关系，分别是

$$S_{ij}=s_{ijkl}T_{kl}+d_{kij}E_k+q_{kij}H_k \tag{2.174}$$

$$D_i=d_{ikl}T_{kl}+\varepsilon_{ik}E_k+\alpha_{ik}H_k \tag{2.175}$$

$$B_i=q_{ikl}T_{kl}+\alpha_{ik}E_k+\mu_{ik}H_k \tag{2.176}$$

其中，$s_{ijkl}(=s_{klij}=s_{jikl}=s_{ijlk})$ 是弹性柔顺常数；$d_{kij}(=d_{ijk}=d_{kji})$ 是压电应变常数；$q_{kij}(=q_{ijk}=q_{kji})$ 是压磁应变常数。

这里的材料常数和式 (2.4)～式 (2.6) 的系数之间的关系可参见文献 [13]。

2.5.1 位移、电势和磁势的幂级数展开

假设图 2.7 所示的多铁性杆/梁是细长的，即长度远大于横截面尺寸（$a \gg b,c$）。为得到杆/梁的一维简化结构理论，与二维结构沿厚度方向级数展开稍有不同（但本质上是一样的），把各场量沿着结构的横截面坐标 x_2 和 x_3 两个方向进行幂级数展开。结构中的位移 u_i、电势 φ 和磁势 ψ 有如下展开形式：

$$u_i(x_1,x_2,x_3,t) = \sum_{m,n=0}^{\infty} x_2^m x_3^n u_i^{(m,n)}(x_1,t) \qquad (2.177)$$

$$\varphi(x_1,x_2,x_3,t) = \sum_{m,n=0}^{\infty} x_2^m x_3^n \varphi^{(m,n)}(x_1,t) \qquad (2.178)$$

$$\psi(x_1,x_2,x_3,t) = \sum_{m,n=0}^{\infty} x_2^m x_3^n \psi^{(m,n)}(x_1,t) \qquad (2.179)$$

注意：本小节中各分量符号沿袭文献[10]研究压电梁的符号系统。上述是关于位移、电势和磁势的一般展开式。下面的推导包括了常见的零阶伸缩方程和一阶弯曲方程。此外，式(2.177)的位移模式不仅包括梁变形过程中其横截面保持平面（即平截面假设）的平移和旋转变形模式，也包括描述高阶效应的截面变形模式。把位移场、电势和磁势的展开式(2.177)～式(2.179)代入式(2.7)～式(2.9)描述的应变-位移、电场-电势和磁场-磁势关系式，可得

$$S_{ij} = \sum_{m,n=0}^{\infty} x_2^m x_3^n S_{ij}^{(m,n)} \qquad (2.180)$$

$$E_i = \sum_{m,n=0}^{\infty} x_2^m x_3^n E_i^{(m,n)} \qquad (2.181)$$

$$H_i = \sum_{m,n=0}^{\infty} x_2^m x_3^n H_i^{(m,n)} \qquad (2.182)$$

式(2.180)～式(2.182)中的应变、电场和磁场的各阶分量分别为

$$S_{ij}^{(m,n)} = \frac{1}{2}\Big[u_{j,i}^{(m,n)} + u_{i,j}^{(m,n)} + (m+1)\big(\delta_{i2} u_j^{(m+1,n)} + \delta_{j2} u_i^{(m+1,n)}\big)$$
$$+ (n+1)\big(\delta_{i3} u_j^{(m,n+1)} + \delta_{j3} u_i^{(m,n+1)}\big) \Big] \qquad (2.183)$$

$$E_i^{(m,n)} = -\varphi_{,i}^{(m,n)} - \delta_{i2}(m+1)\varphi^{(m+1,n)} - \delta_{i3}(n+1)\varphi^{(m,n+1)} \qquad (2.184)$$

$$H_i^{(m,n)} = -\psi_{,i}^{(m,n)} - \delta_{i2}(m+1)\psi^{(m+1,n)} - \delta_{i3}(n+1)\psi^{(m,n+1)} \tag{2.185}$$

上述三个方程中的 δ_{ij} 为克罗内克(Kronecker)符号,即

$$\delta_{ij} = \begin{cases} 0, & i \neq j \\ 1, & i = j \end{cases} \tag{2.186}$$

把式 (2.180)~式 (2.182) 代入本构方程 (2.174)~(2.176),再在两边同乘以 $x_2^r x_3^s$,并在梁横截面区域内进行积分,可得一维简化结构理论的本构关系为

$$\sum_{r,s=0}^{\infty} A_{(mnrs)} S_{ij}^{(r,s)} = s_{ijkl} T_{kl}^{(m,n)} + \sum_{r,s=0}^{\infty} A_{(mnrs)} \left(d_{kij} E_k^{(r,s)} + q_{kij} H_k^{(r,s)} \right) \tag{2.187}$$

$$D_i^{(m,n)} = d_{ikl} T_{kl}^{(m,n)} + \sum_{r,s=0}^{\infty} A_{(mnrs)} \left(\varepsilon_{ik} E_k^{(r,s)} + \alpha_{ik} H_k^{(r,s)} \right) \tag{2.188}$$

$$B_i^{(m,n)} = q_{ikl} T_{kl}^{(m,n)} + \sum_{r,s=0}^{\infty} A_{(mnrs)} \left(\alpha_{ik} E_k^{(r,s)} + \mu_{ik} H_k^{(r,s)} \right) \tag{2.189}$$

其中

$$T_{ij}^{(m,n)} = \iint\limits_A x_2^m x_3^n T_{ij} \mathrm{d}x_2 \mathrm{d}x_3 \tag{2.190}$$

$$D_i^{(m,n)} = \iint\limits_A x_2^m x_3^n D_i \mathrm{d}x_2 \mathrm{d}x_3 \tag{2.191}$$

$$B_i^{(m,n)} = \iint\limits_A x_2^m x_3^n B_i \mathrm{d}x_2 \mathrm{d}x_3 \tag{2.192}$$

且有

$$A_{(mnrs)} = \iint\limits_A x_2^{m+r} x_3^{n+s} \mathrm{d}x_2 \mathrm{d}x_3 = \begin{cases} \dfrac{4b^{r+m+1}c^{s+n+1}}{(r+m+1)(s+n+1)}, & m+r, n+s \text{ 是奇数} \\ 0, & \text{其他} \end{cases}$$

积分域 A 是梁的横截面在 O-$x_2 x_3$ 平面的投影区域,$T_{ij}^{(m,n)}$、$D_i^{(m,n)}$ 和 $B_i^{(m,n)}$ 分别是一维简化结构理论的应力分量、电位移分量和磁感应强度分量。

在控制方程 (2.1)~(2.3) 两边同乘以 $x_2^r x_3^s$,再在梁横截面区域内积分,利用分部积分法可得到一维简化结构理论的运动平衡方程、准静态电学和磁学高斯方

程，分别为

$$T_{1j,1}^{(m,n)} - mT_{2j}^{(m-1,n)} - nT_{3j}^{(m,n-1)} + F_j^{(m,n)} = \rho \sum_{r,s=0}^{\infty} A_{(mnrs)} \ddot{u}_j^{(r,s)} \tag{2.193}$$

$$D_{1,1}^{(m,n)} - mD_2^{(m-1,n)} - nD_3^{(m,n-1)} + D^{(m,n)} = 0 \tag{2.194}$$

$$B_{1,1}^{(m,n)} - mB_2^{(m-1,n)} - nB_3^{(m,n-1)} + B^{(m,n)} = 0 \tag{2.195}$$

其中

$$\begin{aligned} F_j^{(m,n)} = {}& b^m \int_{-c}^{c} \Big[T_{2j}(b) - (-1)^m T_{2j}(-b) \Big] x_3^n \mathrm{d}x_3 \\ & + c^n \int_{-b}^{b} \Big[T_{3j}(c) - (-1)^n T_{3j}(-c) \Big] x_2^m \mathrm{d}x_3 \end{aligned} \tag{2.196}$$

$$\begin{aligned} D^{(m,n)} = {}& b^m \int_{-c}^{c} \Big[D_2(b) - (-1)^m D_2(-b) \Big] x_3^n \mathrm{d}x_3 \\ & + c^n \int_{-b}^{b} \Big[D_3(c) - (-1)^n D_3(-c) \Big] x_2^m \mathrm{d}x_3 \end{aligned} \tag{2.197}$$

$$\begin{aligned} B^{(m,n)} = {}& b^m \int_{-c}^{c} \Big[B_2(b) - (-1)^m B_2(-b) \Big] x_3^n \mathrm{d}x_3 \\ & + c^n \int_{-b}^{b} \Big[B_3(c) - (-1)^n B_3(-c) \Big] x_2^m \mathrm{d}x_3 \end{aligned} \tag{2.198}$$

至此，建立了多铁性杆/梁结构的一维简化结构理论的控制方程。接下来，将分别给出描述伸缩变形模式的零阶简化结构理论和描述弯曲、剪切耦合的一阶简化结构理论的基本方程。

2.5.2　零阶简化结构理论

以矩形截面梁为例，对于单纯的伸缩变形模式，结构中的零阶分量 $u_1^{(0,0)}$、$\varphi^{(0,0)}$ 和 $\psi^{(0,0)}$ 占主导地位。梁的主要应变分量为

$$S_{11}^{(0,0)} = u_{1,1}^{(0,0)} \tag{2.199}$$

基于泊松效应的缘故，其余的零阶应变分量不能直接取为零，可通过应力松弛的方法将其消除。对于电场和磁场，有如下关系：

$$E_1^{(0,0)} = -\varphi_{,1}^{(0,0)}, \quad E_2^{(0,0)} = -\varphi^{(1,0)}, \quad E_3^{(0,0)} = -\varphi^{(0,1)} \tag{2.200}$$

$$H_1^{(0,0)} = -\psi_{,1}^{(0,0)}, \quad H_2^{(0,0)} = -\psi^{(1,0)}, \quad H_3^{(0,0)} = -\psi^{(0,1)} \tag{2.201}$$

根据本书的主要内容，对式（2.200）和式（2.201）中 $\varphi^{(1,0)}$、$\varphi^{(0,1)}$、$\psi^{(1,0)}$ 和 $\psi^{(0,1)}$ 四个量做出如下约定：当这些量出现时，预先赋予它们已知值。在零阶简化结构理论中，它们不会出现在基本方程中；而在一阶简化结构理论中，当它们出现且未知时，需要补充相应的方程来对其进行确定。

在接下来的推导中，采用如表 2.1 所示的 Voigt 缩标表示法。

表 2.1　Voigt 缩标表示法

ij	11	22	33	23, 32	13, 31	12, 21
p, q	1	2	3	4	5	6

根据式（2.187）～式（2.189），令 $m = n = r = s = 0$，可得到零阶简化结构理论的本构关系为

$$A_{(0000)}S_p^{(0,0)} = s_{pq}T_q^{(0,0)} + A_{(0000)}\left(d_{kp}E_k^{(0,0)} + q_{kp}H_k^{(0,0)}\right) \tag{2.202}$$

$$D_i^{(0,0)} = d_{ip}T_p^{(0,0)} + A_{(0000)}\left(\varepsilon_{ik}E_k^{(0,0)} + \alpha_{ik}H_k^{(0,0)}\right) \tag{2.203}$$

$$B_i^{(0,0)} = q_{ip}T_p^{(0,0)} + A_{(0000)}\left(\alpha_{ik}E_k^{(0,0)} + \mu_{ik}H_k^{(0,0)}\right) \tag{2.204}$$

其中，$A_{(0000)} = 4bc$，并令 $A_s = 4bc$。

对于伸缩变形模式，其主要应力分量为 $T_1^{(0,0)}$。因此，相应的应力松弛条件为

$$T_2^{(0,0)} = T_3^{(0,0)} = T_4^{(0,0)} = T_5^{(0,0)} = T_6^{(0,0)} = 0 \tag{2.205}$$

由本构关系（2.202）得到应力分量 $T_1^{(0,0)}$，即

$$T_1^{(0,0)} = A_s\left(\tilde{c}_{11}S_1^{(0,0)} - \tilde{e}_{k1}E_k^{(0,0)} - \tilde{h}_{k1}H_k^{(0,0)}\right) \tag{2.206}$$

其中

$$\tilde{c}_{11} = \frac{1}{s_{11}}, \quad \tilde{e}_{k1} = \frac{d_{k1}}{s_{11}}, \quad \tilde{h}_{k1} = \frac{q_{k1}}{s_{11}} \tag{2.207}$$

把式（2.205）和式（2.206）分别回代到式（2.203）和式（2.204）中，可得到电位移和磁感应强度的本构关系为

$$D_i^{(0,0)} = A_s\left(\tilde{e}_{i1}S_1^{(0,0)} + \tilde{\varepsilon}_{ik}E_k^{(0,0)} + \tilde{\alpha}_{ik}H_k^{(0,0)}\right) \tag{2.208}$$

$$B_i^{(0,0)} = A_s \left(\tilde{h}_{i1} S_1^{(0,0)} + \tilde{\alpha}_{ik} E_k^{(0,0)} + \tilde{\mu}_{ik} H_k^{(0,0)} \right) \tag{2.209}$$

其中

$$\tilde{\varepsilon}_{ik} = \varepsilon_{ik} - \frac{d_{i1}d_{k1}}{s_{11}}, \quad \tilde{\alpha}_{ik} = \alpha_{ik} - \frac{d_{i1}q_{k1}}{s_{11}}, \quad \tilde{\mu}_{ik} = \mu_{ik} - \frac{q_{i1}q_{k1}}{s_{11}} \tag{2.210}$$

对于零阶简化结构理论，根据应力松弛条件 (2.205)，可得到相应的零阶运动平衡方程、电学和磁学高斯方程，分别为

$$T_{1,1}^{(0,0)} + F_1^{(0,0)} = 4\rho bc \ddot{u}_1^{(0,0)} \tag{2.211}$$

$$D_{1,1}^{(0,0)} + D^{(0,0)} = 0 \tag{2.212}$$

$$B_{1,1}^{(0,0)} + B^{(0,0)} = 0 \tag{2.213}$$

把式 (2.199)～式 (2.201) 代入本构关系 (2.206)、(2.208) 和 (2.209)，再代入控制方程 (2.211)～(2.213)，可以得到由位移 $u_1^{(0,0)}$、电势 $\varphi^{(0,0)}$ 和磁势 $\psi^{(0,0)}$ 表示的等截面梁模型的零阶运动平衡方程、电学和磁学高斯方程，分别为

$$\tilde{c}_{11}u_{1,11}^{(0,0)} + \tilde{e}_{k1}\varphi_{,k1}^{(0,0)} + \tilde{h}_{k1}\psi_{,k1}^{(0,0)} + \frac{F_1^{(0,0)}}{A_s} = \rho \ddot{u}_1^{(0,0)} \tag{2.214}$$

$$\tilde{e}_{11}u_{1,11}^{(0,0)} - \tilde{\varepsilon}_{1k}\varphi_{,k1}^{(0,0)} - \tilde{\alpha}_{1k}\psi_{,k1}^{(0,0)} + \frac{D^{(0,0)}}{A_s} = 0 \tag{2.215}$$

$$\tilde{h}_{11}u_{1,11}^{(0,0)} - \tilde{\alpha}_{1k}\varphi_{,k1}^{(0,)} - \tilde{\mu}_{1k}\psi_{,k1}^{(0,0)} + \frac{B^{(0,0)}}{A_s} = 0 \tag{2.216}$$

对于杆/梁结构，结构的两端是主要边界。因此，根据实际情况可以给出如下两端部的边界条件：

$$T_1^{(0,0)} \text{ 或 } u_1^{(0,0)}, \quad \varphi^{(0,0)} \text{ 或 } D_1^{(0,0)}, \quad \psi^{(0,0)} \text{ 或 } B_1^{(0,0)} \tag{2.217}$$

2.5.3 一阶简化结构理论

上述推导的零阶简化结构理论仅适用于研究伸缩变形模式，对于伸缩与弯曲耦合变形问题，需要导出相应的一阶简化结构理论。对于一阶简化结构理论的运动平衡方程，只需要保留伸缩分量 $u_1^{(0,0)}$、弯曲分量 $u_2^{(0,0)}$ 和 $u_3^{(0,0)}$ 以及剪切分量 $u_1^{(1,0)}$ 和 $u_1^{(0,1)}$。尽管多铁性材料是各向异性的，会导致伸缩、弯曲和扭转等耦合在

一起，但是实际应用中，通常是某种变形模式（如伸缩或者弯曲）占主导地位，而且对于杆/梁结构通常也不考虑扭转变形的影响。因此，对于具有 6mm 对称性的横观各向同性材料，当材料主轴与梁轴线平行或垂直，且不承受偏心或扭转荷载时，也不会出现扭转变形。下面，在前面研究的基础上给出只考虑伸缩变形和弯曲变形的一阶简化结构理论的基本方程。由式 (2.193) 可得一阶简化结构理论的运动平衡方程为

$$\begin{cases} T_{1,1}^{(0,0)} + F_1^{(0,0)} = \rho A_s \ddot{u}_1^{(0,0)} \\ T_{6,1}^{(0,0)} + F_2^{(0,0)} = \rho A_s \ddot{u}_2^{(0,0)} \\ T_{5,1}^{(0,0)} + F_3^{(0,0)} = \rho A_s \ddot{u}_3^{(0,0)} \end{cases} \tag{2.218}$$

$$\begin{cases} T_{1,1}^{(1,0)} - T_6^{(0,0)} + F_1^{(1,0)} = \rho A_s \dfrac{b^2}{3} \ddot{u}_1^{(1,0)} \\ T_{1,1}^{(0,1)} - T_5^{(0,0)} + F_1^{(0,1)} = \rho A_s \dfrac{c^2}{3} \ddot{u}_1^{(0,1)} \end{cases} \tag{2.219}$$

同样，电学和磁学高斯方程为

$$D_{1,1}^{(0,0)} + D^{(0,0)} = 0 \tag{2.220}$$

$$D_{1,1}^{(1,0)} - D_2^{(0,0)} + D^{(1,0)} = 0 \tag{2.221}$$

$$D_{1,1}^{(0,1)} - D_3^{(0,0)} + D^{(0,1)} = 0 \tag{2.222}$$

$$B_{1,1}^{(0,0)} + B^{(0,0)} = 0 \tag{2.223}$$

$$B_{1,1}^{(1,0)} - B_2^{(0,0)} + B^{(1,0)} = 0 \tag{2.224}$$

$$B_{1,1}^{(0,1)} - B_3^{(0,0)} + B^{(0,1)} = 0 \tag{2.225}$$

由式 (2.183) 表示的 (m,n) 阶应变-位移关系，可得零阶的伸缩与剪切应变为

$$S_1^{(0,0)} = u_{1,1}^{(0,0)}, \quad 2S_5^{(0,0)} = u_{3,1}^{(0,0)} + u_1^{(0,1)}, \quad 2S_6^{(0,0)} = u_{2,1}^{(0,0)} + u_1^{(1,0)} \tag{2.226}$$

以及与弯曲相对应的一阶应变为

$$S_1^{(1,0)} = u_{1,1}^{(1,0)}, \quad S_1^{(0,1)} = u_{1,1}^{(0,1)} \tag{2.227}$$

在杆/梁模型的一阶简化结构理论中，电/磁场和电/磁势间的梯度关系分别为

$$E_1^{(0,0)} = -\varphi_{,1}^{(0,0)}, \quad E_2^{(0,0)} = -\varphi^{(1,0)}, \quad E_3^{(0,0)} = -\varphi^{(0,1)} \tag{2.228}$$

$$E_1^{(1,0)} = -\varphi_{,1}^{(1,0)}, \quad E_2^{(1,0)} = 0, \quad E_3^{(1,0)} = 0 \tag{2.229}$$

$$E_1^{(0,1)} = -\varphi_{,1}^{(0,1)}, \quad E_2^{(0,1)} = 0, \quad E_3^{(0,1)} = 0 \tag{2.230}$$

$$H_1^{(0,0)} = -\psi_{,1}^{(0,0)}, \quad E_2^{(0,0)} = -\psi^{(1,0)}, \quad E_3^{(0,0)} = -\psi^{(0,1)} \tag{2.231}$$

$$H_1^{(1,0)} = -\psi_{,1}^{(1,0)}, \quad H_2^{(1,0)} = 0, \quad H_3^{(1,0)} = 0 \tag{2.232}$$

$$H_1^{(0,1)} = -\psi_{,1}^{(0,1)}, \quad H_2^{(0,1)} = 0, \quad H_3^{(0,1)} = 0 \tag{2.233}$$

需要注意的是，当考虑弯曲变形时，在零阶本构关系中由弯曲作用产生的合力 $T_5^{(0,0)}$ 和 $T_6^{(0,0)}$ 不能忽略。因此，对于零阶本构关系，令下面三个合力为零，即

$$T_2^{(0,0)} = T_3^{(0,0)} = T_4^{(0,0)} = 0 \tag{2.234}$$

利用式(2.234)很容易得到考虑泊松效应的零阶应变表达式。为了表达方便，根据式(2.234)给出的条件，引入下述的下标符号记法，即下标 ξ 和 ζ 均可取整数 1、5、6，下标 λ、ν 和 κ 均可取整数 2、3、4。在这种指标约定下，式(2.234)可以写成 $T_\lambda^{(0,0)} = 0$。同样，当 $\xi = 1, 5, 6$ 时，式(2.187)可以写成

$$A_s S_\xi^{(0,0)} = s_{\xi\zeta} T_\zeta^{(0,0)} + A_s \left(d_{k\xi} E_k^{(0,0)} + q_{k\xi} H_k^{(0,0)} \right) \tag{2.235}$$

为了形式上的统一，把式(2.235)改写成

$$T_\xi^{(0,0)} = A_s \left(\widehat{c}_{\xi\zeta} S_\zeta^{(0,0)} - \widehat{e}_{k\xi} E_k^{(0,0)} - \widehat{h}_{k\xi} H_k^{(0,0)} \right) \tag{2.236}$$

其中

$$\widehat{c}_{\xi\zeta} = s_{\xi\zeta}^{-1}, \quad \widehat{e}_{k\xi} = s_{\xi\zeta}^{-1} d_{k\zeta}, \quad \widehat{h}_{k\xi} = s_{\xi\zeta}^{-1} q_{k\zeta} \tag{2.237}$$

然后，把式(2.234)和式(2.236)代入式(2.188)和式(2.189)，可得电位移和磁感应强度的表达式为

$$D_i^{(0,0)} = A_s \left(\widehat{e}_{i\xi} S_\xi^{(0,0)} + \widehat{\varepsilon}_{ik} E_k^{(0,0)} + \widehat{\alpha}_{ik} H_k^{(0,0)} \right) \tag{2.238}$$

$$B_i^{(0,0)} = A_s \left(\widehat{h}_{i\xi} S_\xi^{(0,0)} + \widehat{\alpha}_{ik} E_k^{(0,0)} + \widehat{\mu}_{ik} H_k^{(0,0)} \right) \tag{2.239}$$

其中

$$\hat{\varepsilon}_{ik} = \varepsilon_{ik} - d_{i\xi}s_{\xi\zeta}^{-1}d_{k\zeta}, \quad \hat{\alpha}_{ik} = \alpha_{ik} - d_{i\xi}s_{\xi\zeta}^{-1}q_{k\zeta}, \quad \hat{\mu}_{ik} = \mu_{ik} - q_{i\xi}s_{\xi\zeta}^{-1}q_{k\zeta} \tag{2.240}$$

至此，一阶简化结构理论的零阶本构关系已经被导出。需要注意的是，它与描述纯伸缩变形模式的零阶简化结构理论的本构关系不同。

接下来，推导描述弯曲变形的一阶本构关系，需要分别考虑结构在 x_2 和 x_3 坐标方向的弯曲变形。在坐标 x_2 方向的弯曲变形产生的内力是弯矩 $T_1^{(1,0)}$，其他分量可以忽略不计。因此，可以令其他分量为零，即

$$T_2^{(1,0)} = T_3^{(1,0)} = T_4^{(1,0)} = T_5^{(1,0)} = T_6^{(1,0)} = 0 \tag{2.241}$$

在式 (2.187) ~式 (2.189) 中，令 $m = r = 1$ 和 $n = s = 0$，则有

$$A_{(1010)}S_p^{(1,0)} = s_{pq}T_q^{(1,0)} + A_{(1010)}\left(d_{k1}E_k^{(1,0)} + q_{k1}H_k^{(1,0)}\right) \tag{2.242}$$

$$D_i^{(1,0)} = d_{iq}T_q^{(1,0)} + A_{(1010)}\left(\varepsilon_{ik}E_k^{(1,0)} + \alpha_{ik}H_k^{(1,0)}\right) \tag{2.243}$$

$$B_i^{(1,0)} = q_{iq}T_q^{(1,0)} + A_{(1010)}\left(\alpha_{ik}E_k^{(1,0)} + \mu_{ik}H_k^{(1,0)}\right) \tag{2.244}$$

其中，$A_{(1010)} = 4b^3c / 3$。

在式 (2.242) 中，令 $p = 1$，可得 $T_1^{(1,0)}$ 的表达式，再把它分别代入式 (2.243) 和式 (2.244)，可得一阶简化结构理论的一阶本构关系为

$$T_1^{(1,0)} = \frac{4b^3c}{3}\left(\tilde{c}_{11}S_1^{(1,0)} - \tilde{e}_{k1}E_k^{(1,0)} - \tilde{h}_{k1}H_{k1}^{(1,0)}\right) \tag{2.245}$$

$$D_i^{(1,0)} = \frac{4b^3c}{3}\left(\tilde{e}_{i1}S_1^{(1,0)} + \tilde{\varepsilon}_{ik}E_k^{(1,0)} + \tilde{\alpha}_{ik}H_k^{(1,0)}\right) \tag{2.246}$$

$$B_i^{(1,0)} = \frac{4b^3c}{3}\left(\tilde{h}_{i1}S_1^{(1,0)} + \tilde{\alpha}_{ik}E_k^{(1,0)} + \tilde{\mu}_{ik}H_k^{(1,0)}\right) \tag{2.247}$$

式 (2.245) ~式 (2.247) 所描述的本构关系对应结构在坐标 x_2 方向的弯曲。采用同样的方法，可以得到在坐标 x_3 方向弯曲的本构关系，即

$$T_1^{(0,1)} = \frac{4bc^3}{3}\left(\tilde{c}_{11}S_1^{(0,1)} - \tilde{e}_{k1}E_k^{(0,1)} - \tilde{h}_{k1}H_{k1}^{(0,1)}\right) \tag{2.248}$$

$$D_i^{(0,1)} = \frac{4bc^3}{3}\left(\tilde{e}_{i1}S_1^{(0,1)} + \tilde{\varepsilon}_{ik}E_k^{(0,1)} + \tilde{\alpha}_{ik}H_k^{(0,1)}\right) \tag{2.249}$$

$$B_i^{(0,1)} = \frac{4bc^3}{3} \left(\tilde{h}_{i1} S_1^{(0,1)} + \tilde{\alpha}_{ik} E_k^{(0,1)} + \tilde{\mu}_{ik} H_k^{(0,1)} \right) \tag{2.250}$$

至此，建立了多铁性杆/梁的一阶简化结构理论，式 (2.218) 和式 (2.219) 描述了纯伸缩变形模式以及弯曲和剪切耦合变形模式的运动平衡方程，式 (2.220)～式 (2.222) 是准静态电学高斯方程，式 (2.223)～式 (2.225) 是准静态磁学高斯方程，式 (2.226) 和式 (2.227) 是应变-位移的几何关系，式 (2.228)～式 (2.230) 是电场-电势的几何关系，式 (2.231)～式 (2.233) 是磁场-磁势的几何关系，式 (2.236)、式 (2.238) 和式 (2.239) 是零阶本构关系，式 (2.245)～式 (2.250) 是一阶本构关系。若以位移、电势和磁势分量为基本变量，则式 (2.218) 和式 (2.219) 表示的运动平衡方程、式 (2.220)～式 (2.222) 表示的电学高斯方程，以及式 (2.223)～式 (2.225) 表示的磁学高斯方程共有 11 个方程，而这 11 个方程包含 11 个未知量，即 5 个位移分量（$u_1^{(0,0)}$、$u_2^{(0,0)}$、$u_3^{(0,0)}$、$u_1^{(1,0)}$ 和 $u_1^{(0,1)}$）、3 个电学分量（$\varphi^{(0,0)}$、$\varphi^{(1,0)}$ 和 $\varphi^{(0,1)}$）和 3 个磁学分量（$\psi^{(0,0)}$、$\psi^{(1,0)}$ 和 $\psi^{(0,1)}$）。一阶简化结构理论描述了长波近似下的伸缩、弯曲、厚度方向剪切以及宽度方向剪切耦合问题，它适用于静态问题和频率不高于厚度/宽度剪切振动的截止频率的情况。另外，结构两端的边界条件可根据实际情况预先确定，例如，力学边界条件可以赋予下述分量的边界值，即

$$T_1^{(0,0)} \ \vec{\text{或}} \ u_1^{(0,0)}, \quad T_6^{(0,0)} \ \vec{\text{或}} \ u_2^{(0,0)}, \quad T_5^{(0)} \ \vec{\text{或}} \ u_3^{(0,0)} \tag{2.251}$$

$$T_1^{(1,0)} \ \vec{\text{或}} \ u_1^{(1,0)}, \quad T_1^{(0,1)} \ \vec{\text{或}} \ u_1^{(0,1)} \tag{2.252}$$

同样，也可以给出下述电学分量和磁学分量在边界处的值，即

$$\varphi^{(m,n)} \ \vec{\text{或}} \ D_1^{(m,n)}, \quad \psi^{(m,n)} \ \vec{\text{或}} \ B_1^{(m,n)} \tag{2.253}$$

其中，(m,n) 可取值 $(0,0)$、$(1,0)$ 和 $(0,1)$。

类似于二维层合板的简化结构理论，可以建立层合梁的一维简化结构理论，具体见附录 A。

2.5.4 经典弯曲

对于细长梁，剪切变形可以忽略不计，这种弯曲问题称为经典弯曲或者纯弯曲。令式 (2.219) 中的转动惯量为零，则可得

$$T_{1,1}^{(1,0)} - T_6^{(0,0)} + F_1^{(1,0)} = 0 \tag{2.254}$$

$$T_{1,1}^{(0,1)} - T_5^{(0,0)} + F_1^{(0,1)} = 0 \tag{2.255}$$

从式 (2.254) 和式 (2.255) 可以得到由弯矩 $T_{11}^{(1,0)}$ 和 $T_{11}^{(0,1)}$ 所表示的剪力 $T_{21}^{(0,0)}$ 和 $T_{31}^{(0,0)}$，再把它们代入弯曲方程 (2.218)，可得经典弯曲方程为

$$T_{1,11}^{(1,0)} + F_{1,1}^{(1,0)} + F_2^{(0,0)} = \rho A_s \ddot{u}_2^{(0,0)} \qquad (2.256)$$

$$T_{1,11}^{(0,1)} + F_{1,1}^{(0,1)} + F_3^{(0,0)} = \rho A_s \ddot{u}_3^{(0,0)} \qquad (2.257)$$

在式 (2.226) 中，令零阶剪切应变 $S_6^{(0,0)}$ 和 $S_5^{(0,0)}$ 为零，即

$$u_{2,1}^{(0,0)} + u_1^{(1,0)} = 0, \quad u_{3,1}^{(0,0)} + u_1^{(0,1)} = 0 \qquad (2.258)$$

这样，就可以利用式 (2.258) 把式 (2.227) 表示的一阶弯曲应变写成

$$S_1^{(1,0)} = -u_{2,11}^{(0,0)}, \quad S_1^{(0,1)} = -u_{3,11}^{(0,0)} \qquad (2.259)$$

2.6　本 章 小 结

本章基于 Mindlin 型简化结构理论的思想，系统建立了具有 MEE 耦合的多铁性材料与结构的二维和一维简化结构理论体系。在正交曲线坐标系下，建立的层状多铁性板壳结构的二维方程是一般的通式方程。特别是，可以通过在一般通式方程中取相应的拉梅系数，直接退化得到具有特殊几何构型的平板结构、柱壳结构和球壳结构等多铁性结构的基本方程。此外，一维梁模型的简化结构理论也适用于杆/梁结构的理论分析。本章所建立的多铁性结构的简化分析体系为多铁性材料在工程领域的应用奠定了坚实的理论基础。

参 考 文 献

[1] Cauchy A L. Sur l'équilibre et le Mouvement d'une Plaque élastique dont l'élasticité n'est pas la Même Dans Tous Les sens[M]. Cambridge: Cambridge University Press, 2009.

[2] Poisson S D. Mémoire sur l'équilibre et le mouvement des corps élastiques[J]. Mémoire de l'Académie, 1829, 8: 357-570.

[3] Kirchhoff G. Uber das gleichgewicht und die bewegung einer elastischen scheibe[J]. Crelles Journal, 1850, 40: 51-88.

[4] Mindlin R D. An Introduction to the Mathematical Theory of Vibrations of Elastic Plates[M]. Singapore: World Scientific, 1956.

[5] Mindlin R D. High frequency vibrations of crystal plates[J]. Quarterly of Applied Mathematics, 1961, 19(1): 51-61.

[6] Tiersten H F, Mindlin R D. Forced vibrations of piezoelectric crystal plates[J]. Quarterly of Applied Mathematics, 1962, 20(2): 107-119.

[7] Tiersten H F. Linear Piezoelectric Plate Vibrations[M]. New York: Plenum, 1969.

[8] Mindlin R D, Spencer W J. Anharmonic, thickness-twist overtones of thickness-shear and flexural vibrations of rectangular, AT-cut quartz plates[J]. Journal of Acoustic Society of America, 1967, 42(6): 1268-1277.

[9] Syngellakis S, Lee P C Y. An approximate theory for the high-frequency vibrations of piezoelectric crystal plates[C]. 20th Annual Symposium on Frequency Control, Atlantic, 1976: 184-190.

[10] Yang J S. The Mechanics of Piezoelectric Structures[M]. Singapore: World Scientific, 2006.

[11] Yang J S. Analysis of Piezoelectric Devices[M]. Singapore: World Scientific, 2006.

[12] Tzou H S. Piezoelectric Shells—Distributed Sensing and Control of Continua[M]. London: Kluwer, 1993.

[13] Mason W P. Physical Acoustics: Principles and Methods[M]. London: Acadamic Press, 1964.

第3章　多铁性层合结构磁电效应分析

3.1　引　　言

在室温下，单相多铁性材料的磁电效应非常微弱，没有实际应用价值。理论上，多铁性颗粒状复合材料具有较大的磁电效应。但是实验研究发现，烧结后留下的残余孔隙和压磁材料的弱导电性，大大降低了颗粒状复合材料的磁电效应。已有研究[1-4]表明，多铁性层合结构具有非常大的磁电效应，其值可以达到其他形式多铁性结构的上百倍。因此，多铁性层合结构在诸如传感器、作动器、俘能器和存储器等多功能器件方面具有巨大的应用前景[5-9]。

Bichurin 等[10]采用简单模型法分析了多铁性层合结构的磁电效应，并通过引入界面耦合因子 k（$k=0$ 表示界面之间没有作用力，$k=1$ 表示界面之间为理想连接），导出了一般的表达式。Bichurin 等[11]分析了层合圆柱结构在交变磁场作用下的磁电效应，在共振频率附近磁电效应有显著的增强，其峰值达到 23V/(cm·Oe)；Bichurin 等[12]还研究了压电/压磁双层结构和多层结构的磁电效应。Filippov 等[13]理论分析了三层有限圆板的磁电效应，并给出了考虑界面耦合因子的磁电效应表达式。Dong 等[14]采用等效电路法分析了 L-T 模式层合板结构的磁电效应，结果表明，L-T 模式层合板结构的磁电效应要比 T-T 模式层合板结构的磁电效应大几倍。随后，Dong 等[15,16]导出了 T-T、T-L 和 L-L 三种模式的层合板结构磁电效应的理论公式，并且实验研究了三种模式层合板结构的磁电效应。Dong 等[17-19]还研究了环形层合板和推挽式连接的层合板等多铁性层合结构的磁电效应。Liu 等[20]、Kuo 和 Wei[21]、Kuo 和 Chung[22]考虑了层间弱连接情况，理论研究了多铁性层合结构的磁电效应。Cai 等[23]、Lin 等[24]、Wang 等[25]和 Staaf 等[26]实验研究了多铁性层合结构的磁电效应。

本章用第 2 章建立的二维板壳简化结构理论，以三层（压磁/压电/压磁）对称结构、四层（压磁/压电/压电/压磁）反对称结构、两层（压磁/压电）柱壳和球壳结构为研究对象，分析它们分别在恒磁场和时间简谐磁场作用下的磁电效应。

3.2　恒磁场作用下层合板结构的磁电效应

考虑如图 3.1 所示的夹芯型多铁性层合板对称结构，研究其在恒磁场作用下进行纯伸缩对称变形时的磁电效应。图 3.1 右侧虚线和实线箭尾分别表示压电材料和压磁材料的极化方向，M 表示压磁层，P 表示压电层。根据压磁层和压电层的极化方向可分为四种类型的结构模式，分别记为 T-T 模式、T-L 模式、L-T 模式、L-L 模式。结构中间层由压电材料构成，上下两层都由相同的压磁材料构成且厚度相同。记压电层厚度为 $2h'$，压磁层厚度均为 $h - h'$，压电相体积比为 $v = h' / h$。结构两端为力学自由边界条件和电学开路条件，各层之间的界面为理想连接。在外加恒磁场 H 作用下，压磁层发生伸缩变形，通过界面的应变传递，压电层也随之变形，进而在电极表面上产生极化电荷。

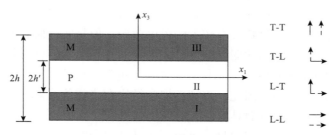

图 3.1　夹芯型多铁性层合板对称结构

首先，采用第 2 章建立的简化结构理论导出四种模式的一般方程。为分析方便，考虑广义平面应变问题，即所有物理量都与 x_2 无关。在恒磁场作用下，结构发生纯伸缩变形，可采用第 2 章的零阶简化结构理论进行分析，即式 (2.15)、式 (2.24)、式 (2.39) 和式 (2.45)。此时，静力学平衡方程为

$$T_{11,1}^{(0)} = 0 \tag{3.1}$$

结构中的拉力为

$$T_{11}^{(0)} = c_{11}^{(0)} S_{11}^{(0)} - \sum_{I=\mathrm{I}}^{\mathrm{III}} \left(e_{k1}^{I(0)} E_k^{I(0)} + h_{k1}^{I(0)} H_k^{I(0)} \right) \tag{3.2}$$

注意：当文中符号 h 下标中出现 2 个或 3 个指标时，表示压磁常数的符号；而当下标中只出现 1 个指标或 0 个指标时，表示结构厚度的符号。

结构中压电层的电位移为

$$D_i^{\mathrm{II}(0)} = e_{i1}^{\mathrm{II}(0)} S_{11}^{(0)} + \varepsilon_{ik}^{\mathrm{II}(0)} E_k^{\mathrm{II}(0)} \tag{3.3}$$

由两端的力学自由边界条件和静力学平衡方程 (3.1) 可知，在结构内部，拉力 $T_{11}^{(0)}$ 恒为零，即

$$T_{11}^{(0)} = c_{11}^{(0)} S_{11}^{(0)} - \sum_{I=\mathrm{I}}^{\mathrm{III}} \left(e_{k1}^{I(0)} E_k^{I(0)} + h_{k1}^{I(0)} H_k^{I(0)} \right) = 0 \tag{3.4}$$

对于电学开路条件，电位移 $D_j^{\mathrm{II}(0)}$ 为零，即

$$D_j^{\mathrm{II}(0)} = e_{j1}^{\mathrm{II}(0)} S_{11}^{(0)} + \varepsilon_{jk}^{\mathrm{II}(0)} E_k^{\mathrm{II}(0)} = 0 \tag{3.5}$$

由式 (3.4) 解出 $S_{11}^{(0)}$，再把其代入式 (3.5) 可得

$$\frac{e_{i1}^{\mathrm{II}(0)}}{c_{11}^{(0)}} \sum_{I=\mathrm{I}}^{\mathrm{III}} \left(e_{k1}^{I(0)} E_k^{I(0)} + h_{k1}^{I(0)} H_k^{I(0)} \right) + \varepsilon_{ik}^{\mathrm{II}(0)} E_k^{\mathrm{II}(0)} = 0 \tag{3.6}$$

式 (3.6) 表明电场和外加磁场呈比例关系。根据常用的磁电效应系数 (α 或 α') 的定义，有 $\alpha = \Delta E / \Delta H$ 或者 $\alpha' = \alpha v$，其中 v 为压电相体积比。注意：本书中不考虑磁偏场的情况，上述公式中的电场和磁场即可认为是电场增量 ΔE 和磁场增量 ΔH。

由式 (3.6) 可求出四种模式下的磁电效应，即 $\alpha = E_k^{(0)} / H_k^{(0)}$ 或 $\alpha' = v E_k^{(0)} / H_k^{(0)}$。下面进行具体数值计算。设压电层为钛酸钡 (BaTiO$_3$) 或锆钛酸铅 (PZT-4) 压电陶瓷材料，压磁层为铁酸钴 (CoFe$_2$O$_4$) 压磁材料，这几种材料都具有 6mm 对称性，即横观各向同性。相关材料常数[27]见表 3.1。

表 3.1　相关材料常数[27]

材料属性	BaTiO$_3$ 压电陶瓷材料	PZT-4 压电陶瓷材料	CoFe$_2$O$_4$ 压磁材料
弹性常数/GPa	$c_{11} = c_{22} = 166.0$ $c_{33} = 162.0, c_{12} = 77.0$ $c_{13} = c_{23} = 78.0$ $c_{44} = c_{55} = 43.0, c_{66} = 44.5$	$c_{11} = c_{22} = 138.499$ $c_{33} = 114.745, c_{12} = 54.016$ $c_{13} = c_{23} = 73.643$ $c_{44} = c_{55} = 21.1, c_{66} = 22.6$	$c_{11} = c_{22} = 286.0$ $c_{33} = 269.5, c_{12} = 170.3$ $c_{13} = c_{23} = 170.5$ $c_{44} = c_{55} = 45.3, c_{66} = 46.5$
压电常数/(C/m^2)	$e_{15} = e_{24} = 11.6$, $e_{31} = e_{32} = -4.4, e_{33} = 18.6$	$e_{15} = e_{24} = 12.72$ $e_{31} = e_{32} = -5.2, e_{33} = 15.08$	—
介电常数/ (10^{-9} C^2/(N·m^2))	$\varepsilon_{11} = \varepsilon_{22} = 11.2, \varepsilon_{33} = 12.6$	$\varepsilon_{11} = \varepsilon_{22} = 13.06, \varepsilon_{33} = 11.57$	$\varepsilon_{11} = \varepsilon_{22} = 0.08, \varepsilon_{33} = 0.093$
压磁常数/(N/(A·m))	—	—	$h_{15} = h_{24} = 550.0$ $h_{31} = h_{32} = 580.3, h_{33} = 699.7$
磁导率/(10^{-6} N·s^2/C^2)	$\mu_{11} = \mu_{22} = 5.0, \mu_{33} = 10.0$	$\mu_{11} = \mu_{22} = 5.0, \mu_{33} = 10.0$	$\mu_{11} = \mu_{22} = 590.0, \mu_{33} = 157.0$
密度/(kg/m^3)	5800	7600	5300

3.2.1　T-T 模式

考虑如图 3.2(a) 所示的 T-T 模式，压磁层和压电层均沿 x_3 方向极化。图中黑色粗线表示电极，忽略其质量和刚度效应，外加磁场沿 x_3 方向为 $H_3 = H_3^{(0)}$。由式 (3.6) 可得结构的磁电效应为

$$\alpha = \frac{E_3^{(0)}}{H_3^{(0)}} = -\frac{e_{31}^{(0)} h_{31}^{(0)}}{\varepsilon_{33}^{(0)} c_{11}^{(0)} + \left(e_{31}^{(0)}\right)^2} \qquad (3.7)$$

其中

$$c_{11}^{(0)} = 2(h - h')\overline{c}_{11}^{\,\mathrm{I}} + 2h'\overline{c}_{11}^{\,\mathrm{II}}, \quad h_{31}^{(0)} = 2(h - h')\overline{h}_{31}^{\,\mathrm{I}}, \quad e_{31}^{(0)} = 2h'\overline{e}_{31}^{\,\mathrm{II}}, \quad \varepsilon_{33}^{(0)} = 2h'\overline{\varepsilon}_{33}^{\,\mathrm{II}}$$

$$\qquad (3.8)$$

$$\overline{c}_{11}^{\,\mathrm{I}} = c_{11}^{\mathrm{I}} - \frac{c_{13}^{\mathrm{I}} c_{13}^{\mathrm{I}}}{c_{33}^{\mathrm{I}}}, \quad \overline{c}_{11}^{\,\mathrm{II}} = c_{11}^{\mathrm{II}} - \frac{c_{13}^{\mathrm{II}} c_{13}^{\mathrm{II}}}{c_{33}^{\mathrm{II}}}$$

$$\overline{h}_{31}^{\,\mathrm{I}} = h_{31}^{\mathrm{I}} - \frac{h_{33}^{\mathrm{I}} c_{31}^{\mathrm{I}}}{c_{33}^{\mathrm{I}}}, \quad \overline{e}_{31}^{\,\mathrm{II}} = e_{31}^{\mathrm{II}} - \frac{e_{33}^{\mathrm{II}} c_{31}^{\mathrm{II}}}{c_{33}^{\mathrm{II}}}, \quad \overline{\varepsilon}_{33}^{\,\mathrm{II}} = \varepsilon_{33}^{\mathrm{II}} + \frac{e_{33}^{\mathrm{II}} e_{33}^{\mathrm{II}}}{c_{33}^{\mathrm{II}}} \qquad (3.9)$$

α' 可由式(3.7)求出，即

$$\alpha' = -\frac{e_{31}^{(0)} h_{31}^{(0)}}{\varepsilon_{33}^{(0)} c_{11}^{(0)} + \left(e_{31}^{(0)}\right)^2} v \qquad (3.10)$$

注意：在下面关于磁电效应的计算中，α' 都由式(3.10)进行计算。

为考察在恒磁场作用下影响结构磁电效应的因素，分别画出如图 3.2(b)、图 3.2(c)和图 3.2(d)所示的结构磁电效应（α 和 α'）随压电相体积比 v 变化的曲线。由图 3.2(b)可以看出，当结构完全为压磁材料（$v=0$）时 α 最大，当结构完全为压电材料（$v=1$）时 $\alpha=0$，这是因为 α 表示的是结构中单位磁场作用下的增量电场变化率；当整个结构完全是压磁相（$v=0$）或完全是压电相（$v=1$）时，整体结构的磁电效应 α' 为零，当压电相体积比 v 为 0.4～0.6 时，整体结构的磁电效应 α' 值最大，可称为最优结构区域。图 3.2(c)和图 3.2(d)表明，多铁性层合板结构磁电效应（α 和 α'）的大小也取决于压电层的材料成分，压电层为 PZT-4 的磁电效应大于压电层为 BaTiO$_3$ 的磁电效应，这是因为 PZT-4 的压电性能优于 BaTiO$_3$ 的压电性能。因此，在恒磁场作用下，组成结构的材料属性和压电相体积比是影响结构磁电效应的主要因素。

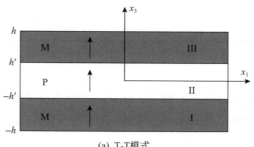

(a) T-T模式

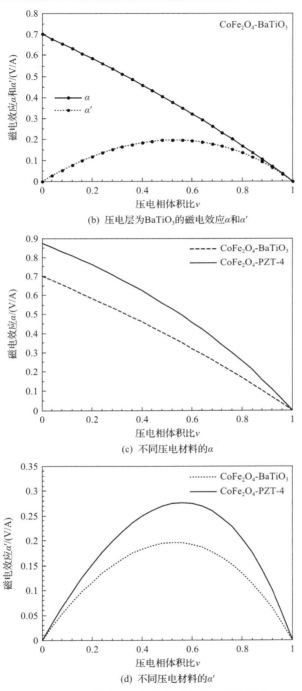

(b) 压电层为BaTiO₃的磁电效应α和α′

(c) 不同压电材料的α

(d) 不同压电材料的α′

图 3.2　T-T 模式层合板结构磁电效应(恒磁场)

3.2.2　T-L 模式

考虑如图 3.3(a) 所示的 T-L 模式，压磁层材料沿 x_1 正方向极化，压电层材料沿 x_3 正方向极化。图中黑色粗线表示电极，其质量和刚度都可忽略不计，外加磁场沿 x_1 方向为 $H_1 = H_1^{(0)}$。

同样，由式 (3.6) 可给出 T-L 模式的磁电效应为

$$\alpha = \frac{E_3^{(0)}}{H_1^{(0)}} = -\frac{e_{31}^{(0)} h_{11}^{(0)}}{\varepsilon_{33}^{(0)} c_{11}^{(0)} + \left(e_{31}^{(0)}\right)^2} \tag{3.11}$$

其中，

$$c_{11}^{(0)} = 2(h - h')\bar{c}_{11}^{\mathrm{I}} + 2h'\bar{c}_{11}^{\mathrm{II}}, \quad h_{11}^{(0)} = 2(h - h')\bar{h}_{11}^{\mathrm{I}}, \quad e_{31}^{(0)} = 2h'\bar{e}_{31}^{\mathrm{II}}, \quad \varepsilon_{33}^{(0)} = 2h'\bar{\varepsilon}_{33}^{\mathrm{II}} \tag{3.12}$$

$$\bar{c}_{11}^{\mathrm{I}} = c_{33}^{\mathrm{I}} - \frac{c_{13}^{\mathrm{I}} c_{13}^{\mathrm{I}}}{c_{11}^{\mathrm{I}}}, \quad \bar{c}_{11}^{\mathrm{II}} = c_{11}^{\mathrm{II}} - \frac{c_{13}^{\mathrm{II}} c_{13}^{\mathrm{II}}}{c_{33}^{\mathrm{II}}}$$

$$\bar{h}_{11}^{\mathrm{I}} = h_{33}^{\mathrm{I}} - \frac{h_{31}^{\mathrm{I}} c_{31}^{\mathrm{I}}}{c_{11}^{\mathrm{I}}}, \quad \bar{e}_{31}^{\mathrm{II}} = e_{31}^{\mathrm{II}} - \frac{e_{33}^{\mathrm{II}} c_{31}^{\mathrm{II}}}{c_{33}^{\mathrm{II}}}, \quad \bar{\varepsilon}_{33}^{\mathrm{II}} = \varepsilon_{33}^{\mathrm{II}} + \frac{e_{33}^{\mathrm{II}} e_{33}^{\mathrm{II}}}{c_{33}^{\mathrm{II}}} \tag{3.13}$$

同样，分别画出 T-L 模式的磁电效应（α 和 α'）随压电相体积比变化的曲线，如图 3.3(b)、图 3.3(c) 和图 3.3(d) 所示。图 3.3(b) 是压电层为 BaTiO$_3$ 时的磁电效应。由图 3.3(b) 可以看出，当整个结构中完全是压磁层（$v = 0$）或完全是压电层（$v = 1$）时，其磁电效应 α' 为零；当压电相体积比 v 为 0.4～0.6 时，其磁电效应 α' 值最大，为最优结构区域。由图 3.3(c) 和图 3.3(d) 可以看出，结构的磁电效应值也取决于压电层的材料成分，压电层为 PZT-4 的磁电效应大于压电层为 BaTiO$_3$ 的磁电效应。比较图 3.2(b) 和图 3.3(b) 可知，对于相同压电相体积比的结构，T-L 模式的磁电效应大于 T-T 模式的磁电效应，说明压磁层材料的极化方向也是影响

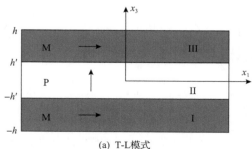

(a) T-L 模式

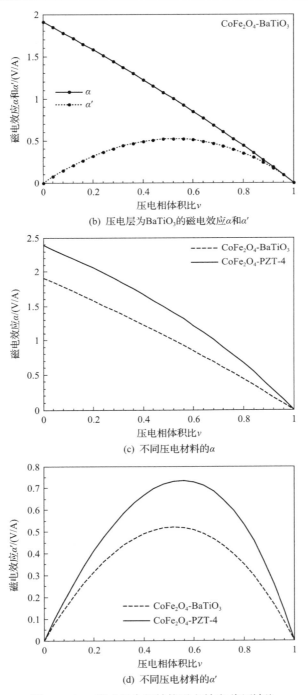

(b) 压电层为BaTiO$_3$的磁电效应α和α'

(c) 不同压电材料的α

(d) 不同压电材料的α'

图 3.3　T-L 模式层合板结构磁电效应(恒磁场)

磁电效应的因素之一。由此可知，组成结构的材料属性、压电相体积比和压磁层极化方向等都是影响结构磁电效应的因素。

3.2.3 L-T 模式

考虑如图 3.4(a) 所示的 L-T 模式，压磁层材料沿 x_1 正方向极化，压电层材料沿 x_3 正方向极化。图中黑色粗线表示电极，其质量和刚度忽略不计。外加磁场沿 x_3 方向为 $H_3 = H_3^{(0)}$。

同样，由式(3.6)可得 L-T 模式的磁电效应为

$$\alpha = \frac{E_1^{(0)}}{H_3^{(0)}} = -\frac{e_{11}^{(0)}h_{31}^{(0)}}{\varepsilon_{11}^{(0)}c_{11}^{(0)} + \left(e_{11}^{(0)}\right)^2} \tag{3.14}$$

其中

$$c_{11}^{(0)} = 2(h-h')\bar{c}_{11}^{\mathrm{I}} + 2h'\bar{c}_{11}^{\mathrm{II}}, \quad h_{31}^{(0)} = 2(h-h')\bar{h}_{31}^{\mathrm{I}}, \quad e_{11}^{(0)} = 2h'\bar{e}_{11}^{\mathrm{II}}, \quad \varepsilon_{11}^{(0)} = 2h'\bar{\varepsilon}_{11}^{\mathrm{II}} \tag{3.15}$$

$$\bar{c}_{11}^{\mathrm{I}} = c_{11}^{\mathrm{I}} - \frac{c_{13}^{\mathrm{I}}c_{13}^{\mathrm{I}}}{c_{33}^{\mathrm{I}}}, \quad \bar{c}_{11}^{\mathrm{II}} = c_{33}^{\mathrm{II}} - \frac{c_{13}^{\mathrm{II}}c_{13}^{\mathrm{II}}}{c_{11}^{\mathrm{II}}}$$

$$\bar{h}_{31}^{\mathrm{I}} = h_{31}^{\mathrm{I}} - \frac{h_{33}^{\mathrm{I}}c_{31}^{\mathrm{I}}}{c_{33}^{\mathrm{I}}}, \quad \bar{e}_{11}^{\mathrm{II}} = e_{33}^{\mathrm{II}} - \frac{e_{31}^{\mathrm{II}}c_{31}^{\mathrm{II}}}{c_{11}^{\mathrm{II}}}, \quad \bar{\varepsilon}_{11}^{\mathrm{II}} = \varepsilon_{33}^{\mathrm{II}} + \frac{e_{31}^{\mathrm{II}}e_{31}^{\mathrm{II}}}{c_{11}^{\mathrm{II}}} \tag{3.16}$$

分别画出 L-T 模式结构的磁电效应(α 和 α')随压电相体积比变化的曲线，如图 3.4(b)、图 3.4(c) 和图 3.4(d) 所示。图 3.4(b) 是压电层为 BaTiO$_3$ 时的磁电效应。由图 3.4(b) 可以看出，当整个结构中完全是压磁层($v=0$)或完全是压电层($v=1$)时，其磁电效应 α' 为零；当压电相体积比 v 为 0.4~0.6 时，其磁电效应 α' 值最大，为最优结构区域。图 3.4(c) 和图 3.4(d) 表明，结构的磁电效应也取决于压电层的材料成分；当 v 在 0~0.09 时，压电层为 PZT-4 的磁电效应小于压电层为 BaTiO$_3$

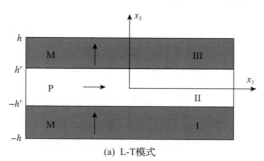

(a) L-T模式

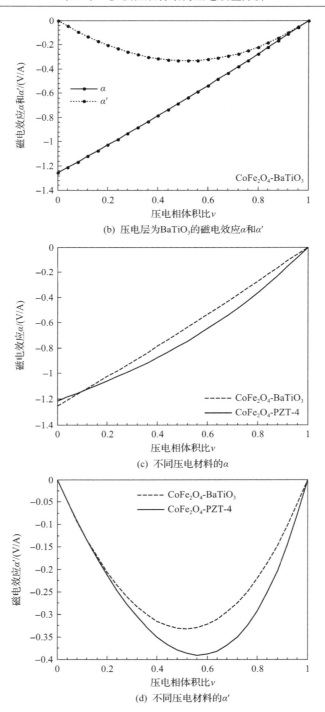

(b) 压电层为BaTiO₃的磁电效应α和α′

(c) 不同压电材料的α

(d) 不同压电材料的α′

图 3.4　L-T 模式层合板结构磁电效应(恒磁场)

的磁电效应,当 v 在 0.09~1 时,压电层为 PZT-4 的磁电效应大于压电层为 BaTiO$_3$ 的磁电效应。比较图 3.2(b)和图 3.4(b)可知,L-T 模式的磁电效应大于 T-T 模式的磁电效应,压电层极化方向也影响磁电效应的大小。图中磁电效应为负,表示实际电场方向与所假设的方向相反,也即与压电层极化方向相反。

3.2.4 L-L 模式

考虑如图 3.5(a)所示的 L-L 模式,压磁层材料和压电层材料均沿 x_1 正方向极化。图中黑色粗线表示电极,其质量和刚度忽略不计,外加磁场沿 x_1 方向为 $H_1 = H_1^{(0)}$。同样,由式(3.6)可给出 L-L 模式结构的磁电效应为

$$\alpha = \frac{E_1^{(0)}}{H_1^{(0)}} = -\frac{e_{11}^{(0)} h_{11}^{(0)}}{\varepsilon_{11}^{(0)} c_{11}^{(0)} + \left(e_{11}^{(0)}\right)^2} \tag{3.17}$$

其中

$$c_{11}^{(0)} = 2(h-h')\overline{c}_{11}^{\mathrm{I}} + 2h'\overline{c}_{11}^{\mathrm{II}}, \quad h_{11}^{(0)} = 2(h-h')\overline{h}_{11}^{\mathrm{I}}, \quad e_{11}^{(0)} = 2h'\overline{e}_{11}^{\mathrm{II}}, \quad \varepsilon_{11}^{(0)} = 2h'\overline{\varepsilon}_{11}^{\mathrm{II}} \tag{3.18}$$

$$\begin{aligned}
&\overline{c}_{11}^{\mathrm{I}} = c_{33}^{\mathrm{I}} - \frac{c_{13}^{\mathrm{I}} c_{13}^{\mathrm{I}}}{c_{11}^{\mathrm{I}}}, \quad \overline{c}_{11}^{\mathrm{II}} = c_{33}^{\mathrm{II}} - \frac{c_{13}^{\mathrm{II}} c_{13}^{\mathrm{II}}}{c_{11}^{\mathrm{II}}} \\
&\overline{h}_{11}^{\mathrm{I}} = h_{33}^{\mathrm{I}} - \frac{h_{31}^{\mathrm{I}} c_{31}^{\mathrm{I}}}{c_{11}^{\mathrm{I}}}, \quad \overline{e}_{11}^{\mathrm{II}} = e_{33}^{\mathrm{II}} - \frac{e_{31}^{\mathrm{II}} c_{31}^{\mathrm{II}}}{c_{11}^{\mathrm{II}}}, \quad \overline{\varepsilon}_{11}^{\mathrm{II}} = \varepsilon_{33}^{\mathrm{II}} + \frac{e_{31}^{\mathrm{II}} e_{31}^{\mathrm{II}}}{c_{11}^{\mathrm{II}}}
\end{aligned} \tag{3.19}$$

分别画出 L-L 模式结构的磁电效应随压电相体积比变化的曲线,如图 3.5(b)、图 3.5(c)和图 3.5(d)所示。图 3.5(b)是压电层为 BaTiO$_3$ 时的磁电效应。由图 3.5(b)可以看出,当整个结构中完全是压磁层($v=0$)或完全是压电层($v=1$)时,整个结构的磁电效应 α' 为零;当压电相体积比 v 为 0.4~0.6 时,整个结构的磁电效应 α' 值最大,为最优结构区域。图 3.5(c)和图 3.5(d)表明,结构的磁电效应也取决于压电层的材料成分;当 v 在 0~0.09 时,压电层为 PZT-4 的磁电效应小于压电层为 BaTiO$_3$ 的磁电效应,当 v 在 0.09~1 时,压电层为 PZT-4 的磁电效应大于压电层为 BaTiO$_3$ 的磁电效应。比较图 3.2(b)和图 3.5(b)可知,压电层极化方向也影响磁电效应的大小,L-L 模式的磁电效应大于 T-T 模式的磁电效应。与 L-T 模式一样,电场方向也与压电层极化方向相反。

由前面的分析可知,在恒磁场作用下,组成结构的材料属性、压电相体积比和材料极化方向都是影响结构磁电效应的关键因素。其中,L-L 模式和 L-T 模式

的磁电效应要比 T-T 模式和 T-L 模式的磁电效应稍大些。在恒磁场作用下，层合板结构的磁电效应可达到 1V/A 左右。

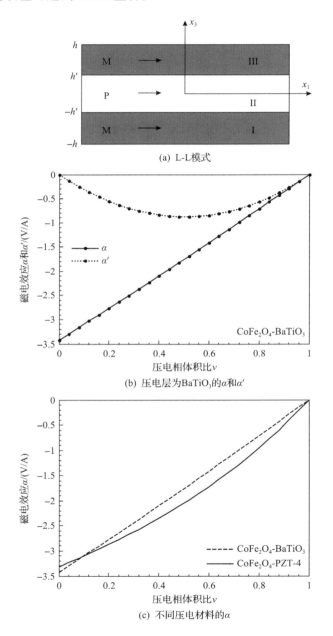

(a) L-L模式

(b) 压电层为BaTiO$_3$的α和α'

(c) 不同压电材料的α

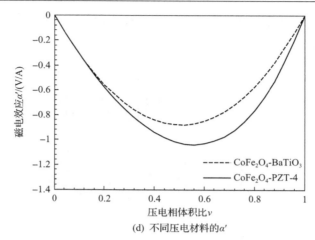

(d) 不同压电材料的 α'

图 3.5　L-L 模式层合板结构磁电效应(恒磁场)

3.3　简谐磁场作用下层合板结构的磁电效应

多铁性层合结构的磁电效应主要是通过界面的应变(或机械变形)传递实现的，其大小与结构的力学响应密切相关。由振动理论可知，结构在固有频率附近会发生共振现象，进而导致内部有非常大的机械响应。因此，当外加磁场激励频率处于结构固有频率附近时，结构的磁电效应与静态磁场作用下相比将会有显著提高。例如，Dong 等[28]在对多铁性层合结构的实验研究中发现，在固有频率附近的磁电效应是静态磁场作用下的 100 倍左右。本节以图 3.6 所示 T-L 模式和 L-T 模式的对称结构为例，采用零阶简化结构理论，分析它们在时间简谐磁场作用下进行伸缩变形时的磁电效应。

3.3.1　T-L 模式

考虑如图 3.6(a)所示的夹芯型多铁性层合结构(压磁/压电/压磁)，上下两层均为 $CoFe_2O_4$ 压磁材料，沿 x_1 正方向极化，中间层为 PZT-4 压电材料，沿 x_3 正方向极化，结构总长度为 $2l$，总厚度为 $2h$，压电层厚度为 $2h'$，上下压磁层厚度均为 $h-h'$。电极贴在压电层的上下表面。结构两端为力学自由边界条件和电学开路条件。外加磁场沿 x_1 方向随时间简谐变化，即 $H_1^{(0)} = He^{i\omega t}$，i 为虚数单位。为分析方便，考虑广义平面应变问题，也即各物理量与 x_2 无关。在外加磁场 $H_1^{(0)}$ 的作用下，结构发生周期变化的伸缩变形，其非零位移分量为 $u_1^{(0)}$，两电极间产生电场 $E_3^{(0)}$。

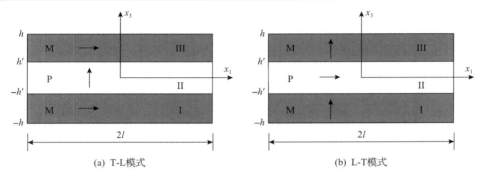

(a) T-L模式　　　　　　　　　　　　　　　　　(b) L-T模式

图 3.6　两种多铁性层合板对称结构

根据零阶简化结构理论，可写出运动平衡方程为

$$T_{11,1}^{(0)} = \rho^{(0)} \ddot{u}_1^{(0)}, \quad |x_1| < l \tag{3.20}$$

轴力为

$$T_{11}^{(0)} = c_{11}^{(0)} S_{11}^{(0)} - e_{31}^{(0)} E_3^{(0)} - h_{11}^{(0)} H_1^{(0)} \tag{3.21}$$

压电层中的电位移为

$$D_3^{(0)} = e_{31}^{(0)} S_{11}^{(0)} + \varepsilon_{33}^{(0)} E_3^{(0)} \tag{3.22}$$

应变-位移关系为

$$S_{11}^{(0)} = u_{1,1}^{(0)} \tag{3.23}$$

式(3.20)～式(3.22)中的等效材料常数为

$$\rho^{(0)} = 2\rho^{\mathrm{I}}(h - h') + 2\rho^{\mathrm{II}} h', \quad c_{11}^{(0)} = 2(h - h')\overline{c}_{11}^{\mathrm{I}} + 2h' \overline{c}_{11}^{\mathrm{II}}$$
$$e_{31}^{(0)} = \overline{e}_{31}^{\mathrm{II}} 2h', \quad \varepsilon_{33}^{(0)} = \overline{\varepsilon}_{33}^{\mathrm{II}} 2h', \quad h_{11}^{(0)} = \overline{h}_{11}^{\mathrm{I}} 2(h - h') \tag{3.24}$$

$$\overline{c}_{11}^{\mathrm{I}} = c_{33}^{\mathrm{I}} - \frac{c_{13}^{\mathrm{I}} c_{13}^{\mathrm{I}}}{c_{11}^{\mathrm{I}}}, \quad \overline{c}_{11}^{\mathrm{II}} = c_{11}^{\mathrm{II}} - \frac{c_{13}^{\mathrm{II}} c_{13}^{\mathrm{II}}}{c_{33}^{\mathrm{II}}}$$
$$\overline{h}_{11}^{\mathrm{I}} = h_{33}^{\mathrm{I}} - \frac{h_{31}^{\mathrm{I}} c_{31}^{\mathrm{I}}}{c_{11}^{\mathrm{I}}}, \quad \overline{e}_{31}^{\mathrm{II}} = e_{31}^{\mathrm{II}} - \frac{e_{33}^{\mathrm{II}} c_{31}^{\mathrm{II}}}{c_{33}^{\mathrm{II}}}, \quad \overline{\varepsilon}_{33}^{\mathrm{II}} = \varepsilon_{33}^{\mathrm{II}} + \frac{e_{33}^{\mathrm{II}} e_{33}^{\mathrm{II}}}{c_{33}^{\mathrm{II}}} \tag{3.25}$$

两端的力学自由边界条件为

$$T_{11}^{(0)}(x_1 = \pm l) = 0 \tag{3.26}$$

在上电极表面（$x_3 = h'$），沿 x_2 方向单位宽度面积内的电荷量为 $Q_e = \int_{-l}^{l} -D_3\big|_{x_3=h'} \, \mathrm{d}x_1$。由电学开路条件可知

$$Q_e = \int_{-l}^{l} -D_3\big|_{x_3=h'} \, \mathrm{d}x_1 = \int_{-l}^{l} -\frac{1}{2h'} D_3^{(0)}\big|_{x_3=h'} \, \mathrm{d}x_1 = 0 \qquad (3.27)$$

其中，$D_3^{(0)}$ 为压电层的电位移。

由式（3.20）、式（3.21）和式（3.26），可得到如下边值问题：

$$c_{11}^{(0)} u_{1,11}^{(0)} + \omega^2 \rho^{(0)} u_1^{(0)} = 0, \quad |x_1| < l \qquad (3.28)$$

$$c_{11}^{(0)} u_{1,1}^{(0)} - e_{31}^{(0)} E_3^{\mathrm{II}(0)} - h_{11}^{(0)} H = 0, \quad x_1 = \pm l \qquad (3.29)$$

结构内的位移 $u_1^{(0)}$ 和电场 $E_3^{(0)}$ 是未知量。由于结构关于 $x_1 = 0$ 对称，所以其伸缩变形一定关于 $x_1 = 0$ 对称。因此，式（3.28）的通解可写为

$$u_1^{(0)} = C \sin(kx_1) \qquad (3.30)$$

其中，C 为待定常数，且

$$k^2 = \frac{\omega^2 \rho^{(0)}}{c_{11}^{(0)}} \qquad (3.31)$$

把 $u_1^{(0)}$ 代入边界条件（3.29），可得

$$C = \frac{e_{31}^{(0)} E_3^{(0)} + h_{11}^{(0)} H}{c_{11}^{(0)} k \cos(kl)} \qquad (3.32)$$

由式（3.32）可知，当 $\cos(kl) = 0$ 时，结构处于共振状态。由式（3.22）、式（3.23）、式（3.30）和式（3.32）可得

$$D_3^{(0)} = \left(\frac{e_{31}^{(0)} e_{31}^{(0)} \cos(kx_1)}{c_{11}^{(0)} k \cos(kl)} + \varepsilon_{33}^{(0)} \right) E_3^{(0)} + \frac{e_{31}^{(0)} h_{11}^{(0)} \cos(kx_1)}{c_{11}^{(0)} k \cos(kl)} H \qquad (3.33)$$

把式（3.33）代入式（3.27）描述的电学开路条件，整理可得到结构的磁电效应为

$$\alpha = \frac{E_3^{(0)}}{H} = -\frac{h_{11}^{(0)} e_{31}^{(0)}}{\varepsilon_{33}^{(0)} c_{11}^{(0)} ka \cot(kl) + e_{31}^{(0)} e_{31}^{(0)}} \qquad (3.34)$$

在下面的算例中，通过引入复弹性常数来考虑结构的阻尼效应[29]，具体操作

是：在计算中采用复弹性常数 $c^i = c(1 + iQ_c)$ 来代替材料弹性常数 c，其中 Q_c 为阻尼因子，通常取值范围为 $0.01 \sim 0.05$。下面所有的算例也都通过此方法考虑结构的阻尼效应，并取 $Q_c = 0.01$。

作为算例，取结构的总长度（$2l$）为 9.2mm，总厚度（$2h$）为 0.7mm。h' 取值分别为 $0.4h$、$0.6h$ 和 $0.8h$，也即压电相体积比 v 为 0.4、0.6 和 0.8。图 3.7 给出了结构在第一阶和第二阶共振频率区域附近的磁电效应随磁场激励频率变化的曲线。图 3.7 清楚地显示，当磁场激励频率在结构共振频率附近时，结构的磁电效应非常大。当压电相体积比分别为 0.4、0.6 和 0.8 时，磁场激励频率在结构第一阶共振频率附近时所产生的磁电效应达到最大，对应的 α 值分别为 138.34V/A、101.99V/A 和 56.95V/A。然而，3.2 节中同样的 T-L 模式在恒磁场作用下，当压电相体积比同为 0.4、0.6 和 0.8 时，其 α 值则分别约为 1.7V/A、1.25V/A 和 0.65V/A（见图 3.3（b）中 CoFe$_2$O$_4$-PZT-4 曲线）。可见，当外加磁场的激励频率在第一阶固有频率附近时，结构具有巨磁电效应，约为恒磁场作用时的上百倍。与之对应的结构的第一阶固有频率分别为 260.20kHz、239.70kHz 和 220.20kHz。由于压电材料 PZT-4 的刚度比压磁材料 CoFe$_2$O$_4$ 的刚度小，所以压电相体积比越大，其第一阶固有频率越小。

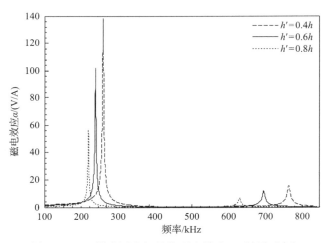

图 3.7　T-L 模式层合板结构磁电效应 α（简谐磁场）

3.3.2　L-T 模式

考虑如图 3.6（b）所示的夹芯型多铁性层合结构（压磁/压电/压磁），上下两层为 CoFe$_2$O$_4$ 压磁材料，沿 x_3 正方向极化，中间层为 PZT-4 压电材料，沿 x_1 正方向极化。结构总长度为 $2l$，结构总厚度为 $2h$，压电层厚度为 $2h'$，上下两层压磁层厚度相等，均为 $h - h'$。电极贴在压电层的左右两端，其刚度和质量都可忽略不计。

两端为力学自由边界条件和电学开路条件。外加简谐磁场为 $H_3^{(0)} = He^{i\omega t}$，沿 x_3 方向。考虑广义平面应变问题，各物理量与 x_2 无关。在外加简谐磁场 $H_3^{(0)}$ 驱动下，发生周期性的伸缩变形。其非零位移分量为 $u_1^{(0)}$，两电极之间的电场为 $E_1^{(0)}$，电势为 $\varphi^{(0)}$。

由零阶简化结构理论，可写出相应的运动平衡方程和电学高斯方程为

$$c_{11}^{(0)} u_{1,11}^{(0)} + e_{11}^{(0)} \varphi_{,11}^{(0)} + \omega^2 \rho^{(0)} u_1^{(0)} = 0, \quad |x_1| < l \tag{3.35}$$

$$e_{11}^{(0)} u_{1,11}^{(0)} - \varepsilon_{11}^{(0)} \varphi_{,11}^{(0)} = 0, \quad |x_1| < l \tag{3.36}$$

其中

$$\rho^{(0)} = 2\rho^{\mathrm{I}}(h - h') + 2\rho^{\mathrm{II}} h', \quad c_{11}^{(0)} = 2(h - h')\overline{c}_{11}^{\mathrm{I}} + 2h'\overline{c}_{11}^{\mathrm{II}}$$
$$e_{11}^{(0)} = \overline{e}_{11}^{\mathrm{II}} 2h', \quad \varepsilon_{11}^{(0)} = \overline{\varepsilon}_{11}^{\mathrm{II}} 2h', \quad h_{31}^{(0)} = \overline{h}_{11}^{\mathrm{I}} 2(h - h') \tag{3.37}$$

$$\overline{c}_{11}^{\mathrm{I}} = c_{11}^{\mathrm{I}} - \frac{c_{13}^{\mathrm{I}} c_{13}^{\mathrm{I}}}{c_{33}^{\mathrm{I}}}, \quad \overline{c}_{11}^{\mathrm{II}} = c_{33}^{\mathrm{II}} - \frac{c_{13}^{\mathrm{II}} c_{13}^{\mathrm{II}}}{c_{11}^{\mathrm{II}}}$$
$$\overline{h}_{31}^{\mathrm{I}} = h_{31}^{\mathrm{I}} - \frac{h_{33}^{\mathrm{I}} c_{31}^{\mathrm{I}}}{c_{33}^{\mathrm{I}}}, \quad \overline{e}_{11}^{\mathrm{II}} = e_{33}^{\mathrm{II}} - \frac{e_{31}^{\mathrm{II}} c_{31}^{\mathrm{II}}}{c_{11}^{\mathrm{II}}}, \quad \overline{\varepsilon}_{11}^{\mathrm{II}} = \varepsilon_{33}^{\mathrm{II}} + \frac{e_{31}^{\mathrm{II}} e_{31}^{\mathrm{II}}}{c_{11}^{\mathrm{II}}} \tag{3.38}$$

由两端的力学自由边界条件和电学开路条件，可得

$$c_{11}^{(0)} u_{1,1}^{(0)} + e_{11}^{(0)} \varphi_{,1}^{(0)} - h_{31}^{(0)} H = 0, \quad x_1 = \pm l \tag{3.39}$$

$$e_{11}^{(0)} u_{1,1}^{(0)} - \varepsilon_{11}^{(0)} \varphi_{,1}^{(0)} = 0, \quad x_1 = \pm l \tag{3.40}$$

根据式(3.36)，可得

$$\varphi^{(0)} = \frac{e_{11}^{(0)}}{\varepsilon_{11}^{(0)}} u_1^{(0)} + C_1 x_1 + C_2 \tag{3.41}$$

其中，C_1 和 C_2 为待定常数。

对于标量场电势的确定，需要选择一个零电势点。因此，可以适当地选取零电势点，使得 C_2 为零。把电势(3.41)代入式(3.35)，可得

$$\hat{c}_{11}^{(0)} u_{1,11}^{(0)} + \omega^2 \rho^{(0)} u_1^{(0)} = 0, \quad |x_1| < l \tag{3.42}$$

其中

由式(3.55)和式(3.66)以及电学开路条件(3.27)，可得结构的磁电效应为

$$\alpha = \frac{E_3^{(0)}}{H_1^{(0)}} = -\frac{4e_{31}^{(1)}\overline{h}_{11}^{I(1)}}{4e_{31}^{(1)}e_{31}^{(1)} + c_{11}^{(2)}\varepsilon_{33}^{(0)}kl(\cot(kl) + \coth(kl))} \tag{3.67}$$

与 3.3.1 节的算例一样，取结构的总长度($2l$)为 9.2mm，总厚度($2h$)为 0.7mm，压电相体积比 v 分别为 0.4、0.6 和 0.8。绘制外加磁场在第一、二阶固有频率附近区域的磁电效应曲线，如图 3.10 所示，可以看到与面内伸缩变形一样，当外加磁场激励频率在结构第一阶固有频率附近时，结构具有最大的磁电效应，其值分别为 42.54V/A($v=0.4$)、51.94V/A($v=0.6$)和 44.74V/A($v=0.8$)。与之对应的结构第一阶固有频率分别为 43.60kHz、40.70kHz 和 36.70kHz。比较图 3.7 和图 3.10 可知，伸缩变形模式(T-L 模式)的磁电效应是弯曲模式(T-L 模式)的 2～3 倍，但是伸缩变形模式的第一阶固有频率远大于弯曲模式的第一阶固有频率。

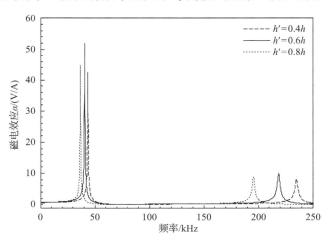

图 3.10　T-L 模式层合板结构磁电效应 α（弯曲振动）

3.4.2　L-T 模式

考虑如图 3.9(b)所示的 L-T 模式，在外加磁场 $H_3^{(0)} = He^{i\omega t}$ 驱动下，结构发生纯弯曲变形，在 x_1 方向产生的电场为 $E_1^{(0)}$。其运动平衡方程、电学高斯方程和剪应变 $S_{31}^{(0)}$ 为零的条件以及应变-位移关系都与 T-L 模式结构的纯弯曲变形情况下的一样，即式(3.52)、式(3.53)、式(3.60)和式(3.61)保持不变。但是本构方程不同，L-T 模式下的本构方程为

$$T_{11}^{(1)} = c_{11}^{(2)}S_{11}^{(1)} + 2\overline{e}_{11}^{(1)}\varphi_{,1}^{(0)} - 2\overline{h}_{31}^{(1)}H_3^{(0)} \tag{3.68}$$

$$D_1^{(0)} = \overline{e}_{11}^{(1)} S_{11}^{(1)} - \varepsilon_{11}^{(0)} \varphi_{,1}^{(0)} \tag{3.69}$$

其中

$$\rho^{(0)} = 2\rho^{\mathrm{I}}(h - h') + 2\rho^{\mathrm{II}}h', \quad c_{11}^{(2)} = 2\frac{h^3 - h'^3}{3}\overline{c}_{11}^{\mathrm{I}} + 2\frac{h'^3}{3}\overline{c}_{11}^{\mathrm{II}} \tag{3.70}$$

$$\overline{e}_{11}^{(1)} = -\frac{h'^2}{2}\overline{e}_{11}^{\mathrm{II}}, \quad \varepsilon_{11}^{(0)} = h'\overline{\varepsilon}_{11}^{\mathrm{II}}, \quad \overline{h}_{31}^{(1)} = \frac{h'^2 - h^2}{2}\overline{h}_{31}^{\mathrm{I}} \tag{3.71}$$

$$\overline{c}_{11}^{\mathrm{I}} = c_{11}^{\mathrm{I}} - \frac{c_{13}^{\mathrm{I}}c_{13}^{\mathrm{I}}}{c_{33}^{\mathrm{I}}}, \quad \overline{c}_{11}^{\mathrm{II}} = c_{33}^{\mathrm{II}} - \frac{c_{13}^{\mathrm{II}}c_{13}^{\mathrm{II}}}{c_{11}^{\mathrm{II}}}$$

$$\overline{h}_{31}^{\mathrm{I}} = h_{31}^{\mathrm{I}} - \frac{h_{33}^{\mathrm{I}}c_{31}^{\mathrm{I}}}{c_{33}^{\mathrm{I}}}, \quad \overline{e}_{11}^{\mathrm{II}} = e_{33}^{\mathrm{II}} - \frac{e_{31}^{\mathrm{II}}c_{31}^{\mathrm{II}}}{c_{11}^{\mathrm{II}}}, \quad \overline{\varepsilon}_{11}^{\mathrm{II}} = \varepsilon_{33}^{\mathrm{II}} + \frac{e_{31}^{\mathrm{II}}e_{31}^{\mathrm{II}}}{c_{11}^{\mathrm{II}}} \tag{3.72}$$

电场-电势梯度关系为

$$E_1^{(0)} = -\varphi_{,1}^{(0)} \tag{3.73}$$

由式(3.52)、式(3.53)、式(3.68)、式(3.69)和式(3.73)，可得到由位移和电势表示的运动平衡方程和电学高斯方程分别为

$$-c_{11}^{(2)}u_{3,1111}^{(0)} + 2\overline{e}_{11}^{(1)}\varphi_{,111}^{(0)} + \omega^2\rho^{(0)}u_3^{(0)} = 0, \quad |x_1| < l \tag{3.74}$$

$$-\overline{e}_{11}^{(1)}u_{3,111}^{(0)} - 2\varepsilon_{11}^{(0)}\varphi_{,11}^{(0)} = 0, \quad |x_1| < l \tag{3.75}$$

两端的力学自由边界条件为

$$T_{11}^{(1)}(x_1 = \pm l) = -c_{11}^{(2)}u_{3,11}^{(0)} + 2\overline{e}_{11}^{(1)}\varphi_{,1}^{(0)} - 2\overline{h}_{31}^{(1)}H_3^{(0)} = 0 \tag{3.76}$$

$$T_{13}^{(0)}(x_1 = \pm l) = -c_{11}^{(2)}u_{3,111}^{(0)} + 2\overline{e}_{11}^{(1)}\varphi_{,11}^{(0)} = 0 \tag{3.77}$$

两端的电学开路条件为

$$D_1^{(0)}(x_1 = \pm l) = -\overline{e}_{11}^{(1)}u_{3,11}^{(0)} - \varepsilon_{11}^{(0)}\varphi_{,1}^{(0)} = 0 \tag{3.78}$$

由式(3.74)和式(3.75)可以得到 $u_3^{(0)}$ 的解，即

$$u_3^{(0)} = C_1\cos(kx_1) + C_2\cosh(kx_1) \tag{3.79}$$

其中，C_1 和 C_2 为待定常数，且

$$k^4 = \frac{\omega^2 \rho^{(0)}}{\hat{c}_{11}^{(2)}} \tag{3.80}$$

这里，$\hat{c}_{11}^{(2)} = c_{11}^{(2)} + 2\overline{e}_{11}^{(1)} \overline{e}_{11}^{(1)} / \varepsilon_{11}^{\mathrm{II}(0)}$ 。

再由式(3.75)和式(3.79)可得到电势一阶导数的表达式，即

$$\varphi_{,1}^{(0)} = \frac{\overline{e}_{11}^{(1)}}{\varepsilon_{11}^{(0)}} k^2 \left(C_1 \cos(kx_1) - C_2 \cosh(kx_1) \right) + C_3 \tag{3.81}$$

其中，C_3 为待定系数。

由式(3.78)和式(3.81)可导出 $C_3 = 0$。把式(3.79)和式(3.81)代入边界条件(3.76)和(3.77)，整理可得到关于 C_1 和 C_2 的方程组，即

$$\begin{cases} \hat{c}_{11}^{(2)} k^2 \left(C_1 \cos(kl) - C_2 \cosh(kl) \right) - 2\overline{h}_{31}^{(1)} H = 0 \\ C_1 \sin(kl) + C_2 \sinh(kl) = 0 \end{cases} \tag{3.82}$$

由式(3.82)可得

$$\begin{cases} C_1 = \dfrac{2\overline{h}_{31}^{(1)}}{k^2 \hat{c}_{11}^{(2)}} \dfrac{H}{\cos(kl) + \sin(kl)\coth(kl)} \\[3mm] C_2 = \dfrac{2\overline{h}_{31}^{(1)}}{k^2 \hat{c}_{11}^{(2)}} \dfrac{H}{\sinh(kl)\cot(kl) + \cosh(kl)} \end{cases} \tag{3.83}$$

由式(3.81)可得

$$E_1^{(0)} = -\frac{\overline{e}_{11}^{(1)}}{\varepsilon_{11}^{(0)}} k^2 \left(C_1 \cos(kx_1) - C_2 \cosh(kx_1) \right) \tag{3.84}$$

式(3.84)表明，电场是坐标 x_1 的函数，随坐标位置变化。利用式(3.50)，可求出压电层内的平均电场为

$$\overline{E} = -\frac{4}{kl} \frac{\overline{e}_{11}^{(1)} \overline{h}_{31}^{(1)}}{\hat{c}_{11}^{(2)} \varepsilon_{11}^{(0)}} \frac{H}{\cot(kl) + \coth(kl)} \tag{3.85}$$

由平均电场表示的磁电效应为

$$\alpha = \frac{\overline{E}}{H} = -\frac{4}{kl} \frac{\overline{e}_{11}^{(1)} \overline{h}_{31}^{(1)}}{\hat{c}_{11}^{(2)} \varepsilon_{11}^{(0)}} \frac{1}{\cot(kl) + \coth(kl)} \tag{3.86}$$

与 3.3.1 节的算例一样，结构的总长度（$2l$）为 9.2mm，总厚度（$2h$）为 0.7mm，分别取压电相体积比 v 为 0.4、0.6 和 0.8。由式 (3.86) 计算出结构的磁电效应，绘制如图 3.11 所示的外加磁场激励频率在结构第一、二阶固有频率附近区域的磁电效应曲线。当外加磁场激励频率在结构第一阶固有频率附近时，结构具有最大的磁电效应，其值分别为 21.85V/A（$v=0.4$）、27.33V/A（$v=0.6$）和 24.86V/A（$v=0.8$）。与之相对应的结构第一阶固有频率分别为 44.80kHz、41.70kHz 和 37.20kHz。与同种尺寸的 T-L 模式结构相比，它们的第一阶固有频率比较接近，但 L-T 模式下的磁电效应约为 T-L 模式下的 1/2。

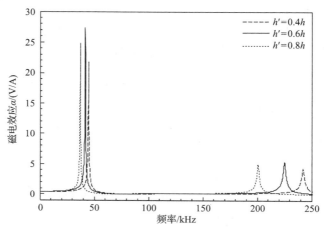

图 3.11　L-T 模式层合板结构磁电效应 α（弯曲振动）

3.5　双层柱壳结构的磁电效应

　　壳体因其合理的几何外形可以同时充分发挥材料的强度和刚度，在众多工程领域都有广泛应用。本节分析多铁性薄柱壳的磁电效应。考虑如图 3.12 所示的多铁性双层柱壳结构，内层是沿径向极化的压电材料，厚度为 h'，外层是压磁材料，厚度为 h，其极化可沿径向或环向。黑色封闭环线表示电极，忽略其刚度和质量的影响。柱壳结构内外表面为力学自由边界条件和电学开路条件。与前面类似，约定当压磁层极化沿径向时记为 T-T 模式，当极化垂直于径向（即沿环向）时记为 T-L 模式。柱壳结构的几何中面半径为 R。圆柱坐标系 $O\text{-}\theta zr$ 对应于正交坐标系 $O\text{-}\gamma_1\gamma_2\gamma_3$。为分析方便，考虑轴对称问题且圆柱沿轴向（$z$ 轴方向）无限长，所有物理量与 z 无关，它属于广义平面应变问题。本节仅考虑柱壳结构的径向扩展运动，称为"呼吸"模式，柱壳结构内只有径向位移 $u_3^{(0)}$。因此，可以采用第 2 章建立的柱壳结构的零阶简化结构理论（即无矩理论）进行分析。

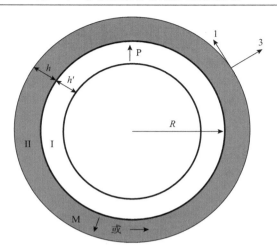

图 3.12　多铁性双层柱壳结构

根据零阶简化结构理论, 结构内的非零应变为

$$S_{11}^{(0)} = \frac{u_3^{(0)}}{R} \tag{3.87}$$

非零应力分量为 $T_{11}^{(0)}$, 即环向拉力(记为 $N_{11} = T_{11}^{(0)}$), 因此有

$$N_{11} = c_{11}^{(0)} S_{11}^{(0)} - e_{31}^{(0)} E_3^{(0)} - h_{k1}^{(0)} H_k^{(0)} \tag{3.88}$$

电位移为

$$D_3^{(0)} = e_{31}^{(0)} S_{11}^{(0)} + \varepsilon_{33}^{(0)} E_3^{(0)} \tag{3.89}$$

其中

$$\begin{aligned} c_{11}^{(0)} &= h' \bar{c}_{11}^{\mathrm{I}} + h \bar{c}_{11}^{\mathrm{II}} \\ h_{k1}^{(0)} &= h \bar{h}_{k1}^{\mathrm{II}}, \quad e_{31}^{(0)} = h' \bar{e}_{31}^{\mathrm{I}}, \quad \varepsilon_{33}^{(0)} = h' \bar{\varepsilon}_{33}^{\mathrm{I}} \end{aligned} \tag{3.90}$$

$$\begin{aligned} \bar{c}_{11}^{\mathrm{I}} &= c_{11}^{\mathrm{I}} - \frac{c_{13}^{\mathrm{I}} c_{13}^{\mathrm{I}}}{c_{33}^{\mathrm{I}}}, \quad \bar{c}_{11}^{\mathrm{II}} = c_{11}^{\mathrm{II}} - \frac{c_{13}^{\mathrm{II}} c_{13}^{\mathrm{II}}}{c_{33}^{\mathrm{II}}} \\ \bar{h}_{k1}^{\mathrm{II}} &= h_{k1}^{\mathrm{II}} - \frac{h_{k3}^{\mathrm{II}} c_{31}^{\mathrm{II}}}{c_{33}^{\mathrm{II}}}, \quad \bar{e}_{31}^{\mathrm{I}} = e_{31}^{\mathrm{I}} - \frac{e_{33}^{\mathrm{I}} c_{31}^{\mathrm{I}}}{c_{33}^{\mathrm{I}}}, \quad \bar{\varepsilon}_{33}^{\mathrm{I}} = \varepsilon_{33}^{\mathrm{I}} + \frac{e_{33}^{\mathrm{I}} e_{33}^{\mathrm{I}}}{c_{33}^{\mathrm{I}}} \end{aligned} \tag{3.91}$$

运动平衡方程和电学高斯方程分别为

$$-\frac{N_{11}}{R} = \left(\rho^{\mathrm{I}}h' + \rho^{\mathrm{II}}h\right)\ddot{u}_3^{(0)} \tag{3.92}$$

$$D_{3,3}^{(0)} = 0 \tag{3.93}$$

3.5.1　恒磁场作用

对于环向或径向恒磁场 $H_k^{(0)}$（$k=1,3$）作用，由式(3.92)可知，其静力学平衡方程为

$$N_{11} = 0 \tag{3.94}$$

由式(3.93)表示的电学高斯方程和内外表面的电学开路条件可知，在压电层内有

$$D_3^{(0)} = 0 \tag{3.95}$$

把式(3.88)和式(3.89)分别代入式(3.94)和式(3.95)，可得

$$N_{11} = c_{11}^{(0)}S_{11}^{(0)} - e_{31}^{(0)}E_3^{(0)} - h_{k1}^{(0)}H_k^{(0)} = 0 \tag{3.96}$$

$$D_3^{(0)} = e_{31}^{(0)}S_{11}^{(0)} + \varepsilon_{33}^{(0)}E_3^{(0)} = 0 \tag{3.97}$$

由式(3.96)和式(3.97)可求出电场 $E_3^{(0)}$ 和应变 $S_{11}^{(0)}$，分别为

$$E_3^{(0)} = -\frac{e_{31}^{(0)}h_{k1}^{(0)}}{c_{11}^{(0)}\varepsilon_{33}^{(0)} + e_{31}^{(0)}e_{31}^{(0)}}H_k^{(0)} \tag{3.98}$$

$$S_{11}^{(0)} = \frac{\varepsilon_{33}^{(0)}h_{k1}^{(0)}}{c_{11}^{(0)}\varepsilon_{33}^{(0)} + e_{31}^{(0)}e_{31}^{(0)}}H_k^{(0)} \tag{3.99}$$

由式(3.98)可得结构磁电效应的表达式为

$$\alpha = -\frac{e_{31}^{(0)}h_{k1}^{(0)}}{c_{11}^{(0)}\varepsilon_{33}^{(0)} + e_{31}^{(0)}e_{31}^{(0)}} \tag{3.100}$$

由式(3.100)可知，对于厚度很薄的柱壳结构，在恒磁场作用下的"呼吸"模式的磁电效应与几何中面半径 R 无关，只与自身的材料属性和压电相体积比 v 有关。另外，式(3.100)在形式上分别与 3.2.1 节和 3.2.2 节（T-T 模式和 T-L 模式层合

板结构)的磁电效应表达式(3.7)和式(3.11)一样；它是一般柱壳的特殊情况，可由恒磁场作用下多铁性柱壳轴对称问题的三维解析解退化得到，详见附录 B。

作为算例，设 T-T 模式的外加磁场为 $H_3^{(0)}$，直接在式(3.98)中令 $k=3$ 就可得到磁电效应表达式，计算并绘制如图 3.13 所示的 T-T 模式结构磁电效应曲线。图 3.13(a)是压电层为 BaTiO$_3$ 时的磁电效应(α 和 α')曲线。图 3.13(b)和图 3.13(c)分别为两种压电材料时的 α-v 和 α'-v 曲线。图 3.13(a)、图 3.13(b)和图 3.13(c)与 3.2.1 节中的图 3.2(b)、图 3.2(c)和图 3.2(d)一样。

同样，绘制在恒磁场 $H_1^{(0)}$ 作用下 T-L 模式的磁电效应曲线，如图 3.14 所示。可见，发生纯"呼吸"变形的 T-L 模式柱壳结构与纯伸缩变形的 T-L 模式板结构具有同样的磁电效应。

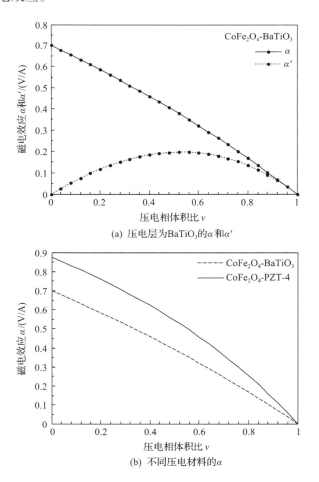

(a) 压电层为 BaTiO$_3$ 的 α 和 α'

(b) 不同压电材料的 α

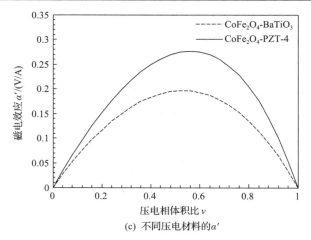

(c) 不同压电材料的 α'

图 3.13　T-T 模式柱壳结构磁电效应(恒磁场)

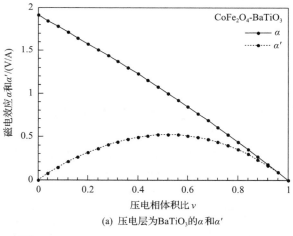

(a) 压电层为 $BaTiO_3$ 的 α 和 α'

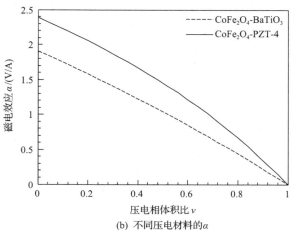

(b) 不同压电材料的 α

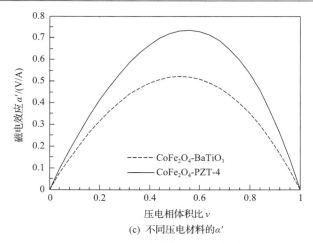

(c) 不同压电材料的α'

图 3.14 T-L 模式柱壳结构磁电效应(恒磁场)

3.5.2 简谐磁场作用

在简谐磁场$H_k^{(0)} = He^{i\omega t}$($k = 1, 3$)作用下,柱壳做"呼吸"模式的受迫振动,其运动平衡方程(3.92)可写为

$$-\frac{N_{11}}{R} = -\omega^2 \left(\rho^{\mathrm{I}} h' + \rho^{\mathrm{II}} h\right) u_3^{(0)} \tag{3.101}$$

把式(3.88)代入式(3.101),再利用应变-位移关系(3.87),可得

$$c_{11}^{(0)} S_{11}^{(0)} - e_{31}^{(0)} E_3^{(0)} - h_{k1}^{(0)} H_k^{(0)} = R^2 \omega^2 \left(\rho^{\mathrm{I}} h' + \rho^{\mathrm{II}} h\right) S_{11}^{(0)} \tag{3.102}$$

对于电学开路条件,式(3.97)依然成立。联立式(3.97)和式(3.102)可求得

$$E_3^{(0)} = -\frac{e_{31}^{(0)} h_{k1}^{(0)}}{e_{31}^{(0)} e_{31}^{(0)} + c_{11}^{(0)} \varepsilon_{33}^{(0)} - R^2 \omega^2 \left(\rho^{\mathrm{I}} h' + \rho^{\mathrm{II}} h\right) \varepsilon_{33}^{(0)}} H_k^{(0)} \tag{3.103}$$

$$S_{11}^{(0)} = \frac{\varepsilon_{33}^{(0)} h_{k1}^{(0)}}{e_{31}^{(0)} e_{31}^{(0)} + c_{11}^{(0)} \varepsilon_{33}^{(0)} - R^2 \omega^2 \left(\rho^{\mathrm{I}} h' + \rho^{\mathrm{II}} h\right) \varepsilon_{33}^{(0)}} H_k^{(0)} \tag{3.104}$$

由式(3.103)可得到结构的磁电效应为

$$\alpha = \frac{E_3^{(0)}}{H_k^{(0)}} - \frac{e_{31}^{(0)} h_{k1}^{(0)}}{e_{31}^{(0)} e_{31}^{(0)} + c_{11}^{(0)} \varepsilon_{33}^{(0)} - R^2 \omega^2 \left(\rho^{\mathrm{I}} h' + \rho^{\mathrm{II}} h\right) \varepsilon_{33}^{(0)}} \tag{3.105}$$

　　作为算例，取压电层与压磁层厚度相等（$h = h'$）的柱壳结构，结构几何中面半径 R 分别取为 1cm、1.5cm 和 2cm。由式（3.105）分别计算两种模式结构的磁电效应。

　　绘制 T-T 模式柱壳结构在简谐磁场作用下的磁电效应曲线，如图 3.15 所示。图 3.15（a）是 $R = 1\,cm$ 时压电层分别为 BaTiO$_3$ 和 PZT-4 的磁电效应曲线；图 3.15（b）是压电层为 PZT-4 时几何中面半径 R 分别为 1cm、1.5cm 和 2cm 的磁电效应曲线。

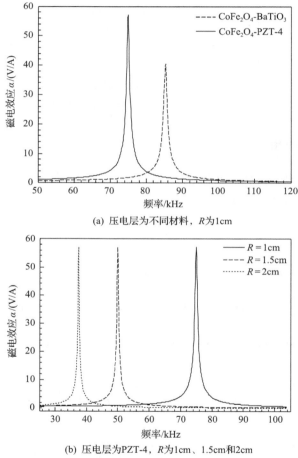

(a) 压电层为不同材料，R 为1cm

(b) 压电层为PZT-4，R 为1cm、1.5cm和2cm

图 3.15　T-T 模式柱壳结构磁电效应（简谐磁场）

　　同样，绘制 T-L 模式柱壳结构在简谐磁场作用下的磁电效应曲线，如图 3.16 所示。图 3.16（a）是 $R = 1\,cm$，压电层分别为 BaTiO$_3$ 和 PZT-4 时的磁电效应曲线；图 3.16（b）是压电层为 PZT-4，几何中面半径 R 分别为 1cm、1.5cm 和 2cm 的磁电效应曲线。

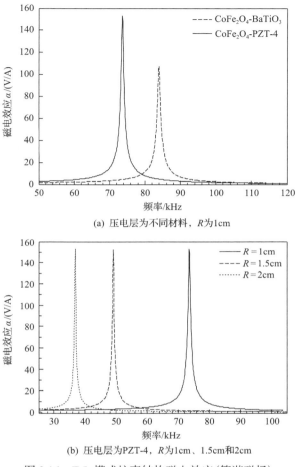

(a) 压电层为不同材料, R 为 1cm

(b) 压电层为 PZT-4, R 为 1cm、1.5cm 和 2cm

图 3.16　T-L 模式柱壳结构磁电效应(简谐磁场)

图 3.15(a) 和图 3.16(a) 表明, 柱壳结构的磁电效应与结构材料属性、结构构型和磁场驱动频率有关, 且在结构固有频率附近具有非常大的磁电效应。由图 3.15(b) 和图 3.16(b) 可知, 很薄的柱壳结构在 "呼吸" 模式情况下, 几何中面半径 R 几乎不影响结构的磁电效应, 但对结构固有频率有显著影响。T-T 模式 (CoFe$_2$O$_4$-PZT-4) 的最大磁电效应约为 58V/A, T-L 模式 (CoFe$_2$O$_4$-PZT-4) 的最大磁电效应约为 156V/A。与 3.3.1 节 T-L 模式的层合板结构对比可知, 柱壳结构的最大磁电效应要大于 3.3.1 节的磁电效应(约为其 2.6 倍)。

3.6　双层球壳结构的磁电效应

本节采用第 2 章建立的简化结构理论, 研究图 3.17 所示的多铁性双层球壳结构的磁电效应。球壳很薄，外层由压磁材料构成，内层由压电材料构成，两层材料均沿径向极化。压电层的两表面贴有电极(图中黑线所示)。坐标系 $O\text{-}\theta\phi r$ 对应于正交曲线坐标系 $O\text{-}\gamma_1\gamma_2\gamma_3$。为分析方便，考虑中心对称的径向伸缩变形("呼吸")模式。

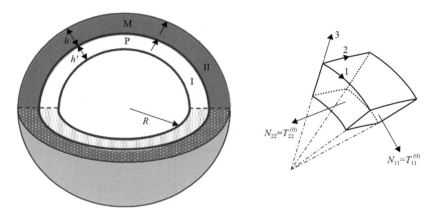

图 3.17　多铁性双层球壳结构

考虑很薄的球壳，结构几何中面半径为 R，采用零阶简化结构理论进行分析。非零位移分量为 $u_3^{(0)}$，应变分量 $S_{11}^{(0)}$ 和 $S_{22}^{(0)}$ 为

$$S_{11}^{(0)} = S_{22}^{(0)} = \frac{u_3^{(0)}}{R} \tag{3.106}$$

非零的零阶应力分量为 $T_{11}^{(0)}$ 和 $T_{22}^{(0)}$，把它们分别写成沿方向 1 和方向 2 的合力形式，即 $N_{11} = T_{11}^{(0)}$ 和 $N_{22} = T_{22}^{(0)}$，于是有

$$N_{11} = c_{11}^{(0)} S_{11}^{(0)} + c_{12}^{(0)} S_{22}^{(0)} - e_{31}^{(0)} E_3^{(0)} - h_{31}^{(0)} H_3^{(0)} \tag{3.107}$$

$$N_{22} = c_{21}^{(0)} S_{11}^{(0)} + c_{22}^{(0)} S_{22}^{(0)} - e_{32}^{(0)} E_3^{(0)} - h_{32}^{(0)} H_3^{(0)} \tag{3.108}$$

其中

$$\begin{aligned}
& c_{11}^{(0)} = h'\overline{c}_{11}^{\mathrm{I}} + h\overline{c}_{11}^{\mathrm{II}}, \quad c_{12}^{(0)} = h'\overline{c}_{12}^{\mathrm{I}} + h\overline{c}_{12}^{\mathrm{II}}, \quad c_{21}^{(0)} = h'\overline{c}_{21}^{\mathrm{I}} + h\overline{c}_{21}^{\mathrm{II}} \\
& h_{31}^{(0)} = h\overline{h}_{31}^{\mathrm{II}}, \quad h_{32}^{(0)} = h\overline{h}_{32}^{\mathrm{II}}, \quad e_{31}^{(0)} = h'\overline{e}_{31}^{\mathrm{I}}, \quad e_{32}^{(0)} = h'\overline{e}_{32}^{\mathrm{I}}
\end{aligned} \tag{3.109}$$

$$\overline{c}_{11}^{\mathrm{I}} = c_{11}^{\mathrm{I}} - \frac{c_{13}^{\mathrm{I}} c_{13}^{\mathrm{I}}}{c_{33}^{\mathrm{I}}}, \quad \overline{c}_{12}^{\mathrm{I}} = c_{12}^{\mathrm{I}} - \frac{c_{13}^{\mathrm{I}} c_{32}^{\mathrm{I}}}{c_{33}^{\mathrm{I}}}$$

$$\overline{c}_{21}^{\mathrm{I}} = c_{21}^{\mathrm{I}} - \frac{c_{23}^{\mathrm{I}} c_{31}^{\mathrm{I}}}{c_{33}^{\mathrm{I}}}, \quad \overline{c}_{11}^{\mathrm{II}} = c_{11}^{\mathrm{II}} - \frac{c_{13}^{\mathrm{II}} c_{13}^{\mathrm{II}}}{c_{33}^{\mathrm{II}}}$$

$$\overline{c}_{12}^{\mathrm{II}} = c_{12}^{\mathrm{II}} - \frac{c_{13}^{\mathrm{II}} c_{32}^{\mathrm{II}}}{c_{33}^{\mathrm{II}}}, \quad \overline{c}_{21}^{\mathrm{II}} = c_{21}^{\mathrm{II}} - \frac{c_{23}^{\mathrm{II}} c_{31}^{\mathrm{II}}}{c_{33}^{\mathrm{II}}} \tag{3.110}$$

$$\overline{h}_{31}^{\mathrm{II}} = h_{31}^{\mathrm{II}} - \frac{h_{33}^{\mathrm{II}} c_{31}^{\mathrm{II}}}{c_{33}^{\mathrm{II}}}, \quad \overline{h}_{32}^{\mathrm{II}} = h_{32}^{\mathrm{II}} - \frac{h_{32}^{\mathrm{II}} c_{32}^{\mathrm{II}}}{c_{33}^{\mathrm{II}}}$$

$$\overline{e}_{31}^{\mathrm{I}} = e_{31}^{\mathrm{I}} - \frac{e_{33}^{\mathrm{I}} c_{31}^{\mathrm{I}}}{c_{33}^{\mathrm{I}}}, \quad \overline{e}_{32}^{\mathrm{I}} = e_{32}^{\mathrm{I}} - \frac{e_{33}^{\mathrm{I}} c_{32}^{\mathrm{I}}}{c_{33}^{\mathrm{I}}}$$

电位移为

$$D_3^{(0)} = e_{31}^{(0)} S_{11}^{(0)} + e_{32}^{(0)} S_{22}^{(0)} + \varepsilon_{33}^{(0)} E_3^{(0)} \tag{3.111}$$

其中

$$\varepsilon_{33}^{(0)} = h' \overline{\varepsilon}_{33}^{\mathrm{I}}, \quad \overline{\varepsilon}_{33}^{\mathrm{I}} = \varepsilon_{33}^{\mathrm{I}} + \frac{e_{33}^{\mathrm{I}} e_{33}^{\mathrm{I}}}{c_{33}^{\mathrm{I}}} \tag{3.112}$$

由于所研究的问题在球面各向同性,所以式(3.109)和式(3.110)中有 $c_{11}^{(0)} = c_{22}^{(0)}$、$c_{12}^{(0)} = c_{21}^{(0)}$、$e_{31}^{(0)} = e_{32}^{(0)}$ 和 $h_{31}^{(0)} = h_{32}^{(0)}$ 成立。由式(3.106)~式(3.108)可得

$$N_{11} = N_{22} \tag{3.113}$$

径向运动平衡方程为

$$-\frac{1}{R}(N_{11} + N_{22}) = \left(\rho^{\mathrm{I}} h' + \rho^{\mathrm{II}} h\right) \ddot{u}_3^{(0)} \tag{3.114}$$

电学高斯方程为

$$D_{3,3}^{(0)} = 0 \tag{3.115}$$

3.6.1　恒磁场作用

在恒磁场 $H_3^{(0)}$ 作用下,结构的径向静力学平衡方程为

$$N_{11} + N_{22} = 0 \tag{3.116}$$

由内外表面的力学自由边界条件，并结合式(3.113)和式(3.116)，可得

$$N_{11} = \left(c_{11}^{(0)} + c_{12}^{(0)}\right)S_{11}^{(0)} - e_{31}^{(0)}E_3^{(0)} - h_{31}^{(0)}H_3^{(0)} = 0 \tag{3.117}$$

由电学开路条件，并结合式(3.115)表示的电学高斯方程，可得

$$D_3^{(0)} = 2e_{31}^{(0)}S_{11}^{(0)} + \varepsilon_{33}^{(0)}E_3^{(0)} = 0 \tag{3.118}$$

由式(3.117)和式(3.118)可求出应变和电场，分别为

$$S_{11}^{(0)} = \frac{\varepsilon_{33}^{(0)}h_{31}^{(0)}}{\left(c_{11}^{(0)} + c_{12}^{(0)}\right)\varepsilon_{33}^{(0)} + 2e_{31}^{(0)}e_{31}^{(0)}}H_3^{(0)} \tag{3.119}$$

$$E_3^{(0)} = -\frac{2e_{31}^{(0)}h_{31}^{(0)}}{\left(c_{11}^{(0)} + c_{12}^{(0)}\right)\varepsilon_{33}^{(0)} + 2e_{31}^{(0)}e_{31}^{(0)}}H_3^{(0)} \tag{3.120}$$

结构的磁电效应可由式(3.120)给出，即

$$\alpha = -\frac{2e_{31}^{(0)}h_{31}^{(0)}}{\left(c_{11}^{(0)} + c_{12}^{(0)}\right)\varepsilon_{33}^{(0)} + 2e_{31}^{(0)}e_{31}^{(0)}} \tag{3.121}$$

与柱壳结构一样，式(3.121)表明，在恒磁场作用下，球壳"呼吸"模式的磁电效应与球壳几何中面半径 R 无关。图3.18(a)是压电层为BaTiO$_3$时的磁电效应(α和α')随压电相体积比ν的变化曲线；图3.18(b)是压电层分别为 BaTiO$_3$ 和 PZT-4 时磁电效应α随ν的变化曲线；图3.18(c)是结构磁电效应α'随ν的变化曲线。对于 T-T 模式，在恒磁场作用下，比较图3.2(层合板)、图3.13(柱壳)和图3.18(球壳)，可知三种结构的磁电效应大小关系为：ME $_{球壳}$ > ME $_{柱壳}$ > ME $_{层合板}$。

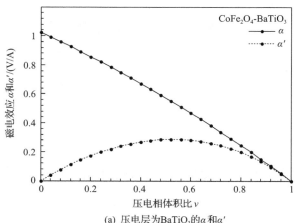

(a) 压电层为BaTiO$_3$的α和α'

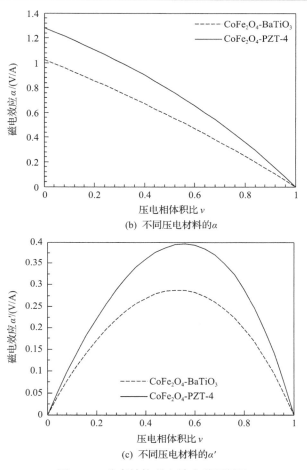

(b) 不同压电材料的 α

(c) 不同压电材料的 α'

图 3.18　球壳结构磁电效应（恒磁场）

3.6.2　简谐磁场作用

在简谐磁场 $H_3^{(0)} = He^{i\omega t}$ 作用下，球壳发生"呼吸"模式的受迫振动，相应的运动平衡方程为

$$-\frac{1}{R}\left(N_{11} + N_{22}\right) = -\omega^2 \left(\rho^{\mathrm{I}} h' + \rho^{\mathrm{II}} h\right) u_3^{(0)} \tag{3.122}$$

把式 (3.107) 和式 (3.108) 代入式 (3.122)，可得

$$2\left[\left(c_{11}^{(0)} + c_{12}^{(0)}\right) S_{11}^{(0)} - e_{31}^{(0)} E_3^{(0)} - h_{31}^{(0)} H_3^{(0)}\right] = R\omega^2 \left(\rho^{\mathrm{I}} h' + \rho^{\mathrm{II}} h\right) u_3^{(0)} \tag{3.123}$$

根据应变-位移关系 (3.106)，式 (3.123) 可写为

$$\left[2\left(c_{11}^{(0)}+c_{12}^{(0)}\right)-R^2\omega^2\left(\rho^{\mathrm{I}}h'+\rho^{\mathrm{II}}h\right)\right]S_{11}^{(0)}-2e_{31}^{(0)}E_3^{(0)}-2h_{31}^{(0)}H_3^{(0)}=0 \qquad (3.124)$$

对于电学开路条件，式(3.118)仍成立。联立式(3.118)和式(3.124)，可得

$$S_{11}^{(0)}=\frac{2h_{31}^{(0)}}{2\left(c_{11}^{(0)}+c_{12}^{(0)}\right)-R^2\omega^2\left(\rho^{\mathrm{I}}h'+\rho^{\mathrm{II}}h\right)+4\dfrac{e_{31}^{(0)}e_{31}^{(0)}}{\varepsilon_{33}^{(0)}}}H_3^{(0)} \qquad (3.125)$$

$$E_3^{(0)}=-\frac{4e_{31}^{(0)}h_{31}^{(0)}}{2\left(c_{11}^{(0)}+c_{12}^{(0)}\right)\varepsilon_{33}^{(0)}-R^2\omega^2\left(\rho^{\mathrm{I}}h'+\rho^{\mathrm{II}}h\right)\varepsilon_{33}^{(0)}+4e_{31}^{(0)}e_{31}^{(0)}}H_3^{(0)} \qquad (3.126)$$

结构的磁电效应可由式(3.126)给出：

$$\alpha=-\frac{4e_{31}^{(0)}h_{31}^{(0)}}{2\left(c_{11}^{(0)}+c_{12}^{(0)}\right)\varepsilon_{33}^{(0)}-R^2\omega^2\left(\rho^{\mathrm{I}}h'+\rho^{\mathrm{II}}h\right)\varepsilon_{33}^{(0)}+4e_{31}^{(0)}e_{31}^{(0)}} \qquad (3.127)$$

以等厚度的压电/压磁球壳为例，由式(3.127)计算结构的磁电效应，绘制结构的磁电效应曲线，如图3.19所示。其中，图3.19(a)是压电层为BaTiO₃和PZT-4、几何中面半径 $R=1\,\mathrm{cm}$ 时，球壳磁电效应随磁场激励频率的变化曲线。图3.19(b)是压电层为PZT-4而几何中面半径 R 分别为1cm、1.5cm和2cm时的磁电效应曲线。当外加磁场激励频率在固有频率附近时，结构的磁电效应值最大(压电层为PZT-4时约为88V/A)。几何中面半径 R 对磁电效应几乎没有影响，但对结构的固有频率影响较大。同样，对于 T-T 模式的球壳结构，在简谐磁场作用下，三种结构的磁电效应大小关系为：ME 球壳 > ME 柱壳 > ME 层合板。

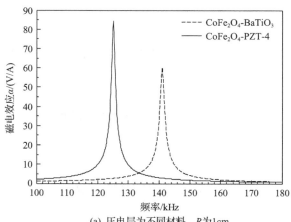

(a) 压电层为不同材料，R为1cm

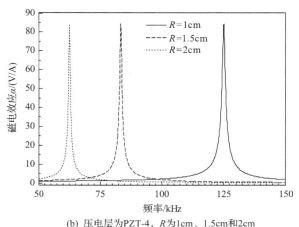

(b) 压电层为PZT-4，R为1cm、1.5cm和2cm

图 3.19　球壳结构磁电效应（简谐磁场）

3.7　本 章 小 结

　　本章用简化结构理论研究了多铁性层合板结构、双层柱壳结构和双层球壳结构分别在恒磁场和简谐磁场作用下的磁电效应。层合板结构的面内伸缩变形、柱壳结构和球壳结构的"呼吸"变形采用的是零阶简化结构理论；反对称层合板结构的纯弯曲变形采用的是一阶简化结构理论。需要说明的是，零阶和一阶简化结构理论都有其适用范围；在进行更精确的分析时，需要用更高阶简化结构理论。在相同变形模式下，层合结构的材料属性、厚度比和极化方向都是影响磁电效应的因素。当磁场激励频率处于结构固有频率附近时，结构有远大于恒磁场作用下的磁电效应。结构变形模式也对磁电效应有影响，在器件的实际应用中，应根据具体功能需求选择相应的结构和变形模式。

参 考 文 献

[1] Dong S X, Zhai J Y, Wang N G, et al. Fe-Ga/Pb（Mg$_{1/3}$Nb$_{2/3}$）O$_3$-PbTiO$_3$ magnetoelectric laminate composites[J]. Applied Physics Letters, 2005, 87（22）: 222503-222504.

[2] Dong S X, Li J F, Viehland D. Ultrahigh magnetic field sensitivity in laminates of Terfenol-D and Pb（Mg$_{1/3}$Nb$_{2/3}$）O$_3$-PbTiO$_3$ crystals[J]. Applied Physics Letters, 2003, 83（11）: 2265-2267.

[3] Bichurin M I, Petrov V M, Srinivasan G. Modeling of magnetoelectric effect in ferromagnetic piezoelectric multilayer composites[J]. Ferroelectrics, 2002, 280（1）: 165-175.

[4] Ryu J, Carazo A V, Uchino K, et al. Magnetoelectric properties in piezoelectric and magnetostrictive

laminate composites[J]. Japanese Journal of Applied Physics, 2001, 40: 4948-4951.

[5] Yan L, Yang Y D, Wang Z G, et al. Review of magnetoelectric perovskite-spinel self-assembled nano-composite thin films[J]. Journal of Materials Science, 2009, 44: 5080-5094.

[6] Zhai J Y, Xing Z P, Dong S X, et al. Magnetoelectric laminate composites: An overview[J]. Journal of American Ceramic Society, 2008, 91(2): 351-358.

[7] Nan C W, Bichurin M I, Dong S X, et al. Multiferroic magnetoelectric composites: Historical perspective, status, and future directions[J]. Journal of Applied Physics, 2008, 103(3): 031101.

[8] Scott J F. Nanoferroelectrics: Statics and dynamics[J]. Journal of Physics: Condenser Matter, 2006, 18(7): R361-R386.

[9] Liu M. Novel laminated multiferroic heterostructures for reconfigurable microwave devices[J]. Chinese Science Bulletin, 2014, 59: 5180-5190.

[10] Bichurin M I, Petrov V M, Srinivasan G. Theory of low-frequency magnetoelectric effects in ferromagnetic-ferroelectric layered composites[J]. Journal of Applied Physics, 2002, 92(12): 7681-7683.

[11] Bichurin M I, Filippov D A, Petrov V M, et al. Resonance magnetoelectric effects in layered magnetostrictive- piezoelectric composites[J]. Physical Review B, 2003, 68(13): 132408.

[12] Bichurin M I, Kornev I A, Petrov V M, et al. Theory of magnetoelectric effects at microwave frequencies in a piezoelectric/magnetostrictive multilayer composite[J]. Physical Review B, 2001, 64(9): 094409.

[13] Filippov D A, Laletin U, Srinivasan G. Resonance magnetoelectric effects in magnetostrictive-piezoelectric three-layer structures[J]. Journal of Applied Physics, 2007, 102(9): 093901.

[14] Dong S X, Li J F, Viehland D. Giant magneto-electric effect in laminate composites[J]. IEEE Transactions on Ultrasonics, Ferroelectrics, and Frequency Control, 2003, 50(10): 1236-1239.

[15] Dong S X, Li J F, Viehland D. Longitudinal and transverse magnetoelectric voltage coefficients of magnetostrictive/piezoelectric laminate composite: Theory[J]. IEEE Transactions on Ultrasonics, Ferroelectrics, and Frequency Control, 2003, 50(10): 1253-1261.

[16] Dong S X, Li J F, Viehland D. Longitudinal and transverse magnetoelectric voltage coefficients of magnetostrictive/piezoelectric laminate composite: Experiments[J]. IEEE Transactions on Ultrasonics, Ferroelectrics, and Frequency Control, 2004, 51(7): 793-795.

[17] Dong S X, Li J F, Viehland D. Voltage gain effect in a ring-type magnetoelectric laminate[J]. Applied Physics Letters, 2004, 84(21): 4188-4190.

[18] Dong S X, Li J F, Viehland D. Circumferentially magnetized and circumferentially polarized magnetostrictive/piezoelectric laminated rings[J]. Journal of Applied Physics, 2004, 96(6): 3382-3387.

[19] Dong S X, Zhai J Y, Bai F M, et al. Push-pull mode magnetostrictive/piezoelectric laminate composite with an enhanced magnetoelectric voltage coefficient[J]. Applied Physics Letters, 2005, 87(6): 062502.

[20] Liu J Y, Long L C, Li W. Effect of interface area on nonlinear magnetoelectric resonance response of layered multiferroic composite ring[J]. Acta Mechanica Solida Sinica, 2022, 35: 765-774.

[21] Kuo H Y, Wei K H. Free vibration of multiferroic laminated composites with interface imperfections[J]. Acta Mechanica, 2022, 233: 3699-3717.

[22] Kuo H Y, Chung C Y. Multiferroic laminated composites with interfacial imperfections and the nonlocal effect[J]. Composite Structures, 2022, 287: 115235.

[23] Cai N, Zhai J Y, Liu L, et al. The magnetoelectric properties of lead zirconate titanate/Terfenol-D/PVDF laminate composites[J]. Materials Science and Engineering B, 2003, 99: 211-213.

[24] Lin Y H, Cai N, Zhai J Y, et al. Giant magnetoelectric effect in multiferroic laminated composites[J]. Physical Review B, 2005, 72 (1): 012405.

[25] Wang Y, Or S W, Chan H L W, et al. Enhanced magnetoelectric effect in longitudinal-transverse mode Terfenol-D/Pb $(Mg_{1/3}Nb_{2/3})O_3$-PbTiO$_3$ laminate composites with optimal crystal cut[J]. Journal of Applied Physics, 2008, 103: 124511.

[26] Staaf H, Sawatdee A, Rusu C, et al. High magnetoelectric coupling of metglas and P (VDF-TrFE) laminates[J]. Scientific Reports, 2022, 12: 5233.

[27] Ramirez F, Heyliger P R, Pan E N. Free vibration response of two-dimensional magneto-electro-elastic laminated plates[J]. Journal of Sound and Vibration, 2006, 292 (3-5): 626-644.

[28] Dong S X, Cheng J R, Li J F, et al. Enhanced magnetoelectric effects in laminate composites of Terfenol-D-Pb (Zr,Ti) O$_3$ under resonant drive[J]. Applied Physics Letters, 2003, 83 (23): 4812-4814.

[29] Jiang S N, Li X F, Guo S H, et al. Performance of a piezoelectric bimorph for scavenging vibration energy[J]. Smart Materials and Structures, 2005, 14 (4): 769-774.

第4章 多铁性双层板结构磁电效应分析

4.1 引　言

　　第 3 章分析了常用的对称(纯伸缩变形模式)和反对称(纯弯曲变形模式)多铁性层合结构的磁电效应。多铁性双层板结构具有低频弯曲变形模式且结构简单,引起了学者的广泛关注[1-13]。然而,已有的理论分析大都是假设结构的几何中面为中性面,例如,文献[8]在研究如图 4.1 所示的双层多铁性结构时,假定结构做纯弯曲变形,在分析时将几何中面当作中性面,但是上下两层结构(材料和几何)的不对称性会导致发生弯曲-伸缩的耦合变形。因此,上述关于中性面的假设就不再成立。针对压电介质双层结构,Yang 等[14]和 Ha[15]已经理论证明了上述中性面假设是不正确的。同样,对于多铁性双层板结构,也不能简单使用几何中面的假设。

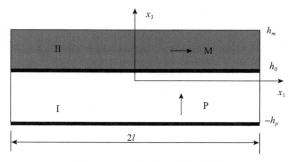

图 4.1　T-L 模式双层板结构

　　本章采用一阶简化结构理论,分析多铁性双层板结构的磁电效应。考虑如图 4.1 所示的 T-L 模式双层板结构和如图 4.2 所示的 L-T 模式双层板结构。两个结构的上层均为压磁材料,下层均为压电材料,图中黑色粗线表示电极(忽略电极的刚度和质量的影响)。参考坐标平面选在结构几何中面上。T-L 模式压电层的极化沿坐标 x_3 方向,压磁层沿坐标 x_1 方向磁化。L-T 模式压电层的极化沿坐标 x_1 方向,压磁层沿坐标 x_3 方向磁化。压磁层上表面的横坐标记为 h_m($h_m > 0$),压电层下表面的横坐标记为 $-h_p$($h_p > 0$)。两层材料界面处的横坐标记为 h_0,当压磁层的厚度大于压电层的厚度时,$h_0 < 0$;当两层结构厚度相等时,$h_0 = 0$;当压磁层的厚度小于压电层的厚度时,$h_0 > 0$。设结构的长度为 $2l$,总厚度为 $h_m + h_p$,压电层

厚度为 $h_p + h_0$ ，压磁层厚度为 $h_m - h_0$ 。

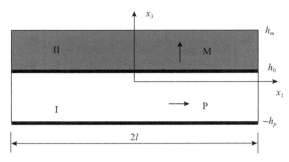

图 4.2　L-T 模式双层板结构

考虑弯曲-伸缩耦合变形，假设结构在 $x_3 = 0$ 几何中面上的面内伸缩位移为 $u_1^{(0)}(x_1, t)$ ，面外弯曲位移为 $u_3^{(0)}(x_1, t)$ ，拉力为 $N = T_{11}^{(0)}$ ，横向剪力为 $Q = T_{31}^{(0)}$ ，弯矩为 $M = T_{11}^{(1)}$ 。为方便起见，考虑经典弯曲情况，不考虑剪切变形影响，即 $S_{31}^{(0)} = 0$ 。根据剪应变表达式 $S_{31}^{(0)} = u_1^{(1)} + u_{3,1}^{(0)}$ ，可以得到关系式 $u_1^{(1)} = -u_{3,1}^{(0)}$ 。

4.2　T-L 模式双层板结构的磁电效应

针对图 4.1 所示的 T-L 模式双层板结构，其两端为力学自由边界条件和电学开路条件，考虑其在沿 x_1 方向的外加磁场作用下的磁电耦合响应。由一阶简化结构理论，见式 (2.15)～式 (2.17)、式 (2.39) 和式 (2.40)，可写出如下控制方程：

$$N_{,1} = \rho^{(0)} \ddot{u}_1^{(0)} - \rho^{(1)} \ddot{u}_{3,1}^{(0)} \tag{4.1}$$

$$Q_{,1} = \rho^{(0)} \ddot{u}_3^{(0)} \tag{4.2}$$

$$M_{,1} - Q = 0 \tag{4.3}$$

其中

$$\rho^{(0)} = \rho^{\mathrm{I}}\left(h_0 + h_p\right) + \rho^{\mathrm{II}}\left(h_m - h_0\right), \quad \rho^{(1)} = \rho^{\mathrm{I}}\left(h_0^2 - h_p^2\right) + \rho^{\mathrm{II}}\left(h_m^2 - h_0^2\right) \tag{4.4}$$

轴力、弯矩和电位移的本构方程由式 (2.39)、式 (2.40) 和式 (2.45) 给出，分别为

$$N = c_{11}^{(0)} u_{1,1}^{(0)} + c_{11}^{(1)} u_{1,1}^{(1)} - e_{31}^{(0)} E_3^{(0)} - h_{11}^{(0)} H_1^{(0)} \tag{4.5}$$

$$M = c_{11}^{(1)} u_{1,1}^{(0)} + c_{11}^{(2)} u_{1,1}^{(1)} - \bar{e}_{31}^{(1)} E_3^{(0)} - \bar{h}_{11}^{(1)} H_1^{(0)} \tag{4.6}$$

$$D_3^{(0)} = e_{31}^{(0)} u_{1,1}^{(0)} + \overline{e}_{31}^{(1)} u_{1,1}^{(1)} + \varepsilon_{33}^{(0)} E_3^{(0)} \tag{4.7}$$

其中

$$c_{11}^{(0)} = \left(h_0 + h_p\right) \overline{c}_{11}^{\,\mathrm{I}} + \left(h_m - h_0\right) \overline{c}_{11}^{\,\mathrm{II}}$$

$$c_{11}^{(1)} = \frac{h_0^2 - h_p^2}{2} \overline{c}_{11}^{\,\mathrm{I}} + \frac{h_m^2 - h_0^2}{2} \overline{c}_{11}^{\,\mathrm{II}} \tag{4.8}$$

$$c_{11}^{(2)} = \frac{h_0^3 + h_p^3}{3} \overline{c}_{11}^{\,\mathrm{I}} + \frac{h_m^3 - h_0^3}{3} \overline{c}_{11}^{\,\mathrm{II}}$$

$$e_{31}^{(0)} = \left(h_0 + h_p\right) \overline{e}_{31}^{\,\mathrm{I}}, \quad \varepsilon_{33}^{(0)} = \left(h_0 + h_p\right) \overline{\varepsilon}_{33}^{\,\mathrm{I}}$$

$$\overline{e}_{31}^{(1)} = \frac{h_0^2 - h_p^2}{2} \overline{e}_{31}^{\,\mathrm{I}}, \quad h_{11}^{(0)} = \left(h_m - h_0\right) \overline{h}_{11}^{\,\mathrm{II}}, \quad \overline{h}_{11}^{(1)} = \frac{h_m^2 - h_0^2}{2} \overline{h}_{11}^{\,\mathrm{II}} \tag{4.9}$$

$$\overline{c}_{11}^{\,\mathrm{II}} = c_{33}^{\mathrm{II}} - \frac{c_{13}^{\mathrm{II}} c_{13}^{\mathrm{II}}}{c_{11}^{\mathrm{II}}}, \quad \overline{c}_{11}^{\,\mathrm{I}} = c_{11}^{\mathrm{I}} - \frac{c_{13}^{\mathrm{I}} c_{13}^{\mathrm{I}}}{c_{33}^{\mathrm{I}}}$$

$$\overline{e}_{31}^{\,\mathrm{I}} = e_{31}^{\mathrm{I}} - \frac{e_{33}^{\mathrm{I}} c_{13}^{\mathrm{I}}}{c_{33}^{\mathrm{I}}}, \quad \overline{\varepsilon}_{33}^{\,\mathrm{I}} = \varepsilon_{33}^{\mathrm{I}} + \frac{e_{31}^{\mathrm{I}} e_{31}^{\mathrm{I}}}{c_{33}^{\mathrm{I}}}, \quad \overline{h}_{11}^{\,\mathrm{II}} = h_{33}^{\mathrm{II}} - \frac{h_{31}^{\mathrm{II}} c_{31}^{\mathrm{II}}}{c_{11}^{\mathrm{II}}} \tag{4.10}$$

把 $u_1^{(1)} = -u_{3,1}^{(0)}$ 代入两端的力学自由边界条件（即 $N = M = Q = 0$），可得

$$N(x_1 = \pm l) = c_{11}^{(0)} u_{1,1}^{(0)} - c_{11}^{(1)} u_{3,11}^{(0)} - e_{31}^{(0)} E_3^{(0)} - h_{11}^{(0)} H_1^{(0)} = 0 \tag{4.11}$$

$$M(x_1 = \pm l) = c_{11}^{(1)} u_{1,1}^{(0)} - c_{11}^{(2)} u_{3,11}^{(0)} - \overline{e}_{31}^{(1)} E_3^{(0)} - \overline{h}_{11}^{(1)} H_1^{(0)} = 0 \tag{4.12}$$

$$Q(x_1 = \pm l) = c_{11}^{(1)} u_{1,11}^{(0)} - c_{11}^{(2)} u_{3,111}^{(0)} = 0 \tag{4.13}$$

4.2.1 恒磁场作用

对于恒磁场作用，删去式(4.1)和右边的惯性力，可得

$$N_{,1} = 0, \quad Q_{,1} = 0 \tag{4.14}$$

根据两端的力学自由边界条件(4.11)～(4.13)、剪力-弯矩关系（$Q = M_{,1}$）和式(4.14)，可得

$$c_{11}^{(0)} u_{1,1}^{(0)} - c_{11}^{(1)} u_{3,11}^{(0)} - e_{31}^{(0)} E_3^{(0)} - h_{11}^{(0)} H_1^{(0)} = 0 \tag{4.15}$$

$$c_{11}^{(1)}u_{1,1}^{(0)} - c_{11}^{(2)}u_{3,11}^{(0)} - \overline{e}_{31}^{(1)}E_3^{(0)} - \overline{h}_{11}^{(1)}H_1^{(0)} = 0 \tag{4.16}$$

由电学开路条件和高斯方程可知，在结构内部有

$$D_3^{(0)} = e_{31}^{(0)}u_{1,1}^{(0)} - \overline{e}_{31}^{(1)}u_{3,11}^{(0)} + \varepsilon_{33}^{(0)}E_3^{(0)} = 0 \tag{4.17}$$

联立式(4.15)~式(4.17)，可得到 $E_3^{(0)}$ 和磁场 $H_1^{(0)}$ 之间的关系式，即

$$\frac{E_3^{(0)}}{H_1^{(0)}} = \frac{h_{11}^{(0)}\left(c_{11}^{(2)} - c_{11}^{(1)}\dfrac{\overline{e}_{31}^{(1)}}{e_{31}^{(0)}}\right) + \overline{h}_{11}^{(1)}\left(c_{11}^{(0)}\dfrac{\overline{e}_{31}^{(1)}}{e_{31}^{(0)}} - c_{11}^{(1)}\right)}{\dfrac{\varepsilon_{33}^{(0)}}{e_{31}^{(0)}}\left(c_{11}^{(1)}c_{11}^{(1)} - c_{11}^{(2)}c_{11}^{(0)}\right) + \left(2c_{11}^{(1)}\overline{e}_{31}^{(1)} - c_{11}^{(2)}e_{31}^{(0)} - c_{11}^{(0)}\overline{e}_{31}^{(1)}\dfrac{\overline{e}_{31}^{(1)}}{e_{31}^{(0)}}\right)} \tag{4.18}$$

由式(4.9)可得到关系式：$\overline{e}_{31}^{(1)}/e_{31}^{(0)} = (h_0 + h_p)/2$ 和 $\varepsilon_{33}^{(0)}/e_{31}^{(0)} = \overline{\varepsilon}_{33}^{\mathrm{I}}/\overline{e}_{31}^{\mathrm{I}}$。令 $h_{0p} = (h_0 + h_p)/2$，则式(4.18)可改写为

$$a = \frac{E_3^{(0)}}{H_1^{(0)}} = \frac{h_{11}^{(0)}\left(c_{11}^{(2)} - c_{11}^{(1)}h_{0p}\right) + \overline{h}_{11}^{(1)}\left(c_{11}^{(0)}h_{0p} - c_{11}^{(1)}\right)}{\dfrac{\overline{\varepsilon}_{33}^{\mathrm{I}}}{\overline{e}_{31}^{\mathrm{I}}}\left(c_{11}^{(1)}c_{11}^{(1)} - c_{11}^{(2)}c_{11}^{(0)}\right) + \left(2c_{11}^{(1)}\overline{e}_{31}^{(1)} - c_{11}^{(2)}e_{31}^{(0)} - c_{11}^{(0)}\overline{e}_{31}^{(1)}h_{0p}\right)} \tag{4.19}$$

式(4.19)是结构在恒磁场作用下的磁电效应表达式。

4.2.2　简谐磁场作用

对于沿 x_1 方向随时间简谐变化的外加磁场($H_1^{(0)} = He^{\mathrm{i}\omega t}$)，由式(4.1)~式(4.3)、式(4.5)和式(4.6)可得到用位移表示的运动平衡方程为

$$c_{11}^{(0)}u_{1,11}^{(0)} - c_{11}^{(1)}u_{3,111}^{(0)} = -\omega^2\rho^{(0)}u_1^{(0)} + \omega^2\rho^{(1)}u_{3,1}^{(0)} \tag{4.20}$$

$$c_{11}^{(1)}u_{1,111}^{(0)} - c_{11}^{(2)}u_{3,1111}^{(0)} = -\omega^2\rho^{(0)}u_3^{(0)} \tag{4.21}$$

由两端的力学自由边界条件可得

$$c_{11}^{(0)}u_{1,1}^{(0)} - c_{11}^{(1)}u_{3,11}^{(0)} - e_{31}^{(0)}E_3^{(0)} - h_{11}^{(0)}H_1^{(0)} = 0 \tag{4.22}$$

$$c_{11}^{(1)}u_{1,1}^{(0)} - c_{11}^{(2)}u_{3,11}^{(0)} - \overline{e}_{31}^{(1)}E_3^{(0)} - \overline{h}_{11}^{(1)}H_1^{(0)} = 0 \tag{4.23}$$

$$c_{11}^{(1)}u_{1,11}^{(0)} - c_{11}^{(2)}u_{3,111}^{(0)} = 0 \tag{4.24}$$

式(4.20)和式(4.21)有如下形式的通解：

$$u_1^{(0)} = A\sin(kx_1), \quad u_3^{(0)} = B\cos(kx_1) \tag{4.25}$$

其中，A 和 B 为待定常数。

把式 (4.25) 代入式 (4.20) 和式 (4.21)，可得到关于 A 和 B 的方程组为

$$\begin{cases} \left(c_{11}^{(0)}k^2 - \omega^2\rho^{(0)}\right)A + \left(c_{11}^{(1)}k^3 - k\omega^2\rho^{(1)}\right)B = 0 \\ c_{11}^{(1)}k^3 A + \left(c_{11}^{(2)}k^4 - \omega^2\rho^{(0)}\right)B = 0 \end{cases} \tag{4.26}$$

当方程组 (4.26) 的系数行列式为零时，A 和 B 有符合物理意义的非零解。由此，可得到一个关于 k^2 的一元三次方程为

$$\left(c_{11}^{(0)}c_{11}^{(2)} - c_{11}^{(1)}c_{11}^{(1)}\right)k^6 + \left(c_{11}^{(1)}\rho^{(1)} - c_{11}^{(2)}\rho^{(0)}\right)\omega^2 k^4 - c_{11}^{(0)}\rho^{(0)}\omega^2 k^2 + \rho^{(0)}\rho^{(0)}\omega^4 = 0 \tag{4.27}$$

对于式 (4.25) 给出的三角函数解，k 的正负不影响解的结果。因此，可取 k 的三个根的正实部 k_1、k_2 和 k_3 为基本解，由此得到式 (4.20) 和式 (4.21) 的通解为

$$u_1^{(0)} = \sum_{j=1}^{3} \beta_j B_j \sin(k_j x_1), \quad u_3^{(0)} = \sum_{j=1}^{3} B_j \cos(k_j x_1) \tag{4.28}$$

其中，B_j 为待定常数，且

$$\beta_j = -\frac{c_{11}^{(2)}k_j^4 - \omega^2\rho^{(0)}}{c_{11}^{(1)}k_j^3}, \quad j=1,2,3 \tag{4.29}$$

把式 (4.28) 代入边界条件 (4.22) ～ (4.24)，并考虑式 (4.17)，可得到关于 B_j 的方程组为

$$\begin{cases} \sum_{j=1}^{3}\left[\left(c_{11}^{(0)} + \frac{e_{31}^{(0)}e_{31}^{(0)}}{\varepsilon_{33}^{(0)}}\right)\beta_j k_j \cos(k_j l) + \left(c_{11}^{(1)} + \frac{e_{31}^{(0)}\overline{e}_{31}^{(1)}}{\varepsilon_{33}^{(0)}}\right)k_j^2 \cos(k_j l)\right]B_j = h_{11}^{(0)}H \\ \sum_{j=1}^{3}\left[\left(c_{11}^{(1)} + \frac{\overline{e}_{31}^{(1)}e_{31}^{(0)}}{\varepsilon_{33}^{(0)}}\right)\beta_j k_j \cos(k_j l) + \left(c_{11}^{(2)} + \frac{\overline{e}_{31}^{(1)}\overline{e}_{31}^{(1)}}{\varepsilon_{33}^{(0)}}\right)k_j^2 \cos(k_j l)\right]B_j = \overline{h}_{11}^{(1)}H \\ \sum_{j=1}^{3}\left(c_{11}^{(1)}\beta_j k_j^2 \sin(k_j l) + c_{11}^{(2)}k_j^3 \sin(k_j l)\right)B_j = 0 \end{cases} \tag{4.30}$$

求解方程组 (4.30) 可以得到 B_j 的值。从方程组 (4.30) 的形式可以推断，B_j 与

H 呈线性关系，记为 $B_j = \overline{B}_j H$。压电层的上电极沿 x_2 方向单位宽度面积内的电荷量为

$$Q_e = \int_{-l}^{l} -D_3^{(0)}(x_3 = h_0)\,\mathrm{d}x_1 \tag{4.31}$$

把式 (4.28) 代入电位移 $D_3^{(0)}$ 的表达式，并利用式 (4.31) 和电学开路条件 $Q_e = 0$，可得

$$\frac{E_3^{(0)}}{H_1^{(0)}} = -\frac{1}{a\varepsilon_{33}^{(0)}}\left(e_{31}^{(0)}\sum_{j=1}^{3}\overline{B}_j\beta_j\sin(k_ja) + \overline{e}_{31}^{(1)}\sum_{j=1}^{3}\overline{B}_jk_j\sin(k_ja) \right) \tag{4.32}$$

式 (4.32) 是结构在简谐磁场作用下的磁电效应表达式。

4.3　L-T 模式双层板结构的磁电效应

4.2 节分析了两端为力学自由边界条件和电学开路条件下，T-L 模式双层板结构的磁电效应。下面分析具有同样力学自由边界条件和电学开路条件的 L-T 模式双层板结构，在沿 x_3 方向外加磁场 $H_3^{(0)}$ 作用下的磁电效应。整个推导过程与 4.2 节一样，结构两端的边界条件为：在 $x_1 = \pm l$ 处，$N = M = Q = 0$ 和 $D_1^{(0)} = 0$。根据一阶简化结构理论，可写出 L-T 模式双层板结构的运动平衡方程和电学高斯方程分别为

$$N_{,1} = \rho^{(0)}\ddot{u}_1^{(0)} - \rho^{(1)}\ddot{u}_{3,1}^{(0)} \tag{4.33}$$

$$Q_{,1} = \rho^{(0)}\ddot{u}_3^{(0)} \tag{4.34}$$

$$D_{1,1}^{(0)} = 0 \tag{4.35}$$

其中

$$\begin{aligned}
\rho^{(0)} &= \rho^{\mathrm{I}}\left(h_0 - h_p\right) + \rho^{\mathrm{II}}\left(h_m - h_0\right) \\
\rho^{(1)} &= \rho^{\mathrm{I}}\left(h_0^2 - h_p^2\right) + \rho^{\mathrm{II}}\left(h_m^2 - h_0^2\right)
\end{aligned} \tag{4.36}$$

若忽略转动惯量的影响，则可以得到剪力和弯矩之间的微分关系为

$$Q = M_{,1} \tag{4.37}$$

对于 L-T 模式，其本构关系为

$$N = c_{11}^{(0)} u_{1,1}^{(0)} - c_{11}^{(1)} u_{3,11}^{(0)} - e_{11}^{(0)} E_1^{(0)} - \bar{h}_{31}^{(1)} H_3^{(0)} \tag{4.38}$$

$$M = c_{11}^{(1)} u_{1,1}^{(0)} - c_{11}^{(2)} u_{3,11}^{(0)} - \bar{e}_{11}^{(1)} E_1^{(0)} - \bar{h}_{31}^{(1)} H_3^{(0)} \tag{4.39}$$

$$D_1^{(0)} = e_{11}^{(0)} u_{1,1}^{(0)} - \bar{e}_{11}^{(1)} u_{3,11}^{(0)} + \varepsilon_{11}^{(0)} E_1^{(0)} \tag{4.40}$$

其中

$$
\begin{aligned}
c_{11}^{(0)} &= \left(h_0 - h_p \right) \bar{c}_{11}^{\mathrm{I}} + \left(h_m - h_0 \right) \bar{c}_{11}^{\mathrm{II}} \\
c_{11}^{(1)} &= \frac{h_0^2 - h_p^2}{2} \bar{c}_{11}^{\mathrm{I}} + \frac{h_m^2 - h_0^2}{2} \bar{c}_{11}^{\mathrm{II}} \\
c_{11}^{(2)} &= \frac{h_0^3 - h_p^3}{3} \bar{c}_{11}^{\mathrm{I}} + \frac{h_m^3 - h_0^3}{3} \bar{c}_{11}^{\mathrm{II}}
\end{aligned}
\tag{4.41}
$$

$$
\begin{aligned}
e_{11}^{(0)} &= \left(h_0 - h_p \right) \bar{e}_{11}^{\mathrm{I}}, \quad \varepsilon_{11}^{(0)} = \left(h_0 - h_p \right) \bar{\varepsilon}_{11}^{\mathrm{I}}, \quad \bar{e}_{11}^{(1)} = \frac{h_0^2 - h_p^2}{2} \bar{e}_{11}^{\mathrm{I}} \\
h_{31}^{(0)} &= \left(h_m - h_0 \right) \bar{h}_{31}^{\mathrm{II}}, \quad \bar{h}_{31}^{(1)} = \frac{h_m^2 - h_0^2}{2} \bar{h}_{31}^{\mathrm{II}}
\end{aligned}
\tag{4.42}
$$

$$
\begin{aligned}
\bar{c}_{11}^{\mathrm{II}} &= c_{11}^{\mathrm{II}} - \frac{c_{13}^{\mathrm{II}} c_{13}^{\mathrm{II}}}{c_{33}^{\mathrm{II}}}, \quad \bar{c}_{11}^{\mathrm{I}} = c_{33}^{\mathrm{I}} - \frac{c_{13}^{\mathrm{I}} c_{13}^{\mathrm{I}}}{c_{11}^{\mathrm{I}}} \\
\bar{e}_{11}^{\mathrm{I}} &= e_{33}^{\mathrm{I}} - \frac{e_{31}^{\mathrm{I}} c_{13}^{\mathrm{I}}}{c_{11}^{\mathrm{I}}}, \quad \bar{\varepsilon}_{11}^{\mathrm{I}} = \varepsilon_{33}^{\mathrm{I}} + \frac{e_{31}^{\mathrm{I}} e_{31}^{\mathrm{I}}}{c_{11}^{\mathrm{I}}}, \quad \bar{h}_{31}^{\mathrm{II}} = h_{31}^{\mathrm{II}} - \frac{h_{33}^{\mathrm{II}} c_{31}^{\mathrm{II}}}{c_{33}^{\mathrm{II}}}
\end{aligned}
\tag{4.43}
$$

4.3.1　恒磁场作用

在恒磁场 $H_3^{(0)}$ 作用下，删去式(4.33)和式(4.34)右端的惯性项，即可得到静力平衡方程。由静力平衡方程($N_{,1} = 0$、$Q_{,1} = 0$ 和 $Q = M_{,1}$)、电学高斯方程($D_{1,1}^{(0)} = 0$)以及力学自由边界条件($N(\pm l) = M(\pm l) = 0$)和电学开路条件($D_1^{(0)}(\pm l) = 0$)，可知轴力 N、弯矩 M 和电位移 $D_1^{(0)}$ 均为零，即

$$c_{11}^{(0)} u_{1,1}^{(0)} - c_{11}^{(1)} u_{3,11}^{(0)} - e_{11}^{(0)} E_1^{(0)} - \bar{h}_{31}^{(1)} H_3^{(0)} = 0 \tag{4.44}$$

$$c_{11}^{(1)} u_{1,1}^{(0)} - c_{11}^{(2)} u_{3,11}^{(0)} - \bar{e}_{11}^{(1)} E_1^{(0)} - \bar{h}_{31}^{(1)} H_3^{(0)} = 0 \tag{4.45}$$

$$e_{11}^{(0)} u_{1,1}^{(0)} - \bar{e}_{11}^{(1)} u_{3,11}^{(0)} + \varepsilon_{11}^{(0)} E_1^{(0)} = 0 \tag{4.46}$$

联立式 (4.44) 和式 (4.45)，可得到电场 $E_1^{(0)}$ 和外加磁场 $H_3^{(0)}$ 之间的关系为

$$\frac{E_1^{(0)}}{H_3^{(0)}} = \frac{h_{31}^{(0)}\left(c_{11}^{(2)} - c_{11}^{(1)}\dfrac{\overline{e}_{11}^{(1)}}{e_{11}^{(0)}}\right) - \overline{h}_{31}^{(1)}\left(c_{11}^{(1)} - c_{11}^{(0)}\dfrac{\overline{e}_{11}^{(1)}}{e_{11}^{(0)}}\right)}{\dfrac{\varepsilon_{11}^{(0)}}{e_{11}^{(0)}}\left(c_{11}^{(1)}c_{11}^{(1)} - c_{11}^{(0)}c_{11}^{(2)}\right) + 2c_{11}^{(1)}\overline{e}_{11}^{(1)} - c_{11}^{(0)}\overline{e}_{11}^{(1)}\dfrac{\overline{e}_{11}^{(1)}}{e_{11}^{(0)}} - c_{11}^{(2)}e_{11}^{(0)}} \tag{4.47}$$

由表达式 (4.42) 可以得到关系式：$\overline{e}_{11}^{(1)}/e_{11}^{(0)} = (h_0 + h_p)/2 = h_{0p}$ 和 $\varepsilon_{11}^{(0)}/e_{11}^{(0)} = \overline{\varepsilon}_{11}^{I}/\overline{e}_{11}^{I}$。根据磁电效应的定义（$\alpha = E_1^{(0)}/H_3^{(0)}$），由式 (4.47) 可得到结构磁电效应的解析表达式为

$$\alpha = \frac{E_1^{(0)}}{H_3^{(0)}} = \frac{h_{31}^{(0)}\left(c_{11}^{(2)} - c_{11}^{(1)}h_{0p}\right) - \overline{h}_{31}^{(1)}\left(c_{11}^{(1)} - c_{11}^{(0)}h_{0p}\right)}{\dfrac{\overline{\varepsilon}_{11}^{I}}{\overline{e}_{11}^{I}}\left(c_{11}^{(1)}c_{11}^{(1)} - c_{11}^{(0)}c_{11}^{(2)}\right) + 2c_{11}^{(1)}\overline{e}_{11}^{(1)} - c_{11}^{(0)}\overline{e}_{11}^{(1)}h_{0p} - c_{11}^{(2)}e_{11}^{(0)}} \tag{4.48}$$

4.3.2　简谐磁场作用

结构在沿 x_3 方向的简谐磁场 $H_3^{(0)} = He^{i\omega t}$ 作用下，其控制方程为式 (4.33)～式 (4.35)。把电场-电势梯度关系 $E_1^{(0)} = -\varphi_{,1}^{(0)}$ 代入式 (4.35)，整理可得到由位移表示的电势为

$$\varphi^{(0)} = \frac{e_{11}^{(0)}}{\varepsilon_{11}^{(0)}}u_1^{(0)} - \frac{\overline{e}_{11}^{(1)}}{\varepsilon_{11}^{(0)}}u_{3,1}^{(0)} + C_1 x_1 \tag{4.49}$$

其中，C_1 为待定常数。

由式 (4.49) 可得

$$E_1^{(0)} = -\frac{e_{11}^{(0)}}{\varepsilon_{11}^{(0)}}u_{1,1}^{(0)} + \frac{\overline{e}_{11}^{(1)}}{\varepsilon_{11}^{(0)}}u_{3,11}^{(0)} - C_1 \tag{4.50}$$

对于电学开路条件，即 $D_1^{(0)}(x_1 = \pm l) = 0$，把式 (4.50) 代入电位移表达式 (4.40)，可得到 $C_1 = 0$。再把式 (4.50) 代入式 (4.38) 和式 (4.39)，然后由式 (4.33)、式 (4.34) 和式 (4.37) 可得

$$\hat{c}_{11}^{(0)}u_{1,11}^{(0)} - \hat{c}_{11}^{(1)}u_{3,1111}^{(0)} + \omega^2\rho^{(0)}u_1^{(0)} - \omega^2\rho^{(1)}u_{3,1}^{(0)} = 0 \tag{4.51}$$

$$\hat{c}_{11}^{(1)}u_{1,111}^{(0)} - \hat{c}_{11}^{(2)}u_{3,11111}^{(0)} + \omega^2\rho^{(0)}u_3^{(0)} = 0 \tag{4.52}$$

其中

$$\hat{c}_{11}^{(0)} = c_{11}^{(0)} + \frac{e_{11}^{(0)}e_{11}^{(0)}}{\varepsilon_{11}^{(0)}}, \quad \hat{c}_{11}^{(1)} = c_{11}^{(1)} + \frac{e_{11}^{(0)}\overline{e}_{11}^{(1)}}{\varepsilon_{11}^{(0)}}, \quad \hat{c}_{11}^{(2)} = c_{11}^{(2)} + \frac{\overline{e}_{11}^{(1)}\overline{e}_{11}^{(1)}}{\varepsilon_{11}^{(0)}} \tag{4.53}$$

对于两端的力学自由边界条件，即在 $x_1 = \pm l$ 处，$N = Q = M = 0$。把式(4.50)代入力学自由边界条件，可得

$$\hat{c}_{11}^{(0)}u_{1,1}^{(0)} - \hat{c}_{11}^{(1)}u_{3,11}^{(0)} - \overline{h}_{31}^{(1)}H_3^{(0)} = 0 \tag{4.54}$$

$$\hat{c}_{11}^{(1)}u_{1,1}^{(0)} - \hat{c}_{11}^{(2)}u_{3,11}^{(0)} - \overline{h}_{31}^{(1)}H_3^{(0)} = 0 \tag{4.55}$$

$$\hat{c}_{11}^{(1)}u_{1,11}^{(0)} - \hat{c}_{11}^{(2)}u_{3,111}^{(0)} = 0 \tag{4.56}$$

由此，可设满足式(4.51)和式(4.52)的通解为

$$u_1^{(0)} = A\sin(kx_1), \quad u_3^{(0)} = B\cos(kx_1) \tag{4.57}$$

其中，A 和 B 为待定常数。

把式(4.57)代入式(4.51)和式(4.52)，整理可得到关于 A 和 B 的方程组为

$$\begin{cases} \left(\hat{c}_{11}^{(0)}k^2 - \omega^2\rho^{(0)}\right)A + \left(\hat{c}_{11}^{(1)}k^3 - \omega^2\rho^{(1)}k\right)B = 0 \\ \hat{c}_{11}^{(1)}k^3 A + \left(\hat{c}_{11}^{(2)}k^4 - \omega^2\rho^{(0)}\right)B = 0 \end{cases} \tag{4.58}$$

当式(4.58)的系数行列式为零时，有符合实际意义的解，由此可得

$$\left(\hat{c}_{11}^{(0)}\hat{c}_{11}^{(2)} - \hat{c}_{11}^{(1)}\hat{c}_{11}^{(1)}\right)k^6 + \omega^2\left(\rho^{(1)}\hat{c}_{11}^{(1)} - \rho^{(0)}\hat{c}_{11}^{(2)}\right)k^4 - \omega^2\rho^{(0)}\hat{c}_{11}^{(0)}k^2 + \rho^{(0)}\rho^{(0)}\omega^4 = 0 \tag{4.59}$$

式(4.59)是关于 k^2 的一元三次方程。对于式(4.57)的三角函数解，k 的正负没有区别。因此，可取式(4.59)三个正的实部根 k_1、k_2 和 k_3，该问题的通解可写为

$$u_1^{(0)} = \sum_{j=1}^{3} B_j\beta_j\sin(k_jx_1), \quad u_3^{(0)} = \sum_{j=1}^{3} B_j\cos(k_jx_1) \tag{4.60}$$

其中，B_j 为待定系数，且

$$\beta_j = \frac{\rho^{(0)}\omega^2 - \hat{c}_{11}^{(2)}k_j^4}{\hat{c}_{11}^{(1)}k_j^3} \tag{4.61}$$

由电势表达式(4.49)和位移表达式(4.60)，可得到电势的解析表达式为

$$\varphi^{(0)} = \frac{e_{11}^{(0)}}{\varepsilon_{11}^{(0)}} \sum_{j=1}^{3} B_j \beta_j \sin(k_j x_1) + \frac{\overline{e}_{11}^{(1)}}{\varepsilon_{11}^{(0)}} \sum_{j=1}^{3} B_j k_j \sin(k_j x_1) \tag{4.62}$$

把 $u_1^{(0)}$ 和 $u_3^{(0)}$ 的表达式代入力学自由边界条件(4.54)～(4.56)，可得到关于待定系数 B_1、B_2 和 B_3 的方程组为

$$\begin{cases} \hat{c}_{11}^{(0)} \sum_{j=1}^{3} B_j \beta_j k_j \cos(k_j l) + \hat{c}_{11}^{(1)} \sum_{j=1}^{3} \lambda_j k_j^2 \cos(k_j l) + e_{11}^{(0)} C_3 - h_{31}^{(0)} H = 0 \\[2mm] \hat{c}_{11}^{(1)} \sum_{j=1}^{3} B_j \beta_j k_j \cos(k_j l) + \hat{c}_{11}^{(2)} \sum_{j=1}^{3} \lambda_j k_j^2 \cos(k_j l) + \overline{e}_{11}^{(1)} C_3 - \overline{h}_{31}^{(1)} H = 0 \\[2mm] \hat{c}_{11}^{(1)} \sum_{j=1}^{3} B_j \beta_j k_j^2 \sin(k_j l) + \hat{c}_{11}^{(1)} \sum_{j=1}^{3} \lambda_j k_j^3 \sin(k_j l) = 0 \end{cases} \tag{4.63}$$

由式(4.63)可以求出待定系数 B_j，也可得到 B_j 与 H 之间的线性关系式 $B_j = \overline{B}_j H$。把系数 B_j 代入 $u_1^{(0)}$ 和 $u_3^{(0)}$，然后再代入式(4.50)，即可得到电场 $E_1^{(0)}$ 的解析表达式。由式(4.62)可知，电场 $E_1^{(0)} = -\varphi_{,1}^{(0)}$ 也是坐标 x_1 的函数。结构内的平均电场由式(4.64)进行计算：

$$\overline{E} = \frac{1}{2l} \int_{-l}^{l} E_1^{(0)} \mathrm{d}x_1 = -\frac{1}{2l} \int_{-l}^{l} \varphi_{,1}^{(0)} \mathrm{d}x_1 = \frac{H}{l \varepsilon_{11}^{(0)}} \sum_{j=1}^{3} \overline{B}_j \sin(k_j l) \left(e_{11}^{(0)} \beta_j + e_{11}^{(1)} k_j \right) \tag{4.64}$$

由式(4.64)可得结构在简谐磁场作用下的磁电效应为

$$\alpha = \frac{\overline{E}}{H} = \frac{1}{l \varepsilon_{11}^{(0)}} \sum_{j=1}^{3} \overline{B}_j \left(e_{11}^{(0)} \beta_j + e_{11}^{(1)} k_j \right) \sin(k_j l) \tag{4.65}$$

至此，导出了 T-L 模式和 L-T 模式多铁性双层板结构在恒磁场和简谐磁场作用下的磁电效应表达式。作为算例，设压磁层为 $CoFe_2O_4$，压电层为 PZT-4；结构总厚度为 $h_m + h_p = 0.7\mathrm{mm}$，压电相体积比为 v，结构总长度为 $2l = 9.2\mathrm{mm}$。

当外加磁场为恒磁场时，由式(4.19)和式(4.48)分别计算出 T-L 模式和 L-T 模式双层板结构的磁电效应 $\alpha' = \alpha v$，并绘制 α' 随压电相体积比 v 的变化曲线，如图 4.3 所示。图中的磁电效应曲线随压电相体积比的变化呈马鞍形，这与第 3 章的三层对称结构情况的抛物线形曲线不同。由图 4.3 可知，双层板结构的磁电效应有两个局部峰值区域，也即结构几何参数的最优设计区域；压电相体积比 v 在

区间 0.16～0.32 内,为第一最优结构区域,在区间 0.76～0.92 内,为第二最优结构区域。这是由于双层板结构发生了弯曲和伸缩耦合变形。另外,在压电相体积比相同的情况下,T-L 模式结构的磁电效应较大,是 L-T 模式的 2.5 倍左右。图中磁电效应值的正负号表示所取参考电极上电荷的正负。

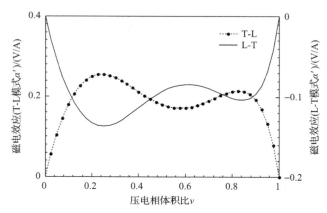

图 4.3　T-L 模式和 L-T 模式双层板结构磁电效应 α'（恒磁场）

当外加磁场为简谐磁场时,与第 3 章一样,通过引入复弹性常数来考虑结构的阻尼效应。由式 (4.32) 和式 (4.65) 分别计算 T-L 模式和 L-T 模式双层板结构的磁电效应 α,并绘制当 v 取 0.3、0.45 和 0.6 时 α 随外加磁场激励频率变化的曲线,图 4.4 对应于 T-L 模式,图 4.5 对应于 L-T 模式。当外加磁场激励频率在结构固有频率附近时,结构的磁电效应最大;不同的压电相体积比对结构磁电效应和固有频率均有较大影响。由图 4.4 和图 4.5 可以看出,T-L 模式的磁电效应较大,是 L-T 模式的 2.6 倍左右。

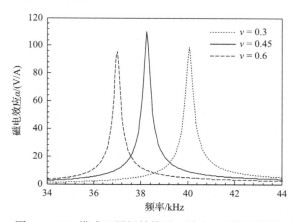

图 4.4　T-L 模式双层板结构磁电效应 α（简谐磁场）

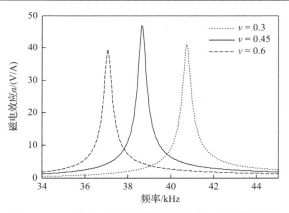

图 4.5　L-T 模式双层板结构磁电效应 α（简谐磁场）

图 4.6 和图 4.7 分别是在简谐磁场作用下，T-L 模式和 L-T 模式双层板结构的

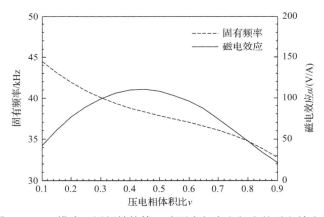

图 4.6　T-L 模式双层板结构第一阶固有频率和相应的磁电效应 α

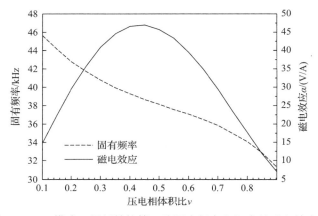

图 4.7　L-T 模式双层板结构第一阶固有频率和相应的磁电效应 α

第一阶固有频率和与之对应的磁电效应随压电相体积比变化的曲线。由图 4.6 和图 4.7 可以看出，两种模式结构的第一阶固有频率均随压电相体积比 v 的增大而减小，这是由压电材料的弹性常数相比压磁材料较大造成的；其磁电效应随 v 先增大后减小，其峰值区域（即最优结构区域）均约为 $v = 0.42$。

下面给出通常情况下，双层板结构弯曲变形时的中性面是曲面（而不是平面）的事实。根据力学上中性面的传统定义，令表达式 $S_{11} = u_{1,1} - x_3 u_{3,11} = 0$ 来确定中性面的几何位置，由此可以计算出中性面上各点坐标值为 $x_3 = u_{1,1} / u_{3,11}$。以在简谐磁场作用下的 L-T 模式双层板结构为例，其位移表达式为式（4.60），即可得到中性面的横坐标为 $x_3 = \sum_{j=1}^{3} B_j \beta_j k_j \cos(k_j x_1) \Big/ \sum_{j=1}^{3} B_j \beta_j k_j^2 \cos(k_j x_1)$。图 4.8 是 L-T 模式结构在激励频率为 37kHz、37.5kHz 和 38kHz 时中性面的位置，可以看到应变为零的中性面是一个曲面，且在两端处的曲率较大。

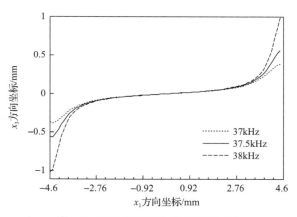

图 4.8　　中性面坐标曲线（应变为零）

另外，对于结构的磁电效应和第一阶固有频率，将本章双层板结构的伸缩-弯曲耦合的结果，分别与第 3 章的三层对称结构的纯拉压变形和四层反对称结构的纯弯曲变形的结果相比较。为此，假设几种情况下的结构尺寸相同，压电相体积比均为 0.6。首先比较 T-L 模式结构，即图 3.6(a) 所示的三层对称结构、图 3.9(a) 所示的四层反对称结构和图 4.1 所示的双层结构，由图 3.7、图 3.10 和图 4.4 可以看出，双层结构的磁电效应略小于三层结构的磁电效应，约为四层反对称结构磁电效应的 1.8 倍；但是，双层结构的第一阶固有频率远小于三层结构的第一阶固有频率，而略小于四层反对称结构的第一阶固有频率。其次，比较 L-T 模式结构，即图 3.6(b) 所示的三层对称结构、图 3.9(b) 所示的四层反对称结构和图 4.2 所示的双层结构，由图 3.18、图 3.11 和图 4.5 可知，它们与 T-L 模式结构有相同的结论。因此，从某种程度上说，双层板结构既有伸缩模式的巨磁电效应，又有弯曲模式的低频特性。

4.4　本　章　小　结

本章用一阶简化结构理论，分别对 T-L 模式和 L-T 模式多铁性双层板结构的弯曲-伸缩耦合变形进行了理论分析，并导出了它们分别在恒磁场和简谐磁场作用下磁电效应的解析表达式。结构的厚度比和磁场激励频率都是影响磁电效应的因素。双层板结构存在伸缩和弯曲两种变形模式的耦合，因此兼具弯曲变形的较低固有频率和伸缩变形的较大磁电效应的优良性质，是一种较为理想的器件结构形式。此外，需要说明的是，在分析双层异质结构的弯曲变形时，其中性面是一个曲面，不适合作为参考平面。

参 考 文 献

[1] Bichurin M I, Petrov V M, Srinivasan G. Theory of low-frequency magnetoelectric coupling in magnetostrictive-piezoelectric bilayers[J]. Physical Review B, 2003, 68(5): 054402.

[2] Wan J G, Li Z Y, Wang Y, et al. Strong flexural resonant magnetoelectric effect in Terfenol-D/epoxy-Pb(Zr,Ti)O$_3$ bilayer[J]. Applied Physics Letters, 2005, 86(20): 202504.

[3] Shi Z, Ma J, Nan C W. A new magnetoelectric resonance mode in bilayer structure composite of PZT layer and Terfenol-D/epoxy layer[J]. Journal of Electroceramics, 2007, 21: 390-393.

[4] Shi Z, Ma J, Lin Y H, et al. Magnetoelectric resonance behavior of simple bilayered Pb(Zr,Ti)O$_3$-(Tb,Dy)Fe$_2$/epoxy composites[J]. Journal of Applied Physics, 2007, 101(4): 43902-43904.

[5] Petrov V M, Srinivasan G. Enhancement of magnetoelectric coupling in functionally graded ferroelectric and ferromagnetic bilayers[J]. Physical Review B, 2008, 78(18): 184421.

[6] Mathe V L, Srinivasan G, Balbashov A M. Magnetoelectric effects in bilayers of lead zirconate titanate and single crystal hexaferrites[J]. Applied Physics Letters, 2008, 92(12): 122505.

[7] Chashin D V, Fetisov Y K, Kamentsev K E, et al. Resonance magnetoelectric interactions due to bending modes in a nickel-lead zirconate titanate bilayer[J]. Applied Physics Letters, 2008, 92(10): 102511.

[8] Petrov V M, Srinivasan G, Bichurin M I, et al. Theory of magnetoelectric effect for bending modes in magnetostrictive-piezoelectric bilayers[J]. Journal of Applied Physics, 2009, 105(6): 063911.

[9] Negi N S, Bala K C, Shah J, et al. Multiferroic, magnetoelectric and magneto-impedance properties of NiFe$_2$O$_4$/(Pb, Sr)TiO$_3$ bilayer films[J]. Journal of Electroceramics, 2017, 38: 51-62.

[10] Liu X G, Pyatakov A P, Ren W. Magnetoelectric coupling in multiferroic bilayer VS$_2$[J].

Physical Review Letters, 2020, 125(24): 247601.

[11] Hu M Z, Su R, Li W M, et al. Comparison of structure and multiferroic performances of bilayer and trilayer multiferroic heterostructures[J]. Ceramics International, 2021, 47(5): 5938-5943.

[12] Lee J H, Cheng C H, Liao B R, et al. Multiferroic hydrogenated graphene bilayer[J]. Physical Chemistry Chemical Physics, 2020, 22(15): 7962-7968.

[13] Sun W, Wang W X, Li H, et al. LaBr$_2$ bilayer multiferroic moiré superlattice with robust magnetoelectric coupling and magnetic bimerons[J]. NPJ Computational Materials, 2022, 8: 159.

[14] Yang J S, Zhou H G, Dong S X. Analysis of plate piezoelectric unimorphs[J]. IEEE Transactions on Ultrasonics, Ferroelectrics, and Frequency Control, 2006, 53(2): 456-462.

[15] Ha S K. Admittance matrix of asymmetric piezoelectric bimorph with two separate electrical ports under general distributed loads[J]. IEEE Transactions on Ultrasonics, Ferroelectrics, and Frequency Control, 2001, 48(4): 976-984.

第5章 多铁性薄膜-弹性基底和纤维型
结构磁电效应

5.1 引　　言

对于多铁性薄膜-弹性基底和纤维型结构，因其在器件方面的重要应用，也引起了学者的广泛关注[1-14]。例如，在实验方面，Zheng 等[15]采用自组织生长技术制成了外延型 $CoFe_2O_4$-$BaTiO_3$ 多铁性薄膜，研究表明，其内部两相材料的力学相互作用提高了薄膜的磁电效应；Wan 等[16]采用溶胶-凝胶法和旋转镀膜法制备了 $CoFe_2O_4$-$Pb(Zr,Ti)O_3$ 多铁性薄膜，测量结果显示其具有良好的磁电效应，初始偏场和磁场频率对磁电效应有较大影响；Zhou 等[17]采用脉冲激光沉积法制备了双层多铁性纳米薄膜；Ma 等[6]采用脉冲激光沉积法把 PZT（430nm）和 LSMO（330nm）薄膜依次沉积在 LAO（5mm）基底上，并测量了该薄膜-基底结构的磁电效应，发现其磁电效应非常微弱，这是由基底对薄膜的约束造成的；Xie 等[3-5]采用溶胶-凝胶法和电镀法合成了多铁性纳米纤维，实验发现，多铁性纤维具有很大的磁电效应。在理论方面，Liu 等[18]通过修正铁电薄膜的本构关系，采用 Harshe 方法对 2-2 型和 1-3 型纳米薄膜的磁电效应进行了理论分析；Petrov 等[19,20]给出了分析纳米双层结构、纳米杆结构、纳米线结构以及核-壳（core-shell）型结构磁电效应的理论模型。

第 3 章和第 4 章研究了多铁性层合结构和双层板结构的磁电耦合特性。本章将采用简化结构理论分析多铁性薄膜-弹性基底和纤维型结构的磁电效应。对于多铁性薄膜-弹性基底结构，把薄膜部分简化成无弯曲应力的薄膜模型，采用零阶简化结构理论分析，而把基底部分处理成经典弯曲模型，采用一阶的二维简化结构理论分析。对于多铁性纤维型结构，假设其是由压电材料和压磁材料均匀混合而成的，采用一维梁模型的简化结构理论进行分析。

5.2 多铁性薄膜-弹性基底结构的磁电效应

考虑如图 5.1 所示的多铁性薄膜-弹性基底结构，薄膜部分由厚度为 $2t$ 的压电材料和厚度为 $2h'$ 的压磁材料构成，弹性基底由厚度为 $2h$ 的弹性材料构成，结构总长度为 $2l$ ，且有 $2l \gg 2h \gg (2h'+2t)$ 。压电层是沿 x_3 方向极化的，黑色粗线表示电极，而电极刚度和质量可以忽略不计。沿用第 3 章的约定，当压磁层沿 x_3 方向极化时，记为 T-T 模式；当压磁层沿 x_1 方向极化时，记为 T-L 模式。结构两端为力学自由边界条件和电学开路条件，参考坐标平面取在弹性基底结构的几何中面处。

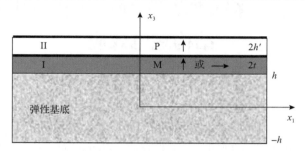

图 5.1　多铁性薄膜-弹性基底结构示意图

图 5.1 所示的结构在磁场作用下，其薄膜部分只发生伸缩变形，弹性基底将发生伸缩-弯曲的耦合变形。注意：这里仅考虑经典弯曲变形情况，即略去剪切变形的影响，记基底和薄膜的层间界面处（即 $x_3 = h$）的剪应力为 τ_b。在下面的推导中，约定如下：当拉力、位移、应变和密度的符号上面有波浪线"～"时，表示它们是薄膜中相应的量；当字母 a、b、c 和 d 作为下标出现时，其取值范围为 1 和 2。根据第 2 章建立的零阶简化结构理论，可写出薄膜部分的运动平衡方程为

$$\tilde{T}_{ab,a}^{(0)} - \tau_b = \rho^{(0)}\ddot{\tilde{u}}_b^{(0)} \tag{5.1}$$

其中

$$\rho^{(0)} = 2t\tilde{\rho}^{\mathrm{I}} + 2h'\tilde{\rho}^{\mathrm{II}} \tag{5.2}$$

由零阶简化结构理论可知，薄膜层沿厚度方向的合力 $\tilde{T}_{ab}^{(0)}$ 与电位移 $D_3^{(0)}$ 分别为

$$\tilde{T}_{ab}^{(0)} = c_{abcd}^{(0)}\tilde{S}_{cd}^{(0)} - e_{3ab}^{(0)}E_3^{(0)} - h_{kab}^{(0)}H_k^{(0)} \tag{5.3}$$

$$D_3^{(0)} = e_{3ab}^{(0)}\tilde{S}_{ab}^{(0)} + \varepsilon_{33}^{(0)}E_3^{(0)} \tag{5.4}$$

其中

$$c_{abcd}^{(0)} = 2t\overline{c}_{abcd}^{\mathrm{I}} + 2h'\overline{c}_{abcd}^{\mathrm{II}}, \quad e_{3ab}^{(0)} = 2h'\overline{e}_{3ab}^{\mathrm{II}}, \quad \varepsilon_{33}^{(0)} = 2h'\overline{\varepsilon}_{33}^{\mathrm{II}}, \quad h_{kab}^{(0)} = 2t\overline{h}_{kab}^{\mathrm{I}} \tag{5.5}$$

$$
\begin{aligned}
&\overline{c}_{abcd}^{\mathrm{I}} = c_{abcd}^{\mathrm{I}} - \frac{c_{ab33}^{\mathrm{I}}c_{33cd}^{\mathrm{I}}}{c_{3333}^{\mathrm{I}}}, \quad \overline{h}_{kab}^{\mathrm{I}} = h_{kab}^{\mathrm{I}} - \frac{h_{k33}^{\mathrm{I}}c_{33ab}^{\mathrm{I}}}{c_{3333}^{\mathrm{I}}} \\
&\overline{c}_{abcd}^{\mathrm{II}} = c_{abcd}^{\mathrm{II}} - \frac{c_{ab33}^{\mathrm{II}}c_{33cd}^{\mathrm{II}}}{c_{3333}^{\mathrm{II}}}, \quad \overline{e}_{3ab}^{\mathrm{II}} = e_{3ab}^{\mathrm{II}} - \frac{e_{333}^{\mathrm{II}}c_{33ab}^{\mathrm{II}}}{c_{3333}^{\mathrm{II}}}, \quad \overline{\varepsilon}_{33}^{\mathrm{II}} = \varepsilon_{33}^{\mathrm{II}} + \frac{e_{333}^{\mathrm{II}}e_{333}^{\mathrm{II}}}{c_{3333}^{\mathrm{II}}}
\end{aligned}
\tag{5.6}
$$

薄膜中的应变-位移关系为

$$\tilde{S}_{ab}^{(0)} = \frac{1}{2}\left(\tilde{u}_{a,b}^{(0)} + \tilde{u}_{b,a}^{(0)}\right) \tag{5.7}$$

下面给出弹性基底部分的基本方程。对于发生伸缩-弯曲耦合变形的弹性基底，根据文献[14]，可写出相应的控制方程为

$$T_{ab,a}^{(0)} + \tau_b = 2\rho h \ddot{u}_b \tag{5.8}$$

$$T_{ab,ab}^{(1)} + h\tau_{b,b} = 2\rho h \ddot{u}_3^{(0)} \tag{5.9}$$

$$T_{ab,a}^{(1)} - T_{3b}^{(0)} + h\tau_b = 0 \tag{5.10}$$

式(5.8)～式(5.10)分别表示弹性基底水平和竖直两个方向的力平衡方程以及横截面任一点的弯矩平衡方程。弹性基底内合力的本构关系为

$$T_{ab}^{(0)} = 2h\overline{c}_{abcd}S_{cd}^{(0)} \tag{5.11}$$

$$T_{ab}^{(1)} = \frac{2h^3}{3}\gamma_{abcd}S_{cd}^{(1)} \tag{5.12}$$

其中

$$\overline{c}_{abcd} = c_{abcd}^{\text{s}} - \frac{c_{ab33}^{\text{s}}c_{33cd}^{\text{s}}}{c_{3333}^{\text{s}}}, \quad \gamma_{abcd} = \overline{c}_{abcd} - \frac{\overline{c}_{44ab}\overline{c}_{cd44}}{\overline{c}_{4444}} \tag{5.13}$$

注意：式(5.13)中右上标"s"表示对应于弹性基底层。弹性基底部分的零阶应变和一阶应变分别为

$$S_{ab}^{(0)} = \frac{1}{2}\left(u_{a,b}^{(0)} + u_{b,a}^{(0)}\right) \tag{5.14}$$

$$S_{ab}^{(1)} = -u_{3,ab}^{(0)} \tag{5.15}$$

在薄膜和弹性基底界面处，根据位移连续条件和经典弯曲条件[21]（$S_{3b}^{(0)} = u_b^{(1)} + u_{3,b}^{(0)} = 0$），有

$$\tilde{u}_b^{(0)} = u_b^{(0)} + hu_b^{(1)} = u_b^{(0)} - hu_{3,b}^{(0)} \tag{5.16}$$

由式(5.16)和式(5.7)可得到由 $u_i^{(0)}$ 表示的薄膜应变，即

$$\tilde{S}_{ab}^{(0)} = \frac{1}{2}\left(u_{a,b}^{(0)} + u_{b,a}^{(0)}\right) - hu_{3,ab}^{(0)} \tag{5.17}$$

把式(5.16)代入式(5.1)可得到 τ_b 的表达式，再把其代入式(5.8)和式(5.9)可得

$$T_{ab,a}^{(0)} + \tilde{T}_{ab,a}^{(0)} = 2\rho h\ddot{u}_b^{(0)} + \rho^{(0)}\left(\ddot{u}_b^{(0)} - h\ddot{u}_{3,b}^{(0)}\right) \tag{5.18}$$

$$T_{ab,ab}^{(1)} + h\tilde{T}_{ab,ab}^{(0)} = 2\rho h\ddot{u}_3^{(0)} + \rho^{(0)}h\left(\ddot{u}_{b,b}^{(0)} - h\ddot{u}_{3,bb}^{(0)}\right) \tag{5.19}$$

令

$$\hat{T}_{ab}^{(0)} = T_{ab}^{(0)} + \tilde{T}_{ab}^{(0)} \tag{5.20}$$

$$\hat{T}_{ab}^{(1)} = T_{ab}^{(1)} + h\tilde{T}_{ab}^{(0)} \tag{5.21}$$

其中，$\hat{T}_{ab}^{(0)}$ 表示结构的等效合力；$\hat{T}_{ab}^{(1)}$ 表示结构的等效弯矩。

此时，式(5.18)和式(5.19)可写成

$$\hat{T}_{ab,a}^{(0)} = 2\rho h\ddot{u}_b^{(0)} + \rho^{(0)}\left(\ddot{u}_b^{(0)} - h\ddot{u}_{3,b}^{(0)}\right) \tag{5.22}$$

$$\hat{T}_{ab,ab}^{(1)} = 2\rho h\ddot{u}_3^{(0)} + \rho^{(0)}h\left(\ddot{u}_{b,b}^{(0)} - \rho^{(0)}h\ddot{u}_{3,bb}^{(0)}\right) \tag{5.23}$$

至此，导出了多铁性薄膜-弹性基底结构的基本方程。接下来，分别研究其在恒磁场和简谐磁场作用下的磁电效应。为方便起见，考虑广义平面应变问题(即假设 x_2 方向无限长、所有物理量与 x_2 无关)，式(5.22)和式(5.23)则变为

$$\hat{T}_{11,1}^{(0)} = 2\rho h\ddot{u}_1^{(0)} + \rho^{(0)}\left(\ddot{u}_1^{(0)} - h\ddot{u}_{3,1}^{(0)}\right) \tag{5.24}$$

$$\hat{T}_{11,11}^{(1)} = 2\rho h\ddot{u}_3^{(0)} + \rho^{(0)}h\ddot{u}_{1,1}^{(0)} - \rho^{(0)}h^2\ddot{u}_{3,11}^{(0)} \tag{5.25}$$

在下面的推导过程中，将采用表 2.1 给出的 Voigt 缩标表示法。

5.2.1 恒磁场作用

考虑如图 5.1 所示的多铁性薄膜-弹性基底结构在恒磁场 $H_k^{(0)}$ 作用下的情况。其中，$k=1$ 或 $k=3$ 分别表示外加磁场沿 x_1 方向和 x_3 方向。相应的伸缩变形和弯曲变形平衡方程，可通过删去式(5.24)和式(5.25)中右边的惯性项得到，即

$$\hat{T}_{1,1}^{(0)} = 0 \tag{5.26}$$

$$\hat{T}_{1,11}^{(1)} = 0 \tag{5.27}$$

结构两端的力学自由边界条件为

$$\hat{T}_1^{(0)}(x_1 = \pm l) = 2h\overline{c}_{11}S_1^{(0)} + c_{11}^{(0)}\tilde{S}_1^{(0)} - e_{31}^{(0)}E_3^{(0)} - h_{k1}^{(0)}H_k^{(0)} = 0 \tag{5.28}$$

$$\hat{T}_1^{(1)}(x_1 = \pm l) = \frac{2h^3}{3}\gamma_{11}S_1^{(1)} + h\left(c_{11}^{(0)}\tilde{S}_1^{(0)} - e_{31}^{(0)}E_3^{(0)} - h_{k1}^{(0)}H_k^{(0)}\right) = 0 \tag{5.29}$$

由电学开路条件 $D_3^{(0)} = 0$ 和电学高斯方程（$D_{3,3}^{(0)} = 0$）可知

$$D_3^{(0)} = e_{31}^{(0)}\tilde{S}_1^{(0)} + \varepsilon_{33}^{(0)}E_3^{(0)} = 0 \tag{5.30}$$

对于给定的外加磁场 $H_1^{(0)}$ 或 $H_3^{(0)}$ 以及给定的力学自由边界条件和电学开路条件，由式（5.28）～式（5.30）可以看出，弹性基底中面的应变 $u_{1,1}^{(0)}$、曲率 $u_{3,11}^{(0)}$ 以及由磁电效应产生的电场 $E_3^{(0)}$ 都是与坐标无关的常数，由此可得

$$E_3^{(0)} = -\frac{h_{k1}^{(0)}}{\dfrac{\varepsilon_{33}^{(0)}}{e_{31}^{(0)}}\left(\dfrac{2h\overline{c}_{11}\gamma_{11}}{\gamma_{11} + 3\overline{c}_{11}} + c_{11}^{(0)}\right) + e_{31}^{(0)}}H_k^{(0)} \tag{5.31}$$

由式（5.31）可得到 T-T 模式和 T-L 模式薄膜-弹性基底结构的磁电效应，分别是

$$\alpha = \frac{E_3^{(0)}}{H_3^{(0)}} = -\frac{e_{31}^{(0)}h_{31}^{(0)}}{\varepsilon_{33}^{(0)}\left(\dfrac{2h\overline{c}_{11}\gamma_{11}}{\gamma_{11} + 3\overline{c}_{11}} + c_{11}^{(0)}\right) + e_{31}^{(0)}e_{31}^{(0)}} \tag{5.32}$$

$$\alpha = \frac{E_3^{(0)}}{H_1^{(0)}} = -\frac{e_{31}^{(0)}h_{11}^{(0)}}{\varepsilon_{33}^{(0)}\left(\dfrac{2h\overline{c}_{11}\gamma_{11}}{\gamma_{11} + 3\overline{c}_{11}} + c_{11}^{(0)}\right) + e_{31}^{(0)}e_{31}^{(0)}} \tag{5.33}$$

设弹性基底由硅材料构成，厚度为 $2h = 20\mu m$，长度为 $2l = 100\mu m$，杨氏模量为 $E = 133\text{GPa}$，泊松比为 $\upsilon = 0.278$；薄膜部分的总厚度为 $8\mu m$，其中压电层为 PZT-4，压磁层为 $CoFe_2O_4$，它们的材料参数见表 3.1。

首先计算在不同压电相体积比 $v = h'/(t + h')$ 下两种模式结构的磁电效应（α 和 α'）。图 5.2（a）和图 5.2（b）分别是 T-T 模式和 T-L 模式结构的磁电效应随压电相体积比变化的曲线。由图可知，两种模式结构的磁电效应随压电相体积比的变

化趋势几乎一样。此外，与第 3 章层合结构的结果进行对比发现，两种结构情况下的磁电效应比较接近。这与通常情况下"微纳米结构比宏观结构的磁电效应大得多"的预期不符，主要原因是基底对薄膜的约束[6,15]使薄膜的变形受到限制，从而导致结构的磁电效应不能充分发挥出来。

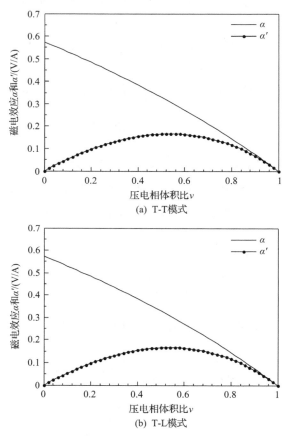

图 5.2　多铁性薄膜-弹性基底结构磁电效应

　　为研究薄膜层和基底层厚度对磁电效应的影响，固定压电层和压磁层等的厚度，取硅基底层厚度 $2h$ 分别为 $16\mu m$、$20\mu m$ 和 $24\mu m$，计算并绘制在不同薄膜层厚度下的磁电效应曲线如图 5.3 所示。由图 5.3 可知，当基底层厚度一定时，结构的磁电效应随薄膜层厚度的增加而变大，特别是当薄膜层厚度很小时，磁电效应有较急剧的增加，而当薄膜层厚度达到某一特定值时，其磁电效应有较缓慢的增加；另外，当薄膜层厚度固定时，弹性基底层厚度越大，其相应的磁电效应越小，这是由基底层对薄膜层的约束变大造成的。

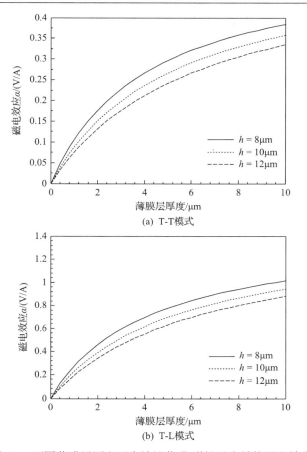

图 5.3　不同薄膜层厚度下多铁性薄膜-弹性基底结构磁电效应

5.2.2　简谐磁场作用

接下来，考虑如图 5.1 所示的多铁性薄膜-弹性基底结构，在简谐磁场 $H_k^{(0)} = H_k \mathrm{e}^{\mathrm{i}\omega t}$ 作用下的磁电效应。与前面一样，$k=1,3$，分别表示沿 x_1 和 x_3 方向的磁场。此时，运动平衡方程可由式(5.24)和式(5.25)得到，分别为

$$\hat{T}_{1,1}^{(0)} = -\left(2\rho h + \rho^{(0)}\right)\omega^2 u_1^{(0)} + \rho^{(0)} h\omega^2 u_{3,1}^{(0)} \tag{5.34}$$

$$\hat{T}_{1,11}^{(1)} = -2\rho h\omega^2 u_3^{(0)} - \rho^{(0)} h\omega^2 u_{1,1}^{(0)} + \rho^{(0)} h^2\omega^2 u_{3,11}^{(0)} \tag{5.35}$$

结构两端的力学自由边界条件为

$$\hat{T}_1^{(0)}(x_1 = \pm l) = 2h\overline{c}_{11}S_1^{(0)} + c_{11}^{(0)}\tilde{S}_1^{(0)} - e_{31}^{(0)}E_3^{(0)} - h_{k1}^{(0)}H_k = 0 \tag{5.36}$$

$$\hat{T}_1^{(1)}(x_1 = \pm l) = \frac{2h^3}{3}\gamma_{11}S_1^{(1)} + h\left(c_{11}^{(0)}\tilde{S}_1^{(0)} - e_{31}^{(0)}E_3^{(0)} - h_{k1}^{(0)}H_k\right) = 0 \qquad (5.37)$$

$$T_5^{(0)}(x_1 = \pm l) = \hat{T}_{1,1}^{(1)} + \overline{\rho}2th\omega^2\left(u_1^{(0)} - hu_{3,1}^{(0)}\right) = 0 \qquad (5.38)$$

压电层上下表面贴有电极，其内部的电场 $E_3^{(0)}$ 为常数。根据电学开路条件，可得

$$\int_{-l}^{l}D_3^{(0)}\mathrm{d}x_1 = \int_{-l}^{l}\left(e_{31}^{(0)}\tilde{S}_1^{(0)} + \varepsilon_{33}^{(0)}E_3^{(0)}\right)\mathrm{d}x_1 = 0 \qquad (5.39)$$

设式 (5.34) 和式 (5.35) 有如下形式的解：

$$u_1^{(0)} = A\sin(kx_1) \qquad (5.40)$$

$$u_3^{(0)} = B\cos(kx_1) \qquad (5.41)$$

其中，A 和 B 为待定常数。

把式 (5.40) 和式 (5.41) 代入式 (5.34) 和式 (5.35)，整理可得

$$\left[\left(2h\overline{c}_{11} + c_{11}^{(0)}\right)k^2 - 2\left(\rho h + \overline{\rho}t\right)\omega^2\right]A + \left(c_{11}^{(0)}hk^3 - \overline{\rho}2th\omega^2k\right)B = 0 \qquad (5.42)$$

$$\left(c_{11}^{(0)}hk^3 - \overline{\rho}2th\omega^2k\right)A + \left[\left(\frac{2h}{3}\gamma_{11} + c_{11}^{(0)}\right)h^2k^4 - 2\left(\rho h + \overline{\rho}h^2tk^2\right)\omega^2\right]B = 0 \qquad (5.43)$$

式 (5.42) 和式 (5.43) 是关于 A 和 B 的线性代数方程组，其系数行列式为

$$\begin{aligned} f(k^2) = &\left[\gamma_{11}\left(2h\overline{c}_{11} + c_{11}^{(0)}\right)/3 + \overline{c}_{11}c_{11}^{(0)}\right]h^2k^6 \\ &- \left[2\gamma_{11}\left(\rho h + \overline{\rho}t\right)/3 + c_{11}^{(0)}\rho + 2t\overline{\rho c}_{11}\right]h^2\omega^2k^4 \\ &+ \rho\left(2\overline{\rho}\omega^2h^2t - 2h\overline{c}_{11} - c_{11}^{(0)}\right)\omega^2k^2 + 2\rho\left(\rho h + \overline{\rho}t\right)\omega^4 \end{aligned} \qquad (5.44)$$

当系数行列式为零时，即 $f(k^2) = 0$，有符合物理意义的解。由此，可求出 k^2 的三个根。由 $u_1^{(0)}$ 和 $u_3^{(0)}$ 所假设的解的形式可知，对应于 k 和 $-k$ 的基本解是相同的。因此，可取方程 $f(k^2) = 0$ 的三个正根 k_m $(m = 1,2,3)$ 作为基本解。由式 (5.42) 可以得到 A 和 B 的关系为

$$\frac{B}{A} = \beta_m = -\frac{\left(2h\overline{c}_{11} + c_{11}^{(0)}\right)k_m^2 - 2\left(\rho h + \overline{\rho}t\right)\omega^2}{c_{11}^{(0)}hk_m^3 - 2\overline{\rho}th\omega^2 k_m} \tag{5.45}$$

从而，$u_1^{(0)}$ 和 $u_3^{(0)}$ 的通解可表示为

$$u_1^{(0)} = \sum_{m=1}^{3} C_m \sin(k_m x_1) \tag{5.46}$$

$$u_3^{(0)} = \sum_{m=1}^{3} C_m \beta_m \cos(k_m x_1) \tag{5.47}$$

其中，$C_m\ (m=1,2,3)$ 为待定常数。

把 $u_1^{(0)}$ 和 $u_3^{(0)}$ 的解式 (5.46) 和式 (5.47) 代入力学自由边界条件 (5.36) ~ (5.38)，可得到关于 C_m 的线性方程组为

$$\begin{cases} \sum_{m=1}^{3}\left[\left(2h\overline{c}_{11} + c_{11}^{(0)}\right)k_m + hc_{11}^{(0)}\beta^{(m)}k_m^2\right]C_m\cos(k_m l) = e_{31}^{(0)}E_3^{(0)} + h_{k1}^{(0)}H_k \\[2mm] \sum_{m=1}^{3}\left[\left(2h^2\gamma_{11}/3 + hc_{11}^{(0)}\right)\beta_m k_m^2 + c_{11}^{(0)}k_m\right]C_m\cos(k_m l) = e_{31}^{(0)}E_3^{(0)} + h_{k1}^{(0)}H_k \\[2mm] \sum_{m=1}^{3}\left[-\left(2h^2\gamma_{11}/3 + hc_{11}^{(0)}\right)\beta_m k_m^3 - c_{11}^{(0)}k_m^2 + 2\overline{\rho}t\omega^2\left(1 + h\beta_m k_m\right)\right]C_m\sin(k_m l) = 0 \end{cases} \tag{5.48}$$

式 (5.48) 包括三个方程和四个未知常数（C_m 和 $E_3^{(0)}$），要确定这四个未知常数，还需要用到电学开路条件。为此，把式 (5.46) 和式 (5.47) 表示的 $u_1^{(0)}$ 和 $u_3^{(0)}$ 代入电学开路条件 (5.39)，可得

$$E_3^{(0)} = -\frac{e_{31}^{(0)}}{l\varepsilon_{33}^{(0)}}\sum_{m=1}^{3}\left(hk_m\beta_m + 1\right)C_m\sin(k_m l) \tag{5.49}$$

把 $E_3^{(0)}$ 的表达式 (5.49) 代入式 (5.48)，整理可得

$$\begin{cases} G_{11}C_1 + G_{12}C_2 + G_{13}C_3 = h_{k1}^{(0)}H_k \\ G_{21}C_1 + G_{22}C_2 + G_{23}C_3 = h_{k1}^{(0)}H_k \\ G_{31}C_1 + G_{32}C_2 + G_{33}C_3 = 0 \end{cases} \tag{5.50}$$

其中

$$G_{1m} = \left[\left(2h\bar{c}_{11} + c_{11}^{(0)}\right)k_m + hc_{11}^{(0)}\beta^{(m)}k_m^2\right]\cos(k_m l) + \frac{e_{31}^{(0)}e_{31}^{(0)}}{l\varepsilon_{33}^{(0)}}(hk_m\beta_m + 1)\sin(k_m l)$$

$$(5.51)$$

$$G_{2m} = \left[\left(2h^2\gamma_{11}/3 + hc_{11}^{(0)}\right)\beta_m k_m^2 + c_{11}^{(0)}k_m\right]\cos(k_m l) + \frac{e_{31}^{(0)}e_{31}^{(0)}}{l\varepsilon_{33}^{(0)}}(hk_m\beta_m + 1)\sin(k_m l)$$

$$(5.52)$$

$$G_{3m} = \left[-\left(2h^2\gamma_{11}/3 + hc_{11}^{(0)}\right)\beta_m k_m^3 - c_{11}^{(0)}k_m^2 + 2\bar{\rho}t\omega^2 + h\beta_m k_m\right]\sin(k_m l) \quad (5.53)$$

解方程组(5.50)可得

$$C_1 = \frac{\Delta_1}{\Delta}h_{k1}^{(0)}H_k, \quad C_2 = \frac{\Delta_2}{\Delta}h_{k1}^{(0)}H_k, \quad C_3 = \frac{\Delta_3}{\Delta}h_{k1}^{(0)}H_k \quad (5.54)$$

其中

$$\Delta = \begin{vmatrix} G_{11} & G_{12} & G_{13} \\ G_{21} & G_{22} & G_{23} \\ G_{31} & G_{32} & G_{33} \end{vmatrix} \quad (5.55)$$

$$\Delta_1 = \begin{vmatrix} 1 & G_{12} & G_{13} \\ 1 & G_{22} & G_{23} \\ 0 & G_{32} & G_{33} \end{vmatrix}, \quad \Delta_2 = \begin{vmatrix} G_{11} & 1 & G_{13} \\ G_{21} & 1 & G_{23} \\ G_{31} & 0 & G_{33} \end{vmatrix}, \quad \Delta_3 = \begin{vmatrix} G_{11} & G_{12} & 1 \\ G_{21} & G_{22} & 1 \\ G_{31} & G_{32} & 0 \end{vmatrix} \quad (5.56)$$

把 C_1、C_2 和 C_3 代入式(5.49),可求出多铁性薄膜-弹性基底结构由磁电效应产生的电场 $E_3^{(0)}$,进而可得到结构的磁电效应为

$$\alpha' = \frac{E_3^{(0)}}{H_3^{(0)}} \text{ 或 } \frac{E_3^{(0)}}{H_1^{(0)}} \quad (5.57)$$

对于简谐磁场,以等厚度的压电层和压磁层($2t = 4\ \mu m$)以及硅基底厚度为 $2h = 20\ \mu m$ 的情况为例。与前面一样,引入复弹性常数考虑结构的阻尼效应,分别计算 T-T 模式和 T-L 模式的磁电效应。图 5.4 为外加磁场激励频率在结构第一阶固有频率附近的磁电效应曲线。在简谐磁场作用下,多铁性薄膜-弹性基底结构与层合结构相比,其磁电效应相当。与恒磁场作用时一样,主要是因为基底对薄膜的约束抑制了多铁性薄膜的磁电效应。因此,在实际应用中,可在薄膜和基底之间添加一个过渡层,以减小基底对薄膜的约束作用[16]。

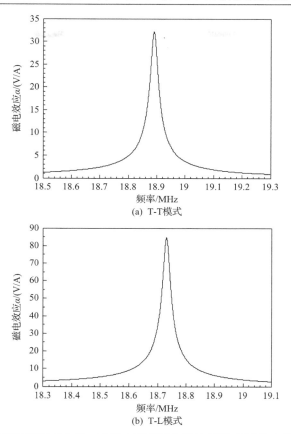

图 5.4　外加磁场激励频率在第一阶固有频率下多铁性薄膜-弹性基底结构磁电效应 α

5.3　多铁性纤维型结构的磁电效应

本节将采用第 2 章建立的一维杆/梁的简化结构理论,分析两端电学开路条件下多铁性纤维/杆状结构的磁电效应。考虑如图 5.5 所示的由 PZT-4 和 $CoFe_2O_4$ 混合制成的等截面多铁性纤维/杆状结构,其截面可以为圆形或矩形,横截面积为 A_s,长度为 $2l$,密度为 ρ。设杆内的压电相沿轴向(x_1 方向)极化,当压磁相沿横向(x_3 方向)极化时,记为 L-T 模式,当压磁相沿轴向(x_1 方向)极化时,记为 L-L 模式。本节考虑两端自由和两端固定两种力学边界条件。需要指出的是,本节仅研究结构在磁场作用下发生伸缩变形的情况;这里所考虑的多铁性结构属于 0-3 型或 3-0 型,由磁电效应产生的电场 E 是整体结构内的电场,而前面所研究的层合结构属于 2-2 型,由磁电效应产生的电场 E 是压电相内的电场。因此,本节按公式 $\alpha = E / H$ 计算的磁电效应,相当于第 3 章中定义的磁电效应 α'。

图 5.5 多铁性纤维/杆状结构

当图 5.5 所示的多铁性纤维/杆状结构在外磁场（H_1 或 H_3）激励下，发生伸缩变形，结构中只有 x_1 方向的位移分量 $u_1^{(0,0)}$ 时，由磁电效应产生的电场是待求的未知量。根据一维情况下的零阶简化结构理论，其运动平衡方程为

$$T_{11,1}^{(0,0)} = \rho A_s \ddot{u}_1^{(0,0)} \tag{5.58}$$

电学高斯方程为

$$D_{1,1}^{(0,0)} = 0 \tag{5.59}$$

沿轴向的拉力 $T_1^{(0,0)}$ 和电位移 $D_1^{(0,0)}$ 分别为

$$T_1^{(0,0)} = A_s \left(\tilde{c}_{11} S_1^{(0,0)} - \tilde{e}_{11} E_1^{(0,0)} - \tilde{h}_{k1} H_k^{(0,0)} \right) \tag{5.60}$$

$$D_1^{(0,0)} = A_s \left(\tilde{e}_{11} S_1^{(0,0)} + \tilde{\varepsilon}_{11} E_1^{(0,0)} + \tilde{\alpha}_{1k} H_k^{(0,0)} \right) \tag{5.61}$$

杆中的非零应变 $S_{11}^{(0,0)}$ 和非零电场 $E_1^{(0,0)}$ 分别为

$$S_{11}^{(0,0)} = u_{1,1}^{(0,0)} \tag{5.62}$$

$$E_1^{(0,0)} = -\varphi_{,1}^{(0,0)} \tag{5.63}$$

5.3.1 恒磁场作用

在恒磁场 $H_k = H_k^{(0,0)}$ 作用下，结构发生伸缩变形，通过删去式 (5.58) 右边的惯性项，即可得到静力平衡方程为

$$T_{11,1}^{(0,0)} = 0 \tag{5.64}$$

由此可知，在恒磁场作用下，结构内的轴向合力 $T_{11}^{(0,0)}$ 为恒定值。对于电学开路条件，电位移 $D_1^{(0,0)}$ 在两端 ($x_1 = \pm l$) 为零，由式 (5.59) 可知杆内的电位移 $D_1^{(0,0)}$ 为零，即

$$D_1^{(0,0)} = A_s \left(\tilde{e}_{11} S_1^{(0,0)} + \tilde{\varepsilon}_{11} E_1^{(0,0)} + \tilde{\alpha}_{1k} H_k^{(0,0)} \right) = 0 \tag{5.65}$$

对于两端的力学边界条件，分两端自由和两端固定两种情况分别进行考虑。

1. 两端自由

由式 (5.64) 和两端的力学自由边界条件可知，结构内的合力 $T_{11}^{(0,0)}$ 处处为零，即

$$T_1^{(0,0)} = A_s \left(\tilde{c}_{11} S_1^{(0,0)} - \tilde{e}_{11} E_1^{(0,0)} - \tilde{h}_{k1} H_k^{(0,0)} \right) = 0 \tag{5.66}$$

联立式 (5.65) 和式 (5.66)，消去应变分量 $S_1^{(0,0)}$ 可得

$$\left(\frac{\tilde{e}_{11} \tilde{e}_{11}}{\tilde{c}_{11}} + \tilde{\varepsilon}_{11} \right) E_1^{(0,0)} + \left(\frac{\tilde{e}_{11} \tilde{h}_{k1}}{\tilde{c}_{11}} + \tilde{\alpha}_{1k} \right) H_k^{(0,0)} = 0 \tag{5.67}$$

式 (5.67) 给出了磁场 $H_k^{(0,0)}$ 和电场 $E_1^{(0,0)}$ 之间的关系，分别把外加横向磁场 $H_3 = H_3^{(0,0)}$ 和纵向磁场 $H_1 = H_1^{(0,0)}$ 代入式 (5.67)，整理可得

$$E_1^{(0,0)} = -\frac{\tilde{e}_{11} \tilde{h}_{k1} + \tilde{c}_{11} \tilde{\alpha}_{1k}}{\tilde{e}_{11} \tilde{e}_{11} + \tilde{c}_{11} \tilde{\varepsilon}_{11}} H_k^{(0,0)} \tag{5.68}$$

由式 (2.207) 和式 (2.210) 可得 $\tilde{e}_{11} \tilde{h}_{k1} + \tilde{c}_{11} \tilde{\alpha}_{1k} = 0$、$\tilde{e}_{11} \tilde{e}_{11} + \tilde{c}_{11} \tilde{\varepsilon}_{11} = \varepsilon_{11}/s_{11}$。所以，式 (5.68) 表示的电场 $E_1^{(0,0)}$ 为零，有

$$\alpha' = 0 \tag{5.69}$$

由此可知，当两端自由时，即使有外加磁场作用，结构也不会产生磁电效应，其主要原因是在这种情况下结构只发生了刚体位移而没有应变。因此，也不能通过应变耦合产生磁电效应。

2. 两端固定

当结构两端固定时，其位移为零，由此推断结构内部的应变 $S_1^{(0,0)}$ 也为零。把 $S_1^{(0,0)} = 0$ 代入式 (5.65)，可得

$$\tilde{\varepsilon}_{11} E_1^{(0,0)} + \tilde{\alpha}_{1k} H_k^{(0,0)} = 0 \tag{5.70}$$

由式 (5.70) 可得到结构内的磁电效应为

$$\alpha' = \frac{E_1^{(0,0)}}{H_k^{(0,0)}} = -\frac{\tilde{\alpha}_{1k}}{\tilde{\varepsilon}_{11}} \tag{5.71}$$

由式(5.71)可知，当外加磁场为横向磁场 $H_3 = H_3^{(0,0)}$ (L-T 模式)时，结构的磁电效应为 $\alpha' = -\tilde{\alpha}_{13}/\tilde{\varepsilon}_{11}$；当外加磁场为纵向磁场 $H_1 = H_1^{(0,0)}$ (L-L 模式)时，结构的磁电效应为 $\alpha' = -\tilde{\alpha}_{11}/\tilde{\varepsilon}_{11}$。至此可知，在恒磁场作用下，两端固定的多铁性纤维/杆状结构有磁电效应，而两端自由时没有磁电效应。

下面以两端固定的多铁性纤维/杆状结构为例，利用式(5.71)计算其在恒磁场作用下的磁电效应，其材料常数由简单体分比法等效计算。设结构内压电相体积比为 v，其等效材料常数 p 可通过表达式 $p = vp_E + (1-v)p_M$ 来计算，其中，p_E 和 p_M 分别表示压电相和压磁相对应于 p 的材料常数。计算中所需的材料常数为，PZT-4：柔顺常数 $s_{11} = 155.04 \times 10^{-13}\,\mathrm{m}^2/\mathrm{N}$、压电常数 $d_{11} = 28.88 \times 10^{-11}\mathrm{C/N}$ 和介电常数 $\varepsilon_{11} = 16.78 \times 10^{-9}\mathrm{C}^2/(\mathrm{N} \cdot \mathrm{m}^2)$，$CoFe_2O_4$：柔顺常数 $s_{11} = 7.0 \times 10^{-12}\,\mathrm{m}^2/\mathrm{N}$、压磁常数 $q_{11} = 18.8 \times 10^{-10}\,\mathrm{m/A}$ 和介电常数 $\varepsilon_{11} = 0.093 \times 10^{-9}\mathrm{C}^2/(\mathrm{N} \cdot \mathrm{m}^2)$。图 5.6 是 L-T

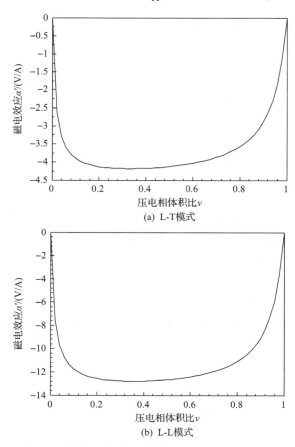

(a) L-T模式

(b) L-L模式

图 5.6　多铁性纤维/杆状结构磁电效应 α' (恒磁场)

模式和 L-L 模式纤维/杆状结构的磁电效应 α' 随压电相体积比 v 的变化曲线。由图 5.6 可知，在恒磁场作用下，当压电相体积比 v 为 0.18～0.7 时，多铁性纤维/杆状结构的磁电效应 α' 较大；L-L 模式纤维/杆状结构的磁电效应较大，是 L-T 模式的 3 倍左右。

另外，与前面的多铁性层合板结构和多铁性薄膜-弹性基底结构相比可知，多铁性纤维/杆状结构的磁电效应可达到它们的 15～20 倍。这表明，多铁性纤维/杆状结构具有比多铁性层合板结构和多铁性薄膜-弹性基底结构更大的磁电效应。

5.3.2　简谐磁场作用

本节考虑简谐磁场 $H_k^{(0,0)} = H_k \mathrm{e}^{\mathrm{i}\omega t}$（ $k=1$ 和 3 ）作用下的情况，相应的由位移和电势表示的运动平衡方程和电学高斯方程可由式 (5.58)～式 (5.63) 导出，可得

$$A_s \left(\tilde{c}_{11} u_{1,11}^{(0,0)} + \tilde{e}_{11} \varphi_{,11}^{(0,0)} \right) + A_s \omega^2 \rho u_1^{(0,0)} = 0 \tag{5.72}$$

$$A_s \left(\tilde{e}_{11} u_{1,11}^{(0,0)} - \tilde{\varepsilon}_{11} \varphi_{,11}^{(0,0)} \right) = 0 \tag{5.73}$$

对于电学开路条件，有

$$D_1^{(0,0)}(x_1 = \pm l) = A_s \left(\tilde{e}_{11} u_{1,1}^{(0,0)} - \tilde{\varepsilon}_{11} \varphi_{,1}^{(0,0)} + \tilde{\alpha}_{1k} H_k \right) = 0 \tag{5.74}$$

对式 (5.73) 两边进行积分，可得到由位移表示的电势，即

$$\varphi^{(0,0)} = \frac{\tilde{e}_{11}}{\tilde{\varepsilon}_{11}} u_1^{(0,0)} + C_1 x_1 + C_2 \tag{5.75}$$

其中， C_1 和 C_2 为待定常数。

把式 (5.75) 代入运动平衡方程 (5.72)，可得

$$\hat{c}_{11} u_{1,11}^{(0,0)} + \omega^2 \rho u_1^{(0,0)} = 0 \tag{5.76}$$

其中， $\hat{c}_{11} = \tilde{c}_{11} + \tilde{e}_{11}^2 / \tilde{\varepsilon}_{11}$。

式 (5.76) 的通解为

$$u_1^{(0,0)} = C_3 \cos(kx_1) + C_4 \sin(kx_1) \tag{5.77}$$

其中， C_3 和 C_4 为待定常数，且

$$k^2 = \frac{\omega^2 \rho}{\hat{c}_{11}} \tag{5.78}$$

把式(5.77)代入式(5.75)，可得

$$\varphi^{(0,0)} = \frac{\tilde{e}_{11}}{\tilde{\varepsilon}_{11}}\left(C_3 \cos(kx_1) + C_4 \sin(kx_1)\right) + C_1 x_1 + C_2 \tag{5.79}$$

对于伸缩变形模式，位移 $u_1^{(0,0)}$ 和电势 $\varphi^{(0,0)}$ 是关于 x_1 的奇函数。从位移 $u_1^{(0,0)}$ 和电势 $\varphi^{(0,0)}$ 的表达式可以推断：$C_2 = C_3 = 0$。此时，式(5.77)和式(5.79)变为

$$u_1^{(0,0)} = C_4 \sin(kx_1) \tag{5.80}$$

$$\varphi^{(0,0)} = C_4 \frac{\tilde{e}_{11}}{\tilde{\varepsilon}_{11}} \sin(kx_1) + C_1 x_1 \tag{5.81}$$

接下来，分别考虑两端自由和两端固定的两种力学边界条件。

1. 两端自由

对于两端的力学自由边界条件，有

$$T_1^{(0,0)}(x_1 = \pm l) = A_s\left(\tilde{c}_{11} u_{1,1}^{(0,0)} + \tilde{e}_{11}\varphi_{,1}^{(0,0)} - \tilde{h}_{k1}H_k\right) = 0 \tag{5.82}$$

把式(5.80)式(5.81)代入式(5.74)和式(5.82)，可得

$$\tilde{e}_{11}C_1 + C_4\hat{c}_{11}k\cos(kl) - \tilde{h}_{k1}H_k = 0 \tag{5.83}$$

$$\tilde{\alpha}_{11}H_k - \tilde{\varepsilon}_{11}C_1 = 0 \tag{5.84}$$

联立式(5.83)和式(5.84)，可得

$$C_1 = \frac{\tilde{\alpha}_{11}}{\tilde{\varepsilon}_{11}}H_k \tag{5.85}$$

$$C_4 = \frac{\tilde{\varepsilon}_{11}\tilde{h}_{k1} - \tilde{e}_{11}\tilde{\alpha}_{11}}{\hat{c}_{11}\tilde{\varepsilon}_{11}k\cos(kl)}H_k \tag{5.86}$$

由梯度关系式(5.63)和电势表达式(5.79)，可得

$$E_1^{(0,0)} = -\left(\frac{\tilde{e}_{11}}{\tilde{\varepsilon}_{11}}\frac{\tilde{\varepsilon}_{11}\tilde{h}_{k1} - \tilde{e}_{11}\tilde{\alpha}_{11}}{\hat{c}_{11}\tilde{\varepsilon}_{11}}\frac{\cos(kx_1)}{\cos(kl)} + \frac{\tilde{\alpha}_{11}}{\tilde{\varepsilon}_{11}}\right)H_k \tag{5.87}$$

式(5.87)显示结构内的电场是坐标 x_1 的函数。当 $\cos(kl) = 0$ 时，结构处于共振状态，此时电场达到极大值。用结构内的平均电场 $\bar{E}_1$ 来度量其磁电效应，平均电场的计算式为

$$\overline{E}_1 = \frac{1}{2l} \int_{-l}^{l} E_1^{(0,0)} \mathrm{d}x_1 \tag{5.88}$$

利用式(5.87)，可得

$$\overline{E}_1 = -\left(\frac{\tilde{e}_{11}}{kl\tilde{\varepsilon}_{11}} \frac{\tilde{\varepsilon}_{11}\tilde{h}_{k1} - \tilde{e}_{11}\tilde{\alpha}_{11}}{\hat{c}_{11}\tilde{\varepsilon}_{11}} \tan(kl) + \frac{\tilde{\alpha}_{11}}{\tilde{\varepsilon}_{11}} \right) H_k \tag{5.89}$$

当外加磁场为横向磁场 $H_3 \mathrm{e}^{\mathrm{i}\omega t}$ 时，其磁电效应为

$$\alpha' = \frac{\overline{E}_1}{H_3} = -\left(\frac{\tilde{e}_{11}}{kl\tilde{\varepsilon}_{11}} \frac{\tilde{\varepsilon}_{11}\tilde{h}_{31} - \tilde{e}_{11}\tilde{\alpha}_{11}}{\hat{c}_{11}\tilde{\varepsilon}_{11}} \tan(kl) + \frac{\tilde{\alpha}_{11}}{\tilde{\varepsilon}_{11}} \right) \tag{5.90}$$

当外加磁场为纵向磁场 $H_1 \mathrm{e}^{\mathrm{i}\omega t}$ 时，其磁电效应为

$$\alpha' = \frac{\overline{E}_1}{H_1} = -\left(\frac{\tilde{e}_{11}}{kl\tilde{\varepsilon}_{11}} \frac{\tilde{\varepsilon}_{11}\tilde{h}_{11} - \tilde{e}_{11}\tilde{\alpha}_{11}}{\hat{c}_{11}\tilde{\varepsilon}_{11}} \tan(kl) + \frac{\tilde{\alpha}_{11}}{\tilde{\varepsilon}_{11}} \right) \tag{5.91}$$

2. 两端固定

当结构两端固定时，其位移 $u_1^{(0,0)}$ 在两端为零，即

$$u_1^{(0,0)}(x_1 = \pm l) = 0 \tag{5.92}$$

把式(5.80)和式(5.81)代入式(5.74)和式(5.92)，可得

$$C_1 = \frac{\tilde{\alpha}_{11}}{\tilde{\varepsilon}_{11}} H_k \tag{5.93}$$

$$C_4 = 0 \tag{5.94}$$

把 C_1 和 C_4 代入电势和位移表达式(5.80)和式(5.81)，有

$$u_1^{(0,0)} = 0 \tag{5.95}$$

$$\varphi^{(0,0)} = \frac{\tilde{\alpha}_{11}}{\tilde{\varepsilon}_{11}} H_k x_1 \tag{5.96}$$

由式(5.96)可得

$$E_1^{(0,0)} = -\frac{\tilde{\alpha}_{11}}{\tilde{\varepsilon}_{11}} H_k \tag{5.97}$$

所以，结构内的磁电效应为

$$\alpha' = -\frac{\tilde{\alpha}_{11}}{\tilde{\varepsilon}_{11}} \tag{5.98}$$

比较式(5.71)和式(5.98)可以发现，当两端固定时，恒磁场和简谐磁场作用下结构磁电效应的表达式相同。这说明，在简谐磁场作用下，两端固定的多铁性纤维/杆状结构也没有磁电效应，与恒磁场作用效果一样，结构内没有应变被激发出来。

以两端的力学自由边界条件为例，由式(5.91)计算多铁性纤维/杆状结构在简谐磁场作用下的磁电效应。与前面一样，引入复弹性常数考虑结构的阻尼效应。取杆长为 $2l = 20\text{cm}$，分别计算压电相体积比为 0.4、0.6、0.8 和 0.9 时纤维/杆状结构的磁电效应，并绘制结构磁电效应随磁场激励频率变化的曲线。图 5.7(a)是 L-T 模式纤维/杆状结构的磁电效应，图 5.7(b)是 L-L 模式纤维/杆状结构的磁电效

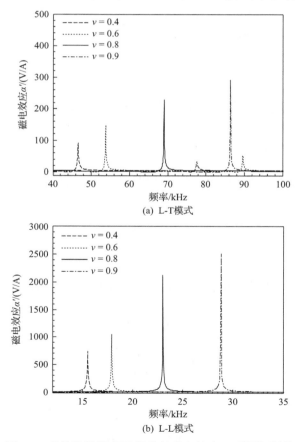

图 5.7　多铁性纤维/杆状结构的磁电效应 α'（简谐磁场）

应。由图可知，多铁性纤维/杆状结构在固有频率附近的磁电效应 α 非常大，几乎是多铁性层合板结构和多铁性薄膜-弹性基底结构的 $10\sim30$ 倍。

5.4　本 章 小 结

本章采用简化结构理论,研究了多铁性薄膜-弹性基底和多铁性纤维/杆状结构在磁场作用下的磁电效应，并导出相应的解析解。这里，把多铁性薄膜处理成薄膜应力模型，采用的是零阶的二维简化结构理论；弹性基底采用的是一阶的二维简化结构理论。多铁性纤维/杆状结构的分析采用的是零阶的一维简化结构理论。研究发现，多铁性薄膜-弹性基底的磁电效应和层合板结构的磁电效应相当，这主要是由弹性基底的约束抑制了薄膜变形造成的；而多铁性纤维/杆状结构的磁电效应要比层合结构的大一个量级左右。

参 考 文 献

[1] Yan L, Wang Z G, Xing Z P, et al. Magnetoelectric and multiferroic properties of variously oriented epitaxial BiFeO$_3$-CoFe$_2$O$_4$ nanostructured thin films[J]. Journal of Applied Physics, 2010, 107(6): 064106.

[2] Mardana A, Bai M J, Baruth A, et al. Magnetoelectric effects in ferromagnetic cobalt/ferroelectric copolymer multilayer films[J]. Applied Physics Letters, 2010, 97(11): 112904.

[3] Xie S H, Li J Y, Proksch R, et al. Nanocrystalline multiferroic BiFeO$_3$ ultrafine fibers by sol-gel based electrospinning[J]. Applied Physics Letters, 2008, 93(22): 222904.

[4] Xie S H, Li J Y, Liu Y Y, et al. Electrospinning and multiferroic properties of NiFe$_2$O$_4$-Pb(Zr$_{0.52}$Ti$_{0.48}$)O$_3$ composite nanofibers[J]. Journal of Applied Physics, 2008, 104(2): 024115.

[5] Xie S H, Li J Y, Qiao Y, et al. Multiferroic CoFe$_2$O$_4$-Pb(Zr$_{0.52}$Ti$_{0.48}$)O$_3$ nanofibers by electrospinning[J]. Applied Physics Letters, 2008, 92(6): 062901.

[6] Ma Y G, Cheng W N, Ning M, et al. Magnetoelectric effect in epitaxial Pb(Zr$_{0.52}$Ti$_{0.48}$)O$_3$/La$_{0.7}$Sr$_{0.3}$MnO$_3$ composite thin film[J]. Applied Physics Letters, 2007, 90(15): 152911-152913.

[7] Zhang J X, Li Y L, Schlom D G, et al. Phase-field model for epitaxial ferroelectric and magnetic nanocomposite thin films[J]. Applied Physics Letters, 2007, 90(5): 52903-52909.

[8] Lu X Y, Wang B, Zheng Y, et al. Coupling interaction in 1-3-type multiferroic composite thin films[J]. Applied Physics Letters, 2007, 90(13): 133123-133124.

[9] Nan C W, Liu G, Lin Y H, et al. Magnetic-field-induced electric polarization in multiferroic nanostructures[J]. Physical Review Letters, 2005, 94(19): 197203.

[10] Pertsev N A, Kohlstedt H, Dkhil B. Strong enhancement of the direct magnetoelectric effect in strained ferroelectric-ferromagnetic thin-film heterostructures[J]. Physical Review B, 2009, 80(5): 054102.

[11] Spaldin N A, Ramesh R. Advances in magnetoelectric multiferroics[J]. Nature Materials, 2019, 18(3): 203-212.

[12] Hohenberger S, Lazenka V, Selle S, et al. Magnetoelectric coupling in epitaxial multiferroic $BiFeO_3$-$BaTiO_3$ composite thin films[J]. Physica Status Solidi B: Basic Solid State Physics, 2020, 257(7): 1900613.

[13] Fujii S, Usami T, Shiratsuchi Y, et al. Giant converse magnetoelectric effect in a multiferroic heterostructure with polycrystalline Co_2FeSi[J]. NPG Asia Materials, 2022, 14(1): 43.

[14] Liu Y, Sreenivasulu G, Zhou P, et al. Converse magneto-electric effects in a core-shell multiferroic nanofiber by electric field tuning of ferromagnetic resonance[J]. Scientific Reports, 2020, 10: 20170.

[15] Zheng H, Wang J, Lofland S E, et al. Multiferroic $BaTiO_3$-$CoFe_2O_4$ nanostructures[J]. Science, 2004, 303(5658): 661-663.

[16] Wan J G, Wang X W, Wu Y J, et al. Magnetoelectric $CoFe_2O_4$-$Pb(Zr,Ti)O_3$ composite thin films derived by a sol-gel process[J]. Applied Physics Letters, 2005, 86(12): 122501-122503.

[17] Zhou J P, He H C, Shi Z, et al. Magnetoelectric $CoFe_2O_4$/$Pb(Zr_{0.52}Ti_{0.48})O_3$ double-layer thin film prepared by pulsed-laser deposition[J]. Applied Physics Letters, 2006, 88(1): 13111-13113.

[18] Liu G, Nan C W, Sun J. Coupling interaction in nanostructured piezoelectric/magnetostrictive multiferroic complex films[J]. Acta Materialia, 2006, 54(4): 917-925.

[19] Petrov V M, Srinivasan G, Bichurin M I, et al. Theory of magnetoelectric effects in ferrite piezoelectric nanocomposites[J]. Physical Review B, 2007, 75(22): 224407.

[20] Petrov V M, Zhang J, Qu H, et al. Theory of magnetoelectric effects in multiferroic core-shell nanofibers of hexagonal ferrites and ferroelectrics[J]. Journal of Physics D: Applied Physics, 2018, 51(28): 284004.

[21] Mindlin R D. An Introduction to the Mathematical Theory of Vibrations of Elastic Plates[M]. Singapore: World Scientific, 1956.

第6章 多铁性磁场俘能器建模与分析

6.1 引　　言

传感与驱动元件是支撑未来万物相联的物联网(internet of things)和智能机器人(intelligent robots)时代的关键基础之一，而它们需要有定期或持续的能量供给才能正常工作。为此，学者正着力研发把特定形式的能量——风能、潮汐能、海浪能，以及以振动或运动形式存在的机械能、热能、光能、电磁能、太阳能、化学能和生物能等转化成电能的俘能器。早在1996年，Williams和Yates[1]就提出了基于广义弹簧-质量-阻尼系统把寄生在运动中的机械能转化成电能的想法；之后，学者利用压电效应把运动或振动能量转化成电能。Shenck和Paradiso[2]设计了一款利用压电效应把行走中携带的机械能转化成电能的俘能鞋；Roundy等[3]提出了利用压电悬臂梁把环境中的微振动转化成电能，为无线传感网络供电；Jiang等[4]理论研究了压电双晶片弯曲模式的俘能器结构；Mitcheson等[5]实现了在非共振点有较大能量输出的压电俘能器结构；Challa等[6]提出了一个基于磁场力的频率可调俘能器；Sari等[7]给出了一个能够在较宽频率范围内俘获振动能量的俘能器结构；Xue等[8]把不同尺寸的压电双晶片连接起来组成一个俘能器系统，并研究了该系统的工作性能；Marinkovic和Koser[9]给出了一个振动俘能器平台模型，它由中间大质量块和四根细梁构成，利用梁的非线性伸缩的偏共振模式大大提高了俘能器的有效工作频率范围；Wang和Yuan[10]利用磁致伸缩材料设计了几种振动能量俘能器模型。此外，近年来基于钙钛矿材料[11]和摩擦起电机制[12]的发电技术也已成为学者的研究热点，这里不做介绍。

本章在前面分析的基础上，利用多铁性结构的磁电效应构造能够把磁场能量转化为电能的三种典型俘能器结构，分别是伸缩式俘能器、弯曲式俘能器和宽频式俘能器。由于磁场具有良好的穿透性，通常也不会对其他设备造成不良影响，所以多铁性磁场俘能器非常适合为安装在"永久封闭结构"内的设备供电或充电。

6.2 伸缩式俘能器

首先，构建如图6.1所示的伸缩式俘能器结构，它是利用伸缩变形模式俘获磁场能量的。其结构长度为$2l$，上下两层是沿x_3方向极化、厚度均为$h-h'$的压磁材料（如 $CoFe_2O_4$ 和 Terfenol-D 等），中间层是沿 x_1 方向极化、厚度为 $2h'$ 的压电材料（如 $BaTiO_3$ 和 PZT-4 等），电极贴在压电层两端（$x_1 = \pm l$ 处），忽略电极的质量和刚度影响。在环境中的外磁场（如 $H_3 = He^{i\omega t}$，沿 x_3 方向）作用下，结构内发生周期性的伸缩变形，通过磁电耦合机制在压电层两端产生极化电荷，经由电极与负载电路把磁场能量转化成电能，进而可直接对设备供电或者存储起来。假设电路中的负载为 Z、结构两端为力学自由边界条件，为分析方便，考虑广义平面应变问题，此时所有物理量均与 x_2 无关。记板中面的位移为 $u_1(x_1,t)$、电势为 $\varphi(x_1,t)$、轴力为 $N(x_1,t)$ 和电位移为 $D(x_1,t)$，它们分别对应于第 2 章简化结构理论中的 $u_1^{(0)}$、$\varphi^{(0)}$、$T_{11}^{(0)}$ 和 $D_1^{(0)}$。

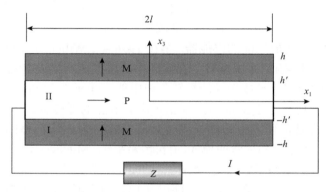

图 6.1　伸缩式俘能器结构示意图

根据第 2 章建立的简化结构理论，可写出如图 6.1 所示的伸缩式俘能器结构的运动平衡方程，即

$$N_{,1} = -\omega^2 \rho^{(0)} u_1 \tag{6.1}$$

电学高斯方程为

$$D_{,1} = 0 \tag{6.2}$$

轴力和电位移的本构关系为

$$N = c_{11}^{(0)} u_{1,1} + e_{11}^{(0)} \varphi_{,1} - h_{31}^{(0)} H \tag{6.3}$$

$$D = e_{11}^{(0)} u_{1,1} - \varepsilon_{11}^{(0)} \varphi_{,1} \tag{6.4}$$

其中

$$\rho^{(0)} = 2\rho^{\mathrm{I}}(h - h') + 2\rho^{\mathrm{II}} h' \tag{6.5}$$

$$c_{11}^{(0)} = 2(h - h')\overline{c}_{11}^{\mathrm{I}} + 2h'\overline{c}_{11}^{\mathrm{II}} \tag{6.6}$$

$$e_{11}^{(0)} = 2h'\overline{e}_{11}^{\mathrm{II}}, \quad \varepsilon_{11}^{(0)} = 2h'\overline{\varepsilon}_{11}^{\mathrm{II}}, \quad h_{31}^{(0)} = 2(h - h')\overline{h}_{31}^{\mathrm{I}} \tag{6.7}$$

$$\overline{c}_{11}^{\mathrm{I}} = c_{11}^{\mathrm{I}} - \frac{c_{13}^{\mathrm{I}}c_{13}^{\mathrm{I}}}{c_{33}^{\mathrm{I}}}, \quad \overline{c}_{11}^{\mathrm{II}} = c_{33}^{\mathrm{II}} - \frac{c_{13}^{\mathrm{II}}c_{13}^{\mathrm{II}}}{c_{11}^{\mathrm{II}}}$$

$$\overline{h}_{31}^{\mathrm{I}} = h_{31}^{\mathrm{I}} - \frac{h_{33}^{\mathrm{I}}c_{31}^{\mathrm{I}}}{c_{33}^{\mathrm{I}}}, \quad \overline{e}_{11}^{\mathrm{II}} = e_{33}^{\mathrm{II}} - \frac{e_{31}^{\mathrm{II}}c_{13}^{\mathrm{II}}}{c_{11}^{\mathrm{II}}}, \quad \overline{\varepsilon}_{11}^{\mathrm{II}} = \varepsilon_{33}^{\mathrm{II}} + \frac{e_{31}^{\mathrm{II}}e_{31}^{\mathrm{II}}}{c_{11}^{\mathrm{II}}} \tag{6.8}$$

压电层右侧单位宽度的电极上的电荷量 Q_e 为

$$Q_e(x_1 = l) = -D(x_1 = l) = -e_{11}^{(0)}u_{1,1} + \varepsilon_{11}^{(0)}\varphi_{,1} \tag{6.9}$$

由此，可得从右侧电极上流出的电流 I 为

$$I = -\dot{Q}_e = \mathrm{i}\omega\left(e_{11}^{(0)}u_{1,1}(l) - \varepsilon_{11}^{(0)}\varphi_{,1}(l)\right) \tag{6.10}$$

根据欧姆定律，有

$$I = \frac{\varphi(l) - \varphi(-l)}{Z} \tag{6.11}$$

把式 (6.3) 和式 (6.4) 表示的本构关系代入式 (6.1) 和式 (6.2) 表示的控制方程，可得

$$c_{11}^{(0)}u_{1,11} + e_{11}^{(0)}\varphi_{,11} = -\omega^2\rho^{(0)}u_1 \tag{6.12}$$

$$e_{11}^{(0)}u_{1,11} - \varepsilon_{11}^{(0)}\varphi_{,11} = 0 \tag{6.13}$$

由式 (6.13) 可得

$$\varphi = \frac{e_{11}^{(0)}}{\varepsilon_{11}^{(0)}}u_1 + C_1 x_1 \tag{6.14}$$

把式 (6.14) 代入式 (6.12)，可得

$$\hat{c}_{11}^{(0)}u_{1,11} + \omega^2\rho^{(0)}u_1 = 0 \tag{6.15}$$

其中，$\hat{c}_{11}^{(0)} = c_{11}^{(0)} + e_{11}^{(0)}e_{11}^{(0)} / \varepsilon_{11}^{(0)}$。

式 (6.15) 的通解为

$$u_1 = C_2 \sin(kx_1) + C_3 \cos(kx_1) \tag{6.16}$$

其中，C_2 和 C_3 为待定系数；$k^2 = \omega^2 \rho^{(0)} / \hat{c}_{11}^{(0)}$。

结构两端的力学自由边界条件为

$$N(x_1 = \pm l) = c_{11}^{(0)} u_{1,1} + e_{11}^{(0)} \varphi_{,1} - h_{31}^{(0)} H = 0 \tag{6.17}$$

由式(6.16)和式(6.17)可推断，位移 u_1 是关于 x_1 的奇函数。所以，式(6.16)中的 C_3 必为零，由此可得

$$u_1 = C_2 \sin(kx_1) \tag{6.18}$$

把式(6.18)代入式(6.14)，再代入式(6.10)、式(6.11)和式(6.17)，可得

$$I = i\omega \varepsilon_{11}^{(0)} C_1 \tag{6.19}$$

$$I = \frac{2e_{11}^{(0)} C_2 \sin(kl) + 2l\varepsilon_{11}^{(0)} C_1}{\varepsilon_{11}^{(0)} Z} \tag{6.20}$$

$$\hat{c}_{11}^{(0)} k \cos(kl) C_2 + e_{11}^{(0)} C_1 - h_{31}^{(0)} H = 0 \tag{6.21}$$

由上述三个方程可以求出待定常数 C_1 和 C_2 以及电流 I，分别是

$$C_1 = \frac{2e_{11}^{(0)} h_{31}^{(0)}}{2e_{11}^{(0)} e_{11}^{(0)} - \cot(kl)\hat{c}_{11}^{(0)} \varepsilon_{11}^{(0)} k \left(2l + i\omega \varepsilon_{11}^{(0)} Z\right)} H \tag{6.22}$$

$$C_2 = \frac{\varepsilon_{11}^{(0)} h_{31}^{(0)}}{\cos(kl)\hat{c}_{11}^{(0)} \varepsilon_{11}^{(0)} k - 2e_{11}^{(0)} e_{11}^{(0)} \sin(kl) \left(2l + i\omega \varepsilon_{11}^{(0)} Z\right)^{-1}} H \tag{6.23}$$

$$I = \frac{2i\omega \varepsilon_{11}^{(0)} e_{11}^{(0)} h_{31}^{(0)}}{2e_{11}^{(0)} e_{11}^{(0)} - \cot(kl)\hat{c}_{11}^{(0)} \varepsilon_{11}^{(0)} k \left(2l + i\omega \varepsilon_{11}^{(0)} Z\right)} H \tag{6.24}$$

输出功率密度(或输出功率)和能量转化效率是衡量俘能器性能的两个主要指标。本章假设俘能器结构是单位宽度的，计算其在一个周期内的平均输出功率。俘能器的平均输出功率的计算公式为

$$P_e = \frac{1}{2} |I|^2 \text{Re}(Z) \tag{6.25}$$

其中，$|I|$ 为电流 I 的模；$\text{Re}(Z)$ 为 Z 的实部。

为计算俘能器的能量转化效率，还需要计算结构在磁场 $H_3 = He^{i\omega t}$ 作用下一个周期内的平均输入功率。压磁层中的磁感应强度 B_3 为

$$B_3 = \frac{h_{31}^{(0)} u_{1,1} + \mu_{33}^{(0)} H}{2(h - h')} \tag{6.26}$$

其中

$$\mu_{33}^{(0)} = 2(h - h')\left(\mu_{33}^{\mathrm{I}} + \frac{h_{33}^{\mathrm{I}} h_{33}^{\mathrm{I}}}{c_{33}^{\mathrm{I}}} \right) \tag{6.27}$$

磁场在一个周期内对俘能器的平均输入功率为

$$P_m = 2(h - h')\int_{-l}^{l} \mathrm{d}x_1 \times \frac{1}{T_\omega} \int_0^{T_\omega} \mathrm{Re}(He^{i\omega t})\,\mathrm{Re}(i\omega B_3 e^{i\omega t})\mathrm{d}t \tag{6.28}$$

其中，$T_\omega = 2\pi / \omega$。

俘能器的能量转化效率为

$$\eta = P_e / P_m \tag{6.29}$$

单位体积俘能器结构的输出功率，也可称为俘能器的输出功率密度，为

$$P = P_e / (4lh) \tag{6.30}$$

在实际应用中，俘能器的输出电压必须要达到某一阈值，才能对相关设备或装置进行供电或充电。因此，俘能器的输出电压也是体现其工作性能的重要指标之一。对于图 6.1 所示的俘能器，两端的输出电压为

$$V = \varphi(l) - \varphi(-l) \tag{6.31}$$

把电压与外加磁场的比值 α_V 作为度量俘能器输出电压的能力，即

$$\alpha_V = V / H \tag{6.32}$$

类似前面磁电效应的定义，称 α_V 为俘能器的磁电效应。

作为算例，取俘能器结构的长为 $2l = 9.2\ \mathrm{mm}$，总厚度为 $2h = 0.7\ \mathrm{mm}$，压磁层是厚度为 $0.28\mathrm{mm}$ 的 $CoFe_2O_4$，压电层是厚度为 $0.42\mathrm{mm}$ 的 PZT-4。对于结构的阻尼效应，通过在计算中引入复弹性常数来考虑。引入单位阻抗 $Z_0 = 1 / (i\omega C_0)$，其中 $C_0 = h'\varepsilon_{33} / l$ 为系统的静态电容。由此，系统中的负载阻抗可表示为 $Z = (x + iy)Z_0$，x 和 y 为实数。取电路负载阻抗 Z 为 $2iZ_0$、$(1 + 3i)Z_0$、$(3 + i)Z_0$、$(1 + i)Z_0$

和$(1+10i)Z_0$，计算在不同频率环境的磁场作用下，俘能器的输出功率密度、磁电效应和能量转化效率，并分别画出它们在结构第一阶固有频率附近区域内的曲线。

图 6.2 是伸缩式俘能器的输出功率密度 P 随磁场激励频率变化曲线，图 6.3 是伸缩式俘能器的磁电效应 α_V（或者单位磁场强度作用下，俘能器的输出电压能力）随磁场激励频率变化曲线，图 6.4 是伸缩式俘能器的能量转化效率 η 随磁场激励频率变化曲线。由图 6.2、图 6.3 和图 6.4 可知，当磁场激励频率在结构第一阶固有频率附近区域时，俘能器的输出功率密度、磁电效应和能量转化效率最大。当俘能器的系统负载 Z 分别为 $2iZ_0$、$(1+3i)Z_0$、$(3+i)Z_0$、$(1+i)Z_0$ 和 $(1+10i)Z_0$ 时，与其对应的最大输出功率密度分别是 $0.388W/m^3$、$0.523W/m^3$、$0.646W/m^3$、$0.557W/m^3$ 和 $0.667W/m^3$。图 6.4 表明，对于给定的俘能器结构，不同的电路负载对结构的输出功率密度、输出电压能力和能量转化效率都有影响。

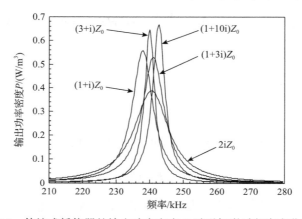

图 6.2　伸缩式俘能器的输出功率密度 P 随磁场激励频率变化曲线

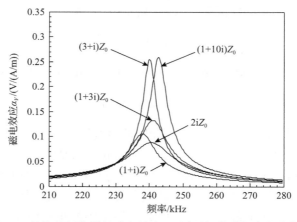

图 6.3　伸缩式俘能器的磁电效应 α_V 随磁场激励频率变化曲线

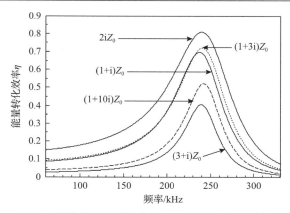

图 6.4 伸缩式俘能器的能量转化效率 η 随磁场激励频率变化曲线

对应负载 Z 为 $2iZ_0$、$(1+3i)Z_0$、$(3+i)Z_0$、$(1+i)Z_0$ 和 $(1+10i)Z_0$ 时，结构的磁电效应峰值分别是 $0.088\mathrm{V}/(\mathrm{A/m})$、$0.133\mathrm{V}/(\mathrm{A/m})$、$0.255\mathrm{V}/(\mathrm{A/m})$、$0.107\mathrm{V}/(\mathrm{A/m})$ 和 $0.259\mathrm{V}/(\mathrm{A/m})$。由图 6.4 还可以看出，当磁场激励频率在 $245\sim255\mathrm{kHz}$ 区域附近时，俘能器的能量转化效率可达到 80%。虽然电路负载对俘能器的输出功率密度、磁电效应和能量转化效率都有影响，但是影响程度并不相同，譬如，对应于能量转化效率最大的负载 Z 为 $2iZ_0$，而对应于磁电效应最大的负载 Z 为 $(1+10i)Z_0$。因此，在实际应用中，可根据不同的功能需求，选取俘能器结构的最优负载阻抗匹配值，也即阻抗匹配问题。

取给定的磁场激励频率为 $232\mathrm{kHz}$、$235\mathrm{kHz}$ 和 $238\mathrm{kHz}$，计算俘能器在不同负载阻抗下的输出功率密度 P、磁电效应 α_V 和能量转化效率 η。图 6.5 是伸缩式俘能器的输出功率密度 P 随负载阻抗变化曲线，它表明对于给定的磁场激励频率，有确定的系统最优负载阻抗；而当负载阻抗增大到某个阈值时，整个俘能器系统相当于开路状态，电路中没有电流通过，进而输出功率密度趋于零。图 6.6 是伸缩

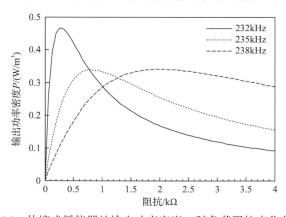

图 6.5 伸缩式俘能器的输出功率密度 P 随负载阻抗变化曲线

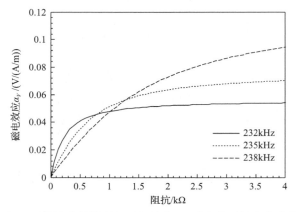

图 6.6　伸缩式俘能器的磁电效应 α_V 随负载阻抗变化曲线

式俘能器的磁电效应 α_V（或者单位磁场强度作用下的输出电压 V）随负载阻抗变化曲线，它表明当负载阻抗增大到某个阈值时，其磁电效应最大并趋于恒定值。图 6.7 是伸缩式俘能器的能量转化效率 η 随负载阻抗变化曲线，它表明当负载阻抗 Z 为 0.7～0.9kΩ时，俘能器的能量转化效率最大（0.84 左右）。

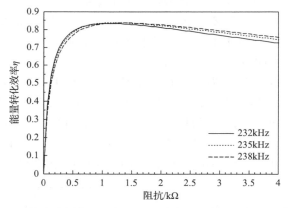

图 6.7　伸缩式俘能器的能量转化效率 η 随负载阻抗变化曲线

6.3　弯曲式俘能器

　　由第 3 章的分析可知，弯曲变形模式具有较低的固有频率且远低于伸缩模式的固有频率。在通常情况下，器件在工作中，其结构的高频振动会使系统产生涡电流损耗，通常以热能的形式耗散掉，从而导致器件的温度升高，甚至降低其工作性能。另外，一些环境磁场的频率也可能不是很高。鉴于这两种情况，本节构建如图 6.8 所示的具有反对称结构的低频俘能器，它是利用结构的弯曲变形模式俘获磁场能量的，称为弯曲式俘能器。结构上下两层由相同的压磁材料(CoFe₂O₄)构成，最上层沿 x_3 轴负方向极化，最下层沿 x_3 轴正方向极化；中间两层是相同的压电材料(PZT-4)，它们沿 x_1 轴方向极化且方向相反。压电层两端分别贴上电极，电路中的负载阻抗为 Z 。

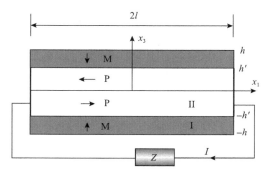

图 6.8　弯曲式俘能器结构示意图

图 6.8 所示弯曲式俘能器在沿 x_3 的环境磁场 $H_3 = He^{i\omega t}$ 作用下，会发生纯弯曲变形。设几何中面处的弯曲位移为 $u_3(x_1,t)$ ，电势分布为 $\varphi(x_1,t)$ ，弯矩为 M ，横向剪力为 Q ，电位移为 D 。这里的 u_3 、 M 、 Q 和 D 分别对应于第 2 章中的 $u_3^{(0)}$ 、 $T_{11}^{(1)}$ 、 $T_{31}^{(0)}$ 和 $D_1^{(0)}$ 。由第 2 章构建的简化结构理论，可写出其运动平衡方程为

$$Q_{,1} = \rho^{(0)}\ddot{u}_3 \tag{6.33}$$

其中

$$\rho^{(0)} = 2\rho^{\mathrm{I}}(h-h') + 2\rho^{\mathrm{II}}h' \tag{6.34}$$

结构中的剪力 Q 与弯矩 M 的关系为

$$Q = M_{,1} \tag{6.35}$$

电学高斯方程为

$$D_{,1} = 0 \tag{6.36}$$

结构内弯矩和电位移的本构关系为

$$M = -c_{11}^{(2)}u_{3,11} + 2\overline{e}_{11}^{(1)}\varphi_{,1} - 2\overline{h}_{31}^{(1)}H \tag{6.37}$$

$$D = 2\left(-\overline{e}_{11}^{(1)}u_{3,11} - \varepsilon_{11}^{(0)}\varphi_{,1}\right) \tag{6.38}$$

其中，等效材料常数为

$$c_{11}^{(2)} = \frac{2}{3}\left(h^3 - h'^3\right)\overline{c}_{11}^{\mathrm{I}} + \frac{2}{3}h'^3\overline{c}_{11}^{\mathrm{II}} \tag{6.39}$$

$$\overline{e}_{11}^{(1)} = -\frac{h'^2}{2}\overline{e}_{11}^{\mathrm{II}}, \quad \varepsilon_{11}^{(0)} = h'\overline{\varepsilon}_{11}^{\mathrm{II}}, \quad h_{31}^{(1)} = \frac{h'^2 - h^2}{2}\overline{h}_{31}^{\mathrm{I}} \tag{6.40}$$

$$\begin{gathered}
\overline{c}_{11}^{\mathrm{I}} = c_{11}^{\mathrm{I}} - \frac{c_{13}^{\mathrm{I}}c_{13}^{\mathrm{I}}}{c_{33}^{\mathrm{I}}}, \quad \overline{c}_{11}^{\mathrm{II}} = c_{33}^{\mathrm{II}} - \frac{c_{13}^{\mathrm{II}}c_{13}^{\mathrm{II}}}{c_{11}^{\mathrm{II}}} \\
\overline{h}_{31}^{\mathrm{I}} = h_{31}^{\mathrm{I}} - \frac{h_{33}^{\mathrm{I}}c_{31}^{\mathrm{I}}}{c_{13}^{\mathrm{I}}}, \quad \overline{e}_{11}^{\mathrm{II}} = e_{33}^{\mathrm{II}} - \frac{e_{31}^{\mathrm{II}}c_{13}^{\mathrm{II}}}{c_{11}^{\mathrm{II}}}, \quad \overline{\varepsilon}_{11}^{\mathrm{II}} = \varepsilon_{33}^{\mathrm{II}} + \frac{e_{31}^{\mathrm{II}}e_{31}^{\mathrm{II}}}{c_{11}^{\mathrm{II}}}
\end{gathered} \tag{6.41}$$

把式(6.35)表示的剪力-弯矩关系与式(6.37)和式(6.38)表示的弯矩和电位移的本构关系代入运动平衡方程(6.33)和电学高斯方程(6.36)，可得

$$-c_{11}^{(2)}u_{3,1111} + 2\overline{e}_{11}^{(1)}\varphi_{,111} = \rho^{(0)}\ddot{u}_3 \tag{6.42}$$

$$-\overline{e}_{11}^{(1)}u_{3,111} - \varepsilon_{11}^{(0)}\varphi_{,11} = 0 \tag{6.43}$$

由式(6.43)可得

$$\varphi = -\frac{\overline{e}_{11}^{(1)}}{\varepsilon_{11}^{(0)}}u_{3,1} + C_1 x_1 \tag{6.44}$$

其中，C_1 为待定常数。

再把式(6.44)代入式(6.42)，可得

$$\hat{c}_{11}^{(2)}u_{3,1111} - \omega^2\rho^{(0)}u_3 = 0 \tag{6.45}$$

其中

$$\hat{c}_{11}^{(2)} = c_{11}^{(2)} + \frac{2\overline{e}_{11}^{(1)}\overline{e}_{11}^{(1)}}{\varepsilon_{11}^{(0)}} \tag{6.46}$$

考虑结构两端为力学自由边界条件的情况，即 $M = Q = 0$，由式(6.35)和式(6.37)可得

$$M(x_1 = \pm l) = -c_{11}^{(2)}u_{3,11} + 2\overline{e}_{11}^{(1)}\varphi_{,1} - 2\overline{h}_{31}^{(1)}H = 0 \tag{6.47}$$

$$Q(x_1 = \pm l) = -c_{11}^{(2)}u_{3,111} + 2\overline{e}_{11}^{(1)}\varphi_{,11} = 0 \tag{6.48}$$

根据式 (6.47) 和式 (6.48)，可知式 (6.45) 的解是关于 $x_1 = 0$ 对称的，设其通解为

$$u_3 = C_2 \cos(kx_1) + C_3 \cosh(kx_1) \tag{6.49}$$

其中

$$k^4 = \frac{\omega^2 \rho^{(0)}}{\hat{c}_{11}^{(2)}} \tag{6.50}$$

由式 (6.44) 和式 (6.49)，可得

$$\varphi = \frac{\overline{e}_{11}^{(1)}}{\varepsilon_{11}^{(0)}} k \left(C_2 \sin(kx_1) - C_3 \sinh(kx_1) \right) + C_1 x_1 \tag{6.51}$$

把式 (6.49) 和式 (6.51) 代入式 (6.47) 和式 (6.48)，可得

$$k^2 \hat{c}_{11}^{(2)} \left(C_2 \cos(ka) - C_3 \cosh(ka) \right) + 2\overline{e}_{11}^{(1)} C_1 - 2\overline{h}_{31}^{(1)} = 0 \tag{6.52}$$

$$C_2 \sin(ka) + C_3 \sinh(ka) = 0 \tag{6.53}$$

式 (6.52) 和式 (6.53) 两个方程含三个未知常数，还需补充一个条件才能求解。俘能器结构右端 ($x_1 = l$) 单位宽度电极上的电荷为 $Q_e = -D$，即

$$Q_e(x_1 = l) = 2\left(\overline{e}_{11}^{(1)} u_{3,11} + \varepsilon_{11}^{(0)} \varphi_{,1} \right) \tag{6.54}$$

因此，从右端电极流出的电流为

$$I = -\dot{Q}_e(x_1 = l) = -\mathrm{i}\omega \times 2\left(\overline{e}_{11}^{(1)} u_{3,11} + \varepsilon_{11}^{(0)} \varphi_{,1} \right) \tag{6.55}$$

把式 (6.49) 和式 (6.51) 代入式 (6.55)，整理可得

$$I = -2\mathrm{i}\omega \varepsilon_{11}^{(0)} C_1 \tag{6.56}$$

电路中的欧姆定律为

$$I = \frac{\varphi(l) - \varphi(-l)}{Z} \tag{6.57}$$

联立式 (6.56) 和式 (6.57)，消去电流 I 可得

$$\left(l + \mathrm{i}\omega \varepsilon_{11}^{(0)} Z \right) C_1 + k \frac{\overline{e}_{11}^{(1)}}{\varepsilon_{11}^{(0)}} \left(C_2 \sin(kl) - C_3 \sinh(kl) \right) = 0 \tag{6.58}$$

式 (6.52)、式 (6.53) 和式 (6.58) 组成一个关于待定常数 C_1、C_2 和 C_3 的线性方程组，联立求解可得

$$C_1 = \frac{4\overline{e}_{11}^{(1)}\overline{h}_{31}^{(1)}}{4\overline{e}_{11}^{(1)}\overline{e}_{11}^{(1)} - k\hat{c}_{11}^{(2)}\varepsilon_{11}^{(0)}\left(l + \mathrm{i}\omega\varepsilon_{11}^{(0)}Z\right)\left(\cot(kl) + \coth(kl)\right)} \tag{6.59}$$

$$C_2 = -\frac{2\varepsilon_{11}^{(0)}\overline{h}_{31}^{(1)}}{\left[4\overline{e}_{11}^{(1)}\overline{e}_{11}^{(1)}\left(l + \mathrm{i}\omega\varepsilon_{11}^{(0)}Z\right)^{-1} - k\hat{c}_{11}^{(2)}\varepsilon_{11}^{(0)}\left(\cot(kl) + \coth(ka)\right)\right]k\sin(kl)} \tag{6.60}$$

$$C_3 = \frac{2\varepsilon_{11}^{(0)}\overline{h}_{31}^{(1)}}{\left[4\overline{e}_{11}^{(1)}\overline{e}_{11}^{(1)}\left(l + \mathrm{i}\omega\varepsilon_{11}^{(0)}Z\right)^{-1} - k\hat{c}_{11}^{(2)}\varepsilon_{11}^{(0)}\left(\cot(kl) + \coth(kl)\right)\right]k\sinh(kl)} \tag{6.61}$$

由式 (6.56) 和式 (6.59) 可知，电路中的电流 I 为

$$I = -\mathrm{i}\omega\frac{8\varepsilon_{11}^{(0)}\overline{e}_{11}^{(1)}\overline{h}_{31}^{(1)}}{4\overline{e}_{11}^{(1)}\overline{e}_{11}^{(1)} - k\hat{c}_{11}^{(2)}\varepsilon_{11}^{(0)}\left(l + \mathrm{i}\omega\varepsilon_{11}^{(0)}Z\right)\left(\cot(kl) + \coth(kl)\right)} \tag{6.62}$$

因此，俘能器在一个周期内的平均输出功率为

$$P_e = \frac{1}{2}|I|^2\,\mathrm{Re}(Z) \tag{6.63}$$

俘能器两端的输出电压可由式 (6.57) 和式 (6.62) 给出，得到

$$V = -\mathrm{i}\omega Z\frac{8\varepsilon_{11}^{(0)}\overline{e}_{11}^{(1)}\overline{h}_{31}^{(1)}}{4\overline{e}_{11}^{(1)}\overline{e}_{11}^{(1)} - k\hat{c}_{11}^{(2)}\varepsilon_{11}^{(0)}\left(l + \mathrm{i}\omega Z\varepsilon_{11}^{(0)}\right)\left(\cot(kl) + \coth(kl)\right)} \tag{6.64}$$

记磁场在一个周期内对俘能器的平均输入功率为 P_m，则压磁层中的磁感应强度 B_3 为

$$B_3 = \frac{1}{2(h - h')}\left(-\overline{h}_{31}^{(1)}u_{3,11} + \mu_{33}^{(0)}H\right) \tag{6.65}$$

其中

$$\mu_{33}^{(0)} = 2(h - h')\left(\mu_{33}^{\mathrm{I}} + \frac{h_{33}^{\mathrm{I}}h_{33}^{\mathrm{I}}}{c_{33}^{\mathrm{I}}}\right) \tag{6.66}$$

俘能器的平均输入功率可由式 (6.67) 计算：

$$P_m = 2(h - h') \int_{-l}^{l} \mathrm{d}x_1 \frac{1}{T_\omega} \int_{0}^{T_\omega} \mathrm{Re}(He^{\mathrm{i}\omega t}) \mathrm{Re}(\mathrm{i}\omega B_3 e^{\mathrm{i}\omega t}) \mathrm{d}t \tag{6.67}$$

俘能器的能量转化效率和平均输出功率密度分别由式(6.68)和式(6.69)进行计算:

$$\eta = \frac{P_e}{P_m} \tag{6.68}$$

$$P = \frac{P_e}{4lh} \tag{6.69}$$

作为算例,取伸缩式俘能器与弯曲式俘能器具有同样的结构尺寸,长度为9.2mm,总厚度为0.7mm;压磁层是厚度为0.28mm的$CoFe_2O_4$,压电层是厚度为0.42mm的PZT-4。对于图6.8所示的俘能器,引入单位阻抗$Z_0 = l(h'(\mathrm{i}\omega)\varepsilon_{33})^{-1}$。在下面的计算中,取负载阻抗$Z$为$2\mathrm{i}Z_0$、$(1+3\mathrm{i})Z_0$、$(3+\mathrm{i})Z_0$、$(1+\mathrm{i})Z_0$和$(1+10\mathrm{i})Z_0$,计算俘能器在不同负载阻抗和环境磁场激励频率下的输出功率密度、磁电效应和能量转化效率。

图6.9、图6.10和图6.11分别是弯曲式俘能器的输出功率密度P、磁电效应α_V和能量转化效率η随磁场激励频率变化曲线。由图6.9、图6.10和图6.11可以看出,当磁场激励频率在结构第一阶固有频率附近时,输出功率密度P、磁电效应α_V和能量转化效率η达到最大。对应于负载阻抗Z取$2\mathrm{i}Z_0$、$(1+3\mathrm{i})Z_0$、$(3+\mathrm{i})Z_0$、$(1+\mathrm{i})Z_0$和$(1+10\mathrm{i})Z_0$的不同电路情况,俘能器的输出功率密度P的峰值分别为0.138W/m³、0.120W/m³、0.052W/m³、0.116W/m³和0.0717W/m³,磁电效应α_V分别为0.127V/(A/m)、0.158V/(A/m)、0.179V/(A/m)、0.119V/(A/m)和0.216V/(A/m)。图6.12、图6.13和图6.14分别是弯曲式俘能器的输出功率密度P、磁电

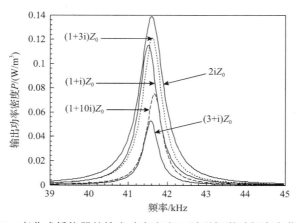

图 6.9 弯曲式俘能器的输出功率密度 P 随磁场激励频率变化曲线

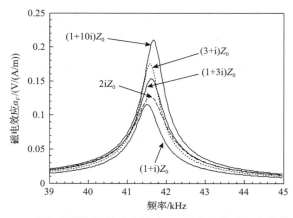

图 6.10 弯曲式俘能器的磁电效应 α_V 随磁场激励频率变化曲线

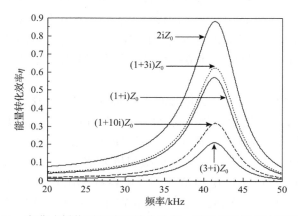

图 6.11 弯曲式俘能器的能量转化效率 η 随磁场激励频率变化曲线

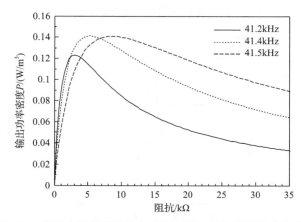

图 6.12 弯曲式俘能器的输出功率密度 P 随负载阻抗变化曲线

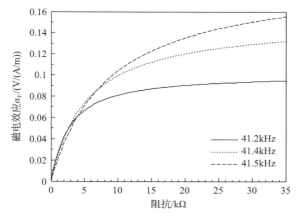

图 6.13　弯曲式俘能器的磁电效应 α_V 随负载阻抗变化曲线

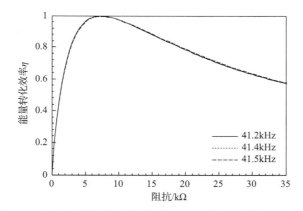

图 6.14　弯曲式俘能器的能量转化效率 η 随负载阻抗变化曲线

效应 α_V 和能量转化效率 η 随负载阻抗变化曲线图。由图可知，与伸缩式俘能器一样，弯曲式俘能器也有最优的阻抗匹配值。

　　与伸缩式俘能器的计算结果比较可知，弯曲式俘能器的固有频率远低于伸缩式俘能器的固有频率；伸缩式俘能器的输出功率密度大于弯曲式俘能器的输出功率密度；伸缩式俘能器的磁电效应或者输出电压能力低于弯曲式俘能器的；磁场激励频率和负载阻抗对两种变形模式俘能器性能的影响关系一样。

6.4　宽频式俘能器

　　6.2 节和 6.3 节所构建的俘能器都是由单个结构组成的，由于共振放大机制，它们只在结构固有频率附近很小的区域内有较大的输出功率。然而，通常"游荡"在环境中的磁场在较宽频带内存在各种不同的频率成分。为了有效俘获环境中的磁场能量，充分利用共振放大效应，可把俘能器设计成具有不同固有频率的子结构形式。因此，俘能器的子结构都能处于共振状态，进而可实现在较宽频带内有较大的能量输出，称其为宽频式俘能器。作为代表，构建如图 6.15 所示由不同长度的悬臂型多铁性杆状结构组成的一个宽频式俘能器结构。在图 6.15 中，每个杆相当于一个子俘能器，可采用如图 6.16 所示的串联或并联电路把所有子俘能器连接起来构成一个俘能器系统。各纤维杆的长度不同，其固有频率也不同；当磁场激励频率与其固有频率相同时，由其构成的子俘能器会有较大的输出功率。因此，可根据实际环境的磁场情况，设计特定结构形式的俘能器，以使其在较宽频率范围内实现较大的能量输出。

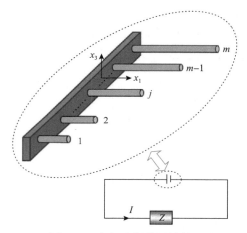

图 6.15　宽频式俘能器结构示意图

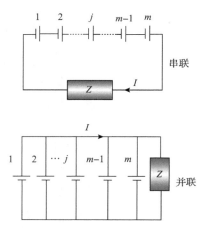

图 6.16　电路连接方式（串联和并联）

下面对如图 6.15 所示的宽频式俘能器，采用第 2 章构建的简化结构理论进行分析。设其由 m 个等截面的多铁性杆组成，横截面面积为 A_s，第 j 个纤维杆长度为 l_j（$j=1,2,\cdots,m$）。每个多铁性杆均由压磁材料和压电材料均匀混合而成，两种材料都是沿 x_1 方向极化的。用导线把两端电极和负载连接成串联或并联电路，电路中的负载阻抗为 Z。在沿 x_1 方向的磁场 $H_1 = He^{i\omega t}$ 作用下，每个子俘能器结构均发生伸缩变形，通过磁电耦合机制把环境中的磁场能量转化为电能。对于每一个纤维杆结构，其理论分析过程都是一样的。下面以第 j 个纤维杆为对象对其进行分析，把坐标轴原点取在固定端截面的中心，设杆结构 x_1 方向的位移为 $u_j(x_1,t)$，电势分布为 $\varphi(x_1,t)$，电流为 I_j，电压为 V_j，轴力为 N_j，电位移为 D_j。

第 j 个多铁性杆内的轴力 N_j 和电位移 D_j 分别为

$$N_j = A_s\left(\tilde{c}_{11}u_{j,1} + \tilde{e}_{11}\varphi_{j,1} - \tilde{h}_{11}H\right) \tag{6.70}$$

$$D_j = A_s \left(\tilde{e}_{11} u_{j,1} - \tilde{\varepsilon}_{11} \varphi_{j,1} + \tilde{\alpha}_{11} H \right) \tag{6.71}$$

其中，等效材料常数为

$$\begin{cases} \tilde{c}_{11} = \dfrac{1}{s_{11}}, \quad \tilde{e}_{11} = \dfrac{d_{11}}{s_{11}}, \quad \tilde{h}_{11} = \dfrac{q_{11}}{s_{11}} \\ \tilde{\varepsilon}_{11} = \varepsilon_{11} - \dfrac{d_{11} d_{11}}{s_{11}}, \quad \tilde{\alpha}_{11} = \alpha_{11} - \dfrac{d_{11} q_{11}}{s_{11}} \end{cases} \tag{6.72}$$

运动平衡方程为

$$N_{j,1} = A_s \left(\tilde{c}_{11} u_{j,11} + \tilde{e}_{11} \varphi_{j,11} \right) = -A_s \rho \omega^2 u_j \tag{6.73}$$

电学高斯方程为

$$D_{j,1} = A_s \left(\tilde{e}_{11} u_{j,11} - \tilde{\varepsilon}_{11} \varphi_{j,11} \right) = 0 \tag{6.74}$$

结构两端的力学边界条件为

$$u_j(x_1 = 0) = 0, \quad N_j(x_1 = l_j) = 0 \tag{6.75}$$

多铁性杆右侧电极上的电荷量为

$$Q_{ej}(x_1 = l_j) = -D_j(x_1 = l_j) \tag{6.76}$$

把式 (6.71) 代入式 (6.76)，可得

$$Q_{ej}(x_1 = l_j) = -A_s \left(\tilde{e}_{11} u_{j,1} - \tilde{\varepsilon}_{11} \varphi_{j,1} + \tilde{\alpha}_{11} H \right) \tag{6.77}$$

由式 (6.77) 可知，从右侧电极上流出的电流 I_j 为

$$I_j(x_1 = l_j) = -\dot{Q}_{ej}(x_1 = l_j) = \mathrm{i}\omega A_s \left(\tilde{e}_{11} u_{j,1} - \tilde{\varepsilon}_{11} \varphi_{j,1} + \tilde{\alpha}_{11} H \right) \tag{6.78}$$

多铁性杆两端的电压 V_j 为

$$V_j = \varphi_j(l_j) - \varphi_j(0) \tag{6.79}$$

由式 (6.74) 可得

$$\varphi_j = \frac{\tilde{e}_{11}}{\tilde{\varepsilon}_{11}} u_j + C_{j1} x_1 \tag{6.80}$$

其中，C_{j1} 是待定常数。

把式(6.80)代入式(6.73)，可得

$$\hat{c}_{11}u_{j,11} + \omega^2 \rho u_j = 0 \tag{6.81}$$

其中

$$\hat{c}_{11} = \tilde{c}_{11} + \frac{\tilde{e}_{11}\tilde{e}_{11}}{\tilde{\varepsilon}_{11}} \tag{6.82}$$

由式(6.81)可知，u_j 的通解为

$$u_j = C_{j2}\cos(kx_1) + C_{j3}\sin(kx_1) \tag{6.83}$$

其中，C_{j2} 和 C_{j3} 为待定常数，且

$$k^2 = \frac{\omega^2 \rho}{\hat{c}_{11}} \tag{6.84}$$

把式(6.83)代入结构左端的力学固定边界条件，即式(6.75)的第一个方程，可得

$$u_j(0) = C_{j2} = 0 \tag{6.85}$$

再把式(6.83)和式(6.80)以及 $C_{j2}=0$ 代入结构右端的力学自由边界条件，即式(6.75)的第二个方程，整理可得

$$\hat{c}_{11}kC_{j3}\cos(kl_j) + \tilde{e}_{11}C_{j1} - \tilde{h}_{11}H = 0 \tag{6.86}$$

由式(6.86)可得

$$C_{j3} = \frac{\tilde{h}_{11}}{\hat{c}_{11}k\cos(kl_j)}H - \frac{\tilde{e}_{11}}{\hat{c}_{11}k\cos(kl_j)}C_{j1} \tag{6.87}$$

要确定待定常数 C_{j1} 和 C_{j3}，还需要考虑电路中的电学关系。下面分串联电路和并联电路两种情况进行处理。

对于串联电路，每根多铁性杆中的电流 I_{sj} 和电路中的总电流 I_s 是相等的，即 $I_s = I_{sj}$。电路中的总电压 V_s 等于各杆两端电压 V_{sj} 之和，即 $V_s = \sum_{j=1}^{m} V_{sj}$。由式(6.79)、式(6.80)和式(6.83)可知，结构的总电压为

$$V_s = \sum_{j=1}^{m}\left(C_{j3}\frac{\tilde{e}_{11}}{\tilde{\varepsilon}_{11}}\sin(kl_j) - C_{j1}l_j\right) \tag{6.88}$$

根据欧姆定律，有

$$I = I_{sj} = \frac{V_s}{Z} \tag{6.89}$$

把式(6.83)和式(6.80)代入式(6.78)，可得

$$I_{sj} = \mathrm{i}\omega A_s \left(\tilde{\varepsilon}_{11} C_{j1} - \tilde{\alpha}_{11} H \right) \tag{6.90}$$

把式(6.90)代入式(6.89)，可得

$$C_{j1} = \frac{V_s}{Z_\omega \tilde{\varepsilon}_{11}} + \frac{\tilde{\alpha}_{11}}{\tilde{\varepsilon}_{11}} H \tag{6.91}$$

其中，$Z_\omega = \mathrm{i}\omega A_s Z$。

把 C_{j1} 的表达式代入式(6.87)，可得

$$C_{j3} = \frac{\tilde{\varepsilon}_{11}\tilde{h}_{11} - \tilde{e}_{11}\tilde{\alpha}_{11}}{\hat{c}_{11}\tilde{\varepsilon}_{11}k\cos(kl_j)} H - \frac{\tilde{e}_{11}}{\hat{c}_{11}\tilde{\varepsilon}_{11}k\cos(kl_j)Z_\omega} V_s \tag{6.92}$$

把式(6.91)和式(6.92)代入式(6.88)，整理可得

$$V_s = \frac{\displaystyle\sum_{j=1}^{m}\left[\left(\tilde{\varepsilon}_{11}\tilde{h}_{11} - \tilde{e}_{11}\tilde{\alpha}_{11}\right)\tilde{e}_{11}\tan(kl_j) - \hat{c}_{11}\tilde{\varepsilon}_{11}\tilde{\alpha}_{11}kl_j\right]}{\hat{c}_{11}\tilde{\varepsilon}_{11}\tilde{\varepsilon}_{11}k + \dfrac{1}{Z_\omega}\displaystyle\sum_{j=1}^{m}\left(\tilde{e}_{11}\tilde{e}_{11}\tan(kl_j) + \hat{c}_{11}\tilde{\varepsilon}_{11}kl_j\right)} H \tag{6.93}$$

由式(6.89)和式(6.93)可得俘能器结构串联时的电流为

$$I_s = \frac{\displaystyle\sum_{j=1}^{m}\left[\left(\tilde{\varepsilon}_{11}\tilde{h}_{11} - \tilde{e}_{11}\tilde{\alpha}_{11}\right)\tilde{e}_{11}\tan(kl_j) - \hat{c}_{11}\tilde{\varepsilon}_{11}\tilde{\alpha}_{11}kl_j\right]}{\hat{c}_{11}\tilde{\varepsilon}_{11}\tilde{\varepsilon}_{11}k + \dfrac{1}{Z_\omega}\displaystyle\sum_{j=1}^{m}\left(\tilde{e}_{11}\tilde{e}_{11}\tan(kl_j) + \hat{c}_{11}\tilde{\varepsilon}_{11}kl_j\right)} \frac{H}{Z} \tag{6.94}$$

由式(6.93)可得俘能器结构串联时的磁电效应为

$$\alpha_V = \frac{V_s}{H} = \frac{\displaystyle\sum_{j=1}^{m}\left[\left(\tilde{\varepsilon}_{11}\tilde{h}_{11} - \tilde{e}_{11}\tilde{\alpha}_{11}\right)\tilde{e}_{11}\tan(kl_j) - \hat{c}_{11}\tilde{\varepsilon}_{11}\tilde{\alpha}_{11}kl_j\right]}{\hat{c}_{11}\tilde{e}_{11}\tilde{\varepsilon}_{11}k + \dfrac{1}{Z_\omega}\displaystyle\sum_{j=1}^{m}\left(\tilde{e}_{11}\tilde{e}_{11}\tan(kl_j) + \hat{c}_{11}\tilde{\varepsilon}_{11}kl_j\right)} \tag{6.95}$$

对于并联电路，电路的总电压 V_p 与每个杆两端的电压 V_{pj} 相等，电路中的总电流 I_p 等于各杆中电流 I_{pj} 之和，即 $I_p = \sum_{j=1}^{m} I_{pj}$。由式(6.78)、式(6.80)和式(6.83)可知，电路中的总电流为

$$I_p = \sum_{j=1}^{m} i\omega A_s \left(\tilde{\varepsilon}_{11} C_{j1} - \tilde{\alpha}_{11} H \right) \tag{6.96}$$

由式(6.80)可知，第 j 个多铁性杆两端的电压为

$$V_{pj} = \frac{\tilde{e}_{11}}{\tilde{\varepsilon}_{11}} C_{j3} \sin(kl_j) + C_{j1} l_j = V_p \tag{6.97}$$

根据欧姆定律和式(6.96)表示的电流，可得到并联电路中的输出电压为

$$V_p = Z_\omega \sum_{j=1}^{m} \left(\tilde{\varepsilon}_{11} C_{j1} - \tilde{\alpha}_{11} H \right) \tag{6.98}$$

把式(6.87)代入式(6.97)，可得

$$C_{j1} = \frac{\tilde{\varepsilon}_{11} \hat{c}_{11} k}{\tilde{\varepsilon}_{11} \hat{c}_{11} kl_j - \tilde{e}_{11} \tilde{\varepsilon}_{11} \tan(kl_j)} V_p - \frac{\tilde{e}_{11} \tilde{h}_{11} \tan(kl_j)}{\tilde{\varepsilon}_{11} \hat{c}_{11} kl_j - \tilde{e}_{11} \tilde{\varepsilon}_{11} \tan(kl_j)} H \tag{6.99}$$

把式(6.99)代入式(6.98)，可得

$$V_p = \frac{\sum_{j=1}^{m} \left(\dfrac{\tilde{\varepsilon}_{11} \tilde{e}_{11} \tilde{h}_{11} \tan(kl_j)}{\tilde{\varepsilon}_{11} \hat{c}_{11} kl_j - \tilde{e}_{11} \tilde{\varepsilon}_{11} \tan(kl_j)} + \tilde{\alpha}_{11} \right) H}{\sum_{j=1}^{m} \dfrac{\tilde{\varepsilon}_{11} \tilde{\varepsilon}_{11} \hat{c}_{11} k}{\tilde{\varepsilon}_{11} \hat{c}_{11} kl_j - \tilde{e}_{11} \tilde{\varepsilon}_{11} \tan(kl_j)} - \dfrac{1}{Z_\omega}} \tag{6.100}$$

根据欧姆定律和式(6.100)表示的电压，可得到并联电路中的电流为

$$I_p = \frac{\sum_{j=1}^{m} \left(\dfrac{\tilde{\varepsilon}_{11} \tilde{e}_{11} \tilde{h}_{11} \tan(kl_j)}{\tilde{\varepsilon}_{11} \hat{c}_{11} kl_j - \tilde{e}_{11} \tilde{\varepsilon}_{11} \tan(kl_j)} + \tilde{\alpha}_{11} \right) H}{\sum_{j=1}^{m} \dfrac{\tilde{\varepsilon}_{11} \tilde{\varepsilon}_{11} \hat{c}_{11} k}{\tilde{\varepsilon}_{11} \hat{c}_{11} kl_j - \tilde{e}_{11} \tilde{\varepsilon}_{11} \tan(kl_j)} - \dfrac{1}{Z_\omega}} \frac{1}{Z} \tag{6.101}$$

由式(6.100)可知，俘能器结构在并联电路时的磁电效应为

$$\alpha_V = \frac{V_p}{H} = \frac{\displaystyle\sum_{j=1}^{m}\left(\frac{\tilde{\varepsilon}_{11}\tilde{e}_{11}\tilde{h}_{11}\tan(kl_j)}{\tilde{\varepsilon}_{11}\hat{c}_{11}kl_j - \tilde{e}_{11}\tilde{e}_{11}\tan(kl_j)} + \tilde{\alpha}_{11}\right)}{\displaystyle\sum_{j=1}^{m}\frac{\tilde{\varepsilon}_{11}\tilde{e}_{11}\hat{c}_{11}k}{\tilde{\varepsilon}_{11}\hat{c}_{11}kl_j - \tilde{e}_{11}\tilde{e}_{11}\tan(kl_j)} - \frac{1}{Z_\omega}} \tag{6.102}$$

俘能器的平均输出功率由式(6.103)计算：

$$P_e = \frac{VI^* + IV^*}{4} \tag{6.103}$$

其中，V 为电路中的总电压；I 为电路中的总电流；右上标"$*$"表示取相应物理量的复共轭。

与前面类似，引入单位负载阻抗 $Z_0 = 1/(i\omega C_0)$，其中 C_0 为电路的静态电容。对于图 6.15 所示的宽频式俘能器，串联时的静态电容为 $C_0 = \tilde{\varepsilon}_{11}A_s / \sum_{j=1}^{m} l_j$，并联时的静态电容为 $C_0 = \tilde{\varepsilon}_{11}A_s \sum_{j=1}^{m}(1/l_j)$。另外，为考虑结构的阻尼效应，在计算时把弹性柔顺常数 s_{11} 换成 $\bar{s}_{11} = s_{11}(1 - 0.01i)$ 即可。假设多铁性杆中的压电相(PZT-4)和压磁相($CoFe_2O_4$)的体积比为 1∶3，其等效材料常数由简单体分比法进行计算；最长的杆 $l_m = 0.1m$，各杆长呈等差 δ 变化，两种电路中的负载阻抗 Z 均取为 iZ_0。

下面对以下两种典型情况进行分析：

(1)俘能器有相同数量的多铁性杆，但等差 δ 不同；

(2)俘能器的多铁性杆有相同的等差($\delta = 0.3\,mm$)，但杆的数量不同。

在算例中，环境磁场取单位磁场强度(1A/m)，材料参数参见 5.4 节。

图 6.17 是串联宽频式俘能器的平均输出功率随磁场激励频率变化曲线图。其中，图 6.17(a)是子结构长度以等差 δ (0.3mm)变化，多铁性杆个数(m)分别取 20、40、60 和 80 时的平均输出功率。当多铁性杆个数为 60 时,俘能器可以维持在 0.07～0.2W 的平均输出功率，其磁场激励频率范围为 11.5～14.8kHz，此时是俘能器相对最佳的结构形式。图 6.17(b)是多铁性杆个数固定(m=40)，长度等差 δ 分别为 0.1mm、0.3mm、0.5mm 和 0.7mm 时的平均输出功率。当长度等差 δ 为 0.3mm 时，俘能器在 11～13.7kHz 的磁场激励频域内，可以维持 0.08～0.22W 的平均输出功率，此时是俘能器的相对最佳结构形式。

图 6.18 是串联宽频式俘能器的磁电效应(或单位磁场强度作用的输出电压)随磁场激励频率变化曲线。图 6.18(a)是子结构长度以等差 δ (0.3mm)变化，多铁性杆个数 m 分别取 20、40、60 和 80 时的磁电效应曲线。图 6.18(b)是多铁性杆个数 m 固定(40 个)，长度等差 δ 分别为 0.1mm、0.3mm、0.5mm 和 0.7mm 时磁电效

应曲线。

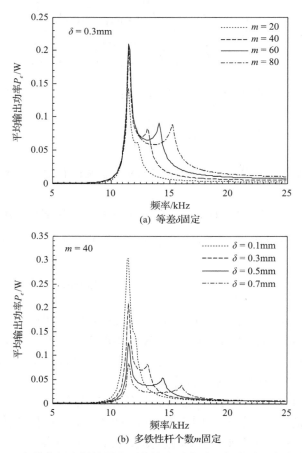

(a) 等差δ固定

(b) 多铁性杆个数m固定

图 6.17 串联宽频式俘能器的平均输出功率随磁场激励频率变化曲线

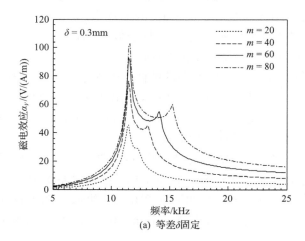

(a) 等差δ固定

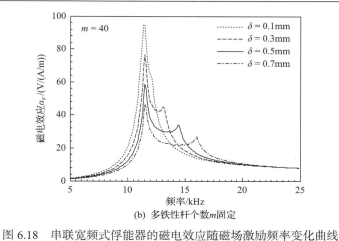

(b) 多铁性杆个数m固定

图 6.18 串联宽频式俘能器的磁电效应随磁场激励频率变化曲线

图 6.19 是并联宽频式俘能器的平均输出功率随磁场激励频率变化曲线。图 6.20

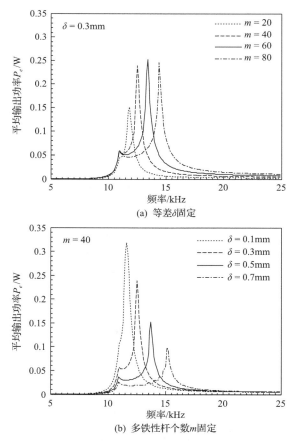

(a) 等差δ固定

(b) 多铁性杆个数m固定

图 6.19 并联宽频式俘能器的平均输出功率随磁场激励频率变化曲线

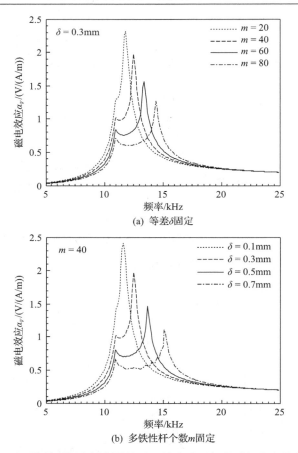

(a) 等差δ固定

(b) 多铁性杆个数m固定

图 6.20　并联宽频式俘能器的磁电效应随磁场激励频率变化曲线

是并联宽频式俘能器的磁电效应随磁场激励频率变化曲线。与串联时一样,并联时的俘能器结构也满足特定功能的最佳结构形式。

　　由前面的计算结果可知,图 6.15 所示的宽频式俘能器结构在串联和并联两种情况下,都可在较大频率范围内实现较大的平均输出功率和磁电效应。对于同样的俘能器结构系统,电路连接方式不同,其平均输出功率和磁电效应能力会稍有不同;总的来说,并联时的平均输出功率略大于串联时的平均输出功率。可是,并联时的磁电效应比串联时的磁电效应小很多。对于本节所分析的俘能器结构,串联式的磁电效应为并联时的磁电效应的 40 倍左右。

　　对于相同结构形式的俘能器系统,电路连接方式对其性能也是有影响的。针对相同结构形式($m=40$,$\delta=0.3$mm)的俘能器,分别计算并联和串联情况下磁场激励频率在系统第一阶固有频率附近时的输出功率和磁电效应。图 6.21 为在两种连接电路情况下宽频式俘能器的平均输出功率与电路负载阻抗的关系,比较可知,给定的宽频式俘能器结构具有最佳的负载阻抗(即阻抗匹配);并联时的最佳平均输出功率略大于串联时的最佳平均输出功率,而串联电路的最佳负载阻抗远大于并联电路的最佳负载阻抗。图 6.22 为在两种连接电路情况下宽频式俘能器的磁电效应与负载阻抗的关系,可知在负载阻抗达到某一阈值后,两种连接方式的磁电效应都趋于恒定值,串联时的磁电效应远大于并联时的磁电效应。

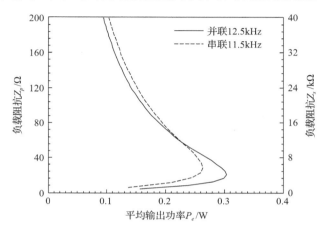

图 6.21　相同结构的宽频式俘能器在并联和串联时平均输出功率与负载阻抗的关系

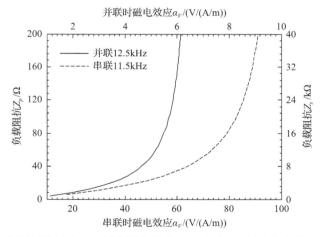

图 6.22　相同结构的宽频式俘能器在并联和串联时磁电效应与负载阻抗的关系

6.5　本章小结

　　本章构建了高频伸缩式、低频弯曲式和宽频式三种能够俘获环境磁场能量的俘能器结构,利用第 2 章建立的简化结构理论对这三种俘能器结构进行了理论建模，并计算了它们的平均输出功率、输出功率密度、能量转化效率和磁电效应。研究结果表明，俘能器结构的负载阻抗 Z、结构变形模式（如伸缩式、弯曲式等）和环境磁场中的磁场激励频率，以及俘能器结构本身的固有频率等都是影响俘能器工作性能的主要因素。此外，对于所构建的宽频式俘能器，电路的串联或并联也是影响其工作性能的主要因素。三种俘能器结构都有各自对应的最优阻抗匹配值。

参 考 文 献

[1] Williams C B, Yates R B. Analysis of a micro-electric generator for microsystems[J]. Sensors and Actuators A: Physical, 1996, 52(1-3): 8-11.

[2] Shenck N S, Paradiso J A. Energy scavenging with shoe-mounted piezoelectrics[J]. IEEE Micro, 2001, 21(3): 30-42.

[3] Roundy S, Leland E S, Baker J, et al. Improving power output for vibration-based energy scavengers[J]. IEEE Pervasive Computing, 2005, 4(1): 28-36.

[4] Jiang S N, Li X F, Guo S H, et al. Performance of a piezoelectric bimorph for scavenging vibration energy[J]. Smart Materials and Structures, 2005, 14(4): 769-774.

[5] Mitcheson P D, Miao P, Stark B H, et al. MEMS electrostatic micropower generator for low frequency operation[J]. Sensors and Actuators A: Physical, 2004, 115(2-3): 523-529.

[6] Challa V R, Prasad M G, Shi Y, et al. A vibration energy harvesting device with bidirectional resonance frequency tunability[J]. Smart Materials and Structures, 2008, 17(1): 015035.

[7] Sari I, Balkan T, Kulah H. An electromagnetic micro power generator for wideband environmental vibrations[J]. Sensors and Actuators A, 2008, 145-146: 405-413.

[8] Xue H, Hu Y T, Wang Q M. Broadband piezoelectric energy harvesting devices using multiple bimorphs with different operating frequencies[J]. IEEE Transactions on Ultrasonics, Ferroelectrics, and Frequency Control, 2008, 55(9): 2104-2108.

[9] Marinkovic B, Koser H. Smart sand—A wide bandwidth vibration energy harvesting platform[J]. Applied Physics Letters, 2009, 94(10): 103503-103505.

[10] Wang L, Yuan F G. Vibration energy harvesting by magnetostrictive material[J]. Smart Materials and Structures, 2008, 17(4): 045009.

[11] Snaith H J. Present status and future prospects of perovskite photovoltaics[J]. Nature Materials, 2018, 17(5): 372-376.

[12] Nie J H, Chen X Y, Wang Z L. Electrically responsive materials and devices directly driven by the high voltage of triboelectric nanogenerators[J]. Advanced Functional Materials, 2019, 29(41): 1806351.

第7章　考虑极化梯度的多铁性材料结构耦合理论

7.1　引　　言

经典连续介质理论在宏观尺度下的力学问题分析中发挥了重要作用，其微分形式的控制方程相当于晶格动力学理论中有限差分方程的低频、长波近似，但是不能描述微纳米尺度下的力学行为。为扩展连续介质理论的研究范围，在20世纪60年代左右，学者建立了考虑高阶梯度效应的应变梯度、极化梯度和电场梯度理论等，统称为梯度理论[1-5]。梯度理论有效解决了小尺度下材料与结构力学属性呈现出的尺寸效应以及裂纹和断裂等奇异性问题[6]。

对于弹性电介质材料，Mindlin[7]基于Toupin型[8]压电理论，考虑极化梯度对内能的影响，建立了弹性电介质材料的线性极化梯度理论(polarization gradient theory)。从基于原子壳模型的晶格动力学的观点来看，极化梯度表示伴随着各原子间的核-核(core-core)相互作用的同时，还存在壳-壳(shell-shell)和核-壳(core-shell)的相互作用(尽管这种作用非常小)的长波近似。Chowdhury和Glockner[9]以及Chowdhury等[10]基于连续介质热力学的普适定律，假定自由能函数依赖介质的形变梯度、极化、极化梯度和温度，导出了物质和空间形式的普适方程，并利用线性化方法得到了与Mindlin型线性极化梯度理论相同的基本方程。

Mindlin[11]利用极化梯度理论合理解释了Mead[12]在薄膜电容实验中观察到的反常现象。根据经典理论，薄膜电容的倒数应是随电容厚度线性变化的函数。但是，Mead所得到的一系列实验数据都不符合经典理论的预测结果。其主要原因是，在电极表面附近区域，经典理论无法描述由极化梯度对内能的贡献而引起的表面效应。Mindlin和Toupin[13]还研究了弹性电介质的声学和光学特性，从理论上证明了压电应力常数以及应变与极化梯度的耦合作用决定着介质的声学特性，极化与极化梯度间的耦合作用决定着介质的光学特性。Collet[14,15]和Dost[16]研究了考虑极化梯度介质中波的传播问题。此外，Yang等[6]把应变、电场和电场梯度作为介质内能的基本变量，导出了电场梯度理论(与极化梯度理论极为相似)，并研究了线电荷源的场电势分布、圆柱壳电容和平面波传导等反平面问题中电场梯度的影响。

此外，基于Gurtin和Murdoch[17,18]提出的三维表面弹性理论，学者针对微纳尺度的弹性[19-22]、压电[23-27]、多铁性[28,29]、压电半导体[30,31]等结构建立了考虑表面效应的分析模型，也合理解释并预测了小尺度结构的宏观力学属性所呈现的尺寸效应。从物理上来说，任意有限物体的表面和体部分的形成是不同的，这也导致表面和体的物理属性和力学属性的差异。以晶体为例，其内部周期排列的原子（或离子）的化学键会在物体边界处断裂，并重新结合而形成新的表面，显然，晶体表面和体内化学键的结合方式是不同的。事实上，这种差异对物体整体的宏观物理属性和力学属性的影响只在微纳尺度下比较明显，而在宏观尺度下是可以忽略的。

本章针对多铁性微纳结构，在 Mindlin 型极化梯度理论的基础上，建立考虑极化梯度的多铁性简化结构理论。首先，介绍 Toupin 型压电方程，它与常用的压电方程（以电场强度和应变为自变量）稍有不同，是以极化强度和应变为自变量。其次，介绍建立在 Toupin 型压电理论基础上的 Mindlin 型极化梯度理论。再次，建立基于 Toupin 型压电理论的多铁性简化结构理论和基于 Mindlin 型极化梯度理论的多铁性简化结构理论。最后，以三层夹芯板结构为例，分别计算不考虑和考虑极化梯度两种情况下的磁电效应。

7.2　Toupin 型压电理论

Voigt 型线性压电理论由 25 个变量来描述，它们分别是位移 u_i、应变 S_{ij}、电场 E_i、电位移 D_i、极化强度 P_i 和电势 φ 等，这 25 个变量由 25 个方程决定。其中，运动平衡方程为

$$T_{ji,j} + f_i = \rho \ddot{u}_i \tag{7.1}$$

准静态电学高斯方程为

$$D_{i,i} = 0 \tag{7.2}$$

本构关系为

$$T_{ij} = c_{ijkl} S_{kl} - e_{kij} E_k \tag{7.3}$$

$$D_i = e_{ikl} S_{kl} + \varepsilon_{ik} E_k \tag{7.4}$$

$$P_i = D_i - \varepsilon_0 E_i \tag{7.5}$$

其中，$c_{ijkl}(= c_{klij} = c_{jikl} = c_{ijlk})$ 是弹性常数；$e_{kij}(= e_{ijk} = e_{kji})$ 是压电常数；$\varepsilon_{ik}(= \varepsilon_{ki})$ 是介电常数；ε_0 是真空介电常数。

应变-位移关系为

$$S_{ij} = \frac{1}{2}\left(u_{j,i} + u_{i,j}\right) \tag{7.6}$$

电场-电势关系为

$$E_i = -\varphi_{,i} \tag{7.7}$$

运动平衡方程(7.1)和电学高斯方程(7.2)可由位移分量 u_i 和电势 φ 表示为

$$c_{jikl}u_{k,lj} + e_{kji}\varphi_{,kj} + f_i = \rho \ddot{u}_i \tag{7.8}$$

$$e_{kij}u_{i,jk} - \varepsilon_{ij}\varphi_{,ij} = 0 \tag{7.9}$$

与 Voigt 型经典压电方程的推导不同,Toupin[8]以应变和极化矢量为基本变量,导出了与经典压电理论等效的新方程,称为 Toupin 型压电方程。下面简单介绍其推导过程。

把电介质的能量密度 W 分为变形-极化能密度 W^L 与麦克斯韦自场(Maxwell self-field)的能力密度之和,即

$$W = W^L(S_{ij}, P_i) + \frac{1}{2}\varepsilon_0\varphi_{,i}\varphi_{,i} \tag{7.10}$$

定义电焓 H_e 为

$$H_e = W - E_iD_i \tag{7.11}$$

把能量密度方程(7.10)代入式(7.11),并结合式(7.5)和式(7.7),可得

$$H_e = W^L(S_{ij}, P_i) - \frac{1}{2}\varepsilon_0\varphi_{,i}\varphi_{,i} + \varphi_{,i}P_i \tag{7.12}$$

考虑如图 7.1 所示介电弹性体,它被边界 S 分为体内域 V 和外部理想的真空域 V' 两部分。对于这样一个系统,Toupin[8]利用虚功原理给出了如下方程:

$$-\delta \int_{V+V'} H_e\mathrm{d}V + \int_V \left(f_i\delta u_i + E_i^0\delta P_i\right)\mathrm{d}V + \int_S t_i\delta u_i\mathrm{d}S = 0 \tag{7.13}$$

其中,f_i 是外力;t_i 是边界面上的牵引力;E_i^0 是外加电场。

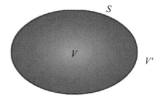

图 7.1　介电弹性体及其边界示意图

对式(7.12)两边取变分,可得

$$\delta H_e = \frac{\partial W^L}{\partial S_{ij}} \delta S_{ij} + \frac{\partial W^L}{\partial P_i} \delta P_i - \varepsilon_0 \varphi_{,i} \delta \varphi_{,i} + \varphi_{,i} \delta P_i + P_i \delta \varphi_{,i} \tag{7.14}$$

定义应力分量 T_{ij} 和有效局部电场 E_i^L 为

$$T_{ij} = \frac{\partial W^L}{\partial S_{ij}}, \quad E_i^L = -\frac{\partial W^L}{\partial P_i} \tag{7.15}$$

为表述方便,引入符号 $\hat{E}_i = -E_i^L$。把式(7.14)代入式(7.13),并进行分部积分(注意:在真空域 V' 中,除电势 φ 外其余场量皆为零),整理可得

$$\begin{aligned} & \int_V \left[\left(T_{ij,i} + f_j \right) \delta u_j + \left(-\hat{E}_i - \varphi_{,i} + E_i^0 \right) \delta P_i + \left(-\varepsilon_0 \varphi_{,ii} + P_{i,i} \right) \delta \varphi \right] \mathrm{d}V \\ & - \int_{V'} \varepsilon_0 \varphi_{,ii} \delta \varphi \mathrm{d}V + \int_S \left[\left(t_j - n_i T_{ij} \right) \delta u_j + n_i \left(\varepsilon_0 \llbracket \varphi_{,i} \rrbracket - P_i \right) \delta \varphi \right] \mathrm{d}S = 0 \end{aligned} \tag{7.16}$$

其中, $\llbracket \varphi_{,i} \rrbracket$ 表示电势梯度 $\varphi_{,i}$ 在通过边界 S 时发生的间断。

由式(7.16)可得控制方程为

$$\begin{cases} T_{ij,i} + f_j = 0 \\ -\hat{E}_i - \varphi_{,i} + E_i^0 = 0, & \text{在体内域 } V \text{ 内} \\ -\varepsilon_0 \varphi_{,ii} + P_{i,i} = 0 \end{cases} \tag{7.17}$$

$$\varphi_{,ii} = 0, \quad \text{在真空域 } V' \text{ 内} \tag{7.18}$$

以及相应的自然边界条件为

$$n_i T_{ij} = t_j \tag{7.19}$$

$$n_i \left(-\varepsilon_0 \llbracket \varphi_{,i} \rrbracket + P_i \right) = 0 \tag{7.20}$$

其中, $n_i \left(-\varepsilon_0 \llbracket \varphi_{,i} \rrbracket + P_i \right)$ 表示区域边界 S 上单位表面积的电荷量。

取变形-极化能密度为

$$W^L = \frac{1}{2} a_{ij} P_i P_j + \frac{1}{2} c_{ijkl}^P S_{ij} S_{kl} + f_{kij} S_{ij} P_k \tag{7.21}$$

由式(7.15)和式(7.21)可得 Toupin 型本构方程为

$$\hat{E}_i = f_{ikl}S_{kl} + a_{ik}P_k \tag{7.22}$$

$$T_{ij} = c_{ijkl}^P S_{kl} + f_{kij}P_k \tag{7.23}$$

式 (7.23) 中的弹性常数 c_{ijkl}^P 是在恒定极化强度 P 条件下测量得到的，与式 (7.3) 中的弹性常数 c_{ijkl}（在恒定电场 E 条件下测量得到的）不同。Toupin 型压电方程中引入的新常数 $a_{ik}(=a_{ki})$、$f_{ikl}(=f_{kli}=f_{ilk})$ 和 c_{ijkl}^P 与 IEEE 制定的 IRE 标准[32]中的经典压电常数之间的转换关系为

$$e_{ikl} = -\varepsilon_0 \eta_{ji}^S f_{jkl}, \quad f_{jkl} = -\varepsilon_0^{-1}\chi_{ji}^S e_{ikl}$$

$$\varepsilon_{ij}^S = \varepsilon_0\left(\delta_{ij} + \eta_{ij}^S\right), \quad \eta_{ij}^S = \varepsilon_0^{-1}\varepsilon_{ij}^S - \delta_{ij}$$

$$c_{ijkl} = c_{ijkl}^P - \varepsilon_0 \eta_{mn}^S f_{mij}f_{nkl}, \quad c_{ijkl}^P = c_{ijkl} + \varepsilon_0^{-1}\chi_{mn}^S e_{mij}e_{nkl}$$

其中，$\eta_{ji}^S(=\eta_{ij}^S)$ 为应变情况下的电极化率，$\chi_{ji}^S(=\chi_{ij}^S)$ 为恒应变情况下的逆电极化率，二者之间满足 $\eta_{ik}^S\chi_{kj}^S = \delta_{ij}$ 的关系。

需要说明的是，Toupin 型压电理论比经典压电理论多了 3 个变量（局部有效电场 E_i^L），共有 28 个变量，它们由 28 个基本方程共同确定，即式 (7.5)～式 (7.7)、式 (7.17)、式 (7.22) 和式 (7.23)。而式 (7.18) 是电势在真空中自动满足的条件，不构成系统的基本方程。

7.3　Mindlin 型极化梯度理论

Mindlin[7]在 Toupin 型压电理论的基础上，考虑极化梯度对弹性电介质变形-极化能密度 W^L 的贡献，推广了 Toupin 型压电理论。Mindlin 给出的电焓表达式为

$$H_e = W^L(S_{ij}, P_i, P_{j,i}) - \frac{1}{2}\varepsilon_0\varphi_{,i}\varphi_{,i} + \varphi_{,i}P_i \tag{7.24}$$

考虑如图 7.1 所示的系统，以位移 u_i、电势 φ 和极化强度 P_i 为自变量，在时间区间 $[t_0, t_1]$ 内，系统的哈密顿 (Hamilton) 变分式可写为

$$\delta\int_{t_0}^{t_1}\mathrm{d}t\int_{V+V'}\left(\frac{1}{2}\rho\dot{u}_i\dot{u}_i - H_e\right)\mathrm{d}V + \int_{t_0}^{t_1}\mathrm{d}t\left[\int_V\left(f_i\delta u_i + E_i^0\delta P_i\right)\mathrm{d}V + \int_S t_i\delta u_i\mathrm{d}S\right] = 0 \tag{7.25}$$

把式 (7.24) 的电焓 H_e 代入式 (7.25)，整理可得

$$\begin{cases} T_{ij,i} + f_j = \rho \ddot{u}_j \\ E_{ij,i} - \widehat{E}_j - \varphi_{,j} + E_j^0 = 0, \quad \text{在体内域 } V \text{ 内} \\ -\varepsilon_0 \varphi_{,ii} + P_{i,i} = 0 \end{cases} \tag{7.26}$$

$$\varphi_{,ii} = 0, \quad \text{在真空域 } V' \text{ 内} \tag{7.27}$$

以及相应的自然边界条件为

$$\begin{cases} n_i T_{ij} = t_j \\ n_i \left(-\varepsilon_0 \llbracket \varphi_{,i} \rrbracket + P_i \right) = 0 \\ n_i E_{ij} = 0 \end{cases} \tag{7.28}$$

在式(7.26)和式(7.28)中，E_{ij} 是与极化梯度相关的高阶电学量，而在 Toupin 型压电理论中没有这一项，其定义为

$$E_{ij} = \frac{\partial W^L}{\partial P_{j,i}} \tag{7.29}$$

Mindlin 给出的能量密度 W^L 为

$$W^L = b_{ij}^0 P_{j,i} + \frac{1}{2} a_{ij} P_i P_j + \frac{1}{2} b_{ijkl} P_{j,i} P_{l,k} + \frac{1}{2} c_{ijkl}^P S_{ij} S_{kl} + d_{ijkl} P_{j,i} S_{kl} + f_{ijk} S_{ij} P_k + g_{ijk} P_i P_{k,j} \tag{7.30}$$

其中，g_{ijk}、b_{ijkl} 和 d_{ijkl} 是与极化梯度相关的高阶材料常数，分别对应极化-极化梯度、极化梯度-极化梯度和应变-极化梯度的耦合；$b_{ij}^0 P_{j,i}$ 是与介质表面能有关的量。

把式(7.30)代入式(7.15)和式(7.29)，可得到 Mindlin 型极化梯度理论的本构方程，即

$$T_{ij} = c_{ijkl}^P S_{kl} + f_{ijk} P_k + d_{ijkl} P_{l,k} \tag{7.31}$$

$$\widehat{E}_i = f_{ijk} S_{kl} + a_{ik} P_k + g_{ijk} P_{l,k} \tag{7.32}$$

$$E_{ij} = d_{ijkl} S_{kl} + g_{ijk} P_k + b_{ijkl} P_{l,k} + b_{ij}^0 \tag{7.33}$$

在式(7.31)~式(7.33)中，三阶张量 f_{ijk} 是对应经典压电效应的压电常数，四

阶张量 d_{ijkl} 表示极化梯度与应力的耦合(即挠曲电效应)。对于中心对称的弹性电介质材料,尽管其三阶压电常数 $f_{ijk}=0$,但是四阶张量 $d_{ijkl} \neq 0$,因此也可通过极化梯度-应力的耦合实现宏观压电效应。

对于 Mindlin 型极化梯度理论中出现的高阶常数 d_{ijkl}、b_{ijkl} 和 g_{ijk},可以根据晶体的对称性,利用晶体群理论或邦德矩阵变换导出其相应的材料常数矩阵。Chowdhury 和 Glockner[33] 利用晶体群理论导出了具有 32、mm2 和 $\overline{4}$2m (Hermann-Mauguin 符号)对称性晶系的高阶材料常数矩阵。对于 6mm 对称性晶系,可利用邦德矩阵变换[34]给出相应的材料常数矩阵。本节给出表 7.1 所列的材料常数缩标规则和表 7.2 所列的 6mm 晶系材料常数矩阵。

表 7.1　材料常数缩标规则

			c_{ijkl}^{p} , f_{ijk}			
$(ij),(kl)$	11	22	33	23, 32	31, 13	12, 21
缩标	1	2	3	4	5	6

				b_{ijkl} , g_{ijk}				
$(ij),(kl)$	11	22	33	32	23	13	31	21	12
缩标	1	2	3	4	5	6	7	8	9

				d_{ijkl}				
(kl)	11	22	33	32	23	13	31	21	12
缩标	1	2	3	4	5	6	7	8	9
(ij)	11	22	33	23, 32	31, 13	12, 21
缩标	1	2	3	4	5	6

表 7.2　6mm 晶系材料常数矩阵

	S_{ij}	P_i	$P_{i,j}$
T_{ij}	$\begin{bmatrix} c_{11} & c_{12} & c_{13} & 0 & 0 & 0 \\ c_{12} & c_{11} & c_{13} & 0 & 0 & 0 \\ c_{13} & c_{13} & c_{33} & 0 & 0 & 0 \\ 0 & 0 & 0 & c_{44} & 0 & 0 \\ 0 & 0 & 0 & 0 & c_{44} & 0 \\ 0 & 0 & 0 & 0 & 0 & c_{66} \end{bmatrix}$	$\begin{bmatrix} 0 & 0 & f_{31} \\ 0 & 0 & f_{31} \\ 0 & 0 & f_{33} \\ 0 & f_{15} & 0 \\ f_{15} & 0 & 0 \\ 0 & 0 & 0 \end{bmatrix}$	$\begin{bmatrix} d_{11} & d_{12} & d_{31} & 0 & 0 & 0 & 0 & 0 & 0 \\ d_{12} & d_{11} & d_{31} & 0 & 0 & 0 & 0 & 0 & 0 \\ d_{13} & d_{13} & d_{33} & 0 & 0 & 0 & 0 & 0 & 0 \\ 0 & 0 & 0 & d_{44} & d_{54} & 0 & 0 & 0 & 0 \\ 0 & 0 & 0 & d_{54} & d_{44} & 0 & 0 & 0 & 0 \\ 0 & 0 & 0 & 0 & 0 & d_{86} & d_{86} \end{bmatrix}$
E_i	$\begin{bmatrix} 0 & 0 & 0 & 0 & f_{15} & 0 \\ 0 & 0 & 0 & f_{15} & 0 & 0 \\ f_{31} & f_{31} & f_{33} & 0 & 0 & 0 \end{bmatrix}$	$\begin{bmatrix} a_{11} & 0 & 0 \\ 0 & a_{22} & 0 \\ 0 & 0 & a_{33} \end{bmatrix}$	$\begin{bmatrix} 0 & 0 & 0 & 0 & -g_{25} & -g_{24} & 0 & 0 \\ 0 & 0 & 0 & g_{25} & g_{24} & 0 & 0 & 0 \\ g_{31} & g_{31} & g_{33} & 0 & 0 & 0 & 0 & 0 \end{bmatrix}$

	S_{ij}	P_i	$P_{i,j}$
E_{ij}	$\begin{bmatrix} d_{11} & d_{12} & d_{13} & 0 & 0 & 0 \\ d_{12} & d_{11} & d_{13} & 0 & 0 & 0 \\ d_{31} & d_{31} & d_{33} & 0 & 0 & 0 \\ 0 & 0 & 0 & d_{44} & 0 & 0 \\ 0 & 0 & 0 & d_{54} & 0 & 0 \\ 0 & 0 & 0 & 0 & d_{54} & 0 \\ 0 & 0 & 0 & 0 & d_{44} & 0 \\ 0 & 0 & 0 & 0 & 0 & d_{86} \\ 0 & 0 & 0 & 0 & 0 & d_{86} \end{bmatrix}$	$\begin{bmatrix} 0 & 0 & g_{31} \\ 0 & 0 & g_{31} \\ 0 & 0 & g_{33} \\ 0 & g_{25} & 0 \\ 0 & g_{24} & 0 \\ -g_{25} & 0 & 0 \\ -g_{24} & 0 & 0 \\ 0 & 0 & 0 \\ 0 & 0 & 0 \end{bmatrix}$	$\begin{bmatrix} b_{11} & b_{12} & b_{13} & 0 & 0 & 0 & 0 & 0 & 0 \\ b_{12} & b_{11} & b_{13} & 0 & 0 & 0 & 0 & 0 & 0 \\ b_{13} & b_{13} & b_{33} & 0 & 0 & 0 & 0 & 0 & 0 \\ 0 & 0 & 0 & b_{44} & b_{45} & 0 & 0 & 0 & 0 \\ 0 & 0 & 0 & b_{45} & b_{55} & 0 & 0 & 0 & 0 \\ 0 & 0 & 0 & 0 & 0 & b_{55} & b_{45} & 0 & 0 \\ 0 & 0 & 0 & 0 & 0 & b_{45} & b_{44} & 0 & 0 \\ 0 & 0 & 0 & 0 & 0 & 0 & 0 & b_{88} & b_{89} \\ 0 & 0 & 0 & 0 & 0 & 0 & 0 & 00 & b_{89} & b_{88} \end{bmatrix}$

$$c_{66}=(c_{11}-c_{12})/2 \qquad d_{86}=(d_{11}-d_{12})/2 \qquad b_{11}-b_{12}=b_{89}+b_{88}$$

7.4 基于 Toupin 型压电理论的多铁性基本方程

类似于 Toupin 型电介质理论，多铁性材料的能量密度 U 可写为

$$U = W(S_{ij}, P_i, H_i) - \frac{1}{2}\varepsilon_0 \varphi_{,i}\varphi_{,i} + \varphi_{,i}P_i \tag{7.34}$$

变形-极化-磁化能密度 W 为

$$W = \frac{1}{2}a_{ij}P_iP_j + \frac{1}{2}c_{ijkl}^p S_{kl}S_{ij} + f_{ijk}S_{ij}P_k - \frac{1}{2}\mu_{ij}^p H_iH_j - h_{ijk}^p S_{ij}H_k - \alpha_{ij}^p H_iP_j \tag{7.35}$$

其中，μ_{ij}^p、h_{ijk}^p 和 α_{ij}^p 分别是基于 Toupin 型电介质理论的磁导率、压磁系数和磁电系数。

设图 7.1 所示的区域 V 内为多铁性材料，对整个系统运用哈密顿变分原理可得

$$\delta\int_{t_0}^{t_1}\mathrm{d}t\int_{V+V'}\left(\frac{1}{2}\rho\dot{u}_i\dot{u}_i - U\right)\mathrm{d}V + \int_{t_0}^{t_1}\mathrm{d}t\left[\int_V\left(f_i\delta u_i + E_i^0\delta P_i + H_i^0\delta B_i\right)\mathrm{d}V + \int_s t_i\delta u_i\mathrm{d}S\right] = 0 \tag{7.36}$$

对式 (7.34) 两边取变分，可得

$$\delta U = T_{ij}\delta S_{ij} - E_i^L\delta P_i - \varepsilon_0\varphi_{,i}\delta\varphi_{,i} + P_i\delta\varphi_{,i} + \varphi_{,i}\delta P_i + B_i\delta\psi_{,i} \tag{7.37}$$

把式 (7.37) 右边的应变用位移表示，其中变分含有偏导数的项可以写为

$$
\begin{cases}
T_{ij}\delta S_{ij} = T_{ij}\delta u_{i,j} = -T_{ij,j}\delta u_i + \left(T_{ij}\delta u_i\right)_{,j} \\
-\varepsilon_0\varphi_{,i}\delta\varphi_{,i} = \varepsilon_0\varphi_{,ii}\delta\varphi - \varepsilon_0\left(\varphi_{,i}\varphi\right)_{,i} \\
P_i\delta\varphi_{,i} = -P_{i,i}\delta\varphi + \left(P_i\delta\varphi\right)_{,i} \\
-B_i\delta\psi_{,i} = -\left(B_i\delta\psi\right)_{,i} + B_{i,i}\delta\psi
\end{cases}
\tag{7.38}
$$

把式(7.38)代入式(7.37)，再代入哈密顿变分式(7.36)，可得

$$
\int_{t_0}^{t_1}\mathrm{d}t\int_{V+V'}\Big[\left(T_{ij,j}+f_i-\rho\ddot{u}_i\right)\delta u_i
$$
$$
+\left(\bar{E}_j-\varphi_{,j}+E_j^0\right)\delta P_j-\left(\varepsilon_0\varphi_{,ii}-P_{i,i}\right)\delta\varphi+B_{i,i}\delta\psi\Big]\mathrm{d}V
\tag{7.39}
$$
$$
+\int_s\Big[\left(t_i-n_jT_{ij}\right)\delta u_i+n_i\left(\varepsilon_0[\![\varphi_{,i}]\!]-P_i\right)\delta\varphi-n_iB_i\delta\psi\Big]\mathrm{d}S=0
$$

根据式(7.39)对任意可能状态都成立的条件，可得控制方程为

$$
\begin{cases}
T_{ij,j}+f_i-\rho\ddot{u}_i=0 \\
-\widehat{E}_i-\varphi_{,j}+E_j^0=0, \quad 在体内域V内 \\
\varepsilon_0\varphi_{,ii}-P_{i,i}=0 \\
B_{i,i}=0
\end{cases}
\tag{7.40}
$$

$$
\varepsilon_0\varphi_{,ii}=0, \quad 在真空域V'内
\tag{7.41}
$$

以及相应的自然边界条件为

$$
\begin{cases}
t_i-n_jT_{ij}=0 \\
n_i\left(\varepsilon_0[\![\varphi_{,i}]\!]-P_i\right)=0 \\
n_iB_i=0
\end{cases}
\tag{7.42}
$$

本构方程可由式(7.43)～式(7.45)给出，即

$$
T_{ij}=\frac{\partial W}{\partial S_{ij}}=c_{ijkl}^p S_{kl}+f_{ijk}P_k-h_{ijk}^p H_k
\tag{7.43}
$$

$$
\widehat{E}_i=\frac{\partial W}{\partial P_i}=f_{ijk}S_{kl}+a_{ij}P_j-\alpha_{ij}^p H_j
\tag{7.44}
$$

$$
B_i=-\frac{\partial W}{\partial H_i}=h_{ijk}^p S_{kj}+\alpha_{ij}^p P_j+\mu_{ij}^p H_j
\tag{7.45}
$$

基于 Toupin 型压电理论的多铁性材料本构方程中的材料常数与常用多铁性材料本构方程(2.4)～(2.6)中的材料常数之间的转换关系为

$$c_{ijkl} = c_{ijkl}^{p} - \varepsilon_0 \eta_{mn}^{S} f_{mij} f_{nkl}, \quad e_{ikl} = -\varepsilon_0 \eta_{ji}^{S} f_{jkl}$$

$$\varepsilon_{ij}^{S} = \varepsilon_0 \left(\delta_{ij} + \eta_{ij}^{S} \right), \quad h_{ijk} = h_{ijk}^{p} - \varepsilon_0 \eta_{lm}^{S} f_{ijl} \alpha_{mk}^{p}$$

$$\alpha_{ij} = \varepsilon_0 \eta_{ik}^{S} \alpha_{kj}^{p}, \quad \mu_{ij} = \mu_{ij}^{p} + \varepsilon_0 \eta_{kl}^{S} \alpha_{ik}^{p} \alpha_{lj}^{p}$$

式(7.5)～式(7.7)、式(7.40)、式(7.42)～式(7.45)构成了基于 Toupin 型压电理论的多铁性材料的三维方程。

7.5　基于 Toupin 型压电理论的多铁性简化结构理论

本节针对图 2.1 所示的多铁性层合结构，建立基于 Toupin 型压电理论的一阶简化结构理论。

7.5.1　位移模式和运动平衡方程

与第 2 章一样，把位移沿厚度坐标 x_3 展开，为

$$\begin{cases} u_a(x_1, x_2, x_3, t) = u_a^{(0)}(x_1, x_2, t) + x_3 u_a^{(1)}(x_1, x_2, t), \quad a = 1, 2 \\ u_3(x_1, x_2, x_3, t) = u_3^{(0)}(x_1, x_2, t) + x_3 u_3^{(1)}(x_1, x_2, t) + x_3^2 u_3^{(2)}(x_1, x_2, t) \end{cases} \tag{7.46}$$

根据应变-位移关系，应变可写为

$$S_{ij} = S_{ij}^{(0)} + x_3 S_{ij}^{(1)} \tag{7.47}$$

其中，零阶和一阶的应变-位移关系的具体表达式分别为

$$\begin{cases} S_{11}^{(0)} = u_{1,1}^{(0)}, \quad S_{22}^{(0)} = u_{2,2}^{(0)}, \quad S_{33}^{(0)} = u_3^{(1)} \\ 2S_{23}^{(0)} = u_{3,2}^{(0)} + u_2^{(1)}, \quad 2S_{31}^{(0)} = u_{3,1}^{(0)} + u_1^{(1)}, \quad 2S_{12}^{(0)} = u_{1,2}^{(0)} + u_{2,1}^{(0)} \end{cases} \tag{7.48}$$

和

$$\begin{cases} S_{11}^{(1)} = u_{1,1}^{(1)}, \quad S_{22}^{(1)} = u_{2,2}^{(1)}, \quad S_{33}^{(1)} = 2u_3^{(2)} \\ 2S_{23}^{(1)} = u_{3,2}^{(1)}, \quad 2S_{31}^{(1)} = u_{3,1}^{(1)}, \quad 2S_{12}^{(1)} = u_{1,2}^{(1)} + u_{2,1}^{(1)} \end{cases} \tag{7.49}$$

在运动平衡方程(7.1)两边同乘以 x_3^n （ $n = 0, 1$ ），并沿板厚积分可得

$$T_{ab,a}^{(0)} + t_b^{(0)} = \sum_{I=1}^{N} \rho^I \left[\left(h_I - h_{I-1} \right) \ddot{u}_b^{(0)} + \frac{h_I^2 - h_{I-1}^2}{2} \ddot{u}_b^{(1)} \right] \tag{7.50}$$

$$T_{a3,a}^{(0)} + t_3^{(0)} = \sum_{I=1}^{N} \rho^I \left(h_I - h_{I-1} \right) \ddot{u}_3^{(0)} \tag{7.51}$$

$$T_{ab,a}^{(1)} - T_{3b}^{(0)} + t_b^{(1)} = \sum_{I=1}^{N} \rho^I \left(\frac{h_I^2 - h_{I-1}^2}{2} \ddot{u}_b^{(0)} + \frac{h_I^3 - h_{I-1}^3}{3} \ddot{u}_b^{(1)} \right) \tag{7.52}$$

其中

$$T_{ij}^{(n)} = \int_{-h}^{h} x_3^n T_{ij} \mathrm{d}x_3, \quad t_i^{(n)} = \left[x_3^n T_{i3} \right]_{-h}^{h} \tag{7.53}$$

7.5.2　电势和极化强度的展开和电学方程

以第 I 层板为研究对象，引入局部坐标：

$$x_3^I = x_3 - \frac{h_I + h_{I-1}}{2} \tag{7.54}$$

板内电势分布和极化强度的展开式为

$$\varphi^I(x_1, x_2, x_3^I, t) = \varphi^{I(0)}(x_1, x_2, t) + x_3^I \varphi^{I(1)}(x_1, x_2, t) \tag{7.55}$$

$$P_i^I(x_1, x_2, x_3^I, t) = P_i^{I(0)}(x_1, x_2, t) + x_3^I P_i^{I(1)}(x_1, x_2, t) \tag{7.56}$$

相应的零阶和一阶电场为

$$E_1^{I(0)} = -\varphi_{,1}^{I(0)}, \quad E_2^{I(0)} = -\varphi_{,2}^{I(0)}, \quad E_3^{I(0)} = -\varphi^{I(1)} \tag{7.57}$$

$$E_1^{I(1)} = -\varphi_{,1}^{I(1)}, \quad E_2^{I(1)} = -\varphi_{,2}^{I(1)}, \quad E_3^{I(1)} = 0 \tag{7.58}$$

第 I 层的电学高斯方程为 $\varepsilon_0 \varphi_{,ii}^I - P_{i,i}^I = 0$，在其两边同乘以 x_3^n（$n = 0, 1$），再沿厚度积分，利用局部坐标与整体坐标之间的关系可得

$$\int_{-\bar{h}_I}^{\bar{h}_I} \left(\varepsilon_0 \varphi_{,ii}^I - P_{i,i}^I \right) \left(x_3^I \right)^n \mathrm{d}x_3^I = 0 \tag{7.59}$$

当 $n = 0$ 时，有

$$\varepsilon_0 \varphi_{,aa}^{I(0)} - P_{a,a}^{I(0)} - P_3^{I(1)} = 0 \tag{7.60}$$

当 $n = 1$ 时，有

$$\varepsilon_0 \varphi_{,aa}^{I(1)} - P_{a,a}^{I(1)} = 0 \tag{7.61}$$

在电位移表达式 $D_i = -\varepsilon_0 \phi_{,i} + P_i$ 的两边同乘以 x_3^n（$n = 0,1$），并沿厚度积分，可得零阶和一阶电位移为

$$\begin{cases} D_a^{I(0)} = -\left(h_I - h_{I-1}\right)\varepsilon_0 \varphi_{,a}^{I(0)} + \left(h_I - h_{I-1}\right)P_a^{I(0)} \\ D_3^{I(0)} = -\left(h_I - h_{I-1}\right)\varepsilon_0 \varphi^{I(1)} + \left(h_I - h_{I-1}\right)P_3^{I(0)} \end{cases} \tag{7.62}$$

$$D_a^{I(1)} = -\frac{2\left(h_I - h_{I-1}\right)^3}{3}\varepsilon_0 \varphi_{,a}^{I(1)} + \frac{2\left(h_I - h_{I-1}\right)^3}{3}P_a^{I(0)}, \quad D_3^{I(1)} = \frac{2\left(h_I - h_{I-1}\right)^3}{3}P_3^{I(1)} \tag{7.63}$$

其中，下标"a"取值为 1 和 2。

对于外加电场为零的情况，电场力的局部平衡条件为 $\widehat{E}_j + \varphi_{,j} = 0$。令 $G_j = -E_j^I + \varphi_{,j}$，在第 I 层的电场力局部平衡条件的两边同乘以 $\left(x_3^I\right)^n$（$n = 0,1$），沿厚度积分可得

$$G_j^{I(n)} = \int_{-\bar{h}_I}^{\bar{h}_I} \left(\widehat{E}_j^I + \varphi_{,j}^I\right)\left(x_3^I\right)^n \mathrm{d}x_3^I = 0 \tag{7.64}$$

把 $n = 0,1$ 和电势展开式(7.55)分别代入式(7.64)，整理可得到零阶简化结构理论的电场力局部平衡条件为

$$\begin{cases} G_a^{I(0)} = \widehat{E}_a^{I(0)} + \left(h_I - h_{I-1}\right)\varphi_{,a}^{I(0)} = 0 \\ G_3^{I(0)} = \widehat{E}_3^{I(0)} + \left(h_I - h_{I-1}\right)\varphi^{I(1)} = 0 \end{cases} \tag{7.65}$$

以及一阶简化结构理论的电场力局部平衡条件为

$$G_a^{I(1)} = \widehat{E}_a^{I(1)} + \frac{2}{3}\left(h_I - h_{I-1}\right)^3 \varphi_{,a}^{I(1)}, \quad G_3^{I(1)} = \widehat{E}_3^{I(1)} = 0 \tag{7.66}$$

其中

$$\widehat{E}_i^{I(n)} = \int_{-\bar{h}_I}^{\bar{h}_I} \widehat{E}_i^I \left(x_3^I\right)^n \mathrm{d}x_3^I \tag{7.67}$$

7.5.3　磁势展开和磁学方程

所有关于磁学量的方程与2.3.3节一样，这里不再赘述，只列出相应的公式。

对于第 I 层，磁势和磁场的展开式为

$$\psi^I(x_1,x_2,x_3^I,t) = \psi^{I(0)}(x_1,x_2,t) + x_3^I\psi^{I(1)}(x_1,x_2,t) \tag{7.68}$$

$$H_i^I = H_i^{I(0)} + x_3^I H_i^{I(1)} \tag{7.69}$$

其中

$$H_1^{I(0)} = -\psi_{,1}^{I(0)}, \quad H_2^{I(0)} = -\psi_{,2}^{I(0)}, \quad H_3^{I(0)} = -\psi^{I(1)} \tag{7.70}$$

$$H_1^{I(1)} = -\psi_{,1}^{I(1)}, \quad H_2^{I(1)} = -\psi_{,2}^{I(1)}, \quad H_3^{I(1)} = 0 \tag{7.71}$$

零阶和一阶简化结构理论的磁学高斯方程分别为

$$B_{a,a}^{I(0)} + b^{I(0)} = 0 \tag{7.72}$$

$$B_{a,a}^{I(1)} - B_3^{I(0)} + b^{I(1)} = 0 \tag{7.73}$$

其中

$$B_i^{I(n)} = \int_{-\bar{h}_I}^{\bar{h}_I} \left(x_3^I\right)^n B_i^I \, \mathrm{d}x_3^I, \quad b^{I(n)} = \left[\left(x_3^I\right)^n B_3^I\right]_{-\bar{h}_I}^{\bar{h}_I} \tag{7.74}$$

7.5.4　本构方程

对于薄板结构，有应力松弛条件 $T_{33}=0$，把其代入式(7.43)描述的本构方程，即

$$T_{33} = c_{33kl}^p S_{kl} + f_{33k}^p P_k - h_{33k}^p H_k = 0 \tag{7.75}$$

整理可得

$$S_{33} = -\frac{-c_{3333}^p S_{33} + c_{33kl}^p S_{kl} + f_{33k}^p P_k - h_{33k}^p H_k}{c_{3333}^p} \tag{7.76}$$

注意：式(7.76)展开后右侧不含 S_{33} 项。把式(7.76)回代到本构方程(7.43)～(7.45)中，整理可得

$$T_{ij} = \bar{c}_{ijkl} S_{kl} + \bar{f}_{ijk} P_k - \bar{h}_{ijk} H_k \tag{7.77}$$

$$\widehat{E}_i = \bar{f}_{ikl} S_{kl} + \bar{a}_{ik} P_k - \bar{\alpha}_{ik} H_k \tag{7.78}$$

$$B_i = \overline{h}_{kli}S_{kl} + \overline{\alpha}_{ik}P_k + \overline{\mu}_{ik}H_k \tag{7.79}$$

其中，等效材料常数为

$$\overline{c}_{ijkl} = c^p_{ijkl} - \frac{c^p_{ij33}c^p_{33kl}}{c^p_{3333}}, \quad \overline{f}_{ijk} = f_{ijk} - \frac{c^p_{ij33}f_{33k}}{c^p_{3333}}$$

$$\overline{a}_{ik} = a_{ik} - \frac{f_{33i}f_{33k}}{c^p_{3333}}, \quad \overline{h}_{ijk} = h_{ijk} - \frac{c^p_{ij33}h^p_{33k}}{c^p_{3333}}$$

$$\overline{\alpha}_{ik} = \alpha_{ik} - \frac{h^p_{33i}f_{33k}}{c^p_{3333}}, \quad \overline{\mu}_{ik} = \mu_{ik} + \frac{h^p_{33k}h^p_{33i}}{c^p_{3333}}$$

把式 (7.77) ~ 式 (7.79) 代入式 (7.53)，可得简化结构理论的应力表达式为

$$\begin{aligned}
T^{(n)}_{ij} = &\int_{-h}^{h} x_3^n \overline{c}_{ijkl}\left(S^{(0)}_{kl} + x_3 S^{(1)}_{kl}\right)\mathrm{d}x_3 \\
&+ \sum_{I=1}^{N}\int_{h_{I-1}}^{h_I} x_3^n\left[\overline{f}_{ijk}\left(P^{(0)}_k + x_3^I P^{(1)}_k\right) - \overline{h}_{ijk}\left(H^{(0)}_k + x_3^I H^{(1)}_k\right)\right]\mathrm{d}x_3
\end{aligned} \tag{7.80}$$

把 n 取 0 和 1 分别代入式 (7.80)，可得

$$T^{(0)}_{ij} = c^{(0)}_{ijkl}S^{(0)}_{kl} + c^{(1)}_{ijkl}S^{(1)}_{kl} + \sum_{I=1}^{N}\left[f^{I(0)}_{ijk}P^{I(0)}_k + f^{I(1)}_{ijk}P^{I(1)}_k - \left(h^{I(0)}_{ijk}H^{I(0)}_k + h^{I(1)}_{ijk}H^{I(1)}_k\right)\right] \tag{7.81}$$

和

$$T^{(1)}_{ij} = c^{(1)}_{ijkl}S^{(0)}_{kl} + c^{(2)}_{ijkl}S^{(1)}_{kl} + \sum_{I=1}^{N}\left[\overline{f}^{I(1)}_{ijk}P^{I(0)}_k + f^{I(2)}_{ijk}P^{I(1)}_k - \left(\overline{h}^{I(1)}_{ijk}H^{I(0)}_k + h^{I(2)}_{ijk}H^{I(1)}_k\right)\right] \tag{7.82}$$

其中，等效材料常数为

$$c^{(0)}_{ijkl} = \sum_{I=1}^{N}(h_I - h_{I-1})\overline{c}^I_{ijkl}, \quad c^{(1)}_{ijkl} = \sum_{I=1}^{N}\frac{h_I^2 - h_{I-1}^2}{2}\overline{c}^I_{ijkl}, \quad c^{(2)}_{ijkl} = \sum_{I=1}^{N}\frac{h_I^3 - h_{I-1}^3}{2}\overline{c}^I_{ijkl}$$

$$f^{I(0)}_{ijk} = \int_{h_{I-1}}^{h_I}\overline{f}^I_{ijk}\mathrm{d}x_3 = (h_I - h_{I-1})\overline{f}^I_{ijk}, \quad f^{I(1)}_{ijk} = \int_{h_{I-1}}^{h_I}x_3^I\overline{f}^I_{ijk}\mathrm{d}x_3 = 0$$

$$\overline{f}^{(1)}_{ijk} = \int_{h_{I-1}}^{h_I}x_3\overline{f}^I_{ijk}\mathrm{d}x_3 = \frac{h_I^2 - h_{I-1}^2}{2}\overline{f}^I_{ijk}, \quad f^{I(2)}_{ijk} = \int_{h_{I-1}}^{h_I}x_3x_3^I\overline{f}^I_{ijk}\mathrm{d}x_3 = \frac{(h_I - h_{I-1})^3}{12}\overline{f}^I_{ijk}$$

$$h_{ijk}^{I(0)} = \int_{h_{I-1}}^{h_I} \overline{f}_{ijk}^I \mathrm{d}x_3 = (h_I - h_{I-1})\overline{h}_{ijk}^I, \quad h_{ijk}^{I(1)} = \int_{h_{I-1}}^{h_I} x_3^I \overline{h}_{ijk}^I \mathrm{d}x_3 = 0$$

$$\overline{h}_{ijk}^{I(1)} = \int_{h_{I-1}}^{h_I} x_3 \overline{h}_{ijk}^I \mathrm{d}x_3 = \frac{h_I^2 - h_{I-1}^2}{2}\overline{h}_{ijk}^I, \quad h_{ijk}^{I(2)} = \int_{h_{I-1}}^{h_I} x_3 x_3^I \overline{h}_{ijk}^I \mathrm{d}x_3 = \frac{(h_I - h_{I-1})^3}{12}\overline{h}_{ijk}^I$$

把式 (7.78) 代入式 (7.67)，可得

$$\widehat{E}_i^{I(n)} = \int_{-\overline{h}_I}^{\overline{h}_I} (x_3^I)^n \left[\overline{f}_{ikl}^I \left(S_{kl}^{(0)} + x_3 S_{kl}^{(1)} \right) + \overline{a}_{ik}^I \left(P_k^I + x_3^I P_k^{I(1)} \right) - \overline{\alpha}_{ik}^I \left(H_k^{I(0)} + x_3^I H_k^{I(1)} \right) \right] \mathrm{d}x_3^I$$

$$(7.83)$$

在式 (7.83) 中分别取 n 为 0 和 1，可得

$$\widehat{E}_i^{I(0)} = f_{ikl}^{I(0)} S_{kl}^{(0)} + \overline{f}_{ikl}^{I(1)} S_{kl}^{(1)} + a_{ik}^{I(0)} P_k^{I(0)} + a_{ik}^{I(1)} P_k^{I(1)} - \left(\alpha_{ik}^{I(0)} H_k^{I(0)} + \alpha_{ik}^{I(1)} H_k^{I(1)} \right)$$

$$(7.84)$$

和

$$\widehat{E}_i^{I(1)} = f_{ikl}^{I(1)} S_{kl}^{(0)} + f_{ikl}^{I(2)} S_{kl}^{(1)} + a_{ik}^{I(1)} P_k^{I(0)} + a_{ik}^{I(2)} P_k^{I(1)} - \left(\alpha_{ik}^{I(1)} H_k^{I(0)} + \alpha_{ik}^{I(2)} H_k^{I(1)} \right)$$

$$(7.85)$$

其中，等效材料常数为

$$a_{ik}^{I(0)} = \int_{-\overline{h}_I}^{\overline{h}_I} \overline{a}_{ik}^I \mathrm{d}x_3^I = (h_I - h_{I-1})\overline{a}_{ik}^I, \quad a_{ik}^{I(1)} = \int_{-\overline{h}_I}^{\overline{h}_I} \overline{a}_{ik}^I x_3^I \mathrm{d}x_3^I = 0$$

$$a_{ik}^{I(2)} = \int_{-\overline{h}_I}^{\overline{h}_I} x_3^I x_3^I \overline{a}_{ik}^I \mathrm{d}x_3^I = \frac{(h_I - h_{I-1})^3}{12}\overline{a}_{ik}^I$$

$$\alpha_{ik}^{I(0)} = \int_{-\overline{h}_I}^{\overline{h}_I} \overline{\alpha}_{ik}^I \mathrm{d}x_3^I = (h_I - h_{I-1})\overline{\alpha}_{ik}^I, \quad \alpha_{ik}^{I(1)} = \int_{-\overline{h}_I}^{\overline{h}_I} \overline{\alpha}_{ik}^I x_3^I \mathrm{d}x_3^I = 0$$

$$\alpha_{ik}^{I(2)} = \int_{-\overline{h}_I}^{\overline{h}_I} x_3^I x_3^I \overline{\alpha}_{ik}^I \mathrm{d}x_3^I = \frac{(h_I - h_{I-1})^3}{12}\overline{\alpha}_{ik}^I$$

把式 (7.79) 代入式 (7.74)，可得

$$B_i^{I(n)} = \int_{-\overline{h}_I}^{\overline{h}_I} (x_3^I)^n \left[\overline{h}_{kli}^I \left(S_{kl}^{(0)} + x_3 S_{kl}^{(1)} \right) + \overline{\alpha}_{ik}^I \left(P_k^{I(0)} + x_3^I P_k^{I(1)} \right) + \overline{\mu}_{ik}^I \left(H_k^{I(0)} + x_3^I H_k^{I(1)} \right) \right] \mathrm{d}x_3^I$$

$$(7.86)$$

在式 (7.86) 中分别取 n 为 0 和 1，整理可得

$$B_i^{I(0)} = h_{kli}^{I(0)} S_{kl}^{(0)} + \overline{h}_{kli}^{I(1)} S_{kl}^{(1)} + \alpha_{ik}^{I(0)} P_k^{I(0)} + \alpha_{ik}^{I(1)} P_k^{I(1)} + \mu_{ik}^{I(0)} H_k^{I(0)} + \mu_{ik}^{I(1)} H_k^{I(1)}$$

$$(7.87)$$

和

$$B_i^{I(1)} = h_{kli}^{I(1)} S_{kl}^{(0)} + h_{kli}^{I(2)} S_{kl}^{(1)} + \alpha_{ik}^{I(1)} P_k^{I(0)} + \alpha_{ik}^{I(2)} P_k^{I(1)} + \mu_{ik}^{I(1)} H_k^{I(0)} + \mu_{ik}^{I(2)} H_k^{I(1)} \quad (7.88)$$

其中，等效材料常数为

$$\mu_{ik}^{I(0)} = \int_{-\bar{h}_I}^{\bar{h}_I} \bar{\mu}_{ik}^I \, \mathrm{d}x_3^I = (h_I - h_{I-1}) \bar{\mu}_{ik}^I, \quad \mu_{ik}^{I(1)} = \int_{-\bar{h}_I}^{\bar{h}_I} x_3^I \bar{\mu}_{ik}^I \, \mathrm{d}x_3^I = 0$$

$$\mu_{ik}^{I(2)} = \int_{-\bar{h}_I}^{\bar{h}_I} x_3^I x_3^I \bar{\mu}_{ik}^I \, \mathrm{d}x_3^I = \frac{(h_I - h_{I-1})^3}{12} \bar{\mu}_{ik}^I$$

7.6　考虑极化梯度的多铁性材料基本方程

本节给出考虑极化梯度的多铁性材料的三维方程。类似于 Mindlin 型极化梯度理论，多铁性材料的变形-极化-磁化能密度可表示为以应变、极化强度、极化梯度和磁场为自变量的函数 $W(S_{ij}, P_i, P_{j,i}, H_i)$。由此，多铁性材料的能量密度 U 为

$$U = W(S_{ij}, P_i, P_{j,i}, H_i) - \frac{1}{2}\varepsilon_0 \varphi_{,i} \varphi_{,i} + \varphi_{,i} P_i \quad (7.89)$$

变形-极化-磁化能密度 W 可写为

$$\begin{aligned}
W &= b_{ij}^0 P_{j,i} + \frac{1}{2} a_{ij} P_i P_j + \frac{1}{2} c_{ijkl}^p S_{kl} S_{ij} + \frac{1}{2} b_{ijkl} P_{l,k} P_{j,i} \\
&\quad + d_{ijkl} P_{j,i} S_{kl} + f_{ijk} S_{ij} P_k + g_{ijk} P_i P_{k,j} - \frac{1}{2}\mu_{ij}^p H_i H_j \\
&\quad - h_{ijk}^p S_{ij} H_k - l_{ijk} H_i P_{k,j} - \alpha_{ij}^p H_i P_j
\end{aligned} \quad (7.90)$$

仍以图 7.1 所示的系统为例，设区域 V 内为多铁性材料，由哈密顿变分原理可得

$$\delta \int_{t_0}^{t_1} \left[\int_{V'+V} \left(\frac{1}{2}\rho \dot{u}_i \dot{u}_i - U \right) \mathrm{d}V \right] \mathrm{d}t + \int_{t_0}^{t_1} \left[\int_V \left(f_i \delta u_i + E_i^0 \delta P_i + H_i^0 \delta B_i \right) \mathrm{d}V + \int_S t_i \delta u_i \mathrm{d}S \right] \mathrm{d}t = 0 \quad (7.91)$$

对式 (7.89) 两边取变分得

$$\delta U = T_{ij} \delta S_{ij} - E_i^L \delta P_i + E_{ij} \delta P_{j,i} - \varepsilon_0 \varphi_{,i} \delta \varphi_{,i} + P_i \delta \varphi_{,i} + \phi_{,i} \delta P_i + B_i \delta \psi_{,i} \quad (7.92)$$

式 (7.92) 右边的 $T_{ij}\delta S_{ij}$、$-\varepsilon_0 \varphi_{,i} \delta \varphi_{,i}$、$P_i \delta \varphi_{,i}$ 和 $B_i \delta \psi_{,i}$ 可分别写为

$$
\begin{cases}
T_{ij}\delta S_{ij} = T_{ij}\delta u_{i,j} = -T_{ij,j}\delta u_i + \left(T_{ij}\delta u_i\right)_{,j} \\
-\varepsilon_0\varphi_{,i}\delta\varphi_{,i} = \varepsilon_0\varphi_{,ii}\delta\varphi - \varepsilon_0\left(\varphi_{,i}\delta\varphi\right)_{,i} \\
P_i\delta\varphi_{,i} = -P_{i,i}\delta\varphi + \left(P_i\delta\varphi\right)_{,i} \\
B_i\delta\psi_{,i} = \left(B_i\delta\psi\right)_{,i} - B_{i,i}\delta\psi
\end{cases}
\tag{7.93}
$$

把式(7.93)代入式(7.92)，再代入式(7.91)，可得

$$
\begin{aligned}
& \int_{t_0}^{t_1}\mathrm{d}t\int_{V+V'}\left[\left(T_{ij,j}+f_i-\rho\ddot{u}_i\right)\delta u_i + \left(\bar{E}_j - \varphi_{,j} + E_{ij,i} + E_j^0\right)\delta P_j\right. \\
& \left.-\left(\varepsilon_0\varphi_{,ii}-P_{i,i}\right)\delta\varphi + B_{i,i}\delta\psi\right]\mathrm{d}V + \int_S\left[\left(t_i - n_jT_{ij}\right)\delta u_i\right. \\
& \left.+n_i\left(\varepsilon_0\llbracket\varphi_i\rrbracket - P_i\right)\delta\varphi - n_iE_{ij}\delta P_j - n_iB_i\delta\psi\right]\mathrm{d}S = 0
\end{aligned}
\tag{7.94}
$$

式(7.94)对任意可能状态都成立，由此可得考虑极化梯度的多铁性材料的控制方程为

$$
\begin{cases}
T_{ij,j}+f_i-\rho\ddot{u}_i = 0 \\
-\hat{E}_j - \varphi_{,j} + E_{ij,i} + E_j^0 = 0 \\
\varepsilon_0\varphi_{,ii}-P_{i,i} = 0 \\
B_{i,i} = 0
\end{cases}
\quad \text{在体内域 } V \text{ 内}
\tag{7.95}
$$

$$
\varepsilon_0\varphi_{,ii} = 0, \quad \text{在真空域 } V' \text{ 内}
\tag{7.96}
$$

以及相应的自然边界条件为

$$
\begin{cases}
t_i - n_jT_{ij} = 0 \\
n_i\left(\varepsilon_0\llbracket\varphi_i\rrbracket - P_i\right) = 0 \\
n_iB_i = 0 \\
n_iE_{ij} = 0
\end{cases}
\tag{7.97}
$$

可由式(7.90)给出本构方程为

$$
T_{ij} = \frac{\partial W}{\partial S_{ij}} = c_{ijkl}^p S_{kl} + f_{ijk}P_k + d_{ijkl}P_{l,k} - h_{ijk}^p H_k
\tag{7.98}
$$

$$
\hat{E}_i = \frac{\partial W}{\partial P_i} = f_{ikl}S_{kl} + a_{ij}P_j + g_{ijk}P_{k,j} - \alpha_{ij}^p H_j
\tag{7.99}
$$

$$E_{ij} = \frac{\partial W}{\partial P_{j,i}} = b_{ij}^0 + d_{ijkl}S_{kl} + g_{ijl}P_l + b_{ijkl}P_{l,k} - l_{ijk}H_k \tag{7.100}$$

$$B_i = -\frac{\partial W}{\partial H_i} = h_{kji}^p S_{kj} + \alpha_{ij}P_j + l_{ijk}P_{k,j} + \mu_{ij}^p H_j \tag{7.101}$$

上述的式(7.5)～式(7.7)、式(7.95)、式(7.97)～式(7.101)构成了考虑极化梯度的多铁性材料的三维基本方程。

7.7　考虑极化梯度的多铁性层合结构简化结构理论

7.6 节导出了考虑极化梯度的多铁性材料的三维基本方程，在此基础上，以图 2.1 所示的多铁性层合结构为例，建立考虑极化梯度的多铁性层合结构的二维简化结构理论。

7.7.1　位移模式和运动平衡方程

位移模式和运动平衡方程与 7.4.1 节完全一样，位移展开式为式(7.46)，应变表达式为式(7.47)～式(7.49)，运动平衡方程为式(7.50)～式(7.52)。为推导方便，重新列出这些表达式。位移展开式为

$$\begin{cases} u_a(x_1,x_2,x_3,t) = u_a^{(0)}(x_1,x_2,t) + x_3 u_a^{(1)}(x_1,x_2,t), \quad a=1,2 \\ u_3(x_1,x_2,x_3,t) = u_3^{(0)}(x_1,x_2,t) + x_3 u_3^{(1)}(x_1,x_2,t) + x_3^2 u_3^{(2)}(x_1,x_2,t) \end{cases} \tag{7.102}$$

应变表达式为

$$S_{ij} = S_{ij}^{(0)} + x_3 S_{ij}^{(1)} \tag{7.103}$$

其中

$$\begin{cases} S_{11}^{(0)} = u_{1,1}^{(0)}, \quad S_{22}^{(0)} = u_{2,2}^{(0)}, \quad S_{33}^{(0)} = u_3^{(1)} \\ 2S_{23}^{(0)} = u_{3,2}^{(0)} + u_2^{(1)}, \quad 2S_{31}^{(0)} = u_{3,1}^{(0)} + u_1^{(1)}, \quad 2S_{12}^{(0)} = u_{1,2}^{(0)} + u_{2,1}^{(0)} \end{cases} \tag{7.104}$$

$$\begin{cases} S_{11}^{(1)} = u_{1,1}^{(1)}, \quad S_{22}^{(1)} = u_{2,2}^{(1)}, \quad S_{33}^{(1)} = 2u_3^{(2)} \\ 2S_{23}^{(1)} = u_{3,2}^{(1)}, \quad 2S_{31}^{(1)} = u_{3,1}^{(1)}, \quad 2S_{12}^{(1)} = u_{1,2}^{(1)} + u_{2,1}^{(1)} \end{cases} \tag{7.105}$$

运动平衡方程为

$$T_{ab,a}^{(0)} + t_b^{(0)} = \sum_{I=1}^{N} \rho^I \left[\left(h_I - h_{I-1} \right) \ddot{u}_b^{(0)} + \frac{h_I^2 - h_{I-1}^2}{2} \ddot{u}_b^{(1)} \right] \tag{7.106}$$

$$T_{a3,a}^{(0)} + t_3^{(0)} = \sum_{I=1}^{N} \rho^I \left(h_I - h_{I-1} \right) \ddot{u}_3^{(0)} \tag{7.107}$$

$$T_{ab,a}^{(1)} - T_{3b}^{(0)} + t_b^{(1)} = \sum_{I=1}^{N} \rho^I \left(\frac{h_I^2 - h_{I-1}^2}{2} \ddot{u}_b^{(0)} + \frac{h_I^3 - h_{I-1}^3}{3} \ddot{u}_b^{(1)} \right) \tag{7.108}$$

其中

$$T_{ij}^{(n)} = \int_{-h}^{h} x_3^n T_{ij} \mathrm{d}x_3, \quad t_i^{(n)} = \left[x_3^n T_{i3} \right]_{-h}^{h} \tag{7.109}$$

7.7.2　电势和极化强度的展开和电学方程

与 7.5 节相比，在电学量中多了关于极化梯度的项。同样，以第 I 层板为研究对象，引入局部坐标：

$$x_3^I = x_3 - \frac{h_I + h_{I-1}}{2} \tag{7.110}$$

第 I 层内的电势和极化强度的展开式为

$$\varphi^I \left(x_1, x_2, x_3^I, t \right) = \varphi^{I(0)} \left(x_1, x_2, t \right) + x_3^I \varphi^{I(1)} \left(x_1, x_2, t \right) \tag{7.111}$$

$$P_i^I \left(x_1, x_2, x_3^I, t \right) = P_i^{I(0)} \left(x_1, x_2, t \right) + x_3^I P_i^{I(1)} \left(x_1, x_2, t \right) \tag{7.112}$$

相应地，零阶电场和一阶电场分别为

$$E_1^{I(0)} = -\varphi_{,1}^{I(0)}, \quad E_2^{I(0)} = -\varphi_{,2}^{I(0)}, \quad E_3^{I(0)} = -\varphi^{I(1)} \tag{7.113}$$

$$E_1^{I(1)} = -\varphi_{,1}^{I(1)}, \quad E_2^{I(1)} = -\varphi_{,2}^{I(1)}, \quad E_3^{I(1)} = 0 \tag{7.114}$$

零阶极化梯度和一阶极化梯度分别为

$$\begin{cases} \pi_{11}^{I(0)} = P_{1,1}^{I(0)}, & \pi_{12}^{I(0)} = P_{2,1}^{I(0)}, & \pi_{13}^{I(0)} = P_{3,1}^{I(0)} \\ \pi_{21}^{I(0)} = P_{1,2}^{I(0)}, & \pi_{22}^{I(0)} = P_{2,2}^{I(0)}, & \pi_{23}^{I(0)} = P_{3,2}^{I(0)} \\ \pi_{31}^{I(0)} = P_1^{I(1)}, & \pi_{32}^{I(0)} = P_2^{I(1)}, & \pi_{33}^{I(0)} = P_3^{I(1)} \end{cases} \tag{7.115}$$

$$\begin{cases} \pi_{11}^{I(1)} = P_{1,1}^{I(1)}, & \pi_{12}^{I(1)} = P_{2,1}^{I(1)}, & \pi_{13}^{I(1)} = P_{3,1}^{I(1)} \\ \pi_{21}^{I(1)} = P_{1,2}^{I(1)}, & \pi_{22}^{I(1)} = P_{2,2}^{I(1)}, & \pi_{23}^{I(1)} = P_{3,2}^{I(1)} \\ \pi_{31}^{I(1)} = 0, & \pi_{32}^{I(1)} = 0, & \pi_{33}^{I(1)} = 0 \end{cases} \tag{7.116}$$

第 I 层的准静态电学高斯方程为 $\varepsilon_0 \varphi_{,ii}^I - P_{i,i}^I = 0$，在其两边同乘以 x_3^n（$n = 0,1$），沿其厚度积分，利用式(7.110)可得

$$\int_{-\bar{h}_I}^{\bar{h}_I} \left(\varepsilon_0 \varphi_{,ii}^I - P_{i,i}^I \right) \left(x_3^I \right)^n \mathrm{d}x_3^I = 0 \tag{7.117}$$

当 $n = 0$ 时，有

$$\varepsilon_0 \varphi_{,aa}^{I(0)} - P_{a,a}^{I(0)} - P_3^{I(1)} = 0 \tag{7.118}$$

当 $n = 1$ 时，有

$$\varepsilon_0 \varphi_{,aa}^{I(1)} - P_{a,a}^{I(1)} = 0 \tag{7.119}$$

第 I 层的零阶和一阶电位移分量 $D_i^{I(n)}$，可由电位移矢量的本构方程（$D_i = -\varepsilon_0 \phi_{,i} + P_i$）两边同乘以 x_3^n（$n = 0,1$），再沿厚度积分得到，即

$$\begin{cases} D_a^{I(0)} = -\left(h_I - h_{I-1} \right) \varepsilon_0 \varphi_{,a}^{I(0)} + \left(h_I - h_{I-1} \right) P_a^{I(0)} \\ D_3^{I(0)} = -\left(h_I - h_{I-1} \right) \varepsilon_0 \varphi^{I(1)} + \left(h_I - h_{I-1} \right) P_3^{(0)} \end{cases} \tag{7.120}$$

$$\begin{cases} D_a^{I(1)} = -\dfrac{2\left(h_I - h_{I-1} \right)^3}{3} \varepsilon_0 \varphi_{,a}^{I(1)} + \dfrac{2\left(h_I - h_{I-1} \right)^3}{3} P_a^{I(0)} \\ D_3^{I(1)} = \dfrac{2\left(h_I - h_{I-1} \right)^3}{3} P_3^{I(1)} \end{cases} \tag{7.121}$$

其中，$a = 1,2$。

在没有外加电场的情况下，电场力的局部平衡条件为 $E_{ij,i} - \widehat{E}_j - \varphi_{,j} = 0$。令 $G_j = E_{ij,i} - \widehat{E}_j - \varphi_{,j}$，在第 I 层的电场力局部平衡条件两边同乘以 $\left(x_3^I \right)^n$（$n = 0,1$），沿厚度积分，即可得到简化结构理论的电场力局部平衡条件，为

$$G_j^{I(n)} = \int_{-\bar{h}_I}^{\bar{h}_I} \left(E_{ij,i}^I - \widehat{E}_j^I - \varphi_{,j}^I \right) \left(x_3^I \right)^n \mathrm{d}x_3^I = 0 \tag{7.122}$$

分别把 $n = 0,1$ 以及电势展开式(7.111)代入式(7.122)，整理可得

$$
\begin{cases}
G_a^{I(0)} = E_{ba,b}^{I(0)} + \hat{E}_{3a}^{I(0)} - \bar{E}_a^{I(0)} - \left(h_I - h_{I-1} \right) \varphi_{,a}^{I(0)} = 0 \\
G_3^{I(0)} = E_{b3,b}^{I(0)} + \hat{E}_{33}^{I(0)} - \bar{E}_3^{I(0)} - \left(h_I - h_{I-1} \right) \varphi^{I(1)} = 0
\end{cases}
\tag{7.123}
$$

和

$$
\begin{cases}
G_a^{I(1)} = E_{ba,b}^{I(1)} + \hat{E}_{3a}^{I(1)} - E_{3a}^{I(0)} - \bar{E}_a^{I(1)} - \dfrac{2}{3} \left(h_I - h_{I-1} \right)^3 \varphi_{,a}^{I(1)} = 0 \\
G_3^{I(1)} = E_{b3,b}^{I(1)} - E_{33}^{I(0)} + \hat{E}_{33}^{I(1)} - \bar{E}_3^{I(1)} = 0
\end{cases}
\tag{7.124}
$$

其中

$$
E_{ij}^{I(n)} = \int_{-\bar{h}_I}^{\bar{h}_I} E_{ij}^I \left(x_3^I \right)^n \mathrm{d}x_3^I, \quad \bar{E}_i^{I(n)} = \int_{-\bar{h}_I}^{\bar{h}_I} \hat{E}_i^I \left(x_3^I \right)^n \mathrm{d}x_3^I, \quad \hat{E}_{3i}^{I(n)} = \left[E_{3i}^I \left(x_3^I \right)^n \right]_{-\bar{h}_I}^{\bar{h}_I}
$$

$$
\tag{7.125}
$$

7.7.3　磁势展开和磁学方程

由于不考虑多铁性材料的磁化梯度，所有关于磁学量的方程完全与 2.3.3 节和 3.5.3 节一样，本节不再赘述，只列出相应的公式。第 I 层的磁势和磁场的展开式分别为

$$
\psi^I \left(x_1, x_2, x_3^I, t \right) = \psi^{I(0)} \left(x_1, x_2, t \right) + x_3^I \psi^{I(1)} \left(x_1, x_2, t \right)
\tag{7.126}
$$

$$
H_i^I = H_i^{I(0)} + x_3^I H_i^{I(1)}
\tag{7.127}
$$

展开后，各阶次的磁势与磁场之间的关系为

$$
H_1^{I(0)} = -\psi_{,1}^{I(0)}, \quad H_2^{I(0)} = -\psi_{,2}^{I(0)}, \quad H_3^{I(0)} = -\psi^{I(1)}
\tag{7.128}
$$

$$
H_1^{I(1)} = -\psi_{,1}^{I(1)}, \quad H_2^{I(1)} = -\psi_{,2}^{I(1)}, \quad H_3^{I(1)} = 0
\tag{7.129}
$$

零阶和一阶简化结构理论的磁学高斯方程为

$$
B_{a,a}^{I(0)} + b^{I(0)} = 0, \quad B_{a,a}^{I(1)} - B_3^{I(0)} + b^{I(1)} = 0
\tag{7.130}
$$

其中

$$
B_i^{I(n)} = \int_{-\bar{h}_I}^{\bar{h}_I} \left(x_3^I \right)^n B_i^I \mathrm{d}x_3^I, \quad b^{I(n)} = \left[\left(x_3^I \right)^n B_3^I \right]_{-\bar{h}_I}^{\bar{h}_I}
\tag{7.131}
$$

7.7.4　考虑极化梯度的简化结构理论的本构方程

前面已经导出了考虑极化梯度的多铁性材料的基本方程。接下来，推导考虑极化梯度的简化结构理论的本构方程。同样，对于薄板问题，应力松弛条件为 $T_{33}=0$，把其代入三维本构方程(7.98)，可得

$$T_{33}=c^p_{33kl}S_{kl}+d_{kl33}P_{l,k}+f_{33k}P_k-h^p_{33k}H_k=0 \tag{7.132}$$

整理可得到应变 S_{33} 的表达式为

$$S_{33}=-\frac{-c^p_{3333}S_{33}+c^p_{33kl}S_{kl}+d_{kl33}P_{l,k}+f_{33k}P_k-h^p_{33k}H_k}{c^p_{3333}} \tag{7.133}$$

式(7.133)右边的 S_{33} 分量已经自动消去。再把式(7.133)回代到式(7.98)~式(7.101)表示的本构方程中，整理可得

$$T_{ij}=\overline{c}_{ijkl}S_{kl}+\overline{f}_{ijk}P_k+\overline{d}_{klij}\pi_{kl}-\overline{h}_{ijk}H_k \tag{7.134}$$

$$\overline{E}_i=\overline{f}_{ikl}S_{kl}+\overline{a}_{ik}P_k+\overline{g}_{ikl}\pi_{kl}-\overline{\alpha}_{ik}H_k \tag{7.135}$$

$$E_{ij}=\overline{d}_{ijkl}S_{kl}+\overline{g}_{kij}P_k+\overline{b}_{ijkl}\pi_{kl}-\overline{l}_{kji}H_k+b^0_{ij} \tag{7.136}$$

$$B_i=\overline{h}_{kli}S_{kl}+\overline{\alpha}_{ik}P_k+\overline{l}_{ilk}\pi_{kl}+\overline{\mu}_{ik}H_k \tag{7.137}$$

其中，等效材料常数为

$$\overline{c}_{ijkl}=c^p_{ijkl}-\frac{c^p_{ij33}c^p_{33kl}}{c^p_{3333}},\quad \overline{f}_{ijk}=f_{ijk}-\frac{c^p_{ij33}f_{33k}}{c^p_{3333}}$$

$$\overline{d}_{klij}=d_{klij}-\frac{d_{kl33}c^p_{33ij}}{c^p_{3333}},\quad \overline{h}_{ijk}=h^p_{ijk}-\frac{c^p_{ij33}h^p_{33k}}{c^p_{3333}}$$

$$\overline{a}_{ik}=a_{ik}-\frac{f_{33i}f_{33k}}{c^p_{3333}},\quad \overline{g}_{ikl}=g_{ikl}-\frac{f_{33i}d_{33kl}}{c^p_{3333}}$$

$$\overline{\alpha}_{ik}=\alpha^p_{ik}-\frac{h^p_{33i}f_{33k}}{c^p_{3333}},\quad \overline{b}_{ijkl}=b_{ijkl}-\frac{d_{ij33}d_{33kl}}{c^p_{3333}}$$

$$\overline{l}_{kij}=l_{kij}-\frac{d_{ij33}h^p_{33k}}{c^p_{3333}},\quad \overline{\mu}_{ik}=\mu^p_{ik}+\frac{h^p_{33k}h^p_{33i}}{c^p_{3333}}$$

把式(7.134)~式(7.137)代入式(7.109)，可得到简化结构理论的应力表达式为

$$T_{ij}^{(n)} = \int_{-h}^{h} x_3^n \overline{c}_{ijkl} \left(S_{kl}^{(0)} + x_3 S_{kl}^{(1)} \right) \mathrm{d}x_3 + \sum_{I=1}^{N} \int_{h_{I-1}}^{h_I} x_3^n \left[\overline{f}_{ijk} \left(P_k^{I(0)} + x_3^I P_k^{I(1)} \right) \right.$$
$$\left. + \overline{d}_{ijkl} \left(\pi_{kl}^{I(0)} + x_3^I \pi_{kl}^{I(1)} \right) - \overline{h}_{ijk} \left(H_k^{I(0)} + x_3^I H_k^{I(1)} \right) \right] \mathrm{d}x_3 \tag{7.138}$$

在式 (7.138) 中分别取 n 为 0 和 1, 整理可得

$$T_{ij}^{(0)} = c_{ijkl}^{(0)} S_{kl}^{(0)} + c_{ijkl}^{(1)} S_{kl}^{(1)} + \sum_{I=1}^{N} \left(f_{ijk}^{I(0)} P_k^{I(0)} + f_{ijk}^{I(1)} P_k^{I(1)} + d_{ijkl}^{I(0)} \pi_{kl}^{I(0)} \right.$$
$$\left. + d_{ijkl}^{I(1)} \pi_{kl}^{I(1)} - h_{ijk}^{I(0)} H_k^{I(0)} - h_{ijk}^{I(1)} H_k^{I(1)} \right) \tag{7.139}$$

和

$$T_{ij}^{(1)} = c_{ijkl}^{(1)} S_{kl}^{(0)} + c_{ijkl}^{(2)} S_{kl}^{(1)} + \sum_{I=1}^{N} \left(\overline{f}_{ijk}^{I(1)} P_k^{I(0)} + f_{ijk}^{I(2)} P_k^{I(1)} + \overline{d}_{ijkl}^{I(1)} \pi_{kl}^{I(0)} \right.$$
$$\left. + d_{ijkl}^{I(2)} \pi_{kl}^{I(1)} - \overline{h}_{ijk}^{I(1)} H_k^{I(0)} - h_{ijk}^{I(2)} H_k^{I(1)} \right) \tag{7.140}$$

其中, 等效材料常数为

$$c_{ijkl}^{(0)} = \sum_{I=1}^{N} \left(h_I - h_{I-1} \right) \overline{c}_{ijkl}^I, \quad c_{ijkl}^{(1)} = \sum_{I=1}^{N} \frac{h_I^2 - h_{I-1}^2}{2} \overline{c}_{ijkl}^I, \quad c_{ijkl}^{(2)} = \sum_{I=1}^{N} \frac{h_I^3 - h_{I-1}^3}{2} \overline{c}_{ijkl}^I$$

$$f_{ijk}^{I(0)} = \int_{h_{I-1}}^{h_I} \overline{f}_{ijk}^I \mathrm{d}x_3 = \left(h_I - h_{I-1} \right) \overline{f}_{ijk}^I, \quad f_{ijk}^{I(1)} = \int_{h_{I-1}}^{h_I} x_3^I \overline{f}_{ijk}^I \mathrm{d}x_3 = 0$$

$$\overline{f}_{ijk}^{I(1)} = \int_{h_{I-1}}^{h_I} x_3 \overline{f}_{ijk}^I \mathrm{d}x_3 = \frac{h_I^2 - h_{I-1}^2}{2} \overline{f}_{ijk}^I, \quad f_{ijk}^{I(2)} = \int_{h_{I-1}}^{h_I} x_3 x_3^I \overline{f}_{ijk}^I \mathrm{d}x_3 = \frac{\left(h_I - h_{I-1} \right)^3}{12} \overline{f}_{ijk}^I$$

$$d_{ijkl}^{I(0)} = \int_{h_{I-1}}^{h_I} \overline{d}_{ijkl}^I \mathrm{d}x_3 = \left(h_I - h_{I-1} \right) \overline{d}_{ijkl}^I, \quad d_{ijkl}^{I(1)} = \int_{h_{I-1}}^{h_I} x_3^I \overline{d}_{ijkl}^I \mathrm{d}x_3 = 0$$

$$\overline{d}_{ijkl}^{I(1)} = \int_{h_{I-1}}^{h_I} x_3 \overline{d}_{ijkl}^I \mathrm{d}x_3 = \frac{h_I^2 - h_{I-1}^2}{2} \overline{d}_{ijkl}^I, \quad d_{ijkl}^{I(2)} = \int_{h_{I-1}}^{h_I} x_3 x_3^I \overline{d}_{ijkl}^I \mathrm{d}x_3 = \frac{\left(h_I - h_{I-1} \right)^3}{12} \overline{d}_{ijkl}^I$$

$$h_{ijk}^{I(0)} = \int_{h_{I-1}}^{h_I} \overline{f}_{ijk}^I \mathrm{d}x_3 = \left(h_I - h_{I-1} \right) \overline{h}_{ijk}^I, \quad h_{ijk}^{I(1)} = \int_{h_{I-1}}^{h_I} x_3^I \overline{h}_{ijk}^I \mathrm{d}x_3 = 0$$

$$\overline{h}_{ijk}^{I(1)} = \int_{h_{I-1}}^{h_I} x_3 \overline{h}_{ijk}^I \mathrm{d}x_3 = \frac{h_I^2 - h_{I-1}^2}{2} \overline{h}_{ijk}^I, \quad h_{ijk}^{I(2)} = \int_{h_{I-1}}^{h_I} x_3 x_3^I \overline{h}_{ijk}^I \mathrm{d}x_3 = \frac{\left(h_I - h_{I-1} \right)^3}{12} \overline{h}_{ijk}^I$$

把式 (7.135) 代入式 (7.125), 可得到考虑极化梯度的多铁性简化结构理论的电

学量的表达式为

$$
\begin{aligned}
\widehat{E}_i^{I(n)} = \int_{-\bar{h}_I}^{\bar{h}_I} \left(x_3^I\right)^n \Big[&\bar{f}_{ikl}^I \left(S_{kl}^{(0)} + x_3 S_{kl}^{(1)}\right) + \bar{a}_{ik}^I \left(P_k^I + x_3^I P_k^{I(1)}\right) \\
&+ \bar{g}_{ikl}^I \left(\pi_{kl}^{I(0)} + x_3^I \pi_{kl}^{I(1)}\right) - \bar{\alpha}_{ik}^I \left(H_k^{I(0)} + x_3^I H_k^{I(1)}\right) \Big] \mathrm{d}x_3^I
\end{aligned}
\tag{7.141}
$$

$$
\begin{aligned}
E_{ij}^{I(n)} = \int_{-\bar{h}_I}^{\bar{h}_I} \left(x_3^I\right)^n \Big[&\bar{d}_{klij} \left(S_{kl}^{(0)} + x_3 S_{kl}^{(1)}\right) + \bar{g}_{kij} \left(P_k^I + x_3^I P_k^{I(1)}\right) \\
&+ \bar{b}_{ijkl} \left(\pi_{kl}^{I(0)} + x_3^I \pi_{kl}^{I(1)}\right) - \bar{l}_{kij} \left(H_k^{I(0)} + x_3^I H_k^{I(1)}\right) + b_{ij}^0 \Big] \mathrm{d}x_3^I
\end{aligned}
\tag{7.142}
$$

同样，在式(7.141)和式(7.142)中分别取 n 为 0 和 1，整理可得

$$
\begin{aligned}
\widehat{E}_i^{I(0)} = &f_{ikl}^{I(0)} S_{kl}^{(0)} + \bar{f}_{ikl}^{I(1)} S_{kl}^{(1)} + a_{ik}^{I(0)} P_k^{I(0)} + a_{ik}^{I(1)} P_k^{I(1)} \\
&+ g_{ikl}^{I(0)} \pi_{kl}^{I(0)} + g_{ikl}^{I(1)} \pi_{kl}^{I(1)} - \alpha_{ik}^{I(0)} H_k^{I(0)} - \alpha_{ik}^{I(1)} H_k^{I(1)}
\end{aligned}
\tag{7.143}
$$

$$
\begin{aligned}
E_{ij}^{I(0)} = &d_{klij}^{I(0)} S_{kl}^{(0)} + \bar{d}_{klij}^{I(1)} S_{kl}^{(1)} + g_{kij}^{(0)} P_k^{I(0)} + g_{kij}^{(1)} P_k^{I(1)} \\
&+ b_{ijkl}^{I(0)} \pi_{kl}^{I(0)} + b_{ijkl}^{I(1)} \pi_{kl}^{I(1)} - l_{kij}^{I(0)} H_k^{I(0)} - l_{kij}^{I(1)} H_k^{I(1)} + b_{ij}^{I(0)}
\end{aligned}
\tag{7.144}
$$

和

$$
\begin{aligned}
\widehat{E}_i^{I(1)} = &f_{ikl}^{I(1)} S_{kl}^{(0)} + f_{ikl}^{I(2)} S_{kl}^{(1)} + a_{ik}^{I(1)} P_k^{I(0)} + a_{ik}^{I(2)} P_k^{I(1)} \\
&+ g_{ikl}^{I(1)} \pi_{kl}^{I(0)} + g_{ikl}^{I(2)} \pi_{kl}^{I(1)} - \alpha_{ik}^{I(1)} H_k^{I(0)} - \alpha_{ik}^{I(2)} H_k^{I(1)}
\end{aligned}
\tag{7.145}
$$

$$
\begin{aligned}
E_{ij}^{I(1)} = &d_{klij}^{I(1)} S_{kl}^{(0)} + d_{klij}^{I(2)} S_{kl}^{(1)} + g_{kij}^{I(1)} P_k^{I(0)} + g_{kij}^{I(2)} P_k^{I(1)} \\
&+ b_{ijkl}^{I(1)} \pi_{kl}^{I(0)} + b_{ijkl}^{I(2)} \pi_{kl}^{I(1)} - l_{kij}^{I(1)} H_k^{I(0)} - l_{kij}^{I(2)} H_k^{I(1)} + b_{ij}^{I(1)}
\end{aligned}
\tag{7.146}
$$

在式(7.143)～式(7.146)中，相应的等效材料常数为

$$
a_{ik}^{I(0)} = \int_{-\bar{h}_I}^{\bar{h}_I} \bar{a}_{ik}^I \mathrm{d}x_3^I = \left(h_I - h_{I-1}\right) \bar{a}_{ik}^I, \quad a_{ik}^{I(1)} = \int_{-\bar{h}_I}^{\bar{h}_I} \bar{a}_{ik}^I x_3^I \mathrm{d}x_3^I = 0
$$

$$
a_{ik}^{I(2)} = \int_{-\bar{h}_I}^{\bar{h}_I} x_3^I x_3^I \bar{a}_{ik}^I \mathrm{d}x_3^I = \frac{\left(h_I - h_{I-1}\right)^3}{12} \bar{a}_{ik}^I
$$

$$
g_{ikl}^{I(0)} = \int_{-\bar{h}_I}^{\bar{h}_I} \bar{g}_{ikl}^I \mathrm{d}x_3^I = \left(h_I - h_{I-1}\right) \bar{g}_{ikl}^I, \quad g_{ikl}^{I(1)} = \int_{-\bar{h}_I}^{\bar{h}_I} \bar{g}_{ikl}^I x_3^I \mathrm{d}x_3^I = 0
$$

$$
g_{ikl}^{I(2)} = \int_{-\bar{h}_I}^{\bar{h}_I} x_3^I x_3^I \bar{g}_{ikl}^I \mathrm{d}x_3^I = \frac{\left(h_I - h_{I-1}\right)^3}{12} \bar{g}_{ikl}^I
$$

$$\alpha_{ik}^{I(0)} = \int_{-\bar{h}_I}^{\bar{h}_I} \bar{\alpha}_{ik}^I \mathrm{d}x_3^I = (h_I - h_{I-1})\bar{\alpha}_{ik}^I, \quad \alpha_{ik}^{I(1)} = \int_{-\bar{h}_I}^{\bar{h}_I} \bar{\alpha}_{ik}^I x_3^I \mathrm{d}x_3^I = 0$$

$$\alpha_{ik}^{I(2)} = \int_{-\bar{h}_I}^{\bar{h}_I} x_3^I x_3^I \bar{\alpha}_{ik}^I \mathrm{d}x_3^I = \frac{(h_I - h_{I-1})^3}{12}\bar{\alpha}_{ik}^I$$

$$b_{ijkl}^{I(0)} = \int_{-\bar{h}_I}^{\bar{h}_I} \bar{b}_{ijkl}^I \mathrm{d}x_3^I = (h_I - h_{I-1})\bar{b}_{ijkl}^I, \quad b_{ijkl}^{I(1)} = \int_{-\bar{h}_I}^{\bar{h}_I} \bar{b}_{ijkl}^I x_3^I \mathrm{d}x_3^I = 0$$

$$b_{ijkl}^{I(2)} = \int_{-\bar{h}_I}^{\bar{h}_I} \bar{b}_{ijkl}^I x_3^I x_3^I \mathrm{d}x_3^I = \frac{(h_I - h_{I-1})^3}{12}\bar{b}_{ijkl}^I$$

$$l_{kji}^{I(0)} = \int_{-\bar{h}_I}^{\bar{h}_I} \bar{l}_{kji}^I \mathrm{d}x_3^I = (h_I - h_{I-1})\bar{l}_{kji}^I, \quad l_{kji}^{I(1)} = \int_{-\bar{h}_I}^{\bar{h}_I} x_3^I \bar{l}_{kji}^I \mathrm{d}x_3^I = 0$$

$$l_{kji}^{I(2)} = \int_{-\bar{h}_I}^{\bar{h}_I} \bar{l}_{kji}^I x_3^I x_3^I \mathrm{d}x_3^I = \frac{(h_I - h_{I-1})^3}{12}\bar{l}_{kji}^I$$

$$b_{ij}^{I(0)} = \int_{-\bar{h}_I}^{\bar{h}_I} b_{ij}^{0I} \mathrm{d}x_3^I = (h_I - h_{I-1})b_{ij}^{0I}, \quad b_{ij}^{I(1)} = \int_{-\bar{h}_I}^{\bar{h}_I} b_{ij}^{0I} x_3^I \mathrm{d}x_3^I = 0$$

同样，把式 (7.137) 代入磁感应强度表达式 (7.131)，可得

$$\begin{aligned} B_i^{I(n)} = \int_{-\bar{h}_I}^{\bar{h}_I} \left(x_3^I\right)^n &\left[\bar{h}_{kli}^I \left(S_{kl}^{(0)} + x_3 S_{kl}^{(1)} \right) + \bar{\alpha}_{ik}^I \left(P_k^{I(0)} + x_3^I P_k^{I(1)} \right) \right. \\ &\left. + \bar{l}_{ikl}^I \left(\pi_{kl}^{I(0)} + x_3^I \pi_{kl}^{I(1)} \right) + \bar{\mu}_{ik}^I \left(H_k^{I(0)} + x_3^I H_k^{I(1)} \right) \right] \mathrm{d}x_3^I \end{aligned} \tag{7.147}$$

在式 (7.147) 中分别取 n 为 0 和 1，整理可得

$$\begin{aligned} B_i^{I(0)} = {}&h_{kli}^{I(0)} S_{kl}^{(0)} + \bar{h}_{kli}^{I(1)} S_{kl}^{(1)} + \alpha_{ik}^{I(0)} P_k^{I(0)} + \alpha_{ik}^{I(1)} P_k^{I(1)} \\ &+ l_{ikl}^{I(0)} \pi_{kl}^{I(0)} + l_{ikl}^{I(1)} \pi_{kl}^{I(1)} + \mu_{ik}^{I(0)} H_k^{I(0)} + \mu_{ik}^{I(1)} H_k^{I(1)} \end{aligned} \tag{7.148}$$

和

$$\begin{aligned} B_i^{I(1)} = {}&h_{kli}^{I(1)} S_{kl}^{(0)} + h_{kli}^{I(2)} S_{kl}^{(1)} + \alpha_{ik}^{I(1)} P_k^{I(0)} + \alpha_{ik}^{I(2)} P_k^{I(1)} \\ &+ l_{ilk}^{I(1)} \pi_{kl}^{I(0)} + l_{ilk}^{I(2)} \pi_{kl}^{I(1)} + \mu_{ik}^{I(1)} H_k^{I(0)} + \mu_{ik}^{I(2)} H_k^{I(1)} \end{aligned} \tag{7.149}$$

其中

$$\mu_{ik}^{I(0)} = \int_{-\bar{h}_I}^{\bar{h}_I} \bar{\mu}_{ik}^I \mathrm{d}x_3^I = (h_I - h_{I-1})\bar{\mu}_{ik}^I, \quad \mu_{ik}^{I(1)} = \int_{-\bar{h}_I}^{\bar{h}_I} x_3^I \bar{\mu}_{ik}^I \mathrm{d}x_3^I = 0$$

$$\mu_{ik}^{I(2)} = \int_{-\bar{h}_I}^{\bar{h}_I} x_3^I x_3^I \bar{\mu}_{ik}^I \mathrm{d}x_3^I = \frac{(h_I - h_{I-1})^3}{12}\bar{\mu}_{ik}^I$$

至此，建立了考虑极化梯度的多铁性简化结构理论。其中，式(7.106)～式(7.108)、式(7.118)～式(7.130)是相应的控制方程，式(7.139)、式(7.140)、式(7.143)～式(7.149)构成了相应的本构方程。

7.8　夹芯型层合板结构磁电效应分析

前面 7.5 节和 7.7 节分别导出了 Toupin 型和 Mindlin 型极化梯度的多铁性材料结构的简化结构理论。为研究极化梯度对结构磁电效应的影响，本节以如图 7.2 所示的夹芯型层合(压磁/压电/压磁)板结构为例，分别导出其在恒磁场作用下，考虑和不考虑极化梯度两种情况下磁电效应的解析表达式。图 7.2 所示结构的上下两层为等厚($h-h'$)的压磁材料(如 $CoFe_2O_4$ 等)，中间层为压电材料(如 $BaTiO_3$ 等)，厚度为 $2h'$。图中黑色粗线表示电极，忽略其刚度和质量的影响。压磁层极化沿坐标 x_1 方向，压电层极化沿坐标 x_3 方向。作为算例，这里仅考虑结构两端力学自由边界条件和电学开路条件的情况。为方便分析，考虑广义平面应变问题，即所有物理量与坐标 x_2 无关。在恒磁场 H_1 作用下，假设结构只发生纯伸缩模式的变形。在下面的推导过程中，材料常数和相应的等效材料常数均使用缩标形式，缩标规则见表 7.1。

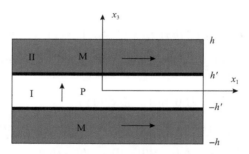

图 7.2　夹芯型层合板结构

7.8.1　不考虑极化梯度

对于不考虑极化梯度的情况，采用 7.5 节建立的 Toupin 型简化结构理论，结构中的电位移为

$$D_3^{(0)} = 2h'\left(-\varepsilon_0\varphi^{(1)} + P_3^{(0)}\right) \tag{7.150}$$

轴向拉力为

$$T_{11}^{(0)} = c_{11}^{(0)}S_{11}^{(0)} + f_{13}^{(0)}P_3^{(0)} - h_{11}^{(0)}H_1^{(0)} \tag{7.151}$$

其中

$$c_{11}^{(0)} = 2h'\overline{c}_{11}^{\mathrm{I}} + 2(h - h')\overline{c}_{11}^{\mathrm{II}}, \quad f_{13}^{(0)} = 2h'\overline{f}_{13}^{\mathrm{I}}, \quad h_{11}^{(0)} = 2(h - h')\overline{h}_{11}^{\mathrm{II}} \tag{7.152}$$

$$\overline{c}_{11}^{\mathrm{I}} = c_{11}^{p\mathrm{I}} - \frac{c_{13}^{p\mathrm{I}} c_{31}^{p\mathrm{I}}}{c_{33}^{p\mathrm{I}}}, \quad \overline{c}_{11}^{\mathrm{II}} = c_{33}^{\mathrm{II}} - \frac{c_{13}^{\mathrm{II}} c_{31}^{\mathrm{II}}}{c_{11}^{\mathrm{II}}}$$

$$\overline{f}_{13}^{\mathrm{I}} = f_{13}^{\mathrm{I}} - \frac{f_{33}^{\mathrm{I}} c_{31}^{p\mathrm{I}}}{c_{33}^{p\mathrm{I}}}, \quad \overline{h}_{11}^{\mathrm{II}} = h_{11}^{\mathrm{II}} - \frac{h_{31}^{\mathrm{II}} c_{31}^{\mathrm{II}}}{c_{11}^{\mathrm{II}}} \tag{7.153}$$

静力平衡方程为

$$T_{11,1}^{(0)} = 0 \tag{7.154}$$

两端的力学自由边界条件为

$$T_{11}^{(0)} = 0 \tag{7.155}$$

由电学开路条件和电学高斯方程可知

$$D_3^{(0)} = 0 \tag{7.156}$$

局部静电力平衡条件为

$$\widehat{E}_3^{(0)} + 2h'\varphi^{(1)} = 0 \tag{7.157}$$

其中

$$\widehat{E}_3^{(0)} = f_{31}^{(0)} S_{11}^{(0)} + a_{33}^{(0)} P_3^{(0)} \tag{7.158}$$

其中，$a_{33}^{(0)} = 2h'\overline{a}_{33}^{\mathrm{I}}$，$\overline{a}_{33}^{\mathrm{I}} = a_{33}^{\mathrm{I}} - f_{33}^{\mathrm{I}} h_{11}^{\mathrm{II}}/c_{33}^{p\mathrm{I}}$。

　　由于所考虑的材料具有 6mm 对称性，所以有 $f_{31}^{(0)} = f_{13}^{(0)}$。由式 (7.154)、式 (7.155) 和式 (7.151) 可得

$$c_{11}^{(0)} S_{11}^{(0)} + f_{13}^{(0)} P_3^{(0)} - h_{11}^{(0)} H_1^{(0)} = 0 \tag{7.159}$$

　　利用电场和电势之间的关系 (7.113)，即 $E_3^{(0)} = -\varphi^{(1)}$，式 (7.150) 可转换为

$$P_3^{(0)} = -\varepsilon_0 E_3^{(0)} \tag{7.160}$$

　　由式 (7.157)、式 (7.158) 和式 (7.160) 可得

$$S_{11}^{(0)} = \frac{\varepsilon_0 a_{33}^{(0)} + 2h'}{f_{13}^{(0)}} E_3^{(0)} \tag{7.161}$$

把式(7.160)和式(7.161)代入式(7.159)，可得

$$\left[\frac{c_{11}^{(0)} \left(\varepsilon_0 a_{33}^{(0)} + 2h' \right)}{f_{13}^{(0)}} - \varepsilon_0 f_{13}^{(0)} \right] E_3^{(0)} - h_{11}^{(0)} H_1^{(0)} = 0 \tag{7.162}$$

由式(7.162)可得 $E_3^{(0)}$ 和磁场 $H_1^{(0)}$ 之间的关系，即结构的磁电效应为

$$\alpha = \frac{E_3^{(0)}}{H_1^{(0)}} = \frac{h_{11}^{(0)} f_{13}^{(0)}}{c_{11}^{(0)} \left(\varepsilon_0 a_{33}^{(0)} + 2h' \right) - \varepsilon_0 f_{13}^{(0)} f_{13}^{(0)}} \tag{7.163}$$

此外，也可利用式(7.160)的关系，把式(7.163)改写成 $P_3^{(0)}$ 和磁场 $H_1^{(0)}$ 之间的关系，即

$$\frac{P_3^{(0)}}{H_1^{(0)}} = \frac{-\varepsilon_0 E_3^{(0)}}{H_1^{(0)}} = -\frac{h_{11}^{(0)} f_{13}^{(0)}}{c_{11}^{(0)} \left(a_{33}^{(0)} + 2h' / \varepsilon_0 \right) - f_{13}^{(0)} f_{13}^{(0)}} \tag{7.164}$$

7.8.2 考虑极化梯度

对于考虑极化梯度的情况，采用 7.7 节所建立的考虑极化梯度的简化结构理论，结构的运动平衡方程为

$$T_{11,1}^{(0)} = 0 \tag{7.165}$$

两端的力学自由边界条件为

$$T_{11}^{(0)} = 0 \tag{7.166}$$

电位移表达式为

$$D_3^{(0)} = 2h' \left(-\varepsilon_0 \phi^{(1)} + P_3^{(0)} \right) \tag{7.167}$$

由电学开路条件和电学高斯方程可知

$$D_3^{(0)} = 0 \tag{7.168}$$

此外，还有高阶电学量的电学边界条件为

$$n_i E_{ij}^{(0)} = 0 \tag{7.169}$$

轴向拉力为

$$T_{11}^{(0)} = c_{11}^{(0)} S_{11}^{(0)} + f_{31}^{(0)} P_3^{(0)} - h_{11}^{(0)} H_1^{(0)} \tag{7.170}$$

由式(7.165)、式(7.166)和式(7.170)可得

$$T_{11}^{(0)} = c_{11}^{(0)} S_{11}^{(0)} + f_{31}^{(0)} P_3^{(0)} - h_{11}^{(0)} H_1^{(0)} = 0 \tag{7.171}$$

由于所有物理量只与 x_1 有关，所以局部电场力平衡条件为

$$G_1^{(0)} = E_{11,1}^{(0)} - \widehat{E}_1^{(0)} - 2h' \varphi_{,1}^{(0)} = 0 \tag{7.172}$$

$$G_2^{(0)} = E_{12,1}^{(0)} - \widehat{E}_2^{(0)} = 0 \tag{7.173}$$

$$G_3^{(0)} = E_{13,1}^{(0)} - \widehat{E}_3^{(0)} - 2h' \varphi^{(1)} = 0 \tag{7.174}$$

压电层极化沿 x_3 方向，所以有 $P_1 = P_2 = 0$ 和 $\varphi_{,1}^{(0)} = 0$。对于具有 6mm 对称性的晶体材料，有如下关系：

$$\widehat{E}_1^{(0)} = 0 \tag{7.175}$$

$$\widehat{E}_2^{(0)} = 0 \tag{7.176}$$

$$E_{12}^{(0)} = 0 \tag{7.177}$$

$$E_{13}^{(0)} = 0 \tag{7.178}$$

$$\widehat{E}_3^{(0)} = f_{31}^{(0)} S_{11}^{(0)} + a_{33}^{(0)} P_3^{(0)} + g_{33}^{(0)} \pi_{33}^{(0)} \tag{7.179}$$

$$E_{11}^{(0)} = d_{11}^{(0)} S_{11}^{(0)} + g_{31}^{(0)} P_3^{(0)} + b_{13}^{(0)} \pi_{33}^{(0)} \tag{7.180}$$

其中

$$g_{33}^{(0)} = 2h' \overline{g}_{33}^{\mathrm{I}}, \quad g_{31}^{(0)} = 2h' \overline{g}_{31}^{\mathrm{I}}, \quad b_{13}^{(0)} = 2h' \overline{b}_{13}^{\mathrm{I}}, \quad d_{11}^{(0)} = 2h' \overline{d}_{11}^{\mathrm{I}}$$

$$\overline{g}_{33}^{\mathrm{I}} = g_{33}^{\mathrm{I}} - \frac{f_{33}^{\mathrm{I}} d_{33}^{\mathrm{I}}}{c_{33}^{p\mathrm{I}}}, \quad \overline{g}_{31}^{\mathrm{I}} = g_{31}^{\mathrm{I}} - \frac{f_{31}^{\mathrm{I}} d_{33}^{\mathrm{I}}}{c_{33}^{p\mathrm{I}}}, \quad \overline{b}_{13}^{\mathrm{I}} = b_{13}^{\mathrm{I}} - \frac{d_{13}^{\mathrm{I}} d_{33}^{\mathrm{I}}}{c_{33}^{p\mathrm{I}}}, \quad \overline{d}_{11}^{\mathrm{I}} = d_{11}^{\mathrm{I}} - \frac{d_{13}^{\mathrm{I}} c_{31}^{p\mathrm{I}}}{c_{33}^{p\mathrm{I}}}$$

由此可知式(7.173)自动满足。由式(7.172)、式(7.174)和式(7.178)可得

$$E_{11,1}^{(0)} = 0 \tag{7.181}$$

$$-\widehat{E}_3^{(0)} - 2h'\varphi^{(1)} = 0 \tag{7.182}$$

根据边界条件 (7.169) 可知 $E_{11}^{(0)} = 0$, 由式 (7.180) 和式 (7.181) 可得

$$E_{11}^{(0)} = d_{11}^{(0)} S_{11}^{(0)} + g_{31}^{(0)} P_3^{(0)} + b_{13}^{(0)} \pi_{33}^{(0)} = 0 \tag{7.183}$$

利用式 (7.179), 可把式 (7.171)、式 (7.182) 和式 (7.183) 写成如下形式的方程组:

$$\begin{cases} c_{11}^{(0)} S_{11}^{(0)} - f_{31}^{(0)} \varepsilon_0 E_3^{(0)} - h_{11}^{(0)} H_1^{(0)} = 0 \\ f_{31}^{(0)} S_{11}^{(0)} - a_{33}^{(0)} \varepsilon_0 E_3^{(0)} + g_{33}^{(0)} \pi_{33}^{(0)} - 2h'E_3^{(0)} = 0 \\ d_{11}^{(0)} S_{11}^{(0)} - g_{13}^{(0)} \varepsilon_0 E_3^{(0)} + b_{13}^{(0)} \pi_{33}^{(0)} = 0 \end{cases} \tag{7.184}$$

注意: 当把与极化梯度有关的材料参数设置为零时, 方程就自动退化到不考虑极化梯度时的结果。由式 (7.184) 表示的方程组, 可求解得到

$$\left[\frac{1-l_1}{1-l_2} \frac{c_{11}^{(0)} \left(a_{33}^{(0)} \varepsilon_0 + 2h' \right)}{f_{31}^{(0)}} - f_{31}^{(0)} \varepsilon_0 \right] E_3^{(0)} = h_{11}^{(0)} H_1^{(0)} \tag{7.185}$$

其中

$$l_1 = \frac{g_{13}^{(0)} g_{33}^{(0)}}{a_{33}^{(0)} b_{13}^{(0)}}, \quad l_2 = \frac{g_{33}^{(0)} d_{11}^{(0)}}{f_{31}^{(0)} b_{13}^{(0)}} \tag{7.186}$$

由式 (7.185) 可得到考虑极化梯度的磁电效应, 即

$$\alpha = \frac{E_3^{(0)}}{H_1^{(0)}} = \frac{f_{13}^{(0)} h_{11}^{(0)}}{c_{11}^{(0)} \left(a_{33}^{(0)} \varepsilon_0 + 2h' \right) (1-l_1)(1-l_2)^{-1} - f_{31}^{(0)} f_{31}^{(0)} \varepsilon_0} \tag{7.187}$$

至此, 对于如图 7.2 所示的夹心型层合板结构, 采用前面建立的 Toupin 型 (不考虑极化梯度) 和 Mindlin 型 (考虑极化梯度) 的多铁性简化结构理论, 分别导出了结构磁电效应的解析表达式, 即式 (7.163) 和式 (7.187)。比较可知, 后者的表达式中含有高阶材料常数, 这是由于考虑了极化梯度的影响。

作为具体算例, 假设压磁层材料为 $CoFe_2O_4$, 压电层材料为 $BaTiO_3$。目前, 学者还没有完全测得相应的压电材料的高阶压电常数 (d_{ijkl} 、 b_{ijkl} 和 g_{ikl}), 文献中也只报道了少数几个中心对称晶体 (如 NaI、NaCl、KI 和 KCl 等材料) 的高阶压电

常数。为定性研究极化梯度对图 7.2 所示结构磁电效应的影响，本节参照文献 [35]～[37] 中的高阶材料常数的量级，在计算中取 BaTiO$_3$ 材料的高阶材料常数如下：$d_{11} = d_{1111} = 10^5 \text{N·m/C}$，$d_{31} = d_{3311} = 0.5 \times 10^5 \text{N·m/C}$，$d_{33} = d_{3333} = -1.55 \times 10^5 \text{N·m/C}$，$b_{13} = b_{1133} = 10^{-6} \text{N·m}^4/\text{C}^2$，$g_{31} = g_{311} = 0.2 \text{ N·m}^3/\text{C}^2$，$g_{33} = g_{333} = 1.2 \text{ N·m}^3/\text{C}^2$。

图 7.3 和图 7.4 是图 7.2 所示结构的磁电效应随压电相体积比 v 变化曲线。图中曲线表明，极化梯度的作用使得结构的磁电效应显著增大，而考虑极化梯度的磁电效应约是不考虑极化梯度时的 3.5 倍。另外，由式(7.187)可以看出，结构磁电效应与结构绝对厚度大小没有关系，这"似乎"与通常考虑极化梯度时的结果具有尺寸依赖性的"常识"相矛盾。但事实上，由于在这个问题中仅采用了零阶简化结构理论考察静态荷载作用下的纯伸缩变形问题，蕴含了厚度方向尺寸足够小的假设，所以本章所得的结构磁电效应是一个上限值。

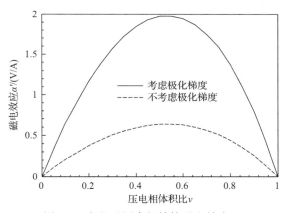

图 7.3 夹芯型层合板结构磁电效应 α'

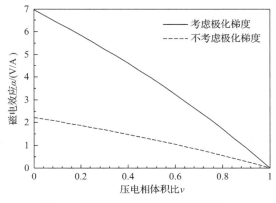

图 7.4 夹芯型层合板结构磁电效应 α

7.9　本 章 小 结

本章介绍了 Toupin 型压电理论和 Mindlin 型极化梯度理论，在此基础上建立了不考虑极化梯度的 Toupin 型多铁性简化结构理论和考虑极化梯度的 Mindlin 型多铁性简化结构理论。三层夹芯型层合板结构的数值算例表明，极化梯度对结构磁电效应有显著的增强作用。需要说明的是，本章的数值分析仅是初步的尝试，后续还需深入开展极化梯度对于小尺度多铁性材料与结构宏观力学行为影响的理论分析以及实验研究。

参 考 文 献

[1] Mindlin R D, Tiersten H F. Effects of couple-stresses in linear elasticity[J]. Archive for Rational Mechanics and Analysis, 1962, 11(1): 415-448.

[2] Toupin R A. Elastic materials with couple-stresses[J]. Archive for Rational Mechanics and Analysis, 1962, 11(1): 385-414.

[3] Koiter W T. Couple stresses in the theory of elasticity I and II[J]. Proceedings Series B, Koninklijke Nederlandse Akademie van Wetenschappen, 1964, 67: 17-44.

[4] Mindlin R D. Second gradient of strain and surface-tension in linear elasticity[J]. International Journal of Solids and Structures, 1965, 1(4): 417-438.

[5] Fleck N A, Hutchinson J W. A reformulation of strain gradient plasticity[J]. Journal of the Mechanics and Physics of Solids, 2001, 49(10): 2245-2271.

[6] Yang X M, Hu Y T, Yang J S. Electric field gradient effects in anti-plane problems of polarized ceramics[J]. International Journal of Solids and Structures, 2004, 41(24-25): 6801-6811.

[7] Mindlin R D. Polarization gradient in elastic dielectrics[J]. International Journal of Solids and Structures, 1968, 4(6): 637-642.

[8] Toupin R A. The elastic dielectric[J]. Journal of Rational Mechanics Analysis, 1956, 5(6): 849-915.

[9] Chowdhury K L, Glockner P G. Constitutive equations for elastic dielectrics[J]. International Journal of Non-Linear Mechanics, 1976, 11(5): 315-324.

[10] Chowdhury K L, Epstein M, Glockner P G. On the thermodynamics of non-linear elastic dielectrics[J]. International Journal of Non-Linear Mechanics, 1978, 13(5-6): 311-322.

[11] Mindlin R D. Continuum and lattice theories of influence of electromechanical coupling on capacitance of thin dielectric films[J]. International Journal of Solids and Structures, 1969, 5(11): 1197-1208.

[12] Mead C A. Anomalous capacitance of thin dielectric structures[J]. Physical Review Letters, 1961, 6(10): 545-546.

[13] Mindlin R D, Toupin R A. Acoustical and optical activity in alpha quartz[J]. International Journal of Solids and Structures, 1971, 7(9): 1219-1227.

[14] Collet B. One-dimensional acceleration waves in deformable dielectrics with polarization gradients[J]. International Journal of Engineering Science, 1981, 19(3): 389-407.

[15] Collet B. Shock waves in deformable dielectrics with polarization gradients[J]. International Journal of Engineering Science, 1982, 20(10): 1145-1160.

[16] Dost S. Acceleration waves in elastic dielectrics with polarization gradient effects[J]. International Journal of Engineering Science, 1983, 21(11): 1305-1311.

[17] Gurtin M E, Murdoch A L. A continuum theory of elastic material surfaces[J]. Archieve for Rational Mechanics and Analysis, 1975, 57(23): 291-323.

[18] Gurtin M E, Murdoch A L. Surface stress in solids[J]. International Journal of Solids and Structures, 1978, 14(6): 431-440.

[19] Lü C F, Chen W Q, Lim C W. Elastic mechanical behavior of nano-scaled FGM films incorporating surface energies[J]. Composites Science and Technology, 2009, 69(7-8): 1124-1130.

[20] Yi X, Duan H L. Surface stress induced by interactions of adsorbates and its effect on deformation and frequency of microcantilever sensors[J]. Journal of the Mechanics and Physics of Solids, 2009, 57(8): 1254-1266.

[21] Wang Z Q, Zhao Y P, Huang Z P. The effects of surface tension on the elastic properties of nano structures[J]. International Journal of Engineering Science, 2010, 48(2): 140-150.

[22] Chen W Q, Zhang C Z. Anti-plane shear Green's functions for an isotropic elastic half-space with a material surface[J]. International Journal of Solids and Structures, 2010, 47(11-12): 1641-1650.

[23] Yan Z, Jiang L Y. The vibrational and buckling behaviors of piezoelectric nanobeams with surface effects[J]. Nanotechnology, 2011, 22(24): 245703.

[24] Yan Z, Jiang L Y. Surface effects on the electromechanical coupling and bending behaviours of piezoelectric nanowires[J]. Journal of Physics D: Applied Physics, 2011, 44(7): 075404.

[25] Zhang C L, Chen W Q, Zhang C Z. Two-dimensional theory of piezoelectric plates considering surface effect[J]. European Journal of Mechanics—A/Solids, 2013, 41: 50-57.

[26] Zhang C L, Zhu J, Chen W Q, et al. Two-dimensional theory of piezoelectric shells considering surface effect[J]. European Journal of Mechanics—A/Solids, 2014, 43: 109-117.

[27] Zhang C L, Zhang C Z, Chen W Q. Modeling of piezoelectric bimorph nano-actuators with surface effects[J]. Journal of Applied Mechanics, 2013, 80(6): 061015.

[28] Yang Y, Li X F. Bending and free vibration of a circular magnetoelectroelastic plate with surface effects[J]. International Journal of Mechanical Sciences, 2019, 157: 858-871.

[29] Wang W J, Li P, Jin F. Two-dimensional linear elasticity theory of magneto-electro-elastic plates considering surface and nonlocal effects for nanoscale device applications[J]. Smart Materials

and Structures, 2016, 25 (9): 095026.

[30] Zhang Z C, Liang C, Wang Y, et al. Static bending and vibration analysis of piezoelectric semiconductor beams considering surface effects[J]. Journal of Vibration Engineering and Technologies, 2021, 9 (7): 1789-1800.

[31] Zhang Z C, Liang C, Kong D J, et al. Dynamic buckling and free bending vibration of axially compressed piezoelectric semiconductor rod with surface effect[J]. International Journal of Mechancial Sciences, 2022, 238 (15): 107823.

[32] IRE. Standards on piezoelectric crystals, 1949[J]. Proceedings of the IRE, 1949, 37 (12): 1378-1395.

[33] Chowdhury K L, Glockner P G. A group theoretic method for elastic dielectrics[J]. International Journal of Solids and Structures, 1979, 15 (10): 795-803.

[34] Auld B A. Acoustic Fields and Waves in Solids[M]. New York: John Wiley & Sons, 1973.

[35] Maranganti R, Sharma P. Atomistic determination of flexoelectric properties of crystalline dielectrics[J]. Physical Review B, 2009, 80 (5): 054109.

[36] Maranganti R, Sharma P. A novel atomistic approach to determine strain-gradient elasticity constants: Tabulation and comparison for various metals, semiconductors, silica, polymers and their relevance for nanotechnologies[J]. Journal of the Mechanics and Physics of Solids, 2007, 55 (9): 1823-1852.

[37] Sahin E, Dost S. A strain-gradients theory of elastic dielectrics with spatial dispersion[J]. International Journal of Engineering Science, 1988, 26 (12): 1231-1245.

附录 A　多铁性层合梁简化结构理论

A.1　多铁性材料三维基本方程

为方便起见，把 2.1 节中的多铁性材料基本方程重新列出。运动平衡方程、电学和磁学高斯方程分别为

$$T_{ji,j} = \rho \ddot{u}_i \tag{A.1}$$

$$D_{i,i} = 0 \tag{A.2}$$

$$B_{i,i} = 0 \tag{A.3}$$

多铁性材料的本构方程为

$$T_{ij} = c_{ijkl} S_{kl} - e_{kij} E_k - h_{kij} H_k \tag{A.4}$$

$$D_i = e_{ikl} S_{kl} + \varepsilon_{ik} E_k + \alpha_{ik} H_k \tag{A.5}$$

$$B_i = h_{ikl} S_{kl} + \alpha_{ik} E_k + \mu_{ik} H_k \tag{A.6}$$

应变-位移关系、电场-电势和磁场-磁势关系分别为

$$S_{ij} = \left(u_{i,j} + u_{j,i} \right) / 2 \tag{A.7}$$

$$E_i = -\varphi_{,i} \tag{A.8}$$

$$H_i = -\psi_{,i} \tag{A.9}$$

式（A.1）～式（A.9）是多铁性材料的三维基本方程，各符号意义与 2.2 节中的定义一样。

A.2　层合梁的简化结构理论

考虑如图 A.1 所示的由 N 层多铁性材料构成的层合梁，设梁长为 $2a$、梁宽为 $2b$、梁高为 $2c$。坐标系 $O\text{-}x_1x_2x_3$ 的原点取在结构几何中心，坐标轴 x_1 沿轴线方向，结构关于各坐标轴对称。厚度方向沿坐标轴 x_3 方向，坐标平面 $O\text{-}x_1x_2$ 位于梁

的几何中面。梁的上下表面和各层之间的 $N-1$ 个界面在 x_3 方向的坐标分别记为 $h_0, h_1, h_2, \cdots, h_{N-1}, h_N$，其中，$h_0 = -c$，$h_N = c$。坐标 $x_3 = h_{I-1}$ 到 $x_3 = h_I$ 的区间记为梁的第 I 层，该层梁的材料性质采用上标"I"（$I = 1, 2, \cdots, N$）以示区别。

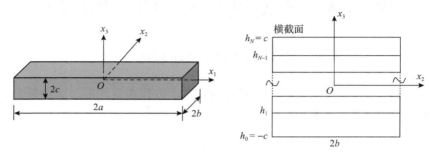

图 A.1　一维矩形截面梁示意图

A.2.1　位移、电势和磁势的级数展开

为了得到多铁性层合梁的一维简化结构理论，把位移、电势和磁势沿截面的坐标 x_2 和 x_3 方向进行级数展开。其中，位移 u_i 展开为

$$u_i(x_1, x_2, x_3, t) = \sum_{m,n=0}^{\infty} x_2^m x_3^n u_i^{(m,n)}(x_1, t) \tag{A.10}$$

对于第 I 层，在厚度方向引入局部坐标：

$$x_3^I = x_3 - \frac{h_I + h_{I-1}}{2} \tag{A.11}$$

该层内的电势 φ 和磁势 ψ 可分别展开为

$$\varphi^I(x_1, x_2, x_3, t) = \sum_{m,n=0}^{\infty} x_2^m \left(x_3^I\right)^n \varphi^{I(m,n)}(x_1, t) \tag{A.12}$$

$$\psi^I(x_1, x_2, x_3, t) = \sum_{m,n=0}^{\infty} x_2^m \left(x_3^I\right)^n \psi^{I(m,n)}(x_1, t) \tag{A.13}$$

上述关于位移、电势和磁势的一般展开式和下面推导过程中包括了常见的伸缩和弯曲方程；在梁的变形过程中，其横截面可以平移和转动且保持平面（平截面假定），也包括了描述高阶效应的截面变形模式。把位移、电势和磁势的展开式（A.10）、式（A.12）和式（A.13）代入式（A.7）～式（A.9），可得

$$S_{ij} = \sum_{m,n=0}^{\infty} x_2^m x_3^n S_{ij}^{(m,n)} \tag{A.14}$$

$$E_i^I = \sum_{m,n=0}^{\infty} x_2^m \left(x_3^I\right)^n E_i^{I(m,n)} \tag{A.15}$$

$$H_i^I = \sum_{m,n=0}^{\infty} x_2^m \left(x_3^I\right)^n H_i^{I(m,n)} \tag{A.16}$$

式（A.14）～式（A.16）中各阶应变、电场和磁场分别为

$$\begin{aligned} S_{ij}^{(m,n)} = \frac{1}{2}\Big[& u_{j,i}^{(n,n)} + u_{i,j}^{(m,n)} + (m+1)\left(\delta_{i2}u_j^{(m+1,n)} + \delta_{j2}u_i^{(m+1,n)}\right) \\ & + (n+1)\left(\delta_{i3}u_j^{(m,n+1)} + \delta_{j3}u_i^{(m,n+1)}\right) \Big] \end{aligned} \tag{A.17}$$

$$E_i^{I(m,n)} = -\varphi_{,i}^{I(m,n)} - \delta_{i2}(m+1)\varphi^{I(m+1,n)} - \delta_{i3}(n+1)\varphi^{I(m,n+1)} \tag{A.18}$$

$$H_i^{I(m,n)} = -\psi_{,i}^{I(m,n)} - \delta_{i2}(m+1)\psi^{I(m+1,n)} - \delta_{i3}(n+1)\psi^{I(m,n+1)} \tag{A.19}$$

上述三个方程中的 δ_{ij} 为克罗内克符号。

在控制方程（A.1）两边乘以 $x_2^r x_3^s$，再在梁的整个横截面区域积分，整理可得到一维简化结构理论的运动平衡方程为

$$T_{1j,1}^{(m,n)} - mT_{2j}^{(m-1,n)} - nT_{3j}^{(m,n-1)} + T_j^{(m,n)} = \sum_{I=1}^{N}\sum_{r,s=0}^{\infty} \rho^I A_{(mnrs)}^I \ddot{u}_j^{(r,s)} \tag{A.20}$$

其中，$A_{(mnrs)}^I = \iint_A x_2^{m+r} x_3^{n+s} \mathrm{d}A_I$，且

$$T_{ij}^{(m,n)} = \iint_A x_2^m x_3^n T_{ij} \mathrm{d}x_2 \mathrm{d}x_3 \tag{A.21}$$

$$\begin{aligned} T_j^{(m,n)} = b^m \int_{-\bar{h}_I}^{\bar{h}_I} & \left[T_{2j}(b) - (-1)^m T_{2j}(-b) \right](x_3^I)^n \mathrm{d}x_3^I \\ & + \bar{h}_I^n \int_{-b}^{b} \left[T_{3j}(\bar{h}_I) - (-1)^n T_{3j}(-\bar{h}_I) \right] x_2^m \mathrm{d}x_3 \end{aligned} \tag{A.22}$$

在第 I 层的准静态高斯方程（A.2）和（A.3）两边同乘以 $x_2^r \left(x_3^I\right)^s$，并在横截面区

域 A_I 内积分可得

$$D_{1,1}^{I(m,n)} - mD_2^{I(m-1,n)} - nD_3^{I(m,n-1)} + D^{I(m,n)} = 0 \qquad (A.23)$$

$$B_{1,1}^{I(m,n)} - mB_2^{I(m-1,n)} - nB_3^{I(m,n-1)} + B^{I(m,n)} = 0 \qquad (A.24)$$

其中

$$D_i^{I(m,n)} = \iint\limits_{A_I} x_2^m \left(x_3^I\right)^n D_i^I \, \mathrm{d}A_I \qquad (A.25)$$

$$B_i^{I(m,n)} = \iint\limits_{A_I} x_2^m \left(x_3^I\right)^n B_i^I \, \mathrm{d}A_I \qquad (A.26)$$

$$\begin{aligned}
D^{I(m,n)} &= b^m \int_{-\bar{h}_I}^{\bar{h}_I} \left[D_2^I(b) - (-1)^m D_2^I(-b) \right] \left(x_3^I\right)^n \mathrm{d}x_3^I \\
&\quad + \tilde{h}_I^n \int_{-b}^{b} \left[D_3(\bar{h}_I) - (-1)^n D_3(-\bar{h}_I) \right] x_2^m \mathrm{d}x_2
\end{aligned} \qquad (A.27)$$

$$\begin{aligned}
B^{I(m,n)} &= b^m \int_{-\bar{h}_I}^{\bar{h}_I} \left[B_2(b) - (-1)^m B_2(-b) \right] \left(x_3^I\right)^n \mathrm{d}x_3^I \\
&\quad + \bar{h}_I^n \int_{-b}^{b} \left[B_3(\bar{h}_I) - (-1)^n B_3(-\bar{h}_I) \right] x_2^m \mathrm{d}x_2
\end{aligned} \qquad (A.28)$$

把式(A.14)~式(A.16)代入本构方程(A.4)~(A.6)，再代入式(A.21)、式(A.25)和式(A.26)，整理可得

$$T_{ij}^{(m,n)} = \sum_{I=1}^N \sum_{r,s=0}^\infty c_{ijkl}^{I(m,n)} S_{kl}^{(r,s)} - \sum_{I=1}^N \sum_{r,s=0}^\infty \left(e_{kij}^{I(m,n)} E_k^{I(r,s)} + h_{kij}^{I(m,n)} H_k^{I(r,s)} \right) \qquad (A.29)$$

$$D_i^{I(m,n)} = \sum_{r,s=0}^\infty \left(\bar{e}_{ikl}^{I(m,n)} S_{kl}^{(r,s)} + \varepsilon_{ik}^{I(m,n)} E_k^{I(r,s)} + \alpha_{ik}^{I(m,n)} H_k^{I(r,s)} \right) \qquad (A.30)$$

$$B_i^{I(m,n)} = \sum_{r,s=0}^\infty \left(\bar{h}_{ikl}^{I(m,n)} S_{kl}^{(r,s)} + \alpha_{ik}^{I(m,n)} E_k^{I(r,s)} + \mu_{ik}^{I(m,n)} H_k^{I(r,s)} \right) \qquad (A.31)$$

其中

$$c_{ijkl}^{I(m,n)} = \iint\limits_{A_I} x_2^{m+r} x_3^{n+s} c_{ijkl}^I \mathrm{d}x_2 \mathrm{d}x_3, \quad e_{kij}^{I(m,n)} = \iint\limits_{A_I} x_2^{m+r} x_3^n \left(x_3^I\right)^s e_{kij}^I \mathrm{d}x_2 \mathrm{d}x_3$$

$$\overline{e}_{kij}^{I(m,n)} = \iint\limits_{A_I} x_2^{m+r} \left(x_3^I\right)^{n+s} e_{kij}^I \mathrm{d}x_2 \mathrm{d}x_3^I, \quad h_{kij}^{I(m,n)} = \iint\limits_{A_I} x_2^{m+r} x_3^n \left(x_3^I\right)^s h_{kij}^I \mathrm{d}x_2 \mathrm{d}x_3$$

$$\overline{h}_{kij}^{I(m,n)} = \iint\limits_{A_I} x_2^{m+r} \left(x_3^I\right)^{n+s} h_{kij}^I \mathrm{d}x_2 \mathrm{d}x_3^I, \quad \varepsilon_{ij}^{I(m,n)} = \iint\limits_{A_I} x_2^{m+r} \left(x_3^I\right)^{n+s} \varepsilon_{ij}^I \mathrm{d}x_2 \mathrm{d}x_3^I \qquad \text{(A.32)}$$

$$\alpha_{ij}^{I(m,n)} = \iint\limits_{A_I} x_2^{m+r} \left(x_3^I\right)^{n+s} \varepsilon_{ij}^I \mathrm{d}x_2 \mathrm{d}x_3^I, \quad \mu_{ij}^{I(m,n)} = \iint\limits_{A_I} x_2^{m+r} \left(x_3^I\right)^{n+s} \mu_{ij}^I \mathrm{d}x_2 \mathrm{d}x_3^I$$

上述方程中的 A 和 A_I 分别表示梁的总横截面和第 I 层截面在 $O\text{-}x_2x_3$ 平面的投影区域。

A.2.2 零阶简化结构理论

对于纯伸缩变形模式，零阶分量 $u_1^{(0,0)}$、$\varphi^{I(0,0)}$ 和 $\psi^{I(0,0)}$ 占主导地位。梁的主要应变分量是

$$S_{11}^{(0,0)} = u_{1,1}^{(0,0)} \qquad \text{(A.33)}$$

由于泊松效应，其他零阶应变不能直接取为零，但可通过应力松弛方法消除。对于电场和磁场，有如下关系：

$$E_1^{I(0,0)} = -\varphi_{,1}^{I(0,0)}, \quad E_2^{(0,0)} = -\varphi^{I(1,0)}, \quad E_3^{I(0,0)} = -\varphi^{(0,1)} \qquad \text{(A.34)}$$

$$H_1^{I(0,0)} = -\psi_{,1}^{I(0,0)}, \quad H_2^{I(0,0)} = -\psi^{I(1,0)}, \quad H_3^{I(0,0)} = -\psi^{I(0,1)} \qquad \text{(A.35)}$$

与前面类似，对式 (A.34) 和式 (A.35) 中 $\varphi^{I(1,0)}$、$\varphi^{I(0,1)}$、$\psi^{I(1,0)}$ 和 $\psi^{I(0,1)}$ 四个量做出如下约定：当这些量在文中出现时，预先赋予它们已知值。在零阶简化结构理论中，它们不会出现在基本方程中。在一阶简化结构理论中，当它们出现且未知时，需要补充相应的方程来对其进行确定。在接下来的推导中，采用表 2.1 中的 Voigt 缩标表示法。

对于伸缩变形模式，其主要应力分量为 T_1。因此，根据应力松弛条件，其他应力分量均为零，即

$$T_2 = T_3 = T_4 = T_5 = T_6 = 0 \qquad \text{(A.36)}$$

令 $S = (S_2, S_3, S_4, S_5, S_6)^{\mathrm{T}}$，把式 (A.36) 代入式 (A.4)，可得

$$S = K \cdot b \tag{A.37}$$

其中

$$K = \begin{bmatrix} c_{22} & c_{23} & c_{24} & c_{25} & c_{26} \\ c_{32} & c_{33} & c_{34} & c_{35} & c_{36} \\ c_{42} & c_{43} & c_{44} & c_{45} & c_{46} \\ c_{52} & c_{53} & c_{54} & c_{55} & c_{56} \\ c_{62} & c_{63} & c_{64} & c_{65} & c_{66} \end{bmatrix}^{-1} \tag{A.38}$$

$$b = \begin{bmatrix} -c_{21}S_1 + \left(e_{k2}E_k + h_{k2}H_k\right) \\ -c_{31}S_1 + \left(e_{k3}E_k + h_{k3}H_k\right) \\ -c_{41}S_1 + \left(e_{k4}E_k + h_{k4}H_k\right) \\ -c_{51}S_1 + \left(e_{k5}E_k + h_{k5}H_k\right) \\ -c_{61}S_1 + \left(e_{k6}E_k + h_{k6}H_k\right) \end{bmatrix} \tag{A.39}$$

整理得

$$\begin{cases} S_2 = -\xi_2 S_1 + \left(\varsigma_{k2}^e E_k + \varsigma_{k2}^h H_k\right) \\ S_3 = -\xi_3 S_1 + \left(\varsigma_{k3}^e E_k + \varsigma_{k3}^h H_k\right) \\ S_4 = -\xi_4 S_1 + \left(\varsigma_{k4}^e E_k + \varsigma_{k4}^h H_k\right) \\ S_5 = -\xi_5 S_1 + \left(\varsigma_{k5}^e E_k + \varsigma_{k5}^h H_k\right) \\ S_6 = -\xi_6 S_1 + \left(\varsigma_{k6}^e E_k + \varsigma_{k6}^h H_k\right) \end{cases} \tag{A.40}$$

其中，ξ_q、ς_{kq}^e 和 ς_{kq}^h（$q = 2,3,4,5,6$）由式(A.38)和式(A.39)确定。

把式(A.40)代入本构方程(A.4)～(A.6)，可得

$$T_1 = \bar{c}_{11}S_1 - \bar{e}_{k1}E_k - \bar{h}_{k1}H_k \tag{A.41}$$

$$D_i = \bar{e}_{i1}S_1 + \bar{\varepsilon}_{ik}E_k + \bar{\alpha}_{ik}H_k \tag{A.42}$$

$$B_i = \bar{h}_{i1}S_1 + \bar{\alpha}_{ik}E_k + \bar{\mu}_{ik}H_k \tag{A.43}$$

其中

$$\begin{cases} \overline{c}_{11} = c_{11} - \sum_{\underline{q}=2}^{6} \xi_{\underline{q}} c_{1\underline{q}}, \quad \overline{e}_{k1} = e_{k1} - \sum_{\underline{q}=2}^{6} \varsigma_{k\underline{q}}^{e} c_{1\underline{q}} \\[2ex] \overline{h}_{k1} = h_{k1} - \sum_{\underline{q}=2}^{6} \varsigma_{k\underline{q}}^{h} c_{1\underline{q}}, \quad \overline{\varepsilon}_{ij} = \varepsilon_{ij} + \sum_{\underline{q}=2}^{6} e_{i\underline{q}} \varsigma_{j\underline{q}}^{e} \\[2ex] \overline{\alpha}_{ij} = \alpha_{ij} + \sum_{\underline{q}=2}^{6} e_{i\underline{q}} \varsigma_{j\underline{q}}^{h}, \quad \overline{\mu}_{ij} = \mu_{ij} + \sum_{\underline{q}=2}^{6} h_{i\underline{q}} \varsigma_{j\underline{q}}^{h} \end{cases} \quad (\text{A.44})$$

注意：式(A.44)中下标符号带有下划线的 $\underline{q}$ 表示不求和。

把式(A.41)～式(A.43)代入式(A.21)、式(A.25)和式(A.26)，并令 $m = n = r = s = 0$，可得到零阶简化结构理论的本构方程为

$$T_1^{(0,0)} = c_{11}^{(0,0)} S_1^{(0,0)} - \sum_{I=1}^{N} \left(e_{k1}^{I(0,0)} E_k^{I(0,0)} + h_{k1}^{I(0,0)} H_k^{I(0,0)} \right) \quad (\text{A.45})$$

$$D_i^{I(0,0)} = \overline{e}_{i1}^{I(0,0)} S_1^{(0,0)} + \varepsilon_{ik}^{I(0,0)} E_k^{I(0,0)} + \alpha_{ik}^{I(0,0)} H_k^{I(0,0)} \quad (\text{A.46})$$

$$B_i^{I(0,0)} = \overline{h}_{i1}^{I(0,0)} S_1^{(0,0)} + \alpha_{ik}^{I(0,0)} E_k^{I(0,0)} + \mu_{ik}^{I(0,0)} H_k^{I(0,0)} \quad (\text{A.47})$$

其中

$$\begin{cases} c_{11}^{(0,0)} = \sum_{I=1}^{N} \iint_{A_I} \overline{c}_{11}^{I} \mathrm{d}x_2 \mathrm{d}x_3, \quad e_{i1}^{I(0,0)} = \iint_{A_I} \overline{e}_{i1}^{I} \mathrm{d}x_2 \mathrm{d}x_3 \\[2ex] h_{i1}^{I(0,0)} = \iint_{A_I} \overline{h}_{i1}^{I} \mathrm{d}x_2 \mathrm{d}x_3, \quad \varepsilon_{ij}^{I(0,0)} = \iint_{A_I} \overline{\varepsilon}_{ij}^{I} \mathrm{d}x_2 \mathrm{d}x_3^{I} \\[2ex] \alpha_{ij}^{I(0,0)} = \iint_{A_I} \overline{\alpha}_{ij}^{I} \mathrm{d}x_2 \mathrm{d}x_3^{I}, \quad \mu_{ij}^{I(0,0)} = \iint_{A_I} \overline{\mu}_{ij}^{I} \mathrm{d}x_2 \mathrm{d}x_3^{I} \\[2ex] \overline{e}_{i1}^{I(0,0)} = \iint_{A_I} \overline{e}_{i1}^{I} \mathrm{d}x_2 \mathrm{d}x_3^{I}, \quad \overline{h}_{i1}^{I(0,0)} = \iint_{A_I} \overline{h}_{i1}^{I} \mathrm{d}x_2 \mathrm{d}x_3^{I} \end{cases} \quad (\text{A.48})$$

相应的控制方程为

$$T_{1,1}^{(0,0)} + F_1^{(0,0)} = \sum_{I=1}^{N} \rho^I A_s^I \ddot{u}_1^{(0,0)} \quad (\text{A.49})$$

$$D_{1,1}^{I(0,0)} + D^{I(0,0)} = 0 \quad (\text{A.50})$$

$$B_{1,1}^{I(0,0)} + B^{I(0,0)} = 0 \quad (\text{A.51})$$

把式(A.33)～式(A.35)代入本构方程(A.45)～(A.47),再代入控制方程(A.49)～(A.51),可以得到由零阶位移 $u_1^{(0,0)}$、零阶电势 $\varphi^{(0,0)}$ 和零阶磁势 $\psi^{(0,0)}$ 表示的零阶简化结构理论的控制方程,即

$$c_{11}^{(0,0)}u_{1,1}^{(0,0)} + \sum_{I=1}^{N}\left(e_{k1}^{I(0,0)}\varphi_{,k1}^{I(0,0)} + h_{k1}^{I(0,0)}\psi_{,k1}^{I(0,0)}\right) + F_1^{(0,0)} = \sum_{I=1}^{N}\rho^I A_s^I \ddot{u}_1^{(0,0)} \tag{A.52}$$

$$D_{1,1}^{I(0,0)} = \bar{e}_{11}^{I(0,0)}u_{1,1}^{(0)} - \varepsilon_{1k}^{I(0,0)}\varphi_{,k1}^{I(0,0)} - \alpha_{1k}^{I(0,0)}\psi_{,k1}^{I(0,0)} + D^{I(0,0)} = 0 \tag{A.53}$$

$$B_{1,1}^{I(0,0)} = \bar{h}_{11}^{I(0,0)}u_{1,1}^{(0)} - \alpha_{1k}^{I(0,0)}\varphi_{,k1}^{I(0,0)} - \mu_{1k}^{I(0,0)}\psi_{,k1}^{I(0,0)} + B^{I(0,0)} = 0 \tag{A.54}$$

在梁的两端,根据不同的情况可以给出相应的边界条件:

$$T_1^{(0,0)} \text{ 或 } u_1^{(0,0)}, \quad \varphi^{(0,0)} \text{ 或 } D_1^{(0,0)}, \quad \psi^{(0,0)} \text{ 或 } B_1^{(0,0)} \tag{A.55}$$

A.2.3　一阶简化结构理论

前面导出的零阶简化结构理论仅适用于梁的伸缩变形模式,而对于伸缩与弯曲(或剪切)的耦合变形问题,则需要用一阶简化结构理论。一阶简化结构理论的运动平衡方程,只需保留相应的伸缩变形分量 $u_1^{(0,0)}$、弯曲变形分量 $u_2^{(0,0)}$ 和 $u_3^{(0,0)}$ 以及剪切变形分量 $u_1^{(1,0)}$ 和 $u_1^{(0,1)}$。多铁性材料具有一定的各向异性,会导致伸缩、弯曲和扭转等变形耦合在一起。对于各向异性的一维梁结构,多种变形模式之间可能发生耦合,但实际应用尤其在元器件结构中,通常是某些变形模式占主导(如伸缩变形占主导或者弯曲变形占主导),且不考虑扭转变形的影响;对于具有 6mm 对称性的横观各向同性材料,当材料主轴与梁轴线平行或垂直,且不承受偏心或扭转荷载时,也不会出现扭转变形模式。

下面给出只考虑伸缩变形和弯曲变形的一阶简化结构理论的基本方程。运动平衡方程为

$$\begin{cases} T_{1,1}^{(0,0)} + F_1^{(0,0)} = \sum_{I=1}^{N}\rho^I A_s^I \ddot{u}_1^{(0,0)} \\[2mm] T_{6,1}^{(0,0)} + F_2^{(0,0)} = \sum_{I=1}^{N}\rho^I A_s^I \ddot{u}_2^{(0,0)} \\[2mm] T_{5,1}^{(0,0)} + F_3^{(0,0)} = \sum_{I=1}^{N}\rho^I A_s^I \ddot{u}_3^{(0,0)} \end{cases} \tag{A.56}$$

$$\begin{cases} T_{1,1}^{(1,0)} - T_6^{(0,0)} + F_1^{(1,0)} = \sum_{I=1}^{N} \rho^I A_{(1010)}^I \ddot{u}_1^{(1,0)} \\ T_{1,1}^{(0,1)} - T_5^{(0,0)} + F_1^{(0,1)} = \sum_{I=1}^{N} \rho^I A_{(0101)}^I \ddot{u}_1^{(0,1)} \end{cases} \tag{A.57}$$

电学和磁学高斯方程为

$$D_{1,1}^{I(0,0)} + D^{I(0,0)} = 0 \tag{A.58}$$

$$D_{1,1}^{I(1,0)} - D_2^{I(0,0)} + D^{I(1,0)} = 0 \tag{A.59}$$

$$D_{1,1}^{I(0,1)} - D_3^{I(0,0)} + D^{I(0,1)} = 0 \tag{A.60}$$

$$B_{1,1}^{I(0,0)} + B^{I(0,0)} = 0 \tag{A.61}$$

$$B_{1,1}^{I(1,0)} - B_2^{I(0,0)} + B^{I(1,0)} = 0 \tag{A.62}$$

$$B_{1,1}^{I(0,1)} - B_3^{I(0,0)} + B^{I(0,1)} = 0 \tag{A.63}$$

由式 (A.17) 所表示的 (m,n) 阶应变-位移关系，可得到相应的零阶伸缩和剪切应变表达式，即

$$S_1^{(0,0)} = u_{1,1}^{(0,0)}, \quad 2S_5^{(0,0)} = u_{3,1}^{(0,0)} + u_1^{(0,1)}, \quad 2S_6^{(0,0)} = u_{2,1}^{(0,0)} + u_1^{(1,0)} \tag{A.64}$$

同样，与弯曲相对应的一阶应变为

$$S_1^{(1,0)} = u_{1,1}^{(1,0)}, \quad S_1^{(0,1)} = u_{1,1}^{(0,1)} \tag{A.65}$$

在多铁性杆/梁的一阶简化结构理论中，电/磁场与电/磁势之间的梯度关系可由式 (A.16) 和式 (A.18) 给出，得到

$$E_1^{I(0,0)} = -\varphi_{,1}^{I(0,0)}, \quad E_2^{I(0,0)} = -\varphi^{I(1,0)}, \quad E_3^{I(0,0)} = -\varphi^{I(0,1)} \tag{A.66}$$

$$E_1^{I(1,0)} = -\varphi_{,1}^{I(1,0)}, \quad E_2^{I(1,0)} = 0, \quad E_3^{I(1,0)} = 0 \tag{A.67}$$

$$E_1^{I(0,1)} = -\varphi_{,1}^{I(0,1)}, \quad E_2^{I(0,1)} = 0, \quad E_3^{I(0,1)} = 0 \tag{A.68}$$

$$H_1^{I(0,0)} = -\psi_{,1}^{I(0,0)}, \quad E_2^{I(0,0)} = -\psi^{I(1,0)}, \quad E_3^{I(0,0)} = -\psi^{I(0,1)} \tag{A.69}$$

$$H_1^{I(1,0)} = -\psi_{,1}^{I(1,0)}, \quad H_2^{I(1,0)} = 0, \quad H_3^{I(1,0)} = 0 \tag{A.70}$$

$$H_1^{I(0,1)} = -\psi_{,1}^{I(0,1)}, \quad H_2^{I(0,1)} = 0, \quad H_3^{I(0,1)} = 0 \tag{A.71}$$

需要注意的是，当考虑弯曲变形时，零阶本构关系中由于弯曲而产生的剪力 $T_5^{(0,0)}$ 和 $T_6^{(0,0)}$ 不能忽略。因此，对于零阶本构关系，仅令下面三个应力分量为零，即

$$T_2 = T_3 = T_4 = 0 \tag{A.72}$$

利用式 (A.72) 很容易得到考虑泊松效应的零阶应变表达式。为方便起见，引入下述下标记法：ξ 和 ζ 取整数 1, 5, 6；λ、ν 和 κ 取整数 2, 3, 4。在这种指标约定下，式 (A.72) 可以写成

$$T_\lambda = c_{\lambda q} S_q - e_{k\lambda} E_k - h_{k\lambda} H_k = 0 \tag{A.73}$$

由式 (A.73)，可得

$$\begin{bmatrix} S_2 \\ S_3 \\ S_4 \end{bmatrix} = \begin{bmatrix} c_{22} & c_{23} & c_{24} \\ c_{32} & c_{33} & c_{34} \\ c_{42} & c_{43} & c_{44} \end{bmatrix}^{-1} \begin{bmatrix} (e_{k2}E_k + h_{k2}H_k) - c_{2\xi}S_\xi \\ (e_{k3}E_k + h_{k3}H_k) - c_{3\xi}S_\xi \\ (e_{k4}E_k + h_{k4}H_k) - c_{4\xi}S_\xi \end{bmatrix} \tag{A.74}$$

整理可得

$$\begin{cases} S_2 = -(\Lambda_{21}S_1 + \Lambda_{25}S_5 + \Lambda_{26}S_6) + \vartheta_{2\lambda}(e_{k\lambda}E_k + h_{k\lambda}H_k) \\ S_3 = -(\Lambda_{31}S_1 + \Lambda_{35}S_5 + \Lambda_{36}S_6) + \vartheta_{3\lambda}(e_{k\lambda}E_k + h_{k\lambda}H_k) \\ S_4 = -(\Lambda_{41}S_1 + \Lambda_{45}S_5 + \Lambda_{46}S_6) + \vartheta_{4\lambda}(e_{k\lambda}E_k + h_{k\lambda}H_k) \end{cases} \tag{A.75}$$

或写成如下形式：

$$S_\lambda = -\Lambda_{\lambda\xi}S_\xi + \vartheta_{\lambda\kappa}(e_{k\kappa}E_k + h_{k\kappa}H_k) \tag{A.76}$$

其中，$\Lambda_{\lambda\xi}$ 和 $\vartheta_{\lambda\kappa}$ 由式 (A.75) 确定。

把式 (A.75) 代入本构关系 (A.4) ~ (A.6)，可得

$$T_\xi = \tilde{c}_{\xi\zeta}S_\zeta - \tilde{e}_{k\xi}E_k - \tilde{h}_{k\xi}H_k \tag{A.77}$$

$$D_i = \tilde{e}_{i\zeta}S_\zeta + \tilde{\varepsilon}_{ik}E_k + \tilde{\alpha}_{ik}H_k \tag{A.78}$$

$$B_i = \tilde{h}_{i\zeta}S_\zeta + \tilde{\alpha}_{ki}E_k + \tilde{\mu}_{ik}H_k \tag{A.79}$$

其中

$$\tilde{c}_{\xi\zeta} = c_{\xi\zeta} - c_{\xi\lambda}\varLambda_{\lambda\zeta}, \quad \tilde{e}_{k\xi} = e_{k\xi} + \vartheta_{\lambda\kappa}c_{\xi\lambda}e_{k\kappa}$$

$$\tilde{h}_{k\xi} = h_{k\xi} + \vartheta_{\lambda\kappa}c_{\xi\lambda}h_{k\kappa}, \quad \tilde{\varepsilon}_{ij} = \varepsilon_{ij} + \vartheta_{\lambda\kappa}e_{i\lambda}e_{j\kappa} \tag{A.80}$$

$$\tilde{\alpha}_{ij} = \alpha_{ij} + \vartheta_{\lambda\kappa}e_{i\lambda}h_{j\kappa}, \quad \tilde{\mu}_{ij} = \mu_{ij} + \vartheta_{\lambda\kappa}h_{i\lambda}h_{j\kappa}$$

式 (A.77) ～式 (A.79) 是松弛的本构关系，把它们代入式 (A.21)、式 (A.25) 和式 (A.26)，并令 $m = n = r = s = 0$，可得

$$T_\xi^{(0,0)} = c_{\xi\zeta}^{(0,0)}S_\zeta^{(0,0)} - \sum_{I=1}^{N}\left(e_{k\xi}^{I(0,0)}E_k^{I(0,0)} + h_{k\xi}^{I(0,0)}H_k^{I(0,0)}\right) \tag{A.81}$$

$$D_i^{I(0,0)} = \overline{e}_{i\zeta}^{I(0,0)}S_\zeta^{(0,0)} + \varepsilon_{ik}^{I(0,0)}E_k^{I(0,0)} + \alpha_{ik}^{I(0,0)}H_k^{I(0,0)} \tag{A.82}$$

$$B_i^{I(0,0)} = \overline{h}_{i\zeta}^{I(0,0)}S_\zeta^{(0,0)} + \alpha_{ik}^{I(0,0)}E_k^{I(0,0)} + \mu_{ik}^{I(0,0)}H_k^{I(0,0)} \tag{A.83}$$

上面三个本构关系是多铁性层合梁一阶简化结构理论的零阶本构方程，它们与描述纯伸缩变形模式下的零阶简化结构理论中的本构方程不同。

接下来，推导描述弯曲变形的一阶本构关系，并分别考虑结构在 x_2 和 x_3 坐标方向的弯曲。结构在坐标 x_2 方向的弯曲，主要内力是弯矩 $T_1^{(1,0)}$，其他分量可以忽略不计。因此，可以令其他分量为零，即

$$T_2^{(1,0)} = T_3^{(1,0)} = T_4^{(1,0)} = T_5^{(1,0)} = T_6^{(1,0)} = 0 \tag{A.84}$$

把式 (A.41) ～式 (A.43) 代入式 (A.21)、式 (A.25) 和式 (A.26)，并令 $m = r = 1$ 和 $n = s = 0$，可得

$$T_1^{(1,0)} = c_{11}^{(1,0)}S_1^{(1,0)} - \sum_{I=1}^{N}\left(e_{kp}^{I(1,0)}E_k^{I(1,0)} + h_{kp}^{I(1,0)}H_k^{I(1,0)}\right) \tag{A.85}$$

$$D_i^{I(1,0)} = e_{ip}^{I(1,0)}S_p^{(0)} + \varepsilon_{ik}^{I(1,0)}E_k^{I(1,0)} + \alpha_{ik}^{I(1,0)}H_k^{I(1,0)} \tag{A.86}$$

$$B_i^{I(1,0)} = h_{i1}^{I(1,0)}S_1^{(1,0)} + \alpha_{ik}^{I(1,0)}E_k^{I(1,0)} + \mu_{ik}^{I(1,0)}H_k^{I(1,0)} \tag{A.87}$$

其中，

$$c_{11}^{(1,0)} = \sum_{I=1}^{N}\iint_{A_I}x_2^2\overline{c}_{11}^I\mathrm{d}x_2\mathrm{d}x_3, \quad e_{i1}^{I(1,0)} = \iint_{A_I}x_2^2\overline{e}_{k1}^I\mathrm{d}x_2\mathrm{d}x_3$$

$$h_{i1}^{I(1,0)} = \iint_{A_I}x_2^2\overline{h}_{k1}^I\mathrm{d}x_2\mathrm{d}x_3, \quad \varepsilon_{ij}^{I(1,0)} = \iint_{A_I}x_2^2\overline{\varepsilon}_{ij}^I\mathrm{d}x_2\mathrm{d}x_3^I \tag{A.88}$$

$$\alpha_{ij}^{I(1,0)} = \iint_{A_I}x_2^2\overline{\alpha}_{ij}^I\mathrm{d}x_2\mathrm{d}x_3^I, \quad \mu_{ij}^{I(1,0)} = \iint_{A_I}x_2^2\overline{\mu}_{ij}^I\mathrm{d}x_2\mathrm{d}x_3^I$$

式 (A.85)～式 (A.87) 所描述的本构关系对应于结构在坐标 x_2 方向的弯曲变形。把式 (A.41)～式 (A.43) 代入式 (A.21)、式 (A.25) 和式 (A.26)，并令 $m=r=0$ 和 $n=s=1$，可以得到描述在坐标 x_3 方向弯曲的本构关系为

$$T_1^{(0,1)} = c_{11}^{(0,1)} S_1^{(0,1)} - \sum_{I=1}^{N} \left(e_{kp}^{I(0,1)} E_k^{I(0,1)} + h_{kp}^{I(0,1)} H_k^{I(0,1)} \right) \tag{A.89}$$

$$D_i^{I(0,1)} = \overline{e}_{ip}^{I(0,1)} S_p^{(0,1)} + \varepsilon_{ik}^{I(0,1)} E_k^{I(0,1)} + \alpha_{ik}^{I(0,1)} H_k^{I(0,1)} \tag{A.90}$$

$$B_i^{I(0,1)} = \overline{h}_{i1}^{I(0,1)} S_1^{(0,1)} + \alpha_{ik}^{I(0,1)} E_k^{I(0,1)} + \mu_{ik}^{I(0,1)} H_k^{I(0,1)} \tag{A.91}$$

其中

$$
\begin{aligned}
& c_{11}^{(0,1)} = \sum_{I=1}^{N} \iint_{A_I} x_3^2 \overline{c}_{11}^I \mathrm{d}x_2 \mathrm{d}x_3, \quad e_{i1}^{I(1,0)} = \iint_{A_I} x_3 x_3^I \overline{e}_{k1}^I \mathrm{d}x_2 \mathrm{d}x_3 \\
& h_{i1}^{I(0,1)} = \iint_{A_I} x_3 x_3^I \overline{h}_{k1}^I \mathrm{d}x_2 \mathrm{d}x_3, \quad \varepsilon_{ij}^{I(0,1)} = \iint_{A_I} x_3^I x_3^I \overline{\varepsilon}_{ij}^I \mathrm{d}x_2 \mathrm{d}x_3^I \\
& \alpha_{ij}^{I(0,1)} = \iint_{A_I} x_3^I x_3^I \overline{\alpha}_{ij}^I \mathrm{d}x_2 \mathrm{d}x_3^I, \quad \mu_{ij}^{I(0,1)} = \iint_{A_I} x_3^I x_3^I \overline{\mu}_{ij}^I \mathrm{d}x_2 \mathrm{d}x_3^I \\
& \overline{e}_{i1}^{I(1,0)} = \iint_{A_I} x_3^I x_3^I \overline{e}_{k1}^I \mathrm{d}x_2 \mathrm{d}x_3^I, \quad \overline{h}_{i1}^{I(0,1)} = \iint_{A_I} x_3^I x_3^I \overline{h}_{k1}^I \mathrm{d}x_2 \mathrm{d}x_3^I
\end{aligned}
\tag{A.92}
$$

至此，建立了多铁性层合梁的一阶简化结构理论，它由如下基本方程构成：式 (A.56) 和式 (A.57) 是纯伸缩模式和弯曲剪切耦合模式的运动平衡方程，式 (A.58)～式 (A.60) 是电学高斯方程，式 (A.61)～式 (A.63) 是磁学高斯方程，式 (A.64) 和式 (A.65) 是应变-位移关系，式 (A.66)～式 (A.68) 是电场-电势梯度关系，式 (A.69)～式 (A.71) 是磁场-磁势梯度关系，式 (A.45)～式 (A.47) 是零阶本构关系，式 (A.85)～式 (A.87) 以及式 (A.89)～式 (A.91) 是一阶本构关系。以位移、电势和磁势分量为基本变量表示的运动平衡方程 (A.56) 和 (A.57)、电学高斯方程 (A.58)～(A.60) 以及磁学高斯方程 (A.61)～(A.63)，共有 11 个独立方程，这些方程包含 11 个未知量，即 5 个位移分量 ($u_1^{(0,0)}$、$u_2^{(0,0)}$、$u_3^{(0,0)}$、$u_1^{(1,0)}$ 和 $u_1^{(0,1)}$)，3 个电学分量 ($\varphi^{(0,0)}$、$\varphi^{(1,0)}$ 和 $\varphi^{(0,1)}$) 和 3 个磁学分量 ($\psi^{(0,0)}$、$\psi^{(1,0)}$ 和 $\psi^{(0,1)}$)。

附录 B   多铁性柱壳磁电效应的三维解

考虑如图 3.12 所示的双层柱壳，柱壳的几何中面半径为 R ，压磁层和压电层厚度分别为 h 和 h' ，总厚度记为 $2t = h + h'$ 。由此，压电相体积比 $v = h' / (h + h')$ ，界面处的半径 $R_0 = R + (v - 0.5)t$ ，外表面坐标 $R_2 = R + 0.5t$ ，内表面 $R_1 = R - 0.5t$ 。在下面的分析中采用坐标系 $O\text{-}\theta zr$ ，对应于 3.3 节的坐标系 $O\text{-}x_1 x_2 x_3$ 。

首先考虑压电层，其本构关系为

$$T_{rr} = c_{13} \frac{u_r}{r} + c_{33} u_{r,r} - e_{33} E_r \tag{B.1}$$

$$T_{\theta\theta} = c_{11} \frac{u_r}{r} + c_{13} u_{r,r} - e_{31} E_r \tag{B.2}$$

$$D_r = e_{31} \frac{u_r}{r} + e_{33} u_{r,r} + \varepsilon_{33} E_r \tag{B.3}$$

静力学平衡方程为

$$T_{rr,r} + \frac{T_{rr} - T_{\theta\theta}}{r} = 0 \tag{B.4}$$

准静态高斯方程为

$$\frac{1}{r} (r D_r)_{,r} = 0 \tag{B.5}$$

由电学开路条件和式 (B.5) ，可得

$$D_r = 0 \tag{B.6}$$

将式 (B.6) 代入式 (B.3) ，可得

$$E_r = -\frac{1}{\varepsilon_{33}} \left(e_{31} \frac{u_r}{r} + e_{33} u_{r,r} \right) \tag{B.7}$$

把式 (B.7) 代入式 (B.1) 和式 (B.2) ，可得

$$T_{rr} = \bar{c}_{13} \frac{u_r}{r} + \bar{c}_{33} u_{r,r} \tag{B.8}$$

$$T_{\theta\theta} = \overline{c}_{11} \frac{u_r}{r} + \overline{c}_{13} u_{r,r} \tag{B.9}$$

其中

$$\overline{c}_{13} = c_{13} + \frac{e_{31}e_{33}}{\varepsilon_{33}}, \quad \overline{c}_{33} = c_{33} + \frac{e_{33}e_{33}}{\varepsilon_{33}}, \quad \overline{c}_{11} = c_{11} + \frac{e_{31}e_{31}}{\varepsilon_{33}} \tag{B.10}$$

把式(B.8)和式(B.9)代入式(B.4)，可得

$$u_{r,rr} + \frac{1}{r} u_{r,r} - k^2 \frac{1}{r^2} u_r = 0 \tag{B.11}$$

其中，$k^2 = \overline{c}_{11} / \overline{c}_{33}$。

式(B.11)是欧拉方程，其解为

$$u_r = A_1 r^k + A_2 r^{-k} \tag{B.12}$$

其中，A_1 和 A_2 是待定常数。

把式(B.12)代入式(B.7)和式(B.8)，可得

$$E_r = -\frac{e_{31} + ke_{33}}{\varepsilon_{33}} A_1 r^{k-1} - \frac{e_{31} - ke_{33}}{\varepsilon_{33}} A_2 r^{-k-1} \tag{B.13}$$

$$T_{rr} = A_1 \left(\overline{c}_{13} r^{k-1} + \overline{c}_{33} k r^{k-1} \right) + A_2 \left(\overline{c}_{13} r^{-k-1} - \overline{c}_{33} k r^{-k-1} \right) \tag{B.14}$$

接下来，考虑沿径向极化的压磁层。在压磁层相应符号的左上标(或右下标)以符号"m"与上面压电层进行区别。当沿径向极化时，压磁层本构方程和控制方程在形式上与压电层一样，其非零的应力分量为

$$^{m}T_{rr} = {}^{m}c_{13} \frac{{}^{m}u_r}{r} + {}^{m}c_{33} {}^{m}u_{r,r} - {}^{m}h_{33} H_r \tag{B.15}$$

$$^{m}T_{\theta\theta} = {}^{m}c_{11} \frac{{}^{m}u_r}{r} + {}^{m}c_{13} {}^{m}u_{r,r} - {}^{m}h_{31} H_r \tag{B.16}$$

将其代入静力学平衡方程，可得

$$u_{r,rr} + \frac{1}{r} {}^{m}u_{r,r} - k_m^2 \frac{1}{r^2} u_r + \frac{1}{r} b H_r = 0 \tag{B.17}$$

其中，$k_m^2 = {}^{m}c_{11} / {}^{m}c_{33}$；$b = \left({}^{m}h_{31} - {}^{m}h_{33} \right) / {}^{m}c_{33}$。

式 (B.17) 的解为

$$^{m}u_{r} = B_{1}r^{k_{m}} + B_{2}r^{-k_{m}} + r\frac{^{m}h_{31} - {}^{m}h_{33}}{^{m}c_{11} - {}^{m}c_{33}}H_{r} \tag{B.18}$$

其中，B_{1} 和 B_{2} 是待定常数。

再把式 (B.18) 代入式 (B.15) 和式 (B.16)，可得

$$^{m}T_{rr} = B_{1}\left(^{m}c_{13} + {}^{m}c_{33}k_{m}\right)r^{k_{m}-1} + B_{2}\left(^{m}c_{13} - {}^{m}c_{33}k_{m}\right)r^{-k_{m}-1} + b_{1}H_{r} \tag{B.19}$$

$$^{m}T_{\theta\theta} = B_{1}\left(^{m}c_{11} + c_{13}k_{m}\right)r^{k_{m}-1} + B_{2}\left(^{m}c_{11} - {}^{m}c_{13}k_{m}\right)r^{-k_{m}-1} + b_{2}H_{r} \tag{B.20}$$

$$b_{1} = \frac{^{m}c_{13} + {}^{m}c_{33}}{^{m}c_{11} - {}^{m}c_{33}}{}^{m}h_{31} - \frac{^{m}c_{11} + {}^{m}c_{13}}{^{m}c_{11} - {}^{m}c_{33}}{}^{m}h_{33}, \quad b_{2} = \frac{^{m}c_{33} + {}^{m}c_{13}}{^{m}c_{11} - {}^{m}c_{33}}{}^{m}h_{31} - \frac{^{m}c_{11} + {}^{m}c_{13}}{^{m}c_{11} - {}^{m}c_{33}}{}^{m}h_{33} \tag{B.21}$$

内外表面的力学自由边界条件和界面连续条件为

$$^{m}T_{rr}(R_{2}) = T_{rr}(R_{1}) = 0, \quad {}^{m}T_{rr}(R_{0}) = T_{rr}(R_{0}), \quad {}^{m}u_{r}(R_{0}) = u_{r}(R_{0}) \tag{B.22}$$

由式 (B.22) 可求出 A_{1}、A_{2}、B_{1} 和 B_{2}，分别为

$$A_{1} = -A_{2}\frac{d_{2}}{d_{1}}R_{1}^{-2k}$$

$$A_{2} = -\frac{d_{m1}R_{0}^{k_{m}+k-2}}{R_{0}^{-2k} - R_{1}^{-2k}}\frac{G_{3}d_{m2}R_{2}^{-k_{m}-1} + G_{2}b_{1}}{G_{2}d_{m1}R_{2}^{k_{m}-1} - G_{1}d_{m2}R_{2}^{-k_{m}-1}}\frac{H_{r}}{d_{2}}$$

$$\qquad + \frac{G_{3}d_{m1}R_{2}^{k_{m}-1} + G_{1}b_{1}}{G_{2}d_{m1}R_{2}^{k_{m}-1} - G_{1}d_{m2}R_{2}^{-k_{m}-1}}\frac{d_{m2}R_{0}^{-k_{m}-1}}{R_{0}^{k-1}\left(R_{0}^{-2k} - R_{1}^{-2k}\right)}\frac{H_{r}}{d_{2}}$$

$$\qquad + \frac{b_{1}}{R_{0}^{k-1}\left(R_{0}^{-2k} - R_{1}^{-2k}\right)}\frac{H_{r}}{d_{2}} \tag{B.23}$$

$$B_{1} = -\frac{G_{3}d_{m2}R_{2}^{-k_{m}-1} + G_{2}b_{1}}{G_{2}d_{m1}R_{2}^{k_{m}-1} - G_{1}d_{m2}R_{2}^{-k_{m}-1}}H_{r}$$

$$B_{2} = \frac{G_{3}d_{m1}R_{2}^{k_{m}-1} + G_{1}b_{1}}{G_{2}d_{m1}R_{2}^{k_{m}-1} - G_{1}d_{m2}R_{2}^{-k_{m}-1}}H_{r}$$

其中

$$G_1 = R_0^{k_m} - \frac{d_{m1} R_0^{k_m}}{d_1 d_2} \frac{d_1 R_0^{-2k} - d_2 R_1^{-2k}}{R_0^{-2k} - R_1^{-2k}}$$

$$G_2 = R_0^{-k_m} - \frac{d_{m2} R_0^{-k_m}}{d_1 d_2} \frac{d_1 R_0^{-2k} - d_2 R_1^{-2k}}{R_0^{-2k} - R_1^{-2k}}$$

$$G_3 = \frac{R_0 b_1}{d_1 d_2} \frac{d_1 R_0^{-2k} - d_2 R_1^{-2k}}{R_0^{-2k} - R_1^{-2k}} - R_0 d_{m0} \qquad \text{(B.24)}$$

$$d_1 = \overline{c}_{13} + \overline{c}_{33} k, \quad d_2 = \overline{c}_{13} - \overline{c}_{33} k$$

$$d_{m1} = {}^m c_{13} + {}^m c_{33} k_m, \quad d_{m2} = {}^m c_{13} - {}^m c_{33} k_m$$

$$d_{m0} = \left({}^m h_{31} - {}^m h_{33} \right) \Big/ \left({}^m c_{11} - {}^m c_{33} \right)$$

因此，磁电效应为

$$\alpha = \frac{E_r}{H_r} = -A_1 \left(\frac{e_{31} + k e_{33}}{\varepsilon_{33}} r^{k-1} - \frac{d_1}{d_2} \frac{e_{31} - k e_{33}}{\varepsilon_{33}} R_1^{2k} r^{-k-1} \right) \qquad \text{(B.25)}$$

为了验证薄壳简化结构理论的正确性，在三维理论结果式（B.25）中，取薄壳厚度（$h + h' \to 0$）趋于零的极限值，即

$$\lim_{h+h' \to 0} \alpha = -\frac{\overline{e}_{31} \overline{h}_{31}}{\overline{c}_{11}^m \overline{\varepsilon}_{33} + \dfrac{v}{1-v} \left(\overline{c}_{11} \overline{\varepsilon}_{33} + \overline{e}_{31} \overline{e}_{31} \right)} \qquad \text{(B.26)}$$

这与式（3.100）的表达式一致。对于沿环向极化的情况，推导过程完全一样。

波浪发电系统设计与控制

方红伟 著

科学出版社

北京

内 容 简 介

　　本书主要涵盖波能转换装置及波浪发电系统的结构原理、模型分析，以及相关控制系统的设计与应用等，并对波浪发电系统的最大波能捕获、多自由度波能转换装置设计、波浪发电机设计和阵列式波浪发电系统优化控制等关键技术进行了详细论述。全书力求贯彻理论与实际相结合的原则，既阐明基本概念和基本原理，也给出典型波浪发电系统设计与控制的具体过程，同时反映波浪发电系统设计与控制的新技术、新成果和实际应用的新动态，目的在于给广大波浪发电系统研究者提供一部技术较为全面、内容新颖的著作，并积极推进我国海上新能源的开发与利用。

　　本书可供从事波浪发电系统设计与控制的相关人员参考，也可作为高等院校电气工程与海洋科学等专业本科生、研究生的参考教材。

图书在版编目（CIP）数据

波浪发电系统设计与控制/方红伟著. —北京：科学出版社，2020.11
ISBN 978-7-03-066180-7

Ⅰ．①波… Ⅱ．①方… Ⅲ．①波浪能-海浪发电-控制系统 Ⅳ.
①TM612

中国版本图书馆 CIP 数据核字（2020）第 176594 号

责任编辑：张海娜 赵微微 / 责任校对：樊雅琼
责任印制：吴兆东 / 封面设计：蓝正设计

科 学 出 版 社 出版
北京东黄城根北街 16 号
邮政编码：100717
http://www.sciencep.com
北京厚诚则铭印刷科技有限公司 印刷
科学出版社发行　各地新华书店经销
＊
2020 年 11 月第 一 版　开本：720×1000　B5
2021 年 1 月第二次印刷　印张：20
字数：398 000
定价：**135.00 元**
（如有印装质量问题，我社负责调换）

作 者 简 介

方红伟，副教授，硕士生导师，IEEE 高级会员。2007年于天津大学获博士学位，2009 年作为高级访问学者赴西班牙加泰罗尼亚理工大学学习交流。现任职于天津大学电气自动化与信息工程学院电气工程系，主要研究方向为电机设计与控制、新能源发电等。担任国家自然科学基金函评专家、科技部项目评审专家、天津市/北京市/浙江省科委项目函评专家、教育部学位与研究生教育评估工作平台评审专家等，《中国电机工程学报》《电工技术学报》等期刊的审稿人。

作为项目负责人主持国家自然科学基金项目 3 项、天津市自然科学基金项目 3 项、教育部博士点基金项目 1 项、中国博士后科学基金面上项目 1 项、天津大学自主创新项目 1 项、天津大学研究生创新人才培养项目 1 项，并参与了 10 余项国家和省部级项目的工作。发表学术论文 60 余篇，其中 SCI/EI 检索 46 篇。以第一发明人获授权国家发明专利 15 项。作为主要参加者，曾获教育部科技进步奖一等奖和天津市科技进步奖一等奖等奖项。同时，获天津大学第六届"我心目中的十佳好导师"、天津大学本科毕业设计优秀指导教师等荣誉称号。

前　　言

　　波浪发电系统是集电气技术、机械设计、流体力学、控制理论和计算机技术等现代科学技术于一身的机电一体化系统。波浪发电系统具有清洁绿色、无污染、可再生等特点，既可独立为海上航标照明、海岛居民和海岛军事防备等提供电力，还可以实现大规模并网发电，具有重要的理论意义和实际价值。

　　全书共9章，第1章介绍波浪发电系统的发展历史、研究现状及其控制技术等；第2章阐述典型波能转换装置的基本结构和原理；第3章重点分析浮子式波浪发电系统的特性、建模过程与改进措施；第4章采用机电相似性原理进行波浪发电系统的全电气化模拟系统设计与应用，并给出典型实例验证；第5章对波浪发电机进行分析与优化，设计永磁同步直线波浪发电机、磁性齿轮复合多端口波浪发电机等新型电机；第6章研究点吸式波浪发电系统的最大波能捕获控制策略，提出基于动态参考电流的波浪发电系统的最大波能捕获控制方法，研究储能及无功补偿装置对系统波能捕获的稳定与效能提升，实现系统级的波能捕获；第7章介绍波浪发电系统中的一个重要研究方向——多自由度波能转换装置的设计，比较分析单自由度与两自由度波能转换装置，对多自由度波浪发电系统的频宽、耦合与控制等关键问题进行探讨与研究；第8章论述阵列式波浪发电系统，对阵列式波浪发电系统的智能优化以及系统中折射、衍射、散射等余能的二次利用进行研究，为波浪发电系统的扩容与效率提升提供一种有效的途径；第9章简单介绍波浪发电系统的典型应用、现存问题与发展前景。

　　本书是作者在波浪发电系统设计与控制领域十余年研究工作的基础上完成的一部学术著作，是作者主持的多个国家级和省部级基金项目的成果汇总，其中包括作者所指导的十余名硕士研究生的科研工作成果，宋如楠、冯郁竹、张家宝、郁志伟、魏毓、张玄杰等还参与了本书的部分编写工作，在此表示感谢。

　　河海大学马宏忠教授认真阅读了全书，并对本书内容提出了很多宝贵意见，在此表示衷心的感谢！

　　同时，特别感谢国家自然科学基金项目(51577124，51877148)、天津市自然科学基金项目(19JCZDJC32200)、天津大学研究生创新人才培养项目(YCX19067)

的资助。

　　本书的完成也离不开前人所做的贡献，在此对本书所参考的有关书籍、期刊、标准和专利等文献的原作者表示感谢！

　　由于作者水平有限，书中难免存在不妥之处，恳请广大同行、读者不吝指正。

作　者

2020 年 6 月于天津大学

目　　录

第 1 章 绪 论

能源是人类生存和发展的基石，人类社会的发展史也可以说是一部能源发展的演化史。化石燃料的不可再生性及对环境的污染将国内外相关科研人员的目光聚焦到了新能源的研究与利用上，波浪能(简称波能)作为一种清洁无污染、可再生、储量大的新能源得到了广泛关注。本章从当今能源利用状况及波浪发电的历史与现状研究出发，对波能转换装置的种类、锚泊系统和波浪发电机进行介绍，并对波能转换装置、机械传动系统、并网控制等波浪发电控制技术进行总结与分析。

1.1 波浪发电概述

能源危机和环境恶化是制约人类社会、经济和科学发展的两大问题。能源危机的恶化加速了石油、天然气和煤炭等传统化石燃料的枯竭，世界化石能源的储量和可开采量正在不断地减少[1-4]。随着人类社会和科学的发展，人类对能源的需求日益增加。20 世纪，全球能源消耗的总量增长了 9 倍。国际能源署(IEA)指出，在未来的 25 年，世界能源消耗总量还将增长 1 倍[5]。据相关专家估计[6]，适合经济开采的石油、天然气和煤炭等资源在百年之后将可能被耗尽。

我国是能源生产和能源消费大国，虽然国土幅员辽阔、资源丰富，但长期的粗放型经济发展策略和落后的能源开采技术造成了严重的能源浪费。与世界发达国家相比，我国是少数几个以煤为主要能源的国家，在一次能源的利用中，煤炭占到了 65%以上。体量大、基数大的中国煤炭工业，能源利用方式比较落后，行业水平提升难度大。中国煤炭要真正实现现代化开发与利用，任重而道远[7]。大量使用煤炭所造成的空气污染问题也是极为显著的，某些地区空气中可吸入颗粒物的含量以及二氧化硫的浓度常常超过国家标准。因此，化石能源消耗所带来的不仅仅是能源缺口问题，严重的环境危机也使得我国开发利用新能源刻不容缓。为了解决这些矛盾，寻求新的替代能源将是人类未来需长期面对的问题，波能作为一种丰富的可再生能源将成为实现此美好目标的重要手段。

1.1.1 波能的特点与分布

世界上的大部分能量最初都是由太阳辐射产生的，而太阳辐射到地球的能源中约有 70%为海洋所吸收，因此海洋能作为一种可再生、富有前景的可替代能源，应当成为人类开发新能源的重要选择之一[8-10]。与其他能源相比，波能的优点主要如下：①在可再生能源中，其能量密度较大；②波浪发电装置较环保，尤其是离岸式发电装置；③在温带季候区，波能的季节性变化基本与电力需求一致，更易满足供需平衡；④波能可远距离传播，且能量损耗极小；⑤波浪发电装置的理想产能时间可达 90%，比风能和太阳能发电装置的产能时间(20%～30%)大得多[7-14]。因此，包括波浪发电在内的海洋能利用技术，对于我们实现未来海上城市和海上强国的建设梦想将起着举足轻重的作用。

海洋能包含的种类繁多，既包括波能、潮汐能、海流能等机械能，又包括海水盐差能和海水温差能等化学能[14-18]。全球有相当巨大的海洋能储量，据估算，约有潮汐能 27 亿 kW、波能 25 亿 kW、温差能 20 亿 kW、海流能 50 亿 kW、盐差能 26 亿 kW[18]。1981 年，根据联合国教科文组织的估计，全球可开发利用的海洋能有 64 亿 kW，相当于当时全世界总装机容量的两倍[19]。我国可开发利用的海洋能有 4.4 亿 kW，相当于我国 2010 年总装机容量的一半，其中，波能的开发潜力约为 1.3 亿 kW[18,20]。因此，海洋能源储量庞大，其发展潜力惊人。

波能是海洋能源中蕴藏最丰富、最有开发潜力的能源之一。波浪是大气层和海洋在相互影响的过程中，由风和海水重力作用下形成永不停息、周期性上下的波动，这种运动具有一定的动能和势能[21-24]。与其他海洋能相比，波能分布广泛、能源密度高，对其开发利用可以有效缓解能源紧张，是解决世界能源问题的重要途径。在开发过程中，波能对环境的影响较小并且以机械能形式存在，是品质最高的海洋能[14]。所以，随着世界各国对波能开发的日趋重视，波浪发电技术将会不断成熟，波浪发电的成本也将不断下降，未来波能等可再生能源必将代替传统能源，成为稳定的可持续能源解决方案。波浪发电的另一个重要优势在于其建设可以集中在海岸线附近[22]，这与全世界产业发达、人口密集、能源需求量大的地区相重叠，可减少能源运输距离，降低人们使用能源的成本。另外对于孤岛、海上浮标和作业平台，海洋能更是易于因地制宜的便捷能源。

波浪的重要特征是其运动的多维度和随机性[25]，在空间分布上具有高度的不均匀性，在时间上又表现出很大的随机性。因为波能是由风吹动海面产生，所以其运行特征必然会受到地形、风向、洋流等条件的影响而不断变化[26,27]。在极端风暴中，波能可以高达 1000kW/m；在平静的海面，波能则低至 0.1kW/m[27]。根据美国能源部公布的全球海洋波能分布图,全球平均波能最高的是北大西洋地区，可达 80～90kW/m；平均波能最低的区域是封闭的地中海区域，只有 3kW/m[28]。

波能的大小主要取决于波高和周期两个因素[29]。我国近海沿岸的波高特点是北部小，南部大，具体表现为：渤海沿岸为 0.3～0.6m；山东半岛、苏北、长江口、台湾海峡西部、粤西、海南岛和北部湾沿岸为 0.6～1.0m；渤海海湾、浙江、福建北部、台湾海峡东部和粤东沿岸为 1.0～1.7m；西沙地区为 1.4m 左右[30,31]。

波浪的周期分布情况与波高分布类似，我国各地沿岸的年平均周期分布为：渤海为 2.0～3.0s；渤海海峡为 3.6s 左右；山东半岛南岸、苏北和长江口为 3.0～4.4s；浙江、福建和台湾为 4.5～6.4s；粤东和粤西为 3.0～5.4s；海南岛和北部湾为 2.5～3.0s；西沙地区为 3.5s 左右[32,33]。

根据《全国海洋功能区划概要》的统计资料，我国沿海主要省区的波能资源分布如表 1-1 所示。其中台湾省沿岸的波能储量最多，总量约为 4291MW，紧接着的是浙江、广东、福建、山东、海南和江苏等地。考虑到实际经济效应，需要在波能资源丰富的海域安装波浪发电装置。为了有利于波能转换装置的设计与安装，还要考虑具体的地理条件等[34,35]。

表 1-1　我国沿海主要省区的波能资源分布

省区	理论平均功率/MW	所占比例/%
台湾	4291.22	33.4
浙江	2053.40	16.0
广东	1739.50	13.5
福建	1659.67	12.9
山东	1609.79	12.5
海南	562.77	4.37
江苏	291.25	2.26

我国海岸线长达 18000 多公里，海岛海岸线长 14000 多公里，整个海域面积达 490 万平方公里，相当于陆地面积的一半[36,37]，波能资源丰富，理论上沿岸波能年平均功率为 1285.4 万 kW，沿岸可开发利用的波能总功率为 3000 万～4000 万 kW。通过中国沿海海洋观测台站资料估算得到，中国沿海理论波浪年平均功率约为 1300 万 kW，但是由于很多海洋台站的观测地点处于内湾或者风浪较小的位置，实际的沿海波浪功率要大于这个值[14,37]。因此，如何对我国的波能资源加以高效利用，从而增加波能利用效率、提高系统运行稳定性、降低发电成本，是一项重要的研究课题。

1.1.2　波浪发电发展历史

波能是在海洋表面以动能和势能形式存在的能量之一。波浪运动蕴藏着巨大的能源，虽然与风能发电、太阳能发电等可再生能源发电相比，波浪发电起步较晚，然而其利用方式正朝着规模化和商业化发展[8,11,38-42]，且对于我国长期的可再生能源发展目标具有重要意义。国内外在波浪发电这一方面的研究都已有相当长的时间，成果较为丰硕。

1. 国外发展概况

法国是研究波能转换装置最早的国家。1799 年，法国的吉拉德父子实现了人类第一个波能机械利用装置，并获得专利[43]，该装置是一种可以附在漂浮船只上的巨大杠杆，能够随着海浪的起伏而运动，从而驱动岸边的相关设备正常工作。1910 年，法国人布索·白拉塞克建造了一座气动式的波浪发电站，该电站能够为其海滨住宅提供充足的电力。1965 年，日本人益田善雄发明了专供海上导航灯浮标用的波浪发电装置，成为首次商业化实践的波浪发电系统[44]。随后，很多波浪发电装置相继被提出。

自 20 世纪 70 年代，随着全球石油危机的兴起，人们认识到了研究可再生能源发电的重要性，英国、挪威、瑞典及日本等沿海国家均开始把目光投向蕴藏丰富的波能，使得波浪发电装置迎来首次大规模的研究[45-47]，开发出了衰减式、截止式和点吸收式等多种类型的波浪发电装置[20,48]，从而推动了波浪发电技术的快速发展[49,50]。紧接着，丹麦、美国、加拿大等国家也开始研究波浪发电。20 世纪80 年代进入了将波浪发电装置商业化的示范阶段[51,52]。但由于海洋条件的恶劣多变、发电技术的不成熟，以及对发电成本和发电稳定性的顾虑，很长一段时间内波浪发电技术的发展十分缓慢。最近几年，随着全球变暖和能源危机的加剧，该情况有了很大的改观，各种波浪发电技术发展迅猛。

目前，美国、日本、英国等海洋大国的波浪发电技术有着较大的领先优势。英国的爱丁堡大学和南安普顿大学，以及坐落在苏格兰的欧洲海洋中心都为各自国家波能利用技术的发展提供了必要的研究条件和人才储备。著名的波浪发电研究机构包括瑞典的乌谱萨拉大学[53]，葡萄牙的高新技术研究所和国家能源技术研究所，美国的相关研究机构有俄勒冈大学及在该高校内设置的国家海洋中心。日本最先进的波能转换技术是振荡水柱技术以及后弯管设计技术，主要研究机构有佐贺大学和筑波大学。英国爱丁堡大学的 Salter 教授撰写了第一部关于波浪发电研究的著作，且设计了一种称为"点头鸭式"的波浪发电装置，其捕获波能的效率理论上最高能达到 80%左右[54]。2000 年 11 月，英国在 Islay 岛建成一座 500kW岸式振荡水柱空气透平波浪发电站，解决了当地 400 户居民的用电，还与苏格兰公共电力供应商签订了 15 年的供电合同[18]。2009 年，英国政府计划到 2020 年实现海洋能发电(包括波能和潮汐能)装机容量达 2GW，到 2050 年实现装机容量30GW[41,55]。此外，英国还出台了各种鼓励发展波浪发电的激励政策，除了对投资者承诺高的投资回报率，还通过政府资金支持和奖励的方式鼓励发展波浪发电技术[56]。

2. 国内发展概况

我国对波浪发电技术的研究开始于 20 世纪 70 年代,属于较早开始对波浪发电技术进行研究的国家之一。1978 年,我国成功研制了 1 台千瓦级的空气涡轮波浪发电浮筒,并在浙江省的舟山群岛进行试验发电。从 20 世纪 80 年代初开始我国主要对振荡水柱式波浪发电装置和摆式波浪发电装置进行研究,获得了较快的发展[57]。波浪发电技术的研究扩展到广州、大连、青岛、北京、天津和南京等地。我国从事波浪发电研究的单位有十几个,如中国科学院广州能源研究所、国家海洋技术中心及各大高校等[58]。1990 年,由中国科学院广州能源研究所研制的"鹰式一号"漂浮式波浪发电装置在珠海市万山群岛海域的成功发电标志着我国海洋能发电技术取得了新突破。1996 年,20kW 岸式波能实验电站和 5kW 波浪发电船成功建成。国家海洋技术中心在山东青岛大管岛研建成功 8kW、30kW 摆式波能实验电站[35,59]。中国科学院广州能源研究所还研建过独立稳定的波浪发电系统——100kW 岸式振荡水柱波浪电站。2005 年 1 月 9 日,在汕尾市遮浪镇,该系统的第一次小功率海况实验取得成功,这证明了海洋波能可以独立稳定发电,标志着我国波浪发电装置在大型化、实用化的方向上又迈进了一大步[15-20,60]。该系统总装机容量 50kW,最大波能峰值功率为 400kW,可惜在一次台风中被巨浪击毁[61]。2008 年至今,潮汐能、波能发电发展势头良好,国内潮汐能、波能发电领域的专利申请量节节攀升,尤其自 2011 年开始,每年的专利申请数量均比国外的申请量多[22]。目前,我国正在山东、海南、广东各规划建设 1 座 1000kW 级的岸式波浪发电站[62]。

在国家各项政策和计划的支持以及科研人员多年的研究下,我国的波浪发电取得了很大的进展。微型波浪发电技术已成熟,并实现了商业化。小型岸式波浪发电技术已达到世界先进水平。中型岸式波浪发电技术也较为成熟,现已进入世界先进行列。我国已研制出用于航标灯的波浪发电装置,可向 600 多台航标供电。此外,弯管漂浮式波浪发电装置、摆式波浪发电技术的研究取得了突破,已出口国外。但我国的波浪发电装置的实验规模远小于英国和挪威等国,类型及开发方式也远少于日本,且小型的波浪发电装置的可靠性和稳定性还需进一步提高,进而实现其商业化。我国目前的大多数实验电站仍存在波能转换效率低、海洋适应性差等问题。所以建立新型的高效率波浪发电控制系统,提高其可靠性与运行效率是当前研究的重点,对于实现我国海洋强国之梦具有重要意义[63]。

1.2 波能转换装置的种类

波能转换装置通常由漂浮设备和锚定系统两大部分组成。漂浮设备浮于海面,可以随海浪运动而运动;锚定系统通常安装在海床或岸边,起固定漂浮设备作用。

波浪发电系统涉及的领域非常广，分类也比较复杂，但是对于波浪发电转换系统全过程通常可以归纳为三级转换[14,64,65]。第一级是波能捕获系统，波浪发电装置中可活动的受波体(如浮子、摆板等)跟随波浪往复运动，将波能采集起来转换为可利用的机械能，是三级能量转换中最重要的一级，直接影响下面两级的转换效率和发电量。第二级为中间转换和传输系统，主要起稳向、增速、稳速的作用；中间级能量转换装置是将上一级产生的往复机械能量转换为稳定的机械能量输出，例如，采用增速齿轮箱将低速的机械运动转换为高速输出，或者是采用双向棘轮将受波体的往复运动转换为单一方向的运动，然后把相对稳定的机械能传输到第三级。最后一级通常是驱动发电机输出电能以供负荷用电，通常为发电机及其控制系统。波能转换装置的类型很多，可以根据它们各自的特点，如工作原理、安装形式、能量传递方式和波能吸收类型等进行分类[9,15,34,66]。表 1-2 给出了常见波能转换装置的分类方法[67]，下面将对它们进行详细介绍。

表 1-2 波能转换装置的分类

分类方式	种类
安装形式	固定式、漂浮式
安装位置	岸式、近岸式、离岸式
能量传递方式	气动式、液压式、机械式和磁动式等
波能吸收类型	衰减式、点吸式和截止式等
工作原理	振荡水柱式、聚波水库式、压差式和振荡浪涌式等

1.2.1 按安装形式分类

按安装形式，波能转换装置可分为固定式和漂浮式。

固定式波能转换装置，顾名思义，就是波能转换装置的主体被固定在海岸或者海底[68]。海岸固定式波能转换装置的优点是便于管理、电力输送以及进一步的开展研究。当选址及装置设计得当时，其工作效率一般较高。这种发电装置的缺点在于海岸边的波能能流密度往往较小，因此波能捕获效率较低。离岸型固定式波能转换装置固定于海底，其优点是装置周围的波能能流密度较大。但其中一部分波能会绕射到装置背后，从而导致该类装置的转换效率降低。而且，其远距离管理和输电的成本较高，不利于开展进一步研究。1966 年世界上第一个作为灯塔电源的波浪发电装置即属该类离岸型装置[69]。固定式波能转换装置还可以组装在防洪堤坝上，将近海的漂浮防波堤作为发电体，使其在防波的同时获取电力。但总体上，这种装置对波浪的利用率较低，极端恶劣的波浪环境易导致装置的损坏，还存在一些土木建造和机械设计的难题。

漂浮式波能转换装置漂浮在海面上，常在船厂建造，然后根据需要运输并安放到合适的水域，建造难度较小。有的通过锚或重块与海底锚接，有的可以随着波浪的运动而一起运动，随海洋季风和海洋洋流慢漂，一般体积小。对于通过锚或重块锚定于海底的漂浮式波能转换装置，其缺点在于工作效率一般低于固定式波能转换装置，而且容易受到大风、大浪的威胁，其结构、锚泊系统及输电线路很容易遭到破坏[70]。因此，其维护管理成本与装置的结构、电力输送的距离及锚泊系统的要求有关。对于跟随波浪运动而运动的装置，其对波能吸收效率相对较高，较固定式波能转换装置抵抗恶劣环境的能力强，但是总体的发电量、输出电压电流等参数较低，适用于小微型波能转换装置的发电，如用于采集波浪信息和收集海洋数据资料的双浮体波浪发电装置[71]。

1.2.2 按安装位置分类

按安装位置，也就是装置投放点的差异，波能转换装置可分为岸式、近岸式和离岸式三类[16,19-21,36]。

在岸式波能转换装置对应的发电系统中，将涡轮发电机安装在岸上，利用海洋浪涌产生的作用力来压缩空气，从而推动涡轮机工作，将机械能转换成气动能，再进一步转换成电能。其优点是距传统电网近，并网方便，正好可缓解我国东部沿海地区能源紧张的局面。由于海浪经过浅水区后能量会降低，在恶劣天气影响下该类装置遭受海浪破坏的可能性较小，维护简单，但同时也大大减少了波能捕获效率。另外，由于安装在岸上，对地形的要求相对较高，从而一定程度上限制了其规模化发展。

近岸式波能转换装置指的是安装在浅水区的波能捕获系统，即大陆架区域水深不到 200m 的近海(通常认定为水深小于波长四分之一的区域)。这种装置安装在海床，设备的固定性良好，尤其是针对利用振荡浮子来实现能量转化的波能转换装置而言，较强的固定性可保障系统的稳定运行。而且，该类型波浪发电系统项目可结合海岸防浪工程同时开发建设，有利于系统成本的降低。其最大限制同样是浅水区蕴含的波能较少，从而影响波能捕获效率。

离岸式波能转换装置通常安装在海洋深水区(通常认定为水深大于波长三分之一的区域)，多由漂浮在海面上的浮子来捕获波能。浮子和固定于海底的涡轮发电机相连，利用波浪起伏带动的海底气室中的气流运动来冲击涡轮机来发电。其优点是深水区蕴含的波能丰富，装置能够捕获的波能也相对较多。然而，在深水区系统的构建和维护难度较大，并需要考虑抵抗恶劣天气等因素，建设成本也较高。尽管如此，由于可以吸收的波能更大，深水区的波浪发电经济潜能也更大。

1.2.3 按能量传递方式分类

按能量传递方式，波能转换装置可分为气动式、液压式、机械式、磁动式等。

气动式波能转换装置的一个转化环节是利用气体作为转换介质来传递能量[68]。在波浪的起伏作用下，将波能转换为空气的压能和动能。在气室和大气的通路上安装空气透平并将透平转轴与旋转发电机相连，利用气流驱动透平旋转并带动发电机发电。气压式波浪发电机的透平发电机组不与海水接触，因此避免了一些海水腐蚀和机组密封等问题，提高了装置在海洋环境下的生存能力。但是这种波能转换装置也有一定的缺点：由于空气具有可压缩性，不易实现较准确的速度控制和很高的定位精度，负载变化时对系统的稳定性影响较大；空气压力较小，只适用于压力较小的场合；气动装置存在噪声，高速排气时需要加装消音装置；采用三级转换能量转换效率低等。

液压式波能转换装置的一个转化环节是通过液体来传递能量[72]。利用波能驱动液压装置对液压涡轮机做功，即将波能转化成的机械能再转化为液压系统的液压能，然后带动传统的电机进行发电[73,74]。常见的液压式波能转换装置有点头鸭式、浮子式及摆式。液压式波能转换装置结构相对简单，可控性好，传动装置体积小、重量轻，工作平稳，响应快，平台建造成本低，转换效率高，便于实现多能量的接入及高效的综合利用。但是其维护较为困难，面临着海水腐蚀和微生物附着淤塞以及液体泄漏污染海水等问题。而且该装置在工作中不可避免地存在摩擦、压力等方面的损失，因此需要更合理、科学的设计与组装液压元件及其辅件，使液压系统的转换效率达到最高。

机械式波能转换装置一般通过相应的机械结构(离合器、齿轮箱等)，运用一些机械原理(如惯性原理)，直接将波能转化为机械能，再通过一定的机械装置转化为驱动发电机发电的能量[75]。机械式系统结构密集简洁，传动平稳，并且整个系统可以完全封装在箱体内，没有与海水接触的部件，能够防海水腐蚀，稳定性和使用寿命都得到提高。但是齿轮箱等机械结构增加了系统能量的转换次数，降低了能量的转换效率和可靠性，维护成本高，而且由于其结构上并不能存储太多的电能[76,77]，需通过加装飞轮、蓄电池等储能设备可以改善系统的电能输出特性。

磁动式波能转换装置采用新型磁性齿轮作为磁力传动的一种形式，基于磁场耦合的原理，以一种非接触的方式来实现转矩、转速等的传递[77-79]。在某些特定的场合，尤其是波浪发电装置等需要高度可靠性并且维护更新设备较为困难的海上，利用磁性齿轮具有独特的优势。采用它代替传统的机械齿轮箱，可避免复杂的齿轮箱因传动产生的摩擦损耗、振动噪声和机械疲劳，而给波能转换装置造成效率低、稳定性差及可控带宽窄等问题[80,81]。同时，磁动式波能转换装置能够有效结合磁性齿轮和直线电机的结构，解决直驱式波浪发电转子运动速度较低而引起的能量密度较低、电机体积庞大、永磁消耗量大和经济效益不高等问题。文献[82]将传动比 14∶3 的磁性齿轮和直线电机串联，结果显示这种机构能有效地减小设备体积，提高传动系统效率。

1.2.4 按波能吸收类型分类

按波能吸收类型，波能转换装置可分为衰减式、点吸式和截止式等。

如图 1-1(a)所示，衰减式波能转换装置的轴线与主要波浪的传播方向平行，典型的示范工程为"海蛇号"项目[16]，它具有蓄能环节，可提供与火力发电相当稳定度的电力。其控制特色为：在装置连接处的每个波能捕获单元可独立运行且具备冗余备份功能，同时通过控制与液压机构相连接的阻尼大小可以实现系统在小波浪时的能量最大化和大波浪时的系统响应最小化。

点吸式波能转换装置可以是在水面上下起伏的漂浮机构，也可以是依靠压差发电的水下机构，如图 1-1(b)所示。因其体积很小，吸收波能的方向不受限制，所以波能捕获效率受入射波方向影响较小。点吸式装置适合波浪的大推力和低频特性，转换效率较高，并可方便地与相位控制技术结合，但其机械和液压机构的维护比较困难。该类型波能转换装置较多，典型代表示范工程为 OPT Powerbuoy，每个小单元发电大概在几十瓦到上百瓦左右，组网后可建成兆瓦级的波浪发电场。

截止式波能转换装置的轴线垂直于主要波浪的传播方向，由于存在水下部件，所以受海浪袭击时其稳定性较差，原理如图 1-1(c)所示。典型装置为爱丁堡大学研制的"鸭式波浪发电装置"，理论上该装置波能捕获效率很高。为实现系统的最大波能捕获，该装置采取了变桨距角的透平控制技术及变刚度和阻尼参数的控制方法。

需要注意的是，在锚泊控制时，衰减式和截止式装置均需将其定向到相应的主波能吸收方向，而点吸式则无此要求。因此，点吸式波能转换装置的锚泊方式更灵活。

1.2.5 按工作原理分类

按工作原理，波能转换装置可分为振荡水柱式、聚波水库式、压差式和振荡浪涌式等。

振荡水柱式波能转换装置包含一个开口在水面以下的气室[19]，如图 1-1(d)所示。当入射波到来时，海水进入装置的气室，挤压气体进入涡轮机；当波浪退去时，气体通过涡轮机被吸回气室。通常采用的是低压 Wells 涡轮机，因其不受空气流向影响，且能保持按同一方向旋转。该波浪发电装置原理简单，其传动机构不与海水接触，故防腐性能较好，维护方便，鲁棒性强。但其二级能量转换效率较低；为了提高系统的效率，可合理设计气动阀门使涡轮机不管是在波浪上升还是下降阶段均存在驱动力[16]。

聚波水库式波能转换装置主要利用水位差吸收波能，通常将海水聚集到高于海平面的水库里，然后通过涡轮机带动发电机进行发电，如图 1-1(e)所示。其优点是一级能量转换部分没有活动部件，维护成本低，可靠性好，系统出力较稳定；

不足之处是发电站在建设时对地形有特殊要求，不易推广。该类典型示范工程有"波龙号"等[21]。

　　压差式波能转换装置属于水下的点吸式装置，主要利用装置顶部波峰和波谷的压差吸收波能。它包括两个部分：固定在海底的圆柱形气室和在其上方可移动的气缸。当波峰到来时，装置顶部的水压压缩气缸内的气体，使气缸向下移动；当波谷来临时，装置顶部的水压减小，气缸上升。由于是水下装置，因此不受水面撞击力影响，但其维护相对困难。另外，因为装置需要锚定在海底，因此多应用于近海岸。典型例子有阿基米德摆式装置(Archimedes wave swing，AWS)[36]，如图 1-1(f)所示。

　　振荡浪涌式波能转换装置包含轴线垂直于波浪传播方向的铰链式偏转器，偏转器借助波浪的水平运动进行前后摆动，达到吸收波能的目的，典型装置有 Aquamarine Power Oyster[15]。

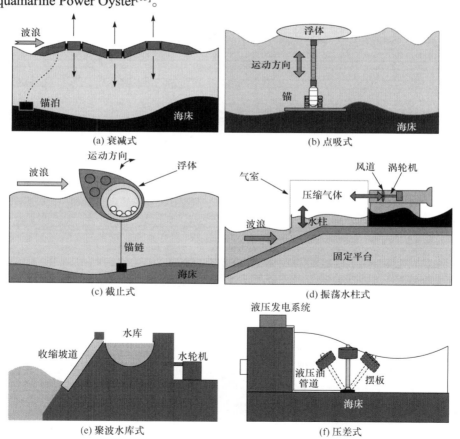

图 1-1　典型波能转换装置示意图

1.3 波能转换装置锚泊系统

为了更好地吸收波能，常要求将波浪发电装置置于高波能密度的海域中(深水区)，这就需要设计合适的锚泊系统对其固定。在设计时需要考虑装置的谐振周期接近波浪周期时产生的幅值响应，以确保其安全性和可靠性；另外还应注意选择恰当的缆绳长度、材料、尺寸和数量以达到装置海底占有面积、海面覆盖面积和系统固有频率的最优化，并且保证系缆在极端负荷下的强度和寿命[80]。目前，锚泊设计商业软件主要有 OrcalFlex、MIMOSA、ZENMOOR 等。图 1-2 给出了锚泊系统的一种简要设计流程。

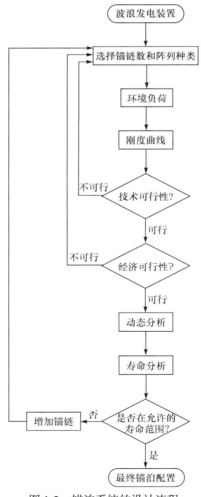

图 1-2 锚泊系统的设计流程

1.3.1　单元波能转换装置锚泊系统

单元波浪发电装置的锚泊主要有单点锚泊、多点锚泊和动态定位等锚泊方式。

单点锚泊包括转塔式锚泊(turret mooring，TM)、悬链线锚腿锚泊(catenary anchor leg mooring，CALM)、单锚腿锚泊(single anchor leg mooring，SALM)、铰链式装油塔(articulated loading column，ALC)、单点水库式锚泊(single point mooring and reservoir，SPAR)和固定塔式锚泊(fixed tower mooring，FTM)等。多点锚泊包括悬链式锚泊(catenary mooring，CM)、多悬链线锚泊(multi-Catenary mooring，MCM)、系留式锚泊(tethered mooring，TM)。

悬链式锚泊、多悬链线锚泊及悬链线锚腿锚泊、单锚腿锚泊被认为是目前波浪发电的最佳锚泊方式，具有较低的安装成本，并已形成了一系列行之有效的建设标准。然而，在考虑波浪发电装置的刚度要求时，悬链式锚泊、多悬链式锚泊及二者的综合使用都尚需仔细评估其可行性；悬链线锚腿锚泊和单锚腿锚泊允许发电装置按海上风向自由转动，这会造成系统所占用海面覆盖面积的增大，尤其是在阵列式发电装置分布中，其单元间距将更大。

铰链式装油塔、单点水库式锚泊和固定塔式锚泊在波浪发电中的技术适应性并非最佳，它们的安装成本相对较高[81]。然而，以单点水库式锚泊为例，该锚泊方式可为氢等能源介质提供贮藏场所，如果就地制氢，能省去电能传输的费用，因此具有一定竞争性；铰链式装油塔本身就可作为能量吸收的主体，因此对其进行合适布局，亦较适合波浪发电系统的锚泊。

目前，转塔式锚泊、系留式锚泊和动态定位至少在经济竞争性方面仍较差。它们所需要的组件均较昂贵，且对装置的波能捕获有较强的限制，因此，其适应性相对较低。

1.3.2　波能转换装置阵列锚泊系统

单个波能转换装置的容量一般不易满足负载的需求，实际中常将多个波能转换装置进行合理的阵列分布而建立波浪发电场来解决。针对浮子式波浪发电系统，若将沿波浪前进方向依次相距 λ/n(λ 为波浪波长)的 n 台环形波能转换装置并联，使得其转矩通过公轴合成到一起，则可以使输出转矩波动大幅度减小。图 1-3 给出了 4 台波能转换装置在海面上的分布示意图，该斜线式波能转换装置阵列分布拓扑结构可减小波浪前进方向上各波能转换装置单元间的影响，使系统尽可能地吸收波能。

对于阵列式波浪发电系统，其锚泊系统的最优阵列分布形式取决于海底地形、海底基础架构(电缆等)、维修成本及对相邻波浪发电装置单元发电效率的影响等因素[7]。图 1-4 为常见的两种单元间相互独立的阵列锚泊形式。

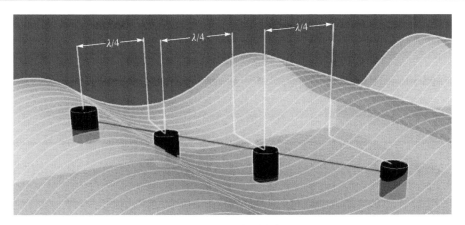

图 1-3　装置阵列分布图

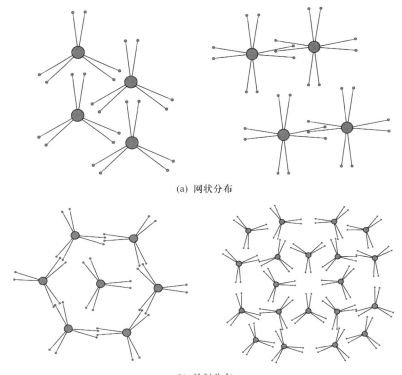

(a) 网状分布

(b) 放射分布

图 1-4　典型锚泊拓扑

当阵列中各个波浪发电装置的锚泊系统存在互相连接的情况时，常采用如图 1-5 所示的锚泊分布形式，该方法可大大减小锚泊成本，但也应适当增大各单元间的距离或锚泊系统的强度以避免各单元装置之间发生碰撞[26]。

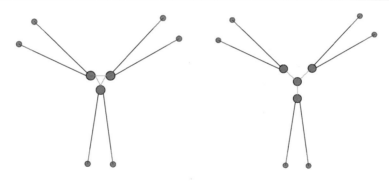

图 1-5　三角形互连锚泊分布

另外，需要注意的是，可以通过锚泊方式改变波浪转换系统的阻尼和刚度等参数，从而实现对浮子式等波浪发电系统的主动控制与系统优化设计。

1.4　波浪发电机的种类与性能

针对不同的海域条件、不同的波能转换装置及机组不同的性能要求，选择合适类型的发电机对波浪发电系统的设计与控制至关重要，因为这将直接影响系统的发电成本、可控性、稳定性及经济效益等关键性问题。

1.4.1　波浪发电机种类

现阶段用于波浪发电系统中的发电机按其运动方式可以分为旋转发电机和直线发电机。其中旋转发电机发展较为成熟，它主要包括鼠笼型异步发电机(squirrel-cage induction generator，SCIG)、无刷双馈型异步发电机(brushless doubly-fed induction generator，DFIG)、同步发电机(synchronous generator，SG)、永磁同步发电机(permanent magnet synchronous generator，PMSG)和永磁直线发电机(permanent magnet linear generator，PMLG)。

1. 鼠笼型异步发电机

鼠笼型异步发电机是分布式发电(DG)系统广泛采用的发电机之一。通过齿轮箱与波能转换装置相连，后接功率变换器发电。系统常利用电容器进行无功补偿，并在高于同步速附近做恒速运行。该类发电机转子整体强度和刚度较高，较适合波浪发电场合，缺点是系统发电效率较低。

2. 无刷双馈型异步发电机

无刷双馈型异步发电机取消了电刷，弥补了标准双馈电机的不足，兼有鼠笼型、绕线型异步电机和电励磁同步电机的优点,通过齿轮箱与波能转换装置相连,功率因数和运行速度均可调节,适合于变速恒频波浪发电系统,但电机的体积和成本都较大[83]。

3. 同步发电机

用于波浪发电的同步发电机极数较多,转速较低(400~1500r/min),径向尺寸大,轴向尺寸小,可工作在起动力矩大、频繁起动及换向的场合[84]。另外,同步发电机可以直接与波能转换装置相连,不需要通过齿轮箱;当与电子功率变换器相连时可以实现变速运行,具有噪声低、功率因数高等优点。

4. 永磁同步发电机

永磁同步发电机采用永磁体励磁,无须外加励磁装置,减少了励磁损耗;同时它不需要换向装置,因此具有效率高、寿命长等优点[85,86]。与等功率的鼠笼型异步发电机、同步发电机等传统发电机相比,永磁同步发电机在尺寸及重量上仅是它们的 1/3 或 1/5。由于这种发电机同时具有同步电机和永磁电机的运行特点,可将其极对数设计得更多,以适应于发电机与波能转换装置的直接相连[84,87]。

5. 永磁直线发电机

永磁直线发电机采用直线往复运动的永磁体振子作为电机的励磁,可以直接与波浪的起伏运动特点相吻合,能够直接将机械能转化成电能,简化了波浪发电的转化过程,且其功率密度与功率因数也较高[84]。

波浪发电系统中由于异步发电机转子整体的强度和刚度都很好,比较适合波浪发电系统,尤其是无刷双馈型异步发电机在变速恒频的波浪发电系统中有很好的应用,但是异步发电机也存在体积大、成本高及效率低等缺点[84]。永磁同步发电机相比于异步发电机效率较高,并且不需要换向装置,具有效率较高、体积小、寿命长的优点,但是在波浪发电系统中需要棘轮或其他机械机构来与波能转换装置的传动机构相连,结构也相对复杂。永磁直线发电机采用直线往复运动的永磁体振子进行励磁而不需要外加励磁装置,相比于旋转发电机结构更加简单,也避免了励磁损耗,因此永磁直线发电机在依靠直线运动的波能转换装置中效率最高,也最具应用前景[88]。

1.4.2 波浪发电机性能

由于离岸式波能转换装置和岸式发电装置相比具有更大的发展潜力,故在评判发电机性能高低方面,下面将以离岸式振荡水柱式波能转换装置所处的环境为前提,从运行可靠性、环境适应性、电能质量、成本及能量转换效率等角度来综合对比上述几种电机的优劣。

在设备运行的可靠性方面，电机电刷的有无是应考虑的关键问题。对于有刷电机而言，机组的长期运行会导致电刷产生机械损耗和电化学损耗。电刷与滑环反复摩擦会产生机械损耗，并会产生碳尘，而碳化合物的汽化又会引起电化学腐蚀。长此以往必将导致电刷的毁坏，使得电机无法正常工作。而由于电刷更换与设备停机所导致的成本与经济效益的影响是不容忽视的。为了减少磨损，常在电刷和滑环之间加一层碳复合膜，可有效减少电刷的磨损。为了维护碳复合膜的寿命，电刷电流应长期运行在额定状态。但是针对波浪发电这一实际情况，波浪有波峰有波谷，浪涌有高潮有低潮，不同的波浪状况必将导致发电机电流的变化，难以保证电刷电流长期处于额定状态。过载电流对碳复合膜的影响非常大，持续的大电流会导致电刷温度急剧上升，加速对电刷的损坏。尽管有刷电机设备简单，成本较低，能量转换效率高，但考虑到离岸波能发电装置运行所必须具备的可靠性，在发电机的选择方面应避免选择有刷电机。

设备对环境的适应性主要是考虑离岸环境空气和海浪对设备所造成的影响。不同于在陆地上建造的发电设备，离岸式波能转换装置锚泊系统常常置于海洋中。由于深海水压很高，设备应选取恰当的材料，保证在系统的极端负荷下有足够的强度与寿命。同时也要考虑缆绳的长度和尺寸，以便达到装置所需的海底占有面积和海面覆盖面积，并实现对系统固有频率的优化，使装置易于和波浪发生共振，提高能量转换效率。而波能转换装置的漂浮系统长期浮于海面上，不仅要能够长期适应高盐度海水的腐蚀，还要经得住恶劣天气条件下强风暴的冲击。针对一般的波能转换装置，由于气流的湿度和盐度都很高，为了防止设备腐蚀，应同时建立湿度和盐度调节设备来保障设备的正常运行。但对于特殊的振荡水柱式波能转换装置，涡轮机配置在风道中，故无法对流经涡轮机的空气湿度和盐度进行控制，这就更要求涡轮机材料的抗腐蚀性能要强。永磁体钕铁硼（NdFeB）对盐度非常敏感，并且其本身也比较脆弱易碎，所以若选择永磁发电机作为能量转换装置，就必须考虑永磁体材料的选择以及盐度调节设备的建造。

因为考虑到产生的电能质量要符合并网要求，所以针对波能转换装置所产生的电能质量问题，主要考虑电压畸变、幅值、频率及功率因数等方面。直驱式发电机难以控制其转速，输出电压的波形和频率都难以控制，而且夹杂有大量谐波，故电机直接输出的电能质量一般较低。在发电机并网方面，双馈型感应发电机和鼠笼型异步发电机在电网中只能吸收无功而无法发出无功，所以都需要增加无功补偿装置来保障电网的无功平衡。同步电机可吸收无功，也可发出无功，故不需外加无功补偿装置。对于输出电压的频率，永磁同步发电机、鼠笼型异步发电机和同步发电机在电机和电网之间都有全功率变频装置，易于解耦，也易于改善电能质量。而双馈型感应发电机定子与电网直接相连，易受电网故障影响，其低电压穿越能力弱、输出电能质量较低。

　　同陆上新能源发电系统相比，发电成本一直是制约波浪发电发展的重要问题。在成本问题上，主要考虑初始投资和维护成本两方面。对于固定转速的波浪发电机，由于不需要考虑变速调频装置，其初始投资比较低，但能量转换效率也很低；对于可变转速的波浪发电机，有两种类型：带部分功率变换装置的双馈式感应发电机和带全功率变频装置的鼠笼型异步发电机、同步发电机和永磁同步发电机。同步发电机和鼠笼型异步发电机的初始成本相近，各种发电机系统的总体成本比较如表 1-3 所示。

　　能量转换效率是波浪发电机选择的关键，发电机的设计与控制对动力输出功率影响巨大。在振荡水柱式波能转换装置的气动功率输出较高的情况下，可变速的双馈型异步发电机运行效率最高，而在其气动功率输出较低时，可变速永磁发电机效率最高。因此，双馈式感应发电机更适合应用于波能密度较高的深海地区，而永磁同步发电机更适用于波能密度较低的浅海区域。

　　综上所述，通过对各类波浪发电机的各种运行性能对比分析，得到的结论如表 1-3 所示。从表中可以看到，同步发电机和鼠笼型异步发电机的环境适应性较好，但是它们的效率较低，发展潜力不大；双馈型异步发电机运行可靠性较弱；永磁发电机环境适应性较弱，但运行可靠性强，可控性强，发电效率高，随着新型材料和防腐技术的发展，其发展潜力最优。值得关注的是，一些新型拓扑电机，如磁齿轮集成电机、多端口电机在波浪发电系统中也正在研究与应用中[77]。

表 1-3　各类发电机比较

发电机类型	指标				
	运行可靠性	环境/离岸适应性	电能质量/并网能力	成本	效率
SCIG	较强	强	强	低	低
DFIG	弱	弱	弱	高	低
SG	弱	较强	强	较低	较低
PMSG	强	较弱	强	较高	高
PMLG	强	较弱	强	较高	较高

1.5　波浪发电控制技术

　　为提高波能转换装置和波浪发电系统的效率，需采取有效的控制方法。本节将分析为实现最大波能捕获的各种典型波能转换装置的控制方法、波浪发电系统机械传动系统控制方法及各种波浪发电并网控制技术，可为当前和未来波浪发电从波能转换装置到波浪发电系统的设计与开发提供参考。

1.5.1　波能转换装置控制

1. 波能转换装置的基本控制方法

为了实现波浪发电的最大波能捕获，Falnes 指出系统必须满足两个条件：幅值条件和相位条件[8]。幅值优化控制方式具有本质上的缺陷，即幅值条件依赖于随机波浪的变化。因此，通过调整波能转换装置的谐振频带来实现相位优化控制的方式得到了广泛应用。根据波能捕获装置的原理，典型的相位控制策略主要包括反应式控制策略和锁存控制策略。

1) 反应式控制策略

Salter 等提出的反应式控制策略可以从左、右任一侧扩展波能转换装置的有效带宽，使其能够包含常规的波浪频谱，从而达到相位的优化控制[54]。该方法适用于谐振式波能转换装置，控制较简单。实际中，为了保护各种机械设备的寿命又要求系统最好不要工作在共振状态，因此实际波浪发电系统大多属于非谐振式波能转换装置，此时如果仍然采用该方法进行控制，则需发电机能运行于电动状态，且要求预先知道未来时刻的海浪信息[89]。

2) 锁存控制策略

Budal 和 Falnes 等提出的锁存控制策略原理是当波浪发电浮子在某一方向上速度为零时，对谐振浮子运动进行锁存，在恰当时间段后再释放，使浮子的速度在达到最值时与激励力同相，从而达到系统的最大波能捕获。理想情况下，锁存控制策略的特征如图 1-6 所示。

锁存控制策略只适合外部波力可以在任意方向捕获的特定场合以及固有频率大于波浪频率的装置(质量较小)。锁存控制的关键是如何决定浮子释放的最佳时间，在规则波浪中，锁存时间约为波浪周期和装置固有周期差值的 1/2[32]。

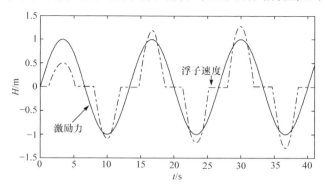

图 1-6　锁存控制下浮子速度随规则波浪的变化

2. 波能转换装置的非线性控制

对于波浪发电系统，在具体实现上述两种控制策略时，最初一般都基于传统的比例积分微分(proportion integration differentiation，PID)控制算法来实现其线性化控制。但实际上波浪发电系统是一个非线性、强耦合系统，同时在阵列式波浪发电系统中，各发电单元间的相互作用也是非线性的。因此，非线性系统辨识、非线性 PID 及变结构、模型预测控制等其他非线性控制方法在此具有较好的应用前景[90,91]。一种典型的波浪发电非线性控制方法，即内模控制(internal model control，IMC)的基本控制思想如图 1-7 所示。

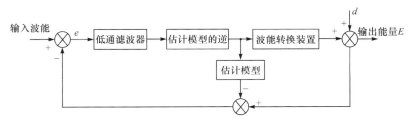

图 1-7 IMC 原理图

该方法的准确性依赖于系统中模型估计的精确性。但由于模型估计不可能非常准确，不易完全克服系统的扰动干扰，所以图中低通滤波器主要起减小高频噪声的功能[92,93]。为了实现最大波能捕获，低通滤波器的零极点配置及其阶数的选定依赖于估计模型的种类和当地海浪的特征，因此设计时最好使控制器具备自适应特性。

值得注意的是，现有波浪发电系统的模型辨识和控制器设计大部分基于仿真数据而设计，其控制效果表现均良好，但若直接将其应用于实际波浪发电系统，经常会发生很多偏差。因此，今后在控制器设计和系统模型辨识时，宜采用实际波浪发电系统的真实数据，以提高系统的鲁棒性和适应性。

3. 波能转换装置的智能控制

波浪发电系统中，除了可以应用各种基于传统数学模型的控制方法外，还可以应用模拟人类智能活动及其控制与信息传递过程的智能控制方法[28,29,94,95]。由于海浪的不确定性和随机性，波能捕获系统成为一个复杂的多变量非线性系统，智能控制恰好可发挥其自学习、变结构、自寻优等各种功能来克服系统的参数时变与非线性等引起的控制问题。因此，研究各种智能控制方法在波浪发电系统中的应用具有重要意义和广阔前景。

1) 模糊控制

模糊控制是一种典型的智能控制方法，其最大特点是将已有的专家经验和知识表示为语言规则用于控制[94,95]。它不依赖于被控对象的精确数学模型，能克服非线性等因素的影响，对被调节对象的参数具有较强的鲁棒性。图 1-8 给出了一种采用模糊逻辑的波能转换装置控制原理框图。

该模糊控制系统以波能转换装置的结构阻尼为控制参数，为实现最大波能捕获，应用遗传算法根据波浪高度和装置捕获能量的历史数据估算出系统阻尼，然后通过模糊控制器调节控制参数使系统达到最优运行。但该控制策略仅采用海浪高度和装置捕获能量作为优化参数，其通用性还有待进一步验证。

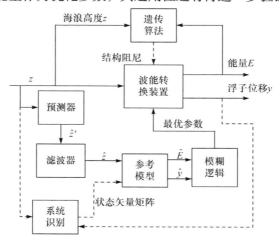

图 1-8　波能转换装置模糊控制系统(虚线代表离线运行)

2) 神经网络控制

人工神经网络具有可任意逼近任何非线性模型的非线性映射能力，利用其自学习和自收敛性可设计出波浪发电自适应控制器[28,29]。在波浪发电系统中，神经网络可根据以往观测的海浪数据预测海浪变化，再根据海浪数据和波浪发电机的动态特性建立神经网络间接自适应控制模型，如图 1-9 所示。

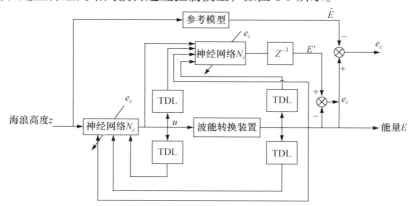

图 1-9　神经网络间接自适应波能转换装置控制系统图

图 1-9 中, 控制系统以波能转换装置为控制对象, 输入为海浪高度, 输出为波能转换装置产生的电能, TDL 是时延环节。通过神经网络控制器的在线学习和修改, 可以实现装置的最大波能捕获并减小系统的电磁转矩波动。

1.5.2 波浪发电系统机械传动系统控制

波浪发电机组的传动系统一般包括低速轴、齿轮增速箱、高速轴和制动器等。其中, 齿轮增速箱是其中的关键部件, 其主要功能是将吸收的波能以机械能的方式传递给发电机并使其得到相应的转速。通常波浪产生的一级转速与风力发电中的风机速度一样, 远达不到一般发电机发电所要求的转速, 必须通过齿轮箱的增速作用来实现[96]。但是, 传统齿轮箱存在易磨损、噪声大、故障率高等缺点。针对该问题, 1991 年, 日本学者即提出了新型的无接触永磁齿轮传动方式, 永磁齿轮无传统轮齿, 而是由多个永磁体按照 N、S 极相间顺序排列围成的圆柱体组成永磁齿轮, 磁体进行径向磁化。当一对永磁齿轮工作时, 这对齿轮空间上彼此分离, 它们之间的力矩传动依靠这对齿轮所产生的磁场之间的耦合作用实现[97]。研究表明, 永磁齿轮传动机构不仅能够减小磨损和噪声, 而且其传动力矩波动较小[98], 因此易于实现波浪发电机械传动系统的无接触能量传递。

随着电力技术的提高, 目前出现了低速驱动的多极同步发电机, 如永磁同步发电机, 采用这种低速发电机的机组可省略齿轮增速箱, 构成波浪发电机组的直接驱动技术, 在波浪发电领域内得到了重视和发展。浮子式波浪发电系统采用无齿轮式永磁同步发电机实现海浪发电的直驱化, 可降低系统的噪声、摩擦和故障发生率, 减少系统维修费用, 并大大提高系统的效率。利用离合器、双动式棘轮和飞轮保证系统的安全、高效和稳定运行。需要注意, 直驱式的永磁同步波浪发电机的单机功率一般不会很大, 若想提高单机容量, 则其体积和重量会大大增加。

近年来, 出现了一种折中的机械传动结构形式, 采用小增速比的齿轮箱(如一级行星齿轮传动)来带动永磁同步发电机[99], 即半直驱传动方案。这种方案既避免了采用高增速比的齿轮箱带来的问题, 又能使永磁同步发电机极数大大减少, 在风力发电和波浪发电中均具有一定的应用前景[100]。

此外, 风力发电中由主增速器、行星排和变矩器等组成的液力机械传动的发电传动装置也可以为波浪发电系统所用[101]。其优点是可采用普通的同步发电机, 且体积小、重量轻、成本低、寿命长, 可在较恶劣的环境下可靠工作。但为了获得系统的高效率运行, 须保证各设备参数的合理匹配。

1.5.3 波浪发电机变特性曲线控制

波浪发电机及其功率变换器的控制可以参考目前日趋成熟的风力发电机及其功率变换器控制策略(最大功率追踪方法)[102]。但在波浪发电中特性曲线图的构建方法与风力发电中的最大功率曲线图不同，因为波能由很多参数决定，这些参数与波能捕获装置的关系很难确定。因此，采用与风电中不同的构建方法研究变特性曲线控制策略，这里采用的变特性曲线控制特性图如图 1-10 所示[103]。该方法理论上只要建立了系统的转矩-转速特性曲线族，就可通过查表法进行分段线性控制。

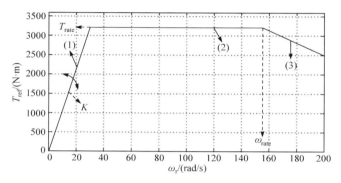

图 1-10　变特性曲线控制特性

图 1-10 中，特性曲线分为三部分：线性上升区、恒转矩区和恒功率区。
线性上升区的参考转矩 T_{ref} 可表示为

$$T_{ref} = K\frac{\omega_r}{\omega_{rate}}T_{rate} \tag{1-1}$$

式中，ω_r 为电机转速；ω_{rate} 为电机的额定转速；T_{rate} 为额定转矩；K 为上升斜率。
对于恒转矩区，T_{ref} 则可表示为

$$T_{ref} = T_{rate} \tag{1-2}$$

对于恒功率区，T_{ref} 可表示为

$$T_{ref} = \frac{P_{rate}}{\omega_r} \tag{1-3}$$

显然，以上三个区域的转矩控制都与 K 有关，K 值控制着上升区 T_{ref} 的变化率，因此也决定了系统恒转矩区和恒功率区的转矩值。当 $K<1$ 时，T_{ref} 就不会达到 T_{rate}，即 T_{ref} 的最大值不会超过其额定值；而当 K 很大时，就会使上升区和恒转矩区的交点左移，同时 T_{ref} 在恒转矩区的值会超过额定值。因此，应用此控制方法，K 值越大，T_{ref} 增加得越快，达到的最大值也越大，相应的平均输出功率 P 和最大电磁转矩变化率也越大。为避免 T_{ref} 过大对系统的影响，K 值不能太大。因此，需根据仿真或实验数据自适应选择一个合适的 K 值，既保证稳定输出较高平均功率，又抑制电磁转矩波动，仿真实验已证明了该控制方法的可行性[104]。

1.5.4 波浪发电并网控制

采取相关控制技术使得波浪发电系统能够输出稳定、可靠、经济的电能并且并入到电网中,是波浪发电的最终目的。随着电力电子技术的发展和成本的降低,电力电子装置为波浪发电系统接入电网提供了可靠的接口,可为波浪发电并网系统中所出现的无功、谐波等电能质量问题提供解决方案[67,105]。波浪发电可以是直流发电,也可以是交流发电,还可以交直流混合发电;既能单相发电,也能三相发电,还可以是单/三相混合发电。下面主要针对不同类型的三相交流波浪发电系统的并网拓扑与控制结构进行介绍与分析。

双馈型异步电机波浪发电系统可通过变频器调节电机转子的励磁电流实现系统的变速恒频控制[106,107]如图 1-11 所示。此时转子电路的功率只是由交流励磁发电机的转速运行范围决定转差功率,该转差功率比定子额定功率小很多,所以对变频器的容量要求、控制难度及成本大幅度降低。采用变频器调节交流励磁的双馈发电机的控制方案除了可实现变速恒频控制,还可以对有功、无功功率实现单独解耦控制,对电网而言可起到补偿无功和稳定电压的作用,不过采用双馈型电机的系统能量利用效率问题还有待进一步改善。

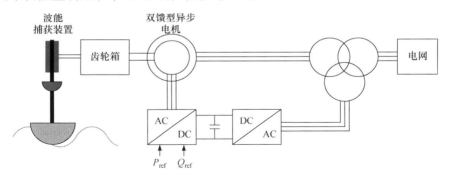

图 1-11 双馈型异步电机波浪发电并网系统

图 1-12 为异步电机或永磁同步电机波浪发电并网系统结构框图[58,107-109]。如图所示,波能经捕获装置与齿轮箱带动发电机产生频率变化的交流电,然后通过整流装置将该频率变化的交流电整流成为直流电,最后再通过逆变器将直流电变换为工频的交流电送入电网。这种系统在并网时没有电流冲击,可以对发电机的无功功率进行调节。但是,所有的电能都要通过变流器送入电网,因此变流器容量和波浪发电系统的容量相同,属于全功率电力电子变流器,设备成本较高,并且有高频电流谐波注入电网。研究表明,永磁多极同步电机波浪发电机组可以更多地捕获波能和提高发电机组发出电力的电能质量,虽然成本较高,但对系统的稳定运行有利,并网难度大大降低。

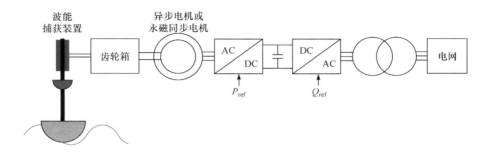

图 1-12　异步电机或永磁同步电机波浪发电并网系统

图 1-13 为同步电机波浪发电并网系统。该系统与永磁同步电机波浪发电系统原理类似,但需要增加转子直流励磁环节。由于增加了一个整流电路,且控制结构的复杂性大大增强,该方案较少被应用于实际的波浪发电系统中。

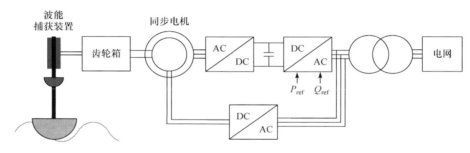

图 1-13　同步电机波浪发电并网系统

图 1-14 为永磁直线电机波浪发电并网系统,这是一种典型的直驱式波浪发电系统。作为目前最具应用前景的波浪发电系统,与以上三种类型的波浪发电系统不同的是,直驱式波能转换装置利用直线电机直接把波能转换成电能,只需要一级能量转换,省略了二级能量转换所带来的费用、维护和能量损耗,具有可靠性高及维护成本低的优势[109,110]。由于中间没有齿轮箱的隔离调节,因此所产生的电能为频率和峰值都一直变化的低频交流电。即使波浪的周期、幅值等波浪的特征参数都保持不变,电机在往复运动的冲程末端也都存在速度过零情况,使得波浪发电的瞬时功率不断波动,在一个波浪周期内会经历瞬时功率最大值与过零值。因此通常外加储能系统,对电能波动进行处理,从而提高输出的电能质量。多时间尺度的储能系统可以对波浪发电系统起到各种削峰填谷的作用,保证系统的稳定输出。

以上几种波浪发电并网系统根据不同的特点采取了不同的电力电子拓扑结构进行变流,最终都是经过并网逆变器输出稳定的交流电能进行并网。传统的并网变流器只负责在电网正常的情况下,向电网输送功率,具有电流源的输出特性。而并网逆变器作为新能源分布式发电的微源逆变器不但要在并网状态下向电网输

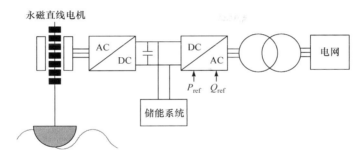

图 1-14　永磁直线电机波浪发电并网系统

送功率，还要在电网出现故障时运行于离网状态，并具有电压源的输出特性，为本地负荷提供稳定的电压和频率支撑，在并、离网切换时能稳定运行。通过电力电子控制技术，波浪发电机组的运行特性大为改善。采用并网逆变器新型有功、无功控制策略，波浪发电机组可以对系统的频率和电压进行控制，从而更加可靠地将电能并入电网中。大规模离岸并网型的波浪发电技术研发在我国刚起步，利用波浪发电场的并网运行，也将会逐渐降低波浪发电的成本，从而加快波浪发电的商业化和实用化进程。

参 考 文 献

[1] Ahmed T. The prospect of renewables of Bangladesh: A study to achieve the policy goal[C]. International Conference on Green Energy and Technology, Dhaka, 2015: 7315098.

[2] Leon H M R, Shoeb M A, Rahman M S, et al. Design and economic feasibility analysis of autonomous hybrid energy system for rural Bangladesh[C]. International Conference on the Development in Renewable Energy Technology, Dhaka, 2016: 7421503.

[3] Goel P, Sharma P, Srivastava S K. Design of electrical ultrasonic converter model to generate electricity[C]. International Conference on Computational Intelligence & Communication Technology, Ghaziabad, 2016: 403-405.

[4] Wahid F, Sanjana T, Roy A, et al. Designing of a pelamis wave energy converter in MATLAB Simulink and studying the output characteristics with variation to electrical and mechanical parameters[C]. International Conference on Advances in Electrical Engineering, Dhaka, 2017: 669-674.

[5] Maria H. World energy outlook 2015[R]. Paris: International Energy Agency, 2015.

[6] 周凌云. 世界能源危机与我国的能源安全[J]. 中国能源, 2001, 23(1): 12-13.

[7] 吴刚, 刘虹. 中国能源革命与煤炭的思考[J]. 四川大学学报(哲学社会科学版), 2016, (3): 89-93.

[8] Falnes J. Ocean Waves and Oscillating Systems, Linear Interaction Including Wave-energy Extraction[M]. Cambridge: Cambridge University Press, 2002.

[9] 阎耀保. 海洋波浪能综合利用[M]. 上海: 上海科学技术出版社, 2013.

[10] Yang S M, Liu H D, Dai C et al. An application of virtual synchronous generator technology in

wave energy[C]. OCEANS, Anchorage, 2017: 1-6.

[11] 程友良, 党岳, 吴英杰. 波力发电技术现状及发展趋势[J]. 应用能源技术, 2009, (12): 26-30.

[12] Kesayoshi H, Katsuya M, Pallav K. Study on the float-type wave energy converter with power stabilization technique[C]. Pacific/Asia Offshore Mechanics Symposium, Busan, 2010: 149-154.

[13] Chakrabarti S K. Hydrodynamics of Offshore Structures, Southampton[M]. Berlin: Springer, 1987.

[14] 王世明, 杨倩雯. 波浪能发电装置综述[J]. 科技视界, 2015, (28): 9-10.

[15] Drew B, Plummer A R, Sahinkaya M N. A review of wave energy converter technology[J]. Proceedings of the Institution of Mechanical Engineers, Part A: Journal of Power and Energy, 2009, 223(8): 887-902.

[16] Henderson R. Design, simulation, and testing of a novel hydraulic power take-off system for the pelamis wave energy converter[J]. Renewable Energy, 2006, 31(2): 271-283.

[17] Liu C Y, Yu H T, Liu Q, et al. Research on a double float system for direct drive wave power conversion[J]. IET Renewable Power Generation, 2017, 11(7): 1026-1032.

[18] 马冬娜. 海洋能发电综述[J]. 科技资讯, 2015, 13(21): 246-247.

[19] Fang H W, Cheng J J, Ren Y Q, et al. Simulation and control of OWC wave power generation system[C]. International Conference on Mechanical Engineering and Technology, London, 2011: 335-342.

[20] 刘臻. 岸式振荡水柱波能发电装置的试验及数值模拟研究[D]. 青岛: 中国海洋大学, 2008.

[21] Zhou Z, Knapp W, MacEnri J. Permanent magnet generator control and electrical system configuration for wave dragon MW wave energy take-off system[C]. IEEE International Symposium on Industrial Electronics, Cambridge, 2008: 1580-1585.

[22] 旷玉芬, 师光飞, 陈胜. 潮汐能、波浪能发电专利技术综述[J]. 河南科技, 2017, (1): 133-134.

[23] Anacan R, Garcia R. Development and design of PIC controlled buoy wave energy converter system[C]. International Conference on Intelligent Systems, Modelling and Simulation, Bangkok, 2016: 233-238.

[24] Karim A H M Z, Rahman M M, Karmoker S. Electricity generation by using amplitude of ocean wave[C]. International Conference on Green Energy and Technology, Dhaka, 2015: 1-7.

[25] 卢婷, 刘哲, 王皓君, 等. 波浪能并网影响研究综述[J]. 电工电气, 2014, (2): 1-3, 20.

[26] Johanning L, Smith G H. Improved measurement technologies for floating wave energy converter (WEC) mooring arrangements[J]. Underwater Technology, 2008, 27(4): 175-184.

[27] Abraham E, Kerrigan E C. Optimal active control and optimization of a wave energy converter[J]. IEEE Transactions on Sustainable Energy, 2012, 4(2): 324-332.

[28] Kamensky M, Guglielmi M, Formalskii A. Optimal switching control of an absorber ocean wave energy device[C]. Mediterranean Conference on Control and Automation, Ajaccio, 2008: 785-790.

[29] Valerio D, Beirao P, Mendes M J G. Comparison of control strategies performance for a wave energy converter[C]. Mediterranean Conference on Control and Automation, Ajaccio, 2008: 773-778.

[30] Falnes J. Optimum control of oscillation of wave-energy converters[J]. International Journal of

Offshore and Polar Engineering, 2002, 12(2): 147-155.

[31] Babarit A, Clement A H. Optimal latching control of a wave energy device in regular and irregular waves[J]. Applied Ocean Research, 2006, 28(2): 77-91.

[32] Babarit A, Duclos G, Clement A H. Comparison of latching control strategies for a heaving wave energy device in random sea[J]. Applied Ocean Research, 2004, 26(5): 227-238.

[33] Korde U A. Control system applications in wave energy conversion[C]. IEEE OCEANS Conference and Exhibition, Providence, 2000: 1817-1824.

[34] 刘令勋, 刘英贵. 海洋开发机械系统[M]. 北京: 国防工业出版社, 1992.

[35] 吴宋仁, 严以新. 海岸动力学[M]. 北京: 人民交通出版社, 2004.

[36] Wu F, Zhang X P, Ju P, et al. Modeling and control of AWS-based wave energy conversion system integrated into power grid[J]. IEEE Transactions on Power Systems, 2008, 23(3): 1196-1204.

[37] 冯郁竹. 多自由度波浪能转换装置设计及其阵列优化[D]. 天津: 天津大学, 2020.

[38] 陈韦, 余顺年, 詹立垒, 等. 波浪能发电技术研究现状与发展趋势[J]. 能源与环境, 2014, (3): 83-84.

[39] 王传昆, 卢苇. 海洋能资源分析方法及储量评估[M]. 北京: 海洋出版社, 2009.

[40] Twidel J, weir A. Renewable Energy Resources[M]. Oxford: Taylor and Francis, 2006.

[41] Boyle G. Renewable Energy Power for a Sustainable Future[M]. Oxford: Oxford University Press, 2004.

[42] 武全萍, 王桂娟. 世界海洋发电状况探析[J]. 浙江电力, 2002, 21(5): 65-67.

[43] Flocard F, Finnigan T D. Experimental investigation of power capture from pitching point absorbers[C]. European Wave and Tidal Energy Conference, Uppsala, 2009: 400-409.

[44] Elisabetta T, Matteo C, Marta M. Effect of control strategies and power take-off efficiency on the power capture from sea waves[J]. IEEE Transactions on Energy Conversation, 2011, 26(4): 1088-1098.

[45] Alexandra A. New perspection on wave energy converter control[D]. Edingburg: University of Edingburg, 2009.

[46] 李成魁, 廖文俊, 王宇鑫. 世界海洋波浪能发电技术研究进展[J]. 装备机械, 2010, (2): 68-73.

[47] 肖惠民, 于波, 蔡维. 世界海洋波浪能发电技术的发展现状与前景[J]. 水电与新能源, 2011, (1): 67-69.

[48] 于华明. 海洋可再生能源发展现状与展望[M]. 青岛: 中国海洋大学出版社, 2012.

[49] Falcão A. Wave energy utilization: A review of the technologies[J]. Renewable and Sustainable Energy Reviews, 2010, 14(3): 899-918.

[50] Clément A, McCullen P, Falcão A, et al. Wave energy in Europe: Current status and perspectives[J]. Renewable and Sustainable Energy Reviews, 2002, 6(5): 405-431.

[51] 梁隽怡. 探讨海洋波浪能的综合利用[J]. 中国科技纵横, 2015, (17): 208-209.

[52] 余志. 海洋波浪能发电技术进展[J]. 海洋工程, 1993, 11(1): 86-93.

[53] 韩冰峰, 褚金奎, 熊叶胜, 等. 海洋波浪能发电研究进展[J]. 电网与清洁能源, 2012, 28(2): 61-66.

[54] Salter S H. Wave power[J]. Nature, 1974, 249(5459): 720-724.

[55] Meisen P, Loiseau A. Ocean energy technologies for renewable energy generation[R]. San Diego: Global Energy Network Institute, 2009.

[56] 褚会敏. 基于模块组合多电平变换器的阵列式波浪发电控制[D]. 天津: 天津大学, 2014.

[57] 游亚戈. 我国海洋能进展[J]. 中国科技成果, 2007, 16(3): 18-20.

[58] 程佳佳. 浮子式永磁同步波浪发电系统分析与控制[D]. 天津: 天津大学, 2014.

[59] Fang H W, Feng Y Z, Li G P. Optimization of wave energy converter arrays by an improved differential evolution algorithm[J]. Energies, 2018, 11(12): 1-19.

[60] 王辉. 浮子式波浪发电最大波能捕获研究[D]. 天津: 天津大学, 2014.

[61] 段春明. 海洋可再生能源发电场集电系统研究[D]. 北京: 华北电力大学, 2014.

[62] 方红伟, 陈雅, 胡孝利. 波浪发电系统及其控制[J]. 沈阳大学学报(自然科学版), 2015, 27(5): 376-384.

[63] 林江波. 浮子式海浪发电船的动态分析与仿真[D]. 秦皇岛: 燕山大学, 2005.

[64] 陈雅. 浮子式波浪发电系统的模型预测控制[D]. 天津: 天津大学, 2016.

[65] 张丽珍, 羊晓晟, 王世明, 等. 海洋波浪能发电装置的研究现状与发展前景[J]. 湖北农业科学, 2011, 50(1): 161-164.

[66] 郑崇伟, 李训强. 基于 WAVEWATCH-Ⅲ 模式的近 22 年中国海波浪能资源评估[J]. 中国海洋大学学报 (自然科学版), 2011, 41(11): 5-12.

[67] 贺叶君. 波浪发电系统中的并联逆变器电流鲁棒控制[D]. 天津: 天津大学, 2016.

[68] 杨力杰. 新型浮子式波力发电装置研究[D]. 成都: 西南石油大学, 2012.

[69] 曹以忠. 波浪发电[J]. 海洋科技资料, 1979, (3): 62-66.

[70] 吴峰, 鞠平, 秦川, 等. 近海可再生能源发电研究综述与展望[J]. 河海大学学报(自然科学版), 2014, 42 (1): 80-87.

[71] 戴佑明. 一种漂浮式双浮体波浪能发电装置的研究[D]. 广州: 华南理工大学, 2015.

[72] 方红伟, 方思远. 浮子式波浪能液压发电系统[P]. 中国: CN201410078832.5. 2016.

[73] 赵丽君. 多点吸能浮子液压式波浪发电装置中液压系统的分析与试验[D]. 北京: 华北电力大学, 2012.

[74] 李越. 基于间歇性液压蓄能的波浪能发电系统研究[D]. 太原: 太原科技大学, 2016.

[75] Fang H W, Tao Y. Design and analysis of a bidirectional driven float-type wave power generation system[J]. Journal of Modern Power Systems & Clean Energy, 2018, 6(1): 50-60.

[76] 薛鑫. 异步波浪能发电系统及其在航标中的应用研究[D]. 大连: 大连海事大学, 2016.

[77] 陈洁琳. 用于海洋能发电的磁性齿轮设计与性能分析[D]. 南京: 东南大学, 2015.

[78] Fang H W, Song R N, Cai X S. Analysis and reduction of cogging torque for magnetic-gear PMSG used in wave energy conversion[C]. International Conference on Electrical Machines and Systems (ICEMS), Harbin: 2019: 8921697.

[79] Fang H W, Wang Y, Cai X S. Design of magnetic gear integrated generator with mixed magnetization and eccentric pole method for wave energy conversion[C]. International Conference on Electrical Machines and Systems (ICEMS), Harbin: 2019: 8922424.

[80] Hazra P, Kamat S, Bhattacharya W, et al. Power conversion and control of a pole-modulated permanent magnet synchronous generator for wave energy generation[C]. IEEE Energy

Conversion Congress and Exposition, Cincinnati, 2017: 5572-5578.

[81] 塞琳旎. 同轴磁性齿轮的原理及应用[M]. 北京: 科学出版社, 2015.

[82] Ho S L, Wang Q, Niu S et al. A novel magnetic-geared tubular linear machine with halbach permanent-magnet arrays for tidal energy conversion[J]. IEEE Transactions on Magnetics, 2015, 51(11): 1-4.

[83] Johanning L, Smith G H, Wolfram J. Mooring design approach for wave energy converters[J]. Journal of Engineering for the Maritime Environment, 2006, 220(4): 159-174.

[84] Sullivan D L O, Lewis A W. Generator selection and comparative performance in offshore oscillating water column ocean wave energy converters[J]. IEEE Transactions on Energy Conversion, 2011, 26(2): 603-613.

[85] Fang H W, Wang D. A novel design method of permanent magnet synchronous generator from perspective of permanent magnet material saving[J]. IEEE Transactions on Energy Conversion, 2017, 32(1): 48-54.

[86] Fang H W, Feng Y Z, Song R N, et al. Diagnosis of inter-turn short circuit and rotor eccentricity for PMSG used in wave energy conversion[C]. IEEE Applied Power Electronics Conference and Exposition (APEC), San Antonio, 2018: 3346-3352.

[87] Fang H W, Wang D. Design of permanent magnet synchronous generators for wave power generation[J]. Transactions of Tianjin University, 2016, 22(10): 396-402.

[88] 方红伟, 王丹. 一种永磁同步直线电机永磁体形状设计方法[P]. 中国: CN201610037627.3. 2016.

[89] Vlcente P C, Falcao A F O, Justino P A P. Optimization of mooring configuration parameters of floating wave energy converters[C]. Offshore and Arctic Engineering- OMAE2011, Rotterdam, 2011: 759 -765.

[90] Fonseca N, Pascoal R, Morais T. Design of a mooring system with synthetic ropes for the flow wave energy converter[J]. Proceedings of the 28th International Conference on Ocean, Offshore and Arctic Engineering, Hawaii, 2009, 4: 1189-1198.

[91] Sullivan D L O, Lewis A W. Generator selection for offshore oscillating water column wave energy converters[C]. Power Electronics and Motion Control Conference, Poznan, 2008: 1790-1797.

[92] Richter M, Magana M E, Sawodny O. Nonlinear model predictive control of a point absorber wave energy converter[J]. IEEE Transactions on Sustainable Energy, 2012, 4(1): 1-9.

[93] Sharaf A M, El-Gammal A A A. Optimal variable structure self regulating PSO-controller for stand-alone wave energy conversion scheme[C]. Asia International Conference on Mathematical/Analytical Modelling and Computer Simulation, Bornea, 2010: 438-443.

[94] Lok K S, Stallard T, Stansby P K. Control of a varible speed generator to optimise output from a heaving wave energy device[C]. International Conference on Ocean Energy, Brest, 2008: 1-9.

[95] Jasinski M, Swierczynski D, Kazmierkowski M P. Direct active and reactive power control of AC/DC/AC converter with permanent magnet synchronous generator for sea wave converter[C]. International Conference on Power Engineering, Energy and Electrical Drives, Setubal, 2007: 78-83.

[96] 陶月. 多自由度波浪发电系统的设计与分析[D]. 天津: 天津大学, 2018.

[97] Ozkop E, Altas I H, Sharaf A M. A novel fuzzy logic tansigmoid controller for wave energy converter-grid interface DC energy utilization farm[C]. Canadian Conference on Electrical and Computer Engineering, St. John's, 2009: 1184-1187.

[98] Schoen M P, Hals J, Moan T. Robust control of heaving wave energy devices in irregular waves[C]. Mediterranean Conference on Control and Automation, Ajaccio, 2008: 779-784.

[99] 刘忠明, 段守敏, 王长路. 风力发电齿轮箱设计制造技术的发展与展望[J]. 机械传动, 2006, 30(6): 1-6.

[100] Siavash P, Toliyat H A. Trans-rotary magnetic gear for wave energy application[C]. IEEE Power and Energy Society General Meeting, San Diego, 2012: 1-4.

[101] Li W L, Chau K T, Jiang J Z. Application of linear magnetic gears for pseudo-direct-drive oceanic wave energy harvesting[J]. IEEE Transactions on Magnetics, 2011, 47(10): 2624-2627.

[102] 杨军. 风力发电机行星齿轮传动系统变载荷激励动力学特性研究[D]. 重庆: 重庆大学, 2012.

[103] Josefsson A, Berghuvud A, Ahlin K, et al. Performance of a wave energy converter with mechanical energy smoothing[C]. European Wave and Tidal Energy Conference, Southamton, 2011: 1-10.

[104] 方红伟, 程佳佳, 刘飘羽, 等. 浮子式波浪发电控制策略研究[J]. 沈阳大学学报(自然科学版), 2013, 25(1): 30-34.

[105] 方红伟, 陶月, 肖朝霞, 等. 并网逆变器并联系统的鲁棒控制与环流分析[J]. 电工技术学报, 2017, 18(32): 248-258.

[106] Sallem S, Bouchiba N, Kammoun S, et al. Energy management algorithm for optimum control of an off-battery autonomous DG/DFIG based WECS[J]. The International Journal of Advanced Manufacturing Technology, 2017, 90: 3783-3791.

[107] 张国新. 风力发电并网技术及电能质量控制策略[J]. 电力自动化设备, 2009, 29(6): 130-133.

[108] 秦川, 管维亚, 鞠平, 等. 并网 AWS 波浪发电场等效建模[J]. 电力自动化设备, 2015, 35(11): 25-31.

[109] 肖曦, 摆念宗, 康庆, 等. 波浪发电系统发展及直驱式波浪发电系统研究综述[J]. 电工技术学报, 2014, 29(3): 1-11.

[110] 吴峰, 张小平, 鞠平. 电池储能在直接驱动式波浪能发电场并网运行中的应用(英文)[J]. 电力系统自动化, 2010, 34(14): 31-36.

第 2 章　波能转换装置的基本原理

波浪发电是一种通过相关机构与设备把波能转化为电能的技术，其转换形式多种多样。但从原理上看，无非是先将波能转化成机械能，再将对应的机械能转化为电能。目前，技术较为成熟的典型波能转换装置形式有浮子式、点头鸭式、聚波水库式和衰减式等。本章简述波浪的基本理论，并重点介绍几种典型波能转换装置及其发电系统的基本原理和数学模型。

2.1　波　浪　理　论

波浪是波浪发电系统的输入，通俗来讲，就是一种自然的波动现象[1-5]。影响波浪的主要因素是天体引力、风及气压变化等[6]。一般来讲，平衡水面因受外力干扰而变成不平衡状态，表面张力、重力等作用力使不平衡状态又趋于平衡，但是在惯性的作用下这种平衡始终难以达到。于是，水体的自由表面出现周期性、有规律的起伏波动，而波动部位的水质点做周期性的往复振荡运动，这就是波浪现象的主要特性。实际波浪通常是不规则的，但理想情况下可用正弦或者余弦曲线来表示一条简单的波面，如图 2-1 所示。波浪资源的评估方法有天气学方法和气候学方法，根据数据形式的不同，又可分为现场观测、波浪数值模拟和遥感观测三大类。

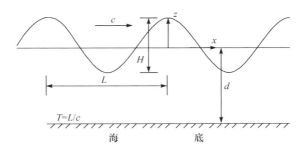

图 2-1　波浪曲线

波浪特征的主要参数(波高、波长和周期等)解释详见图 2-2。现有对波浪运动理论的描述主要着眼于规则波，不规则波可以基于规则波进行研究。例如，海面定点的不规则波运动可以用无限多个不同方向、不同振幅、频率和初始相位的余弦波叠加起来描述。两个经典的描述波浪运动的重要理论为艾利的微幅波理论和Stokes 有限振幅波理论。艾利的微幅波理论比较清晰地描述了波动特性，应用方便。它是研究其他复杂波浪和不规则波理论的基础。在数学描述上，它表示对波浪运动进行完整理论描述的一阶近似值。但是这种线性波理论只能对规则的正弦波进行分析，而当波浪受到海底地形的影响导致形状改变时，波浪变成窄波峰宽波谷，波形呈现非线性。这时如果再用线性波理论进行分析，就会导致结果偏差较大。针对这种情况，引入非线性波浪分析理论：Stokes 有限振幅波理论。这种理论中的一阶结果和艾利的微幅波理论结果一致，均为线性，但是 Stokes 有限振幅波理论中的二阶波及其以上的高阶项则考虑了非线性因素的影响，可适用于浅水区波浪、椭圆余弦波等场合。

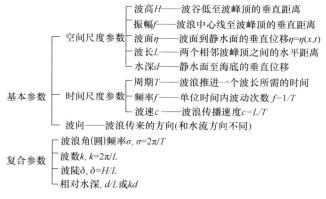

图 2-2　波浪特征参数

2.1.1　微幅波理论

解决波浪问题和求解其他流体力学问题类似，为了简化须先进行一些假设：液体无黏性、无旋性，流体不可压缩、只考虑重力，海底平整且不可渗透等。这种假设下的波浪为有势波，需要通过拉普拉斯方程求解其势波运动。求解这一方程时需要确定其定解条件，即初始条件和边界条件。由于所考虑的是自由振动波，初始条件可不予考虑。对于二维波动，其边界条件有两个：在海底面，假设其垂直速度为零；在海面处，包括动力边界条件和运动边界条件，这两个边界条件中都含有非线性项。微幅波理论中假设波浪的振幅远小于波长或水深，因此海面两个边界条件中的非线性项和线性项之比很小，可以略去不计，这使求解拉普拉斯方程势函数时得以简化，由此求得的势函数为

$$\Phi = \frac{gH}{2\sigma}\frac{\mathrm{ch}\left[k(z+d)\right]}{\mathrm{ch}(kd)}\sin(kx - \sigma t) \tag{2-1}$$

深水时，式(2-1)可简化为

$$\Phi_0 = \frac{gH}{2\sigma} \mathrm{e}^{kz} \sin(kx - \sigma t) \tag{2-2}$$

求解出拉普拉斯方程中的势函数后，进而得到自由水面的波动方程和弥散方程分别为

$$\eta = \frac{H}{2} \cos(kx - \sigma t) \tag{2-3}$$

$$\sigma^2 = gk \cdot \mathrm{th}(kd) \tag{2-4}$$

式中，σ 为前述波浪运动的圆频率，$\sigma = \dfrac{2\pi}{T}$，进而有 $L = \dfrac{gT^2}{2\pi}\mathrm{th}(kd)$，$c = \dfrac{L}{T} = \dfrac{gT}{2\pi}$ $\cdot \mathrm{th}(kd)$；g 为重力加速度。由弥散方程中 $\mathrm{th}(kd)$ 的性质可知，在深水区，波长和波速与周期有关，而在水深很浅时，波速只与水深有关，即 $c = \sqrt{gd}$。

求得势函数后，可求得水中任一水质点的水平速度 u 和垂直速度 w 方程，分别表示为

$$u = \frac{\partial \Phi}{\partial x} = \frac{\pi H}{T} \frac{\mathrm{ch}\big[k(z+d)\big]}{\mathrm{sh}(kd)} \cos(kx - \sigma t) \tag{2-5}$$

$$w = \frac{\partial \Phi}{\partial z} = \frac{\pi H}{T} \frac{\mathrm{sh}\big[k(z+d)\big]}{\mathrm{sh}(kd)} \sin(kx - \sigma t) \tag{2-6}$$

式中，$kx - \sigma t$ 表示相位角 θ，当 x 选定时，θ 只与 t 有关。

式(2-5)和式(2-6)中以 z 为变量(z 的正方向为垂直水面向上，在海底处 $z = -d$)，$\mathrm{sh}\big[k(z+d)\big]$ 和 $\mathrm{ch}\big[k(z+d)\big]$ 的值在水面处最大、海底处最小。因此，在一定相位条件下，波浪水平和垂直速度近似地随所考虑的点距离水面深度的增加以指数减小，浅水($d/L < 0.04$)时，水平速度呈线性分布。将速度对时间求导，可得水域内任一水质点的加速度为

$$\frac{\partial u}{\partial t} = \frac{H\sigma^2}{2} \frac{\mathrm{ch}\big[k(z+d)\big]}{\mathrm{sh}(kd)} \sin(kx - \sigma t) \tag{2-7}$$

$$\frac{\partial w}{\partial t} = -\frac{H\sigma^2}{2} \frac{\mathrm{sh}\big[k(z+d)\big]}{\mathrm{sh}(kd)} \cos(kx - \sigma t) \tag{2-8}$$

对应的任意时刻水质点位置(x, z)为

$$x = x_0 - \frac{H}{2} \frac{\mathrm{ch}\big[k(z_0+d)\big]}{\mathrm{sh}(kd)} \sin(kx_0 - \sigma t) \tag{2-9}$$

$$z = z_0 + \frac{H}{2} \frac{\mathrm{sh}\big[k(z_0+d)\big]}{\mathrm{sh}(kd)} \cos(kx_0 - \sigma t) \tag{2-10}$$

式中，x_0、z_0 为水质点静止时的位置坐标。

设 $a = \dfrac{H}{2}\dfrac{\mathrm{ch}\left[k(z_0+d)\right]}{\mathrm{sh}(kd)}$ ， $b = \dfrac{H}{2}\dfrac{\mathrm{sh}\left[k(z_0+d)\right]}{\mathrm{sh}(kd)}$ ，得到水质点运动轨迹为一水平半轴为 a、垂直半轴为 b、形状为 $\dfrac{(x-x_0)^2}{a^2}+\dfrac{(z-z_0)^2}{b^2}=1$ 的封闭椭圆。在水面处 $b=H/2$，表示波浪振幅；在水底处 $b=0$，只做水平运动。深水中有 $a=b$，其运动轨迹为封闭圆形。水面处水质点轨迹半径为波浪振幅，随着距水面距离的增大，轨迹半径以指数 e^{kz_0} 迅速减小，当 $z_0=-0.5L$，轨迹半径为波浪振幅的 1/23 时，一般可以认为水质点已基本不动。工程上常用此作为深水波的界限，即水深超过此值时被视为深水波。

任一点微幅波波压公式为

$$p_z = -\rho g z + \rho g \frac{H}{2}\frac{\mathrm{ch}\left[k(z+d)\right]}{\mathrm{ch}(kd)}\cos(kx-\sigma t) \tag{2-11}$$

式(2-11)由两部分组成：静水压力和动水压力。令 $k_z=\mathrm{ch}[k(z+d)]/\mathrm{ch}(kd)$，则有

$$p_z = \rho g(\eta k_z - z) \tag{2-12}$$

式中，ρ 为海水密度；k_z 是 z 的函数，随质点位置距静水位距离的增大而减小。深水时 $p_z = \rho g(\eta \mathrm{e}^{kz} - z)$，浅水时 $p_z = \rho g(\eta - z)$，这说明动水压力不随质点位置变化，为恒定值。

波能由势能和动能两部分组成。势能因水质点偏离平衡位置产生，动能由质点运动速度产生，二者相等且各占总能量的一半，它们分别为

$$E_{\mathrm{p}} = \frac{1}{16}\rho g H^2 L \tag{2-13}$$

$$E_{\mathrm{k}} = \frac{1}{16}\rho g H^2 L \tag{2-14}$$

一个波的总能量为

$$E = E_{\mathrm{p}} + E_{\mathrm{k}} = \frac{1}{8}\rho g H^2 L \tag{2-15}$$

单位海洋表面积下的平均总波能为 $\bar{E} = (1/16)\rho g H^2$，即微幅波条件下平均总波能与波高的平方成正比，单位为 $\mathrm{J/m^2}$。

微幅波传播过程中不引起质量输移，但是会产生能量输送，这也是波浪离开风区后可再向前传播的原因。通过单宽波峰线长度的平均波能量传递率称为波能流，对某一固定的竖直面，如 $x=0$ 处，有

$$P = \frac{\rho g H^2}{8}\frac{\sigma}{k}\frac{1}{2}\left[1+\frac{2kd}{\mathrm{sh}(2kd)}\right] = \bar{E}cn \tag{2-16}$$

$$n = \frac{1}{2}\left[1 + \frac{2kd}{\text{sh}(2kd)}\right] \tag{2-17}$$

若令 $c_g = cn$，则有

$$P = \overline{E}c_g \tag{2-18}$$

式(2-18)表示波能流等于平均能量 $\overline{E}$ 与波能传播速度 c_g 的乘积，单位为 W/m，故波能流又被称为波功率。这里的 c_g 表示波能传播速度，n 表示 c_g 与速度 c 的比值，即通过波动传递的能量与波浪存储的总能量的比值。深水区中 $n = 0.5$，$P = 0.5\overline{E}c$，$c_g = 0.5c$，能量传递速度只有波速的一半。浅水区中 $n = 1$，过渡水区中则有 $n \in (0.5, 1)$。

微幅波理论是最基本的波浪理论，是解决海岸及海洋工程的重要工具之一，被用以解决非线性波理论难以解决的许多实际工程问题，如波浪折射、绕射、不规则波谱理论等。有时尽管其实际波况已超过了微幅波的假设范围，但应用微幅波理论仍可取得一定可信的结果。

2.1.2　有限振幅波理论

艾利的微幅波理论为了使问题简化，假定波振幅相对于波长是很小的量，将非线性水面边界做了线性化处理。但在实际海洋中，波振幅可能不满足上述假设，这就要求更加精确的波浪理论。Stokes 有限振幅波理论就是在这种情况下产生的。有限振幅波波形不是简单的余弦(或正弦)对称曲线，属于非线性范畴，更加贴近实际海况。

非线性影响的程度取决于波高 H、波长 L 及水深 d 的相互关系，或者说取决于波陡 H/L、相对波高 H/d 及 L/d 三个特征比值。当这三个特征比值增大时，非线性影响增大。在深水中影响最大的参数是 H/L，在浅水中影响最大的参数是 H/d。

Stokes 用级数表示波动势函数，然后在水面处展开，使其满足水面非线性边界条件，得到其二阶、三阶等近似解。Stokes 有限振幅波理论中的二阶波动势函数 Φ、波面 η 和波速 c 的表达式分别为

$$\Phi = \frac{\pi H}{kT}\frac{\text{ch}\left[k(z+d)\right]}{\text{sh}(kd)}\sin(kx - \sigma t)$$
$$+ \frac{3\pi^2 H}{8kT}\frac{H}{L}\frac{\text{ch}\left[2k(d+z)\right]}{\text{sh}^4(kd)}\sin\left[2(kx - \sigma t)\right] \tag{2-19}$$

$$\eta = \frac{H}{2}\cos(kx - \sigma t) + \frac{\pi H}{8}\frac{H}{L}\frac{\text{ch}(kd)[\text{ch}(2kd)+2]}{\text{sh}^3(kd)}\cos\left[2(kx - \sigma t)\right] \tag{2-20}$$

$$c = \left[\frac{g}{k}\text{th}(kd)\right]^{\frac{1}{2}} \tag{2-21}$$

在深水中，有限振幅波理论中的二阶波动势函数 $\varPhi$、波面 η 和波速 c 分别为

$$\varPhi = \frac{gH}{2\sigma} \mathrm{e}^{kx} \sin(kx - \sigma t) \tag{2-22}$$

$$\eta = \frac{H}{2} \cos(kx - \sigma t) + \frac{\pi H}{4} \frac{H}{L} \cos\left[2(kx - \sigma t)\right] \tag{2-23}$$

$$c^2 = \frac{g}{k} \tag{2-24}$$

可见深水时，Stokes 有限振幅波理论中的二阶波动势函数 $\varPhi$ 和波速 c 与微幅波一致(这里仅指 Stokes 二阶波)。而波面 η 多了一项(第二项)，但当 H/L 很小时，第二项可以略去，此时和微幅波一致。有限振幅波时，H/L 为非小量，不能略去，在波峰和波谷处，均比微幅波大了 $0.25\pi H(H/L)$。因此，波峰和波谷不再对称于静水面。从 Stokes 的推导还可看出，当相对水深很小时，峰谷的不对称会加剧。

Stokes 波的水质点速度 u 和 w 分别为

$$u = \frac{\pi H}{T} \frac{\mathrm{ch}\left[k(z+d)\right]}{\mathrm{sh}(kd)} \cos(kx - \sigma t)$$

$$+ \frac{3}{4} \frac{\pi^2 H}{T} \frac{H}{L} \frac{\mathrm{ch}\left[2k(z+d)\right]}{\mathrm{sh}^4(kd)} \cos\left[2(kx - \sigma t)\right] \tag{2-25}$$

$$w = \frac{\pi H}{T} \frac{\mathrm{sh}\left[k(z+d)\right]}{\mathrm{sh}(kd)} \cos(kx - \sigma t)$$

$$+ \frac{3}{4} \frac{\pi^2 H}{T} \frac{H}{L} \frac{\mathrm{sh}\left[2k(z+d)\right]}{\mathrm{sh}^4(kd)} \sin\left[2(kx - \sigma t)\right] \tag{2-26}$$

式(2-25)中等号右边第二项为非线性修正项，在波峰及波谷处均为正值，在距波峰 $L/4$ 及 $3L/4$ 处都是负值，改正后的速度在一个波周期内不对称。在波峰时水平速度增大，历时变短，在波谷时减小，历时加长。这种不对称在浅水时尤甚。

二阶 Stokes 波与微幅波的另一明显差别是：其水质点运动轨迹不封闭。以水质点水平位移为例，水体内任一点的初始位置为 (x_0, z_0)，任意时刻 t 时，该质点的水平位移为

$$\xi = x - x_0 = -\frac{H}{2} \frac{\mathrm{ch}\left[k(z+d)\right]}{\mathrm{ch}(kd)} \sin(kx_0 - \sigma t)$$

$$+ \frac{\pi H}{8} \frac{H}{L} \frac{1}{\mathrm{sh}^4(kd)} \left\{1 - \frac{3}{2} \frac{\mathrm{ch}\left[2k(z+d)\right]}{\mathrm{sh}^2(kd)}\right\} \sin\left[2(kx_0 - \sigma t)\right]$$

$$+ \frac{\pi H}{4} \frac{H}{L} \frac{\mathrm{ch}\left[2k(z+d)\right]}{\mathrm{sh}^2(kd)} \sigma t \tag{2-27}$$

式(2-27)中等号右边第三项为非周期项，其本质是随时间增大而增大的时间函数，说明水质点运动一个周期后有一净水平位移，即

$$\Delta\xi = \frac{\pi H}{4}\frac{H}{L}\frac{\mathrm{ch}\left[2k(z+d)\right]}{\mathrm{sh}^2(kd)}\sigma t \tag{2-28}$$

则一个波周期内水质点的平均漂流速度为

$$U = \frac{\Delta\xi}{T} = \left(\frac{\pi H}{L}\right)^2\frac{c}{2}\frac{\mathrm{ch}\left[4\pi\dfrac{z_0+d}{L}\right]}{\mathrm{sh}^2\left(\dfrac{2\pi d}{L}\right)} \tag{2-29}$$

在深水区，式(2-29)可简化为

$$U_0 = \left(\frac{\pi H_0}{L_0}\right)^2 c_0 \mathrm{e}^{\frac{4\pi z}{L_0}} \tag{2-30}$$

在海底 $z = -d$ 处和 $z = 0$ 处，式(2-29)可分别简化为

$$U_{z=-d} = \left(\frac{\pi H}{L}\right)^2\frac{c}{2}\frac{1}{\mathrm{sh}^2(2\pi d/L)} \tag{2-31}$$

$$U_{z=0} = \left(\frac{\pi H}{L}\right)^2\frac{c}{2}\left[2+\frac{1}{\mathrm{sh}^2(2\pi d/L)}\right] \tag{2-32}$$

对以上各式沿水深方向积分，可得单位时间单波峰长度内向前输送的海水量 $(\mathrm{m}^3/(\mathrm{s\cdot m}))$。对于浅水区，总波能可表示为

$$E = \frac{1}{8}\rho g H^2 L + \frac{9}{64}\frac{H^2}{k^4 d^6} \tag{2-33}$$

对于非规则波，可以把不规则波浪看成由很多不同波高、不同周期并各沿特定方向传播的线性波的组合，对于每个波分量可按以上理论进行分析。为估算所有波分量通过某一点的能量，还可以采取波谱分析法进行预测。

2.2　浮子式波浪发电系统

浮子式波浪发电系统主要是指振荡浮子式波浪发电，属于点吸收式波浪发电，主要通过漂浮在海面上的浮子在波浪作用下上下运动获得能量，图 2-3 给出了一种振荡浮子式波浪发电系统工作原理图[7]。该浮子式波浪发电系统的基本原理类似于机械系统的吸振器，由浮子吸收波能转换为浮子的动能，驱动液压缸活塞杆运动，经过由单向阀组成的换向机构将液压油排入蓄能器进行存储，当蓄能器达到一定压力时，后端电磁阀打开，释放液压油，驱动液压马达转动，从而带动发电机转动产生电能。

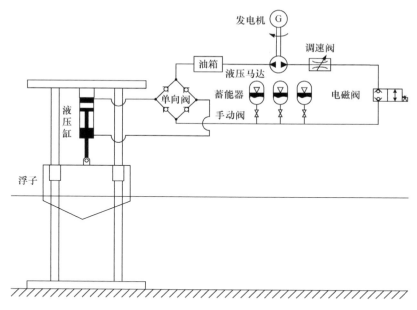

图 2-3　振荡浮子式波浪发电系统工作原理示意图

在浮子式波浪发电系统中，波能吸收机构的浮子装置对波能的吸收效率决定了整个发电系统的效率。而根据最大波能捕获条件，浮子装置的效率又在很大程度上取决于其负荷是否处于最佳状态，浮子运动的轨迹是否同入射波波浪压力的相位保持匹配。从波能转换装置级出发，在入射波频率已知的情况下，可通过合理设计，使浮子固有频率与波浪入射波频率相同。理论上来说，这时入射波作用在浮子上所有的能量全部转化成浮子运动的动能，进而传递给发电机发电，使系统效率最大。从系统级考虑，实时调整发电机电磁转矩，使之与浮子运动速度成比例，那么浮子共振条件将得以满足，并且其运动速度与波浪压力的相位保持匹配，此即外力激励下发电装置工作的最优状态。

振荡浮子式波浪发电系统的优势主要体现在以下四个方面：

(1) 由于装置直接与波浪接触，减少了能量转换次数，同时降低了能量损耗，能量转换效率相对较高，但其机械和液压机构的维护比较困难。

(2) 装置单体所占面积较小，可不考虑其对波浪场的影响；吸收波能的方向不分主次，吸收效率受入射波方向影响较小。

(3) 装置形式较灵活，可根据不同的装机容量要求，结合波能分布条件，实行点阵布设。

(4) 适合波浪的大推力和低频等特性，转换效率较高，并可方便地与相位控制技术结合。

2.2.1　数学模型

当浮子静止在水面上时，给定其一个初始位移，当波浪来临时，浮子就会振荡并产生辐射波，其中力平衡方程为[8]

$$F_I + F_D + F_B = F_R \tag{2-34}$$

式中，F_I 为惯性力；F_D 为阻尼力；F_B 为浮力；F_R 为产生辐射波的辐射作用力。

若忽略辐射作用力，即 F_R 为 0，则可用由质量块、弹簧、阻尼器组成的振动模型来模拟该浮子的运动过程，如图 2-4 所示。

相应的运动方程式为

$$m\ddot{x} + c_0\dot{x} + k_0 x = 0 \tag{2-35}$$

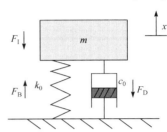

图 2-4　振荡浮子的振动模型

式中，m 为浮子质量；c_0 为阻尼系数；k_0 为海水浮力的等效弹簧刚度。

该模型是典型的质量弹簧运动模型，该系统的自然频率(或称共振频率)可以表示为

$$f_0 = \frac{1}{2\pi}\sqrt{\frac{k_0}{m}} \tag{2-36}$$

若浮子要用来从其放置的流体中吸收波能，理论上只有在波浪频率等于浮子的自然频率时，波能吸收率才可能达到最大。此时，将式(2-35)的运动方程式改写为

$$F_I\ddot{x} + F_D\dot{x} + F_B x = F_R + F_E \tag{2-37}$$

式中，F_E 为浮子静止时受到的入射波作用力。

F_R 则可拆成对应的虚拟外加质量和虚拟外加阻尼项，即

$$-F_R = M_a(\omega)\ddot{x} + C^*(\omega)\dot{x} \tag{2-38}$$

式中，M_a 为虚拟外加质量系数；C^* 为虚拟外加阻尼系数；ω 为波动频率。

从物理角度看，虚拟外加质量是指让浮子产生加速度，同时加速流体的外加质量,其值与频率和装置的设计都有关。虚拟外加阻尼在物理上的解释与此类似。则式(2-37)可变为

$$\left[F_I + M_a(\omega)\right]\ddot{x} + \left[F_D + C^*(\omega)\right]\dot{x} + F_B x = F_E \tag{2-39}$$

共振频率则变为

$$f_0 = \frac{1}{2\pi}\sqrt{\frac{F_B}{I + M_a(\omega)}} \tag{2-40}$$

因此，要在不同的波浪频率下获得较高的波能吸收率，共振频率的值必须可以改变，使其能够持续保持在共振状态范围内。

2.2.2　典型应用

比较典型的浮子式波浪发电系统有澳大利亚 Carnegie Wave Energy 公司研发的 CETO 装置，如图 2-5 所示。这是一种将浮子置于海平面之下的浮子式波浪发电系统，浮子随波浪的运动而进行上下运动，将波能转化为动能，再通过发电机将机械能转化为电能。

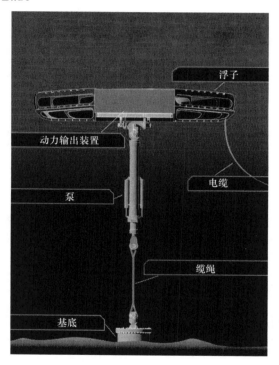

图 2-5　CETO 6 波浪发电装置

CETO 最初的发展始于 1999 年，技术平台的设计始于 2003 年初，同年底开始建设第一台原型机。2006 年，CETO 1 原型机证明了海浪零排放发电概念的可行性。2006～2008 年，CETO 2 原型机在西澳大利亚州的弗里曼特尔附近进行测试。这些是大约 1kW 的原型机。在 2009～2015 年，Carnegie 公司将 CETO 系统的规模从 1kW 原型提升到 80kW，然后在西澳大利亚卡内基花园鸟微电网项目环境中进行了测试，达到 240kW。位于澳大利亚珀斯的波能项目涉及三个 240kW CETO 5 机组，已不间断累计工作超过 14000h。2013 年开始，Carnegie 公司开始着手的 CETO 6，设计容量为 1MW。CETO 6 的设计建立在 CETO 前几代所取得的经验基础之上，并包含一些重要的改进。Carnegie 公司研究得出，浮动执行机构的直径对功率输出影响最大。公司在 2011 年 Garden Island 工厂完成了直径为 7m、功率为 80kW 机组的测试，2015 年完成了直径为 11m、功率为 240kW 机组的测试。截至目前，该装置的研究和设计已经从最初的直径 7m 增加到了 20m。

整体来说，CETO 波浪发电系统不同于其他波能设备，其优势在于：浮子水下运行，发电机内置，在大型风暴中更安全；可灵活运行在各种水深、涌浪方向和海底条件，完全淹没在海中，属环境友好型；易于扩展模块化和阵列设计。

2.3　鸭式波浪发电系统

1983 年，爱丁堡大学 Salter 教授在英国波能研究计划的资助下开发出 Salter's Duck。这是早期波能转换系统中效率较高的装置之一。因为该装置的形状和运行特性类似于鸭的运动，所以称为点头鸭式波浪发电系统。一种点头鸭式波能系统的工作原理示意图如图 2-6 所示[9]。其工作原理为：鸭体随海浪的运动进行不停地摆动，驱动鸭体与轴之间的花键泵将液压油压向单向阀组，单向阀组将液压油的往复流动转变成单向流动后，将其推入高压蓄能器，高低压蓄能器之间形成压力差，从而驱动液压马达转动，带动发电机进行发电。为提高能量的吸收效率，点头鸭的运动与水离子的运动轨迹相一致，甚至在某种特定波浪频率下可以完全吻合，而其在长波中的效率可以通过改变节点控制脊骨的弯曲度来提高。这种设计可以同时将波浪的动能和势能转化为机械能，在理论上是所有波能转换器中最有效的一种，效率可达 90%以上。

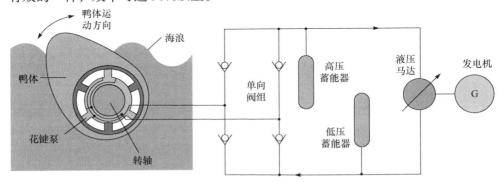

图 2-6　点头鸭式波浪发电系统工作原理示意图

2.3.1　数学模型

描述波浪可用波长 λ、波高 H、周期 T 这三个参数。单位面积波的总能量是

其动能与势能之和，即[10]

$$\bar{E} = E_k + E_p = \frac{1}{16}\rho g H^2 \tag{2-41}$$

$$H = 2A_m \tag{2-42}$$

式中，E_k 为波浪的动能；E_p 为波浪的势能；ρ 为海水密度；H 为波高；A_m 为波的幅值。

波的群速度等于波浪的传播速度，则波浪的能流密度为

$$P = \bar{E} c_g \tag{2-43}$$

式中，c_g 为波的群速度，其大小与波浪的波长 λ 有关。

波的群速度为

$$c_g = \frac{g}{4\pi}T \tag{2-44}$$

式中，T 为波的波动周期。

由式(2-41)～式(2-44)可知，当水深超过波浪波长 λ 的 50%时，波浪的能流密度为

$$P = \frac{\rho g^2}{64\pi}TH^2 \tag{2-45}$$

波能转换装置与波浪的作用是一个双向流固耦合问题。把鸭式波能转换装置作为研究对象，该模型可以简化为二维模型，使用拉格朗日法对波能转换装置的动力学方程进行分析，坐标的选取如图 2-7 所示[11]。

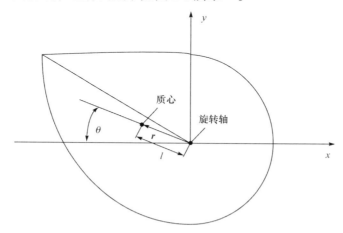

图 2-7　鸭式波能转换装置坐标选取

鸭式波能转换装置绕固定旋转轴旋转，因此可以取旋转轴处为坐标原点，设波能转换装置质心与旋转轴的连线与水平方向所成角度为 θ，旋转轴与质心之间

的距离为 l。

波能转换装置的质心坐标为

$$\boldsymbol{r} = -l\cos\theta\boldsymbol{i} + l\sin\theta\boldsymbol{j} \tag{2-46}$$

式中，$\boldsymbol{r}$ 为波能转换装置质心的坐标；$\boldsymbol{i}$、$\boldsymbol{j}$ 分别为 x 方向和 y 方向的单位矢量。

对质心的坐标求导可得装置质心的速度为

$$\boldsymbol{v} = l\sin\theta\cdot\dot{\theta}\boldsymbol{i} - l\cos\theta\cdot\dot{\theta}\boldsymbol{j} \tag{2-47}$$

由柯尼希定理可得转动的刚体动能为

$$T = \frac{1}{2}(ml^2 + J)\dot{\theta}^2 \tag{2-48}$$

式中，m 为鸭式波能转换装置的质量；l 为质心到旋转轴的距离；J 为波能转换装置过质心与 y 轴平行的转动惯量。

结合空间受力分析，可得广义坐标下波能转换装置受到的广义力矩为

$$Q_\theta = F_x l\sin\theta - mgl\cos\theta - F_z l\cos\theta + M - M_{\mathrm{f}} \tag{2-49}$$

式中，F_x、F_z 分别为波浪对波能转换装置质心作用力在 x、z 方向上的分量；M 为波浪对波能转换装置质心的力矩；M_{f} 为液压系统对鸭式波能转换装置的反作用力矩。

由拉格朗日方程

$$\frac{\mathrm{d}}{\mathrm{d}t}\left(\frac{\partial T}{\partial \dot{\theta}}\right) - \frac{\partial T}{\partial \theta} = Q_\theta \tag{2-50}$$

可得鸭式波能转换装置运动偏微分方程为

$$(ml^2 + J)\ddot{\theta} = F_x l\sin\theta - mgl\cos\theta - F_z l\cos\theta + M - M_{\mathrm{f}} \tag{2-51}$$

由式(2-51)可知，当波能转换装置的质量、质心的位置等物理参数确定，且给定初始条件时，波浪对波能转换装置的力 F 及力矩 M 可唯一确定波能转换装置的运动。

2.3.2　典型应用

典型的鸭式波浪发电系统有丹麦奥尔堡大学研发的 WEPTOS 装置，如图 2-8 所示，其浮子设计借鉴了已有的鸭嘴式浮子。所有浮子内部都连接到一个转轴上，在波浪波峰来的时候，浮子逆时针转动，带动转轴逆时针转动；当波浪波谷来的时候，浮子在重力作用下恢复到原来的状态，但转轴由于"棘轮效应"设计并不会恢复到原来的状态。

WEPTOS 波能转换装置发电系统的 V 形转子结构如图 2-9 所示，两个公共主轴上分别有 10 个转子。转子随着波浪的运动而转动，从而将波能转化为动能；这些转子分别将能量传输到公共主轴上，公共主轴直接与发电机相连，最终将动能转化为电能。当一个波浪撞击一个单独的转子时，主轴随转子的转动而旋转，波

浪通过单个转子后,转子会在重力作用下重新向起点回转,此时主轴并不会恢复到原来的状态。这种运动称为棘轮效应,能防止转轴反向旋转,并保证内部的转轴是持续转动的。该装置可以根据海况对自身进行结构调节,当海面波能较少时,该装置可以将两个主轴之间的角度调节到最大为120°,最大限度地捕获波能;而在恶劣的风暴天气下,该装置可以将两个主轴之间的角度调节到最小为13°,实现自我保护。因此,WEPTOS装置可自动调整结构角度以适应不断变化的波浪条件,从而保证系统的宽频和高效运行。

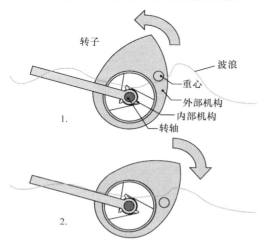

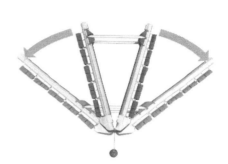

图 2-8　WEPTOS 单个波能转换装置　　　图 2-9　WEPTOS 波能转换装置发电系统

2.4　聚波水库式波浪发电系统

聚波水库式波浪发电系统又称越浪式波浪发电系统,其结构如图 2-10 所示。它主要利用海岸地形或特殊装置将入射波浪聚集于坡道,波浪越过坡道后聚集到高于海平面的水库里,将波浪动能转化为水体势能,蓄水池内的水体沿出流管道返回大海时带动发电机组发电。聚波水库式波浪发电装置,首先将不稳定的入射波能转化为蓄水池内水体的势能,再转化为较为稳定的水体动能。该类波能转换装置的效率较高,装置的活动部件较少,整体稳定性较高,可靠性好,适应极端海况的能力较强。

聚波水库式波能转换装置可分为固定式和漂浮式两类。固定式装置通常固定于沿岸或近岸水域,易于安装和维护,不需要在深水区进行锚固和铺设长距离的海底电缆设备;缺点是与深水区相比其波能利用率较低,同时还会受到岸线地形、潮差及海岸保护等多方面因素的制约。漂浮式装置漂浮于海面并通过锚固系统加

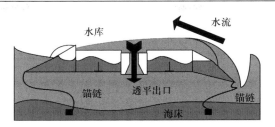

图 2-10　聚波水库式波浪发电系统

以固定，可在波能资源丰富的深水区作业，波能利用率高，且受潮差的影响小，机动灵活，适于为偏远海岛地区的居民及驻军提供电力。

2.4.1　数学模型

一种聚波水库式波浪发电实验装置结构原理如图 2-11 所示[10]，该装置主要包括三个部分：引浪面、蓄水池和出水管。海水的波浪近似为图 2-11 中的入射波，在向前传播的过程中，遇到引浪面时，会沿着引浪面进入蓄水池，从而将波能转化为水体势能，再沿着出水管流出，将水体势能转化为动能，带动水轮机转动，进而驱动发电机发电，将动能转化为电能，完成发电过程。

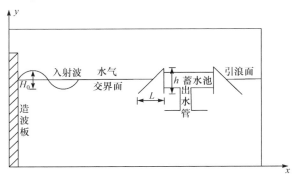

图 2-11　聚波水库式波浪发电实验装置结构示意图

利用线性规则波作为入射波来模拟海洋中的波浪，假设入射波从图 2-11 中左侧的造波板产生，然后向右传播，其运动方程为[10]

$$x(t) = \frac{S_0}{2}\left(1 - \mathrm{e}^{-\frac{5t}{2T}}\right)\sin(\omega t) \tag{2-52}$$

式中，S_0 为造波板的推板冲程；T 为入射波周期；$\omega = \dfrac{2\pi}{T}$ 为入射波角频率。

海水是不可压流体，因此其连续性方程和能量方程分别为

$$\frac{\partial u_x}{\partial x} = 0 \tag{2-53}$$

$$\frac{\partial u_x}{\partial t} + u_x \frac{\partial u_x}{\partial x} + u_y \frac{\partial u_y}{\partial y} = -\frac{1}{\rho}\frac{\partial p}{\partial x} + f_x + \frac{\partial}{\partial x}\left(v\frac{\partial u_x}{\partial y} - \overline{u_x' u_y'}\right) \tag{2-54}$$

式中，u_x、u_y 分别为速度在 x、y 方向的分量；ρ 为流体密度；p 为流体压强；v 为运动黏滞系数；f_x 为质量力。

2.4.2　典型应用

聚波水库式波浪发电系统比较典型的实例有丹麦奥尔堡大学研发的 Wave Dragon 装置，如图 2-12 所示。Wave Dragon 装置是一种超大型的海上聚波水库式波能转换装置，相当于一个浮动的水电大坝。它由 Erik Friis-Madsen 发明，由威尔士发展机构、丹麦能源管理局和丹麦公用事业 PSO 计划提供资金支持。该设备的中央正面是一个双弯曲的坡道，两侧的反射翼将波浪导向中央斜坡，斜坡顶部后面有一个大型浮动水库，用于收集超过坡道的海水。水库下方安装有水轮机，水库中的水排回大海并带动水轮机转动发电。涡轮机周围安装有 50mm 的安全防护格栅，可以防止海洋垃圾和海洋生物损坏涡轮机。该装置所捕获的能量大小随安装在储存器两侧反射翼长度的增加而增大。

图 2-12　Wave Dragon 装置

2003 年，该装置在丹麦波能测试中心完成了初始测试和模拟，并投入海试，共安装了 6 台涡轮机，测试一直持续到 2005 年，持续为电网供电 2 万多小时。理论上，Wave Dragon 装置的设备尺寸没有上限，额定发电功率可随着设备尺寸的增大而增大。在规模和成本方面，Wave Dragon 装置优势较明显，制造 100MW 的发电站只需要 9 台涡轮发电机。系统的可动部分主要是涡轮机与发电机，极大地提高了可靠性，并大大降低了维护成本。

2.5　截止式波浪发电系统

　　截止式波浪发电系统的轴线垂直于主波浪的传播方向，利用自身的几何形状阻止了波能向后辐射，降低了兴波阻力。前面提到的点头鸭波浪发电系统和 Wave Dragon 装置都属于截止式波浪发电装置。除此之外比较典型的应用还有摆式波浪发电装置。摆式波浪发电装置频率响应范围宽、可靠性好、成本低，在常规海况条件下转换效率高。从波浪理论可知，水质点在立波处会做往复运动，在宏观上就表现为常见的波浪团簇往复运动。摆式波浪发电装置就是利用这种现象，摆板在波浪力的作用下做往复运动，从而捕获波能并将其转化为机械能，再通过液压系统将动能转化为液压能，经过水轮机和发电机最终转化为电能[12,13]。

　　摆式波浪发电装置是已投入商业应用的波浪发电装置之一，其主体是随着波浪摆动的摆体，摆体是摆式装置的一级能量转换机构。在波浪的作用下，摆体左右摆动，将波能转化成摆体的动能。与摆体相连的通常是一套液压装置，它将摆体的动能转化成液压装置的液压能，带动水轮机转动，从而驱动发电机发电，如图 2-13 所示。摆体的运动很适合波浪大推力和低频的特性，因此摆式波浪发电装置的转换效率较高，但其机械和液压机构的维护较为困难。摆式波浪发电装置的另一优点是可以方便地与相位控制技术相结合，相位控制技术可以使波浪发电装置吸收迎波宽度以外的波能，从而大大提高装置的效率。需要注意的是，在锚泊控制时，截止式波浪发电系统一般需要将其定向到相应的主波能吸收方向。

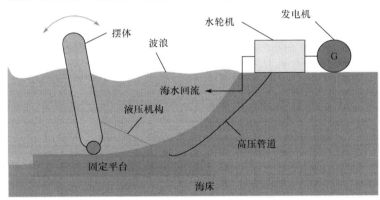

图 2-13　摆式波浪发电原理

　　在摆式波浪发电系统中，比较典型的就是英国爱丁堡 Aquamarine Power 公司开发的 Oyster 发电装置，如图 2-14 所示。Oyster 这一装置源自贝尔法斯特女王大学的研究，2009 年 8 月，Aquamarine Power 公司在欧洲海洋能源中心的 BilliaCroo

试验场安装 Oyster 设备，同年 11 月被正式启用，实现了其与英国国家电网的并网运行。

(a) 海上运行图　　　　　　　　　　　(b) 工厂实验图

图 2-14　Oyster 发电装置

Oyster 发电装置由电源连接器(PCF)和电源捕获单元(PCU)组成，运行于10～12m 深的海水中。PCF 重约 36t，通过 1m×4m 的混凝土桩固定在大约 14m 深的海床。PCU 是一个重 200t、尺寸为 18m×12m×4m 的漂浮体，铰接在 PCF 上。为了将 PCU 降到水中与 PCF 铰接，安装时必须将 120t 海水提前压入 PCU 内的压载舱，以提供足够的重力来平衡浮力，帮助其下降到水中。PCU 几乎完全被水淹没，只有 2m 的设备露出水面。随着海浪的运动，PCU 会前后摆动，从而驱动两个液压活塞，将高压水通过三条海底管道送至陆上水电水轮机，然后驱动一台 315kW 的发电机，将波能转化为电能。与燃烧化石燃料产生的电力相比，每个 Oyster 发电装置每年可以减少 500 多吨二氧化碳的释放。一座由 20 个 Oyster 发电装置组成的发电场产生的电能可为 9000 户家庭供电。

Oyster 发电装置主要有以下两个优点：

(1) 水下部件少，它的简单性使其具有很强的适应能力，能抵御极端天气。

(2) 波能捕获本体设备靠近岸边，所有电气部件均位于陆地上，系统易于维护。

Oyster 发电装置也有一些缺点，例如：

(1) 安装困难，成本高昂。单个 Oyster 发电装置重达 200t 以上，必须在大型平顶驳船上进行海运，并分几个阶段进行安装。

(2) PCU、涡轮机和发电机等部件会产生噪声污染，可能会影响周围海洋哺乳动物和鱼类的生活环境。

2.6　衰减式波浪发电系统

2.6.1　数学模型

衰减式波浪发电装置的轴线与波浪的传播方向平行，其中比较典型的是筏式波浪发电系统。筏式海洋波浪发电的概念最初是由克里斯托弗·可克雷尔提出的[14,15]。筏式海洋波浪发电系统由铰接链、阀体及液压系统组成。阀体沿着波浪方向布置，随波浪的运动而运动，把海洋中的波能转化为阀体的机械能，然后驱动液压装置把机械能转化为液压能，从而驱动液压马达转动，进而驱动发电机发电，将机械能转化为电能，实现波浪发电。

假设波浪是二维的，筏式波能转换装置在静水中的原理图如图 2-15 所示，在正弦波浪中的原理图如图 2-16 所示[10]。筏与筏之间的相对角运动决定了筏的能量转换，筏的角运动方程组为

$$(I_1 + I_{w1})\ddot{\theta}_1 + a_a(\dot{\theta}_1 - \dot{\theta}_2) + \frac{R_a L_1}{2} = M_1 \tag{2-55}$$

$$(I_2 + I_{w2})\ddot{\theta}_2 + a_a(\dot{\theta}_2 - \dot{\theta}_1) + a_b(\dot{\theta}_2 - \dot{\theta}_3) + \frac{(R_a + R_b)L_2}{2} = M_2 \tag{2-56}$$

$$(I_3 + I_{w3})\ddot{\theta}_3 + a_b(\dot{\theta}_3 - \dot{\theta}_2) + \frac{R_b L_3}{2} = M_3 \tag{2-57}$$

式中，$\dot{\theta}_1$、$\ddot{\theta}_1$ 和 $\dot{\theta}_2$、$\ddot{\theta}_2$ 分别表示 θ 对应的一阶导数、二阶导数；$I_j(j=1,2,3)$ 表示筏 j 对应的中心的质量惯性力矩；I_{wj} 为附加质量惯性力矩；a_a、a_b 分别表示 a、b 铰链处的能量获取率；$R_a(t)$、$R_b(t)$ 分别表示 a、b 铰链处的垂直反作用力；M_j 为波浪产生的绕筏 j 中心的力矩。其中，在水平面内每一筏的重心位于其几何中心，反作用力 $R_a(t)$ 和 $R_b(t)$ 是未知量。

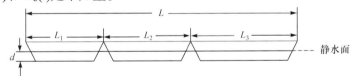

图 2-15　静水中的筏式波能转换装置

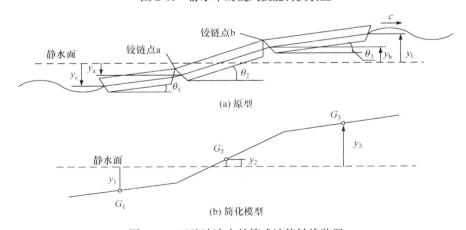

(a) 原型

(b) 简化模型

图 2-16　正弦波浪中的筏式波能转换装置

三筏系统的线性垂直运动也可列出类似的计算式。例如，图 2-16 的筏 3 中心的线性垂直位移为

$$y_3 = \frac{y_b + y_L}{2} \tag{2-58}$$

式中，y_b 为筏中心相对静水面的偏移距离；y_L 为运动波静水面的偏移距离。

假设角位移值较小，则筏 3 的回转运动和垂直直线运动可通过式(2-59)联系起来：

$$\sin\theta_3 \approx \frac{y_L - y_b}{L_3} = \frac{A_L - A_b}{L_3} e^{j\omega t} \tag{2-59}$$

式中，A_L、A_b 分别为波浪和筏 3 运动的振幅，

$$e^{j\omega t} = \cos(\omega t) + j\sin(\omega t) \tag{2-60}$$

由于系统是随波浪运动的，波浪频率也是筏系统的频率，即

$$\omega = 2\pi f = \frac{2\pi}{T} \tag{2-61}$$

2.6.2 典型应用

衰减式波浪发电系统典型的应用实例为英国的海蛇号(Pelamis)，如图 2-17 所示。Pelamis 的主要特点为：在装置连接处的每个波能捕获单元可独立运行且具备冗余备份功能，通过控制与液压机构相连接的阻尼大小实现系统在小波浪时的能量最大化和大波浪时的系统响应最快化。同时，它具有蓄能环节，可提供与火力发电相当稳定度的电力供应。

图 2-17 Pelamis

Pelamis 是一种衰减波能转换器，装置的响应与波浪的曲率有关，与波浪高度无关。由于波浪在自然破裂之前只能达到一定的曲率，这限制了该装置的运动范围。

　　Pelamis 由多个分离的部分连接而成，不同的单体之间随着海浪的运动而随意弯曲，通过这种运动来驱动系统发电。该装置由多个通过铰链连接的半潜式圆柱形部分组成，当波浪沿着装置的长度方向传递时，装置的每个部分随着波浪彼此相互移动，各部分的波浪引起的运动驱动发电机发电。来自所有单体的电力通过电缆馈送到海床上的接合处，多台设备可以通过海底电缆连接并将电力输送到岸上。

　　Pelamis 由苏格兰 Pelamis Wave Power 公司(前称为 Ocean Power Delivery)研发而成。2004～2007 年，该公司在苏格兰欧洲海洋能源中心测试了他们的第一个全尺寸原型装置，其额定功率为 750kW，长度为 140m，直径为 3.5m，主要由四个管段及三个动力关节组成。2008 年和 2010 年，已分别实现了第一代和第二代 Pelamis 装置的实测。

参 考 文 献

[1] 陈韦, 顺年, 詹立垒, 等. 波浪能发电技术研究现状与发展趋势[J]. 能源与环境, 2014, (3): 83-84.

[2] 刘美琴, 郑源, 赵振宙, 等. 波浪能利用的发展与前景[J]. 海洋开发与管理, 2010, 27(3): 80-82.

[3] 曹灿, 陈启东, 顾泽堃. 振荡浮子式波浪能发电装置液压系统仿真与改进[J]. 工业仪表与自动化装置, 2019, (2): 36-43.

[4] 李晖, 何宏舟, 杨绍辉, 等. 点头鸭式波浪能采集装置的数值模拟[J]. 集美大学学报(自然科学版), 2016, 21(5): 363-369.

[5] 钟小龙, 叶荣春, 熊正烨. 摇摆式波浪能发电装置模型研究[J]. 中国水能及电气化, 2019, 173(8): 41-43.

[6] 徐超. 海流能驱动型制淡技术研究[D]. 杭州: 浙江大学, 2018.

[7] 曹飞飞, 史宏达, 赵晨羽, 等. 振荡浮子波浪发电装置物理模型试验研究[J/OL]. 太阳能学报. http://kns.cnki.net/kcms/detail/11.2082.TK.20190509.1425.002.html [2020-1-10].

[8] 程佳佳. 浮子式永磁同步波浪发电系统分析与控制[D]. 天津: 天津大学, 2013.

[9] 吴金明. 鸭式波浪能转换单元的锁定控制与阵列布局设计的研究[D]. 哈尔滨: 哈尔滨工业大学, 2018.

[10] 阎耀保. 海洋波浪能综合利用——发电原理与装置[M]. 上海: 上海科学技术出版社, 2013.

[11] 白留祥. "点头鸭"波浪能装置的水动力学特性及效率研究[D]. 北京: 华北电力大学, 2014.

[12] Thorpe T W. A brief review of wave energy[R]. London: UK Department of Trade and Industry, 1999.

[13] Thorpe T W. An overview of wave energy technologies: Status, performances and costs[J]. Wave Power: Moving Towards Commercial Viability, 1999, (30): 3-10.

[14] 阎耀保, Watabe T. 海洋波浪能综合利用[M]. 上海: 上海科学技术出版社, 2011.

[15] Salter S H. World progress in wave energy—1988[J]. International Journal of Ambient Energy, 1989, 10(1): 3-24.

第 3 章   浮子式波浪发电系统数学建模

从 20 世纪 70 年代开始，很多国家对波浪发电进行了研究，现已开发出了聚波水库式、振荡水柱式(空气式)、鸭式、点吸收式和浮子式等多种形式的波浪发电系统。其中，浮子式波浪发电系统具有效率高、维护方便、移动性好和适应性强等优点，因此对其研究具有重要意义。本章着重介绍浮子式波浪发电系统的工作原理和结构，从入射波和浮子的角度进行系统受力分析，建立浮子式波浪发电系统的数学模型并进行相应分析，提出基于环形波能转换装置、质量可调浮子波能转换装置的新型浮子式波浪发电系统，并对其进行了建模与研究。

3.1   浮子式波浪发电系统工作原理

浮子式波浪发电系统是在振荡水柱式波浪发电系统的基础上发展起来的。这种系统采用一个浮子作为波能的吸收载体，然后将浮子吸收的能量通过一定的传递方式进行传递，最后驱动发电机进行发电。

3.1.1   浮子式波浪发电系统的机械原理

浮子式波浪发电系统的基本原理类似于机械系统的吸振器。首先，浮子随着波浪运动，将波能转换为浮子的直线动能。波能转换装置的结构包括浮子、反作用体等，浮子与波浪直接作用，提取波能。波浪发电系统一般还包括机械传动系统、发电机、控制系统等单元，对吸收的波能进行控制并将其转化为电能[1]。图 3-1 给出了一种浮子式波浪发电系统的原理示意图[2,3]。

图 3-1(a)为浮子模型的示意图，用于提取起伏的波能，图 3-1(b)为浮子式波浪发电系统图。第 2 章已经建立了浮子的数学模型，并且分析得出：当波浪频率等于浮子的自然频率时，即达到共振时波能捕获效率才会最大。浮子 m_f 的一端通过缆绳和滑动的滑轮相连，缆绳的另一端连接着一个总是位于水面上的配重 m_c。这个配重用于保持缆绳上的张力并进一步控制设备的固有频率。整个装置通过缆绳的张紧力和浮子与配重的重量差进行发电。当浮子受到波浪的激励力产生竖直方向上的运动时，缆绳上的力 F_f 通过滑轮传递，从而引起输入轴以振荡的旋转速度 ω_p 进行旋转。滑轮随不规则波浪随意转动，再通过棘轮装置转换为旋转速度为 ω_m 的单方向转动，从而带动发电机发电。

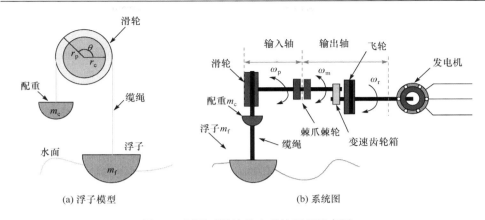

(a) 浮子模型　　　　　　　　　　　　(b) 系统图

图 3-1　浮子式波浪发电系统原理示意图

当浮子下降时，自由转动的离合器将被啮合，输入轴和输出轴连接在一起，整个传动系统加速转动；当离合器分离后，输入轴和输出轴分离。离合器的工作状态如下：

$$\omega_{\mathrm{p}} \geqslant \omega_{\mathrm{m}} \rightarrow \text{啮合}$$

$$\omega_{\mathrm{p}} < \omega_{\mathrm{m}} \rightarrow \text{分离}$$

式中，$\omega_{\mathrm{p}} \leqslant 0$ 表示通过离合器传播的扭矩滑轮减速并反向。在浮子上升的过程中，输出轴将继续旋转，同时滑轮下降并反向旋转。输出轴减速的速率由系统惯性和系统在离合器分离时的能量提取速度决定。

3.1.2　浮子式波能转换装置数学模型

根据第 2 章对振荡浮子式波能吸收原理的分析，将波能转换机制等效为一个带有阻尼器的机械振动系统[4,5]，如图 3-2 所示。

该装置的具体工作原理与天线接收电磁波信息的工作原理一致。波浪辐射作用力，也称为激励力，即所讨论的海洋波浪力。当波浪激励力作用在一个质量块上时，该质量块由于受到弹簧力的作用而往复运动，从而产生能量，并且由于存在阻尼装置，质量块会对阻尼器也产生作用力，同时，质量块也就受到阻尼器的相对作用力。运动质量块主要是按照激励频率的大小来工作。

在这一系统中，能量在质量块和弹簧之间相互转换(动能与势能的转化)，满足能量守恒定律。同样，在激励力和质量之间，也存在着类似

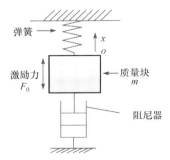

图 3-2　波能转换装置的力学模型

的转换过程。在激励力的作用下，质量块发生共振，质量块的振动相位滞后激励力 90°。此时，激励力可以使质量块产生最大幅度的运动。当质量块上下运动时，动能可以最大限度地转换为势能，能量转化效率最高。

假设，质量块同时具有一个线性弹簧和一个线性阻尼器，二者共同发挥作用。这时，如果考虑外界激励力是一种正弦信号，可将质量块的运动方程具体表示为

$$m\ddot{x} + P_C\dot{x} + kx = F_0\sin(\omega t) \tag{3-1}$$

式中，m 为运动物体的质量；x 为质量块的位移；P_C 为阻尼系数；k 为弹簧刚度；ω 为角频率，即海洋波浪产生的激振力频率；t 为时间；F_0 为激励力。

式(3-1)的求解结果为质量块的运动位移量：

$$x = A_0\sin(\omega t - \phi) \tag{3-2}$$

$$A_0 = \frac{F_0}{\sqrt{(k - m\omega^2)^2 + (P_C\omega)^2}} \tag{3-3}$$

$$\phi = \arctan\frac{P_C\omega}{k - m\omega^2} \tag{3-4}$$

因此，上述质量块运动体在激励力的作用下做振幅为 A_0 的正弦运动，相位滞后激励力 ϕ。波能转换装置的固有频率 ω_0 为

$$\omega_0 = \sqrt{\frac{k}{m}} \tag{3-5}$$

当 $\omega/\omega_0 = 1$ 时系统共振，将式(3-5)代入式(3-2)~式(3-4)，得到波能转换装置振动幅值最大的条件为

$$x = -A_0\cos(\omega t) \tag{3-6}$$

$$A_0 = \frac{F_0}{P_C}\sqrt{\frac{m}{k}} \tag{3-7}$$

$$\phi = \arctan\infty = \frac{\pi}{2} \tag{3-8}$$

尽管在运动过程中，物体的运动方向会发生变化，但是外力方向一直和运动方向保持一致。当系统共振时，物体所需要的激振力能量用 E 表示为

$$E = 4\int_0^{A_0} F_0\sin(\omega t)\mathrm{d}x = F_0 A_0\omega\int_0^{\frac{2}{\omega}}\sin^2(\omega t)\mathrm{d}t = \frac{F_0}{P_C}\int_0^{\frac{2}{\omega}}\sin^2(\omega t)\mathrm{d}t \tag{3-9}$$

同时，阻尼器总共吸收的能量用 W 表示为

$$W = 4\int_0^{A_0} P_C\dot{x}\mathrm{d}x = P_C\int_0^{\frac{2}{\omega}}\left[A_0\omega\sin(\omega t)\right]^2\mathrm{d}t = \frac{F_0^2}{P_C}\int_0^{\frac{2}{\omega}}\sin^2(\omega t)\mathrm{d}t \tag{3-10}$$

海洋波能转换效率 η 为

$$\eta = \frac{W}{E} = 1 \tag{3-11}$$

根据式(3-11)可得：理想状态下，整个机械系统共振时，海洋波能可以最大限度地转化为电能、动能、内能等其他形式的能量。若滞后角 $\phi = 180°$，则系统的振动状态最差，转换效率最低。

3.1.3　浮子式波浪力的计算方法

捕获宽度比 N 是评价浮子吸收波能能力强弱的重要指标，可表示为

$$N = \frac{P_0}{E_0} \tag{3-12}$$

式中，E_0 为浮子宽度内波浪的输入功率；P_0 为浮子平均输出功率。

捕获宽度比与浮子的形状和尺寸有关。由式(3-12)可知，捕获宽度比与浮子的输出功率有关，浮子的输出功率又与其所受波浪力相关。所以，对浮子进行受力分析显得尤为重要。

在波浪作用下，浮子会产生复杂的运动。计算时，可以将浮子视为刚体，则它的运动模态共有六个：三个沿主轴 x、y、z 的移动(纵荡、横荡、垂荡)和三个绕 x、y、z 轴的转动(横摇、纵摇、艏摇)[5-7]。横摇、纵摇、艏摇这三个自由度具有复原力或力矩，即它们有稳定的静平衡位置。而另外三个运动在受到外力干扰偏离初始位置后不能再回复原位。因此，浮子式装置需要应用锚泊系统来保持相对稳定。

当浮子在波浪中运动时，会产生以浮子为中心向周围散射并逐渐衰减为 0 的现象，此为波浪的辐射，其速度势称为辐射势。辐射势对浮子产生的作用力则为波浪激励力。浮子周围的流体质点受到扰动后引起速度的变化，改变了原来流场内的压强分布。因为浮子的扰动导致浮子周围改变了原来运动状态的那部分附加流体的质量，沿流体流动方向也将对浮子产生一个附加惯性力，这部分等效质量称为附加质量；浮子在运动的过程中会受到阻尼力，该阻尼为辐射阻尼[8]。不同结构的浮子可采用不同类型的波浪力描述。波浪力的计算方法大致有三种：Morison 法、绕射理论法和 Froude-Krylov 法[9]。

1. Morison 法

当浮子的特征尺度与波长相比较是一个小量($D/\lambda < 0.2$)时，可以采用 1952 年由美国科学家 Morison 等提出的 Morison 法，如小直径杆柱结构的求解。该方法的基本假设为：柱体的存在对波浪运动无显著作用；波浪对柱体的作用主要是黏滞效应和附加质量效应。

Morison 法认为作用在柱体任意高度的水平作用力包括两个分量：水平拖曳力和水平惯性力。例如，作用在直立柱体任意高度 z 处单位柱高的水平波力为

$$F = \frac{1}{2} C_\text{D} \rho D u_x |u_x| + C_\text{M} \rho A \frac{\mathrm{d} u_x}{u_x} \tag{3-13}$$

式中，ρ 为流体密度；C_D 为阻力系数；C_M 为惯性系数；D 为浮筒直径；A 为浮筒侧面积；u_x 为流体相对于浮子速度在 x 方向的分量。

应用 Morison 法的关键问题是根据所选的波浪理论给出水流速度，并合理选取与波浪理论相应的力系数。

2. 绕射理论法

当浮子特征尺度大于波长的 1/5 时，一般采用 1954 年由 MacCamy 和 Fuchs 等提出的绕射理论法。这种方法假设流体是不可压缩的理想流体，运动是有势的，并将浮子边界作为波动流体边界的一部分。首先确定浮子对入射波的散射速度势和未受浮子扰动的入射波速度势，两者叠加后即浮子边界上扰动后的速度势，应用线性化的伯努利方程确定浮子边界上的波压强分布，便可以计算出波浪作用在浮子上的力和力矩。绕射理论法计算相对复杂，适用于大直径直立圆柱等少数几种情况[8]。

若入射波为波高很小的线性波，且认为波浪与浮子的相互作用是线性的，这时的绕射问题为线性绕射问题。当波浪向前传播遇到浮子后，在浮子的表面会产生一个向外散射的波，入射波与散射波叠加达到稳态时，就会形成一个新的波动场。

这样受浮子扰动后的波动场内任一点的总速度势 φ 由两部分组成：未扰动的入射波速度势 φ_I 和浮子对入射波的散射速度势 φ_S，则有[9,10]

$$\varphi(x,y,z,t) = \varphi_\text{I}(x,y,z,t) + \varphi_\text{S}(x,y,z,t) \tag{3-14}$$

当波浪运动是简谐运动时，采用线性理论可将时间变量分离出来[11]：

$$\varphi(x,y,z,t) = \varphi(x,y,z)\mathrm{e}^{-\mathrm{j}\omega t} = \left[\varphi_\text{I}(x,y,z) + \varphi_\text{S}(x,y,z)\right]\mathrm{e}^{-\mathrm{j}\omega t} \tag{3-15}$$

总速度势满足

$$\nabla^2 \varphi = 0 \tag{3-16}$$

拉普拉斯方程为

$$\frac{\partial \varphi}{\partial z} - \frac{\omega^2}{g} \varphi = 0 \tag{3-17}$$

对于特定的波浪理论，入射波速度势已知。若得到散射波速度势后，将其与已知的入射波速度势线性叠加，就可得到扰动后波动场内任一点总速度势：

$$\varphi = (\varphi_\text{I} + \varphi_\text{S})\mathrm{e}^{-\mathrm{j}\omega t} \tag{3-18}$$

再应用线性化的伯努利方程便可得到浮子表面上的波压强 p 分布：

$$p = -\rho \frac{\partial \varphi}{\partial t} = \omega \rho \, \mathrm{Re}(\mathrm{j}\varphi \mathrm{e}^{-\mathrm{j}\omega t}) = \omega \rho \, \mathrm{Re}\left[\mathrm{j}(\varphi_\mathrm{I} + \varphi_\mathrm{S})\mathrm{e}^{-\mathrm{j}\omega t}\right] \tag{3-19}$$

进而得到作用在浮子上的总波浪力 **F**:

$$\boldsymbol{F} = -\omega \rho \iint\limits_{S} \mathrm{Re}\left[\mathrm{j}(\varphi_\mathrm{I} + \varphi_\mathrm{S})\mathrm{e}^{-\mathrm{j}\omega t}\right] \boldsymbol{n} \mathrm{d}S \tag{3-20}$$

式中，**n** 为浮子表面上某点的单位外法向矢量。

3. Froude-Krylov(简称 F-K)法

计算大尺度潜体上的波浪力一般采用 F-K 法。F-K 法，就是假定入射波动场原来的波压强分布不因潜体的存在而改变，先计算出未受扰动的入射波压强对浮子的作用力(简称 F-K 力)，再乘以反映附加质量效应的绕射系数 C 进行修正(绕射系数需要通过模型试验确定)[8,9]。则作用在潜体上的波浪力大小为

$$F = CF_\mathrm{K} \tag{3-21}$$

其中，F_K 可用 $F_\mathrm{K} = \rho \overline{V}_0 (\mathrm{d}v/\mathrm{d}t)_\alpha$ 表示。$(\mathrm{d}v/\mathrm{d}t)_\alpha$ 是指当浮子不存在时，在排水体积 $\overline{V}_0$ 内未受扰动水体的平均全加速度。由于排水体积 $\overline{V}_0$ 内各未扰动入射波水质点的加速度不同，所以潜体上的波浪力一般直接通过在潜体表面上任一点的未扰动入射波的波压强在整个潜体表面上的积分得到。

故作用在整个潜体上的水平分力和垂直分力可分别表示为

$$F_\mathrm{H} = C_\mathrm{H} \iint\limits_{S} P_x \mathrm{d}S \tag{3-22}$$

$$F_\mathrm{V} = C_\mathrm{V} \iint\limits_{S} P_z \mathrm{d}S \tag{3-23}$$

式中，P_x 为潜体表面任一点上未扰动入射波的波压强在水平方向上的分量；P_z 为潜体表面任一点上未扰动入射波的波压强在垂直方向上的分量；S 为潜体浸没在海水中的总表面积；C_H 为水平绕射系数；C_V 为垂直绕射系数。

利用 F-K 法计算大尺度潜体上波浪力的核心思想为：对式(3-22)和式(3-23)进行面积分，再选定适度的绕射系数 C，便可得到作用在浮子上的波浪力。由于波浪作用在浮子上的波浪力包括作用在浮子底部的、方向垂直向上的压力和作用在浮子表面上的、方向沿着来波方向的水平力。两部分力的合力方向斜向上，浮子在合力作用下欲以一边为轴旋转，但由于浮子受到的水平作用力相对垂直作用力来说很小，因此只计算作用在潜体上的垂直波浪力[8]。

作用在浮子上的力并不只有波浪力。假设浮子在平衡位置做简谐运动，瞬时位移为

$$\dot{\zeta} = \mathrm{Re}(Z\mathrm{e}^{-\mathrm{j}\omega t}) \tag{3-24}$$

加速度为

$$a = \ddot{\zeta} = \mathrm{Re}(-\omega^2 Z e^{-\mathrm{j}\omega t}) \tag{3-25}$$

式中，Z 为平均复振幅。根据牛顿第二定律知：

$$F(t) = Ma = F_{\mathrm{V}} + F_{\mathrm{S}} + F_{\mathrm{C}} \tag{3-26}$$

式中，F_{V} 为波浪力；F_{S} 为回复力；F_{C} 为阻尼力；M 为质量，包括浮子本身的质量 m 和因运动产生的附加质量 m_{a}，即

$$M = m + m_{\mathrm{a}} \tag{3-27}$$

附加质量指浮子往复运动激励出的水质量。不同形状的浮子，其附加质量不同。

由于浮子在垂直方向上的往复运动具有恢复力，随着浮子运动时在水中上升下沉的深度不同，浮子受到的波浪力不同，记为 F_{S}。由 $P = \mathrm{j}\rho\omega\phi - \rho g\zeta$，得

$$F_{\mathrm{S}} = -\iint\limits_{S} \rho g\zeta \mathrm{d}S = -\rho g A_{\mathrm{wp}} Z \tag{3-28}$$

式中，A_{wp} 为浮子水面截面积。

垂直方向上的阻尼力，随着浮子的简谐运动周期性变化，可以表示为

$$F_{\mathrm{C}} = -\mathrm{j}\omega Z P_{\mathrm{C}} \tag{3-29}$$

式中，P_{C} 为阻尼系数。因此浮子受力的平衡式为

$$-(m + m_{\mathrm{a}})\omega^2 Z = F_{\mathrm{V}} - \rho g A_{\mathrm{wp}} Z + \mathrm{j}\omega Z P_{\mathrm{C}} \tag{3-30}$$

整理可得

$$F_{\mathrm{V}} = \left[-(m + m_{\mathrm{a}})\omega^2 + \rho g A_{\mathrm{wp}} - \mathrm{j}\omega P_{\mathrm{C}} \right] Z \tag{3-31}$$

$$Z = \frac{F_{\mathrm{V}}}{K - \mathrm{j}\omega P_{\mathrm{C}}} \tag{3-32}$$

$$K = -(m + m_{\mathrm{a}})\omega^2 + \rho g A_{\mathrm{wp}} \tag{3-33}$$

3.2　浮子式波浪发电系统的受力分析

正常运行时，浮子在水中的运动情况受很多因素的影响，包括波浪产生的各种力以及与浮子相连的系链等产生的机械作用力。本节根据 3.1 节中提到的 F-K 法，分别对作用于浮子的几个主要的力进行分析。

3.2.1　浮力

浮力是由浮子顶部和底部的海水压力差引起的作用在浮子上的力，方向竖直向上。浮力的大小等于浮子所排开海水的重量,因此浮子所受浮力依赖两个因素：

浮子浸入海水中的体积和排开海水的密度，此时浮子所受的浮力为

$$F_{\text{buoy}} = -\rho g V \tag{3-34}$$

式中，ρ 为海水的密度；V 为浮子浸入海水中的体积；g 为重力加速度。

3.2.2　波浪压力

　　除了流体静压力，浮子还要受由波浪产生的波浪压力的影响。应用线性理论，在笛卡儿坐标系中用 F-K 法得到公式[7]：

$$p_\omega(x,y,z) = \frac{\rho g H}{2} \frac{\cosh(kz)}{\cosh(kd)} \cos(kx - \omega t) \tag{3-35}$$

式中，H 为波高；k 为波数；ω 为波浪角频率。

　　如图 3-3 所示，在球坐标系中，设球心的坐标是 (x_0, y_0, z_0)，θ 是以 z 轴正方向为始边与 z 轴负方向的夹角，α 是在 x-y 坐标平面上绕 z 轴旋转的以 x 轴正方向为始边的角。利用球坐标转换，可得：$x = a\sin\theta\cos\alpha$，$y = a\sin\theta\sin\alpha$，$z = a\cos\theta + z_0$，其中 a 为浮子半径，向外的法向量为：$(n_x, n_y, n_z) = (\sin\theta\cos\alpha,$ $\sin\theta\sin\alpha, \cos\theta)$。

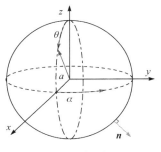

图 3-3　球坐标系

　　因此，球坐标系下的波压计算公式为

$$p_\omega(\theta, \alpha, a) = \frac{\rho g H}{2} \frac{\cosh k(a\cos\theta + z_0)}{\cosh(kd)} \cos(ka\sin\theta\cos\alpha - \omega t + \varphi) \tag{3-36}$$

　　同时，由于浮子的运动范围受到四周绳索的限制，故只能在竖直方向上运动。所以，可只考虑浮子在竖直方向所受的力：

$$F_{\text{FK},z} = \iint_S p_\omega n_z \mathrm{d}S \tag{3-37}$$

　　将 p_ω 和 z 轴法向量代入式(3-37)，则：

$$\begin{aligned}
F_{\text{FK},z} = \frac{\rho g H a^2}{2\cosh(kd)} \int_{\theta=\theta_0}^{\pi} & \cosh\left[k(a\cos\theta + z_0)\right]\cos\theta\sin\theta \\
& \cdot 2\left[\int_{\alpha=0}^{\pi} \cos(ka\sin\theta\cos\alpha - \omega t + \varphi)\mathrm{d}\alpha\right]\mathrm{d}\theta
\end{aligned} \tag{3-38}$$

　　当球体全部浸没时 $\theta_0=0$，此时 $z_0+a<d$；当球体部分浸没时，$z_0+a>d$，且满足

$$\theta_0 = \arccos\left(\frac{d - z_0}{a}\right) \tag{3-39}$$

式中，θ_0 为半径与自由面相交的角度。对浮子来说，仅需考虑下半球体，因此 θ_0 在 $\pi/2$ 和 π 之间积分。

振荡海水的持续变化导致浮子表面的受力持续变化。因此，根据 F-K 法得到的波浪压力不能完全直接被浮子所利用，实际中需要引入一个波力利用系数 C_{FK}[12]，此时式(3-38)可变为

$$F_{FK,z} = C_{FK} \frac{\rho g H a^2}{2\cosh(kd)} \int_{\theta=\theta_0}^{\pi} \cosh\left[k\left(a\cos\theta + z_0\right)\right]\cos\theta\sin\theta$$
$$\cdot 2\left[\int_{\alpha=0}^{\pi} \cos\left(ka\sin\theta\cos\alpha - \omega t + \varphi\right)\mathrm{d}\alpha\right]\mathrm{d}\theta \tag{3-40}$$

式中，C_{FK} 的取值由浮子的形状决定，假设浮子 C_{FK} 取 0.7。

3.2.3　海水黏滞阻力

海水黏滞阻力可以看成一种拉力，指海水在与浮子发生相对运动时产生的作用力。海水黏滞阻力与海水的密度、黏滞系数、物体的形状及其表面的粗糙度有关，可以表示为[7]

$$F_d = -\frac{1}{2}C_d \rho A v |v| \tag{3-41}$$

式中，C_d 为黏滞系数；ρ 为海水的密度；A 为浮子与海水相垂直的截面积；v 为浮子相对海水的速度，负号表示黏滞阻力的方向总是与浮子的相对速度方向相反。

黏滞系数 C_d 一般根据实验数据选取，一种简单选取数据方法是将浮子放到水中使其自由运动，并测量其振幅衰减。实验结果显示 C_d 的取值为 0.015～0.02。

3.2.4　重力和系链拉力

浮子在运动中会受到很多力的限制，重力始终作用在浮子上，大小恒定，其表达式为

$$F_g = m_f g \tag{3-42}$$

在波浪力的作用下，浮子主要依靠系链来保证浮子在竖直方向上可靠运动。系链拉力 F_{tether} 在浮子的上下运动过程中产生，浮子和系链的俯视图如图 3-4 所示。由于 F_{tether} 的水平分量可以相互抵消，故可只考虑浮子的垂直运动。

系链拉力 F_{tether} 的三个水平分量之间的角度是 120°，并且从浮子指向外部，因此在正常运行下它们相互抵消。F_{tether} 的竖直分量分析如图 3-5 所示。

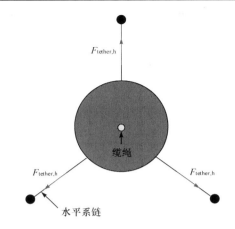

图 3-4   浮子和系链俯视图

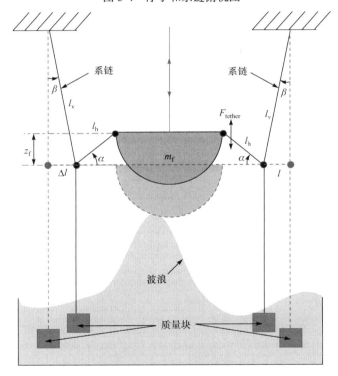

图 3-5   极限位置(实线)和平均位置(虚线)的系链拉力

应用三角关系，由图 3-5 可以得到两个关于 Δl 的等式：

$$\Delta l = l_v \sin \beta \qquad (3-43)$$

$$\Delta l = l_h \left(1 - \cos \alpha\right) \qquad (3-44)$$

应用三角变换，可将式(3-44)写为

$$\Delta l = l_{\mathrm{h}} 2\sin^2 \frac{\alpha}{2} \tag{3-45}$$

联立式(3-43)和式(3-45)，可得

$$l_{\mathrm{v}} \sin\beta = l_{\mathrm{h}} 2\sin^2 \frac{\alpha}{2} \tag{3-46}$$

假设 α 和 β 都很小，则：

$$\sin\alpha \approx \alpha \tag{3-47}$$
$$\sin\beta \approx \beta \tag{3-48}$$

因此，式(3-43)和式(3-45)可改写为

$$\Delta l = l_{\mathrm{v}}\beta \tag{3-49}$$

$$\Delta l = l_{\mathrm{h}} 2\left(\frac{\alpha}{2}\right)^2 \tag{3-50}$$

故式(3-46)可变为

$$l_{\mathrm{v}}\beta = \frac{l_{\mathrm{h}}\alpha^2}{2} \tag{3-51}$$

单系链上的受力示意图如图 3-6 所示。根据牛顿定律可以得到

$$F_{\mathrm{h}}\sin\alpha + F_{\mathrm{v}}\cos\beta = m_{\mathrm{tether}}g \tag{3-52}$$

$$F_{\mathrm{h}}\cos\alpha = F_{\mathrm{v}}\sin\beta \tag{3-53}$$

$$F_{\mathrm{tether}} = 3F_{\mathrm{h}}\sin\alpha \tag{3-54}$$

式(3-52)和式(3-53)分别是竖直方向和水平方向受力的总和，式(3-54)中的 3 表示浮子周围系链的数目。由式(3-53)，可得

$$F_{\mathrm{v}} = F_{\mathrm{h}} \frac{\cos\alpha}{\sin\beta} \tag{3-55}$$

将式(3-55)代入式(3-52)，得

$$F_{\mathrm{h}} = \frac{m_{\mathrm{tether}}g}{\left(\sin\alpha + \cos\alpha \dfrac{\cos\beta}{\sin\beta}\right)} \tag{3-56}$$

当 α 和 β 都接近零时，式(3-56)可简化为

$$F_{\mathrm{h}} \approx m_{\mathrm{tether}}g\sin\beta \tag{3-57}$$

则将式(3-57)代入式(3-54)，可估算出 F_{tether} 为

$$F_{\mathrm{tether}} = 3m_{\mathrm{tether}}g\sin\alpha\sin\beta \tag{3-58}$$

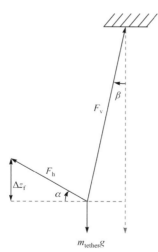

图 3-6　系链在极限位置(实线)和平均位置(虚线)的受力分析图

进一步，根据图 3-6 可得

$$\sin\alpha = \frac{\Delta z_{\mathrm{f}}}{l_{\mathrm{h}}} \tag{3-59}$$

而且 β 很小，则式(3-51)可以写为

$$\beta = \frac{l_{\mathrm{h}}\alpha^2}{2l_{\mathrm{v}}} = \frac{l_{\mathrm{h}}}{l_{\mathrm{v}}} \cdot \frac{1}{2} \left(\frac{\Delta z_{\mathrm{f}}}{l_{\mathrm{h}}}\right)^2 \tag{3-60}$$

$$\sin\beta \approx \frac{\Delta z_{\mathrm{f}}^2}{2l_{\mathrm{h}}l_{\mathrm{v}}} \tag{3-61}$$

则式(3-58)可变为

$$F_{\mathrm{tether}} = \frac{3m_{\mathrm{tether}}g}{2l_{\mathrm{h}}^2 l_{\mathrm{v}}} \Delta z_{\mathrm{f}}^3 \tag{3-62}$$

可见，当浮子静止在平均水面时，F_{tether} 为零。F_{tether} 的幅值与浮子的垂直位移，系链上的质量块质量 m_{tether} 和系链的长度有关。

3.2.5　缆绳张力

在不考虑反作用体动态运动的情况下，假设反作用体滑轮和主滑轮固定在一起，且反作用体的缆绳一直处于拉紧状态。然而，浮子的缆绳可能处于松弛状态，而且会直接和缆绳张力 F_{f} 有关，所以必须考虑缆绳的工作状态。本节只考虑浮子缆绳由松弛到拉紧的状态，因为相反的变化对浮子的速度几乎没有影响[13]。因此，可将缆绳的弹性作用等效为一个弹性系数为 k_{s} 的弹簧 S 和一个阻尼系数为 k_{ds} 的阻尼器 R_{D}，如图 3-7 所示。

如图 3-7 所示，浮子的位置用 z_{f}(平均水平面到浮子底部的距离)表示，弹簧的伸长量用 $\Delta z = z_{\mathrm{f}} - z_{\mathrm{s}}$ 表示，z_{s} 与浮子滑轮转过的角度 θ 有关。

根据牛顿定律，可得

$$m_{\mathrm{f}}\Delta\ddot{z} = F_{\mathrm{f}} + F_{\mathrm{R}} + F_{\mathrm{S}} \tag{3-63}$$

式中，弹簧力 $F_{\mathrm{S}} = -S\Delta z$，阻尼器力 $F_{\mathrm{R}} = -R\Delta z$。

假设弹簧和阻尼器具有线性特性，k_{s} 和 k_{ds} 是相应的比例系数，与位移 z_{f} 和速度 $v_{\mathrm{f}}(z_{\mathrm{f}}$ 对时间的导数)均无关。因此，根据牛顿定律可得

$$F_{\mathrm{f}} = k_{\mathrm{s}} z_{\mathrm{f}} + k_{\mathrm{ds}}\dot{z}_{\mathrm{f}} + m\ddot{z}_{\mathrm{f}} \tag{3-64}$$

实际上，因为缆绳与滑轮相连，当浮子底部受到外力作用时滑轮会随之旋转，所以式(3-64)的最后一项产生的影响很小，可忽略不计。因此，缆绳张力可表示为

$$F_{\mathrm{f}} = k_{\mathrm{s}}(z_{\mathrm{f}} - z_{\mathrm{s}}) + k_{\mathrm{ds}}\left(v_{\mathrm{f}} - r_{\mathrm{p}}\dot{\theta}\right)\left|v_{\mathrm{f}} - r_{\mathrm{p}}\dot{\theta}\right| \tag{3-65}$$

式中，绝对值符号意味着系统是振荡的。当缆绳张力 F_{f} 为负时，缆绳开始出现松

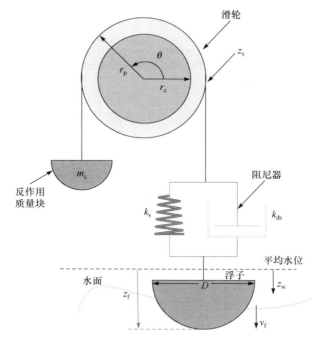

图 3-7　缆绳模型示意图

弛状态，当 $z_s \geqslant r_p \omega_p$ 时，松弛状态结束。F_f 的大小取决于伸长缆绳的弹性系数(k_s 和 k_{ds})，还受缆绳松弛状态的影响：假定缆绳松弛时 $F_f=0$。

3.3　浮子式波浪发电系统的仿真分析

本节利用 MATLAB/Simulink 对浮子式发电系统的原动部分进行仿真。在对系统的机械部分进行仿真时，先对浮子所受的各个力进行建模，并最终求得作用在浮子上的合力。然后利用该合力求出力矩，根据系统对输出的机械力矩及转速的要求，模拟机械装置对力矩和转速的控制作用，最后得到输入到发电机的转矩。

3.3.1　仿真参数

波浪运动是受气象、地形地势等条件影响的不规则运动。根据天津沿岸地区多年来的海浪特征统计数据分析可知：天津地区海浪的一般波高在 0.3～2.0m，年平均波高为 0.6m，波浪平均周期为 2.7s，平均最大周期为 6.3s[14,15]。系统的仿真参数如表 3-1 所示。

表 3-1　系统的仿真参数

参数	取值	参数	取值
频率 f	1/2.7Hz	浮子质量 m_f	10000kg
波长 λ	11.3703m	反作用体质量 m_c	3376kg
波数 k	0.5526	系链悬块质量 m_t	1200kg
浮子半径 r	2m	竖直系链长度 l_h	6m
滑轮半径 r_p	0.5m	水平系链长度 l_v	8m
液体密度 ρ	1025kg/m³		

3.3.2　结果与分析

　　根据以上的统计数据，为了研究方便，假设波浪做正弦运动。仿真时间设置为 100s，当波高 H=0.6m 时，仿真结果如图 3-8 所示，其中，图 3-8(a)～(d)分别表示浮子稳定运动时的浮力、波浪力、所受合力及原动部分的输出转矩随时间的变化图。可以看出，浮子在稳定时的运动情况呈现出比较稳定的周期性，说明机械系统可以正常运转，并且输出力矩也呈现周期性，再配合棘轮、飞轮等机械装置后可以带动发电机进入稳定运行的状况。波峰为 0.6m，波浪平均周期为 2.7s 时的系统转换效率图如图 3-9 所示。

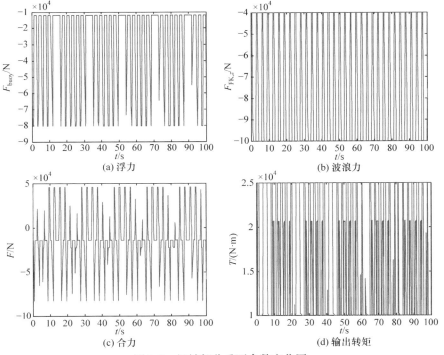

图 3-8　机械部分重要参数变化图

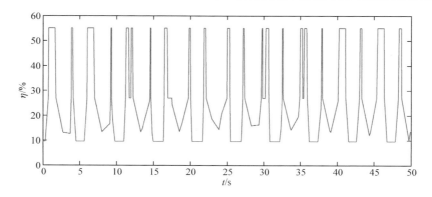

图 3-9　波浪发电系统转换效率

波浪发电系统转换效率是指发电机输出功率与浮子按照线性理论推导可以捕获的最大波能之比。由图 3-9 可以看出,其最高转换效率接近 60%,而平均效率则达到 33.3%,说明系统的转换效率较高。

浮子式波浪发电系统的运动由流体产生的流体力和由机械传动装置产生的机械力共同决定。其中,重力、浮力及波浪力对浮子的影响最大,这些力产生的合力配合棘轮和飞轮等机械装置能够转换成较稳定的电机输入转矩。通过对原动部分的仿真分析,验证了系统受力分析的正确性,结果显示系统效率较高。

3.4　改进型浮子式波浪发电系统

本节在前人研究的基础上,对传统浮子式波浪发电系统进行了改进,提出了一种改进型浮子式波浪发电系统,并且为解决目前非环形结构的浮子式波能转换装置存在的线缆松弛问题,设计了一种利用重物的升降运动和波浪推力发电的环形波能转换装置。

3.4.1　浮子式波浪发电系统

一种改进型浮子式波浪发电系统的结构如图 3-10 所示,可分为机械传动系统和电气系统[7]。

机械系统中浮子由于受到波浪冲击和缆绳拉力,在竖直方向上做升降运动,从而带动输入传动轴旋转,角速度为 ω_p,经过离合器和双动式棘轮后,输出传动轴上的角速度为 ω_r 且为单方向旋转,并由相应的输出转矩 T_m 带动发电机旋转。图中,浮子用于捕获波能。浮子由缆绳连接在滑轮的一端,缆绳的另一端为反作用平衡体(位于水面以上)。反作用平衡体用于保持缆绳的张力,并对装置的固有频率进行控制,使装置固有频率与波浪的频率保持一致,达到共振状态,实现最

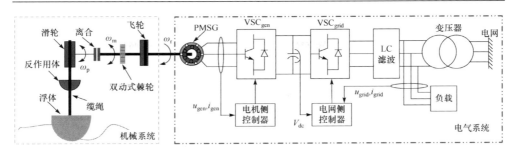

图 3-10　浮子式波浪发电系统结构

大功率捕获。离合器主要起机械保护作用，当输入转矩过低和过高时，离合器均使输入轴和双动式棘轮分离。

　　电气系统中低速直驱式永磁同步发电机通过 AC-DC-AC 变换器进行电能转化，利用变压器与电网系统相连，实现并网供电。该系统也可以处于孤岛离网运行模式，直接为负载供电。其中 AC-DC-AC 变换器包含两个以绝缘栅双极型晶体管(IGBT)为基础的背靠背电压源型变换器，中间用滤波电容相连，通过一定的机侧控制策略与网侧控制策略，利用脉冲宽度调制(PWM)方式，可控制直流母线的电压和输送到电网的功率和频率。利用最大功率跟踪技术，使得发电机能够最大限度地输出机械部分捕获的能量，此系统结构既可以保证永磁同步发电机的高效率，又可以保证变换器输出侧电压和频率的恒定。

3.4.2　传统结构波能转换装置

　　目前,科学家利用重物在海水中的升降运动已提出了一些波能转换装置[16-18],并对其进行了研究分析。但是这些装置时而会发生线缆松弛问题，从而导致转矩输出不连续，严重时还可能会引发机械损坏等问题[19,20]。国内外很多学者致力于研究解决该问题，大多通过加入弹簧等缓冲装置来实现[21]，但是这种解决办法只是通过弹簧使得线缆绷紧，并不能实现转矩输出的连续或增大。因此，一种环形结构的波能转换装置得以设计，一方面解决线缆松弛问题，另一方面提高波能利用率。

　　目前，利用相似性原理制造的非环形结构的发电装置(典型结构如图 3-11 所示)在浮子上升阶段，线缆可能会发生松弛现象[21]。

　　文献[21]中说明这可能是由平衡物下降时，系统产生的转矩不足引起的，可通过同时增加浮子和平衡物的质量使转矩增大来解决问题。但实验表明，同时增大两者的质量时线缆松动的情况还会发生。经过分析认为，松弛现象会在两种情况下发生：一种如上所述，由转矩不足引起；另一种是在波浪较高时，海水会给浮子一个较大的上升推力，浮子可能以大于重力加速度的加速度上升，而平衡物最快只能以重力加速度的加速度下降，因而也会发生线缆松弛现象。线缆松弛会导

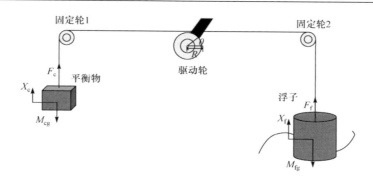

图 3-11　非环形发电装置结构图

致一系列不良情况的发生：①系统输出的平均转矩减少，波能利用率降低；②由于浮子快速下降，浮子落到水面瞬间在线缆上产生巨大的拉力可能使线缆断裂，同时也可能造成驱动轮、棘轮、齿轮箱和发电机的磨损。这样，既浪费了能量，同时也会降低机械装置的可靠性与寿命。

3.4.3　环形结构波能转换装置

为了避免上述情况的发生，本节提出一种新型环形结构的波能转换装置[22]，如图 3-12 所示。

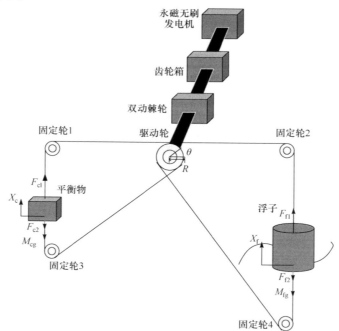

图 3-12　环形波能转换装置结构图

图 3-12 所示的环形波能转换装置主要构成元件为：一个圆柱形浮子、一个双动棘轮、一套线缆、一套齿轮箱、一个驱动轮、四个固定轮、一个平衡物和一台永磁无刷直流发电机。注意，设计时一定要保证平衡物的重量比浮子的重量小。装置通过浮子与重物的上下运动，在驱动轮产生力矩，从而带动发电机发电。在海面有波浪时，海面的起伏会使浮子在水面下的体积发生改变，进而浮力发生改变，装置的平衡被打破，浮子和重物上下运动，产生力矩；同时，当突然有大的风浪袭来时，在浮子上还会有一个额外的推动力，这也是驱动轮力矩产生的原因。对于该环形结构波能转换装置，假设上半圈线缆松弛，即在环形运动轨道上浮子到平衡物的逆时针距离减少，顺时针距离增加，而下半圈线缆长度是一定的，这种情况不能发生；同理，下半圈线缆松弛情况也不能发生，从而解决了线缆松弛问题。同时，采用这种结构形式，还可以增大浮子上升时的最大驱动转矩和平均转矩。

3.5　环形波能转换装置的仿真分析

根据 3.4 节中提出的环形波能转换装置，本节对该装置进行建模并仿真分析。结果表明，该改进模型可防止线缆松弛现象的发生，并能增大浮子上升驱动时的最大转矩和平均转矩，从而提高波能利用率。而且，在理想海浪下当多台装置并联运行时，电机转速基本恒定，输出电压波形质量较好，适合并网发电。

3.5.1　装置数学模型

假设海面无浪时，系统处于平衡状态，可得

$$M_c g + \rho \pi d_f^2 hg / 4 = M_f g \tag{3-66}$$

式中，M_c 为平衡物的质量；M_f 为浮子质量；ρ 为海水的密度；d_f 为浮子的直径。

由式(3-66)可计算出重物下沉深度 h（假设 $h=0.94\text{m}$），并以此为标准，规定此时浮子的位置 $x_f = 0$，海面的位置 $x_w = 0$，平衡物的位置 $x_c = 0$，驱动轮的角位置 $\theta = 0$，并规定驱动轮逆时针方向旋转为正方向。根据图 3-7 得到平衡物受力和运动情况为

$$F_{c1} - F_{c2} = M_c \left(g + \frac{\mathrm{d}^2 x_c}{\mathrm{d}t^2} \right) \tag{3-67}$$

考虑到浮子可能被完全淹没，当浮子没有完全浮出水面时，浮子受力和运动情况为

$$M_{\mathrm{f}}\frac{\mathrm{d}^2x_{\mathrm{f}}}{\mathrm{d}t^2}=F_{\mathrm{f1}}-F_{\mathrm{f2}}-M_{\mathrm{f}}g+\frac{\pi d_{\mathrm{f}}^2}{8}C_{\mathrm{D}}\rho_{\mathrm{w}}\left(\frac{\mathrm{d}x_{\mathrm{w}}}{\mathrm{d}t}-\frac{\mathrm{d}x_{\mathrm{f}}}{\mathrm{d}t}\right)\left|\frac{\mathrm{d}x_{\mathrm{w}}}{\mathrm{d}t}-\frac{\mathrm{d}x_{\mathrm{f}}}{\mathrm{d}t}\right|$$
$$+\min\left[\frac{\pi d_{\mathrm{f}}^2}{4}\rho_{\mathrm{w}}(h+x_{\mathrm{w}}-x_{\mathrm{f}})g,\frac{\pi d_{\mathrm{f}}^2}{4}\rho_{\mathrm{w}}l_{\mathrm{f}}g\right] \tag{3-68}$$

式中，C_{D} 为圆柱形浮子在海水的阻力系数；l_{f} 为浮子的长度。

当浮子完全浮出水面时，浮子受力和运动情况为

$$M_{\mathrm{f}}\frac{\mathrm{d}^2x_{\mathrm{f}}}{\mathrm{d}t^2}=F_{\mathrm{f1}}-F_{\mathrm{f2}}-M_{\mathrm{f}}g \tag{3-69}$$

驱动轮的受力和运动情况为

$$I\frac{\mathrm{d}^2\theta}{\mathrm{d}t^2}+C\frac{\mathrm{d}\theta}{\mathrm{d}t}=(F_{\mathrm{c1}}+F_{\mathrm{f2}}-F_{\mathrm{c2}}-F_{\mathrm{f1}})r\pm T \tag{3-70}$$

式中，I 为驱动轮的转动惯量；C 为考虑棘轮和齿轮箱等对驱动轮的影响后总的阻力系数；r 为驱动轮半径；T 为发电机转子归算到驱动轮侧的电磁转矩，且电机正转时取 "–" 号，反转时取 "+" 号。

进一步，归算到驱动轮侧的发电机电磁转矩可表示为

$$T=\frac{G^2k_{\mathrm{e}}k_{\mathrm{t}}}{R}\left|\frac{\mathrm{d}\theta}{\mathrm{d}t}\right| \tag{3-71}$$

式中，G 为总的齿轮比；k_{e} 为转矩常数；k_{t} 为电压常数；R 为电机内电阻。

考虑到 $x_{\mathrm{c}}=-r\theta$ 和 $x_{\mathrm{f}}=r\theta$，利用式(3-69)～式(3-71)可以求得

$$F_{\mathrm{c1}}+F_{\mathrm{f2}}-F_{\mathrm{c2}}-F_{\mathrm{f1}}=-M_{\mathrm{f}}r\frac{\mathrm{d}^2\theta}{\mathrm{d}t^2}-M_{\mathrm{f}}g+M_{\mathrm{c}}\left(g-\frac{\mathrm{d}^2\theta}{\mathrm{d}t^2}\right)+A \tag{3-72}$$

式中，$A=\max\left\{0,\dfrac{\pi d_{\mathrm{f}}^2}{4}\cdot\min[\rho_{\mathrm{w}}(h+x_{\mathrm{w}}-x_{\mathrm{f}})g,\rho_{\mathrm{w}}l_{\mathrm{f}}g]\right\}$。

将式(3-71)、式(3-72)代入式(3-70)中得到：

$$\frac{\mathrm{d}^2\theta}{\mathrm{d}t^2}(I+M_{\mathrm{c}}r^2+M_{\mathrm{f}}r^2)+\frac{\mathrm{d}\theta}{\mathrm{d}t}\left(C+\frac{G^2k_{\mathrm{e}}k_{\mathrm{t}}}{R}\right)$$
$$=M_{\mathrm{c}}gr-M_{\mathrm{f}}gr+Ar+\frac{\pi d_{\mathrm{f}}^2C_{\mathrm{D}}\,r\rho_{\mathrm{w}}}{8}\left|\frac{\mathrm{d}x_{\mathrm{w}}}{\mathrm{d}t}-r\frac{\mathrm{d}\theta}{\mathrm{d}t}\right|\left(\frac{\mathrm{d}x_{\mathrm{w}}}{\mathrm{d}t}-r\frac{\mathrm{d}\theta}{\mathrm{d}t}\right)l(A) \tag{3-73}$$

式中，$l(A)$ 为单位阶跃函数。

3.5.2　结果与分析

假设理想情况下海浪为正弦波，浪高2m，周期为4s，则海浪的表达式为

$$x_{\mathrm{w}}=\sin\left(\frac{\pi}{2}t\right) \tag{3-74}$$

忽略驱动轮质量，则驱动轮输出转矩 T_a 为

$$T_a = (F_{c1} + F_{f2} - F_{c2} - F_{f1})r \tag{3-75}$$

忽略发电机转子及齿轮箱齿轮等的摩擦，传递到发电机转子上的转矩 T_p 近似等于发电机的电磁转矩。系统仿真时的主要参数如表 3-2 所示。

表 3-2 系统模型参数表

参数	取值	参数	取值
浮子直径 d_f	2m	电压常数 k_t	1.2838N·m/A
海水密度 ρ_w	1025kg/m³	电阻 R	0.26Ω
驱动轮半径 r	0.4m	海水阻力系数 C_D	1
平衡物质量 M_c	2000kg	总阻力系数 C	200
浮子质量 M_f	5024kg	总齿轮比 G	50

图 3-13 为在式(3-74)所示理想波浪下的环形波能转换装置响应输出结果。

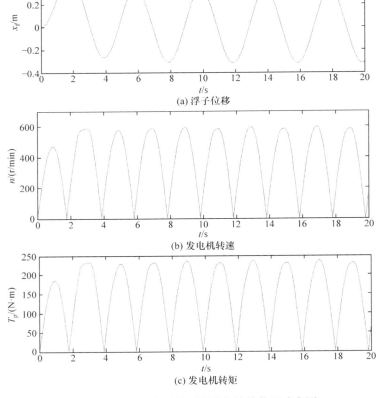

(a) 浮子位移

(b) 发电机转速

(c) 发电机转矩

图 3-13 理想海浪下的环形波能转换装置响应图

如图 3-13 所示,在正弦波浪下,浮子的位移为正弦波,发电机转速以及传递到发电机转子的转矩波形都是连续的。图 3-14 为非环形波能转换装置在理想海浪下线缆张力图,图 3-15 给出了环形与非环形波能转换装置在理想海浪下驱动轮输出转矩对比图。

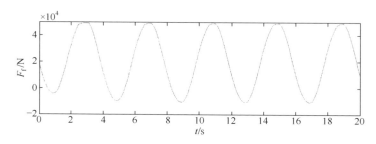

图 3-14　非环形波能转换装置线缆张力图

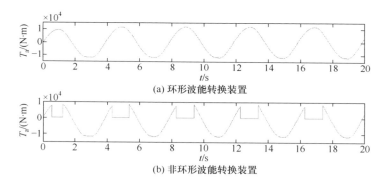

(a) 环形波能转换装置

(b) 非环形波能转换装置

图 3-15　两种结构下的驱动轮输出转矩图

由图 3-14 可以看出,在非环形波能转换装置中,其线缆张力 F_f 在每个周期都有为负的时段,即在这些区间内发生了绳缆松弛现象,这是由转矩不足引起的。而对于上述提出的环形结构波能转换装置,则不会出现这种现象。

由图 3-15 可知,对于所提出的环形结构模型,作用在驱动轮上的最大转矩约为 12150N·m,远大于非环形结构模型下的 8330N·m。这是因为在浮子上升阶段,对于环形波能转换装置来说,同时作用在驱动轮上同一方向的力矩可以包括平衡物的重力力矩、浮子的浮力产生的力矩,以及浮子对海水上升的阻力反作用力产生的力矩。而对于非环形波能转换装置,由于线缆是柔软的,浮力及浮子对海水上升的阻力反作用力不能直接在驱动轮上产生力矩。此外,对于非环形结构波能转换装置,其驱动轮输出转矩有连续为 0 的阶段,这是因为此时发生了线缆松弛。而环形结构波能转换装置不会发生线缆松弛,因此输出转矩不存在连续为 0 的现象,从而使系统的平均输出转矩进一步得到了提高。经计算,在不考虑线缆松弛带来的短暂冲击情况下，系统平均转矩提高了约 37%。

同时由图 3-13(b)和图 3-13(c)可以看到，单个波能转换装置输出转矩虽然是连续的，但其波动较大。如果将沿波浪前进方向依次相距 λ/N(λ 为波浪波长)的 N 台环形波能转换装置并联，使得它们的转矩通过公共轴合成到一起，则可以使输出转矩波动减小，这样输出电压也将更稳定，并会减小后续并网发电等环节的设计与控制难度。

图 3-16 和图 3-17 分别为沿波浪前进方向，依次相距 $\lambda/4$ 的 4 台环形波能转换装置和相距 $\lambda/8$ 的 8 台环形波能转换装置并联运行时的驱动轮输出转矩合成图。

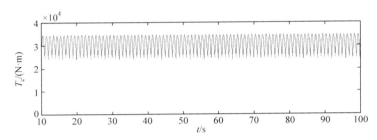

图 3-16　4 台装置并联驱动轮输出转矩合成图

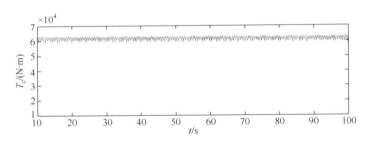

图 3-17　8 台装置并联驱动轮输出转矩合成图

由图 3-16 可以看出，4 台波能转换装置并联时，稳定后驱动轮合成输出转矩 T_c 波动仍然较大；但是根据图 3-17 可以知道 8 台波能转换装置合成输出转矩 T_c 波动已经很小。为了便于比较，定义转矩波动系数为

$$K_T = \frac{T_{\max} - T_{\min}}{T_{av}} \tag{3-76}$$

式中，$T_{\max}$ 为最大输出转矩；$T_{\min}$ 为最小输出转矩；T_{av} 为平均输出转矩。

单台波能转换装置独立运行时，其转矩波动系数 K_T 约为 1.548；4 台和 8 台装置并联运行时，转矩波动系数则分别约为 0.347 和 0.067。

图 3-18 为 8 台波能转换装置并联运行时发电机的转速图。由于这种情况下，波能转换装置输出转矩基本恒定，因此发电机转速波动也较小。

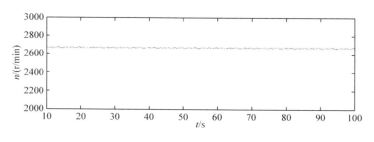

图 3-18　8 台装置并联时发电机转速图

实际中，由于海浪周期不会保持恒定，若发电机选用交流电机，则产生的交流电频率会变化，并网前需经过整流和逆变两个环节。因此，本装置选用永磁无刷直流发电机，则后续电处理单元只需逆变环节，从而可提高系统可靠性并降低成本。图 3-19 为发电机定子线圈感应电压 E_0 波形，可以看出此时电压幅值基本恒定。

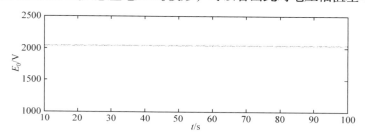

图 3-19　8 台装置并联时发电机定子线圈感应电压图

综上所述，对比非环形装置，环形波能转换装置可增大浮子上升时段的最大输出转矩以及一个海浪周期内的平均输出转矩，从而提高波能利用率，同时还可避免装置工作时线缆松弛现象的产生。仿真结果还表明，通过多台发电装置并联可以得到较平稳的转矩输出，进而使直流发电机输出较稳定的电压波形，为后面的逆变控制、滤波电路、并网运行等减小了设计与控制难度。

但是，在实际中，由于波浪的随机性，如何安排波能转换装置的位置，使并联运行下每个波能转换装置输出转矩的相角差与期望值完全一致较难，系统一般只能工作在次优条件下。同时，该模型中有一个水下导轮机构，长时间运行易腐蚀，表面若变粗糙，则会增大摩擦损耗，严重时将损坏，从而影响整体系统的运行，这也是需要在以后实际系统中解决的防腐设计问题。

3.6　质量可调浮子设计和调节方法

在波能捕获系统中，当浮子的固有频率与波浪的频率达到共振时，浮子的振幅最大，此时转换效率最高。一般而言，浮子在制作出来之后，其参数将很难改变，包括浮子的尺寸、刚度、质量、重心、附加质量等。因此，一般的波浪发电系统在建立之后就有一定的局限性，只能在一定波浪频率范围内达到系统的捕获效率最大。针对不同地方的不同海况，还需设计不同的构造。针对这些问题，本节提出一种可以实现自动调节吃水线的浮子设计，可以根据波频的变化自动调整浮子在静水中的吃水深度，最终使浮子的工作状态维持在近共振状态。

3.6.1　质量可调浮子设计

文献[23]~[26]对浮子的形状做了详细的研究，证明了圆柱形浮子所受的波浪力最大，并且有较好的波浪俘获带宽。所以，本小节直接选择圆柱形浮子作为研究对象。质量可调浮子的结构如图 3-20 所示。

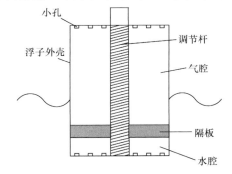

浮子由水腔、隔板、气腔、调节杆、小孔和浮子外壳组成。其中浮子内部由隔板分为两个腔室，一个气腔和一个水腔。浮子上下表面设置有少量面积很小的孔，可以允许水流和气流的流动，且可不计其对底面浮子受力的影响。浮子内部的调节杆可以旋转，调节杆和隔板之间通过螺纹连接，

图 3-20　质量可调浮子结构

通过调节杆的旋转可以调节水腔所占比例，进而调节浮子的吃水深度。

3.6.2　基于质量可调浮子的波浪发电系统

通常而言，采用旋转电机的波能转换装置都是先将浮子运动所产生的动能转化为机械传动机构的机械能，再将机械能通过发电机转化为电能。能量的转换必然要借助机械传动机构，这样在转换过程中必然会有能量的消耗，系统结构复杂，材料成本高。因此，本节将采用直线电机作为机电能量转换环节，所研究的浮子式波浪发电系统结构如图 3-21 所示[27-29]。其中，1 为水腔；2 为隔板；3 为气腔；4 为调节杆；5 为压力式液位传感器；6 为海上固定平台；7 为太阳能蓄电池系统；8 为参数调节系统；9 为永磁直线发电机定子；10 为永磁直线发电机动子；11 为外壳；12 为直流电动机；13 为永磁直线发电机与直流电动机连接部件；14 为小孔；15 为细杆；16 为浮子外壳；17 为圆柱体浮子。水腔 1、隔板 2、气腔 3、调节杆 4、小孔 14 和浮子外壳 16 组成圆柱体浮子 17。

如图 3-21 所示，浮子中间的调节杆向上与永磁直线发电机动子同轴直连，再向上通过一个特殊的接口与直流电动机相接，这个接口被标记为 13，其细节结构如图 3-22 所示。

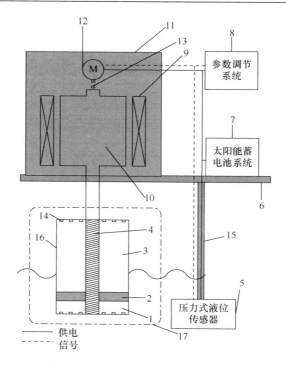

图 3-21　浮子式波浪发电系统结构图

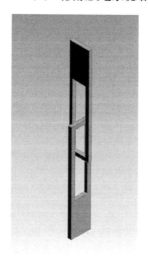

图 3-22　直流电动机与永磁直线发电机的连接部件结构

　　这种特殊的连接结构,给直线电机的上下垂荡运动留出足够的空间。另外,
在需要对浮子的静水吃水深度进行调节时,由于调节是通过调节杆的旋转进行的,

属于一种水平方向的旋转运动，并不会受垂荡方向运动的影响。

调节轴、永磁直线发电机动子、直流电动机的轴线在同一条直线上。永磁直线发电机的感应线圈固定在海上固定平台之上，永磁直线发电机与直流电动机之间的特殊连接方式，使系统在正常工作的时候，直流电动机的存在不会妨碍浮子的垂荡运动，而当系统需要调节浮子的吃水深度时，又可以不用其他复杂的操作，甚至不用中断浮子的垂荡运动而直接通过旋转调节浮子的吃水深度，进而达到对浮子固有频率的调节。

3.6.3 质量可调浮子的优化调节方法

1. 质量调节理论

圆柱体浮子的垂荡固有频率 f_z 为

$$f_z = \frac{1}{2\pi}\sqrt{\frac{\rho g A_{wp}}{m+m_w}} \tag{3-77}$$

式中，ρ 为海水密度；A_{wp} 为浮子底面积；m 为浮子质量；m_w 为浮子附加质量。

假设质量可调浮子的质量 m 为

$$m = m_0 + \rho A_{wp}(d - d_0) \tag{3-78}$$

式中，m_0 为隔板处于最下方时圆柱体浮子的初始质量；d 为圆柱体浮子的吃水深度；d_0 为隔板处于最下方时圆柱体浮子的初始吃水深度。

目前许多涉及附加质量数值计算的研究中，很多学者仍在使用一个近似表达式[30-33]。这个表达式来源于 Hooft 在 1970 年对圆柱半潜体的附加质量研究[34]，圆柱半潜体浮子附加质量的近似表达式为

$$m_w = 0.167\rho D^3 \tag{3-79}$$

式中，D 为圆柱体浮子的底面直径。

这个近似表达式大大提高了计算效率，但是并没有把浮子吃水深度和波浪频率考虑在内，所以计算结果并不是很精确。

随着计算机科学和水动力学软件的蓬勃发展，边界元分析作为一种新方法得以广泛应用。相对过去的数值计算，它大大提高了水动力学的计算精度。文献[34]中，Hooft 利用边界元分析方法对水动力系数进行计算，将计算结果与实验数据做了比较，结果非常吻合。边界元分析方法大大提高了计算精度，但是计算效率却仍然不够，为了使浮子能够跟随波浪的变化迅速及时调整自身质量，在实际的工程应用中，需要进一步提高计算效率。

为了能够达到计算速度快、精度高的目的，本节结合边界元分析方法和数值

计算两者的优点，在式(3-79)的基础上，引入一个附加系数 K。K 是与浮子吃水深度 d 和波浪频率 f 相关的函数，假设垂直圆柱体浮子系统的附加质量公式为[27]

$$m_{\mathrm{w}} = K(d,f)\rho D^3 \tag{3-80}$$

由式(3-77)、式(3-78)和式(3-80)，得出浮子垂荡固有频率可以反映为浮子尺寸、吃水深度和波浪频率的变化；浮子质量的变化可以反映为浮子横截面积和浮子吃水深度的变化。本书在选定浮子的情况下，横截面积是定值，所以对浮子质量的调节方法，可以反映为浮子吃水深度的变化。调节系统的工作流程图如图 3-23 所示。

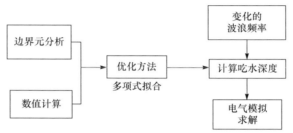

图 3-23　调节系统流程图

2. 附加系数计算

为了得到拟合所需数据，首先利用边界元分析方法，对附加系数 K 进行求解。

首先确定浮子和波浪参数为：浮子底面直径 D 为 6m；浮子高度 H 为 6m；根据参考文献[35]～[38]对于中国海域波能资源的相关研究，仿真环境采用南沙海区波浪特性，将波浪频率 f 变化范围取为 0.1～0.4Hz；波高 h 为 1m；波浪属性为规则波。浮子吃水深度 d 可调范围取为 1～5m。吃水深度范围这样限定，是因为浮子本身具有一定的质量，吃水深度不可能为 0，同时浮子吃水深度若达到最大值 6m，则浮子就会沉入海底。

在笛卡儿坐标系中，底面平行于 xy 平面放置的圆柱体，其回转半径和转动惯量计算公式为

$$J_x = J_y = \sqrt{\frac{1}{12}\left(\frac{3}{4}D^2 + H^2\right)} \tag{3-81}$$

$$J_z = \frac{D}{2\sqrt{2}} \tag{3-82}$$

利用边界元分析方法，使用 ANSYS 的 Workbench 求解附加系数 K，计算结果如表 3-3 所示。

表 3-3　附加系数 **K** 计算结果

波浪频率/Hz	不同吃水深度				
	1m	2m	3m	4m	5m
0.10000	0.304720	0.288470	0.277457	0.269070	0.263133
0.10732	0.302265	0.285309	0.273858	0.265237	0.259199
0.11463	0.298854	0.281270	0.269486	0.260755	0.254743
0.12195	0.294480	0.276377	0.264402	0.255715	0.249882
0.12927	0.289249	0.270766	0.258765	0.250292	0.244802
0.13659	0.283349	0.264640	0.252786	0.244703	0.239715
0.14390	0.276991	0.258214	0.246686	0.239160	0.234820
0.15122	0.270369	0.251685	0.240651	0.233837	0.230270
0.15854	0.263642	0.245207	0.234828	0.228862	0.226171
0.16585	0.256925	0.238891	0.229320	0.224320	0.222581
0.17317	0.250302	0.232820	0.224197	0.220263	0.219529
0.18049	0.243833	0.227052	0.219505	0.216715	0.217016
0.18780	0.237564	0.221628	0.215272	0.213686	0.215026
0.19512	0.231528	0.216577	0.211514	0.211167	0.213530
0.20244	0.225752	0.211920	0.208234	0.209140	0.212489
0.20976	0.220254	0.207671	0.205427	0.207579	0.211859
0.21707	0.215050	0.203834	0.203081	0.206450	0.211588
0.22439	0.210149	0.200410	0.201174	0.205711	0.211626
0.23171	0.205557	0.197394	0.199681	0.205323	0.211922
0.23902	0.201278	0.194776	0.198573	0.205239	0.212427
0.24634	0.197310	0.192541	0.197817	0.205417	0.213095
0.25366	0.193650	0.190674	0.197378	0.205812	0.213885
0.26098	0.190295	0.189152	0.197219	0.206384	0.214759
0.26829	0.187236	0.187955	0.197202	0.206987	0.215854
0.27561	0.184465	0.187058	0.197346	0.207848	0.217072
0.28293	0.181974	0.186437	0.197646	0.208839	0.218301
0.29024	0.179751	0.186066	0.198085	0.209934	0.219476
0.29756	0.177785	0.185920	0.198560	0.211072	0.220559
0.30488	0.176064	0.185973	0.199324	0.212243	0.221548
0.31220	0.174577	0.186202	0.200241	0.213409	0.222457
0.31951	0.173309	0.186578	0.201273	0.214562	0.223091
0.32683	0.172249	0.187021	0.202399	0.215640	0.223693
0.33415	0.171384	0.187571	0.203521	0.216518	0.224277
0.34146	0.170700	0.188195	0.204688	0.217429	0.224813
0.34878	0.170185	0.188890	0.205779	0.218301	0.225317
0.35610	0.169827	0.189614	0.206905	0.218897	0.225793
0.36341	0.169613	0.190240	0.207954	0.219503	0.226232
0.37073	0.169531	0.191111	0.209004	0.220050	0.226644
0.37805	0.169571	0.191896	0.209946	0.220587	0.227017
0.38537	0.169720	0.192813	0.210958	0.221081	0.227372
0.39268	0.169971	0.193698	0.211757	0.221556	0.227691
0.40000	0.170305	0.194624	0.212625	0.222175	0.228201

3. 附加系数拟合

评价拟合结果的指标一共有四个，分别为和方差(SSE)、均方根(RMSE)、R 方值和校正后 R 方值。其中，R 方值是经过多次计算测定后得出的系数，用来衡量拟合所得结果对数据变化的适应程度指标。校正后 R 方值是指当把计算所得附加系数加入模型后，对拟合质量进行评定的指标。四个指标中，和方差和均方根越趋近于0，R 方值和校正后 R 方值越趋近于 1，则拟合效果越好。

通过 MATLAB 分别采用局部加权回归散点平滑法和高阶多项式拟合法对表 3-3 中的数据进行拟合，所得的四个评价指标如表 3-4 所示。结果显示，高阶多项式拟合法的效果优于局部加权回归散点平滑法。因此，采用高阶多项式拟合法对附加系数进行拟合。拟合所得曲面图如图 3-24 所示。

表 3-4　两种拟合方法评价指标

拟合方法	和方差	均方根	R 方值	校正后 R 方值
局部加权回归散点平滑法	0.0044370	0.0028770	0.9867000	0.9865000
高阶多项式拟合法	0.0001937	0.0006074	0.9994000	0.9994000

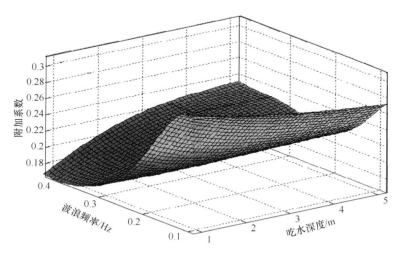

图 3-24　附加系数拟合结果

拟合所得的表达式为

$$K(d,f) = -0.05257 + 0.1026d + 9.23f - 0.007862d^2 - 2.325df - 77.56f^2$$
$$- 0.001026d^3 + 0.2504d^2f + 11.79df^2 + 227.7f^3 + 0.0002025d^4$$
$$- 0.01236d^3f - 0.799d^2f^2 - 22.35df^3 - 470.1f^4 - 0.000008877d^5 \tag{3-83}$$
$$+ 0.0001407d^4f + 0.02353d^3f^2 + 0.6248d^2f^3 + 15.4df^4 + 310.5f^5$$

为了验证式(3-83)的正确性，3.7 节将分别利用边界元分析方法和上述提出的优化方法对浮子固有频率进行求解计算，进而证明表达式的正确性。

3.7　质量可调浮子软件建模与仿真

本节在 3.6 节的理论支撑下，对质量可调浮子进行了 3D 建模，利用水动力仿真软件 AQWA 对质量可调浮子和普通浮子进行了仿真，分别计算了浮子在有阻尼和无阻尼两种情况下对不同波浪频率的幅值响应。

3.7.1　质量可调浮子 3D 建模

为了保证结论的通用性，最后仿真实验选用的浮子需要区别于之前的浮子。这里选用的浮子参数为：浮子直径 D 为 8m；浮子高度 H 为 8m，浮子的吃水深度范围为 1～7m；波浪属性为规则波；水深 40m，波高 h 为 1m；海水密度为 1025kg/m^3。根据线性波浪理论，波浪的陡度小于 1/7，波浪频率过高会导致波浪陡度增大，所以波浪频率 f 的变化范围取为 0.1～0.33Hz。若波浪频率超过浮子固有频率可调节范围，浮子固有频率在调节达到最值后维持不变。重力加速度取 9.80665m/s^2。

不同的浮子具有不同的频率可调范围，这个范围被定义为质量可调浮子的频率匹配范围。针对改进的方法，本小节根据式(3-77)～式(3-79)和式(3-83)，利用 MATLAB 编写程序，求解浮子在不同的波浪频率下最佳吃水深度[27]，计算结果如图 3-25 所示。可以看出，选用浮子的频率匹配范围在 0.16～0.3Hz。

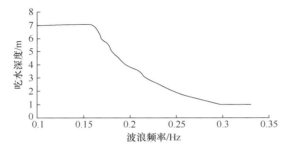

图 3-25　可调浮子最佳吃水深度与波浪频率关系

根据图 3-25 的计算结果，利用 AQWA 编写程序计算可调浮子在不同频率下的振幅响应结果。浮子限制为只做垂荡运动。为了使结果具有直观性,这里采用直径为8m、高度为8m、吃水深度固定为4m的普通浮子作为对比对象。

由于 AQWA 不能直接自动调节浮子的吃水深度,所以为了得到可调浮子在不同频率下的振幅响应,需要根据图 3-25 计算得出的结果,编写浮子在不同吃水深度下的模型。在吃水深度调节范围内,每隔 0.5m 建立一个模型,共 13 个模型。图 3-26 仅展示了在 AQWA 中建立的 4 个状态模型,分别为波浪频率为 0.268Hz、0.232Hz、0.188Hz、0.166Hz 时,根据优化方法计算得出浮子吃水深度分别为 1.5m、3.5m、4.5m、6.5m。

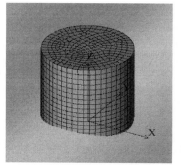
(a) 吃水深度1.5m(波浪频率0.268Hz)

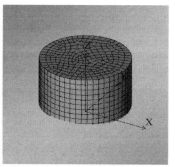
(b) 吃水深度3.5m(波浪频率0.232Hz)

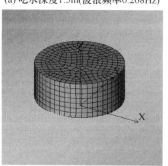
(c) 吃水深度4.5m(波浪频率0.188Hz)

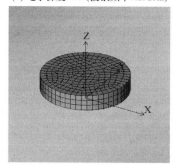
(d) 吃水深度6.5m(波浪频率0.166Hz)

图 3-26　可调浮子在不同波况下的模型

在对浮子进行水动力分析的过程中,必须对浮子进行网格划分。在此过程中,如果划分的网格过多,则会影响计算速度。如果划分的网格数量过少,则不能进行高频计算。随着对于浮子的划分越精细,能够支持计算的波浪频率将会越大。

在图 3-26 建立的浮子 3D 模型中,浮子的网格划分参数为:特征容差 0.2m,最大单元尺寸 0.5m。在这种网格划分的情况下,产生的节点数量为 3630 个,划分为 3628 个部分,根据系统的计算,最大支持计算的波浪频率为 0.814Hz,远超设定的波浪频率 0.4Hz,这样可以保证最后的计算结果有足够的精度。

3.7.2　质量可调浮子幅值响应分析

1. 无阻尼下浮子垂荡响应

波浪频率为 0.268Hz、0.232Hz、0.188Hz、0.166Hz 时，可调浮子的垂荡位移 (浮子位置)响应如图 3-27 所示[27]。

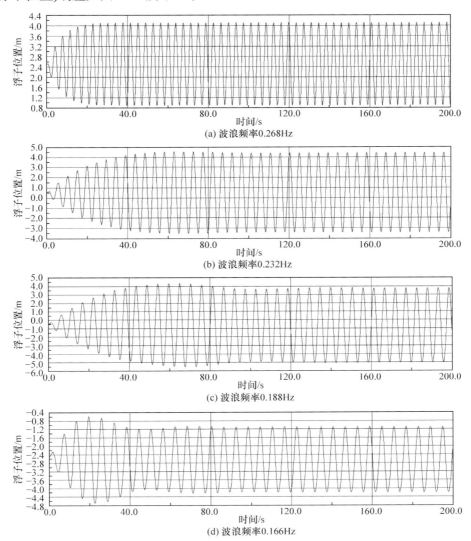

图 3-27　无阻尼下可调浮子的垂荡位移响应

相同波浪条件下，普通浮子的垂荡位移响应如图 3-28 所示。图中，在波浪频率为 0.268Hz 时，左上角的 10^{-1} 代表数量级。

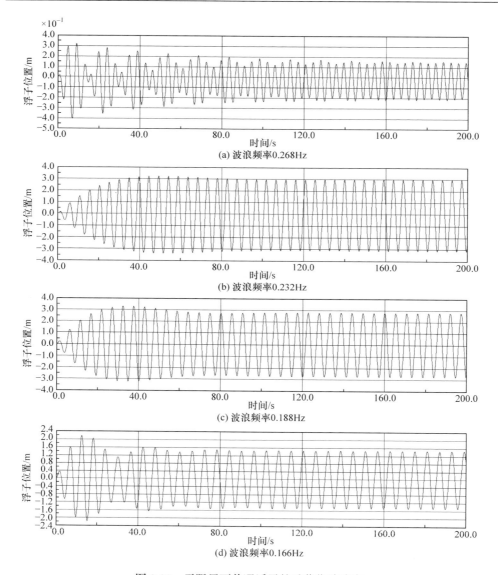

图 3-28　无阻尼下普通浮子的垂荡位移响应

　　由图 3-27 和图 3-28 对比可看出，普通浮子在高频状态下，不但振幅非常低，而且运动状态也已变得非常不稳定。浮子不稳定的运动状态不但给波浪发电系统的后期电能控制处理带来不便，更会对系统造成破坏。但是可调浮子仍然表现出良好的性能。浮子振幅仍然比较大，运动也是规则的正弦波。

　　根据所建立的所有模型，利用 AQWA 计算得出两种浮子在不同波浪条件下的垂荡振幅响应结果。在无阻尼情况下，在浮子运动达到稳定后，分别记录不同波浪状态下的稳态振幅。记录结果如图 3-29 所示。

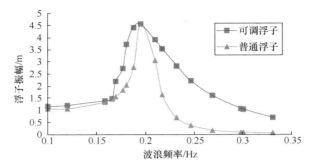

图 3-29　两种浮子在不同波浪频率下的垂荡振幅响应

由图 3-29 可以看出，在无阻尼的情况下，可调浮子比普通浮子能够更好地适应波浪变化，尤其是在波浪频率高于普通浮子的固有频率时，可调浮子表现出明显的优异性能，幅值响应可达普通浮子的数倍甚至十倍以上。在波浪频率低于普通浮子固有频率时，可调浮子的响应特性比普通浮子也略有提升。在实际工程应用中，在波浪频率较低时，可以降低调节的频率。在波浪频率较高时，由于影响比较明显，可以适当提高调节频率。

2. 有阻尼下浮子垂荡响应

当阻尼系数为 50000N/(m/s)，波浪频率为 0.268Hz、0.232Hz、0.188Hz、0.166Hz 时，可调浮子的垂荡位移(浮子位置)响应如图 3-30 所示。

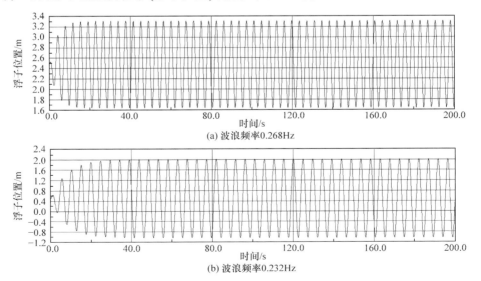

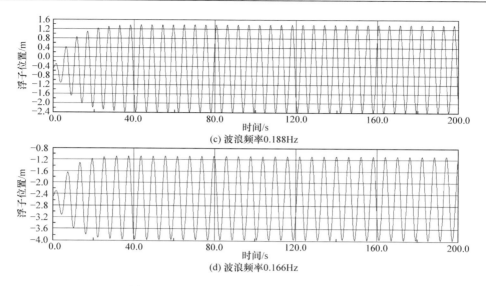

图 3-30　有阻尼下可调浮子的垂荡位移响应

相同波浪条件下，普通浮子的垂荡位移响应如图 3-31 所示。图中，在波浪频率为 0.268Hz 的时候，左上角的 10^{-1} 代表数量级。

由图 3-30 和图 3-31 对比可以看出，普通浮子和可调浮子的运动都是规则的正弦波，但是可调浮子的振幅仍然远大于普通浮子。尤其是在高频状态下对比非常明显。

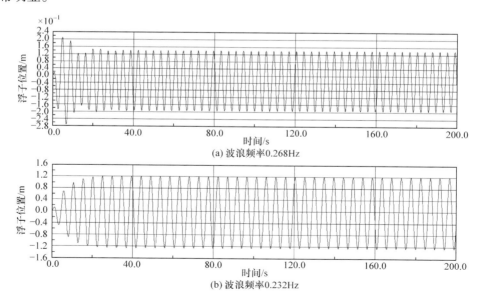

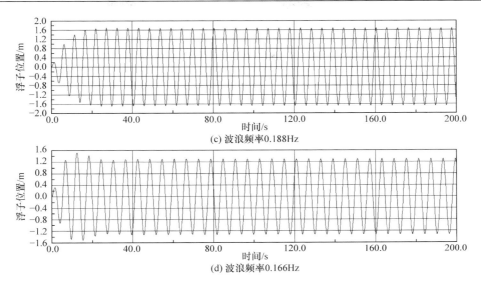

图 3-31　有阻尼下普通浮子的垂荡位移响应

　　根据所建立的全部模型，利用 AQWA 计算得出两种浮子在不同波浪条件下的所有振幅响应结果。在浮子运动达到稳定后，分别记录不同波浪状态下的稳态振幅，记录结果如图 3-32 所示。可以看出，在有阻尼的情况下，可调浮子响应仍然优于普通浮子，能够更好地适应波浪的变化。在波浪频率高于普通浮子的固有频率时，两者响应差距较大，可调浮子的幅值响应可达普通浮子的数倍甚至十倍以上。在波浪频率低于普通浮子固有频率时，可调浮子的响应特性比起普通浮子也略有提升。

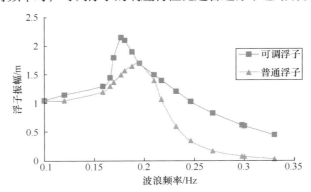

图 3-32　两种浮子在不同频率下的垂荡振幅响应

3.7.3　计算精度对比

　　最后分别利用边界元分析方法和本章提出的优化方法，对不同状态的圆柱体浮子进行固有频率求解，求解结果如图 3-33 所示。

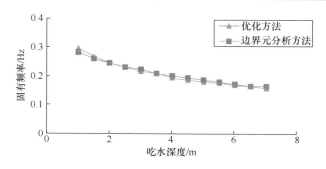

图 3-33　固有频率求解结果

利用常规的边界元分析方法计算浮子的固有频率,需要对浮子进行边界剖分,并依赖水动力学理论,虽然精度比较高,但是计算效率却远远不足,耗时长久。使用边界元分析方法计算普通浮子的固有频率,计算时间约为 30min。使用的计算机配置:主频 3.5GHz,内存 5GB,操作系统 Windows 7 64 位,硬盘 1TB。基于边界元分析和高阶多项式拟合所提出的优化方法,通过对附加质量的精确替代,简化了计算过程。通过简单的数值计算,便可计算出浮子的固有频率。用这种方法同样计算普通浮子固有频率,花费时间为 0.0003s。由图 3-33 可以看出,计算精度也比较高,这同时也验证了式(3-83)的正确性。

<h2 style="text-align:center">参 考 文 献</h2>

[1] 阎耀保. 海洋波浪能综合利用——发电原理与装置[M]. 上海: 上海科学技术出版社,2013.

[2] 方红伟, 陈雅, 胡孝利. 波浪发电系统及其控制[J]. 沈阳大学学报(自然科学版), 2015, 27(5): 376-384.

[3] 方红伟, 程佳佳, 任永琴. 浮子式波浪能转换装置的浮子浮力受力分析[J]. 天津大学学报(自然科学与工程技术版), 2014, 47(5): 446-451.

[4] Ekström R, Ekergård B, Leijon M. Electrical damping of linear generators for wave energy converters a review[J]. Renewable Sustainable Energy Reviews, 2015, 42(42): 116-128.

[5] 陶月. 多自由度波浪发电系统的设计与分析[D]. 天津: 天津大学, 2018.

[6] Boyle G. Renewable Energy Power for a Sustainable Future[M]. 2nd ed. Oxford: Oxford University Press, 2004.

[7] 程佳佳. 浮子式永磁同步波浪发电系统分析与控制[D]. 天津: 天津大学, 2014.

[8] 刘令勋, 刘英贵. 海洋开发机械系统[M]. 北京: 国防工业出版社, 1992.

[9] 冯郁竹. 多自由度波浪能转换装置设计及其阵列优化[D]. 天津: 天津大学, 2020.

[10] Fang H W, Feng Y Z, Li G P. Optimization of wave energy converter arrays by an improved differential evolution algorithm[J]. Energies, 2018, 11(12): 1-19.

[11] 褚会敏. 基于模块组合多电平变换器的阵列式波浪发电控制[D]. 天津: 天津大学, 2014.

[12] Chakrabarti S K. Hydrodynamics of Offshore Structures, Southampton[M]. Berlin: Springer, 1987.

[13] Stansby P K, Williamson A C. A simple model to predict power from a heaving point absorber: The manchester bobber[R]. Manchester: School of Mechanical, Aerospace and Civil Engineering,

The University of Manchester, 2011.

[14] 邹涛, 刘秀梅, 叶风娟. 天津沿岸海浪特征及分析[J]. 海洋预报, 2002, 19(4): 11-16.

[15] 方思远. 飞轮储能系统控制及其在波浪发电中的应用[D]. 天津: 天津大学, 2014.

[16] 范航宇. 一种新型漂浮式波浪发电系统研究[D]. 北京: 清华大学, 2005.

[17] Henderson R. Design, simulation, and testing of a novel hydraulic power take-off system for the Pelamis wave energy converter[J]. Renewable Energy, 2006, 31(2): 271-283.

[18] Hadano K, Koirala P, Nakano K, et al . A refined model for float type energy conversion device[C]. The International Society of Offshore and Polar Engineers, Lisbon, 2007: 421-427.

[19] Taneura K, Hadano K, Koirala P, et al. A study on dynamics for the float-counterweight type wave energy conversion device with energy store[J]. Annual Journal of Civil Engineering in the Ocean, 2008, 7(24): 111-115.

[20] Takahashi S. Recent development of wave power converters[C]. Lecture Notes of the 29th Summer Seminar on Hydraulic Engineering Course, Tokyo, 1993: 1-20.

[21] Kesayoshi H, Katsuya M, Pallav K. Study on the float-type wave energy converter with power stabilization technique[C]. Pacific/Asia Offshore Mechanics Symposium, Busan, 2010: 26-30.

[22] 王辉. 浮子式波浪发电最大波能捕获研究[D]. 天津: 天津大学, 2014.

[23] 张登霞. 双浮子海浪发电装置参数分析以及结构优化设计[D]. 秦皇岛: 燕山大学, 2001.

[24] 王淑婧. 振荡浮子式波浪能发电装置的设计及功率计算分析[D]. 青岛: 中国海洋大学, 2013.

[25] 林江波. 浮子式海浪发电船的动态分析与仿真[D]. 秦皇岛: 燕山大学, 2006.

[26] 张向阳. 振荡浮子的实验研究[D]. 太原: 太原科技大学, 2014.

[27] 金立亭. 基于质量可调浮子的直驱式波浪发电系统设计[D]. 天津: 天津大学, 2019.

[28] 方红伟, 金立亭. 一种波浪频率自适应波浪能发电系统[P]. 中国: CN108533444A.2018.

[29] Fang H W, Jin L T. Investigation on resonance response of mass-adjustable float in wave energy conversion system [C]. Proceedings of the 10th International Conference on Applied Energy, Hong Kong, 2018: 315-320.

[30] 肖曦, 摆念宗, 康庆. 直驱式波浪发电系统浮子形状与排布优化研究[J]. 电工电能新技术, 2014,(9): 7-13.

[31] 宋瑞银, 张向阳, 蔡炳清, 等. 相对运动式波浪能捕获装置实验研究[J]. 太阳能学报, 2015, 36(11): 2789-2794.

[32] 孙忠锋. 振荡浮子式波浪发电装置研究[D]. 上海: 上海大学, 2007.

[33] 麦考密克 M R. 海洋波浪能转换[M]. 许适, 译. 北京: 海洋出版社, 1985.

[34] Hooft J P. A mathematical method of determining hydrodynamically induced forces on a semisubmersible[J]. Proceedings of the Annual Meeting of the Society of Naval Architects and Engineers, 1971, 79: 28-70.

[35] 郑崇伟, 苏勤, 刘铁军.1988—2010 年中国海域波浪能资源模拟及优势区域划分[J]. 海洋学报, 2013, 35(3): 104-111.

[36] 郑崇伟, 游小宝, 潘静, 等. 钓鱼岛、黄岩岛海域风能及波浪能开发环境分析[J]. 海洋预报, 2014, 31(1): 49-57.

[37] 宗芳伊. 近 20 年南海波浪及波浪能分布、变化研究[D]. 青岛: 中国海洋大学, 2014.

[38] 李文波, 赵军. 南沙海区波浪的季节变化特征[J]. 广东气象, 2010, 32(2): 24-26.

第 4 章　波浪发电系统的全电气化模拟

本章首先介绍机电系统统一建模的方法论，通过一系列的推导建立由机械到电气系统的模拟方法，并分析两类电气化模拟的关系。然后，以一种振荡浮子式波能转换装置为例，运用电气化模拟方法对其进行等效与分析，通过仿真验证电气化模拟方法的可行性与适用性。最后提出一种全电气化波浪发电系统实验平台，简化波浪发电装置的理论分析与验证过程。

4.1　复振动和相量

波浪运动是机械运动的一种表达形式，波浪运动的求解大多属于机械运动的稳态周期运动求解。现有波浪运动理论主要着眼于规则波，而不规则波也是以规则波为基础进行研究的。例如海面定点的不规则波运动就是用无限多个不同方向、振幅、频率和初始相位的余弦波叠加起来描述的。然而在处理正弦形式的运动时，求解带有三角函数的方程具有一定的复杂性。如果在数学上使用复变量描述正弦运动，将给数学运算带来较大的方便。例如，在复平面上，求导运算就相当于将原先的复量乘以 $j\omega$，其中 $j = \sqrt{-1}$ 是虚部单位。本节将推导正弦运动的位移、速度和加速度的复变量表达式。

1. 复位移

设做正弦运动的水质点的位移表达式为[1,2]

$$x(t) = x_0 \cos(\omega t + \varphi_x) \tag{4-1}$$

式中，x_0 为振幅；ω 为角频率；φ_x 是初相位。

根据欧拉公式 $e^{j\theta} = \cos\theta + j\sin\theta$，复位移 x 和共轭复位移 x^* 可分别表示为

$$\begin{cases} x = x_0 e^{j\varphi_x} = x_0 \cos\varphi_x + jx_0 \sin\varphi_x \\ x^* = x_0 e^{-j\varphi_x} = x_0 \cos\varphi_x - jx_0 \sin\varphi_x \end{cases} \tag{4-2}$$

则可以得到复位移与瞬时位移的关系为

$$\begin{cases} x(t) = \dfrac{x}{2} e^{j\omega t} + \dfrac{x^*}{2} e^{-j\omega t} \\ x(t) = \text{Re}\{x e^{j\omega t}\} \end{cases} \tag{4-3}$$

由式(4-2)可知，复位移 x 中包含了原正弦运动的如下信息：①振幅 $|x|=x_0$；②初相位角 $\arg(x)=\varphi_x$。因此，复位移还可以表示为

$$x = x_0 \angle \varphi_x \tag{4-4}$$

复位移刻画的是复振动中幅值和初相位信息，而不含时间和频率信息[1]。因此，对一个水质点(系)而言，同一时刻且同频率的复位移可以直接应用位移的运算和运算律进行运算。这些运算和运算律包括加法、减法、乘法、除法、平方运算、开方运算、幂运算、交换律、结合律、分配律等。相反地，不同时刻或不同频率的复位移之间不可以直接参与运算。若要运算，必须乘以各自对应的旋转因子 $e^{j\omega t}$ 和时移因子 $e^{j\omega(-\tau)}$ 才可进行。

2. 复速度

由速度的定义，有

$$\begin{cases} u = j\omega\hat{x} \\ u^* = -j\omega\hat{x}^* \end{cases} \tag{4-5}$$

式中，u 为复速度；u^* 为共轭复速度。

瞬时速度 $u(t)$ 可以表示为

$$u(t) = \frac{\mathrm{d}x(t)}{\mathrm{d}t} = \omega x_0 \cos\left(\omega t + \varphi_x + \frac{\pi}{2}\right) = \mathrm{Re}\left\{ j\omega x e^{j\omega t}\right\} \tag{4-6}$$

可以看出，对一个正弦运动的物理量在时间上求导，相当于对其复振动乘以旋转因子 $e^{j\omega t}$，从而得到一个新的复振动，新复振动的相位超前原复振动90°，幅值是原来的 ω 倍[1,2]。复速度的运算方法与复位移相同。对一个水质点(系)而言，同一时刻且同频率的复速度可以直接应用速度的运算和运算律求解，不同时刻或不同频率的复位移间不可以直接参与运算。

3. 复加速度

由加速度的定义，有

$$\begin{cases} a = -\omega^2 x \\ a^* = -\omega^2 x^* \end{cases} \tag{4-7}$$

式中，a 为复加速度；a^* 为共轭复加速度。可以看出 u 乘以旋转因子 $e^{j\omega t}$ 后得到 a。

4. 相量

复位移、复速度和复加速度等复振动量统称为相量，顾名思义，就是仅用幅

值和相位来表示正弦运动的复数量[1,2]。复平面上的复位移、复速度和复加速度间关系如图 4-1 所示。

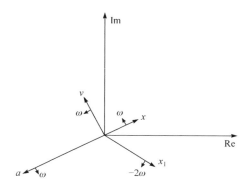

图 4-1 复平面上复位移、复速度和复加速度之间的关系

如图 4-1 所示，复位移、复速度和复加速度三者依次超前90°，以角速度 ω 随时间变化，不断逆时针旋转。而无论如何旋转，三者相对的角度位置始终保持不变。相量仅含初相位信息，不含频率和时间信息，这就是同时同频率的相量能够直接运算的原因和约束所在[1,2]。

4.2 机电相似性原理

电气化模拟(electrical analogue)是由机电耦联系统动力学衍生出的一种分析方法。从物理本质看，机械系统的运动和电磁系统的运动是两种性质截然不同的物理系统的运动。它们分别用两类物理量描述，遵循各自不同的物理定律。在机电耦联系统中，机械过程与电磁过程相互联系并相互作用，因此要设计和制造性能良好的机电一体化系统，深入研究机电耦联系统的动态行为，进行系统非线性动力学及稳定性分析，就需要采取一种巧妙的分析方法将两个不同域之间的物理量联系起来，从而建立统一的数学研究模型。机电耦联系统分析方法的关键是机械能和电磁能之间的转化，并使用基于"无差别"的能量分析方法，将表征系统的电磁量和机械量在数学形式上看成是等同的，即可通过等效建模的方法，把机械运动的微分方程和状态描述全部替换成具有相同数学描述形式的电路模型，建立耦联系统的全电气模型，再运用统一的电路分析方法进行求解，从而得到系统的动态行为。波浪发电系统的全电气化模拟即将波能转换装置的机械模型变换为等效电气模型，建立从波能转换装置到负载的全局性等效电路，直接运用电路原理模拟求解不同海况下的系统响应，便于波能转换装置的设计与控制研究。

一个复杂的机械结构，在不改变本身基本性质的基础上，应尽可能把复杂问题做减法处理，故用集总参数的基本元件描述系统的参考系、激振源、惯性、弹性、阻尼性[1,2]。具有这些基本性质的基本元件如下：

(1) "地"；

(2) 定力源、定速源，包括定力矩源和定转速源；

(3) 质量，主要涵盖平动质量和转动质量(惯性矩)；

(4) 弹簧，主要涵盖线位移弹簧和扭转弹簧；

(5) 阻尼，主要涵盖线位移阻尼和扭转阻尼。

"地"在系统中有且只有一个，作为系统的惯性参考系。激振源为系统提供外力或速度，是系统的能量来源。对于质量元件以及弹簧元件，能够起到储存以及释放机械能的作用。而对于阻尼元件，它的作用不是给系统提供机械能。相反地，它能将机械能转化成势能、电能、电磁能等。

由于力(或力矩)和速度(或角速度)集中反映了机械系统中两种独立的储能形式(势能与动能)和物质运动形式(动量转移与位置变化)，类似于电压和电流在电气系统中的地位(分别反映电场能和磁场能，电荷和磁链的运动)，因此力(或力矩)和速度(或角速度)可以作为机械系统的两个独立变量，用于各种机械元件的建模。

机械工程学中，定义阻抗为激励与响应的比值[2,3]。由于真实系统中作为激励的一般是定力源，响应一般是元件的位移、速度或加速度，因此本章规定：定力源与位移之比为位移阻抗，定力源与速度之比为速度阻抗，定力源与加速度之比为加速度阻抗，阻抗的倒数为导纳。旋转量的阻抗和导纳的定义依此类推。本章将按此推导各种基本元件各自的阻抗和导纳性质，再推出机械阻抗图示法以及并联和串联系统的阻抗特性。

1. 节点与基尔霍夫第一定律

系统网络中节点(node)的符号如图 4-2 所示，它表示机械元件之间连接的共同端点。元件连接在同一个节点上的连接方式称为并联。一个节点有且仅有一个速度值，并且在节点上，输入力与输出力的代数和为 0，用数学公式可表示为

$$\begin{cases} v_{\text{node}} = v_{\text{node}}(t) \\ \sum_{i=1}^{n} F_i = 0 \end{cases} \quad (4\text{-}8)$$

若规定输入力为正，则输出力为负。节点的速度特性和受力特性称为基尔霍夫第一定律。基尔霍夫第一定律建立在牛顿第三定律的基础上，即两个物体在相互作用的情况下，作用力和反作用力的大小相等、方向相反，

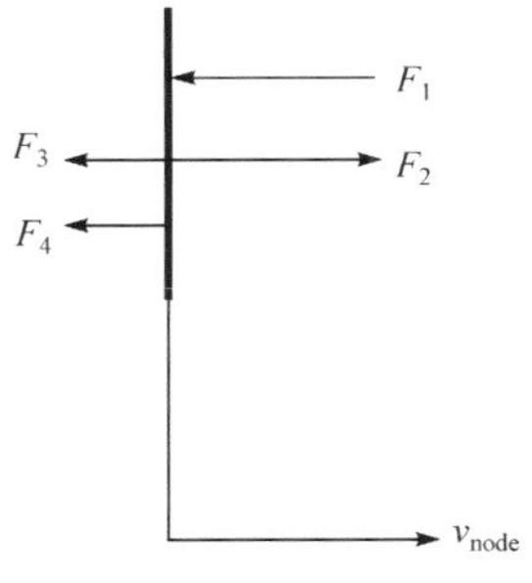

图 4-2　节点

并且作用在同一条直线上。如果作用力以及反作用力分别作用在不同的物体上，那么产生的作用效果也存在着较大的差距。此外，彼此间的作用力也不能抵消。但是，相互作用力能通过矢量平移的形式，在数学计算中达到相互抵消的效果。

2. 支路、回路与基尔霍夫第二定律

支路即元件所在的网络支路，有两个节点。支路节点相连构成网络，相连支路形成的闭合回路简称回路，又称网孔，如图 4-3 所示。

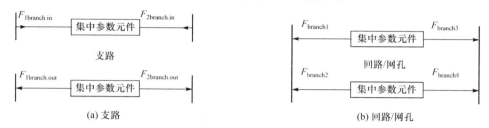

图 4-3　支路及回路

每条支路上，不论其上的元件如何复杂，是否含有网络结构，对其端部的两个节点而言，有且仅有一对方向相反、大小相同的力存在。若规定这两个力中其中一个力对一个节点为输入力(输出力)，则另一个力对另一个节点来说也是输入力(输出力)。用数学公式表达如下：

$$\begin{cases} F_{\text{1branch.in}} = F_{\text{2branch.in}} = F_{\text{branch}} \\ F_{\text{1branch.out}} = F_{\text{2branch.out}} = F_{\text{branch}} \end{cases} \tag{4-9}$$

规定两个节点的相对位移、相对运动速度和相对加速度的表达式分别为

$$\begin{cases} x_{\text{r}} = x_{\text{2branch}} - x_{\text{1branch}} \\ v_{\text{r}} = \dot{x}_{\text{r}} = \dot{x}_{\text{2branch}} - \dot{x}_{\text{1branch}} \\ a_{\text{r}} = \ddot{x}_{\text{r}} = \ddot{x}_{\text{2branch}} - \ddot{x}_{\text{1branch}} \end{cases} \tag{4-10}$$

在一个回路(或网孔)上，若沿着同一个循行方向看过去，则所有串联元件连接点之间相对速度的代数和为 0，即

$$\sum_{i=1}^{n} v_{\text{r}i} = \sum_{i=1}^{n} (\dot{x}_{2i} - \dot{x}_{1i}) = 0 \tag{4-11}$$

支路的力特性和回路的速度特性称为基尔霍夫第二定律。基尔霍夫第一定律和基尔霍夫第二定律统称为基尔霍夫定律。

3. "地"的性质

"接地"端是系统惯性的基准点。规定机械系统中所有的位移(角位移)、速度

(角速度)、加速度(角加速度)均相对于"地"而言,并且一个机械系统中有且仅有一个"地"。"地"的符号如图 4-4 所示,其数学模型为

$$\begin{cases} x(t)=0 \\ v(t)=0 \\ a(t)=0 \\ f(t)=任意值 \end{cases} \tag{4-12}$$

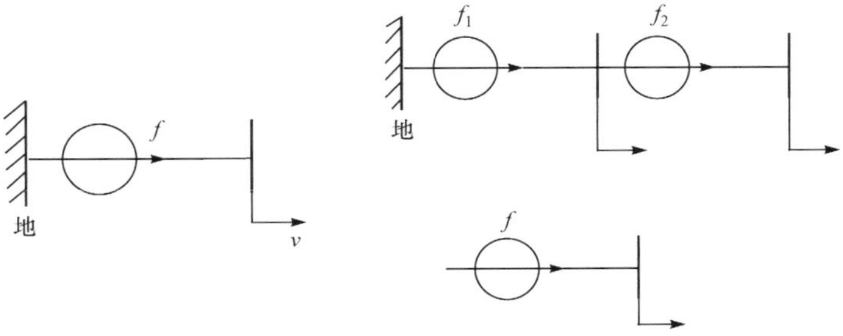

(a) 正确接法　　　　　　(b) 错误接法

图 4-4　定力源的正确接法及错误接法

4. 定力源元件的阻抗与导纳特性

机械系统定力源的集总参数元件如图 4-4 所示,它不具有质量、弹性和阻尼的性质[1,3]。定力源的作用就是为系统提供恒定的外力,而与其本身的速度大小无关。因此,定力源的数学模型为

$$\begin{cases} f = f(t) \\ v(t)=任意值 \end{cases} \tag{4-13}$$

规定定力源元件的相关参数如下所示:

位移阻抗 $Z_s^x = \infty$,位移导纳 $Y_s^x = \dfrac{1}{Z_s^x} = 0$;

速度阻抗 $Z_s^v = \infty$,速度导纳 $Y_s^v = \dfrac{1}{Z_s^v} = 0$;

加速度阻抗 $Z_s^a = \infty$,加速度导纳 $Y_s^a = \dfrac{1}{Z_s^a} = 0$。

定力源的力函数 $f(t)$ 是其固有性质的体现,不随外在条件的改变而变化。根据定力源的性质,不难推出多个具有不同力函数的定力源不允许被串联在同一条支路上,定力源不允许空载或不接地,否则会使基尔霍夫定律失效。图 4-4(b)为定力源的错误接法。

5. 定速源元件的阻抗与导纳特性

机械系统定速源的集总参数元件如图 4-5 所示，与定力源一样，它不具有质量、弹性和阻尼的性质[1,2]。

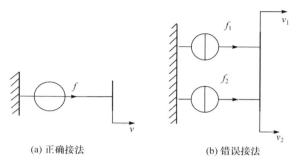

(a) 正确接法　　　　　(b) 错误接法

图 4-5　定速源的正确接法及错误接法

定速源为系统提供恒定的速度，这与其本身受到的外力大小无关。定速源的数学模型为

$$\begin{cases} f(t) = 任意值 \\ v = v(t) \end{cases} \tag{4-14}$$

若任何元件并联在定速源上，则其速度就是定速源的速度。这是为了满足基尔霍夫第二定律。同样地，规定定速源元件的相关参数如下：

位移阻抗 $Z_s^x = 0$，位移导纳 $Y_s^x = \dfrac{1}{Z_s^x} = \infty$；

速度阻抗 $Z_s^v = 0$，速度导纳 $Y_s^v = \dfrac{1}{Z_s^v} = \infty$；

加速度阻抗 $Z_s^a = 0$，加速度导纳 $Y_s^a = \dfrac{1}{Z_s^a} = \infty$。

这说明定速源的速度函数 $v(t)$ 是其固有性质的体现，不随外在条件的改变而变化。例如，带载的直流电动机在负载不太重时可以近似认为是一个定速源。由定速源的性质不难推出，多个具有不同速度函数的定速源不允许两端都并联在一起，定速源本身不允许首尾直接相连，否则会使基尔霍夫第二定律失效。图 4-5(b)中接法是错误的。

6. 质量元件的阻抗和导纳特性

质量元件的符号如图 4-6 所示。作为集总参数元件，它可视为一个平动的刚体或者质点，不具有弹性和阻尼参数，仅具有质量参数 m，且不考虑重

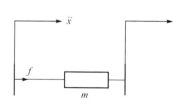

图 4-6　质量元件

力作用(若考虑, 则可通过追加额外的定力源修正)[1,2,4]。

如图 4-6 所示, f 是质量元件所受的激振力, $\ddot{x}$ 是质量元件的加速度。根据牛顿第二定律, 有

$$f = m\ddot{x} \tag{4-15}$$

假设激振力是简谐的(周期激振力总是可以分解为若干简谐力的叠加), 其角频率为 ω, 并将激振力、位移、速度和加速度分别用相量记作 f、x、v 和 a, 则由 4.1 节中的结论, 有

$$\begin{cases} f = -\omega^2 mx \\ f = \mathrm{j}\omega mv \\ f = ma \end{cases} \tag{4-16}$$

可以看出, 质量元件在正弦激振力的稳态响应下, 激振力与位移反相, 并超前速度 90°, 与加速度同相。激振力幅值的数值是位移的 $\omega^2 m$ 倍, 是速度的 ωm 倍, 是加速度的 m 倍。故质量元件的参数如下:

位移阻抗 $Z_\mathrm{m}^x = \dfrac{f}{x} = -\omega^2 m$, 位移导纳 $Y_\mathrm{m}^x = \dfrac{1}{Z_\mathrm{m}^x} = -\dfrac{1}{\omega^2 m}$;

速度阻抗 $Z_\mathrm{m}^v = \dfrac{f}{v} = \mathrm{j}\omega m$, 速度导纳 $Y_\mathrm{m}^v = \dfrac{1}{Z_\mathrm{m}^v} = -\mathrm{j}\dfrac{1}{\omega m}$;

加速度阻抗 $Z_\mathrm{m}^a = \dfrac{f}{a} = m$, 加速度导纳 $Y_\mathrm{m}^a = \dfrac{1}{Z_\mathrm{m}^a} = \dfrac{1}{m}$。

因此对质量元件而言, 仅加速度阻抗和加速度导纳与角频率 ω 无关。

7. 弹簧元件的阻抗与导纳特性

如图 4-7 所示, 弹簧元件是一种仅有弹性(或称刚度)的集总参数元件, 仅具有劲度系数(或称刚度系数)k(单位是 N/m), 不具有质量和内阻尼[1,2,5]。与质量元件一样, 它是具有"接地"形式的元件模型。

由胡克定律得出激振力与形变的关系为

$$f = k\Delta x = k(x_2 - x_1) \tag{4-17}$$

仿照本节第 1 部分中的分析方法, 设激振力为简谐力, 则有

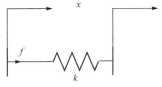

图 4-7 弹簧元件

$$\begin{cases} f = -\mathrm{j}\dfrac{k}{\omega}v \\ f = kx \\ f = -\dfrac{k}{\omega^2}a \end{cases} \tag{4-18}$$

故弹簧元件的相关参数如下：

位移阻抗 $Z_k^x = \dfrac{f}{x} = k$ ，位移导纳 $Y_k^x = \dfrac{1}{Z_k^x} = \dfrac{1}{k}$ ；

速度阻抗 $Z_k^v = \dfrac{f}{v} = -\mathrm{j}\dfrac{k}{\omega}$ ，速度导纳 $Y_k^v = \dfrac{1}{Z_k^v} = \mathrm{j}\dfrac{\omega}{k}$ ；

加速度阻抗 $Z_k^a = \dfrac{f}{a} = -\dfrac{k}{\omega^2}$ ，加速度导纳 $Y_k^a = \dfrac{1}{Z_k^a} = -\dfrac{\omega^2}{k}$ 。

8. 阻尼元件的阻抗与导纳特性

图 4-8 为机械系统阻尼性质的一种理想集总参数元件[1,6,7]。

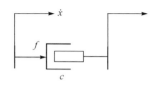

图 4-8　阻尼元件

阻尼不具有质量属性和弹性属性，仅具有阻尼属性，即在两端有相对运动时产生阻尼，用公式可表示激振力与阻尼的关系为

$$f = cv_r = c(\dot{x}_2 - \dot{x}_1) = c\dot{x} \tag{4-19}$$

式中，c 为弹簧元件的黏性阻尼系数，单位是 $N \cdot s/m$。

由上可知，设激振力为简谐力，并且将激振力和响应均用相量表示，则有

$$\begin{cases} f = cv \\ f = -\mathrm{j}\dfrac{c}{\omega}a \\ f = \mathrm{j}\omega cx \end{cases} \tag{4-20}$$

故阻尼元件的参数如下：

位移阻抗 $Z_c^x = \dfrac{f}{x} = \mathrm{j}\omega c$ ，位移导纳 $Y_c^x = \dfrac{1}{Z_c^x} = -\mathrm{j}\dfrac{1}{\omega c}$ ；

速度阻抗 $Z_c^v = \dfrac{f}{v} = c$ ，速度导纳 $Y_c^v = \dfrac{1}{Z_c^v} = \dfrac{1}{c}$ ；

加速度阻抗 $Z_c^a = \dfrac{f}{a} = -\mathrm{j}\dfrac{c}{\omega}$ ，加速度导纳 $Y_c^a = \dfrac{1}{Z_c^a} = \mathrm{j}\dfrac{\omega}{c}$ 。

对于旋转或扭转形式的质量、弹簧和阻尼，上述结论经过简单修改即可应用。线位移元件、旋转或扭转元件参数的对应关系如表 4-1 所示[1,2]。

表 4-1　线位移元件和旋转或扭转元件的参数对应关系

线位移元件		旋转或扭转元件	
参数	单位[SI]	参数	单位[SI]
力 f	N	力矩 M	N·m²
速度 v	m/s	角速度 Ω	rad/s
位移 x	m	角位移 Θ	rad
质量 m	kg	转动惯量 J	kg·m²
刚度系数 k	N/m	角刚度系数 k^θ	N·m/rad
阻尼系数 c	N·s/m	角阻尼系数 c^θ	N·m·s/rad

4.3　波浪发电系统的电气化模拟

从机械系统和电气系统的微分方程可以看出，它们在正弦激励下拥有相同的数学模型形式。在电气化模拟的发展历程中共有两次不同的电气化模拟实验，与之相对应地出现了两种概念模型。它们分别是 1925 年发现的第一类电气化模拟和相应的"机械阻抗"概念，以及随后十年提出的第二类电气化模拟和由此引出的"机械导纳"概念[1,2]。

根据电气化模拟对机械系统的振动问题进行详细的分析，这种方法主要具有以下特点：

(1) 相比复杂烦琐的机械系统，电气系统相对简单，不管是构建、变换，还是整体设计都比机械系统简单，而且具有更好的经济性、灵敏性和可靠性。

(2) 机械系统的问题完全可以用电气方面的分析方法进行分析计算，如电路理论知识、电网络分析及自动控制等。

一般来说，只要描述其动态特性的模型具有相同的数学形式，不管什么系统，都可以进行电气化模拟。

针对目前的波能转换装置，文献[8]着眼于摆式波浪发电系统的建模与功率控制技术，运用电气化模拟法建立了包含永磁同步电机在内的电路模型，并运用电力电子技术对功率进行控制。Falnes 的著作详细论述了振荡浮子式波能转换装置从电气建模到功率控制的过程[9]。Tedeschi 等均从建立波能转换装置的等效电路研究出发，再应用电机分析的基本方法设计波能转换装置的相关性能指标[10-12]。文献[12]将电气化模拟思想用于点吸收式波浪发电系统建模，并通过海上实验验证了该电路模型的正确性。由此可见，在对波浪发电的研究大部分着眼于波能转换装置水动力学分析的现状下，电气化模拟被认为是一种简便而可靠的解决方式[13]。

4.3.1　第一类电气化模拟

将机械域中的力模拟成电气域中的电压，速度模拟成电流，从这两个基本量建立一系列的模拟对应关系,由此构造电气模型的方法称为第一类电气化模拟[1,2]。

第一类电气化模拟中,定力源等效为电压源或电动势,定速源等效为电流源,质量 m 等效为电感 L,阻尼系数 c 等效为电阻 R,弹簧刚度 k 等效为电容的倒数 $1/C$。并联的机械元件拥有相同的运动速度,因此相当于串联的电气元件拥有相同的电流。引入相量后,机械阻抗等效为电路阻抗。如果所有参与模拟关系的物理量均在国际单位制下量化,则相似的两个量总是具有相同的数值,具体的相似模拟关系如表 4-2 所示。从形式上看,从机械域到电气域的模拟使得网络结构从并联结构变成了串联结构,这意味着机械系统每增加一个节点,相应的模拟化电路就要增加一个回路,在设计机械系统的电路模型时会比较麻烦。

表 4-2　第一类电气化模拟

	机械系统		电气系统	
相似系统				
相似物理量	力	f	电压	u
	速度	v	电流	i
	质量	m	电感	L
	阻尼系数	c	电阻	R
	刚度系数	k	电容倒数	$1/C$
相似阻抗	$Z_m = j\omega m$		$Z_L = j\omega L$	
	$Z_c = c$		$Z_R = R$	
	$Z_k = -j(k/\omega)$		$Z_C = -j[1/(\omega C)]$	
初始储能	质量速度	V_{m0}	电感电流	I_{L0}
	弹簧恢复力	F_{k0}	电容电压	U_{C0}
激励	定力源		电压源/电动势	
	定速源		电流源	
系统微分方程	$f = f_m + f_c + f_k$ $= m\dfrac{dv}{dt} + cv + k\left[\displaystyle\int_{0^-}^t v dt + \dfrac{f_k(0^-)}{k}\right]$ s.t. $\begin{cases} v(0^-) = V_{m0} \\ f_k(0^-) = F_{k0} \end{cases}$		$u = u_L + u_R + u_C$ $= L\dfrac{di}{dt} + Ri + \dfrac{1}{C}\left[\displaystyle\int_{0^-}^t i dt + C u_C(0^-)\right]$ s.t. $\begin{cases} i(0^-) = I_{L0} \\ u_C(0^-) = U_{C0} \end{cases}$	
瞬时功率	$p(t) = f(t)v(t)$		$p(t) = u(t)i(t)$	
系统阻抗	$Z_\Sigma = \displaystyle\sum_{i=1}^N Z_i$			

4.3.2 第二类电气化模拟

如果对模拟提出"不允许改变网络结构"的要求,则可以把机械域中的力模拟成电气域中的电流,把速度模拟成电压,由这两个基本量得到新的模拟对应关系称为第二类电气化模拟[1-3]。在这种电气化模拟的关系中,采用改变机械域中独立变量的等效方法。将定力源等效为电流源,定速源等效为电压源或电动势,质量 m 等效为电容 C,阻尼系数 c 等效为电导 G,弹簧刚度系数 k 等效为电感的倒数 $1/L$。并联的机械元件拥有相同的运动速度,因此相当于并联的电气元件拥有相同的电压。同样地,引入相量后,机械阻抗相当于电路导纳。具体的相似模拟关系如表4-3所示。在实际应用中,究竟选用哪一种方法进行电气化模拟,应该具体问题具体分析。

表4-3 第二类电气化模拟

	机械系统		电气系统	
相似系统				
相似物理量	力	f	电流	i
	速度	v	电压	u
	质量	m	电容	C
	阻尼系数	c	电导	G
	刚度系数	k	电感倒数	$1/L$
相似阻抗	$Z_m=j\omega m$		$Y_C=j\omega C$	
	$Z_c=c$		$Y_R=G$	
	$Z_k=-j(k/\omega)$		$Y_L=-j[1/(\omega L)]$	
初始储能	质量速度	V_{m0}	电容电压	U_{C0}
	弹簧恢复力	F_{k0}	电感电流	I_{L0}
激励	定力源		电流源	
	定速源		电压源/电动势	
系统微分方程	$f=f_m+f_c+f_k$ $=m\dfrac{\mathrm{d}v}{\mathrm{d}t}+cv+k\left[\displaystyle\int_{0^-}^{t}v\mathrm{d}t+\dfrac{f_k(0^-)}{k}\right]$ $\text{s.t.}\begin{cases}v(0^-)=V_{m0}\\f_k(0^-)=F_{k0}\end{cases}$		$i=i_C+i_R+i_L$ $=R\dfrac{\mathrm{d}u}{\mathrm{d}t}+Gu+\dfrac{1}{L}\left[\displaystyle\int_{0^-}^{t}u\mathrm{d}t+Li_L(0^-)\right]$ $\text{s.t.}\begin{cases}i(0^-)=I_{L0}\\u_C(0^-)=U_{C0}\end{cases}$	

瞬时功率	$p(t) = f(t)v(t)$	$p(t) = u(t)i(t)$
系统阻抗	$Z_\Sigma = \sum\limits_{i=1}^{N} Z_i$	$Y_\Sigma = \sum\limits_{i=1}^{N} Y_i$

4.3.3　机械元件的电气化模拟

机械元件包括杠杆、齿轮或摩擦轮、皮带轮等传动装置。由于它们的力(或力矩)和速度(或角速度)的传递是按照固定的比例进行的,这一类机械部件在正常运行时的特性可以用理想变压器来模拟。在传递函数框图中,它们则是一比例放大环节。以轮的运动为例,对齿轮或者无滑动摩擦轮转动时,由于两个轮子的接触点具有相同的线速度,且具有等值相反的作用力与反作用力,因此两轮的角速度 ω_1 和 ω_2、转矩 M_1 和 M_2 的关系若采用电气化模拟,可用匝数比为 $\dfrac{N_1}{N_2} = \dfrac{r_1}{r_2}$ (或 $\dfrac{N_1}{N_2} = \dfrac{r_2}{r_1}$)的理想变压器来表示为

$$\frac{\omega_1}{\omega_2} = \frac{r_2}{r_1}, \quad \frac{M_1}{M_2} = \frac{r_1}{r_2} \tag{4-21}$$

4.4　波浪发电系统的全电气化

波浪发电系统的全电气模拟工作原理图如图 4-9 所示,根据 4.3 节关于机械系统和电气系统的相似性原理,建立无量纲的等效电路模型,根据波浪发电系统的元件参数设置等效电路模型的等效参数,通过软件计算或者手动计算得出的波

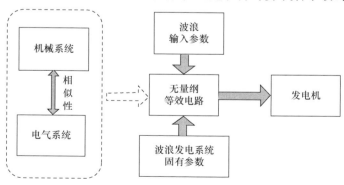

图 4-9　系统全电气模拟工作原理图

浪对系统的作用力参数输入到系统的等效电路模型中,从而对系统状态进行求解。本节以振荡浮子式波浪发电系统为例着重研究其中机械系统到电气系统的等效建程及其分析模过。首先对波浪发电系统进行建模及受力分析,其次介绍波浪发电系统机械动力模型每一部分所对应的电路模型,再次搭建全系统完整的电气化模拟电路,最后对系统的特性进行分析。其中突出介绍缆绳部分的分析转化过程。

4.4.1　系统建模

1. 受力分析

振荡浮子式波能转换装置结构如图 4-10 所示[13,14]。其基本原理是:浮子在配重的平衡下能够静止在静水面上。在波浪的作用下做往复的垂荡运动,波能由此变为浮子的直线动能。浮子的运动带动主滑轮转动,主滑轮经过变速箱带动电能撷取(power-take-off,PTO)装置的永磁同步电机转动,从而将机械能转化为电能,再通过一个背靠背式的变流器接入电网[12-15],其特点是:

(1) 没有安装专门的振荡机构,装置的谐振状态完全依靠装置本身的参数和永磁同步电机的控制改变电磁转矩来实现。

(2) 没有封闭式的缆绳结构,因此节约建造成本的同时,装置的稳定运行将由装置本身和永磁同步电机的控制来实现。

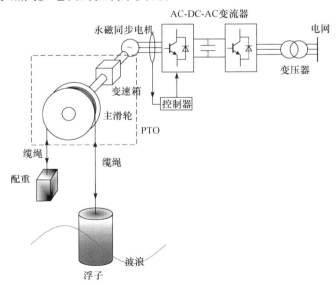

图 4-10　振荡浮子式波能转换装置结构图

本节将推导振荡浮子式波能转换装置中将吸收的波能转化为系统机械能的动力学方程,并做出以下假设[2,13,16]:

（1）假设流体为不可压缩的无旋理想流体，浮子质量大，浮子的运动幅度较小，因此可以采用微幅波理论进行分析；设浮子为刚体，其重心与其几何中心重合。

（2）浮子在水面上的运动可分解为水平方向上的运动和竖直方向上的平动和转动，共六个自由度。因为波能转换装置主要利用上下升降运动的能量，故浮子在水平面上任何方向的运动和竖直方向上的转动均对能量转换贡献很少。由假设(1)可知，水平方向的运动不影响系统的机械性能。配重的运动同理。为便于分析，假设浮子和配重均仅做垂荡运动。

（3）缆绳的质量和内部阻尼忽略不计，将其视为轻绳。

（4）设下标b代表浮子，下标pre代表配重，下标p代表主滑轮，下标r代表永磁同步电机的转子，下标PTO代表PTO，下标other代表PTO的其他部分，z表示以海底平面为原点的垂直物理坐标，如图4-11所示。

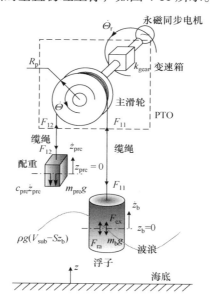

图4-11　振荡浮子式波能转换装置受力分析图

综上，规定竖直向上为正方向，则浮子的运动方程为

$$m_b \ddot{z}_b = F_{ex} - F_{ra} - m_b g + \rho g \left(V_{sub} - S z_b \right) - F_{11} \tag{4-22}$$

式中，m_b 为浮子质量；z_b 为浮子相对于其在平衡位置时的垂荡位移，在静水平面处 z_b 为零；$\ddot{z}_b$ 为 z_b 的二阶导数，浮子相对于其在平衡位置时的垂荡加速度；F_{ex} 为波浪入射力；F_{ra} 为波浪辐射力；g 为当地重力加速度；ρ 为海水密度；V_{sub} 为浮

子在平衡位置时浸没在静止水面下的体积；S 为浮子浸没于水中部分等效的与竖直轴线垂直的截面积；F_{11} 为连接浮子的一段缆绳的拉力。

同时，得到配重的运动方程如下：

$$m_{pre}\ddot{z}_{pre} = -c_{pre}\dot{z}_{pre} - m_{pre}g - F_{12} \qquad (4-23)$$

式中，m_{pre} 为配重质量；z_{pre} 为配重相对于其在平衡位置的垂荡位移；$\dot{z}_{pre}$ 为 z_{pre} 的一阶导数，配重相对于其在平衡位置的垂荡速度；$\ddot{z}_{pre}$ 为 z_{pre} 的二阶导数，配重相对于其在平衡位置的垂荡加速度；c_{pre} 为配重的等效阻尼系数；F_{12} 为连接配重的一段缆绳的拉力。

通过浮子运动方程和配重运动方程，规定纸面上逆时针方向为角速度正方向，则可以得到 PTO 部分的运动方程如下：

$$\left(J_p + J_r/k_{gear}^2 + J_{other}\right)\ddot{\Theta} + \left(C_T^\theta/k_{gear}^2 + C_r^\theta/k_{gear}^2 + C^\theta\right)\dot{\Theta} = (F_{11} - F_{12})R_p \quad (4-24)$$

式中，J_p 为主滑轮转动惯量；J_r 为永磁同步电机转子的转动惯量；J_{other} 为 PTO 其他部分的总转动惯量；Θ 为主滑轮的角位移，规定其零点为主滑轮在装置置于静水中保持静止时的位置；C_T^θ 为由永磁同步电机对转子产生的制动转矩系数；C_r^θ 为永磁同步电机自身的机械角阻尼系数；C^θ 为 PTO 部分自身固有的角阻尼系数；R_p 为主滑轮半径；k_{gear} 为变速箱的变速比，定义 $k_{gear} = \dfrac{\dot{\Theta}}{\dot{\Theta}_r}$，$\Theta_r$ 为永磁同步电机的转子角位移。

当存在变速箱时，输入与输出不仅有角速度之比(k_{gear})的关系，且有力矩之比($1/k_{gear}$)的关系，因此若以角位移的导数幂项为变量的力矩项归算到输入侧或输出侧时，相当于把参数项除以或乘以 k_{gear}^2，如式(4-24)所示。这种变换关系体现了变速箱两端功率不变的特性。

由 PTO 运动方程，可以得到永磁同步电机的转子运动方程：

$$J_r\ddot{\Theta}_r + \left(C_T^\theta + C_r^\theta\right)\dot{\Theta}_r = M_{PTO} \qquad (4-25)$$

式中，M_{PTO} 为由 PTO 对永磁同步电机转子产生的驱动力矩；$\dot{\Theta}_r$ 和 $\ddot{\Theta}_r$ 分别为 Θ_r 的一、二阶导数，代表永磁同步电机的转子角速度和角加速度。

需要注意的是，实际式 (4-25) 中 $M_{PTO} = k_{gear}^2\left[-\left(J_p + J_{other}\right)\ddot{\Theta} - C^\theta\dot{\Theta} + (F_{11} - F_{12})R_p\right]$。其中 $\dot{\Theta}$ 和 $\ddot{\Theta}$ 分别为主滑轮的角速度和角加速度。而且若变速比 $k_{gear} = 1$，则有 $\dot{\Theta} = \dot{\Theta}_r$。

根据式(4-22)～式(4-25)，以及其各自的初值条件，构成了系统模型的完整描述：

$$
\begin{cases}
m_b \ddot{z}_b = F_{ex} - F_{ra} - m_b g + \rho g\left(V_{sub} - S z_b\right) - F_{11} \\
m_{pre} \ddot{z}_{pre} = -c_{pre}\dot{z}_{pre} - m_{pre} g - F_{12} \\
\left(J_p + J_r / k_{gear}^2 + J_{other}\right)\ddot{\Theta} = -C_T^{\theta} / k_{gear}^2 \dot{\Theta} - C^{\theta}\dot{\Theta} + \left(F_{11} - F_{12}\right)R_p \\
J_r \ddot{\Theta}_r = -C_T^{\theta}\dot{\Theta}_r + M_{PTO} \\
z_b\left(0^-\right) = z_{b0} \\
z_{pre}\left(0^-\right) = z_{pre0} \\
\Theta\left(0^-\right) = \Theta_0 \\
\Theta_r\left(0^-\right) = \Theta_{r0}
\end{cases}
\tag{4-26}
$$

求解此方程组，就可以得到系统模型的运动状态。

2. 缆绳力的计算

本节将推导两段绳力 F_{11} 和 F_{12} 的表达式。绕在主滑轮上的缆绳足有数十匝，这能保证仅靠静摩擦就能使缠绕在主滑轮上部分缆绳始终绷紧，与主滑轮表面保持紧密的接触，绝对不会发生滑动。然而，缆绳两端连接的浮子和配重的伸出部分，却有可能在运动中松弛。当缆绳发生松弛时，缆绳上的力消失，配重或浮子的机械能无法传送给主滑轮。此时发电机的发电能量来源仅剩下 PTO 部分和发电机转子的剩余动能。为了描述这一状况，需要对缆绳和缆绳力进行合理的建模。忽略绳内阻力和绳子质量，仅考虑缆绳弹力(和浮子与配重的质量与动量相比可以忽略)，以图 4-11 内规定的参考方向，可得到两段缆绳力的表达式分别为

$$
F_{11} = \begin{cases} k_1\left(z_b - \Theta R_p\right), & z_b - \Theta R_p < 0 \\ 0, & z_b - \Theta R_p \geqslant 0 \end{cases}
\tag{4-27}
$$

$$
F_{12} = \begin{cases} k_1\left(z_{pre} + \Theta R_p\right), & z_{pre} + \Theta R_p < 0 \\ 0, & z_{pre} + \Theta R_p \geqslant 0 \end{cases}
\tag{4-28}
$$

式(4-27)和式(4-28)表明缆绳绷紧与否与其连接重物的位移和主滑轮的位移有关。它们直接影响缆绳的形变量，当形变量缩小到 0 以下(实际表现为缆绳松弛)时，缆绳失去弹力，系统将发生一定程度的振荡直到达到新的稳态。这部分的分析将在后文进一步阐述。

3. 永磁同步电机在系统模型中的作用

整个系统模型中，只有波浪辐射阻尼和系统内各机械运动部分的阻尼，以及运行在发电机状态下的永磁同步电机会消耗能量。这表明处于发电机运行状态

的永磁同步电机在系统模型中是以一个阻尼力的形式存在。实际上，式(4-24)和式(4-25)所隐藏的 $-C_\mathrm{T}^\theta \dot\Theta_\mathrm{r}$ 项中，C_T^θ 为永磁同步电机的定子对转子施加的制动力矩，常称为永磁同步电机的转矩常数。它是一个以求导算子及其幂为自变量的函数，在复频域下表示为

$$C_\mathrm{T}^\theta(s) = K_\mathrm{d}s + K_\mathrm{p} + K_\mathrm{i}\frac{1}{s} \tag{4-29}$$

制动力矩对转子做负功，转子的动能变为气隙磁场中的势能，机械原动部分的能量由此进入变为电磁能，最终进入电网。由于永磁同步电机一般是通过矢量控制技术来进行转速转矩控制的，其控制效果就体现在角阻尼系数 C_T^θ 上，因此控制器设计的核心目的为让电机始终对系统模型体现阻尼性质，而不是只有惯性和弹性性质，这样才能使得电机从机械原动部分中提取能量。

4.4.2　系统对应的电路模型

波浪的入射力 F_ex 是振荡浮子式波能转换装置向电网发电时的唯一动力来源。波浪的入射力一般使用 F-K 方法求解[17-19]。当浮子形状为圆柱形，波浪的水面运动方程为 $\eta(t)=0.5H\cos(\omega t)$ 时(其中 H 是波高)，F-K 力在垂荡方向上的表达式为

$$F_z = C_z\rho gH\pi\frac{\cosh\left[k(h-d)\right]}{\cosh(kh)}\cos(\omega t)\int_0^{R_\mathrm{b}}\left[\mathrm{J}_0(kR_\mathrm{b})R_\mathrm{b}\right]\mathrm{d}R_\mathrm{b} \tag{4-30}$$

式中，C_z 为垂直绕射系数，对于圆柱形浮子一般取为 1；k 为波数；d 为浮子的吃水深度；$\mathrm{J}_0(\cdot)$ 为 0 阶贝塞尔函数；R_b 为浮子圆形横截面的半径。

波浪的辐射力 F_ra 可表示为

$$
\begin{aligned}
F_\mathrm{ra} &= -\rho\mathrm{j}\omega\iint\limits_{S_0}\phi_\mathrm{Ra}z_\mathrm{b}\boldsymbol{n}\mathrm{d}S\\
&= \rho\omega z_\mathrm{b}\iint\limits_{S_0}\phi_\mathrm{Ra}^\mathrm{Im}\boldsymbol{n}\mathrm{d}S - \rho\mathrm{j}\omega z_\mathrm{b}\iint\limits_{S_0}\phi_\mathrm{Ra}^\mathrm{Re}\boldsymbol{n}\mathrm{d}S = -m_\mathrm{add}\ddot{z}_\mathrm{b} - c_\mathrm{add}\dot{z}_\mathrm{b}
\end{aligned}
\tag{4-31}
$$

式中，ϕ_Ra 为波浪的辐射势函数；$\phi_\mathrm{Ra}^\mathrm{Re}$ 和 $\phi_\mathrm{Ra}^\mathrm{Im}$ 为辐射势函数的实部和虚部；S 为浮子与海水相互作用的流场面积；$\boldsymbol{n}$ 为垂直流场面积向外的单位长度矢量；m_add 为附加质量；c_add 为附加阻尼系数；S_0 为浮子表面积。

式(4-31)表明，辐射势可以表示为一个阻力性质的惯性力和阻尼力的叠加，这也与辐射力的产生原因相符。

为了将机械动力学模型模拟为电路模型，首先要选定模拟机械量的对应电气量。考虑到简便性因素，选择第一类电气化模拟，即力/力矩模拟为电压，速度/角速度模拟为电流，并且为了更方便地利用固定模式进行结构变换，首先将式(4-22)～式(4-25)变换为表 4-2 中标准的系统微分方程形式如下：

$$\left(m_{b}+m_{add}\right)\ddot{z}_{b} + c_{add}\dot{z}_{b} + \rho g S z_{b} = F_{ex} - F_{11} - m_{b}g + \rho g V_{sub} \tag{4-32}$$

$$m_{pre}\ddot{z}_{pre} + c_{pre}\dot{z}_{pre} = -m_{pre}g - F_{12} \tag{4-33}$$

$$\left(J_{p}+J_{r}/k_{gear}^{2} + J_{other}\right)\ddot{\Theta} + \left[(C_{T}^{\theta} + C_{r}^{\theta})/k_{gear}^{2} + C^{\theta}\right]\dot{\Theta} = \left(F_{11} - F_{12}\right)R_{p} \tag{4-34}$$

$$J_{r}\ddot{\Theta}_{r} + (C_{r}^{\theta} + C_{T}^{\theta})\dot{\Theta}_{r} = M_{PTO} \tag{4-35}$$

式(4-32)对应的浮子等效电路回路如图 4-12 所示。表示电压的正负号和表示电流方向的箭头仅代表其各自的参考方向，其真实方向不一定如此，下文同。由第一类电气化模拟的关系，F_{ex} 等效为交流电压源，$\dot{z}_{b}$ 等效为电流，$\rho g V_{sub}-m_{b}g$ 等效为直流电压源，$m_{b}+m_{add}$ 等效为电感，c_{add} 等效为电阻，$1/(\rho g S)$ 等效为电容，F_{11} 通过替代定理暂时表示为一个电压源。回路中的巡行电流是 $\dot{z}_{b}$，所有的模拟关系都在国际单位制下进行。

式(4-33)对应的配重等效电路如图 4-13 所示。F_{12} 等效为电压源，$m_{pre}g$ 等效为直流电压源，m_{pre} 等效为电感，c_{pre} 等效为电阻，回路中的巡行电流是 $\dot{z}_{pre}$。

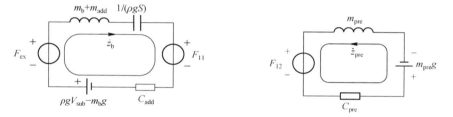

图 4-12　式(4-32)的第一类电气化模拟电路　　图 4-13　式(4-33)的第一类电气化模拟电路

式(4-34)对应的 PTO 等效电路如图 4-14 所示。$F_{11}R_{p}$ 和 $F_{12}R_{p}$ 等效为电压源，$J_{p}+J_{other}$、J_{r} 等效为电感，C^{θ}、C_{T}^{θ}、C_{r}^{θ} 等效为电阻。因为转速变换系数 k_{gear}^{2} 存在的关系，根据电路原理，电路中引入了一个理想变压器，其原边流过的电流为 $\dot{\Theta}$。此变压器负责抽象永磁同步电机部分对 PTO 的影响。如果变速比 $k_{gear}=1$，则此变压器可以省略，以一个阻抗代替，原边回路中的巡行电流是 $\dot{\Theta}$。

式(4-35)对应的等效电路如图 4-15 所示。M_{PTO} 等效为电压源，J_{r} 等效为电感，C_{r}^{θ} 等效为电阻，而 C_{T}^{θ} 等效为电流控制的电压源，由于其控制电流就是流过其本身的电流，因此这个受控电压源将在回路中体现出阻抗的性质，阻抗的数值为 C_{T}^{θ}。这与 4.3.3 节的分析结论相符，表明永磁同步电机在电路模型中是作为一个电流控制电压源的形式存在的。回路中的巡行电流是 $\dot{\Theta}_{r}$。因此，电路已经被彻底抽象为电源带动负载的简单形式，这为后面的分析奠定了基础。

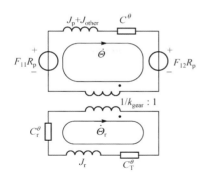
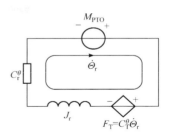

图 4-14　式(4-34)的第一类电气化模拟电路　　图 4-15　式(4-35)的第一类电气化模拟电路

4.4.3　缆绳的电气化模拟分析

　　缆绳结构的电气化，在图 4-14 中被抽象为两个电压源。为了将其具体化，先假设缆绳是一根轻弹簧，即可以暂时忽略它的非线性特性。此时缆绳的机械动力学方程为

$$F_1 = k_1(z + \Theta R_p) \tag{4-36}$$

要将缆绳模拟为常见的电气元件，需将式(4-36)拆写为

$$F_1 = k_1 z + k_1 R_p \Theta \tag{4-37}$$

式中，$k_1 z$ 部分可以等效为一个电容，而 $k_1 R_p \Theta$ 部分按照线运动和角运动的关系也可以等效为一个电容。如果在复频域中重写并改变式(4-37)的形式，其标准形式为

$$\frac{1}{k_1} s F_1(s) = s z(s) + R_p s \Theta(s) \tag{4-38}$$

　　可以看到，式(4-38)符合基尔霍夫电流定律的形式，表现为有两个分别为 $sz(s)$ 和 $R_p \Theta(s)$ 的流，流入了一个电容值为 $1/k_1$ 的电容中，这个电容两端的电压恰好为 $F_1(s)$。然而，从图 4-12 到图 4-15，没有显含 $R_p s \Theta(s)$ 的这一项，因此必须要通过适当的变换得到 $R_p s \Theta(s)$，且不能改变图 4-12～图 4-15 中的电压。因此，在产生电流 $R_p s \Theta(s)$ 的一侧引入变比为 $1 : R_p$ 的理想变压器，则得到等效电路图如图 4-16 所示。

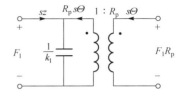

图 4-16　缆绳的电气化模拟电路

　　此理想变压器的 T 参数方程为

$$\begin{bmatrix} U_1(s) \\ I_1(s) \end{bmatrix} = \begin{bmatrix} 1/R_\mathrm{p} & 0 \\ 0 & R_\mathrm{p} \end{bmatrix} \begin{bmatrix} U_2(s) \\ -I_2(s) \end{bmatrix} \tag{4-39}$$

这表明此理想变压器可以变换的电压和电流没有波形限制，不论是交流输入波还是直流输入波都可进行同等效力的变换。需要说明的是，后续出现的理想变压器都默认具有这个特性。

如图 4-17 所示的结构，克服了电流不显含 $R_\mathrm{p}s\Theta(s)$ 的问题，并且给图 4-12、图 4-13 与图 4-14 的衔接提供了桥梁。

再考虑缆绳的非线性特性。由缆绳机械动力学方程：

$$F_1 = \begin{cases} k_1\left(z + \Theta R_\mathrm{p}\right), & z + \Theta R_\mathrm{p} < 0 \\ 0, & z + \Theta R_\mathrm{p} \geqslant 0 \end{cases} \tag{4-40}$$

不难发现，这种在松弛时绳力始终保持为 0 的特性，正好可以由一个理想二极管

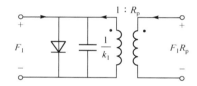

图 4-17　缆绳的完整电气化模拟电路

实现，则图 4-16 电路图改进为如图 4-17 所示。当电容上电压大于 0，即 $z + \Theta R_\mathrm{p} \geqslant 0$ 时，理想二极管被导通，电容电压值始终被钳位为 0，变压器副边同时失去了电源特性，无法发出或吸收功率，这符合前述对缆绳松弛时永磁同步电机能量来源问题的分析。

4.4.4　全系统的完整电气化模拟电路

综上，可得全系统的完整电气化模拟电路如图 4-18 所示。图中所有电气量和机械量的模拟关系如表 4-4 所示。

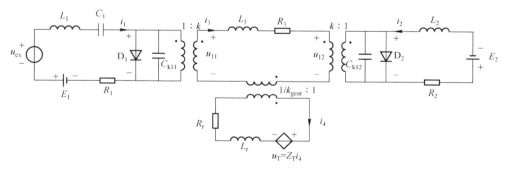

图 4-18　系统的完整电气化模拟电路

表 4-4　图 4-18 中的电气量和机械量的模拟关系

电气量		机械量	
参数	单位[SI]	参数	单位[SI]
u_{ex}	V	f_{ex}	N
E_1	V	$\rho g V_{sub} - m_b g$	N
E_2	V	$m_{pre} g$	N
i_1	A	$\dot{z}_b$	m/s
i_2	A	$\dot{z}_{pre}$	m/s
i_3	A	$\dot{\Theta}$	rad/s
i_4	A	$\dot{\Theta}_r$	rad/s
L_1	H	$m_b + m_{add}$	kg
L_2	H	m_{pre}	kg
L_3	H	$J_p + J_{other}$	kg · m^2
L_r	H	J_r	kg · m^2
C_1	F	$1/(\rho g S)$	m/N
C_{k11}	F	$1/k_1$	m/N
C_{k12}	F	$1/k_2$	m/N
R_1	Ω	c_{add}	N · s/m
R_2	Ω	c_{pre}	N · s/m
R_3	Ω	C^θ	N · m · s
R_r	Ω	C_r^θ	N · m · s
Z_T	Ω	C_T^θ	N · m · s
k	—	R_p	m

4.4.5　系统特性分析

1. 线性稳定临界条件

在缆绳力的计算过程中，分析得出缆绳力有可能因为松弛而为 0，导致浮子的机械能不能供给电机。这使得系统的结构，即从激励 u_{ex} 到响应 i_4 的传递函数发生了改变，因此是一种非线性的工作状态，而系统正常运行时必须要避开这种状态。本节将分析系统能够稳定工作在线性状态的必要条件。如图 4-18 所示，要使系统工作在线性状态，则两个二极管 D$_1$ 和 D$_2$ 均不能被导通，由此得到系统工

作在线性状态的必要条件是

$$U_{C_{k11}} \leqslant 0, \quad U_{C_{k12}} \leqslant 0 \tag{4-41}$$

考虑撤除二极管后系统的稳态响应。直流电源 E_1 在两个二极管上引起的电压响应分别为

$$U_{D_1E_1} = 0, \quad U_{D_1E_2} = 0 \tag{4-42}$$

直流电源 E_2 在两个二极管上引起的电压响应分别为

$$U_{D_1E_2} = -E_2, \quad U_{D_1E_2} = -E_2 \tag{4-43}$$

正弦电源在线性电路中引起的稳态响应一定也是正弦响应。设交流电源 u_{ex} 在两个二极管上引起的稳态响应的幅值分别为 $U_{D_1u_{ex}}$ 和 $U_{D_2u_{ex}}$，则在撤除二极管，即假想二极管始终不被导通的情况下，得到二极管上电压稳态响应的最大值为

$$\begin{cases} U_{D_1\max} = U_{D_1u_{ex}} - E_2 \\ U_{D_2\max} = U_{D_1u_{ex}} - E_2 \end{cases} \tag{4-44}$$

因此，当式(4-44)满足式(4-45)时，系统将出现非线性的振荡：

$$U_{D_1\max} > 0 \quad \text{或} \quad U_{D_2\max} > 0 \tag{4-45}$$

式(4-45)给出了系统稳定在线性工作状态下的临界条件，此线性稳定性临界条件指出了两条信息：

(1) 两个二极管的线性稳态电压响应区间的大小都是 E_2，所以适度增大配重的重量，有利于增大稳定区间，增强系统的线性稳定性。

(2) 过大的波浪会使系统稳定性下降。因此式(4-45)可作为输入限幅措施的数值依据，当波浪过大时，在系统中添加阻尼，甚至直接将原动力部分从海洋环境中切除。实际上，当波浪过大时，有可能使微幅波理论的假设前提遭受破坏，致使整个系统模型的线性度变差。因此，实际应用中要设计保护装置，防止大型风浪的破坏。

2. 系统达成最大波能捕获的条件

波浪发电系统中最重要的问题之一就是如何尽可能地从波浪中提取能量[20-22]。Falnes 提出，要实现最大能量的提取，需要同时满足相位条件和幅值条件[9]。相位条件是指当波浪力的相位能够和浮子运动保持一致时，能引发共振使得能量吸收达到最大。幅值条件是指在辐射波的幅值恰好是随机波浪幅值的一半时，易实现幅值优化条件。两者相比较而言，装置设计满足相位条件比满足幅值条件要简单得多。因此，现有波能发电机的控制策略大多以满足相位条件为着眼点。常见的线性控制策略有被动负载控制、最优控制等；常见的非线性控制策略有锁存式控制策略、变特性控制策略等。被动负载控制和最优控制的研究如下。

1) 被动负载控制

被动负载控制的思想是赋予发电机转子以"电阻"的特性[15,23],用转矩常数表示:

$$C_T^\theta = K_p \tag{4-46}$$

对应的参考电磁转矩:

$$T_{e\_ref} = -C_T^\theta \dot{\Theta}_r = -K_p \dot{\Theta}_r \tag{4-47}$$

这种控制方式使得永磁同步发电机对其转子产生的电磁转矩参考值始终与转子转速成比例,且方向始终与转子转速相反。如果发电机的转矩控制器性能良好,则在电气化模拟的电路图 4-18 中,电压源 u_T 就成为一个事实上阻值为 C_T^θ 的电阻。由于被动负载控制下,电机在电路中呈现正电阻特性,正电阻消耗的瞬时功率始终是非负的,所以电机始终工作在发电机状态,因此使用被动负载控制对发电机及其控制器的要求不是很高。在入射波浪频率稳定且已知的情况下,通过装置的良好设计,装置的固有频率和入射波频率匹配,即可实现最大的功率捕获。然而现实的海况比较复杂,在风速、气象、洋流、海底活动等多种情况的影响下,波浪的频率和幅值都在一个很大的范围内波动。而波能转换装置一旦建设完毕,其固有频率就被决定了。当入射波频率偏离装置的固有频率太大时,电路图 4-18 中电路体现出的电抗性质将会极为突出,电阻 Z_T 上分压极小,导致响应低下。从功率的角度看,此时电路中流动着大量的无功功率,严重妨碍有功功率的传输,而电阻 Z_T 能够消耗的正是有功功率,此时发电装置的发电效率将会极其低下。

2) 最优控制

最优控制又称无功控制,或称反应式控制[24,25],这种方法目的在于克服被动负载控制的缺陷,其区别在于:它在生成参考电磁转矩时不仅使用了角速度量,还使用了角速度量的微分值和积分值。图 4-15 中等效电路的戴维南形式如图 4-19 所示。

图 4-19 中的 U_e 是根据 M_{PTO} 在重载(电路中空载)时的输出值设置,Z_o 是 M_{PTO} 折算到副边的"内阻抗"和 J_r 与 C_r^θ 的加和值。由于

$$Z_o = R_o + j\left(\omega L_o - \frac{1}{\omega C_o}\right) \tag{4-48}$$

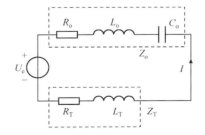

图 4-19　图 4-15 的戴维南等效电路

由最大功率传输定律,只要满足:

$$Z_T = Z_o^* = R_o + j\left(\frac{1}{\omega C_o} - \omega L_o\right) \tag{4-49}$$

则此时电路达成串联谐振,电路呈现纯阻性,并且负载得到的有功功率达到最大。

因此，此时的参考转矩为

$$T_{e\_ref} = -K_d \ddot{\Theta}_r - K_p \dot{\Theta}_r - K_i \Theta_r \qquad (4\text{-}50)$$

对应的转矩常数为(复频域)

$$C_T^\theta(s) = K_d s + K_p + K_i \frac{1}{s} \qquad (4\text{-}51)$$

从式(4-51)可以看出在最优控制下，Z_T 表现出了阻抗的性质，其消耗的瞬时功率可能小于零，作为这种控制方式的代价，要求电机能够工作在电动机状态。不过，此时不论波浪是何种频率，最优控制下的装置都可以达成相位条件，从而实现最大功率捕获。并且由于此时电路中不存在电抗，只需要调整 K_p 项的数值，改变 Z_T 对应电阻的大小，即可十分方便地调整电机的输出功率。需要说明的是，一般而言，戴维南等效电路中 R_0 的数值比较小，K_p 需要取一个较大的值才能保证电机不会过载运行。

4.5　波浪发电系统全电气化模拟仿真

本节提出一种基于因果实现最优控制的方法，使用一套典型参数，建立 MATLAB/Simulink 仿真模型，通过 5 个算例对振荡浮子式波能转换装置进行了仿真研究。结果表明在最优控制下，系统能吸收比被动负载控制下更多的能量。本节研究控制器电阻系数对控制性能的影响，进一步验证有关最优控制相关结论的正确性；得到线性稳定临界条件，为工程上的应用提供理论依据；进行随机波浪下的仿真研究，结果表明控制器的测频部分受到随机波浪影响而使最优控制的性能有所下降。

4.5.1　控制器设计

被动负载控制下，电机控制器只需要实时测量电机的转子转速，再乘以比例系数即可得到参考转矩，被动负载控制的参考转矩生成框图如图 4-20 所示。

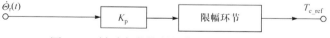

图 4-20　被动负载控制的参考转矩生成框图

使用最优控制(直接使用 PID 调节方式)产生共轭阻抗的方法是非因果的，因为它相当于在电路中引入了负电容和负电感，换言之，其物理上不可能实现[25,26]。因此，实际上最优控制需要通过因果系统方式实现。考虑到产生的参考转矩可以共轭阻抗的方式消除内阻抗，因此可通过如下方式产生参考转矩。

(1) 建立用于共轭阻抗生成的物理原型电路和传递函数如图 4-21 和图 4-22 所示。

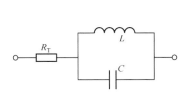

图 4-21　共轭阻抗生成的物理原型电路

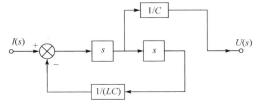

图 4-22　共轭阻抗生成的传递函数框图

共轭阻抗的电抗部分，在复频域下的传递函数表达式为

$$Z(s) = \frac{\dfrac{s}{C}}{s^2 + \dfrac{1}{LC}} \tag{4-52}$$

(2) 在一定频率范围内(记此频率范围为[$\omega_{\min}, \omega_{\max}$])，计算整个系统归算到电机侧的复阻抗虚部，并取相反数，记为$-X_C(\omega)$，以表的形式存入控制器的内存中。

(3) 根据测得的转子转速，估算转速频率，记为ω，并根据ω测得的频率从表中取出最接近频率的$-X_C$。

(4) 如果$-X_C \geqslant 0$，则$L = -X_C/\omega^*$，$C = 1 \times 10^{-12}$F。否则$C = -1/(\omega^* X_C)$，$L = 1 \times 10^{12}$H。

(5) 按照一定频率更新L和C的值，并更改控制器的参数值。

第(3)步中，转速频率的估算可通过使用截止频率为$\omega_{\max}$的低通滤波器处理后的转速信号，通过锁相环(PLL)测量频率。由于真实海洋波浪的频率较低，PLL在其PID参数设置合理的情况下有足够时间收敛，其原理框图如图4-23所示。

图 4-23　PLL 估算转速频率的原理框图

综上，整个控制器产生参考转矩的框图如图 4-24 所示。

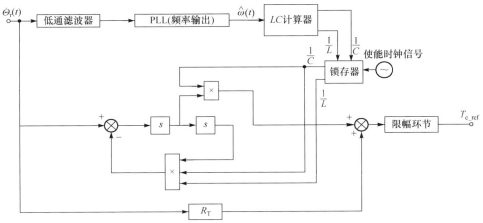

图 4-24　最优控制的参考转矩生成框图

4.5.2 参数计算

一套小型的振荡浮子式波能转换装置和波浪环境的参数如表 4-5 所示。

表 4-5　小型振荡浮子式波能转换装置和波浪环境的参数

参数	取值	参数	取值
浮子质量 m_b	1000kg	缆绳刚度系数 k_1	2.15×10^5N/m
配重质量 m_{pre}	700kg	PTO 角阻尼系数 c^θ	4.749N·m·s/rad
海水密度 ρ	1020kg/m²	配重的等效阻尼系数 c_{pre}	0.00397N·s/m
重力加速度 g	9.8m/s²	PTO 转动惯量 $J_p + J_{other}$	175.1kg·m²
浮子圆形横截面 S	0.7854m²	永磁同步电机转子转动惯量 J_r	0.0030kg·m²
浮子静吃水 V_{sub}	0.2941m³	变速比 k_{gear}	0.05
主滑轮半径 R_p	0.5m		

只有当给定了波浪的参数后，才可以计算波浪入射力、附加质量和附加阻尼系数。取波高 $H=0.8$m，波数 $k=1/12$m^{-1}，静水吃水深度 $d=0.3745$m，则计算得到如下结果：

波浪入射力的幅值为

$$F_{ex} = 3.0432 \times 10^3 \, \text{N} \tag{4-53}$$

附加质量(极限频率下)为

$$m_{add} = 284 \text{kg} \tag{4-54}$$

附加阻尼系数(典型频率值)为

$$c_{add} = 10.16 \text{N} \cdot \text{s/m} \tag{4-55}$$

典型频率值按照波浪周期(8～10s)进行估算，如表 4-5 所示。在下面介绍的五个算例中，均使用传递函数式代替典型频率值。建立典型频率值的目的在于：使实验室级的模拟电路可以使用一个常数电阻代替。

系统在静止时，缆绳应已处于绷紧状态。缆绳力初值为

$$F_{l1}(0^-) = F_{l2}(0^-) = -6860 \text{N} \tag{4-56}$$

系统静止时，按照浮子位移的定义，得到浮子位移的初值为

$$z_b(0^-) = 0 \tag{4-57}$$

同时，系统各处的速度初值也应为

$$\begin{cases} \dot{z}_b(0^-) = \dot{z}_{pre}(0^-) = 0 \\ \dot{\Theta}(0^-) = \dot{\Theta}_r(0^-) = 0 \end{cases} \tag{4-58}$$

计算控制器在生成电感 L、电容 C 值时所需要的内阻抗虚部值，此数值归算到电机侧，限制波浪周期范围为 1~30s。设"//"为并联符号，则在复频域下，系统归算到电机侧的等效内阻抗为

$$Z_{\mathrm{o}}(s)=\left\{\left[\left(sL_1+R_1+\frac{1}{sC_1}\right)\!/\!/\frac{1}{sC_{\mathrm{kl}}}\right]k^2\right.$$

$$\left.+sL_3+R_3+k^2\left[(sL_2+R_2)/\!/\frac{1}{sC_{\mathrm{kl}}}\right]\right\}k_{\mathrm{gear}}^2+sL_{\mathrm{r}}+R_{\mathrm{r}}$$

$$=\left(R_3+sL_3+\frac{k^2}{\dfrac{1}{sL_1+R_1+\dfrac{1}{sC_1}}+sC_{\mathrm{kl}}}+\frac{k^2}{\dfrac{1}{sL_2+R_2}+sC_{\mathrm{kl}}}\right)k_{\mathrm{gear}}^2+sL_{\mathrm{r}}+R_{\mathrm{r}}$$

(4-59)

将全部元件的参数代入式(4-59)，并令 $s=\mathrm{j}\omega$，得到：

$$Z_{\mathrm{o}}=\frac{0.5228\mathrm{j}\omega^6+0.0215\omega^5-520.1\mathrm{j}\omega^4-11.724\omega^3+93284.0\mathrm{j}\omega^2+1249.9\omega-252359.6\mathrm{j}}{\omega^5-0.0079\mathrm{j}\omega^4-480.6991\omega^3+2.4313\mathrm{j}\omega^2+53306.9\omega}$$

(4-60)

在式(4-60)中代入对应的角频率值，即可得到相应的阻抗。图 4-25 为计算周期在 1~30s 内的阻抗实部图线。图 4-26 为内阻抗虚部的幅频特性曲线。

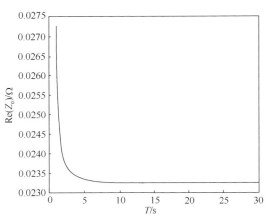

图 4-25　阻抗实部与波浪周期的关系图

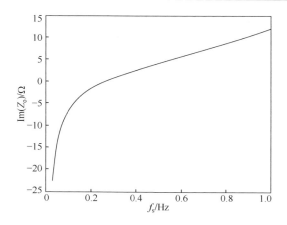

图 4-26　系统归算到电机侧的内阻抗虚部的幅频特性曲线

4.5.3　正弦波浪下的系统响应

依据前面的分析和数据，首先在 MATLAB 中搭建 Simulink 仿真模型。其中表征系统运行的关键参数有浮子缆绳弹力、配重缆绳弹力、浮子位移、发电机电磁转矩、发电机瞬时功率和发电机有功功率。系统运行的关键参数及其测量方法如表 4-6 所示。

表 4-6　系统运行的关键参数及其测量方法

参数/单位	测量量/单位	数值换算方法
浮子缆绳弹力 F_{11}/N	电容 C_{k11} 电压 $u_{C_{k11}}$/V	$F_{11}=u_{C_{k11}}$
配重缆绳弹力 F_{12}/N	电容 C_{k12} 电压 $u_{C_{k12}}$/V	$F_{12}=u_{C_{k12}}$
浮子垂荡位移 z_b/m	电容 C_1 电压 u_{C_1}/V	$z_b=u_{C_1}C_1$
发电机电磁转矩 T_e/(N·m)	阻抗 Z_T 电压 u_T/V	$T_e=u_T$
发电机瞬时功率 p/W	电流 i_4/A，阻抗 Z_T 电压 u_T/V	$p=u_T i_4$
发电机有功功率 P/W	—	$P=\bar{p}$

算例 4.1　被动负载控制下的性能仿真。

首先将电机的转矩控制器设置为被动负载控制，并调节合适的控制器参数。取控制器电阻参数为 $R_T=3\Omega$，电磁转矩参考值输出饱和值为 $\pm200\text{N·m}$，此饱和值由逆变器的输出能力决定。由于真实的海浪每 3h 内可认为波浪特性为稳定不变[27]，因此分别在波浪频率为 f=1/2Hz、f=1/8Hz、f=1/15Hz 三种情况下，单独观察波能转换装置的性能。仿真结果如图 4-27～图 4-29 所示。

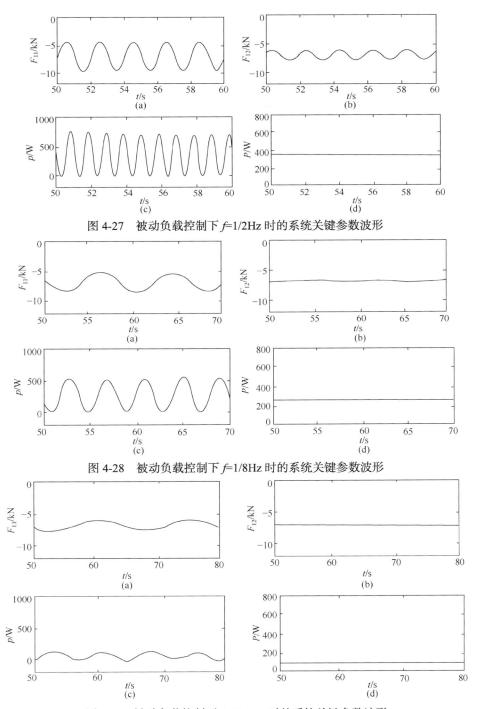

图 4-27 被动负载控制下 *f*=1/2Hz 时的系统关键参数波形

图 4-28 被动负载控制下 *f*=1/8Hz 时的系统关键参数波形

图 4-29 被动负载控制下 *f*=1/15Hz 时的系统关键参数波形

表 4-7　算例 4.1 的关键参数表

频率	f=1/2Hz	f=1/8Hz	f=1/15Hz
F_{11}/N	−4206.5/−9513.5	−5207.9/−8512.1	−6041.7/−7678.3
F_{12}/N	−5986.6/−7733.1	−6678.4/−7041.6	−6811.0/−6908.9
z_b/m	0.1139/−0.1139	0.4178/−0.4179	0.3976/−0.3976
T_e/(N·m)	46.46/−46.46	39.86/−39.86	20.16/−20.16
p/W	714.07/0	525.40/0	134.49/0
P/W	357.0	262.7	67.3

如图 4-27～图 4-29 所示，三种情况的稳态下系统关键参数如表 4-7 所示(前五项的数据为最大值/最小值，下同)。由表 4-7 可得，三种频率下系统在稳态时始终运行在线性稳定区，并且离非线性临界点有一定距离。发电机吸收的有功功率始终是非负的，符合前文被动负载控制下对发电机消耗功率的特性分析。随着频率的下降，发电机吸收的有功功率逐渐下降，这是因为随着频率从 f=1/2Hz 开始，电路的容性电抗急剧增大，有功输出乏力。由此可见，被动负载控制下的波能转换装置吸收有功功率的效率很低。

算例 4.2　最优控制下的性能仿真。

将电机的控制器切换到最优控制，在保持其他参数不变的条件下，在 f=1/8Hz 时观察波能转换装置的性能，仿真结果如图 4-30 所示。

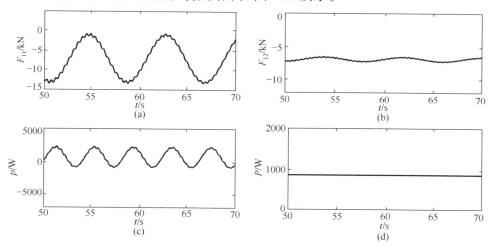

图 4-30　最优控制下 f=1/8Hz 时的系统关键参数波形

在 f=1/2Hz 和 f=1/15Hz 时系统的关键参数波形不再给出，在这三种频率下系统的关键参数如表 4-8 所示。

表 4-8　算例 4.2 的关键参数表

频率	f=1/2Hz	f=1/8Hz	f=1/15Hz
F_{11}/N	−4816.0/−11366.7	−539.8/−13280.8	0/−15346.9
F_{12}/N	−5395.5/−8324.5	−6459.4/−7256.4	−6645.0/−7099.9
z_b/m	0.3667/−0.0531	0.7517/−0.7518	0.9617/−1.0843
T_e/(N·m)	98.7/−160.32	141.35/−141.64	167.99/−200.06
p/W	3376.2/−1065.1	2691.9/−835.66	2632.2/−1559.3
P/W	992.5	890	391.8

可以明显地看出，最优控制下发电机发出的功率获得了极为显著的提升。瞬时功率出现了负值，说明系统确实部分时刻工作在电动机状态。有功功率最低在 f=1/15Hz 时，为 391.8W。从 f=1/2Hz 到 f=1/8Hz，发出有功功率降低，这是因为系统的缆绳含有一定程度的振动，使控制器的测频部分发生了一定的偏移，使得最优控制距离实际应有位置有所偏差。在 f=1/8Hz 时，缆绳力 F_{11} 已经接近非线性状态的临界。在 f=1/15Hz 时，绳力 F_{11} 出现了 0 值，缆绳发生了松弛，系统进入了非线性的振荡过程，因此有功功率进一步降低。与此同时，电机的电磁转矩大小已经到了控制器的饱和值，输出电磁转矩的不足将导致控制器不能使系统中的阻抗虚部完全消除。这说明此时电机并没有完全处于最优控制的状态下，导致发出功率下降。即使出现了这样的状况，发电机仍然能发出比被动负载控制下更多的功率，而且能量传递的效率也高于被动负载控制，更易于实现系统的最大波能捕获。

算例 4.3　控制器电阻系数对吸收功率的影响。

针对上述结论分析电机控制器的电阻系数 R_T 对吸收功率的影响。取波浪频率 f=1/8Hz，并分别选取 $0.9R_T$、$0.7R_T$、$0.4R_T$（R_T 与算例 4.2 相同）进行仿真，仿真结果如图 4-31～图 4-33 所示。

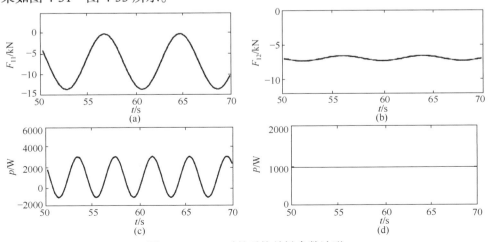

图 4-31　$0.9R_T$ 时的系统关键参数波形

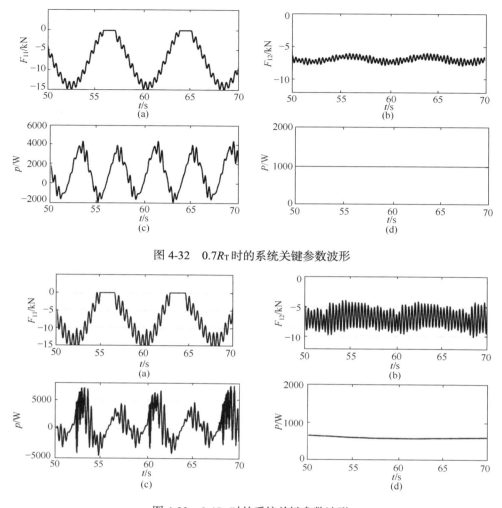

图 4-32　0.7R_T 时的系统关键参数波形

图 4-33　0.4R_T 时的系统关键参数波形

这三种情况稳态下系统的关键参数如表 4-9 所示，可得出此时系统归算到电机侧的内阻抗的实部为：$R_0=0.0233\Omega$，控制器的电阻参数接近此值。从最大功率传输定律的角度来说系统吸收的有功功率不断上升。表 4-9 也反映出，当 R'_T 从 2.7Ω 减少到 2.1Ω 时，系统吸收的有功功率上升，而 R'_T 从 2.1Ω 减少到 1.2Ω 时，系统吸收的有功功率反而下降。实际上，当 $R'_T=1.2\Omega$ 时，缆绳发生了长时间的松弛，电机的电磁转矩也保持极限输出，这说明系统的总能量输入不够，系统也未能运行在完全的最优控制下。

通过本算例可知，不仅要通过系统的合理设计使缆绳尽可能不发生松弛，并且要使用大容量的逆变器，使得电机有更大的电磁转矩输出能力，更可能地运行在完全的最优控制下，这样才能提高系统捕获波能的能力。

表 4-9　算例 4.3 的关键参数表

电阻系数	$R_{\mathrm{T}}' = 0.9R_{\mathrm{T}} = 2.7\Omega$	$R_{\mathrm{T}}' = 0.7R_{\mathrm{T}} = 2.1\Omega$	$R_{\mathrm{T}}' = 0.4R_{\mathrm{T}} = 1.2\Omega$
F_{11}/N	−2913/−13428.8	0/−15051.9	0/−16532.5
F_{12}/N	−6484.5/−7233.2	−5795.5/−7989.6	−3433.2/−10407.5
$z_{\mathrm{b}}/\mathrm{m}$	0.8266/−0.8266	0.9645/−1.0010	1.1130/−1.3150
$T_{\mathrm{e}}/(\mathrm{N \cdot m})$	145.72/−146.19	167.00/−187.23	200.04/−200.03
p/W	2943.7/−979.24	4353.8/−2067.8	7537.4/−5300.3
P/W	979.1318	992.9	约 615.0

算例 4.4　线性临界稳定条件的验证。

上面的算例均显示出缆绳松弛对系统吸收的有功功率可能造成的严重影响，并且缆绳力 F_{11} 相比于 F_{12}，十分容易松弛。因此验证了线性稳定性临界条件的重要性，这就需要计算入射力 F_{ex} 幅值和缆绳力 F_{11} 的关系。从发电机部分归算到缆绳 l_1 上的复频域下的阻抗为

$$
\begin{aligned}
Z_1(s) &= \left\langle \left\{ \left[s(L_{\mathrm{r}} + L_{\mathrm{T}}) + R_{\mathrm{r}} + R_{\mathrm{T}} \right] k_{\mathrm{gear}}^2 + sL_3 + R_3 \right. \right. \\
&\quad + \left. \left. k^2 \left[(sL_2 + R_2) /\!/ \frac{1}{sC_{\mathrm{kl}}} \right] \right\} / k^2 \right\rangle /\!/ \frac{1}{sC_{\mathrm{kl}}} \\
&= \cfrac{1}{sC_{\mathrm{kl}} + \cfrac{k^2}{sL_3 + R_3 + k^2/[sC_{\mathrm{kl}} + 1/(sL_2 + R_2)] + \left[R_{\mathrm{T}} + R_{\mathrm{r}} + s(L_{\mathrm{r}} + L_{\mathrm{T}}) \right]/k_{\mathrm{gear}}^2}}
\end{aligned}
$$

$$(4\text{-}61)$$

从入射力向系统看进去的系统全阻抗为

$$
Z(s) = Z_1(s) + sL_1 + R_1 + \frac{1}{sC_1} \tag{4-62}
$$

则入射力 F_{ex} 的幅值和它在缆绳力 F_{11} 上引起的响应幅值关系为

$$
\frac{F_{11}}{F_{\mathrm{ex}}} = \left| \frac{Z_1(\mathrm{j}\omega)}{Z(\mathrm{j}\omega)} \right| = k \tag{4-63}
$$

将全部元件在算例 4.4 中的参数代入式(4-63)，得出入射力及其在缆绳力 F_{11} 上引起响应的幅值关系如表 4-10 所示。

表 4-10　入射力及其在缆绳力 F_{11} 上引起响应的幅值关系

T/s	k	T/s	k	T/s	k
1	1.1143	11	0.9737	21	0.2549
2	0.9796	12	0.7774	22	0.2369
3	1.0344	13	0.6405	23	0.2213
4	1.1573	14	0.5418	24	0.2077
5	1.3558	15	0.4681	25	0.1957
6	1.6439	16	0.4114	26	0.1851
7	1.9538	17	0.3666	27	0.1756
8	1.9919	18	0.3304	28	0.167
9	1.6499	19	0.3007	29	0.1593
10	1.2604	20	0.2759	30	0.1523

　　通过计算入射力 F_{ex} 幅值和缆绳力 F_{11} 的关系可以得出，反应式控制下，在 $f=1/8\text{Hz}$、$R_T=3\Omega$ 的情况下，忽略缆绳松弛特性时，波浪入射力 F_{ex} 和其在缆绳力 F_{11} 上引起的响应幅值之间的关系如下：

$$F_{11}=1.9919F_{ex} \tag{4-64}$$

　　由于本算例中使用配重重力为 $m_{pre}g=6860\text{N}$，则当激励力幅值大于 3443.9N 时，缆绳应该发生松弛。分别取激励力幅值为 2000N、3443.9N、3600N(通过调整波浪的波高即可获得不同的激励力幅值)进行仿真，不同幅值入射力下缆绳力 F_{11} 的波形如图 4-34 所示。这三种情况的稳态下系统关键参数罗列如表 4-11 所示。可以看出当入射力小于 3443.9N 时，缆绳力距离线性稳定临界点尚有距离。当入射力等于 3443.9N 时，缆绳力 F_{11} 达到线性稳定临界点，此时电机发出的有功功率为 1139.9W。当入射力大于 3443.9N 时，缆绳力 F_{11} 出现 0 值，即缆绳发生松弛，

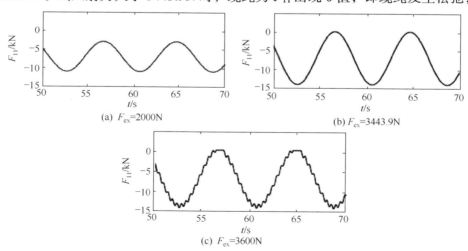

(a) $F_{ex}=2000\text{N}$

(b) $F_{ex}=3443.9\text{N}$

(c) $F_{ex}=3600\text{N}$

图 4-34　不同幅值入射力下缆绳力 F_{11} 的波形

而且出现抖振现象，线性稳定状态受到破坏。如果缆绳始终不发生松弛，则在入射力为 3600N 时发电机发出的功率应该是：$(3600/3443.9)^2 \times 1139.9 = 1245.6W$，而事实上功率只有 1188.2W。这证明了缆绳松弛时，系统吸收波能的能力下降，并且证明了所提出的线性稳定临界条件的正确性。

表 4-11　算例 4.4 的关键参数表

幅值	$F_{ex}=2000N$	$F_{ex}=3443.9N$	$F_{ex}=3600N$
F_{11}/N	−2860.2/−10869.2	0/−13721.1	0/−14415.7
F_{12}/N	−6635.7/−7082.9	−6478.8/−7241.8	−6365.0/−7354.4
z_b/m	0.4936/−0.4935	0.8497/−0.8498	0.8766/−0.8820
$T_e/(N \cdot m)$	89.39/−89.53	153.50/−153.52	157.24/−168.12
p/W	1103.5/−331.19	3256.4/−975.5	3660.3/−1140.0
P/W	384.5	1139.9	1188.2

算例 4.5　随机波浪下的性能仿真。

随机波浪的水面运动方程可用式(4-65)描述[28]：

$$\eta(t) = \sum_{n=1}^{\infty} a_n \cos(\omega_n t + \varepsilon_n) \tag{4-65}$$

式(4-65)表明随机波浪可用一系列频率波浪的线性叠加来描述。理论上，波能集中在一个频谱上一段狭窄的频段内。本算例假设海面上只存在一个波能转换装置，因此无须考虑波浪的方向谱，本算例由此选择 $f=1/2Hz$、$f=1/8Hz$ 和 $f=1/15Hz$ 为频谱中的峰值频率，并设其幅值和算例 4.2 中的相同，以式(4-65)产生实际的波浪幅频关系：

$$S(\omega) = \frac{2.5}{(\omega - \omega_p + \pi)^{1.5}} e^{-\frac{1}{\omega - \omega_p + \pi}}, \quad \omega - \omega_p + \pi > 0 \tag{4-66}$$

式中，ω 为角频率；ω_p 为峰值频率。依据式(4-66)进行仿真，这三种情况稳态下的系统关键参数如表 4-12 所示。峰值频率 $f=1/8Hz$ 时的系统关键参数波形如图 4-35 所示，另外两种频率下的波形不再给出。

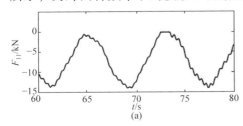
(a)

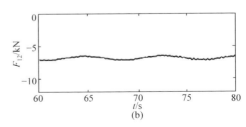
(b)

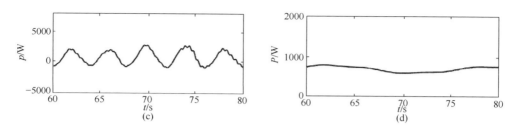

图 4-35　峰值频率 f=1/8Hz 时的系统关键参数波形

表 4-12　算例 4.5 的关键参数表

频率	f=1/2Hz	f=1/8Hz	f=1/15Hz
F_{11}/N	−5492.0/−11806.7	0/−14337.2	0/−15215.7
F_{12}/N	−5332.9/−8392.0	−6488.8/−7229.8	−6653.2/−7071.8
z_b/m	0.4254/0.0308	0.7522/−0.8208	1.0912/−1.1479
T_e/(N · m)	79.88/−169.4185	157.80/−168.75	166.67/−200
p/W	3605.2/−1192.2	2990.8/−1159.8	2634.4/−1503.9
P/W	973.5	706.98	455.25

　　将表 4-12 中的数据与算例 4.2 中的相比，可以发现，在峰值频率 f=1/2Hz 和 f=1/8Hz 时，系统吸收的有功功率不升反降。本算例的随机波浪应比算例 4.2 中的正弦波浪具有更高的能量，因此吸收的能量下降主要是由控制器测频部分的输出偏差导致。在峰值频率 f=1/15Hz 时，尽管和算例 4.2 中一样发生了缆绳的松弛，发电机吸收的能量反而大于算例 4.2 中发电机吸收的能量，这说明除了峰值频率，发电机还吸收了峰值频率附近的波能。

4.6　基于质量可调浮子的直驱式波浪发电系统全电气化模拟

　　本节主要介绍质量可调的浮子式波浪发电系统的全电气化模拟，并且以此为基础对发电机发电功率、动子运行速度进行仿真计算。其中波浪发电机选择另一种直线电机进行研究，该电机在波浪发电系统中具有一定的优势。

4.6.1　系统的电气化模拟

　　基于质量可调浮子的直驱式波浪发电系统的结构图及其整体受力分析如图 4-36 所示。直线发电机与质量可调浮子在垂荡方向上通过连接杆刚性连接，假

设连接杆不可压缩和拉伸。故直线发电机的动子和浮子作为一个整体进行同步运动，因此，这种波浪发电系统的运动方程为

$$(m_b + m_t)\ddot{z}_b = F_{ex} - F_{ra} - (m_b + m_t)g + \rho g(V_{sub} - Sz_b) - F_{PTO} \tag{4-67}$$

式中，F_{PTO} 为发电机施加在浮子之上的电磁阻尼力。

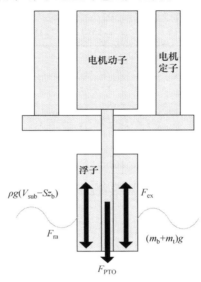

图 4-36　基于质量可调浮子的波浪发电系统结构图

根据机械系统与电气系统的相似性，建立的基于质量可调浮子的波浪发电系统等效电路模型如图 4-37 所示。其中，γ 为电机的电磁阻尼系数。

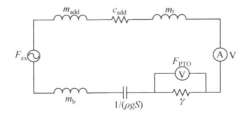

图 4-37　基于质量可调浮子的波浪发电系统等效电路

4.6.2　系统仿真

为了使仿真结果具有直观性，这里选用浮子半径为 8m、高度为 8m、在静水中的吃水深度固定为 4m 的普通浮子作为参照对象，与质量可调浮子进行对比。需要注意的是，这里浮子在静水中的吃水深度指的是在浮子重力和直线发电机动子重力共同影响下的静吃水深度。

　　浮子所受激励力 F_e 可以用 Froude-Krylov 假定法，在具体的求解过程中，可以借助专业水动力软件 AQWA 进行计算，辐射阻尼系数 c_{add} 也可由此得出，计算结果如表 4-13 所示。这两个变量通过频域分析即可得出，不会受阻尼大小的影响。依据参考文献[29]选择直线发电机的电磁阻尼，然后对三种阻尼情况进行分析，分别为 50000N · s/m、150000N · s/m 和 224000N · s/m。

表 4-13　激励力 F_e 和辐射阻尼系数 c_{add}

波浪频率/Hz	可调浮子		普通浮子	
	F_e/N	c_{add}/(N · s/m)	F_e/N	c_{add}/(N · s/m)
0.33000	215351	58000	57524	2337
0.30000	265214	64000	88649	5676
0.29756	271114	65843	93057	6229
0.26829	275074	53940	133301	12051
0.24634	274255	45567	168253	16981
0.23171	267508	38982	193437	20336
0.21707	265713	34593	219801	23642
0.20976	254930	30078	233324	25190
0.19512	260824	27876	260824	27876
0.1878	255878	25188	274704	28932
0.18049	253132	22989	288605	29740
0.17683	245212	20670	295537	30001
0.16951	244800	19300	309355	30362
0.16585	239748	17707	316242	30463
0.15854	243457	16748	329860	30312
0.12000	330758	17063	394788	23898
0.10000	381958	13757	428991	17098

　　本节没有对无阻尼的情况进行分析，因为无阻尼是一种理论上不存在的理想状态。这种状况下，浮子的输出会无限大。但是由于存在较小的辐射阻尼，限制了输出，虽然不会出现无限大的情况，但是输出仍然远远偏离正常值。此外，由于阻尼的无限小，激励力的微小浮动带来的影响会被无限放大，所以无阻尼情况未被讨论。需要注意的是，虽然现实中理想环境不会存在，但是在验证某些理论猜想时，仍然可以选择无阻尼状态进行研究。

　　通过 MATLAB 对图 4-37 的等效电路进行仿真计算，波浪发电系统输出功率如图 4-38 所示。当波浪处于高频状态时，基于普通浮子建立的波浪发电系统的输出功率非常低，质量可调浮子表现出优异的性能，其输出功率远大于前者。在质量可调浮子的频率允许调节范围内，发电系统不但输出功率比较大，并且输出功率也比较稳定。当波浪频率远离普通浮子的固有频率之后，普通发电系统的发电功率急剧降低。当波浪频率超出质量可调浮子的频率匹配范围之后，可调浮子的发电功率也开始降低。在波浪处于低频的情况下，由于波浪周期的变大，两种浮子都有足够的时间跟随波浪的起伏改变运动状态。两种情况下，发电机的输出功率相差不是非常大，质量可调浮子略占优势。

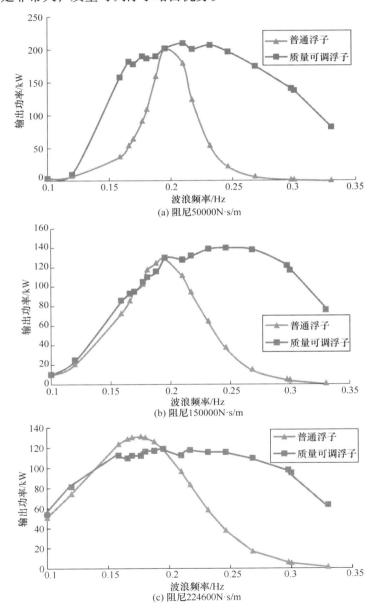

图 4-38　基于质量可调浮子和普通浮子的两种波浪发电系统输出功率

在波浪发电系统等效电路仿真中，电路中的电流相对应于浮子和发电机动子的运行速度。通过 MATLAB 仿真得出，发电机动子的速度幅值如图 4-39 所示。质量可调浮子的发电机动子的速度幅值，在频率匹配的可调范围内，基本可以维持在 1m/s 的稳定状态。其运动方程表达式为

$$V=\sin\left(2\pi t f_z\right) \tag{4-68}$$

从图 4-39 中可以看出，基于质量可调浮子建立的波浪发电系统能够更好地适应波浪的变化，在质量可调浮子的频率匹配范围内，浮子的运行状态非常稳定。另外，随着阻尼的增大，发电机动子速度幅值也越来越稳定，这对直线发电机的稳定运行非常有利。而基于普通浮子建立的发电系统，在高频的时候直线发电机动子的运动表现出明显的不稳定。波浪频率的微小变化，都会引起直线发电机动子速度的大幅度变化。

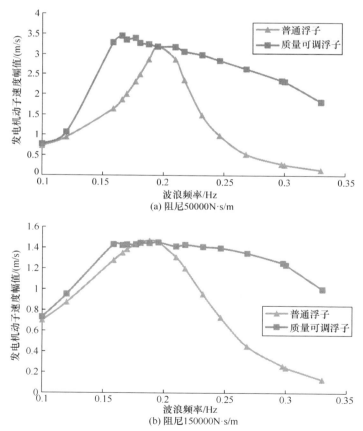
(a) 阻尼50000N·s/m

(b) 阻尼150000N·s/m

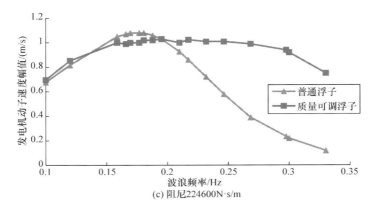

图 4-39　基于质量可调浮子和普通浮子的两种波浪发电系统的发电机动子速度幅值

4.7　全电气化波浪发电实验系统

电气化模拟的一大优势是可以很方便地通过搭建电路模型来验证实际系统的运动。如果能将前文分析的电气化模拟电路用实验室级别的元件搭建出实物电路，将能做出具有演示意义和教学意义的模型电路，这将有利于关于波能转换装置的教学，有利于机械工程领域人士和电气工程领域人士之间的沟通。本节阐述了在Multisim 软件中，用实验室级别的元件搭建电路进行对比仿真，并验证在MATLAB/Simulink 中仿真结果可靠性的过程和结果。除此以外，为了进一步验证电气化模拟电路的正确性与可行性，以及快速有效地对新技术、新设计、新产品进行试验和测试，及早发现设计问题及安全隐患，本节提出一种新颖的全电气化波浪发电实验系统，模拟整个波浪发电的过程。

4.7.1　实验室级模拟电路

使用实验室级别的元件搭建模拟电路，由于在从真实的系统电气化模拟而来的电路中，元件之间参数数量级大小相差悬殊，部分元件的参数难以使用实验室级别的元件搭建，这样的电路不能用于搭建实物模型。因此，需要对元件参数做出处理。其中主要涉及的措施有折算以及理想变压器的设计。

1. 频率折算

首先需要对电路图中的电感和电容进行频率折算。由于现实的海洋波浪的周期一般集中在 1～30s，这意味着波浪真实频率极低。实验室中的低压交流电源一般无法产生如此低频的电压波(一般为 50Hz)。因此，为了在相对高频下获得等效的阻抗，需要进行如下的频率折算：

$$\begin{cases} L' = L\dfrac{f}{f_s} \\ C' = C\dfrac{f}{f_s} \end{cases} \tag{4-69}$$

式中，f_s 为实验室电源的频率；f 为真实波浪频率。

2. 功率折算

真实波浪力、缆绳力以及浮子、配重重力等力的大小，往往是千牛级别，按照第一类电气化模拟关系得到的电源幅值也会有几千伏，在低压实验室中绝不可能得到这么高电压的电源，从安全角度看也不可能使用这样的高压电源。因此，首先对电压进行等比例降低，取

$$\begin{cases} U' = U/1000 \\ E' = E/1000 \end{cases} \tag{4-70}$$

电压降低后，电路各处的响应也随之以同等比例降低。因此，实验模型中阻抗消耗的功率和真实功率的关系如下：

$$P' = P \times 10^{-6} \tag{4-71}$$

只要测出了在实物模型中元件消耗的功率，按照式(4-71)进行换算即可得到真实系统对应部分消耗的功率。

3. 理想变压器的设计

利用电磁感应原理制成的变压器只能处理交流，对直流而言相当于短路，因此需要通过其他方法得到理想变压器。尽管可以通过阻抗折算的方法消除电路中的理想变压器，但是考虑到一旦更改变压器参数，电路中的全部元件就要重新选择，不利于变参数实验，因此在实物电路中选择使用理想变压器。理想变压器的受控源模型如图 4-40 所示。图中，n 表示变比。这说明理想变压器可以使用一个压控电压源和一个流控电流源来搭建。于是，设计理想变压器就转变为设计压控电压源和流控电流源的问题。

首先应明确[30]压控电压源应具有如下特性：

(1) 控制量为外电路电压，控制量输入端的阻抗无穷大；

(2) 控制量输入端应允许"浮地"，并能很大程度地抑制共模干扰；

(3) 电压源输出端的输出阻抗应尽可能

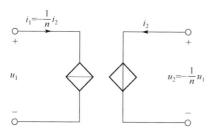

图 4-40　理想变压器的受控源模型

小，以提高带载能力。

流控电流源应具有如下特性：

(1) 控制量为外电路电流，控制量输入端的阻抗应极小；

(2) 控制量输入端应允许"浮地"，并能很大程度地抑制共模干扰；

(3) 电流源输出端的输出阻抗应尽可能大，以提高带载能力。

两者的输入端都具有能够"浮地"的输入要求，并且能够抑制共模干扰[30]，因此可以先设计它们的输入端部分电路，如图 4-41 所示。

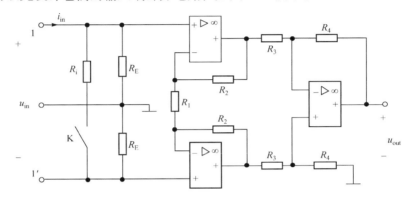

图 4-41　受控源的输入端电路

输入端电路由一个同相输入差动放大电路和一个基本差分电路级联组成。输入端具有三端输入口，分别为 1、1′ 和"地"。电压输入时可任选两端输入，电流输入时必须使用 1-1′ 端口。开关 K 负责切换输入量类型，若闭合则是电流输入，若开断则是电压输入。R_E 既是浮地电阻，也是电压输入时的输入电阻，这两者是相互促进而不是互为抵抗的，因此应选择兆欧级的大电阻。R_i 是电流输入时的采样电阻和输入电阻。根据流控电流源的设计要求，这个电阻应尽可能小。由理想运算放大器的"虚短路"和"虚断路"性质，可以得到同相输入差动放大级的电压增益为

$$K_{\mathrm{I}} = 1 + \frac{2R_2}{R_1} \tag{4-72}$$

基本差分放大级的电压增益为

$$K_{\mathrm{II}} = -\frac{2R_4}{R_3} \tag{4-73}$$

因此当电压输入时，输出电压为

$$u_{\mathrm{out}} = -\left(1 + \frac{2R_2}{R_1}\right)\frac{2R_4}{R_3}u_{\mathrm{in}} \tag{4-74}$$

当电流输入时，输出电压为

$$u_{\text{out}} = -\left(1 + \frac{2R_2}{R_1}\right)\frac{2R_4 R_i}{R_3} i_{\text{in}} \tag{4-75}$$

　　输入端电路的输出量是电压，因此只需要再设计电压控制的电压源和电流源输出端即可。设计电压源输出端如图 4-42 所示[30]。

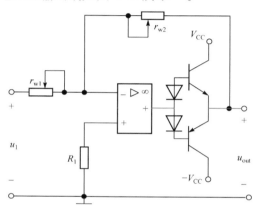

图 4-42　电压源输出端

　　由理想运算放大器的"虚短路"和"虚断路"特性可知，输出电压为 $u_{\text{out}} = -\dfrac{r_{\text{w2}}}{r_{\text{w1}}}u_1$，调节 r_{w1} 和 r_{w2} 的值即可改变电压增益。运放的输出侧接有一个甲乙类功率放大器，用来克服运算放大器输出电流过弱的固有缺陷，扩展受控电压源的输出能力使之能带动后面的负载而不至于在重载时使输出电压明显下降。反馈通路从功放的输出端引出而不是从运放的输出端引出，这能增加反馈强度，克服功率三极管的导通压降引起的电压损失(尽管在基极使用了二极管进行预导通，但是在一定程度上弥补了电压损失)。

　　将输入端电路和电压源输出端级联，就可以得到压控电压源。其总的电压增益为

$$K_{\text{u}} = \frac{u_{\text{out}}}{u_{\text{in}}} = \left(1 + \frac{2R_2}{R_1}\right)\frac{2R_4}{R_3}\frac{r_{\text{w2}}}{r_{\text{w1}}} \tag{4-76}$$

　　合理设计好各个电阻的数值，即可得到需要的压控电压源。需要注意的是，此压控电压源的最大输出电压的幅值不可能超过 V_{CC}。设计电流源输出端如图 4-43 所示[29]。

　　同样地，根据理想运算放大器的"虚短路"和"虚断路"原理，利用节点法可得两个三极管发射极流过的电流大小分别为

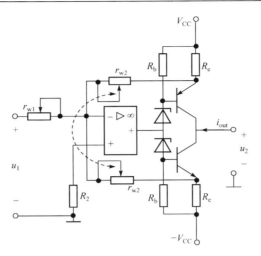

图 4-43 电流源输出端

$$\begin{cases} i_{e,up} = (2-k)\dfrac{u_1}{2r_{w1}} + \dfrac{V_{CC} + (2-k)u_1 r_{w2}/(2r_{w1})}{R_e} \\ i_{e,do} = -k\dfrac{u_1}{2r_{w1}} + \dfrac{V_{CC} - ku_1 r_{w2}/(2r_{w1})}{R_e} \end{cases} \tag{4-77}$$

在三极管电流增益足够高的情况下，集电极流过的电流近似于发射极电流，即

$$\begin{cases} i_{c,up} \approx (2-k)\dfrac{u_1}{2r_{w1}} + \dfrac{V_{CC} + (2-k)u_1 r_{w2}/(2r_{w1})}{R_e} \\ i_{c,do} \approx -k\dfrac{u_1}{2r_{w1}} + \dfrac{V_{CC} - ku_1 r_{w2}/(2r_{w1})}{R_e} \end{cases} \tag{4-78}$$

故输出电流为

$$i_{out} = i_{c,do} - i_{c,up} = \dfrac{u_1}{r_{w1}} + \dfrac{r_{w2}u_1}{r_{w1}R_e} \tag{4-79}$$

上述式中，电流的下标中 e 代表发射极；c 代表集电极；up 代表图 4-43 中上面的三极管；do 代表图 4-43 中下面的三极管。若要提高受控电流源的最高可输出电流，就需要提高三极管的静态电流 I_{CQ}，而又因为

$$I_{CQ} = \dfrac{V_{CC} - U_{BE} - U_{LD}}{R_e} \tag{4-80}$$

所以，R_e 一般取 10~100Ω 阻值。此时，输出电流可简化为

$$i_{out} = \dfrac{r_{w2}u_1}{r_{w1}R_e} \tag{4-81}$$

将输入端电路和电流源输出端级联，即可得到流控电流源，其总的电流增益

系数为

$$K_{u} = \frac{i_{out}}{i_{in}} = \left(1 + \frac{2R_2}{R_1}\right)\frac{2R_4 R_i}{R_3}\frac{r_{w2}}{r_{w1}R_e} \tag{4-82}$$

此电流源能够输出的最大电流是两倍静态电流 I_{CQ}。文献[31]指出，要获得较大的输出电阻，需要使用放大能力大的三极管，这正好与上述的简化前提不谋而合。因此，三极管中的 β 较大能提升此电流源的性能和精密程度。

此外，由于运算放大器都具有一定的失调电压，其大小一般为 1～10mV。对于一般运用的运算放大器电路，失调电压引起的输出电流误差可以忽略，但是波能转换装置对应的实验室电路中电流响应大约在毫安级，因此，搭建电流源电路时需要使用具有超低失调电压的运算放大器，如 OP07。使用上述的压控电压源和流控电流源，选择合适参数的电阻元件，即可构成所需的理想变压器。

4. Multisim 环境下的对比仿真实验

电路中各个元件的参数由算例 4.2 中 $f=1/8$Hz 时的参数折算而来，因此，选择电源的频率为 $50/0.1×(1/8)=62.5$Hz。需要测量的参数是除了瞬时功率外的其他 5 个关键参数。

电压表的读数是 890.242μW，则对应的发电机真实吸收有功功率为 890.242μW×10⁶=890.242W。稳态时，负责测量缆绳力的示波器波形如图 4-44 所示。从示波器中可以读出两段缆绳的平均绳力。其中缆绳力 F_{11} 的最大值为 -797.666mV×1000=-797.666V→797.666N，最小值为-12.894V×1000=-12894V→-12894N。缆绳力 F_{12} 的最大值为 -6.567V×1000=-6567V→6567N，最小值为-7.168V×1000= -7168V→-7168N。负责测量浮子垂荡位移的示波器稳态时的波形如图 4-45 所示。

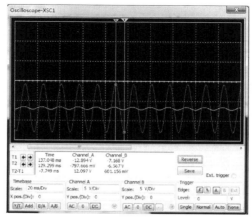

图 4-44 测量缆绳力的示波器稳态波形

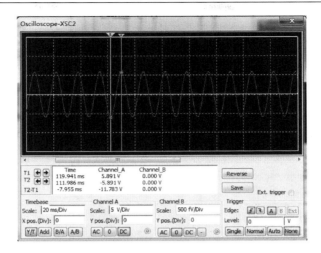

图 4-45 测量浮子垂荡位移示波器稳态波形

通过示波器得到浮子垂荡位移的最大值为：$5.891\text{V}\times1000\times2.5474\times10^{-7}\text{F}\times(62.5/(1/8))=0.7503\text{A}\cdot\text{s}\rightarrow0.7503\text{m}$，最小值为$-5.891\text{V}\times1000\times2.5474\times10^{-7}\text{F}\times(62.5/(1/8))=-0.7503\text{A}\cdot\text{s}\rightarrow-0.7503\text{m}$。通过对比 Multisim 中的仿真数据和表 4-8 中的数据，可以发现两者是基本吻合的，这说明使用实验室级别的元件建立的仿真元件可以很好地模拟真实系统。

4.7.2 实验系统平台

波浪发电技术是通过波能吸收装置，将波能首先转化为机械能，再转化成电能[32]。波浪发电机组现场研究实验存在很多缺点和不便，设备庞大、建造和维护耗资巨大，所以实验室的研究显得尤为重要[33,34]。实验室研究可快速有效地对新技术、新设计、新产品进行试验、测试和验证，及早发现设计问题及安全隐患，从而降低技术风险、减少产品开发费用、缩短研究周期等。但是，现有的实验装置大多将波浪发电机组成比例缩小到实验级别进行模拟，一般包括造波水槽、波能转换装置、发电系统和数据采集系统等。这些实验装置需要占用大量的空间，装置建造烦琐，计算复杂，每种波能转换装置都需要重新进行相应的制造，人力成本、时间成本、经济成本巨大，实验失败的风险更高，不具有普遍适用性。

针对以上问题，本节设计了一种全电气波能发电实验系统[35,36]，该实验系统拟采用相对简单的方法——全电气化等效电路模型，代替烦琐复杂的实验装置及设备，通过将不同的实验装置及波浪环境等效为相应的电路，准确地实现对波浪发电系统的实验模拟。同时，还可以模拟多种类型波能转换装置在多自由度上充分吸收波能的情况。

如图 4-46 所示，本系统通过一种非常简单的全电气模拟方法，实现了波浪发电实验装置的简化，具有普遍适用性。该系统包括波能转换装置的全电气模拟模块、异步电动机、永磁同步发电机、负载、DSP 控制器这五个部分。全电气模拟模块将波能转换装置等效成相应的电路模型，将波浪信息等效成电源，输出相应的电信号作为异步电动机的给定输入；由 DSP 控制器控制异步电动机的输出转矩随着给定输入变换，模拟波能转换装置输出的机械能，带动永磁同步发电机发电；输出电能通过 DSP 控制，经过相应的整流逆变过程供给负载，从而模拟整个波浪发电的过程。

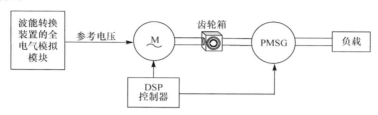

图 4-46　全电气波浪发电实验系统

　　参照全电气等效电路的方法，将设置或收集的波浪(既可以是规则波也可以是不规则波)信息，通过相应的等效原则转化为电源信号供给等效电路。等效电路输出的电压电流，模拟波能转换装置中输出的力或速度信息，作为参考信号，输入到由 DSP 矢量控制器控制的异步电动机，作为异步电动机的输入参考转矩。电动机输出的转矩通过变速齿轮箱传输给永磁同步发电机。图 4-46 的波能转换装置的全电气模拟模块完全替代了波能转换装置将波能转化为机械能的部分，实现了其全电气模拟实验。由于波浪的随机性，发电机发出的电能一般不能直接供给负载，需要经过三相 PWM 整流逆变过程，转化为负载能直接利用的电能，该整流逆变过程也通过 DSP 控制器来进行控制。

　　图 4-46 中所述的 DSP 控制器的主要功能如图 4-47 所示，其中，系统采用基于自抗扰控制的异步电动机矢量控制算法，并加入了除法环节，通过异步电动机转速(转换成电压信号)、磁链、电流闭环实现输出转速控制。在电流闭环中，该控制系统将检测到的三相电流(检测其中两相即可)进行静止 3/2 变换和旋转变换，得到 dq 坐标系下的定子电流 i_{sd} 和 i_{sq}，分别与由转速调节器(ASR)和磁链调节器(AΨR)输出的 dq 坐标系下的参考电流 i_{sd}^* 和 i_{sq}^* 比较，通过定子电流励磁分量调节器(ACMR)和定子电流转矩分量调节器(ACTR)构成电流闭环控制，四个调节器除磁链调节器使用 PI 调节以外，其余的均采用自抗扰控制器(ADRC)。经过定子电流励磁分量调节器和定子电流转矩分量调节器分别输出 dq 坐标系下的定子电压的给定值 u_{sd}^* 和 u_{sq}^*，经过旋转逆变换得到静止两相坐标系下定子电流的给定值 $i_{s\alpha}^*$ 和 $i_{s\beta}^*$，再经过空间矢量脉宽调制(SVPWM)控制逆变器输出三相电压。磁链扩张状

态观测器(ESO)通过静止两相坐标系下的电流 $i_{s\alpha}$、$i_{s\beta}$ 估计定子磁链幅值的观测值 $\hat{\psi}_{r\alpha}$、$\hat{\psi}_{r\beta}$，定子电流的观测值 $\hat{i}_{r\alpha}$、$\hat{i}_{r\beta}$，以及定子电流不确定部分的观测值 $\hat{w}_1$、$\hat{w}_2$，供给转速估计器估算出转子速度的观测值，并转换为电压信号 $\hat{u}$。$\hat{\psi}_r = \sqrt{\hat{\psi}_{r\alpha}^2 + \hat{\psi}_{r\beta}^2}$ 作为转子磁链的反馈值，与磁链参考值 ψ_r^* 进行比较，经过磁链控制器的 PI 控制，得到 dq 坐标系下的参考电流 i_{sd}^*，形成磁链闭环。$\hat{\theta} = \mathrm{arctg}\left(\hat{\psi}_{r\alpha} / \hat{\psi}_{r\beta}\right)$ 作为媒介控制旋转变换和旋转逆变换这两种变换方式。电压信号 u 作为电压的反馈值，与波能转换装置模拟电路输出的参考电压信号 u^* 比较。比较后的值再转换成转速信号，经过基于自抗扰控制器的转速调节器，再经过除法环节得到 dq 坐标系中的参考电流 i_{sq}^* 形成转速闭环，消除对象中的乘法环节，实现转矩与转子磁链的动态解耦。

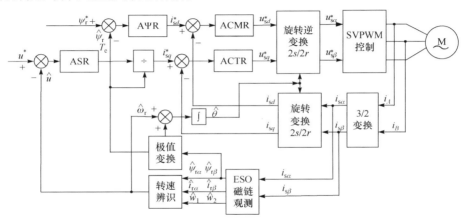

图 4-47　带除法环节的异步电动机矢量控制系统结构图

　　本实验系统简化了计算，摒弃了复杂的计算软件、计算方法、数据收集器材，能用简单的方法快速得出转换效率。其中异步电动机采用带除法环节的矢量控制系统，调速范围较宽。通过这个环节使 i_{sq}^* 增大，尽可能保证电磁转矩不变，消去对象中固有的乘法环节，实现了转矩与磁链的动态解耦，降低转子磁链发生波动时对电磁转矩的影响。矢量控制系统采用自抗扰控制器，摒弃了传统的速度传感器，消除了转子电阻及其他不确定扰动对系统稳定性的影响，而且对噪声有一定的抑制，提高了系统的抗扰能力和鲁棒性。

　　本节所提出的全电气化波浪发电实验系统简化了烦琐复杂的实验装置，结构简单，易于实现，便于安装和维护，有效地节约了人力、时间和经济成本，为实验室研究及教学提供了便利。而且，该系统可实现多种波能转换装置的实验模拟，不同的实验装置不用单独制造，只需将装置等效成不同的电路模型，控制电动机的输出转矩，具有普遍适用性。并且，本实验系统不但能对单一自由度的波能转换装置进行模拟，也能够模拟波能转换装置多自由度方向上的转换效率，能准确地对海况及实验装置的运行进行模拟。

参 考 文 献

[1] 厉虹. 机械系统与电系统的类比和模拟[J]. 北京机械工业学院学报, 1995, 10(2): 85-96.

[2] 陶月. 多自由度波浪发电系统的设计与分析[D]. 天津: 天津大学, 2017.

[3] 聂伟荣, 席占稳. 机电耦联系统分析动力学[M]. 北京: 北京航空航天大学出版社, 2014.

[4] 左鹤声. 机械阻抗方法与应用[M]. 北京: 机械工业出版社, 1987.

[5] 韩万水. 风—汽车—桥梁系统空间耦合振动研究[D]. 上海: 同济大学, 2006.

[6] 李江涛. 复合结构基座减振特性的理论与实验研究[D]. 上海: 上海交通大学, 2010.

[7] 付娜. 高速铁路减振型轨道结构功率流理论及其应用研究[D]. 成都: 西南交通大学, 2018.

[8] 肖文平. 摆式波浪发电系统建模与功率控制关键技术研究[D]. 广州: 华南理工大学, 2011.

[9] Falnes J. Ocean Waves and Oscillating Systems[M]. Cambridge: Cambridge University Press, 2002.

[10] Tedeschi E, Molinas M, Carraro M, et al. Analysis of power extraction from irregular waves by all-electric power take off[C]. IEEE Energy Conversion Congress and Exposition (ECCE), Atlanta, 2010: 2370-2377.

[11] Eiril B. Control of wave energy converter with constrained electric power take off[D]. Trondheim: Norwegian University of Science and Technology, 2011.

[12] Ling H, Malin G, Mats L. A methodology of modelling a wave power system via an equivalent RLC circuit[J]. IEEE Transactions on Sustainable Energy, 2016, 7(4): 1362-1370 .

[13] 方红伟, 宋如楠, 姜茹, 等. 振荡浮子式波浪能转换装置的全电气化模拟研究[J]. 电工技术学报, 2019, 34(14): 3059-3065.

[14] 程佳佳. 浮子式永磁同步波浪发电系统分析与控制[D]. 天津: 天津大学, 2013.

[15] Tai V C, See P C, Merle S, et al. Sizing and control of the electric power take off for a buoy type point absorber wave energy converter[C]. International Conference on Renewable Energies and Power Quality, Santiago, 2012: 1614-1619.

[16] 程正顺. 浮子式波浪能转换机理的频域及时域研究[D]. 上海: 上海交通大学, 2013.

[17] 方红伟, 程佳佳, 刘飘羽, 等. 浮子式波浪发电控制策略研究[J]. 沈阳大学学报(自然科学版), 2013, 25(1): 30-34.

[18] Fang H W, Wang D. Design of permanent magnet synchronous generators for wave power generation[J]. Transactions of Tianjin University, 2016, 22(5): 396-402.

[19] 罗亮. 一种新型筏式波浪能发电平台的水动力特性研究[D]. 杭州: 浙江大学, 2017.

[20] 鲍经纬, 李伟, 张大海, 等. 基于液压传动的浮力摆式波浪能发电系统稳压恒频控制[J]. 电力系统自动化, 2013, 5(10): 18-22.

[21] 吴峰, 张小平, 鞠平. 电池储能在直接驱动式波浪能发电场并网运行中的应用[J]. 电力系统自动化, 2010, 34(14): 31-36.

[22] 刘鲲. 浮子式波能转换装置及其深海平台减振一体化系统研究[D]. 哈尔滨: 哈尔滨工业大学, 2016.

[23] 陈光荣, 王军政, 汪首坤, 等. 基于主被动负载的负载独立口双阀节能控制系统研究[J]. 北京理工大学学报, 2016, 36(10): 1053-1058.

[24] 王辉. 浮子式波浪发电最大波能捕获研究[D]. 天津: 天津大学, 2013.

[25] Fusco F. A simple and effective real-time controller for wave energy converters[J]. IEEE Transactions on Sustainable Energy, 2013, 4(1): 21-30.

[26] Tedeschi E, Carraro M, Molinas M, et al. Effect of control strategies and power take-off efficiency on the power capture from sea waves[J]. IEEE Transactions on Energy Conversion, 2011, 26(4): 1088-1098.

[27] 阎耀保. 海洋波浪能综合利用: 发电原理与装置[M]. 上海: 上海科学技术出版社, 2013.

[28] 王树青, 梁丙臣. 海洋工程波浪力学[M]. 青岛: 中国海洋大学出版社, 2013.

[29] 彭建军. 振荡浮子式波浪能发电装置水动力性能研究[D]. 济南: 山东大学, 2014.

[30] 龚富林, 唐葆荦. 受控源装置的分析与设计[J]. 北京轻工业学院学报, 1987, 5(2): 12-21.

[31] 孙立富. 受控源等实验项目的研究[J]. 长春邮电学院学报, 1992, 10(4): 55-56.

[32] 肖曦, 摆念宗, 康庆, 等. 波浪发电系统发展及直驱式波浪发电系统研究综述[J]. 电工技术学报, 2014, 29(3): 1-11.

[33] 刘秋林. 点吸收浮子阵列的波能转换特性研究[D]. 北京: 清华大学, 2016.

[34] 陈文创. 铰接浮体式俘能消波装置水动力特性的研究[D]. 北京: 清华大学, 2017.

[35] 方红伟, 冯郁竹. 全电气波浪能发电实验系统[P]. 中国: CN 2018105883.4. 2018.

[36] 冯郁竹. 多自由度波浪能转换装置设计及其阵列优化[D]. 天津: 天津大学, 2019.

第5章 波浪发电机设计

随着人类对波浪发电装置的理论研究和海况实验的日趋成熟，波浪发电技术正逐步趋向实用化发展，各种波浪发电机不断涌现。发电机作为波浪发电系统中的重要能量转换单元，提高其工作效率是波浪发电系统研究的关键任务。因此必须选择及设计合适类型的波浪发电机，深入研究其电磁结构、运动方式和转换效率等特性及其对发电成本、系统稳定性及经济效益等方面的影响。本章介绍国内外常用波浪发电装置中所用发电机的研究现状，给出永磁同步波浪发电机和永磁同步直线波浪发电机的电磁设计、有限元分析等结果，同时还对双转子永磁同步波浪发电机和磁性齿轮复合多端口波浪发电机等新型波浪发电机进行了分析与研究，为进一步提高波浪发电系统的工作效率提供参考。

5.1 波浪发电机研究现状

目前，波浪发电按发电机理可分为液压式发电、涡轮式发电(水涡轮/空气涡轮)及直驱式直线发电[1-9]。其中，液压式发电与涡轮式发电应用领域较广，技术相对成熟，发电机通常使用鼠笼型异步发电机、无刷双馈型发电机和永磁同步发电机等。它们的电能转换都利用了变速器，从而将低速波浪运动转化为高速旋转运动[10]。由于海浪气候很难准确预测，面对恶劣的海洋环境，变速器的设计要求导致发电系统制造和维护成本均大幅提升。而直驱式直线发电方式无须应用变速器即可实现波能转换，因此降低了变速器带来的能量损耗与高控制性能要求。下面针对典型的几种波浪发电装置中使用的发电机进行介绍。

目前应用在波浪发电的旋转发电机多以振荡水柱式或液压原理的发电机作为主要装置。在振荡水柱式发电装置中，根据其工况，所选用的发电机是常见的隐极三相交流同步发电机。以大万山岸式振荡水柱式波浪发电站为例，其发电机额定转速为1500r/min，采用4极隐极式，在波浪周期5～6s、波高1.5m的情况下，电力平均输出为 3.5～5kW，峰值功率可达 14.5kW。总能量采集效率在 20%～40%[11]。发电机在高速工况下运转，为保证转子机械强度和更好地固定转子绕组，选用隐极式结构。在越浪式发电装置中，由于水流速度较低，水流作用力较大，多采用大功率低速水轮发电机。水轮发电机一般为凸极式，因为凸极式转子结构相对简单，在低速转动时性价比较高，其转速多数在每分钟几十转到几百转，由于水轮发电机转速低，所以磁极数较多，相应地其直径较大而轴向长度较短，整个发电机呈扁盘状，采用立式结构[12]。

不同于上述机制，直驱式直线发电装置利用海浪在垂直面的起伏运动，推动发电机体做直线运动，将捕获的波能直接转化为电能。直线发电机将直线运动动能转化为电能的发电工作原理正好符合点吸式发电装置浮子的往复直线运动特性，故可将永磁直线发电机应用到点吸式波浪发电系统中构成直驱式发电机。直线发电机的发明始于 20 世纪 40 年代。早在 1974 年，瑞典的 IPS 项目就将直线发电机应用于波能转换装置。阿基米德波浪摆装置是英国 AWS Ocean Energy 公司研制的第一个使用直线电机发电的波能转换装置。AWS 装置由两个相互嵌套的圆筒组成，上部圆筒为浮动吸能装置，在波浪作用下往复运动，进而驱动直线发电机将机械能转化为电能。AWS 装置的动力输出系统为永磁直线发电机，通过调整系统的频率为平均波频率，直线发电机的冲程可以大于波高，实现了全浸式浮体与发电机同体驱动发电。之后国内外对直驱式波能转换技术进行了进一步的研究与应用，典型装置有瑞典的 UUWEC 波能装置、美国俄勒冈州立大学的 SeaBeav 双浮体漂浮式波能装置和中国科学院广州能源研究所的哪吒号漂浮式波能直线发电装置[13-16]。表 5-1 为典型发电装置所采用的电机类型。

表 5-1　典型波浪发电装置所采用的发电机类型

典型发电装置	应用举例	发电机类型
振荡水柱式波浪发电装置	中国大万山岸式振荡水柱式波浪发电站	隐极式同步波浪发电机
越浪式发电装置	丹麦 Wave Dragon 波能转换装置	大功率低速水轮发电机
点吸式波浪发电装置	阿基米德波浪摆(AWS)项目 瑞典 UUWEC 波能装置 中国 "哪吒号" 漂浮式波能直线发电装置	永磁同步直线发电机
	美国 SeaBeav 双浮体漂浮式波能装置	圆筒形永磁直线发电机

5.2　低速永磁同步波浪发电机

永磁直驱式波浪发电系统在可再生能源领域的应用日益广泛，在波浪发电系统中的应用也逐渐受到重视。永磁直驱式波浪发电系统中永磁同步发电机和波能转换装置直接相连，电机具有低电压、大电流、低转速等特点[17]。本节主要介绍浮子式波浪发电系统中低速永磁同步波浪发电机的设计方法与过程[18]，首先确定低速永磁同步波浪发电机电磁设计的初始方案，然后对低速永磁同步波浪发电机的各项性能进行分析，验证低速永磁同步波浪发电机设计方法的有效性。

5.2.1　电磁设计

图 5-1 为低速永磁同步波浪发电机的电磁设计方案。设计步骤主要包括低速永磁同步波浪发电机的结构、材料及基本尺寸参数的确定。结构选择包括对永磁体结构、槽型和绕组连接方式的选择等；材料选取包括硅钢片和永磁材料的选取等；基本尺寸参数确定包括定转子的内外径、气隙厚度、永磁体尺寸和槽型尺寸等。

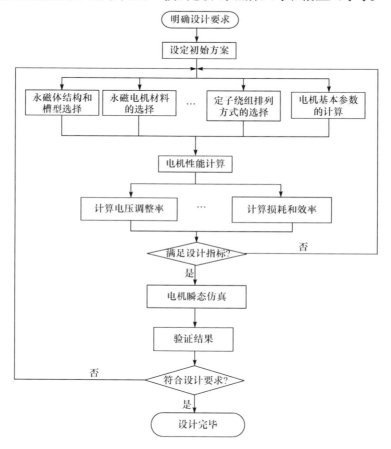

图 5-1　低速永磁同步波浪发电机的电磁设计方案

永磁体结构有很多种，其选择原则与成本、工艺等多种因素相关，常见的永磁体结构有径向式、切向式、混合式和轴向式四种，本节采用的是径向瓦片形表面贴装式的转子磁路结构，其气隙磁通轴线和永磁体磁化的方向相同。

常用的槽型有梨形槽、梯形槽、半开口槽和开口槽，考虑到绕组的安装方便，本节选择梨形槽，如图 5-2(a)所示。

硅钢片的选择对电机的性能也有很大的影响，冷轧硅钢片性能较好且价格较低，本节选用其中之一：DW470-50，该硅钢片约在 1.8T 时达到磁路饱和，所以电机的各部分磁感应强度幅值应小于 1.8T，并要留有一定的裕度，尽量避免发生磁路饱和。

根据设计经验综合分析[19]，在低速永磁同步波浪发电机中，为了缩短无效绕组端部，减小线圈损耗，通常不采用分布绕组的方式。另外，低速永磁同步电机的极对数较大，采用整数槽集中绕组会导致电机的槽数增加，提高制造工艺的复杂程度，而采用分数槽集中绕组可以有效避免这种情况。因此，本节所设计的低速永磁同步发电机采用 48 极 54 槽的分数槽集中绕组，其主要参数如表 5-2 所示。

表 5-2 30kW PMSG 设计参数

参数	取值
相数	3
额定线电压	400V
电压调整率	<5%
连接方式	Y
极数	48
定子槽数	54
极弧系数	0.83
气隙厚度	2mm
额定频率	24Hz
额定转速	60r/min
转子长度	300mm
并联支路数	2
每槽导体数	24
H_{s0}	7mm
H_{s1}	0.6mm
H_{s2}	67.4mm
B_{s0}	8mm
B_{s1}	30.7mm
B_{s2}	38.6mm
绕组层数	2
永磁体厚度	6mm
转子外径	996mm
转子内径	800mm
永磁体相对磁导率	1.05
永磁体剩余磁感应强度	1.18T
定子外径	1230mm
定子内径	1000mm

利用 ANSYS Maxwell 绘制的 30kW 低速永磁同步发电机样机的有限元模型如图 5-2(b)所示。从图 5-2(b)中可以看出，电机定子外径和内径的尺寸比例合适，槽尺寸在电机定子内的分布较为合理，永磁体的宽度和厚度也均满足设计要求。

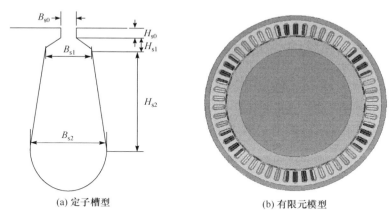

(a) 定子槽型　　　　　　　　　　　　　(b) 有限元模型

图 5-2　低速永磁同步波浪发电机模型

5.2.2　有限元分析

ANSYS Maxwell 是工程中普遍应用的有限元分析软件，以其高效的算法和简洁的操作界面为电气工程师所青睐。该软件可以将结构复杂的电磁模型分割成为一个个离散的微小单元，称之为有限元，再针对每个有限元应用麦克斯韦方程组计算其电磁参数，软件计算迅速而且准确。因此，在电机设计的相关领域，经常使用 ANSYS Maxwell 进行建模与仿真。

麦克斯韦方程组是描述电磁场的基础公式，其在电磁场中的微分方程为

$$\begin{cases} \nabla \times \boldsymbol{H} = \boldsymbol{J} + \dfrac{\partial \boldsymbol{D}}{\partial t} \\ \nabla \times \boldsymbol{B} = -\dfrac{\partial \boldsymbol{B}}{\partial t} \\ \nabla \times \boldsymbol{D} = \rho \\ \nabla \times \boldsymbol{B} = 0 \end{cases} \tag{5-1}$$

式中，$\boldsymbol{H}$ 为磁场强度(A/m)；$\boldsymbol{J}$ 为电流密度(A/mm²)；$\partial \boldsymbol{D}/\partial t$ 为位移电流密度(A/m²)；$\boldsymbol{B}$ 为磁感应强度(T)；$\boldsymbol{D}$ 为电通密度(C/m²)；ρ 为导体电荷密度(C/m³)。

$\boldsymbol{J}$、$\boldsymbol{D}$ 和 $\boldsymbol{B}$ 之间的关系由介质本身决定，当介质为线性时，有

$$\boldsymbol{B} = \mu \boldsymbol{H} \tag{5-2}$$

$$\boldsymbol{D} = \varepsilon \boldsymbol{E} \tag{5-3}$$

$$J = \sigma E \tag{5-4}$$

式中，μ 为磁导率(H/m)；ε 为介电常数(F/m)；σ 为电导率(S/m)；E 为电磁强度。

当求解域中存在随时间变化的变量时，可以用瞬态场求解器求解。在瞬态磁场求解器中矢量磁位 A 所满足的磁场方程为

$$\nabla \times \nu \nabla \times A = J_s - \sigma \frac{\partial A}{\partial t} - \sigma \nabla \nu - \nabla \times H_C + \sigma \nu \times \nabla \times A \tag{5-5}$$

式中，ν 为电机转速；A 为矢量磁位；J_s 为源电流密度；H_C 为永磁体矫顽力。

在进行二维瞬态场分析时，可将偏导数转化为全导数，则式(5-5)变为

$$\nabla \times \nu \nabla \times A = J_s - \sigma \frac{\partial A}{\partial t} - \sigma \nabla \nu - \nabla \times H_C \tag{5-6}$$

由式(5-6)可以得到有限元模型中单位时间、单位单元的矢量磁位。然后根据公式 $B = \nabla \times A$ 和 $H = B / \mu$ 求出瞬态场的磁感应强度和磁场强度。

二维有限元分析的求解过程有：①规定电机求解区域、确定求解区域的边值；②在求解区域中进行网格剖分，对剖分单元进行线性插值；③建立能量函数线性方程组并求解；④对求得的结果进行后处理，得到电机的其他参数[20]。

本节主要对 30kW 的低速永磁同步发电机进行二维有限元仿真分析验证，利用二维瞬态场对发电机的空载和负载特性进行仿真，验证低速永磁同步发电机设计结果的正确性。图 5-3 为 30kW 低速永磁同步发电机的网格剖分图。网格剖分在有限元离散化过程中比较关键，对该电机进行网格剖分时，电机的定子和转子部分的网格密度比较小，气隙部分的网格密度比较大。采用对各部分进行不同的网格密度剖分方法既可以节省资源又能够确保仿真的准确性。

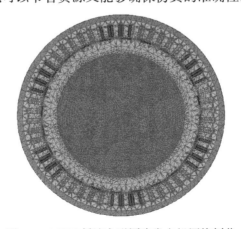

图 5-3　30kW 低速永磁同步发电机网格剖分

经过有限元分析预处理(包括设定边界条件、设置激励源、网格剖分、求解

设置等)后，就可以对电机的性能进行验证。在实际的电磁场问题中，对于时变的问题无法用静态场分析进行准确的描述，可利用瞬态场求解器进行求解[21]。本节主要利用瞬态场求解器对发电机的空载和额定负载情况进行仿真分析。

1. 空载分析

利用瞬态场求解器将永磁同步发电机的转速设定为额定转速 60r/min，负载类型选择电流源型，设定其电流值为 0A，然后通过仿真就能得到发电机空载运行的相关数据。低速永磁同步发电机的空载分析主要包括判别发电机的空载反电势，发电机的磁感应强度值、磁链值和发电机的齿槽转矩等是否满足设计要求。图 5-4 为空载反电势波形，图 5-5 为空载磁链波形，图 5-6 为气隙磁感应强度波形，图 5-7 为齿槽转矩波形。

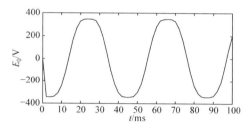

图 5-4　空载反电势波形图　　　　　图 5-5　空载磁链波形图

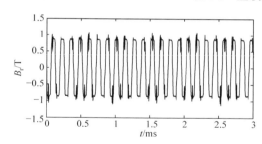

图 5-6　气隙磁感应强度波形图

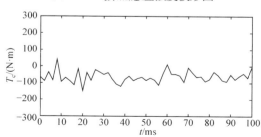

图 5-7　齿槽转矩波形图

从图 5-4 和图 5-5 中可以看出，采用分数槽集中绕组设计的永磁同步发电机的反电势波形和空载磁链波形均为正弦波，反电势 E_0 的幅值为 350V，对应发电机的空载反电势有效值为 247.5V。磁链幅值为 2.6Wb，对应发电机的空载磁链有效值为 1.84Wb。从图 5-6 中可以看出，气隙磁感应强度分布呈马鞍形，磁感应强度幅值达 1T 左右，因此，电机方案的气隙磁感应强度在合理的范围内。从图 5-7 中可以看出，在空载运行时，电机齿槽转矩的脉动值最大可达到 150N·m 左右，电机的平均脉动幅值小于 100N·m，小于额定值的 3%。可以看出，本设计方案的发电机齿槽转矩脉动周期较长，幅值较小，有利于发电机启动，因此所选设计方案较为合理。

2. 负载分析

利用瞬态场求解器将发电机的转速设定为额定转速 60r/min，利用 Maxwell Circuit Editor 软件画出外接电路，并导入 Maxwell 中，然后仿真计算发电机负载运行时的相关数据。低速永磁同步发电机的负载分析主要观察发电机的额定电压和输出功率的值，发电机的磁感应强度值、磁链值及发电机的转矩是否满足要求等。图 5-8 为发电机额定负载磁链波形；图 5-9 为发电机额定相电压波形；图 5-10 为发电机额定相电流波形；图 5-11 为发电机额定转矩波形。

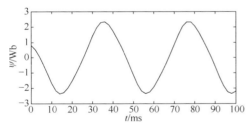

图 5-8　发电机额定负载磁链波形图

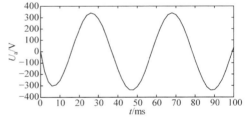

图 5-9　发电机额定相电压波形图

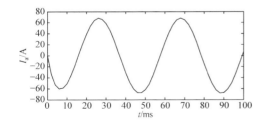

图 5-10　发电机额定相电流波形图

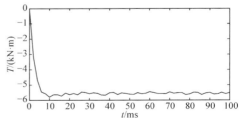

图 5-11　发电机额定转矩波形图

由图 5-8 可知，额定负载下发电机的磁链幅值为 2.3Wb，比额定空载情况下小 13%，这主要是因为负载电流产生的磁场方向与永磁体产生的磁场方向相反，从而导致发电机的磁链值相抵消。从图 5-9 和图 5-10 中可以看出，发电机的额定相电压幅值和相电流幅值分别为 337V 和 67A，电机的电压调整率为 4%，满足小于 5%的要求。由功率的计算公式

$$P = 3U_{\mathrm{N}}I_{\mathrm{N}}\cos\varphi \tag{5-7}$$

可计算出发电机的输出功率可达到 33.19kW，满足设计要求。

从图 5-11 中可以看出，发电机的额定转矩经一段时间调整后达到平稳，且波动不大，在允许范围内，转矩幅值为 5.6kN·m 左右，满足设计要求。

5.3 永磁同步直线波浪发电机

圆筒形直线电机以其为圆筒形的初级包裹着运动的次级而得名，在工程中经常被用到，凭借其特殊的形状结构和良好的性能特点，现已在各个工程领域中得到广泛的应用[22]。Kim 等重点分析了 Halbach 永磁体结构对该类型电机出力的影响[23]；赵镜红等用解析法分析了圆筒形永磁直线电机的磁场特性[24,25]；夏加宽等研究了抑制直线电机推力波动的控制策略等[26,27]。因此，将圆筒形直线电机应用在波浪发电场合中具有良好的研究价值和广阔的市场应用前景。

圆筒形直线电机最初的构想就是根据旋转电机转化而来的，因此其运行所遵循的物理学规律和旋转电机如出一辙，二者在本质上并没有区别。取旋转电机轴向上的任一直线，将旋转电机的定子和转子沿着这条线切开，然后可将定子和转子平铺在一水平面上，这就成了平板式直线电机，原先作为旋转电机的转子在拉直以后变成平板结构，其运动也由旋转运动变为线性运动，在直线电机中称为次级，即动子。直线电机的初级(定子)由原先旋转电机的定子切开并拉直而成，若将初级做成圆筒形状将次级包裹在其中，使次级在圆筒内部做线性运动，这就是圆筒形直线电机的工作方式[28,29]。图 5-12 对以上文字描述进行了直观的解释，给出了由旋转电机的定子和转子逐步在形态上发生改变最终形成圆筒形直线电机的演变过程，图 5-13 展示的是圆筒形永磁直线发电机的局部剖切图。

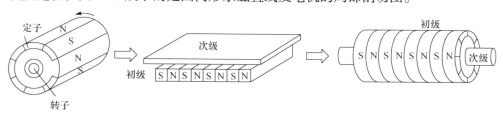

图 5-12 圆筒形直线电机的演变过程

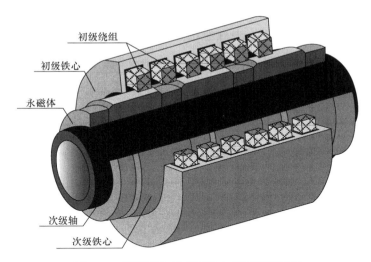

图 5-13 圆筒形永磁直线发电机局部剖切图

圆筒形永磁直线电机与一般永磁旋转电机相比，可以看成是在电机定、转子结构上稍加变动，其工作原理依然同永磁同步旋转电机相同，二者的运行都应遵循最基本的旋转电机的工作原理。所以，在计算其物理参数和运行特性时，可进行类比分析。

在永磁同步发电机中，将外加转矩施加在电机转子上时，转子就会旋转，同时转子上的永磁体会产生沿气隙圆周分布的旋转磁场。气隙磁场的转速 n 为

$$n = \frac{60f}{p} \tag{5-8}$$

式中，p 为旋转永磁电机的极对数；f 为转子旋转磁场产生的交流电频率。

但对于直线电机，因为次级的运行轨迹是线性的，不能用转速来描述次级的运动快慢，在这里引入次级运动的线速度 v，则有

$$v = n\frac{2p\tau}{60} = 2\tau f \tag{5-9}$$

式中，τ 为直线电机的磁极间距。

在直线电机中，当次级做线性运动时，在绕组周围会感生出沿铁心方向的磁场，该磁场是正弦分布的。初级绕组在正弦气隙磁场的作用下将会感应出和磁场同步速相同的正弦交流电，进而对外输出电能，这就是直线发电机的运行原理。在产生电能的原理方面，直线电机与旋转电机之间有所区别，主要在于气隙磁场的分布情况：旋转电机产生的是沿转子外围圆周分布的正弦气隙磁场，而直线电

机产生的则是沿铁心方向直线分布的气隙磁场，直线电机的气隙磁场分布方向恰好与次级运动轨迹是重合的，因此人们常将它称为行波磁场。对于直线电机的行波磁场，它的移动速度取决于电机次级的线性移速，二者速度相同，即同步速度。当直线电机次级的线性运动方向反向，行波磁场的方向也将反向，因此由行波磁场感应出的初级绕组三相电流的相位关系也将会发生变化。

与旋转电机的不同之处在于，直线电机的铁心形状是长直的，并且两端开断，由于端部效应的影响，在次级两端开断处的气隙磁场波形将会发生畸变。此外，在次级的线性运动过程中，次级铁心与初级绕组线圈的相对位置不断变化，使得初级线圈各相之间的互感是不相同的。即使直线电机的次级保持匀速直线运动，在初级线圈中感生出的电流也不是完全对称的。上述由次级铁心开断导致的磁场波形畸变等一系列问题在电机学领域被称为直线电机的端部效应(或边端效应)。端部效应的存在不仅会影响发电机发出电能的质量，而且还会影响到发电机电磁推力的产生。对于本节所研究的圆筒形永磁直线电机，规定只存在沿次级轴方向的纵向电磁推力，不存在垂直于次级轴方向的横向电磁推力。而对于其他类型的永磁直线电机，如单边扁平式直线发电机等，这两个方向的电磁推力都存在并且在计算电机性能时均需要考虑在内。

5.3.1 电磁设计

本节基于传统的旋转永磁同步发电机的设计思路，考虑到波浪发电这种独特的应用场合，所设计的圆筒形永磁同步直线发电机满足低移速、大转矩等特点[30-32]，其基本结构参数如表 5-3 所示。

表 5-3 圆筒形永磁同步直线发电机的基本参数

参数名称	取值	参数名称	取值
极对数 p	4	初级轭高 h_j	3.3cm
极距 τ	8cm	初级齿宽 b_t	2.37cm
极弧系数 ξ	0.8	电枢有效长度	158cm
初级槽数 Z	9	气隙宽度 δ	0.4cm
永磁体厚度 d	2cm	次级铁心厚度 d_2	16cm
槽口宽度 b_s	4.3cm	永磁体宽度 w_t	1.9cm

根据所设计电机的基本要求，算例中的电机初级(定子)采用分数槽集中绕组的形式，采取 8 极 9 槽电机的绕组布线方法如图 5-14 所示，电机结构模型图如图 5-15 所示。

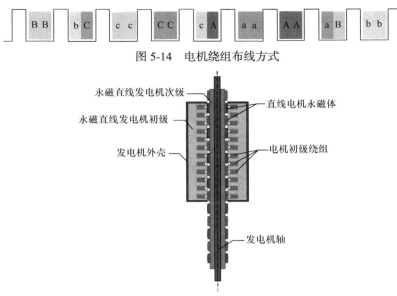

| BB | bC | c c | CC | cA | aa | AA | aB | b b |

图 5-14　电机绕组布线方式

图 5-15　圆筒形永磁同步直线发电机结构示意图

N.3.2　优化设计

　　对于圆筒形以及其他形式的永磁直线电机来说，常用的优化方法是改变次级的长度使之与磁极间距相适应从而使次级所受合力维持在一个比较理想的状态，进而使电机的工作性能得到优化。同时在结构上改变所采用永磁体的形状也可以达到同样的目的。5.3.1 节中设计的直线电机采用的是最为普遍的"一字形"结构的永磁体，其应用广泛的原因是在机械加工上比较容易而且节省材料，在供磁能力以及其他效应方面也有较为良好的表现。但是"一字形"永磁体存在的弊端也是显而易见的，在次级两端开断处的气隙磁感应强度波形存在严重的畸变。

　　这里介绍一种利用水平集拓扑结构优化算法来优化永磁体形状的设计方法。水平集方法本质是求解随时间变化的偏微分方程。平面上任何一组曲线都可以看成一组水平分量和切向分量的集合。沿曲线上曲率变化最大的方向进行寻优，直到曲率变化为 0，即圆，则停止寻优。将该方法与永磁体形状的优化进行结合，在不改变永磁体用量的情况下，寻找到最佳永磁体形状，以提高永磁体的利用率和电机效率。优化后的永磁体形状为两端圆滑的弧形结构，顶部宽度略小于底部，因此被称为"梯形永磁体"，其优点在于可以增大气隙磁感应强度波形基波含量及其含有率，同时使波形正弦度增加，对气隙磁感应强度波形有显著的优化效果[33-36]。水平集拓扑结构优化的基本思路大致分为以下四个步骤。

　　步骤 1　设定目标气隙磁场，并选取合适的检测点。基于已经建立完成的圆筒形永磁同步直线电机的具体尺寸，用数学解析方法给出理想情况下的目标磁场波形，即优化目标。同时，在气隙区域内合适的地方选取气隙磁场检测点，记录下这些点的坐标。磁场检测点要能够全面地反映出气隙磁场的分布特征，一般情况下，沿着气隙均匀选取即可。

步骤 2　利用水平集方程，对永磁体形状进行拓扑演化。首先要给定初始的永磁体形状(一般来讲可从最简单的矩形永磁体开始)，然后构造和初始形状相对应的水平集函数，利用离散时间变量和空间变量，对所构造的水平集方程进行差分求解，并记录下演化后的永磁体形状。

步骤3　利用ANSYS Maxwell对永磁体演化后的永磁同步直线电机进行有限元分析求解，得到气隙磁场的分布情况，同时记录下对应检测点位置的磁场数值。然后对永磁体演化后气隙磁场对应的检测点处磁场值和目标磁场中检测点对应的磁场值进行比较，求取误差，并判断误差是否足够小，是否达到要求。

步骤 4　若步骤 3 中的误差已满足设计要求，则停止优化，即至此已经得到用水平集拓扑优化方法设计的最佳永磁体形状。若误差不满足初始设定的要求，则更改水平集函数，重新演化、记录以及数据处理，直到误差符合要求为止，最后得到最优的永磁体形状。

具体实施方案如下：

(1) 设置检测点。

图 5-16 给出了气隙磁场检测点设置基本原理图。首先根据 5.2.2 节已给出利用 Maxwell 所设计的电机雏形计算出其理想的气隙磁场强度波形，记为 $B_0(x,y)$。根据图中坐标系建立的位置，易得到：

$$B_0(x,y) = B_{\mathrm{m}} \sin(x + \pi) - y \tag{5-10}$$

式中，B_{m} 为气隙磁场最大值。

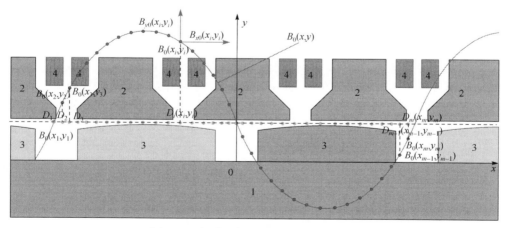

图 5-16　气隙磁场检测点设置基本原理

1-永磁直线电机次级；2-永磁直线电机初级；3-永磁体；4-初级绕组

同时，设永磁体形状达到最优后气隙磁场的波形和目标波形的误差 ε 在本节中取 3。

将气隙磁感应强度波形进行傅里叶分解，由于基波的幅值为 1.054T，因此理想情况下的气隙磁感应强度表达式为

$$B_0(x,y) = 1.054\sin(x+\pi) - y \tag{5-11}$$

然后在气隙处均匀选择 m 个点作为气隙磁场波形检测点 $D_1(x_1,y_1)$，$D_2(x_2,y_2),\cdots,D_m(x_m,y_m)$，并对检测点处所对应的磁感应强度 $B_0(x_1,y_1)$，$B_0(x_2,y_2),\cdots,B_0(x_m,y_m)$ 沿 x 轴和 y 轴进行坐标分解，得到其对应的一系列 $B_{x0}(x_i,y_i)$ 与 $B_{y0}(x_i,y_i)$。

在本节中，取 $m=33$，即将一对极所对应的气隙区域均分成 32 段，每个检测点所对应的理想磁感应强度值 $B_{x0}(x_i,y_i)$ 与 $B_{y0}(x_i,y_i)$ 如表 5-4 所示。

表 5-4　33 个检测点所对应的理想磁感应强度值 $B_{x0}(x_i,y_i)$ 与 $B_{y0}(x_i,y_i)$

i	D_i	x_{Di}/mm	$B_{x0}(x_i,y_i)$/T	$B_{y0}(x_i,y_i)$/T	i	D_i	x_{Di}/mm	$B_{x0}(x_i,y_i)$/T	$B_{y0}(x_i,y_i)$/T
1	D_1	−80	0	0	18	D_{18}	4.864	0.00759	−0.19996
2	D_2	−75.008	0.00779	0.20515	19	D_{19}	9.856	0.01600	−0.39751
3	D_3	−70.016	0.01622	0.40241	20	D_{20}	14.848	0.02588	−0.57975
4	D_4	−65.024	0.02616	0.58416	21	D_{21}	19.84	0.03873	−0.73958
5	D_5	−60.032	0.03912	0.74332	22	D_{22}	24.832	0.05781	−0.87057
6	D_6	−55.04	0.05844	0.87350	23	D_{23}	29.824	0.09256	−0.19996
7	D_7	−50.048	0.09386	0.96847	24	D_{24}	34.816	0.18708	−0.96654
8	D_8	−45.056	0.19179	1.01534	25	D_{25}	39.808	1.03303	−1.01514
9	D_9	−40.064	1.05161	0.07094	26	D_{26}	44.8	0.20191	−0.20905
10	D_{10}	−35.072	0.19672	1.01544	27	D_{27}	49.792	0.09657	−1.01545
11	D_{11}	−30.08	0.09520	0.97037	28	D_{28}	54.784	0.05973	−0.97225
12	D_{12}	−25.088	0.05908	0.87640	29	D_{29}	59.776	0.03991	−0.87928
13	D_{13}	−20.096	0.03951	0.74705	30	D_{30}	64.768	0.02673	−0.75076
14	D_{14}	−15.104	0.02645	0.58855	31	D_{31}	69.76	0.01669	−0.59293
15	D_{15}	−10.112	0.01646	0.40730	32	D_{32}	74.752	0.00820	−0.41217
16	D_{16}	−5.12	0.00800	0.21034	33	D_{33}	79.744	0.00039	−0.21553
17	D_{17}	−0.128	0.00020	0.00529					

(2) 基于水平集拓扑结构优化方法的永磁体拓扑形状演化。

永磁体的初始形状为上下均匀等高的环形，故其截面形状为矩形，根据 5.3.1

节给出的直线电机尺寸，在此构造的永磁体截面尺寸为 64mm×10mm。根据零水平集初始化的原则，即所构造的零水平集函数必须为符号距离函数，故设定的矩阵特点为：永磁体边界值为 0，内部值为 –1，外部值为 1。至此，完成了零水平集函数的初始化。

接下来要选取形状变量，即要在所需优化的永磁体边沿均匀地选取 $n+1$ 个点作为形状变量，记为 $K_0,K_1,\cdots,K_n$，每个形状变量的坐标记为 $K_i^{(0)}\left(x_i^{(0)},y_i^{(0)}\right)$，其中 $i=0,1,2,\cdots,n$。这 $n+1$ 个点可将永磁体外边沿平均分成 n 段，具体原理如图 5-17 所示。在本设计中，在环形永磁体靠近气隙侧边选取 33 个形状变量，即 $n=32$，将永磁体边沿均分成 32 段，每段长 2mm。

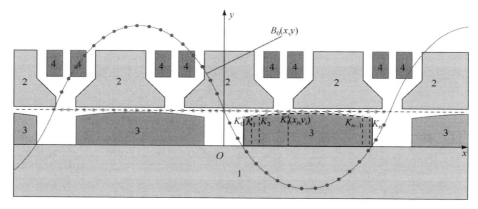

图 5-17　形状变量设置原理
1-永磁直线电机次级；2-永磁直线电机初级；3-永磁体；4-初级绕组

然后选用合理的法向演化速度 F、时间变量(即迭代步长) t 和初次演化次数 N，对时间变量和空间变量进行离散化，计算水平集方程。求得水平集函数 ϕ 的离散解之后，记录演化一次后 K_i 的坐标。

选择法向演化速度 $F=0.2$，迭代次数 $N=100$、200、300、400 和 500 五种情况进行演化计算。图 5-18 给出了不同情况下的永磁体边沿演化结果。

利用 ANSYS Maxwell 将带有新形状永磁体的圆筒形永磁同步直线发电机进行有限元仿真分析，并记录下检测点 $D_0, D_1, \cdots, D_m$ 处磁感应强度 $B(x_0,y_0)$，$B(x_1,y_1),\cdots,B(x_m,y_m)$，以及所对应的 x 和 y 轴分量 $B_x(x_i,y_i)$ 与 $B_y(x_i,y_i)$。将第一次演化后计算得到的目标函数结果记为 $g^{(1)}(x,y)$，第二次记为 $g^{(2)}(x,y)$，依次类推第 j 次记为 $g^{(j)}(x,y)$，共计演化 N 次，即当 $j=N$ 时停止，此时应得到 N 组目标函数值。在本例中，由于每演化一次，永磁体拓扑形状改变不是十分明显，故每演化 100 次，记录一次永磁体拓扑形状结果。

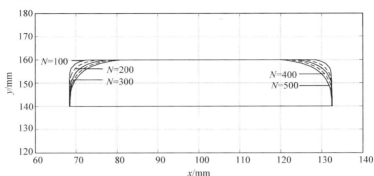

图 5-18 永磁体的边沿演化结果(F=0.2)

将仿真得到的 $B_x(x_i,y_i)$ 与 $B_y(x_i,y_i)$ 的值，以及目标磁感应强度值 $B_{x0}(x_i,y_i)$ 与 $B_{y0}(x_i,y_i)$ 代入下列目标函数：

$$g(x,y)=\frac{1}{m}\sum_{i=1}^{m}\left\{\frac{[B_x(x_i,y_i)-B_{x0}(x_i,y_i)]^2+[B_y(x_i,y_i)-B_{y0}(x_i,y_i)]^2}{[B_{x0}(x_i,y_i)]^2+[B_{y0}(x_i,y_i)]^2}\right\} \tag{5-12}$$

计算可得 $g^{(100)}(x,y)=8.16$。至此，完成了一次对永磁体形状优化后电机气隙磁场分布的检测。

接下来对水平集方程进行重新演化和迭代计算，从而解得最优。即保持 F 和 t 不变，重复上述步骤，重新求取新的 ϕ 的解，以及对应的 $B_x(x_i,y_i)$ 与 $B_y(x_i,y_i)$，并代入 $g(x,y)$ 求解。主要求解这 N 组目标值中的最小值并记为 $\min[g(x,y)]$，并判断是否有 $\min[g(x,y)]\leqslant\varepsilon$ 成立。若此不等式成立，则停止演化。若此不等式不成立，则返回修改 F、t 和 N 的值，然后重新进行水平集函数的求解和 $\min[g(x,y)]$ 的求解，直到 $\min[g(x,y)]\leqslant\varepsilon$ 成立。本节已给出 N=100 所对应的 $g^{(100)}(x,y)$ 值，但由于 $g^{(100)}(x,y)=8.16>3$，不满足最优条件，因此继续迭代下去，每演化 100 次记录一次结果。

当 N=200 时，$g^{(200)}(x,y)=4.18>3$，不满足要求，继续演化。

当 N=300 时，$g^{(300)}(x,y)=7.47>3$，不满足要求，继续演化。

当 N=400 时，$g^{(400)}(x,y)=2.85<3$，满足要求，可以停止演化。

当 N=100、200、300 和 400 时对应的气隙磁感应强度波形情况如图 5-19 所示。至此，完成了满足初始精度要求下的基于水平集方法的永磁体拓扑结构优化。

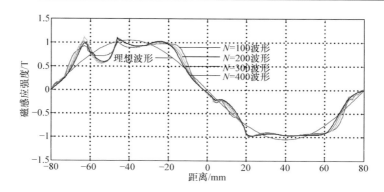

图 5-19　N=100、200、300 和 400 时对应的气隙磁感应强度波形

5.3.3　有限元分析

图 5-20 给出了圆筒形永磁同步直线发电机在 ANSYS Maxwell 中建立的二维模型，模型给出了发电机沿轴向剖开后的右半部分结构。次级部分沿着 z 轴正方向运动，初级线圈中感应出三相电流。为简化分析，本节只研究较为简单的单向运动情况，不涉及直线发电机往复运动。

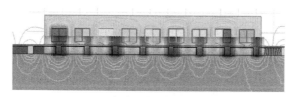

图 5-20　ANSYS Maxwell 中建立的圆筒形永磁同步直线发电机模型

与一般的直线发电机不同，应用在波浪发电中的直线发电机移动速度相对缓慢，因此在运行时需要给定较低的速度。在本仿真中，直线发电机的运行方向沿 z 轴正向，运动位移为 60cm，仿真 3～4s 的发电机空载运行情况，求解步长为 0.005s。

在 ANSYS Maxwell 中建立好永磁同步直线发电机模型后，将其导入到 Maxwell 2D 环境中。首先将永磁同步直线发电机定子绕组的激励源取消，得出恒速驱动的发电机三相反电动势波形如图 5-21 所示。由图 5-21 可知，对发电机永磁体尺寸和齿部轭宽度进行优化后，发电机端部效应得到了抑制，三相反电动势呈现周期性的正弦变化且基本对称。

将圆筒形永磁同步直线发电机与浮子式波能转换装置相连，对不同波浪条件下的发电机运行状态进行仿真模拟。在波浪发电系统的等效电路仿真中，电路中的电流对应于浮子和发电机动子的运行速度。图 5-22 给出了不同波浪频率下的发电机动子速度幅值曲线。图 5-23 给出了波浪频率分别为 0.2Hz 和 0.3Hz 的三相反电动势波形，此时波形的不对称是由波能转换装置的非恒速运行所致。

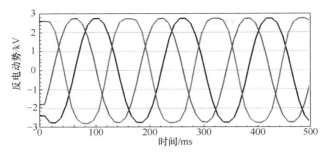

图 5-21　圆筒形永磁同步直线发电机的反电动势波形

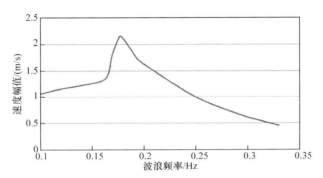

图 5-22　不同波浪频率下的发电机动子速度幅值响应曲线

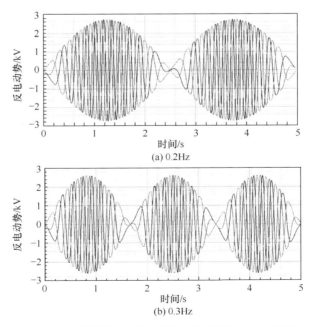

(a) 0.2Hz

(b) 0.3Hz

图 5-23　不同波浪频率下的发电机三相反电动势波形

5.4 双转子永磁同步波浪发电机

传统的发电机一般只有一个定子和一个转子，即只有一个机械端口。近年来，有人提出双转子电机的概念，这种电机具有两个机械轴，可以实现两个机械能量的独立传递。这种电机与普通的永磁同步电机相比，具有多种优势，极大地减少了设备体积和重量，无论是功率密度还是效率，都有很大程度的提升，这种电机不仅可以满足节能和调速的要求，而且有着优越的运行性能，因此在许多领域都有着良好的应用前景[37-42]。由于其是多端口的机电能量转换装置，将其应用在波浪发电场合可以促进多种工作模式的实现。此外，双转子永磁同步电机(dual-rotor permanent magnet synchronous generator)应用在波浪发电场合中可以避免机械齿轮箱的使用，简化了传动装置，克服了机械齿轮传动装置所固有的机械疲劳、摩擦损耗、振动噪声、可靠性低等缺点。该电机具有良好的研究应用价值，国内外相关学者也在双转子永磁同步电机的拓扑结构及控制方法上做出了一定的研究，但其在波浪发电系统中的应用还有待于进一步探索。

5.4.1 电磁设计

本节设计一种新型的用于波浪发电系统的双转子永磁同步电机[43]。电机结构及其波浪发电系统拓扑结构如图 5-24 所示。该电机可以看成由外转子永磁发电机和内转子永磁发电机进行机械和电磁耦合而成，主要包括外转子铁心和永磁体、内转子铁心和永磁体、内定子和外定子两套绕组。绕组采用并联的方式，从而实现对内、外转子的独立控制。波浪发电系统包括双转子永磁同步发电机、整流器、逆变器、交流负载和两个波能转换装置(WEC)。采用整流器和逆变器将不稳定功率转化为稳定功率。电机有两个机械输入端口，内转子输入端口与 WEC$_1$ 相连，外转子输入端口与 WEC$_2$ 相连。在这种情况下，当单个 WEC 单元的输入机械功率较低时，两个 WEC 以阵列工作方式提高工作转矩，减小输出振荡，从而提高波能转换的稳定性和可靠性。在两个机械输入端口的共同作用下，电机的输出功率是内、外转子输出功率的总和。因此，在较大范围的波浪条件下，可以更稳定地将波能转化为电能。

为了研究双转子永磁同步波浪发电机的运行性能和磁场性能，可在传统的三相永磁同步电机的基础上进行设计。与传统的三相永磁同步电机相比，双转子永磁同步电机的设计分为两个部分：内转子电机的设计和外转子电机的设计。在设

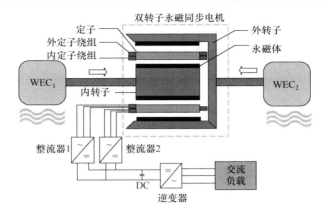

图 5-24　双转子永磁同步电机及其波浪发电系统结构图

计过程中，需要先计算双转子永磁同步电机的电感，它可以看成是内转子和外转子部分电感的串联。因此，先分别计算电机内转子、外转子部分的电感，然后叠加在一起。

以外转子中的 A 相绕组为例，每相绕组的电枢反应电感为

$$L_{mo} = \frac{\psi_{m1}}{\sqrt{2}I} = 2\mu_0 \frac{m}{\pi} \frac{(NK_{dp1})^2}{p^2} l_{ef} \frac{R_{go}}{l_{mgo}} \tag{5-13}$$

式中，ψ_{m1} 是基波磁场产生的磁通；I 是每相绕组电流；μ_0 是空气磁导率；m 是相数；K_{dp1} 是基波绕组系数；N 是匝数；p 是极对数；l_{ef} 是电枢铁心的有效长度；R_{go} 是外转子的气隙半径；l_{mgo} 是外转子的等效气隙长度。

内转子电机每相绕组的电枢反应电感为

$$L_{mi} = 2\mu_0 \frac{m}{\pi} \frac{(NK_{dp1})^2}{p^2} l_{ef} \frac{R_{gi}}{l_{mgi}} \tag{5-14}$$

式中，R_{gi} 是内转子磁化方向的长度；l_{mgi} 是外转子的等效气隙长度。

因此，双转子永磁同步电机的电枢反应电感可表示为

$$L_m = 2\mu_0 \frac{m}{\pi} \frac{(NK_{dp1})^2}{p^2} l_{ef} \left(\frac{R_{gi}}{l_{mgi}} + \frac{R_{go}}{l_{mgo}} \right) \tag{5-15}$$

电磁设计流程如图 5-25 所示。表 5-5 给出了本节所设计的双转子永磁同步电机的主要设计参数。

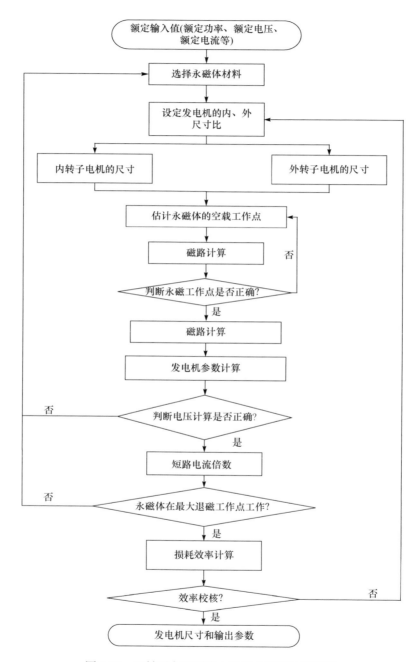

图 5-25　双转子永磁同步电机的主要设计流程图

表 5-5 双转子永磁同步电机的主要设计参数

参数	取值
电机容量	125kV·A
极对数	4
额定速度	1200r/min
铁心长度	100mm
外转子外径	160.8mm
外转子内径	143.8mm
外转子永磁体厚度	14mm
外转子极弧系数	0.84
定子外径	142.4mm
定子内径	61.3mm
内转子外径	59.5mm
内转子内径	43.2mm
外转子永磁体厚度	15mm
内转子极弧系数	0.8
定子槽数	48
材料类型	DW315-50

5.4.2 有限元分析

根据设计参数，利用 ANSYS Maxwell 软件建立和分析电机模型。图 5-26 为电机的磁力线和磁感应强度分布云图。由图 5-26 可知，磁力线依次经过气隙、内转子铁心、气隙、外转子铁心和永磁体形成闭合曲线，分布均匀且漏磁通量较小。

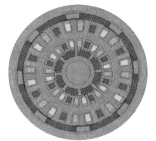
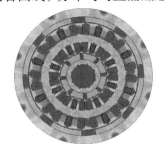

(a) 磁力线分布云图   (b) 磁感应强度分布云图

图 5-26 双转子永磁同步电机模型

下面对电机的空载反电动势进行分析。当电机转子旋转时，永磁体磁极产生的磁场是旋转的，而定子齿槽是静止不动的，因此电机的空载气隙磁感应强度分布是随转子旋转而变化的。同时每相绕组所交链的磁链也随时间的变化而变化，变化的磁链在相绕组中感生的旋转电动势为

$$E = -\mathrm{d}\psi / \mathrm{d}t \tag{5-16}$$

齿槽的影响会使感应电动势 E 的变化波形中含有一定的纹波。此处给出双转子永磁同步电机感应电动势表达式：以集中式绕组为例，设每个线圈节距为 α_y 机械角度，每相绕组串联匝数为 N，当转子 N 极轴线与 A 相绕组轴线重合时为感应电势计算起点，由双转子永磁同步电机内、外转子永磁磁感应强度可得电机内、外转子的空载反电动势 $e_{\text{a-in}}(t)$、$e_{\text{a-out}}(t)$ 分别为

$$e_{\text{a-in}}(t) = -\sum_{i=1}^{N} \frac{N_s \mathrm{d}\phi_{\text{in-}i}}{\mathrm{d}\gamma} \cdot \omega \tag{5-17}$$

$$e_{\text{a-out}}(t) = -\sum_{i=1}^{N} \frac{N_s \mathrm{d}\phi_{\text{out-}i}}{\mathrm{d}\gamma} \cdot \omega \tag{5-18}$$

考虑到内、外转子电机直轴间的相对位置角 γ，双转子电机的空载反电动势 e_a 可表示为

$$e_a = e_{\text{a-in}}(t) + e_{\text{a-out}}(t + \gamma / \omega) \tag{5-19}$$

式中，ω 为转子角速度；N_s 为单个集中线圈的匝数；$\phi_{\text{in-}i}$、$\phi_{\text{out-}i}$ 分别为内、外电机第 i 个线圈的磁链，表达式分别为

$$\phi_{\text{in-}i} = \int_{\alpha\text{-in}}^{\alpha\text{-in}+\delta\text{-in}} B_{s1}(R_{s1}, \alpha - \gamma) \cdot \tilde{\lambda}(r, \alpha) R_{s1} l_{\text{ef}} \mathrm{d}\alpha \tag{5-20}$$

$$\phi_{\text{out-}i} = \int_{\alpha\text{-out}}^{\alpha\text{-out}+\delta\text{-out}} B_{s2}(R_{s2}, \alpha - \gamma) \cdot \tilde{\lambda}(r, \alpha) R_{s2} l_{\text{ef}} \mathrm{d}\alpha \tag{5-21}$$

式中，$\alpha\text{-in}$、$\alpha\text{-out}$ 分别为定子内、外绕组第 i 个线圈首边的空间位置角；$\delta\text{-in}$、$\delta\text{-out}$ 分别为以机械角度表示的内、外电机线圈节距；l_{ef} 为定子轴向长度。

利用 ANSYS Maxwell 对电机进行空载反电动势仿真，设定双转子永磁同步电机的转速为 1200r/min，得到电机气隙磁感应强度波形和空载反电动势波形分别如图 5-27 和图 5-28 所示，利用有限元法得到的反电动势波形与理论分析基本吻合。

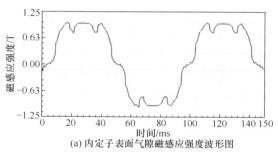

(a) 内定子表面气隙磁感应强度波形图

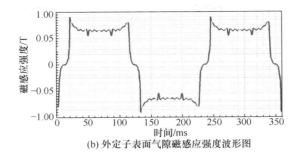

(b) 外定子表面气隙磁感应强度波形图

图 5-27 定子表面气隙磁感应强度波形图

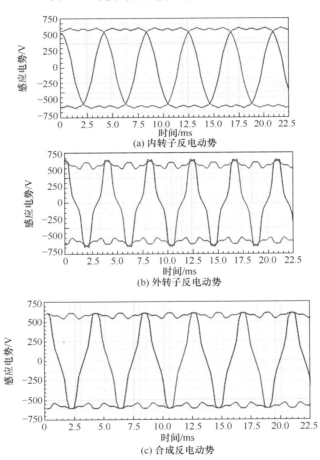

(a) 内转子反电动势

(b) 外转子反电动势

(c) 合成反电动势

图 5-28 空载反电动势波形

下面研究改变永磁体的角度对空载反电动势的影响。改变永磁体的角度，即改变电机的极弧系数，保持内转子极弧系数不变，外转子极弧系数分别取 $\xi_1=1$、

$\xi_2=0.8$ 和 $\xi_3=0.7$，得到空载反电动势对应曲线如图 5-29 所示，可以看出，随着外转子极弧系数的减小，反电动势有效值的波动幅度增大。

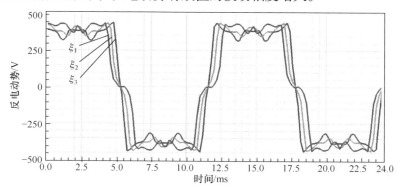

图 5-29　空载反电动势曲线图

5.5　磁性齿轮复合多端口波浪发电机

　　磁性齿轮具有大转矩密度、高效率和磁力传动等优点，在清洁、低温、海洋和高空等环境中有替代机械齿轮的巨大潜力[44-47]。在波浪发电场合利用磁性齿轮代替机械齿轮箱与电机相结合进行驱动，不仅可获得更高的传动性能，还能降低传统机械齿轮传动所具有的摩擦损耗、振动噪声和机械疲劳等问题。磁性齿轮与传统电机的结合逐步成为近年来各发电领域出现的一个研究热点，文献[48]和[49]将磁场调制型磁性齿轮与电机相串联，构建了风电实验系统。文献[50]将磁性齿轮与电机进行径向组合，实现系统的低速大转矩控制，相比于串联方式，该方式更加紧凑，系统体积更小。该外转子磁性齿轮复合电机已被应用在风力发电和电动汽车等领域[51-53]。文献[54]所分析的磁性齿轮电机可作为一种用于混合动力汽车驱动和风力发电的电磁无级变速器，通过调节永磁齿轮的传动比达到无级变速的目的。文献[55]成功地将磁性齿轮复合永磁同步发电机(magnetic geared permanent magnet synchronous generator, MG-PMSG)应用于低速振荡浮子式波能发电系统；文献[56]则直接将磁性齿轮复合永磁直线电机应用在直驱式波浪发电系统中。因此，采取科学的集成方式将磁性齿轮与电机深度融合，实现内部电磁的耦合和空间上的节约，便可创造出多种全新的高效电磁机构满足于波能发电场合的需求[57]。

　　本节针对以上问题，介绍一种磁性齿轮复合多端口波浪发电机，克服目前机械齿轮箱的使用给波浪发电系统造成的效率低、稳定性差及可控带宽窄等缺点，提高了波浪发电系统的运行效率，并使其能够稳定运行。

5.5.1　电磁设计

磁性齿轮复合多端口波浪发电机模型如图 5-30 所示[31,58]。其主要由电枢定子、磁性齿轮内转子、永磁磁极、磁性齿轮调磁铁心及磁性齿轮外转子五部分组成。电枢定子由 0.5mm 厚的硅钢片叠压而成,上面均匀分布着定子槽。磁性齿轮内层转子的内、外表面表贴着相同极对数的永磁磁极,随着发电机内层转子的高速转动,永磁磁极产生的磁通量可与电枢定子上的绕组相互耦合产生感应电动势,从而向外输出电能。

磁性齿轮部分内转子永磁极对数 p_i,外转子永磁极对数 p_o 和调磁环的调磁个数 Z 的组合满足如下关系:

$$Z = p_i + p_o \tag{5-22}$$

内转子的转速 n_i 与外转子的转速 n_o 的比值(即传动比 G_r)满足

$$G_r = \frac{n_i}{n_o} = -\frac{p_o}{p_i} \tag{5-23}$$

式中,负号表示内、外转子的转向相反。

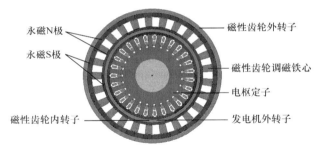

图 5-30　磁性齿轮复合多端口波浪发电机仿真模型图

采用表面响应法与粒子群算法相结合的方法,对调磁铁块的径向高度、内径角度和外径角度三个参数进行优化,可有效地提高磁性齿轮的转矩传递能力[31]。

将磁性齿轮复合多端口波浪发电机与浮子式波能转换装置相连,如图 5-31 所示。电机发出的交流电经过 AC-DC 整流、DC-DC 变换、DC-AC 逆变等环节处理后给负载供电。为了平抑波能功率的波动,变换电路中还需科学配置储能单元。

该电机在设计时,应在参考传统永磁同步电机的电磁设计基础上,综合考虑磁性齿轮复合多端口波浪发电机的结构特征及工作原理;采用有限元法对电机的内部磁场进行分析,完成初步电磁设计,进而核算整个电机的各项参数和性能;依据仿真结果再不断修正设计数据参数,直至达到设计要求。需要注意的是,在电机设计过程中,应根据实际情况合理选择内外转子结构、永磁体材料、铁心材料及转轴材料等,确保电机性能和制造成本等各个方面的综合性能最优。

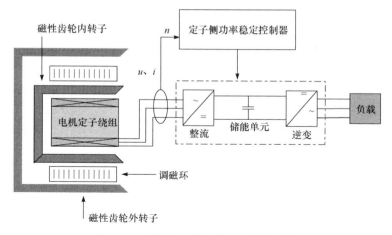

图 5-31　磁性齿轮波浪发电系统示意图

1. 内电机设计

内部电机结构的选取，主要从转子结构、定子槽型、极槽数配合等几个方面进行考虑。

对于永磁同步电机来说，转子结构主要分为内转子和外转子两种类型。与传统的内转子永磁同步电机相比，外转子结构的永磁同步电机具有更好的通风冷却条件。不仅如此，外转子结构永磁同步电机用于波浪发电场合运行时，外转子在高速旋转的过程中，表贴在其内表面的永磁体由于受到向外的离心力使磁体向转子方向挤压，致使磁体与转子之间的结合更为牢固稳妥。同时，在电机外形尺寸相同的情况下，采用外转子永磁同步电机结构，电机具有更大的气隙直径，发电机的转矩密度更高，电磁材料用量减少；在电机转速相同的情况下，外转子的线速度比内转子的线速度高得多，导致电机定子绕组的发电量增加，这样就可以降低电机在铁心叠片厚度和线圈匝数上的成本。因此，外转子式结构永磁同步发电机更适合于波浪发电场合中使用。

结构形式的选择对于电机的性能和制造成本有着重要的影响，结合本文对波浪发电机的各项指标要求，同时为了更好地将永磁同步电机与磁性齿轮集成在一起，本节考虑采用具有径向磁通结构的外转子永磁同步电机作为整个磁性齿轮复合多端口波浪发电机的内电机部分。

永磁同步电机的定子结构，主要分为铁心和线圈两部分。定子铁心常用硅钢片材料制成，但铁心并不是一块完整的硅钢板，而是由阻值更大的冲片叠压制成，这样做可以减少铁心中的感应电流，从而减少变化的磁场在其中产生的涡流损耗和磁滞损耗。其表面的氧化层也可减少定子铁心的涡流损耗。对于容量大的电机，硅钢片表面会涂绝缘漆以减小损耗。定子槽均匀地分布在铁心内部，用以固定线圈。常见槽型有梨形槽和梯形槽，如图 5-32 所示。由于梨形槽使用寿命长、模具制造简单，且槽满率较高，本节考虑采用梨形槽结构作为本电机的定子槽型。

对于永磁同步电机的定子绕组部分，近年来，分数槽集中绕组越来越多地应用于低速直驱永磁同步电机中。与分布式绕组相比，集中绕组的优势在于：电机的线圈跨距 $y=1$，一个线圈组集中绕制在同一个定子齿，导致线圈端部大大缩短，有效地节省铜资源；在加工过程中，可以使用自动嵌线和绕线，提高了工作效率，减小加工成本。采用分数槽集中绕组的永磁电机由于绕组的短距及分布效应的增加，永磁同步电机的反电势波形的正弦性得到有效提高。同时还可以减小电机的齿槽脉动转矩，对降低电机噪声及振动有一定的帮助。

综上所述，本节设计的磁性齿轮复合多端口波浪发电机中的内电机，考虑采用 6 极 27 槽结构的外转子永磁同步电机,磁性齿轮和内部电机耦合的转子部分永磁体极对数 p 为 3，极距 τ 为 9/2，定子采用分数槽绕组，其每极每相槽数为 $q = Z/(2mp) = Z/(2\times 3p) = 3/2$。图 5-33 为电机定子绕组连接图。

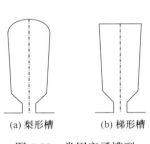

(a) 梨形槽　　　　(b) 梯形槽

图 5-32　常用定子槽型

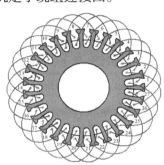

图 5-33　电机定子绕组连接图

2. 磁性齿轮部分设计

磁性齿轮作为波浪发电机中的能量传递机构，其结构参数对整个电机的动态性能影响较大[59]。本节设定磁性齿轮外转子磁极对数为 22，内转子磁极对数为 3，与内电机转子磁极对数保持一致，传动比为 7.33∶1。磁性齿轮有一个重要性能指标——转矩传递能力。作为磁性齿轮复合电机的重要能量传递系统，其转矩传递能力对确定磁性齿轮复合多端口电机的尺寸参数具有重要意义。下面分析调磁铁心对磁性齿轮转矩传递能力的影响。

调磁铁心的个数 N_s 和调磁铁心的宽度、高度是影响调磁铁心的三个主要因素。根据磁性齿轮的磁场调制原理，调磁铁心的个数等于内、外转子极对数之和，以及前面确定的内、外转子极对数可得调磁铁心数为 27。分析调磁铁心高度对磁性齿轮外转子转矩的影响。设定调磁铁心高度分别为 8mm、9mm、10mm、11mm、12mm 和 13mm，磁性齿轮外转子转矩图如图 5-34 所示。

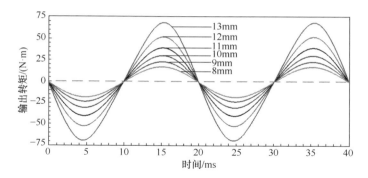

图 5-34   不同调磁铁心高度下磁性齿轮外转子转矩

由图 5-34 可知，磁性齿轮转矩在一定的范围内，随着调磁铁心高度的增加而增加，这是由于调磁铁心高度过小时，气隙磁阻变化不明显，调磁效应较弱，考虑极端情况，若调磁铁心高度为 0，此时调磁环不存在，磁性齿轮无法完成转矩传递的工作。但并非调磁铁心高度越大越好，这意味着磁性齿轮的体积会变得很大，从而导致机构的转矩密度变小，因此结合磁性齿轮内、外气隙及内、外永磁体高度等参数，本节设定调磁环高度为 13mm。

其次，分析调磁铁心宽度对磁性齿轮外转子转矩的影响。设定调磁铁心宽度分别为 6.2°、7.2°、8.2°、9.2°、10.2°和 11.2°，磁性齿轮外转子转矩图如图 5-35 所示。

由图 5-35 可知，在一定范围内，磁性齿轮转矩随着调磁铁心宽度的增加而减小。假设调磁铁心宽度为 0，这意味着调磁环不存在，磁性齿轮复合电机对外输出的转矩为 0。当调磁铁心宽度很大时，意味着调磁环为一个完整的铁心环，上面没有空气槽。这时，内、外转子永磁体所激发的磁链会被该铁心环短路，使内、外转子磁场相互屏蔽，从而无法对外输出工作转矩。一般，调磁环宽度的取值在 π/N_s 附近处比较合适，故本节调磁环宽度选择 7.2°。

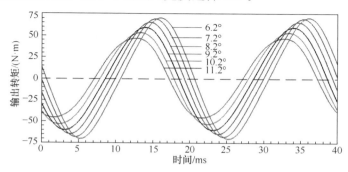

图 5-35   不同调磁铁心宽度下磁性齿轮外转子转矩

综上所述,可得磁性齿轮复合多端口波浪发电机设计的主要参数如表5-6所示。

表 5-6　磁性齿轮复合多端口波浪发电机的具体参数

参数	取值
内转子磁极对数	3
外转子磁极对数	22
调磁环上调磁铁心块数	25
额定相电压	220V
额定发电功率	500W
额定发电频率	50Hz
定子槽数	27
绕组相数	3
内转子的额定转速	1000r/min
外转子的额定转速	136r/min
电枢定子的外半径	60mm
内转子的内半径	63.6mm
内转子的外半径	68.4mm
调磁环的内半径	72mm
调磁环的外半径	85mm
外转子的内半径	92mm
外转子的外半径	98mm
有效轴向长度	40mm
内层气隙长度	0.6mm
外层气隙长度	1mm
永磁磁极的剩余磁感应强度	1.05T

5.5.2　有限元分析

通过建立电机的二维结构模型,设定电机各个部分的材料属性、施加边界条件及给定激励源后,利用 ANSYS Maxwell 对电机的磁场分布进行有限元计算分析,就可直观地得到电机磁场的分布情况。图 5-36 为电机空载运行时的磁力线分布图和磁感应强度分布云图。

从图 5-36 中可知,磁力线的分布主要有两组:一组是由外转子上永磁体发出,经调磁铁心的磁场调制效应后,与内转子上永磁体磁场相互调制耦合所形成的闭合磁力线;另一组是由内转子永磁体发出,经由内定子的电枢绕组后所形成的闭合磁力线。

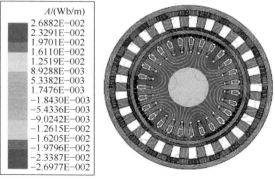

(a) 内部磁力线分布云图

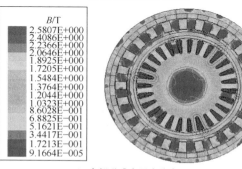

(b) 内部磁感应强度分布云图

图 5-36　电机空载运行时磁力线与磁感应强度分布云图

　　气隙磁场不仅是电机实现能量转化的关键枢纽，而且电机的感应电势和转矩直接受气隙磁场谐波的次数及大小所影响，进而影响电机整体性能，所以对电机气隙磁场的分析研究显得非常重要。由于磁性齿轮复合多端口波浪发电机的结构及磁路都相对复杂，为了提高对电机气隙计算的准确性，靠传统的磁路法分析较困难。因此，采用有限元法分别对电机的三层气隙磁感应强度径向分量进行求解和分析，对应三层气隙中的径向气隙磁感应强度波形如图 5-37 所示。

　　从图 5-37 中可以看出，在内层气隙中，出现很明显的空间 3 对极磁场分布，该磁场主要由内转子上的 3 对极的永磁体建立。外转子上的 22 对极永磁体建立的磁场经过调磁环调制后会产生 3 对极的磁场分量，这也将对内层气隙磁场产生贡献。磁感应强度波形上出现的毛刺主要由定子槽引起。由于槽部的空气磁导率很低，磁感应强度的幅值会出现一定程度的下降，从而使波形出现局部下陷，这也是引起齿槽转矩的主要内在原因。在中层气隙中，磁感应强度波形同样以 3 对极对称分布为主，但谐波含量明显增加。中层气隙的两侧分别为内转子和调磁环，因此，气隙中的磁场受内转子永磁磁极的影响最大。由于调磁环的存在，内转子上 3 对极永磁磁极建立的磁场会被调制出丰富的磁场谐波，同时，外转子上 22

对极永磁磁极建立的磁场会被调制。

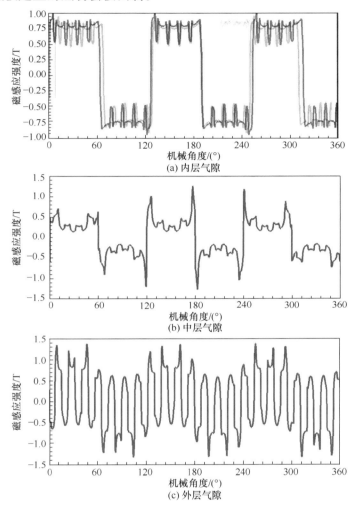

图 5-37　三层气隙中的径向气隙磁感应强度波形

图 5-38 给出电机在额定转速下的空载反电动势波形。从图 5-38 中可以看出，空载反电动势的谐波成分较多，其有效值为 337V。图 5-39 给出电机在额定转速下带阻性负载时的输出电压波形。从图 5-39 中可以看出，电机输出电压波形的谐波成分被电枢绕组削弱，从而表现出良好的正弦性，其有效值为 257V。

电枢定子上用于嵌放绕组的定子槽会使内层气隙中磁感应强度波形出现局部下陷，从而在内转子上产生齿槽转矩，该转矩会影响波浪发电机的起动性能。若希望发电机能在较低波浪速度环境下依然能够起动并发电，则应尽可能减小该齿槽转矩的幅值。此处通过采用改变定子槽口宽度、斜槽、Halbach 等方法减小齿槽转矩。

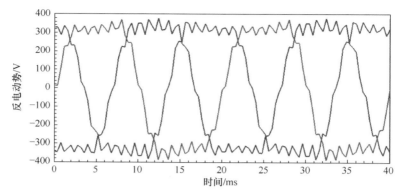

图 5-38 额定转速下空载反电动势波形

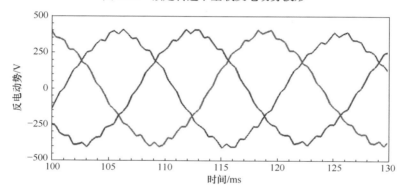

图 5-39 额定转速下带阻性负载时输出电压波形

1. 定子槽口宽度对齿槽转矩的影响

对定子槽口宽度分别为 2.4mm、2.6mm、2.8mm、3.0mm 和 3.2mm 的电机进行仿真，对应的齿槽转矩如图 5-40 所示。由图可知，当定子槽口宽度减小时，可以减小由槽开口而引起的气隙磁导变化，进而降低齿槽转矩大小。

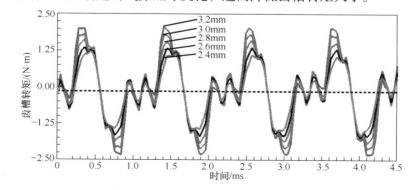

图 5-40 不同定子槽口宽度下齿槽转矩图

2. 斜槽对齿槽转矩的影响

图 5-41 给出电机分别在直槽和斜槽情况下的齿槽转矩波形。由图 5-41 可以看出,当电机采用直槽结构时,其齿槽转矩峰峰值为 3.52N·m,而斜槽时,齿槽转矩峰峰值仅为 0.41N·m,对比两种结果可以看出,定子直槽时的齿槽转矩整整比定子斜槽时的齿槽转矩大了约 8 倍。

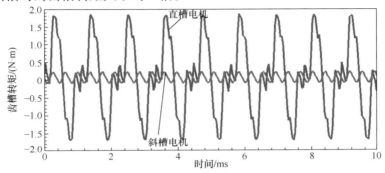

图 5-41　直槽和斜槽情况下的齿槽转矩图

进一步给出该电机在直槽和斜槽情况下计算得到的空载反电动势波形及其傅里叶分析,如图 5-42 所示。由图 5-42 可以看出,直槽电机空载反电动势基波幅值约为 337V,斜槽电机约为 329.7V,虽然空载反电动势基波幅值受斜槽影响有所降低,但三次谐波幅值由直槽时的 72.13V 降低至 59.03V,有效地抑制了三次谐波的影响,且其他各次谐波幅值均有所降低。

进一步研究齿槽转矩值与斜槽角度之间的关系,分别对斜槽角度 3°、5°、7°、9°和 11°进行仿真研究,得到了不同斜槽角度下的齿槽转矩如图 5-43 所示。

由图 5-43 可知,当斜槽角度越接近定子齿距,齿槽转矩值越小。可见斜槽可有效抑制磁性齿轮复合电机空载感应电势各次谐波分量和齿槽转矩,减小电机的振动和噪声,为磁性齿轮复合多端口波浪发电机的运行提供了良好的基础。

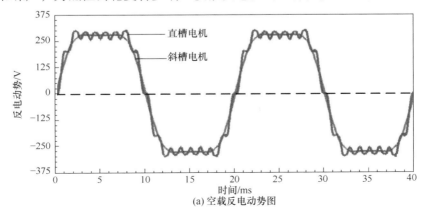

(a) 空载反电动势图

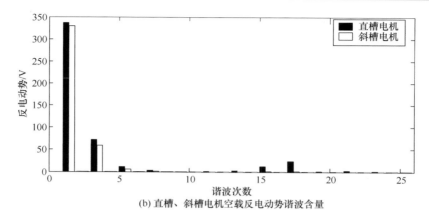

(b) 直槽、斜槽电机空载反电动势谐波含量

图 5-42　直槽和斜槽电机空载反电动势图及其傅里叶分析图

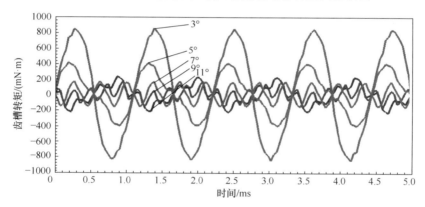

图 5-43　不同斜槽角度下齿槽转矩图

3. Halbach 充磁对齿槽转矩的影响

Halbach 阵列由美国学者 Klaus Halbach 最先提出，是由多段相同大小或不同大小的磁极按照一定规律重新组合而成的充磁方式。相对于传统的径向或切向充磁方式，该阵列具有如下优势：①具有磁自屏蔽效应，降低了铁耗和转子的铁心厚度，有利于减小电机体积，减少铁心用量等；②一侧磁感应强度增强而另一侧减弱，充磁方式磁通密度较高，提高了永磁材料的利用率；③气隙磁场具有良好的正弦分布特性。

Halbach 阵列分为理想型和分段式两种，分别如图 5-44 所示。理想型 Halbach 阵列由一个完整的磁钢圆环组成，这需要对圆环进行整体充磁，对加工工艺的要求较高，在实际生产应用中难以实现；而分段式 Halbach 阵列充磁方式是将整块磁体进行分段，然后将磁化方向不同的小磁体拼接在一起重新构成新的阵列，与前者相比，这种充磁方式实现起来较为简单。

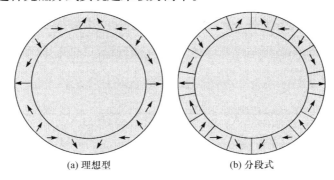

(a) 理想型　　　　　　　　　　(b) 分段式

图 5-44　Halbach 阵列

Halbach 阵列永磁电机的原理如下所述。首先假设 Halbach 阵列永磁电机每极都由 n 块形状和大小相同的小磁极构成，定义第 1 块磁极充磁方向为沿着 x 轴正方向充磁，那么第 i 块磁极的充磁方向可以以磁化强度的 x、y 分量形式表示如下：

$$B_x(i) = B\cos\left((1 \pm p)\frac{360(i-1)}{2pn}\right) \tag{5-24}$$

$$B_y(i) = B\sin\left((1 \pm p)\frac{360(i-1)}{2pn}\right) \tag{5-25}$$

每一个磁极的充磁方向 θ_m 可表示为

$$\theta_m = (1 \pm p)\theta_i \tag{5-26}$$

式中，B_x 为磁感应强度的 x 轴分量；B_y 为磁感应强度的 y 轴分量；p 为传统阵列永磁体极对数；n 为每极分块数；"+" 对应的是内磁场阵列，"–" 对应的是外磁场阵列；θ_i 为 $\theta=0$ 与第 i 块磁极中心线的夹角。

如图 5-45 所示，Halbach 阵列永磁电机按照磁场分布的不同可划分为：内磁场形式和外磁场形式。内磁场 Halbach 充磁方式为电机内磁场充磁，其磁力线主要分布在永磁环的内侧，能够增强电机内部的磁感应强度，电机外部的磁感应强度减弱。外磁场 Halbach 充磁方式则相反，其磁力线主要分布在永磁环的外侧，电机外侧对应的磁感应强度增强。

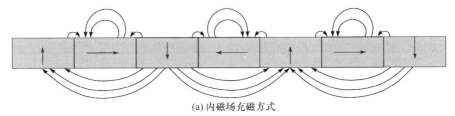

(a) 内磁场充磁方式

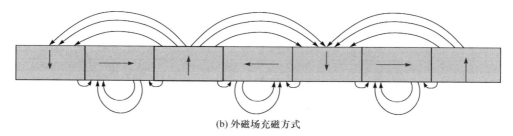

(b) 外磁场充磁方式

图 5-45　Halbach 阵列示意图

由于 MG-PMSG 的外转子内侧表贴永磁体极对数较多，采用 Halbach 方式在工艺加工上操作困难，故只对电机内转子内、外侧表贴的永磁体采用 Halbach 方式，外转子永磁体仍采用径向充磁，内侧永磁体采用外磁场分布，磁力线向内聚合，向外发散，外侧永磁体采用内磁场分布，磁力线向外聚合，向内发散，每一段永磁体分为 3 块，即 $n=3$，MG-PMSG 内转子上 Halbach 磁体阵列排布示意图如图 5-46 所示。

内层每一块永磁体对应的磁感应强度 B_x 和 B_y 分别为

$$B_x(i) = B\cos(80(i-1)) \tag{5-27}$$

$$B_y(i) = B\sin(80(i-1)) \tag{5-28}$$

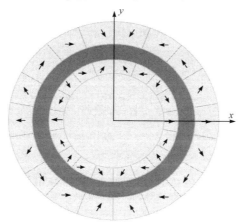

图 5-46　MG-PMSG 内转子上 Halbach 磁体阵列排布示意图

外层每一块永磁体对应的磁感应强度 B_x 和 B_y 分别为

$$B_x(i) = B\cos(-90(i-1)) \tag{5-29}$$

$$B_y(i) = B\sin(-90(i-1)) \tag{5-30}$$

利用 ANSYS Maxwell 对 Halbach 充磁结构的 MG-PMSG 进行建模分析。在径向充磁结构和 Halbach 充磁结构下，电机内层、中层及外层气隙磁感应强度波形及其对应的傅里叶分析分别如图 5-47～图 5-49 所示。

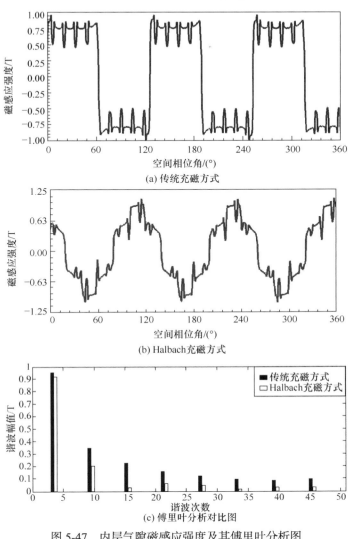

(a) 传统充磁方式

(b) Halbach充磁方式

(c) 傅里叶分析对比图

图 5-47　内层气隙磁感应强度及其傅里叶分析图

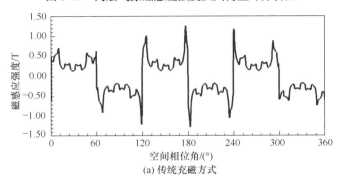

(a) 传统充磁方式

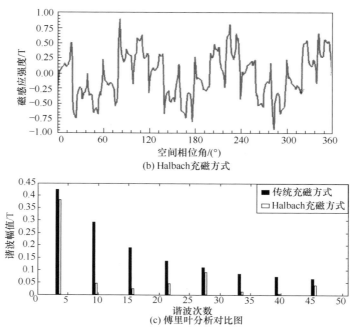

(b) Halbach充磁方式

(c) 傅里叶分析对比图

图 5-48　中层气隙磁感应强度及其傅里叶分析图

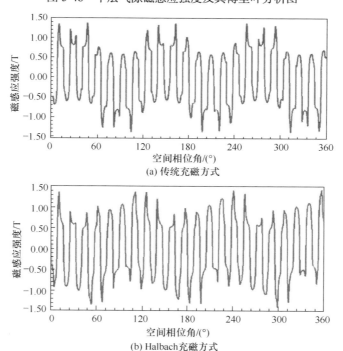

(a) 传统充磁方式

(b) Halbach充磁方式

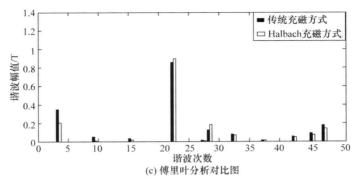

(c) 傅里叶分析对比图

图 5-49　外层气隙磁感应强度及其傅里叶分析图

对比两种不同充磁结构下电机的磁感应强度波形，可以看出 Halbach 充磁结构可以使电机的磁感应强度波形更接近正弦，虽然其基波分量有一定的降低，但其高次谐波分量大幅减少，一定程度上减小了电机漏磁，这种变化是由永磁体的磁极数量和其充磁方向改变所引起的。

下面对两种充磁方式下的空载反电动势和齿槽转矩进行分析，对比图分别如图 5-50 和图 5-51 所示。

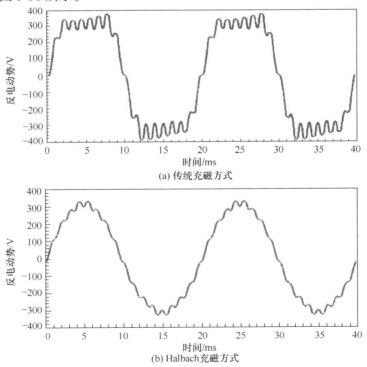

(a) 传统充磁方式

(b) Halbach充磁方式

图 5-50　两种充磁方式下空载反电动势对比图

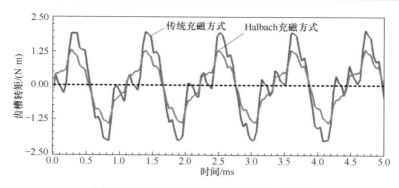

图 5-51　两种充磁方式下齿槽转矩对比图

　　由图 5-50 和图 5-51 可知，Halbach 充磁方式对应的空载反电动势正弦度提高，虽然幅值略有下降，但其波形畸变率由 21.49%降低到 4.2%，有效增加了基波含量。传统充磁方式下的齿槽转矩峰值为 2.0071N · m，Halbach 充磁方式下的齿槽转矩为 1.3895N · m，较传统充磁方式降低了 30.8%，有效地抑制了齿槽转矩的产生。

　　对于 MG-PMSG，气隙磁感应强度变化会引起相应的铁心损耗和涡流损耗发生变化。铁心损耗主要存在于内电机的定子轭部和外电机的调磁铁块部分；涡流损耗主要存在于调磁铁块和内外转子永磁体上。由于调磁铁块的主要作用是传递谐波磁场，会产生较大的涡流损耗，永磁体部分也会产生一定的涡流损耗。下面对两种充磁方式的铁心损耗和涡流损耗进行分析，如图 5-52 和图 5-53 所示。

　　由图 5-52 和图 5-53 可知，永磁体传统充磁时铁心损耗约为 11.51W，涡流损耗约为 5.35W；采用 Halbach 充磁方式后，铁心损耗约为 6.77W，涡流损耗约为 1.78W，分别降低了 41.18%和 66.73%。采用 Halbach 充磁方式后，不仅降低了齿槽转矩，还有效地改善了气隙磁感应强度分布，减小气隙磁感应强度谐波分量，降低了铁心损耗和涡流损耗，从而有效地提高了电机效率。

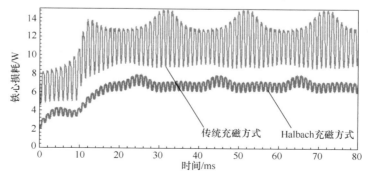

图 5-52　两种充磁方式下铁心损耗对比图

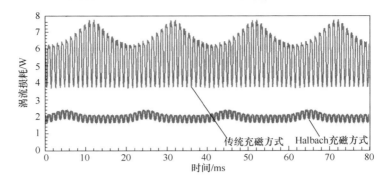

图 5-53　两种充磁方式下涡流损耗对比图

4. 组合法设计

本节采用"定子齿开辅助槽+定子斜槽+Halbach 充磁"的组合法,对 MG-PMSG 进行结构改进。传统的 MG-PMSG 和利用组合法改进的 MG-PMSG 齿槽转矩和反电动势对比图分别如图 5-54 和图 5-55 所示。

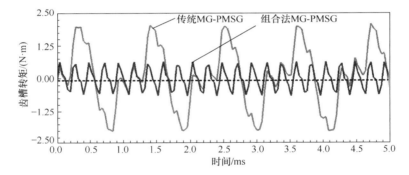

图 5-54　不同方法齿槽转矩对比图

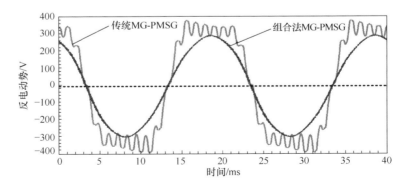

图 5-55　不同方法空载反电动势对比图

　　上述各个方法的齿槽转矩峰值对比曲线及齿槽转矩占额定转矩百分比如图 5-56 所示，对应的反电动势谐波畸变率如图 5-57 所示。

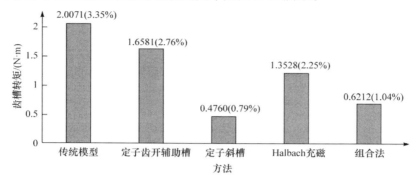

图 5-56　不同方法齿槽转矩峰值对比及齿槽转矩占额定转矩百分比

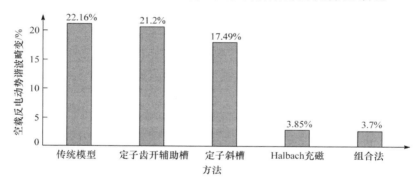

图 5-57　不同方法空载反电动势谐波畸变率对比图

　　由图 5-56 的结果表明，传统模型的齿槽转矩峰值最高，约为 2.0071N·m，其次是定子齿开辅助槽、定子斜槽、Halbach 充磁和组合法，分别为 1.6581N·m、0.4760N·m、1.3528N·m 和 0.6212N·m，与传统模型相比，定子斜槽法具有最良好的齿槽转矩削弱能力，约占额定转矩的 0.79%。图 5-57 则表明，与传统模型相比，Halbach 充磁方法使反电动势波形更接近正弦，组合法的反电动势谐波畸变率更低，只有 3.7%。因此，组合法的综合性能优越，既能有效地减小电机齿槽转矩，又可有效降低反电动势谐波含量，是提高电机性能行之有效的方法之一。

参 考 文 献

[1] 方红伟, 陈雅, 胡孝利. 波浪发电系统及其控制[J]. 沈阳大学学报, 2015, 27(5): 376-384.

[2] Fang H W, Tao Y. Design and analysis of a bidirectional driven float-type wave power generation system[J]. Journal of Modern Power Systems & Clean Energy, 2018, 6(1):50-60.

[3] Fang H W, Wang D. Design of permanent magnet synchronous generators for wave power

generation[J]. Transactions of Tianjin University, 2016, 22(10): 396-402.

[4] 王丹, 方红伟. 外转子开关磁阻电机磁路结构有限元分析[J]. 电工技术学报, 2013, 28(增 1): 352-357.

[5] Fang H W, Feng Y Z, Song R, et al. Diagnosis of inter-turn short circuit and rotor eccentricity for PMSG used in wave energy conversion[C]. IEEE Applied Power Electronics Conference and Exposition (APEC), San Antonio, 2018: 3346-3352.

[6] 方红伟, 宋如楠. 波浪能随小型自主式水下航行器发电系统[P]. 中国: CN 201811621374. X. 2018.

[7] Falcão A F O, Henriques J C C. Oscillating-water-column wave energy converters and air turbines: A review[J]. Renewable Energy, 2016, 85: 1391-1424.

[8] Faiz J, Nematsaberi A. Linear electrical generator topologies for direct-drive marine wave energy conversion-an overview[J]. IET Renewable Power Generation, 2017, 11(9): 1163-1176.

[9] Hong Y, Waters R, Boström C, et al. Review on electrical control strategies for wave energy converting systems[J]. Renewable Sustainable Energy Review, 2014, 31: 329-342.

[10] Falcão A F O. Wave energy utilization: A review of the technologies[J]. Renewable and Sustainable Energy Review, 2010, 14(3): 899-918.

[11] 刘臻. 岸式振荡水柱波能发电装置的试验及数值模拟研究[D]. 青岛: 中国海洋大学, 2008.

[12] 戴庆忠. 国外大型空冷水轮发电机技术进展[J]. 东方电机, 2007, (6):1-32.

[13] Polinder H, Damen M E C, Gardner F. Design, modelling and test results of the AWS PM linear generator[J]. European Transactions on Electrical Power, 2005, 15(3): 245-256.

[14] Mueller M A. Electrical generators for direct drive wave energy converters[J]. IEEE Proceedings-Generation, Transmission and Distribution, 2002, 149(4): 446-456.

[15] Rhinefrank K, Agamloh E B, von Jouanne A. Novel ocean energy permanent magnet linear generator buoy[J]. Renewable Energy, 2006, 31(9): 1279-1298.

[16] 吴必军, 刁向红, 王坤林, 等. 10 kW 漂浮点吸收直线发电波力装置[J]. 海洋技术, 2012, 31(3): 68-73.

[17] 肖曦, 摆念宗, 康庆, 等. 波浪发电系统发展及直驱式波浪发电系统研究综述[J]. 电工技术学报, 2014, 29(3): 1-11.

[18] 程佳佳. 浮子式永磁同步波浪发电系统分析与控制[D]. 天津: 天津大学, 2014.

[19] 张邵波. 低速永磁同步发电机的优化设计及特性分析[D]. 合肥: 合肥工业大学, 2012.

[20] Geoff K, Isidor K. Operation and Maintenance of Large Turbo-Generators[M]. New York: Wiley-IEEE Press, 2004.

[21] Zhou Z, Knapp W, MacEnri J. Permanent magnet generator control and electrical system configuration for wave dragon MW wave energy take-off system[C]. IEEE International Symposium on Industrial Electronics, Cambridge, 2008: 1580-1585.

[22] 王昊, 张之敬, 刘成颖. 永磁直线同步电机定位力分析与实验研究[J]. 中国电机工程学报, 2010, 30(15): 58-63.

[23] Kim K H, Park, H I, Jang S M, et al. Comparison of characteristics of double-sided permanent-magnet synchronous motor/generator according to magnetization patterns for flywheel energy storage system using an analytical method[J]. IEEE Transactions on Magnetics,

2015, 51(3): 1-4.

[24] 赵镜红, 张俊洪, 方芳, 等. 径向充磁圆筒永磁直线同步电机磁场和推力解析计算[J]. 电工技术学报, 2011, 26(7): 154-160.

[25] 赵镜红, 张晓锋, 张俊洪, 等. 径向充磁圆筒永磁直线同步电机磁场分析[J]. 上海交通大学学报, 2010, 44(7): 989-993.

[26] 夏加宽, 董婷, 王贵子. 抑制永磁直线电机推力波动的电流补偿控制策略[J]. 沈阳工业大学学报, 2006, 28(4): 379-383.

[27] 夏加宽, 沈丽, 彭兵, 等. 磁极错位削弱永磁直线伺服电动机齿槽法向力波动方法[J]. 电工技术学报, 2015, 30(24): 11-16.

[28] 张静, 余海涛, 陈琦, 等. 直驱波浪发电用圆筒型永磁直线电机的磁阻力最小化分析[J]. 微电机, 2014, 47(1): 26-29.

[29] 刘春元, 余海涛, 胡敏强, 等. 永磁直线发电机在直驱式波浪发电系统的应用[J]. 中国电机工程学报, 2013, 33 (21): 90-98.

[30] Fang H W, Wang D. A novel design method of permanent magnet synchronous generator from perspective of permanent magnet material saving[J]. IEEE Transactions on Energy Conversion, 2017, 32(1): 48-54.

[31] 宋如楠. 磁性齿轮复合永磁同步发电机设计与优化[D]. 天津: 天津大学, 2019.

[32] 王丹. 基于水平集方法的圆筒型永磁直线波浪发电机设计[D]. 天津: 天津大学, 2017.

[33] Kim Y S, Park I H. Topology optimization of rotor in synchronous reluctance motor using level set method and shape design sensitivity[J]. IEEE Transactions on Applied Superconductivity, 2010, 20(3): 1093-1096.

[34] Kwack J, Min S, Hong J P. Optimal stator design of interior permanent magnet motor to reduce torque ripple using the level set method[J]. IEEE Transactions on Magnetics, 2010, 46(6): 2108-2111.

[35] Putek P, Paplicki P, Pałka R. Low cogging torque design of permanent magnet machine using modified multi-level set method with total variation regularization[J]. IEEE Transactions on Magnetics, 2014, 50(2): 657-660.

[36] Fang H W, Song R N, Xiao Z X. Optimal design of permanent magnet linear generator and its application in a wave energy conversion system[J]. Energies, 2018, 11: 1-12.

[37] Henderson R. Design, simulation and testing of a novel hydraulic power take-off system for the Pelamis wave energy converter[J]. Renewable Energy, 2006, 31(1): 271-283.

[38] 王玉彬, 程明, 樊英, 等. 功率分配用双定子永磁无刷电机设计与电磁特性分析[J]. 电工技术学报, 2010, 25(10): 37-43.

[39] 陈云云, 全力, 朱孝勇, 等. 双凸极永磁双转子电机优化设计与电磁特性分析[J]. 中国电机工程学报, 2014, 34(12): 1912-1921.

[40] 付兰芳, 孙鹤旭, 王华君, 等. 基于永磁双转子电机调速的新型风力发电系统设计[J]. 电力系统自动化, 2014, 38(15): 25-29.

[41] 费钟秀. 复杂转子耦合系统有限元建模及其动力特性研究[D]. 杭州: 浙江大学, 2013.

[42] No T S, Kim J E, Moon J H, et al. Modeling, control, and simulation of dual rotor wind turbine generator system[J]. Renewable Energy, 2009, 34(10): 2132-2142.

[43] 方红伟, 宋如楠. 双转子永磁同步波浪发电系统[P]. 中国: CN 2018104024291. 2018.

[44] 陈栋, 王敏, 易靓, 等. 磁齿轮复合永磁电机综述[J]. 电机与控制应用, 2015, 42(3): 1-6.

[45] 朱孝勇, 程明, 花为, 等. 新型混合励磁双凸极永磁电机磁场调节特性分析及实验研究[J]. 中国电机工程学报, 2008, 266(3): 90-95.

[46] 张东, 邹国棠, 江建中, 等. 新型外转子磁齿轮复合电机的设计与研究[J]. 中国电机工程学报, 2008, 28(30): 67-72.

[47] 陈洁琳. 用于海洋能发电的磁性齿轮设计与性能分析[D]. 南京: 东南大学, 2015.

[48] Bao G Q, Mao K F. A wind energy conversion system with field modulated magnetic gear[C]. Asia-Pacific Power and Energy Engineering Conference, Wuhan, 2011: 1-4.

[49] 包广清, 刘新华, 毛开富. 基于磁场调制式磁齿轮传动的永磁同步风力发电系统[J]. 农业机械学报, 2011, 42(5): 116-120.

[50] Chau K T, Zhang D, Jiang J Z, et al. Design of a magnetic-geared outer-rotor permanent-magnet brushless motor for electric vehicles[J]. IEEE Transactions on Magnetics, 2007, 43(6): 2504-2506.

[51] 李祥林, 程明, 邹国棠. 聚磁式场调制永磁风力发电机输出特性改善的研究[J]. 中国电机工程学报, 2015, 35(16): 4198-4206.

[52] 杜世勤, 章跃进, 江建中. 新型永磁复合电机研究[J]. 微特电机, 2010, 38(4): 1-3.

[53] Rasmussen P O, Frandsen T V, Jensen K K, et al. Experimental evaluation of a motor integrated permanent magnet gear[J]. IEEE Transactions on Industry Applications, 2013, 49(2): 3982-3989.

[54] Lubin T, Mezani S, Rezzoug A. Analytical computation of the magnetic field distribution in a magnetic gear[J]. IEEE Transactions on Magnetics, 2010, 46(7): 2611-2621.

[55] Du Y, Chau K T, Chen M, et al. A linear magnetic-geared permanent magnet machine for wave energy generation[C]. International Conference on Electrical Machines and System, Incheon, 2010: 1538-1541.

[56] Shah L, Cruden A, Williams B. W. A magnetic gear box for application with a contra-rotating tidal turbine[C]. International Conference on Power Electronics and Drive Systems, Bangkok, 2007: 989-993.

[57] 蹇琳旎. 同轴磁性齿轮的原理及应用[M]. 北京: 科学出版社, 2015.

[58] 方红伟, 宋如楠. 磁齿轮复合多端口波浪发电机[P]. 中国: CN 201810400047.5. 2018.

[59] 王利利. 磁场调制型永磁齿轮与低速电机的研究[D]. 杭州: 浙江大学, 2012.

第6章 波浪发电系统的最大波能捕获与稳定控制

波能的发电功率随着波浪状态发生变化，而波浪状态又随着外界环境和气候条件的变化而变化。所以，波浪发电功率具有很强的随机性和非线性。波能在不同时间段的间歇性和随机性将加剧波浪发电系统中的功率波动和系统电压的不稳定性，进而降低系统的供电可靠性和电能质量。为了稳定波浪发电功率的电能输出水平，可以采取第3章所述的质量自适应浮子系统提高浮体的波能捕获效率。进一步，要实现波浪发电系统的最大波能捕获，则需要采取不同的控制策略，如相位控制策略和非线性控制策略、科学配置波浪发电系统的储能装置和增加无功补偿装置等，以有效地解决系统的功率匹配和电压稳定等问题。

本章将重点介绍基于开关磁阻电机动态参考电流实现的最大波能捕获方法、基于混合储能的系统稳定控制策略、基于比例谐振控制方法的波浪发电系统，以及无功补偿对波浪发电系统稳定性的影响，从而为相关波浪发电系统的最大波能捕获和稳定控制提供参考。

6.1 开关磁阻电机动态参考电流最大波能捕获控制

永磁同步电机虽然已经较为成熟地应用于波浪发电系统中[1-3]，但由于其转子由永磁材料制成，应用于海洋环境中相对昂贵并且可靠性低。与永磁同步电机相比，开关磁阻电机的结构简单，转子上无绕组和永磁体，可靠性高。此外，开关磁阻电机容错能力较强，可以直接发出直流电[4]。开关磁阻电机可以通过开通角、关断角、电流、电压等各种参数来实现系统的控制。具体控制方法有角度位置控制(angle position control, APC)，电流斩波控制(current chopping control, CCC)、电压斩波控制及智能控制等多种方法[5-8]。目前，开关磁阻电机已被成熟地应用于风力发电和各种工业驱动中[9-11]。本节主要介绍一种开关磁阻电机动态参考电流最大波能捕获控制方法，利用该方法在实现浮子在上升或下降时，波浪发电系统均可将捕获到的波能转化为机械能，然后进一步将其最大化转变为稳定的电能。该方法可根据波浪状态动态设置电流参考值，控制浮子与波浪运动同步，从而实现最大功率点跟踪和系统效率的进一步提升。

6.1.1 最大波能捕获控制方法

图 6-1 为双向驱动浮子式波浪发电控制系统原理框图，该系统由机械系统和

电气系统构成。机械系统中浮子由于受到波浪冲击和缆绳拉力在竖直方向上做升降运动，从而带动输入传动轴旋转，角速度为 ω_p，经过离合器和双动式棘轮后，输出传动轴上的角速度为 ω_{pulley} 且为单方向旋转，并由相应齿轮箱提速后的输出转矩 T_m 驱动开关磁阻电机旋转，进而将能量传递到负载或电网。与单方向驱动浮子式波浪发电系统相比，该系统可以在波浪上升或下降阶段工作，其工作效率有了很大的提高。平衡块用于保持缆绳的张力，并与装置的固有频率密切相关。电气系统中开关磁阻发电机通过 DC-DC-AC 变换器和电网系统相连，该变换器包含一个 DC-DC 变换器和一个电压源型逆变器，中间用滤波电容相连，可控制直流母线的电压和输送到电网的功率和频率。如果发电机的转矩和频率随着波浪大小和周期等参数的改变而改变，此系统结构即可保证开关磁阻电机的高效率，又可以保证变换器输出侧电压和频率的恒定。显然，电机与浮子不是相互独立于发电系统的，它们之间相互耦合，相互作用，共同推动系统的运转。因此，从系统层面看，可以通过直接控制电机来实现对波浪发电系统的最大波能捕获。

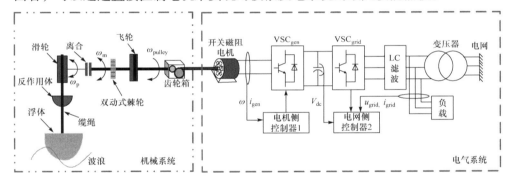

图 6-1　双向驱动浮子式波浪发电控制系统原理框图

对于开关磁阻发电机而言，励磁电流建立是电机正常运行的一个必要步骤。励磁电流建立后，电机输出电流才可能会稳定输出。与此同时，输出电流仍受最大允许电流值的限制。为了充分利用开关磁阻发电机的绕组，最重要的是要保证绕组电流完全在负电感斜率区域。另外，在该波浪发电系统中，开关磁阻发电机的转速很低，因此电动势相对较小。考虑到开关磁阻电机的绕组为快速充电电路的一部分，此时电机较宜采取电流斩波控制方式[12,13]。导通相的电流会受参考电流的限制，并且决定了发电机的输出转矩。波能捕获的能力是与电磁转矩密切相关的，因此可通过设定一个适当的参考电流来实现系统的最大功率点跟踪和最大波能捕获能力提升。电流斩波控制策略下的相电流和输出转矩曲线如图 6-2 所示。

图 6-2 表明，只有在开关磁阻电机转子旋转角 θ 满足 $\theta_4 < \theta < \theta_5$ 的情况下，电机才会输出负电磁转矩，其中 θ_4、θ_5 分别表示负电感斜坡区的开始和结束时刻位置角。在其他区域，电磁转矩为正或零。

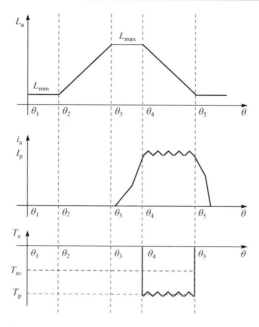

图 6-2　定子绕组电感 L_a、相电流 I_p、输出转矩 T 与转子旋转角的关系

6.1.2　波能捕获装置力分析

由图 6-1 可知，波浪的运动状态及波浪发电装置的物理结构决定着系统的输出转矩。浮子的运动主要受浮子的浮力 F_{buoy}、摩擦阻力 F_D 和重力 G_f 的影响。其中，浮力竖直向上，取决于浮子浸入水中的体积 V 和海水的密度 ρ，可表示为

$$F_{buoy} = \rho g V \tag{6-1}$$

式中，g 为重力加速度。

摩擦阻力 F_D 与海水的密度、浮子的形状和表面粗糙度有关，F_D 可表示为

$$F_D = -\frac{1}{2} C_d \rho A v |v| \tag{6-2}$$

式中，C_d 为摩擦阻力系数；v 为海水垂直速度与浮子垂直速度之间的相对速度；A 为浮子垂直于水面的横截面积。

摩擦阻力系数 C_d 一般根据实验数据选取，一种简单的方法是将浮子浸入海水中使其自由运动，通过测量其振幅衰减获取。实测结果表明，C_d 值范围为 0.015～0.02。

当波浪上升或下降时，浮子在水下的体积也发生变化，导致浮子的浮力 F_{buoy} 与摩擦阻力 F_D 也相应变化。浮子在海上的受力分析如图 6-3 所示。图 6-3 左侧为浮子初始状态，右侧为任意时刻浮子的工作状态。

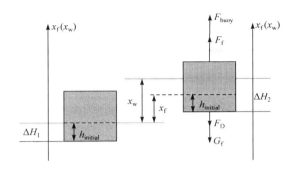

图 6-3　浮子受力分析示意图

当浮子完全淹没在海水中时，浮力达到最大值。当整个浮子悬空时，浮力消失。考虑到这两种极限情况，浮子浸入水中的高度 ΔH 可以表示为

$$\Delta H = \begin{cases} 0, & -\infty < h_{\text{initial}} + x_{\text{w}} - x_{\text{f}} \leqslant 0 \\ h_{\text{initial}} + x_{\text{w}} - x, & 0 < h_{\text{initial}} + x_{\text{w}} - x_{\text{f}} \leqslant H_{\text{float}} \\ H_{\text{float}}, & H_{\text{float}} < h_{\text{initial}} + x_{\text{w}} - x_{\text{f}} < \infty \end{cases} \quad (6\text{-}3)$$

式中，H_{float} 表示浮子的高度；h_{initial} 表示浮子浸没在水中的高度。同时，x_{f} 和 x_{w} 分别表示浮子和水位从初始状态开始的竖直位移，如图 6-3 所示。

根据牛顿第二定律，浮子运动方程可以表示为

$$m_{\text{float}} \ddot{x}_{\text{f}} = \rho g \Delta H \pi r^2 + F_{\text{f}} - m_{\text{float}} g \\ - \frac{1}{2} C_{\text{d}} \rho |\dot{x}_{\text{w}} - \dot{x}_{\text{f}}| (\dot{x}_{\text{w}} - \dot{x}_{\text{f}}) \quad (6\text{-}4)$$

式中，F_{f} 表示缆绳拉力；m_{float} 表示浮子的质量。

在缆绳的另一端为平衡块，其始终悬挂在空中，分别受浮子重力 G_{f} 和缆绳拉力 F_{M} 的作用，平衡块作用力示意图如图 6-4 所示。

因此，运动块运动方程可以表示为

$$F_{\text{M}} - m_{\text{M}} g = m_{\text{M}} \ddot{x}_{\text{M}} \quad (6\text{-}5)$$

式中，m_{M} 为平衡块的质量；x_{M} 为平衡块的位移。

飞轮的驱动力、转矩及其运动方向如图 6-5 所示。

棘轮作用力满足

$$\begin{cases} |\dot{x}_{\text{f}}| \geqslant \dfrac{R}{k} \omega_{\text{pulley}} \\ (F_{\text{buoy}} - m_{\text{float}} g + m_{\text{M}} g) \dot{x}_{\text{f}} \geqslant 0 \end{cases} \quad (6\text{-}6)$$

式中，第二个方程表明施加在浮子上的合力必须与浮子运动的合力在同一个正方向上。

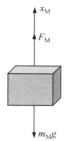
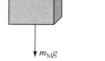

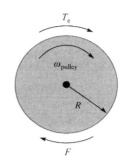

图 6-4　平衡块作用力示意图　　　　　　图 6-5　飞轮作用力示意图

开关磁阻电机的运动方程可表示为

$$\frac{R}{k}F + T_{av} = J\dot{\omega}_{pulley} \tag{6-7}$$

式中，R 为飞轮的半径；k 为齿轮箱的变速比；J 为转动惯量；ω_{pulley} 为飞轮的角速度；F 为飞轮驱动力。

一旦式(6-6)中的不等式不能得到满足，相互作用力就会消失。此外，当滑轮的质量远小于浮子和平衡块的质量时，可以忽略滑轮的影响，F 近似等于零。在这种情况下，式(6-7)也可以写成：

$$T_{av} = J\dot{\omega}_{pulley} \tag{6-8}$$

6.1.3　控制策略与仿真验证

图 6-6 为导通角与关断角固定时的电机控制策略模型[13]，利用电流斩波控制方法，当实际电流值大于参考电流值时，控制脉冲会变小，否则，控制器的输出会变大。

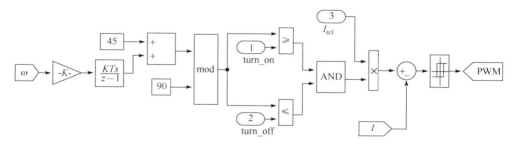

图 6-6　开关磁阻发电机的控制策略

在上述模型中，尽可能使浮子与波浪运动相位保持一致。因此，设置参考电流为

$$I_{ref} = \sqrt{\frac{\xi\sin(\omega_{on}(t-t_{on})-\varphi_{on})}{\sin(\omega_{on}(t-t_{on}))}} \tag{6-9}$$

式中，t_{on} 为电机开通时刻，ξ 满足

$$\xi = \frac{-\lambda_{on}\omega_{on}\sqrt{R\rho g\pi^2 r^2(m_M R^2 + m_{float}R^2 + Jk^2)}}{3kK(\theta_4 - \theta_3)} \tag{6-10}$$

值得注意的是，在不规则波的条件下，需要根据波浪特性的预测，将参考电流乘以修正系数 ξ，从而实现更多的能量捕获和传输。当波浪发电装置中的浮子与开关磁阻发电机没有相互作用时，开关磁阻发电机的速度会由于各种损耗而下降。此时，开关磁阻发电机独立于波能转换装置运行，这能使其最大限度地释放储存的机械能。在这过程中，使用 PI 调节器进行控制。浮子运动与开关磁阻发电机中的驱动滑轮的速度之差作为 PI 调节器的输入速度。图 6-7 为动态参考电流的设置模型与仿真结果[13]。

双闭环电压电流控制 PWM 逆变器用来将生成的电能传输到电网侧，如图 6-8 所示。外环的直流电压可使电容电压稳定在某个值。作为 PI 调节器和直流电压的反馈，PI 调节器的输出作为内循环的有功电流的参考值。此外，输出有功功率则通过比较实时有功电流与参考电流值实现。在仿真中，只有有功功率被传输到电网，因此无功功率的参考值设置为零[14-16]。

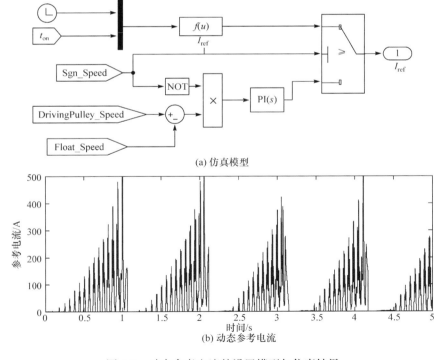

(a) 仿真模型

(b) 动态参考电流

图 6-7　动态参考电流的设置模型与仿真结果

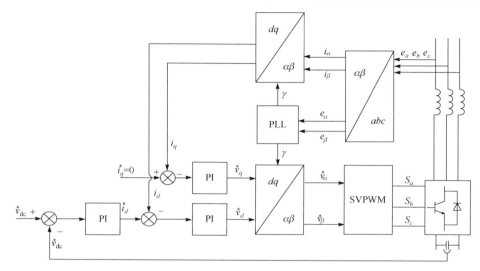

图 6-8　电网侧控制器

由天津沿海地区的海浪特性表明，波高一般为 0.3～2m，年平均波高为 0.6m，平均周期为 2.5s。表 6-1 列出了系统的主要环境与部件的参数。

表 6-1　系统的主要环境与部件的参数

环境与部件	参数	取值
波浪	周期 T_p	2.5s
	幅值 H	0.35m
浮子	半径 R_{float}	1m
	质量 m_{float}	1680kg
	高度 H_{float}	0.7m
平衡块重量	质量 m_M	150kg
飞轮	半径 R	0.18m
齿轮箱	变速比 k	10.15
海水	密度 ρ	1028kg/m³

分析时选取 10A、200A 和变化值作为最大参考电流值，对应的浮子速度与波浪速度随时间变化如图 6-9 所示，结果表明采取电流斩波控制策略后，在不同的参考电流值设置下，浮子均能很好地跟随波浪运动。

图 6-10 描述的是浮子速度的绝对值与飞轮线速度随时间的变化关系，由图可看出，由于棘轮的作用，当浮子运动逐渐缓慢时，开关磁阻发电机会从双

向驱动浮子式波浪发电系统中独立出来。同时，在产生电能的阶段，开关磁阻发电机的速度会受电磁转矩的影响而减小。飞轮的惯性使得系统输出的平滑性得到提高。

通过仿真得到飞轮的输出转矩如图 6-11 所示。图 6-11(a)、(b)、(c)依次是最大参考电流值为 10A、200A 和变化值时，飞轮输出转矩随时间变化关系。从图 6-11 可以看出，系统产生了负转矩并且不同的参考电流值会产生不同的输出转

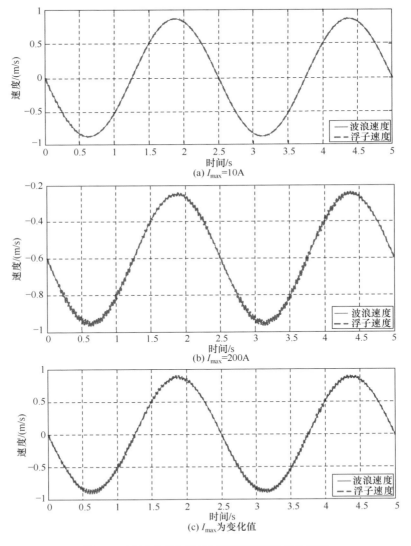

图 6-9　浮子速度与波浪速度随时间的变化关系

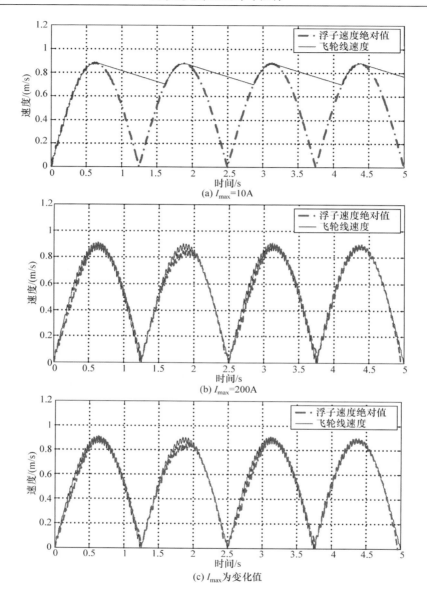

图 6-10　浮子速度绝对值与飞轮线速度随时间的变化关系

矩。需要注意，该波浪发电系统运行时，不管浮子随波浪上升还是下降都能产生
电能的转换。

　　图 6-12 为最大参考电流值为 10A、200A 和变化值时，系统平均输出功率随
时间的变化关系。由图可知，该双向驱动浮子式波浪发电系统能够对波能进行高

效的转换，系统具有输出功率大、适应性强等优点。另外，该装置本体转换效率可达 55%。由此可见，动态参考电流控制策略实现了系统的最大波能捕获。

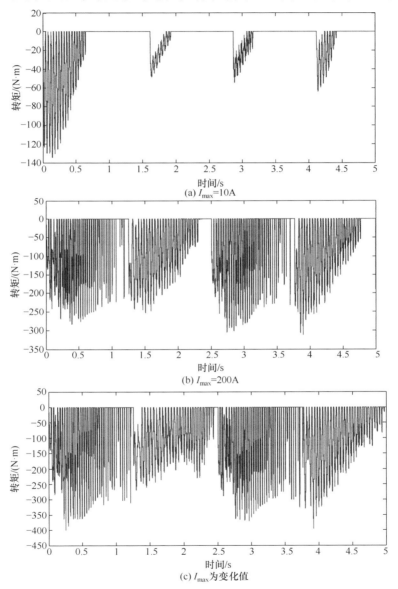

图 6-11　飞轮输出转矩随时间的变化关系

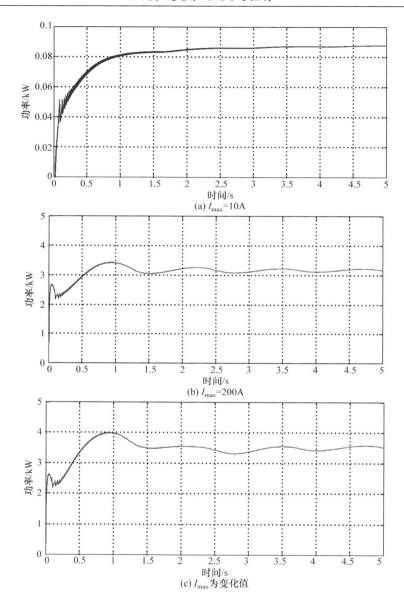

图 6-12　系统平均输出功率随时间的变化关系

6.2　基于混合储能的系统稳定控制

　　储能方式一般可分为功率型和能量型两种。功率型储能方式具有单位质量储能功率大、储能响应速度快，但单位质量储能容量小等特点，如超级电容器、超导储能、飞轮储能等；能量型储能方式的单位质量储存能量大，但功率响应慢，不能进行频繁充放电，各种电池储能属于此范畴。由于两种储能类型各自缺点的限制，单一类型的储能设备一般较难满足分布式能源系统构成的微电网对储能系统的要求。将两种或两种以上的储能设备相结合而成的混合储能系统，则能发挥各种储能技术的优势互补性[17]。常见的混合储能系统主要分为"超级电容-电池"混合储能[18]、"飞轮-压缩空气"混合储能[19]、"飞轮-柴油发电"混合储能[20]、"飞轮-蓄电池"混合储能、"超导-蓄电池"混合储能以及"超导-飞轮"混合储能等结构。本节主要以"飞轮-蓄电池"混合储能系统(hybrid energy storage system，HESS)为研究对象，通过自适应的线性函数建立起飞轮与电池的控制电流关系以便于协调控制，设计了 HESS 协调控制算法以及混合储能控制器(hybrid energy storage controller，HESC)以监测输入功率和直流母线电压的变化，反馈到断路器以实时切换两储能单元充、放电状态，实现对波浪发电系统功率波动的抑制[21-31]。

6.2.1　波浪发电混合储能系统拓扑结构

本节所设计的应用于波浪发电系统稳定控制的 HESS 拓扑结构如图 6-13 所示。

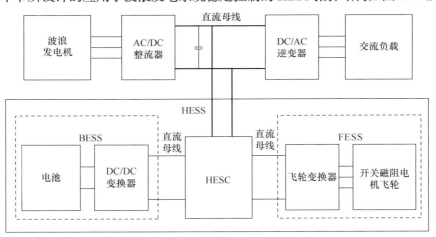

图 6-13　含 HESS 的波浪发电系统拓扑结构

如图 6-13 所示，该波浪发电系统由电池、开关磁阻电机飞轮、DC/DC 变换器、飞轮变换器、波浪发电机、交流负载、整流器和逆变器构成。其中各储能单元通过 HESC 与直流母线相连，通过 HESC 实时监测波浪发电单元发电状态及直流母线的电压变化情况，实现各储能单元的充放电状态及充放电控制策略的切换，即当波浪足够大，发电功率足以供给交流负载且有冗余时，HESC 根据协调控制算法切换 HESS 为充电状态；当海面风平浪静时，波浪发电功率和电压不足以满足供电需求时，直流母线电压下降，切换 HESS 为放电状态。同时，在波浪发电单元发生输入断路故障时，HESS 能临时应急供电给负载，以实现不间断电源系统(uninterruptible power system, UPS)的功能。HESS 由飞轮储能系统(flywheel energy storage system, FESS)和电池储能系统(battery energy storage system, BESS)构成，其中飞轮由开关磁阻电机驱动。该 HESS 的优势在于采用将能量型储能设备和功率型储能设备相结合，采用飞轮-电池的混合储能装置，既能弥补飞轮储存能量有限的不足，又能弥补蓄电池生命周期短的缺陷。同时，HESC 可以实时监测控制输出电压的稳定，并维持储能单元放电过程中功率的稳定，能够起到缓冲能量、稳定电能输出水平的作用，有效解决动态电能质量问题，向电网输送更多的电能，为电网提供电压和频率支持。

该结构将 HESS 与波浪发电系统并联运行，HESS 能量的储存或释放由波浪发电系统的运行状态和交流负载工况共同决定。这种并网模式，一方面可有效减少波浪发电的间歇式电源功率波动对外部系统的冲击，另一方面也可以改善该类分布式电源的可调度性。

6.2.2　混合储能系统充放电控制策略

发电侧整流器控制目标为维持直流电压 U_{dc} 恒定，电网侧逆变器控制目标为维持负载侧有功功率 P_g 稳定，忽略变频器和输电线路损耗，对于直流母线上稳压电容有

$$C\frac{\mathrm{d}U_{dc}}{\mathrm{d}t} = \frac{P - P_g}{U_{dc}} \tag{6-11}$$

式中，P 为发电侧有功功率；P_g 为电网侧有功功率。

由式(6-11)可得 U_{dc} 与 $P-P_g$ 呈正相关。P 是随着不同工况波动的，当 $P > P_g$ 时，此时多输出的功率部分 $P-P_g$ 会使得直流母线电压 U_{dc} 上升，进而使得 P_g 失控也上升，使发电系统失去稳定，所以为实现分布式电源系统的稳定性控制，此时 HESS 工作在充电状态，以吸收这部分功率 $P-P_g$。对应的充电控制策略，如图 6-14 所示。

图 6-14 中，$P_{hess}=P-P_g$ 为 HESS 吸收功率，P_f 和 P_b 分别为 FESS 和 BESS 吸收的功率部分；i_b^*、i_b 分别为蓄电池充电参考电流和实际电流；i^* 为飞轮变换器控制电流；$i_{a,b,c}$ 为开关磁阻电机三相绕组电流；ω_n^*、ω_n 分别为飞轮电机参考角速度和实际角速度。

蓄电池属于能量型储能设备，功率响应较慢，不适于频繁充放电，而飞轮属于功率型储能设备可弥补电池的这一缺点。所以，将 P_{hess} 通过低通滤波器后的低频部分 P_b 由蓄电池储存，剩余的高频部分 $P_{hess}-P_b=P_f$ 由飞轮吸收储存。

P_f 和 ω_n^*、P_b 和 i_b^* 的关系为

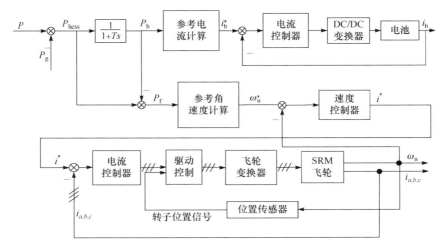

图6-14 HESS 充电控制策略

$$P_{\mathrm{f}} = \frac{\mathrm{d}}{\mathrm{d}t}\left(\frac{1}{2}J\omega_{\mathrm{n}}^{*2}\right) \tag{6-12}$$

$$P_{\mathrm{b}} = u_{\mathrm{b}}i_{\mathrm{b}}^{*} \tag{6-13}$$

式中，u_{b} 为蓄电池端电压。

电池充电时，采用单回路闭环控制，通过电流控制器产生驱动信号。飞轮充电时，采用速度外环、电流内环的双闭环控制结构，固定充电状态下开关磁阻电机的开通关断角，采用电压斩波控制，外环将额定控制速度与实际速度相比较的速度调整值送入速度控制器，产生绕组电流的控制信号，再通过内环电流控制器控制电流信号，防止信号产生漂移，经过内环控制器产生的电压控制信号与转子位置角信号通过驱动控制单元的逻辑判断，得到 PWM 脉冲控制信号，控制飞轮变换器，进而驱动开关磁阻电机飞轮充电加速。

当输入功率不足以维持负载额定功率，即 $P<P_{\mathrm{g}}$ 时，必然导致 U_{dc} 下降，此时储能单元切换到放电状态。由式(6-11)可知，当 U_{dc} 稳定时，P_{g} 才能维持稳定，所以放电过程以 U_{dc} 为控制目标。

当 $|\Delta P_{\mathrm{hess}}|$ 较小，即要补偿的功率波动很小时，仅接入 FESS 放电进行补偿即可，以此来减少电池的工作频率。当 $|\Delta P_{\mathrm{hess}}|$ 较大，仅 FESS 无法满足容量要求时，同时接入 BESS 和 FESS，进行混合放电。HESS 放电控制策略如图 6-15 所示。其中，U_{dc}^{*} 为直流母线参考电压。直流母线电压的参考值与实际值得到的误差通过电压控制器得到电池的参考放电电流，再通过电流控制器和 DC/DC 变换器控制蓄电池放电。

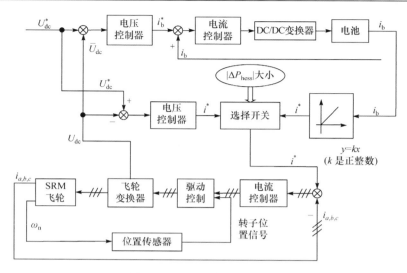

图 6-15　HESS 放电控制策略

　　FESS 与 BESS 放电电流的关系通过一个线性函数 $y=kx$(k 为正整数)来建立，k 值由混合放电阶段蓄电池荷电状态(state of charge，SOC)决定，以实现在蓄电池不同放电深度的情况下，协调控制两个储能单元的放电速度，将所需要补偿的波动功率通过不同的放电速度分配给 FESS 和 BESS。该放电控制策略能跟随电池 SOC 的变化，减小蓄电池放电深度，间接延长放电周期，进而延长蓄电池使用寿命。

　　该线性函数输入为蓄电池放电电流，输出为飞轮变换器放电控制电流。飞轮放电时，采用电压外环、电流内环的双闭环控制结构，固定制动或放电状态下开关磁阻电机开通关断角，采用电压斩波控制方法，外环将额定直流电压与实际电压相比较的电压调整值送入电压控制器，产生绕组电流的控制信号。根据 $|\Delta P_{hess}|$ 情况，选择电流控制信号。如果 $|\Delta P_{hess}|$ 较小，则直接选择图 6-15 左侧的电流控制信号；如果 $|\Delta P_{hess}|$ 较大，则选择图 6-15 右侧线性函数输出的电流控制信号。电流控制信号通过与实际三相电流相减得到的差值经过电流控制器，再与经过计算得到的转子位置信号通过逻辑判断产生放电控制信号控制飞轮变换器，同时控制开关磁阻电机放电状态下的开通关断角，以驱动开关磁阻电机飞轮减速放电。

6.2.3　混合储能协调控制算法

　　HESC 是整个分布式电源 HESS 核心的部分，它不仅实时监测着分布式电源发电功率和直流母线电压的变化，还根据监测目标量的变化实现各储能单元的充放电状态及其充放电控制策略的切换[32]。HESC 的整个工作流程如图 6-16 所示。

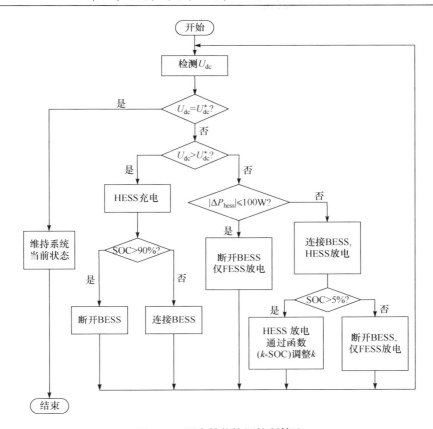

图 6-16　混合储能协调控制算法

　　当 $U_{dc}=U_{dc}^*$ 时，系统稳定维持当前状态。当 $U_{dc}>U_{dc}^*$ 时，系统充电，此时检测电池 SOC 防止蓄电池过充，当 SOC>90% 时，断开 BESS 与母线的连接，仅对 FESS 进行充电。当 $U_{dc} \leqslant U_{dc}^*$ 时，系统放电，当 $|\Delta P_{hess}| \leqslant 100\text{W}$ 时，即要补偿的功率波动很小时，仅将 FESS 接入并进行减速放电；当 $|\Delta P_{hess}| > 100\text{W}$ 且 SOC>5% 时，进行混合放电，HESS 根据 SOC 实时调整参数 k，进而调控两储能单元的放电速度。函数 k-SOC 的关系如图 6-17 所示，当 SOC>15% 时，$k=5$，BESS 和 FESS 维持当前放电状态；当 5%<SOC $\leqslant$ 15% 时，k 值随着 SOC 的减少而增大，飞轮放电电流也会增大，FESS 放电功率增大，间接减小了电池的放电深度。当 SOC $\leqslant$ 5% 时，为防止蓄电池过放对电池寿命的危害，切断 BESS 与母线的连接，使 FESS 补偿全部功率。

6.2.4　波浪发电混合储能系统仿真研究

　　为验证所提出用于波浪发电系统的混合储能结构及相应的协调控制策略的稳

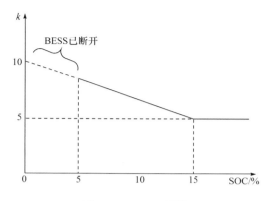

图 6-17 k-SOC 函数

定性和有效性，建立了图 6-18 对应的系统仿真模型[33-37]。仿真参数如下：直流母线参考电压 725V；两个相串联母线电容 5mF，中点接地；开关频率 10kHz；负载侧额定有功功率 45kW；分离波动功率的低通滤波器截止频率 0.1Hz；电池组采用铅酸电池，额定电压 100V，额定容量 10Ah，初始 SOC 为 50%；飞轮用 6/4 极开关磁阻电机驱动，充电时开通、关断角分别为 0° 和 40°，放电时开通、关断角分别为 40° 和 75°；飞轮转动惯量 0.5kg·m²；阻尼系数 0.02N·s/m。

图 6-18 为整个含 HESS 的波浪发电系统仿真模型。图中四个模块分别为整流模块、负载侧逆变模块、FESS 模块、BESS 模块。四个模块内部结构如图 6-19～图 6-22 所示。

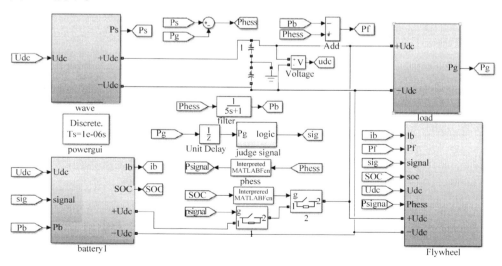

图 6-18   含 HESS 的波浪发电系统仿真模型

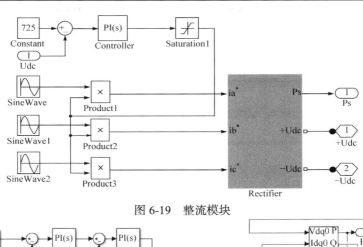

图 6-19　整流模块

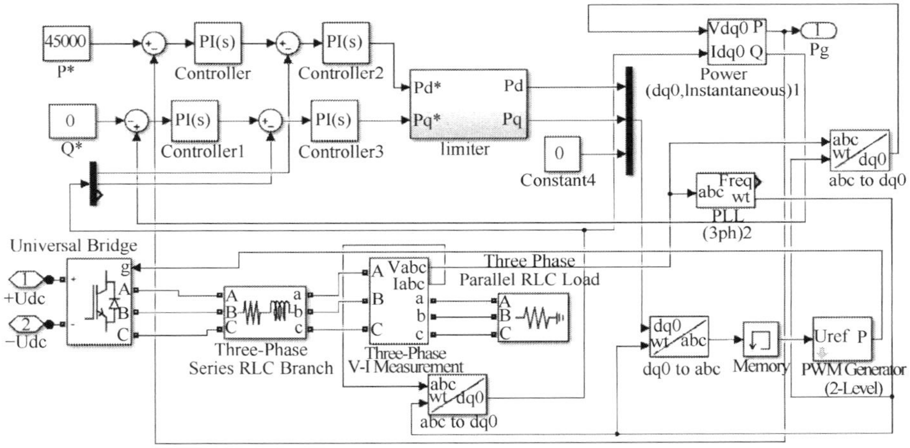

图 6-20　负载侧逆变模块

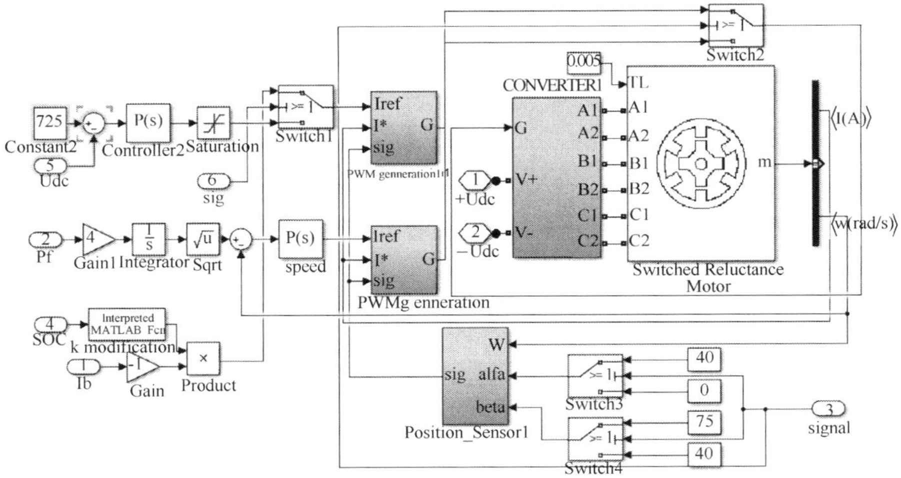

图 6-21　FESS 模块

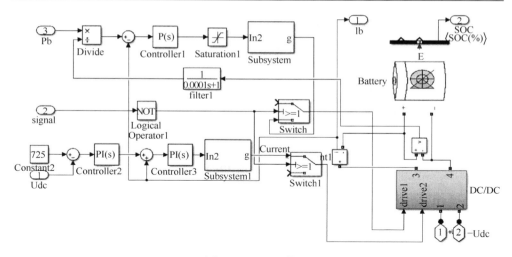

图 6-22　BESS 模块

图 6-23 为直流母线电压的波形，可以看出系统直流母线电压可以基本维持在
725V，系统运行电压稳定性得以维持。

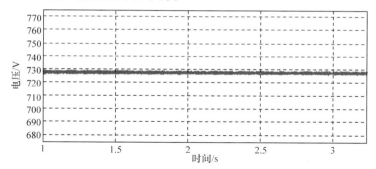

图 6-23　直流母线电压波形

图 6-24 为发电侧波动功率 P、电网侧输出功率 P_g 及 HESS 吸收功率 P_{hess}
的曲线。从图 6-24 可以看出 P_g 基本维持在 45kW，HESS 实现了对波动功率
P 的削峰填谷，该 HESS 结构以及提出的协调控制策略能够实现对输入功率
的平抑。

图 6-25 为 FESS 和 BESS 分别吸收的波动功率部分 P_f、P_b。可以看出 P_f 的波
动幅度和频率都要高于 P_b 很多，故提高了 BESS 充电过程的稳定性，减少了充电
过程电池工作损耗，验证了通过低通滤波将冗余功率分配给 BESS 和 FESS 的充
电能量分配策略的可行性。

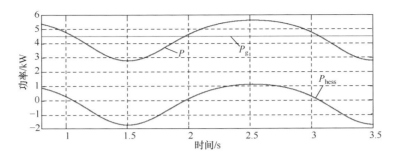

图 6-24　P、P_g 和 P_{hess} 曲线

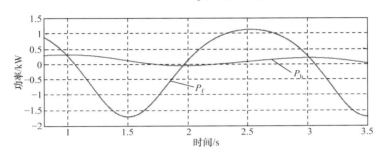

图 6-25　P_f 和 P_b 曲线

图 6-26 和图 6-27 分别为系统在运行过程中电池充电电流、SOC 和飞轮转速曲线。对应图 6-25 可以看出在相应时间段，BESS 和 FESS 能及时响应并进行充放电，对能量进行吸收、释放，验证了该 HESS 能够有效及时地进行削峰填谷功能。

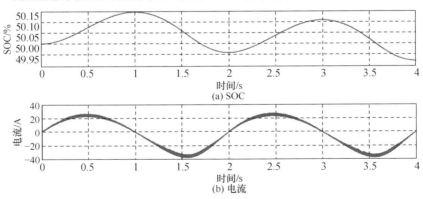

图 6-26　电池 SOC 和充电电流曲线

图 6-28 为电池 SOC 降至 5%～15%时，放电运行过程中，k 由 5 逐渐增大时的飞轮转速曲线。从图 6-28 中可以看出，SOC 降低到 k 调节范围内时，在线调整使 k 增大后，对比图 6-27 可以看出在 1～2s 和 3～4s 减速放电阶段，转速峰值与最

小值之差$|\Delta\omega|$要比图 6-27 中的大，而放电平均功率为 $P_{均} = (J\omega_{max}^2 - J\omega_{min}^2)/(2t)$，可得飞轮放电补偿的平均功率要比图 6-27 中 k 不变时更大，同时飞轮减速加速度增大，放电速度变大。这进一步验证了 HESS 协调控制放电策略有效可行。

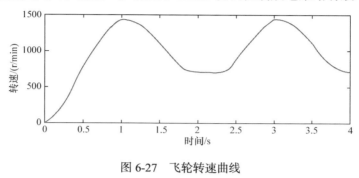

图 6-27　飞轮转速曲线

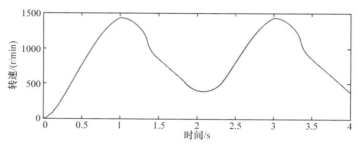

图 6-28　参数 k 逐渐增大时的飞轮转速曲线

6.3　波浪发电系统的比例谐振控制

在波浪发电并网系统中，并网逆变器承担着电压、电流转换，实现柔性并网等功能，其控制性能直接影响发电系统输出的电能质量[38]。为了确保电网的可靠运行，并网逆变器的输出需要满足一些技术要求，包括功率因数、直流分量、谐波等[39,40]，要满足这些要求就依赖于并网逆变器中的电流控制技术。一般而言，系统中较常采用线性电流控制方法[41]。线性电流控制主要包括 PI 控制、比例谐振(PR)控制、预测控制和无差拍控制[42,43]。预测控制和无差拍控制依赖于被控对象的数学模型，对模型的精确性要求较高。PI 控制虽然原理简单、实现方便，是工程应用中广泛采用的并网电流控制方案，但 PI 控制器对交流量的调节存在稳态误差，影响系统的并网性能。同步旋转坐标系 PI 控制可以消除并网电流的稳态误差，但经过坐标变换后，增加了控制的复杂度[44,43]。PR 控制在基波频率处增益无穷大，而在非基波频率处增益却很小，因此无须旋转坐标的变换即可实现并网电流的零稳态误差控制，能够有效地提高并网能力，具有较好的应用前景。

6.3.1 比例谐振控制原理

PR 控制基于正弦内模原理,是一种可以实现的正弦信号精确控制方法。关于逆变器 PR 电流控制的研究可追溯到 20 世纪。1982 年,学者 Schauder 等建立了旋转坐标系 PI 控制和静止坐标系 PR 控制之间的数学表达式,为了便于理解,本节首先从旋转坐标系 PI 控制出发推导 PR 控制的形成过程,原理如图 6-29 示。

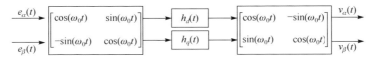

图 6-29 PR 控制推演过程

如图 6-29 所示,首先,静止坐标系误差信号 $e_\alpha(t)$ 和 $e_\beta(t)$ 通过旋转坐标变换得到 dq 轴误差信号,然后经过 PI 调节器,再通过反旋转坐标变换得到静止坐标系输出信号 $v_\alpha(t)$ 和 $v_\beta(t)$ 。

根据图 6-29,可得

$$\begin{bmatrix} v_\alpha(t) \\ v_\beta(t) \end{bmatrix} = \begin{bmatrix} \cos(\omega_0 t) & -\sin(\omega_0 t) \\ \sin(\omega_0 t) & \cos(\omega_0 t) \end{bmatrix} \begin{bmatrix} h_d t & 0 \\ 0 & h_q t \end{bmatrix} \begin{bmatrix} \cos(\omega_0 t) & \sin(\omega_0 t) \\ -\sin(\omega_0 t) & \cos(\omega_0 t) \end{bmatrix} \begin{bmatrix} e_\alpha(t) \\ e_\beta(t) \end{bmatrix} \tag{6-14}$$

式中, $h_d(t) = h_q(t) = K_p + K_i / s$ 。

将式(6-14)进行 Laplace 变换,可得

$$\begin{bmatrix} v_\alpha(t) \\ v_\beta(t) \end{bmatrix} = \frac{1}{2} \begin{bmatrix} H(s+j\omega_0) + H(s-j\omega_0) & -jH(s+j\omega_0) + jH(s-j\omega_0) \\ jH(s+j\omega_0) - jH(s-j\omega_0) & H(s+j\omega_0) + H(s-j\omega_0) \end{bmatrix} \begin{bmatrix} E_\alpha(t) \\ E_\beta(t) \end{bmatrix} \tag{6-15}$$

将式(6-15)代入式(6-14),可得

$$\begin{bmatrix} V_\alpha(s) \\ V_\beta(s) \end{bmatrix} = \left(K_p + \frac{K_i s}{s^2 + \omega_0^2} \right) \begin{bmatrix} E_\alpha(t) \\ E_\beta(t) \end{bmatrix} + \frac{K_i \omega_0}{s^2 + \omega_0^2} \begin{bmatrix} -E_\beta(t) \\ E_\alpha(t) \end{bmatrix} \tag{6-16}$$

注意到 $E_\alpha(t)=jE_\beta(t)$ 和 $E_\beta(t)=jE_\alpha(t)$,式(6-16)可改写为

$$\begin{bmatrix} V_\alpha(s) \\ V_\beta(s) \end{bmatrix} = \left(K_p + \frac{K_i s}{s^2 + \omega_0^2} + j\frac{K_i \omega_0}{s^2 + \omega_0^2} \right) \begin{bmatrix} E_\alpha(t) \\ E_\beta(t) \end{bmatrix} \tag{6-17}$$

将式(6-17)中复数项 $j\dfrac{K_i \omega_0}{s^2 + \omega_0^2}$ 忽略,可得

$$\begin{bmatrix} V_\alpha(s) \\ V_\beta(s) \end{bmatrix} = \left(K_p + \frac{K_i s}{s^2 + \omega_0^2} \right) \begin{bmatrix} E_\alpha(t) \\ E_\beta(t) \end{bmatrix} \tag{6-18}$$

根据式(6-17)和式(6-18)可知,忽略掉复数项,当旋转频率与谐振频率相等时,旋转坐标系 PI 控制和静止坐标系比例谐振控制等效。然而,除这一特定频率外,二者并不能完全等效。

6.3.2 比例谐振控制仿真

采用MATLAB对浮子式波浪发电系统中PR控制器的控制性能进行仿真[44-48]，仿真中，系统容量为30kV·A，电机为24对极，电网额定线电压为380V，频率为50Hz，直流母线额定电压为550V。假设系统在理想状态下波浪做正弦运动，设置仿真时间 t=5s，波高 H=0.6m，波浪周期 T=2.7s。电网在 2s 发生三相对称电压跌落40%(持续 0.2s)。波浪发电系统的机械输入转矩和电网电压波形分别如图 6-30 和图 6-31 所示。

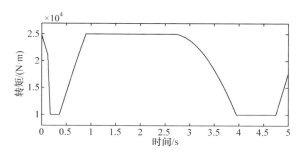

图 6-30　输入机械转矩波形

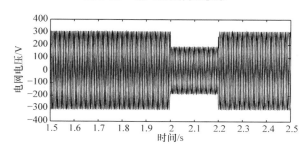

图 6-31　电网电压波形

PR 控制的系统仿真结果分别如图 6-32 所示。由图 6-32 可知，PR 控制对直流母线电压稳定性的控制较强，经过短暂的调节和很小的超调就能达到稳定；而且 PR 控制能够较好地跟随电网电压，并网电流可以对给定电流进行准确快速的跟踪，PR 控制的输出电流波形为正弦，且电压电流相位一致，可以实现网侧变换器输入电流正弦和单位功率因数控制的柔性并网目标。同时，当电网电压发生跌落时，PR 控制的直流电压波动和电流误差都较小。

采用总谐波畸变率(total harmonic distortion, THD)，即一个交流信号除去基波分量后的有效值与基波分量有效值的百分比，分析电流的畸变情况，具体公式为

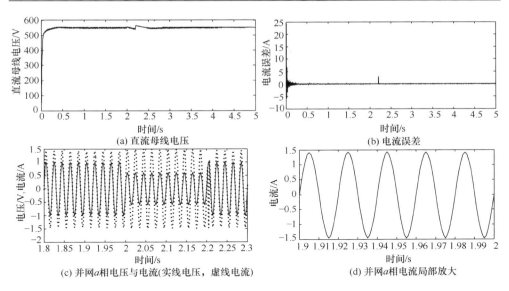

(a) 直流母线电压　　　　　　　　　　　　　(b) 电流误差

(c) 并网 a 相电压与电流(实线电压，虚线电流)　　　(d) 并网 a 相电流局部放大

图 6-32　PR 控制仿真结果

$$\text{THD} = \frac{\sqrt{\sum_{n=2}^{\infty} X_n^2}}{X_1} \times 100\% \tag{6-19}$$

式中，X_1 是信号基波分量的有效值；X_n 是 n 次谐波的有效值。

表 6-2 给出了并网 a 相电流的频谱数值计算结果。经计算得，含谐波补偿 PR 控制下的 a 相电流 THD 值为 3.87%，电流的畸变较小，对 5 次、7 次谐波的抑制较好，THD 值也能够满足电能质量的指标要求。

表 6-2　并网 a 相电流频谱数值计算结果

频率/Hz	相对基波的百分比/%
0	0.95
50	100
100	0.27
150	0.83
200	1.58
250	0.5
300	2.4
350	1.22
400	1.17
450	1.73

当电网在 2s 发生三相对称电压跌落 30%(持续 2s)时，仿真结果如图 6-33 所示。当电网在 2s 发生三相对称电压跌落 50%(持续 0.05s)时，结果如图 6-34 所示。当电网在 2s 发生 a 相电压跌落 50%(持续 0.05s)仿真结果如图 6-35 所示。

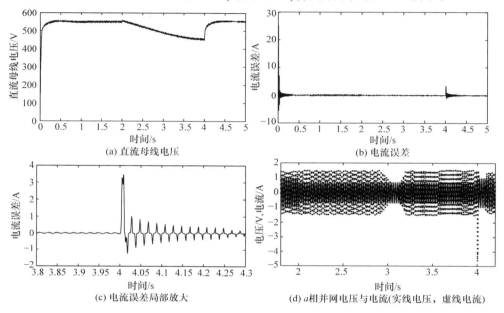

(a) 直流母线电压　　　　　　　　　　　(b) 电流误差

(c) 电流误差局部放大　　　　　　(d) a 相并网电压与电流(实线电压，虚线电流)

图 6-33　发生 30%的对称电压跌落(持续 2s)时的仿真结果

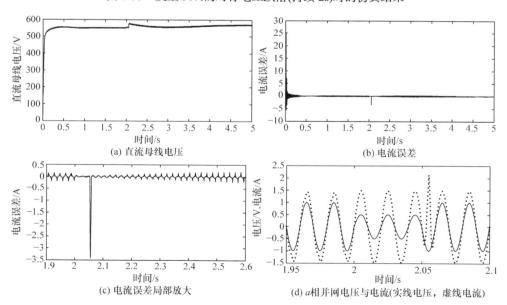

(a) 直流母线电压　　　　　　　　　　　(b) 电流误差

(c) 电流误差局部放大　　　　　　(d) a 相并网电压与电流(实线电压，虚线电流)

图 6-34　发生 50%的对称电压跌落(持续 0.05s)时的仿真结果

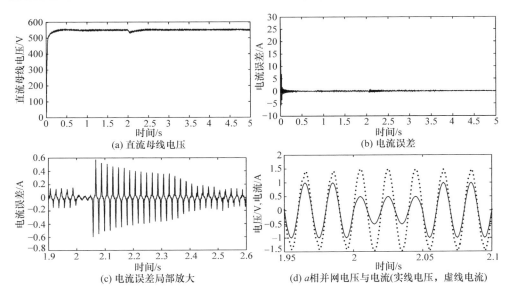

图 6-35 发生 50%的 a 相电压跌落(持续 0.05s)时的仿真结果

从图 6-32～图 6-34 中可以看出,在发生不同程度的对称电压跌落后,PR 控制既可以保证直流电压的稳定性,也可以保证并网电压和并网电流的波形、幅值和频率的准确性,且电压电流相位一致;从图 6-34 和图 6-35 中可以看出,在发生不对称电压跌落时,跌落相的电压会降低,当电压恢复后,跌落相也可恢复,且电流的稳定性较好,由此证明了 PR 控制的低电压穿越能力较好。研究还表明,卸荷电路也能提高波浪发电的低电压穿越能力[48-51]。

6.4 无功补偿对波浪发电系统稳定性的影响

波浪发电系统的接入对系统稳定性和经济性的影响是其必须考虑的问题[52,53]。晶闸管控制串联补偿器(thyristor-controlled series compensator, TCSC)具有潮流控制、提高系统暂态稳定性、抑制低频振荡等多种功能,故可将 TCSC 应用于波浪发电系统中以优化系统的稳态和暂态特性[54-58]。本节以在振荡水柱式波浪发电装置模型中加入 TCSC 模块为例,分析 TCSC 的加入对波浪发电系统静态输送功率极限和暂态稳定性等性能的影响[59]。

6.4.1 TCSC 对波浪发电系统的潮流控制作用

由于 TCSC 的潮流控制作用在大容量、重负载的情况下才能有明显效果,因此,需组建大容量的波浪发电场模型,在大规模发电应用情况下,模拟 TCSC 对波浪发

电系统起到的作用及其影响才有意义。系统中所采用的同步发电机容量为
200MV·A，额定电压为 13.8kV，频率为 50Hz，额定转速为 1500r/min。含 TCSC 的
波浪发电系统的拓扑结构如图 6-36 所示，利用 Simulink 建立的模型如图 6-37 所示。

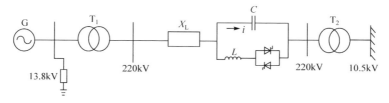

图 6-36　含 TCSC 的波浪发电系统示意图

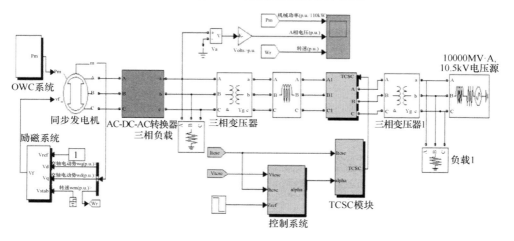

图 6-37　含 TCSC 的波浪发电系统仿真

在发电机机端处并联一个小容量负荷，为发电机输出功率的 2.5%，即
5MV·A。机组通过机端变压器升压至 220kV，经过 300km 的线路传输到一个降
压变电站，传输线路用等值为 0.2865H 的电感来模拟，总阻抗约为 90Ω。然后通
过三相变压器降压到 10.5kV，与一个 $1×10^4$MV·A 的三相电压源连接，模拟接入
无穷大系统，并在系统侧连接一个小负荷接地，容量为 10MV·A。

TCSC 模块将起始作用时间设置为 0s，频率为 50Hz，补偿的电容容抗值设为
67.5Ω，线路的补偿度 k 约为 75%，补偿后线路等效阻抗 $X_{eff}=(1-k)X_L=22.5Ω$。

未加串联补偿前，系统的输入机械功率、机端电压和电机转速如图 6-38 所示。
由于输电线路输送的功率大小所限，波浪发电场发出的电功率不能完全传输到无
穷大系统侧，造成发电机输出转矩小于输入转矩，发电机转子加速，最终失去稳
定。从图 6-38 可看出，转速在 8s 后不断加速，最终失速，从而导致机端电压在
其转速过高情况下发生大幅度摇摆。实际情况与假设相符。

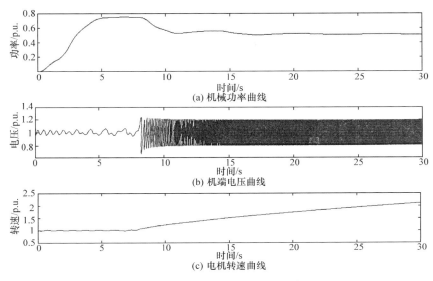

图 6-38 未加 TCSC 补偿的系统仿真结果

添加串联补偿装置后，系统的机端电压、电机转速和输出功率如图 6-39 所示。输电线路中一部分线路电感被串联补偿装置抵消，线路的极限传输功率在添加 TCSC 后得到提高。发电机输出功率基本被传送到系统侧，在经过初期不稳定的振荡后(由于波浪发电机投入稳定工作需一定时间)，机端电压和电机转速最终趋于稳定。

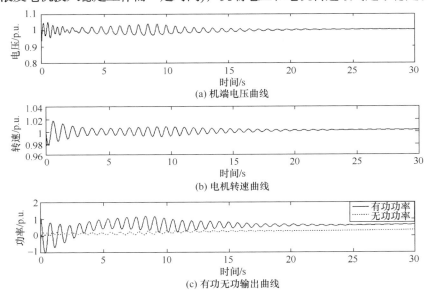

图 6-39 加入 TCSC 补偿的系统仿真结果

从图 6-39 可知，稳态情况下线路传输的有功实际值和发电机输出功率基本一致，由此可以证明，串联补偿可以明显提高输电线路的传输容量，原本无法完全通过线路向系统侧输送功率的波浪发电系统在加入 TCSC 后可以平稳对外输送功率，避免了电压电流振荡，明显提高了系统电压稳定性。

6.4.2　TCSC 对波浪发电系统的暂态稳定影响

为了分析 TCSC 对波浪发电系统的暂态稳定影响，在图 6-37 所示的波浪发电系统仿真模型中添加 Three-Phase Fault 模块，与图中三相变压器 1 的 10.5kV 侧的母线并联。设置为 ABC 三相相间短路，暂态过程时间参数为[15.0s,15.3s]，表示在 15.0s 到 15.3s 之间发生三相短路故障。将原有模型线路感抗设置为原来的 1/2，使发电机输出功率完全通过线路传输到无穷大系统侧，补偿前、后传输功率都为 100MW 左右。

未进行串联补偿时，机端电压和转速波形如图 6-40 所示。仿真开始后，15s 之前发电机的机端电压和转速都较为平稳，波浪发电系统向系统侧稳定传输功率。15s 时线路末端发生三相短路，线路电流急剧增大，而传送的电功率却为零。发电机的机械功率不变，电磁转矩小于输入转矩，发电机转子加速。15.3s 故障结束，发电机向系统侧重新传输能量，由于线路最大输送能力限制，发电机在之后传送过程中无法将故障间累积的能量全部转移，即减速面积小于加速面积，最后造成转子不停加速，机端电压大幅度振荡，无法恢复到稳定运行状况。

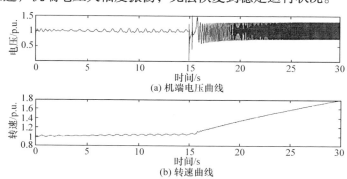

图 6-40　故障下未加 TCSC 补偿的系统仿真结果

在添加 TCSC 后，得到的电压和转速波形如图 6-41 所示。模型中 TCSC 对线路的补偿度为 75%，则线路最大传送功率提高为补偿前的 4 倍，暂态稳定性能可大大增强。从图 6-41 中可以看出，在 15s 发生故障后，机端电压和转速都出现不同程度的振荡，但是由于传输极限功率的提高，故障结束后，发电机侧累积的加速能量很快通过线路转移到系统侧，因此，发电机经过一定的暂态过程后很快恢复到稳定运行状态，机端电压和转速都回到额定范围内。

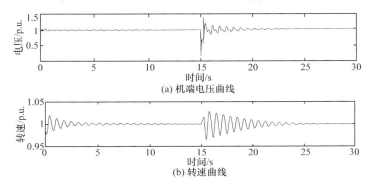

图 6-41 故障下加入 TCSC 补偿的系统仿真结果

故障前、后发电机功角变化曲线如图 6-42 所示。由图 6-42 可见,在未加 TCSC 补偿时同步发电机功角摆动较为严重,这是由于线路有功输送能力不足,发电机在与大系统并网下勉强维持同步。在故障发生后,电机出现暂态失稳,波形大幅振荡。添加 TCSC 补偿后,暂态稳定裕度提高,功角经过减幅振荡后趋于平稳。

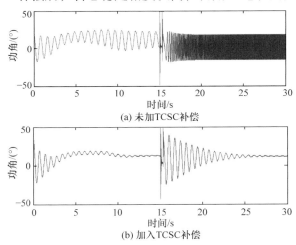

图 6-42 发电机功角变化曲线

因此,波浪发电机受扰动加速摆动时,可以通过 TCSC 串联补偿增加线路传输能力,提高功角稳定裕度,从而增大暂态稳定裕度,改善系统暂态稳定性能。在补偿度设置合理的情况下,经过 TCSC 补偿后线路最大传输功率可以达到原有输送能力的 200%～500%。同时,该控制策略对于其他类型的波浪发电系统的稳定控制同样具有参考价值。

参 考 文 献

[1] Drew B, Plummer A R, Sahinkaya M N. A review of wave energy converter technology[J].

Proceedings of the Institution of Mechanical Engineers, Part A: Journal of Power and Energy, 2009, 223(A8): 887-902.

[2] Rhinefrank K, Agamloh E B, Jouanne A V, et al. Novel ocean energy permanent magnet linear generator buoy[J]. Renewable Energy, 2006, 31(9): 1279-1298.

[3] Huang L, Yu H, Hu M, et al. A novel flux-switching permanent-magnet linear generator for wave energy extraction application[J]. IEEE Transactions on Magnetics, 2011, 47(5): 1034-1037.

[4] Siadatan A, Afjei E, Torkaman H, et al. Design, simulation and experimental results for a novel type of two-layer 6/4 three-phase switched reluctance motor/generator[J]. Energy Conversion and Management, 2013, 71: 199-207.

[5] Torkaman H, Afjei E. Comprehensive detection of eccentricity fault in switched reluctance machines using high-frequency pulse injection[J]. IEEE Transactions on Power Electronics, 2013, 28(3): 1382-1390.

[6] Hasanien H M, Muyeen S M, Tamura J. Torque ripple minimization of axial laminations switched reluctance motor provided with digital lead controller[J]. Energy Conversion and Management, 2010, 51(12): 2402-2406.

[7] Dehkordi B M, Parsapoor A, Moallem M, et al. Sensorless speed control of switched reluctance motor using brain emotional learning based intelligent controller[J]. Energy Conversion and Management, 2011, 52(1): 85-96.

[8] Hannoun H, Mickaël H, Marchand C. Design of an SRM speed control strategy for a wide range of operating speeds[J]. IEEE Transactions on Industrial Electronics, 2010, 57(9): 2911-2921.

[9] Cardenas R, Pena R, Perez M, et al. Control of a switched reluctance generator for variable-speed wind energy applications[J]. IEEE Transactions on Energy Conversion, 2005, 20(4): 781-791.

[10] Torrey D A. Switched reluctance generators and their control[J]. IEEE Transactions on Industrial Electronics, 2002, 49(1): 3-14.

[11] Choi D W, Byun S I, Cho Y H. A study on the maximum power control method of switched reluctance generator for wind turbine[J]. IEEE Transactions on Magnetics, 2014, 50(1): 1-4.

[12] Fang H W , Wang D. A novel design method of permanent magnet synchronous generator from perspective of permanent magnet material saving[J]. IEEE Transactions on Energy Conversion, 2016, 32(1): 48-54.

[13] Fang H W, Tao Y, Zhang S, et al. Design and analysis of bidirectional driven float-type wave power generation system[J]. Journal of Modern Power Systems and Clean Energy, 2018, 6(1): 50-60.

[14] 方红伟, 陶月, 肖朝霞, 等. 并网逆变器并联系统的鲁棒控制与环流分析[J]. 电工技术学报, 2017(18): 254-264.

[15] Fang H W, Wang D. Design of permanent magnet synchronous generators for wave power generation[J]. Transactions of Tianjin University, 2016, 22(5): 396-402.

[16] 陶月. 多自由度波浪发电系统的设计与分析[D]. 天津: 天津大学, 2018.

[17] 陈彦彦, 李保鹏. 超级电容-蓄电池混合储能拓扑结构和控制策略研究[J]. 科技展望, 2015, 25(20): 163.

[18] 刘建涛, 张建成. 一种超级电容器-蓄电池混合储能系统控制方法[J]. 电力科学与工程,

2011, 27(1): 1-4.

[19] 王成山, 武震, 杨献莘, 等. 基于微型压缩空气储能的混合储能系统建模与实验验证[J]. 电力系统自动化, 2014, 38(23): 22-25.

[20] 黄宇淇, 董琴, 诸嘉惠. 飞轮及柴油发电混合储能系统应用于微网的仿真研究[J]. 电工电能新技术, 2011, 30(3): 32-36.

[21] 赵平, 严玉廷. 并网光伏发电系统对电网影响的研究[J]. 电气技术, 2009, (3): 41-44.

[22] 严俊, 赵立飞. 储能技术在分布式发电中的应用[J]. 华北电力技术, 2006, (10): 16-19.

[23] 桑丙玉, 陶以彬, 郑高, 等. 超级电容-蓄电池混合储能拓扑结构和控制策略研究[J]. 电力系统保护与控制, 2014, 42(2): 1-5.

[24] 丁明, 陈忠, 苏建徽, 等. 可再生能源发电中的电池储能系统综述[J]. 电力系统自动化, 2013, 37(1): 19-25.

[25] 张维煜, 朱烷秋. 飞轮储能关键技术及其发展现状[J]. 电工技术学报, 2011, 26(7): 141-146.

[26] Sebastian R, Pena Alzola R. Flywheel energy storage systems: Review and simulation for an isolated wind power system[J]. Renewable and Sustainable Energy Reviews, 2012, 16(9): 6803-6813.

[27] 戴兴建, 邓占峰, 刘刚, 等. 大容量先进飞轮储能电源技术发展状况[J]. 电工技术学报, 2011, 26(7): 133-140.

[28] 蒋书运, 卫海岗. 飞轮储能技术研究的发展现状[J]. 太阳能学报, 2000, 21(4): 427-433.

[29] 李俄收, 王远, 吴文民. 超高速飞轮储能技术及应用研究[J]. 微特电机, 2010, 38(6): 65-68.

[30] 周林, 黄勇, 郭珂, 等. 微电网储能技术综述[J]. 电力系统保护与控制, 2011, 39(7): 147-150.

[31] 林松. 多功能混合储能系统的变时间尺度稳定控制[D]. 天津: 天津大学, 2017.

[32] 张文亮, 丘明, 来小康. 储能技术在电力系统中的应用[J]. 电网技术, 2008, 32(7): 1-9.

[33] 汤双清. 飞轮储能技术及应用[M]. 武汉: 华中科技大学出版社, 2007.

[34] Fang H W, Lin S, Chu H M, et al. Coordinated and stable control of a hybrid energy storage system for wave generation system[C]. The 12th World Congress on Intelligent Control and Automation(WCICA), Guilin , 2016: 1986-1991.

[35] 金立亭. 基于质量可调浮子的波浪发电系统[D]. 天津: 天津大学, 2019.

[36] Fang H W, Jin L T. Investigation on resonance response of mass-sdjustable float in wave energy conversion system [J]. Energy Procedia, 2019, 158, 1-1: 315-320.

[37] 方红伟, 金立亭. 一种自适应波浪频率的波浪能发电系统装置[P]. 中国: CN 201810070154.6. 2018.

[38] 郭小强, 邬伟扬, 漆汉宏. 电网电压畸变不平衡情况下三相光伏并网逆变器控制策略[J]. 电机工程学报, 2013, 33(3): 22-28.

[39] 杨勇, 阮毅, 任志斌, 等. 直驱式风力发电系统中的并网逆变器[J]. 电网技术, 2009, 33(17): 157-161.

[40] 王正仕, 陈辉明. 具有无功和谐波补偿功能的并网逆变器设计[J]. 电力系统自动化, 2007, 31(13): 67-71.

[41] 王勇, 张纯江, 柴秀慧. 电网电压跌落情况下双馈风力发电机电磁过渡过程及控制策略[J]. 电工技术学报, 2011, 26(12): 14-19.

[42] 李建林, 许洪华. 风力发电系统低电压运行技术[M]. 北京: 机械工业出版社, 2008.

[43] 陈炜, 陈成, 宋战锋, 等. 双馈风力发电系统双 PWM 变换器比例谐振控制[J]. 中国电机工程学报, 2009, 29(15): 1-7.

[44] 黄守道, 陈自强, 肖磊. 基于 PR 控制器的直接转矩控制策略研究[J]. 控制工程, 2012, 19(1): 136-140.

[45] 陈思哲, 章云, 吴捷. 不平衡电网电压下双馈风力发电系统的比例-积分-谐振并网控制[J]. 电网技术, 2012, 36(8): 62-68.

[46] 赵永祥, 夏长亮, 宋战锋. 变速恒频风力发电系统风机转速非线性 PID 控制[J]. 中国电机工程学报, 2008, 28(11): 133-137.

[47] 方红伟, 程佳佳, 刘飘羽, 等. 浮子式波浪发电控制策略研究[J]. 沈阳大学学报, 2013, 25(1): 30-34.

[48] 程佳佳. 浮子式永磁同步波浪发电系统分析与控制[D]. 天津: 天津大学, 2014.

[49] 周宇. 光伏并网逆变器低电压穿越检测平台设计[J]. 电工电气, 2019, (4): 47-52.

[50] 刘海军, 陈重阳. 双馈风电机组低电压穿越下载荷控制研究[J]. 电气传动, 2019, 49(2): 33-39.

[51] 邓文浪, 申翠平, 李利娟, 等. 高频链 TSMC-PET 直驱风力发电系统[J]. 电力系统及其自动化学报, 2019, 31(02): 38-44.

[52] 周任军, 吴潘. 基于电压稳定裕度的无功优化规划[J]. 电力科学与技术学报, 2010, 25(1): 86-90.

[53] 穆大庆, 胡亮. 多相补偿阻抗元件的研究与仿真分析[J]. 电力科学与技术学报, 2007, 22(1): 26-35.

[54] 魏宏芬, 邱晓燕, 徐建, 等. 通过 SVC 和 TCSC 联合改善异步机风电场暂态电压稳定性研究[J]. 可再生能源, 2011, 29(4): 20-23, 27.

[55] 汪冰, 解大, 董惠康, 等. TCSC 系统暂态稳定控制的动态模拟实验研究[J]. 电力系统自动化, 2001, 25(18): 33-36.

[56] 吴涛, 徐玲铃. 可控串联电容补偿技术仿真研究[J]. 华北电力技术, 2007, (1): 1-6.

[57] Xu Z, Zhang G B, Liu H F. The controllable impedance range of TCSC and its TCR reactance constraints[C]. IEEE Power Engineering Society Summer Meeting, Vancouver, 2001: 939-943.

[58] Fan L, Feliachi A. Damping enhancement by TCSC in the western US power system[C]. IEEE Power Engineering Society Winter Meeting, New York, 2002: 550-555.

[59] 方红伟, 方思远, 朱彦, 等. TCSC 改善波浪发电系统的性能分析[J]. 电力科学与技术学报, 2012, 7(4): 5-11.

第7章 多自由度波浪发电系统

本章首先介绍多自由度波能转换装置(multi-degree-of-freedom wave energy converter，MDOF-WEC)的特点，给出几种典型的 MDOF-WEC，并详细介绍浮子式 MDOF-WEC 的基本原理和数学建模过程。在垂荡自由度波能转换装置电气化模拟及其稳定性分析的基础上，建立垂荡-横荡两自由度波能转换装置(double-degree-of-freedom wave energy converter，DDOF-WEC)电气化模拟的等效电路模型，分析系统的动力学性能。为了详细研究 DDOF-WEC 中每个自由度的波能捕获能力，本章还探讨其解耦分析过程，得出共振条件下波能转换装置波浪参数对输出功率的影响规律。

7.1 概　　述

波浪发电对我国解决沿海地区的电力紧缺局面、建设与保护祖国孤岛，以及实现海上强国之梦均具有重要意义[1]。目前，技术较为成熟的典型波能转换装置有振荡水柱式、鸭式、点吸式、聚波水库式等[2-7]。但这些装置大多属于单自由度波能转换装置(single-degree-of-freedom wave energy converter，SDOF-WEC)，即只能利用波浪一个运动方向上的能量，如波浪垂荡方向上的起伏运动和波浪前进方向的摇摆运动等。因此，它们采集的只是波能中的部分能量，波能利用效率均不太高，且不利于系统功率的平滑输出。设计 MDOF-WEC 将克服目前 SDOF-WEC 效率低、稳定性差和可控带宽窄等缺点，从而进一步促进波浪发电系统的实用化发展。

7.1.1 多自由度波浪发电简介

在笛卡儿直角坐标系中，假设无约束的理论状态下，浮子式波能转换装置理论上存在六个自由度的运动。如图 7-1 所示，在坐标系 o-xyz 中，它们是分别沿着 x、y、z 三个方向上的直线运动：纵荡、横荡和垂荡；以及三个分别绕 x、y、z 轴的旋转运动：横摇、纵摇和艏摇。目前点吸式波能转换装置基本上仅使用垂荡运动，如图 7-2 所示。需要注意的是，MDOF-WEC 至少要从两个自由度上吸收波能，而且多自由度的定义也不仅局限于笛卡儿坐标系[8]。

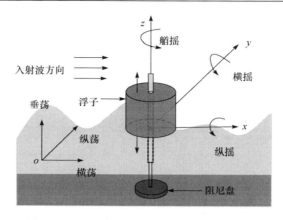

图 7-1　理想波能转换装置的六个运动自由度

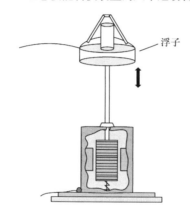

图 7-2　仅做垂荡运动的 SDOF-WEC

　　单自由度点吸式波能转换装置很难在较宽的频率范围内保持最优运行，这会导致功率输出不规则并且效率较低。MDOF-WEC 最重要的优点之一是能够利用多个共振频率来减少功率输出的不规则性。图 7-3(a)为一个简单的圆柱形浮子在不同频率海浪激励下的幅值响应曲线。该曲线清楚地显示了在相互不耦合的情况下，浮子做垂荡和纵摇运动的共振峰值及共振频率，可以看出两种模式下共振频率相差很大，因此如果将系统作为一个整体考虑，它将会有一个较宽的频带。而且，在频谱较宽的海域，系统更容易加以控制进而实现最优运行。同理，图 7-3(b)显示了浮子做垂荡、横摇和艏摇时的幅值响应曲线。由此可以看出，波能转换装置的多自由度捕获将大大拓宽波能转换装置的可控频带，并显著提高波能捕获效率。

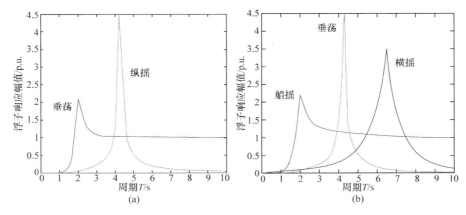

图 7-3　简单圆柱形浮子运动带宽响应图

7.1.2　多自由度波浪发电的研究现状

现有的波能转换装置大都属于单自由度波浪发电系统，并且对于最大波能捕获控制的研究基本上是针对波能转换装置本体。因此，该类发电装置的效率和稳定性都还有待提高。MDOF-WEC 虽然可以扩展系统的响应带宽，但是其模型的建立和特性分析显然比 SDOF-WEC 单元复杂得多，国内外这方面的研究均处于理论与应用研究的起步阶段。

文献[9]提出了一种多自由度波能采集装置，但其"多自由度"只是将几个部件不同的运动方式进行简单组合，并非波能采集元件的运动具有多个自由度。文献[10]介绍了英国的一种 MDOF-WEC，并对其水动力学特性、解耦控制和智能优化等内容进行了分析。文献[11]提出了横荡-纵摇 DDOF-WEC 的模型，并针对这种模型研究了常规海域的调谐问题，提出了一种实用的调整技术，用于不规则海域的时域研究。文献[12]提出了一种"垂荡-横荡-纵摇"三自由度波能转换装置的结构设计，并对这种三自由度波能转换装置的水动力和功率捕获性能进行了分析，指出在该波能转换装置中，垂荡是主要的波能捕获自由度。文献[13]从浮子运动的原理上分析了三自由度波能转换装置，并将模型预测控制应用在参数激励下的横荡-纵摇运动，结果显示基于梯度的数值优化算法的最优控制可以捕获垂荡运动三倍以上的波能。文献[14]基于三自由度波能转换装置，根据其浮子形状得到系统的运动耦合方程，并提出了一种多谐振反馈控制方法，结果表明三自由度波能转换装置捕获的波能大约为垂荡运动的 3 倍。文献[15]研究了一种点吸收式波能转换装置，三根绳索通过海底滑轮将浮子和 PTO 模块相连，从而实现装置的六自由度运动。文中推导出了装置的三维动力学模型，并在规则波和不规则波下进行了时域模拟。文献[16]提出了一种可移动的三自由度波能转换装置，该装置理论上在海洋环境中可实现能量的不间断输出，能更有效地获取外部的随机动能和势能。文献[17]以水动力分析为基础，建立了一种多自由度双浮体振荡浮子式波能转换装置的频域耦合运动方程，推导出系统在规则波下捕获功率和能量宽度的表达式。文献[18]对圆柱形浮子在垂荡、横荡和纵摇三个自由度上的水动力进行了分析与仿真研究。

对于 MDOF-WEC 进行研究，首先就要对其进行流体动力学建模。建模的主要目的是研究波浪和浮体间的相互作用规律、锚泊系统的动态响应、MDOF-WEC 的受力、效率和稳定性等水动力学行为。分析浮体运动水动力特性的常用方法包括解析法、经验法和数值计算等[19,20]。边界积分方程法和纳维-斯托克斯方程法则是两种常用于类似波能转换装置等海上浮体的数值计算分析法[21]。

解析法可由等效的线性化计算过程得到，除适用于分析波能转换装置单元外，还可用于研究波能转换装置阵列系统。一般而言，解析法对几何形状简单的浮体性能估算比较快速有效，而对于具有复杂几何形状的浮体，则不太合适。在正弦波的条件下经验法更实用，最著名的经验法为莫里森方程，文献[22]就利用莫里森方程对六自由度的海上平台进行建模。边界积分方程法可用于处理几何形状复杂的浮体，也可用于分析波能转换装置阵列。该方法的优点是在每一个计算时间步长中都具有相同的系统方程组系数矩阵，且可在时域和频域中同时分析。在频域分析中，还可通过线性叠加原理对辐射、衍射和激励力进行分析，WAMIT、WEC-Sim 等软件就采用了该数值算法[23]。海水的黏滞效应可以采用纳维-斯托克斯方程法来解决，同时造波系统中的自由面和湍流模拟也可采用纳维-斯托克斯方程法来实现。显然，每种水动力学分析法所考虑和能解决的问题并不相同。因此，要想深入分析 MDOF-WEC 单元及其阵列系统，必须对相应的时频数值分析法进行研究和改进，从而设计出高效率的 MDOF-WEC 及其阵列分布。文献[24]则给出了一种全电气模拟法用以分析点吸式波能转换装置特性。这作为一种新的物理建模方式，相对于解析法、经验法、数值分析法等数学建模方法，更加简单、直观和方便。

7.1.3　多自由度波浪发电的难点与机遇

MDOF-WEC 克服了目前 SDOF-WEC 效率低、稳定性差及可控带宽等缺点，能从"装置"级源头提高波能转换装置的波能捕获能力，进一步促进波浪发电系统的实用化发展。但是目前，MDOF-WEC 的实现仍存在许多困难。

首先，由于波浪运动的复杂性，在单一自由度上对浮子的运动状态进行分析已很难实现精确化，对 MDOF-WEC 的分析及其建模将更加复杂，这使得该类装置在实际应用中会面临更大的挑战与风险。

其次，为了更好地吸收波能，常要求将波能转换装置置于高波能密度的深水区中，为了限制浮子的位移，需要设计合适的锚泊系统对系统进行固定与保护。

这对于多自由度波能捕获系统来说比较复杂，不但需要满足装置在各个自由度上的灵活运动，还要考虑装置在各个自由度上的最大幅值响应，以确保其安全性和可靠性。同时，还需要尽可能地实现装置海底占有面积、海面覆盖面积和系统固有频率的最优化，以保证缆系在极端负荷下的强度和寿命。

因此，MDOF-WEC 的高造价、难控制、高开发风险是其发展瓶颈。但是，MDOF-WEC 波能利用高，这使得其对海域的海浪高度及波能密度的要求较低，恰恰可以弥补我国海域普遍能流密度较低的缺陷[25]。随着新材料、新技术的发展，以上技术与经济壁垒将被逐一克服，MDOF-WEC 凭借着高波能转化效率和低波浪发电成本将迎来巨大的应用前景。

7.2　多自由度波能转换装置

目前主流的波能转换装置基本上是捕获某单一方向上的波能，并使其转化为电能，效率均不太高。所以，从装置的能源捕获源头出发，将波能转换装置设计为多自由度捕获方式可大大提高系统的波能捕获效率，本节主要介绍两种 MDOF-WEC 的原理。

7.2.1　液压式多自由度波能转换装置

图 7-4 为一种液压式 MDOF-WEC 示意图[26]。该装置主要包括浮子、摆板、支架、轴承、固定底座、液压缸、活塞、连接杆和液压油管道等结构。装置将波浪起伏的势能通过浮子上下方向的运动提取出来；海面上波浪的动能通过浮子绕固定轴的转动被转化为机械能；海面下波浪的动能则通过摆板的摆动被捕获。上述三种被提取出来的波能均被统一转化为活塞运动，进而挤压液压缸内的高压油，最终转化为液压能，并通过液压马达驱动电机发电。

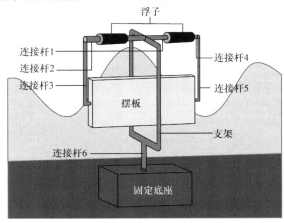

图 7-4　液压式 MDOF-WEC 局部示意图

在这种波能转换装置中，两个圆柱形浮子的一端通过轴承与支撑梁的一端相连，支撑梁的另一端固定在支架上；浮子的另一端通过轴承与连接杆 2(4)一端相连。连接杆 2(4)、摆板通过连接杆 3(5)连接到一起，组成一个摆动旋转机构。支架同时与活塞驱动杆的一端相连，活塞驱动杆的另一端与固定底座内的运动活塞相连，固定底座选用密度大的质量块沉入海底。海面上，一方面由于波浪的作用，浮子的受力发生改变，进而做竖直方向的运动；另一方面浮子会由于海浪入射方向的动能而做旋转运动。海面下，波浪垂直作用于摆板，摆板绕摆轴前后摆动。

图 7-5 为装置的内部结构。图 7-5(a)是浮子内部结构图，浮子可以围绕连接杆 1 旋转，连接杆 1 为不可旋转部分，只能做竖直方向的垂荡运动，1 号液压缸、2 号液压缸通过内部托架与支撑梁固定为一个整体，也只能做上下方向的运动。活塞连接杆一端固定在浮子上，另一端与运动活塞固定，由于浮子相对于 1 号液压缸发生旋转，这样驱动杆就会推动活塞压缩液压缸内的高压油，如图 7-5 (b)所示，将浮子的旋转动能转化为液压油的液压能。2 号液压缸的结构图如图 7-5 (c)所示，挡板固定在液压缸。旋转驱动杆与液压缸内的旋转轴固定在一起，两者做相同的旋转运动，旋转活塞一端与旋转轴连接，这样当摆板随着海下波浪发生运动时，

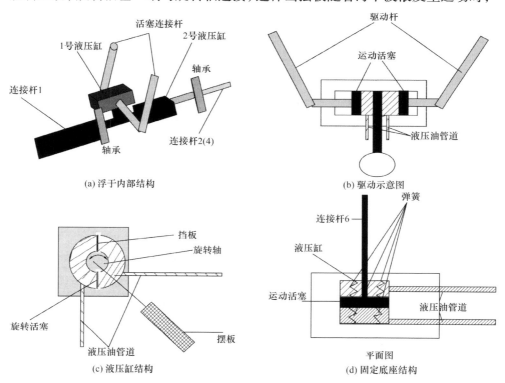

(a) 浮于内部结构

(b) 驱动示意图

(c) 液压缸结构

(d) 固定底座结构

图 7-5　装置内部结构图

活塞就可以做旋转运动，压缩液压缸内的高压油，将摆板的动能转化为液压油的液压能。固定底座结构图如图 7-5(d)所示。活塞驱动杆的一端焊接在支架上，另一端连接在运动活塞上。当有海浪时，浮子会带动支架做上下运动，进而带动运动活塞做往复运动，压缩液压缸内的高压油，将浮子的动能转化为液压能。弹簧的一端固定在液压缸上，另一端固定在活塞上，用于控制浮子上升、下降的高度和速度，增加系统稳定性。最终将各个液压油管道内的液压油汇聚到一个主管道中，通过液压马达带动发电机发电。

图 7-6 为一种可适用于该浮子系统多自由度能量捕获的摆动气缸装置，这种摆动气缸装置可以取代上述的液压发电单元。它由壳体、转轴、叶片、基座、两个气室和两个出气口组成。通过叶片的旋转，压缩气室内的气体从出气口进行气体的交换，从而转化为动能，作为驱动力带动发电机发电。

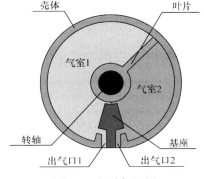

图 7-6　摆动气缸图

7.2.2　压电式多自由度波能转换装置

如前所述，波能转换装置类型众多，根据能量传递方式不同，波能转换装置可以分为机械式、液压式、空气式、电磁式和压电式等。压电式波能转换装置能够直接将波能通过压电材料的张拉和压缩应变转化为电能，比其他方式更直接。

压电效应最早是由法国物理学家 Pierre Curie 和 Jacques Curie 兄弟于 1880 年研究焦电现象与晶体对称关系时发现的。他们在研究中发现，当对某些晶体施加机械应力使其产生变形后，晶体两个相对的表面上就会产生正负电荷，施加的机械应力越大，产生的束缚电荷数量越多，这种现象称为压电现象。压电陶瓷具有极化强度以后，它的两个电极面上会出现等量的正负束缚电荷，电极面上的束缚电荷会吸引环境中的自由电荷显示电中性。当压电陶瓷在机械应力的作用下产生应变，使得两电极面距离缩小，自由电荷会因为极化强度的降低而脱离束缚，形成放电过程。同样当两电极面在机械外力作用下距离增大，压电陶瓷会形成充电过程。压电单晶，作为一种能量转换效率指数高的材料，其能量转换效率理论上可达 92%以上。但是由于其生产成本较高，因此应用受到一定限制。用烧结法制成的多晶陶瓷，可被制成不同的形状，生产成本较低，而且能量转换效率也能达到 70%，因此其应用范围很广。压电发电技术应用于波浪发电较晚，20 世纪 80 年代才被提出，而且一直没有得到深入的研究[27]。但作为波能次级转换技术，压电发电机能够直接将初级能量转换结构吸收的波能通过压电材料的机电耦合特性直接转化成为电能，有效地提高了波浪发电总效率。而且压电发电系统具有

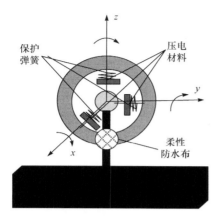

图 7-7 压电式 MDOF-WEC

制作成本低、结构简单、不存在电磁干扰等优点。

图 7-7 为一种利用压电技术的 MDOF-WEC[28]。一个空心球体作为浮子,通过弹簧、弹性材料及压电材料与固定部件连接,柔性防水布连接固定部分与旋转球,使得球体内的带电部件与海水隔离,并给旋转球的运动留出空间;弹簧用于球体的复位、缓冲运动以减小压电材料的形变。这种装置利用了压电材料的优点,结构简单,不需要旋转发电机以及复杂的机械传动机构,从而增加了波浪发电系统的效率和可靠性。

7.3 多自由度波浪发电系统建模

研究多自由度波浪发电系统,就要对其进行流体动力学建模。其主要目的是研究波浪和浮体间的相互作用规律、锚泊系统的动态响应、MDOF-WEC 的受力、系统效率和稳定性等水动力学行为。本节首先从浮子坐标系的选择和受力分析对多自由度波浪发电系统的数学建模过程进行简单的介绍。其次,以点吸收式波能转换装置为例,采用全电气模拟方法,对垂荡-横荡 DDOF-WEC 进行数学建模和受力分析,建立对应的等效电路,分析作用于其上的入射力、辐射力、缆绳力和弹簧力等,并按照电气化模拟得出相应的系统等效电路图。再次,为详细研究 DDOF-WEC 每个自由度的波能捕获能力,对 MDOF-WEC 进行解耦分析。

7.3.1 坐标系的选择

为了便于定量描述浮子在水中的运动,可引用两种坐标体系。第一种坐标系 o_0-$x_0y_0z_0$ 的原点 o_0 任意选定,且相对地球表面静止,在实际分析中,可取 $t=0$ 时刻浮子重心的位置;o_0x_0 轴平行于海平面,正方向通常取波浪前进方向,选定后相对于地球固定;o_0y_0 轴为 o_0x_0 轴在海平面内逆时针旋转 90° 方向上;o_0z_0 轴垂直于海平面向上。这样便构成了一个固定于地球表面的右旋直角坐标系。

考虑浮子的受迫运动,把浮子视为刚体,即其形状、质量和质量分布保持不变。应用牛顿第二定律建立浮子的运动方程为

$$\begin{cases} F_{v_0} = m\ddot{v}_0 \\ F_{u_0} = m\ddot{u}_0 \\ F_{w_0} = m\ddot{w}_0 \end{cases} \quad (7\text{-}1)$$

式中，m 为浮子质量；v_0、u_0、w_0 为浮子重心处的坐标；F_{v_0}、F_{u_0}、F_{w_0} 为作用于浮子重心处外力合力在各固定于地球的坐标轴上的分量。外力包括海水的辐射阻尼力，水的流体静恢复力、重力、浮力及波浪力，功率输出系统对浮子的反作用力等。

式(7-1)看似简单，但因为水动力取决于浮子和流体的相对运动，用固定于地球坐标系的分量来表达水动力会使问题复杂化。因此，引入第二种坐标系 $o_1\text{-}x_1y_1z_1$。取浮子重心为坐标原点 o_1，o_1 取定后相对于浮子固定，随浮子一起在空间运动；o_1x_1 轴平行于浮子横剖面，并且在 $t=0$ 时刻平行于 o_0x_0 轴；o_1y_1 轴为 o_1x_1 轴在浮子横剖面上逆时针旋转 90°；o_1z_1 轴垂直于浮子横剖面，正方向向上，三个坐标轴确定后相对浮子固定。坐标系 $o_1\text{-}x_1y_1z_1$ 不是惯性系统，这个坐标系下的方程不能用牛顿第二定律求解。两个坐标系如图 7-8 所示。

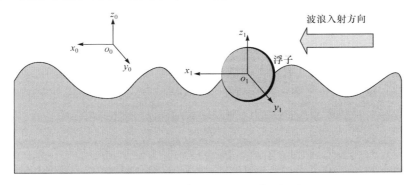

图 7-8　数学建模选用的两种坐标系

在 $o_0\text{-}x_0y_0z_0$ 坐标系中，浮子在三个坐标轴方向上的速度分别为横向速度 $\dot{v}$、纵向速度 $\dot{u}$、垂向速度 $\dot{w}$；绕三个坐标轴的角速度分量分别为横摇角速度 $\dot{\theta}_v$、纵摇角速度 $\dot{\theta}_u$、艏摇角速度 $\dot{\theta}_w$；在 $o_1\text{-}x_1y_1z_1$ 坐标系中，浮子在三个坐标轴方向上的速度分别为横向速度 $\dot{x}$、纵向速度 $\dot{y}$、垂向速度 $\dot{z}$；绕三个坐标轴的角速度分量分别为横摇角速度 $\dot{\theta}_x$、纵摇角速度 $\dot{\theta}_y$、艏摇角速度 $\dot{\theta}_z$，作用于浮子上的外力 F 在坐标轴上的三个分量为纵向力 F_x、横向力 F_y、垂向力 F_z；对三个坐标轴的力矩为纵摇力矩 M_x、横摇力矩 M_y、艏摇力矩 M_z。以上速度和力的方向以指向坐标轴正方向为正，角速度和力矩的正方向服从右手定则。

浮子在空间上的位置和姿态取决于坐标系 $o_1\text{-}x_1y_1z_1$ 的原点 o_1 在 $o_0\text{-}x_0y_0z_0$ 坐标系中的三个坐标分量 x_0、y_0、z_0 和坐标系 $o_1\text{-}x_1y_1z_1$ 相对于 $o_0\text{-}x_0y_0z_0$ 坐标系的三个姿态角 θ_x、θ_y、θ_z。三个姿态角定义如下：艏摇角 θ_z 为 o_1x_1 轴在水平面上的投影与 $o_0\text{-}x_0y_0z_0$ 坐标系 o_0x_0 轴的夹角；横摇角 θ_x 为 o_1z_1 轴与 o_0z_0 轴之间的夹角；纵摇角 θ_y 为 o_1x_1 轴与水平面 $x_0o_0y_0$ 的夹角。在 $o_1\text{-}x_1y_1z_1$ 坐标系上的速度和角速度需要

转化到坐标系 o_0-$x_0y_0z_0$ 下浮子的姿态和轨迹。两者转化关系式如下：

$$
\begin{cases}
\dot{v}_0 = y\cos\theta_z\cos\theta_y + x(\cos\theta_z\sin\theta_y\sin\theta_x - \sin\theta_z\cos\theta_x) \\
\qquad + z(\cos\theta_z\sin\theta_y\cos\theta_x + \sin\theta_z\sin\theta_x) \\
\dot{u}_0 = y\sin\theta_z\cos\theta_y + x(\sin\theta_z\sin\theta_y\sin\theta_x + \cos\theta_z\cos\theta_x) \\
\qquad + z(\sin\theta_z\sin\theta_y\cos\theta_x - \cos\theta_z\sin\theta_x) \\
\dot{w}_0 = -y\sin\theta_y + x\cos\theta_y\sin\theta_x + z\cos\theta_y\cos\theta_x \\
\dot{\theta}_v = \dot{\theta}_x + \dot{\theta}_y\tan\theta_y\sin\theta_x + r\tan\theta_y\cos\theta_x \\
\dot{\theta}_u = \dot{\theta}_y\cos\theta_x - \dot{\theta}_z\sin\theta_x \\
\dot{\theta}_w = \dot{\theta}_y\sin\theta_x / \cos\theta_y + \dot{\theta}_z\cos\theta_x / \cos\theta_y
\end{cases}
\tag{7-2}
$$

在 o_1-$x_1y_1z_1$ 坐标系中，浮子在空间六个自由度上的运动方程可以表达为

$$
\begin{cases}
m(\ddot{y} - \dot{x}\dot{\theta}_z + \dot{z}\dot{\theta}_y) = F_x \\
m(\ddot{x} - \dot{z}\dot{\theta}_x + \dot{y}\dot{\theta}_z) = F_y \\
m(\ddot{z} - \dot{y}\dot{\theta}_y + \dot{x}\dot{\theta}_x) = F_z \\
I_x\ddot{\theta}_x + (I_z - I_y)\dot{\theta}_y\dot{\theta}_z = M_x \\
I_y\ddot{\theta}_y + (I_x - I_z)\dot{\theta}_z\dot{\theta}_x = M_y \\
I_z\ddot{\theta}_z + (I_y - I_x)\dot{\theta}_x\dot{\theta}_y = M_z
\end{cases}
\tag{7-3}
$$

式中，I_x、I_y、I_z 分别为浮子对于 o_1x_1 轴、o_1y_1 轴、o_1z_1 轴的转动惯量；F_x、F_y、F_z 和 M_x、M_y、M_z 为作用在浮子上的合外力和力矩。

7.3.2 浮子的受力分析

应用分离建模的基本思想[29,30]，将作用在浮子上的力和力矩分解，即可以表示为

$$
\begin{cases}
F_x = F_{x_F} + F_{x_J} + F_{x_G} + F_{x_w} + F_{x_P} \\
F_y = F_{y_F} + F_{y_J} + F_{y_G} + F_{y_w} + F_{y_P} \\
F_z = F_{z_F} + F_{z_J} + F_{z_G} + F_{z_w} + F_{z_P} \\
M_y = M_{y_F} + M_{y_J} + M_{y_G} + M_{y_w} + M_{y_P} \\
M_x = M_{x_F} + M_{x_J} + M_{x_G} + M_{x_w} + M_{x_P} \\
M_z = M_{z_F} + M_{z_J} + M_{z_G} + M_{z_w} + M_{z_P}
\end{cases}
\tag{7-4}
$$

式中，F_{x_F}、F_{y_F}、F_{z_F}、M_{y_F}、M_{x_F}、M_{z_F} 分别表示浮子受到的流体动力在横荡、纵荡、垂荡、横摇、纵摇、艏摇六个自由度上的分量；F_{x_J}、F_{y_J}、F_{z_J}、M_{y_J}、M_{x_J}、M_{z_J} 分别表示浮子受到的系泊力在横荡、纵荡、垂荡、横摇、纵摇、艏摇六个自由

度上的分量；F_{x_G}、F_{y_G}、F_{z_G}、M_{y_G}、M_{x_G}、M_{z_G} 分别表示浮子的重力在横荡、纵荡、垂荡、横摇、纵摇、艏摇六个自由度上的分量；F_{x_w}、F_{y_w}、F_{z_w}、M_{y_w}、M_{x_w}、M_{z_w} 分别表示浮子受到的波浪力在横荡、纵荡、垂荡、横摇、纵摇、艏摇六个自由度上的分量；F_{x_p}、F_{y_p}、F_{z_p}、M_{y_p}、M_{x_p}、M_{z_p} 分别表示动力输出系统对浮子的反作用力在横荡、纵荡、垂荡、横摇、纵摇、艏摇六个自由度上的分量。

此外，浮子受到的流体动力按照力产生的性质可以分为惯性力和黏性力。当浮子在理想流体中做非定常运动时，受到的惯性类流体动力大小与物体的加速度成正比，方向与加速度方向相反，而比例常数称为附加质量，用 λ_{ij} 表示。一个任意形状的物体运动时共有 36 个附加质量，矩阵形式如下：

$$\lambda = \begin{bmatrix} \lambda_{11} & \lambda_{12} & \lambda_{13} & \lambda_{14} & \lambda_{15} & \lambda_{16} \\ \lambda_{21} & \lambda_{22} & \lambda_{23} & \lambda_{24} & \lambda_{25} & \lambda_{26} \\ \lambda_{31} & \lambda_{32} & \lambda_{33} & \lambda_{34} & \lambda_{35} & \lambda_{36} \\ \lambda_{41} & \lambda_{42} & \lambda_{43} & \lambda_{44} & \lambda_{45} & \lambda_{46} \\ \lambda_{51} & \lambda_{52} & \lambda_{53} & \lambda_{54} & \lambda_{55} & \lambda_{56} \\ \lambda_{61} & \lambda_{62} & \lambda_{63} & \lambda_{64} & \lambda_{65} & \lambda_{66} \end{bmatrix} \tag{7-5}$$

根据势流理论有

$$\lambda_{ij} = -\rho \iint_S \phi_i \frac{\partial \phi_j}{\partial n} dS, \quad i,j = 1,2,\cdots,6 \tag{7-6}$$

对于球形或圆柱形浮子，有

$$\lambda_{ii} \neq 0, \quad \lambda_{ij} = 0, \quad i \neq j, i,j = 1,2,\cdots,6 \tag{7-7}$$

则方阵变为

$$\lambda = \begin{bmatrix} \lambda_{11} & 0 & 0 & 0 & 0 & 0 \\ 0 & \lambda_{22} & 0 & 0 & 0 & 0 \\ 0 & 0 & \lambda_{33} & 0 & 0 & 0 \\ 0 & 0 & 0 & \lambda_{44} & 0 & 0 \\ 0 & 0 & 0 & 0 & \lambda_{55} & 0 \\ 0 & 0 & 0 & 0 & 0 & \lambda_{66} \end{bmatrix} \tag{7-8}$$

当物体在无边际理想流体中运动时，流体扰动动能 T 为

$$T = \frac{1}{2} \sum_{i=1}^{6} \sum_{j=1}^{6} \lambda_{ij} q_i q_j \tag{7-9}$$

式中，$q_1=\dot{x}$，$q_2=\dot{y}$，$q_3=\dot{z}$，$q_4=\dot{\theta}_x$，$q_5=\dot{\theta}_y$，$q_6=\dot{\theta}_z$。

根据式(7-8)，将式(7-9)展开得

$$T = \frac{1}{2}(\lambda_{11}\dot{x}^2 + \lambda_{22}\dot{y}^2 + \lambda_{33}\dot{z}^2 + \lambda_{44}\dot{\theta}_x^2 + \lambda_{55}\dot{\theta}_y^2 + \lambda_{66}\dot{\theta}_z^2) \tag{7-10}$$

流体扰动运动的动量 H_i 与动能 T 的关系为

$$H_i = \frac{\partial T}{\partial q_i}, \quad i = 1, 2, \cdots, 6 \tag{7-11}$$

将式(7-10)代入式(7-11)中展开，可得惯性类流体动量、动量矩的投影为

$$\begin{cases} H_x = \dfrac{\partial T}{\partial \dot{x}} = \lambda_{11}\dot{x} \\[2mm] H_y = \dfrac{\partial T}{\partial \dot{y}} = \lambda_{22}\dot{y} \\[2mm] H_z = \dfrac{\partial T}{\partial \dot{z}} = \lambda_{33}\dot{z} \\[2mm] L_x = \dfrac{\partial T}{\partial \dot{\theta}_x} = \lambda_{44}\dot{\theta}_x \\[2mm] L_y = \dfrac{\partial T}{\partial \dot{\theta}_y} = \lambda_{55}\dot{\theta}_y \\[2mm] L_z = \dfrac{\partial T}{\partial \dot{\theta}_z} = \lambda_{66}\dot{\theta}_z \end{cases} \tag{7-12}$$

则浮子受到的惯性类水动力和力矩分别为

$$\begin{cases} -F_{x_1} = \dfrac{\mathrm{d}H_x}{\mathrm{d}t} + \dot{\theta}_y H_z - \dot{\theta}_z H_y = \lambda_{11}\ddot{y} + \lambda_{33}\dot{z}\dot{\theta}_y - \lambda_{22}\dot{x}\dot{\theta}_z \\[2mm] -F_{y_1} = \dfrac{\mathrm{d}H_y}{\mathrm{d}t} + \dot{\theta}_z H_x - \dot{\theta}_x H_z = \lambda_{22}\ddot{x} + \lambda_{11}\dot{y}\dot{\theta}_z - \lambda_{33}\dot{z}\dot{\theta}_x \\[2mm] -F_{z_1} = \dfrac{\mathrm{d}H_z}{\mathrm{d}t} + \dot{\theta}_x H_y - \dot{\theta}_y H_x = \lambda_{33}\ddot{z} + \lambda_{22}\dot{x}\dot{\theta}_x - \lambda_{11}\dot{y}\dot{\theta}_y \\[2mm] -M_{x_1} = \dfrac{\mathrm{d}L_x}{\mathrm{d}t} + (\dot{\theta}_y L_z - \dot{\theta}_z L_y) + (\dot{x}H_z - \dot{z}H_y) \\[1mm] \qquad = \lambda_{44}\ddot{\theta}_x + (\lambda_{66} - \lambda_{55})\dot{\theta}_y\dot{\theta}_z + (\lambda_{33} - \lambda_{22})\dot{x}\dot{z} \\[2mm] -M_{y_1} = \dfrac{\mathrm{d}L_y}{\mathrm{d}t} + (\dot{\theta}_z L_x - \dot{\theta}_x L_z) + (\dot{z}H_x - \dot{y}H_z) \\[1mm] \qquad = \lambda_{55}\ddot{\theta}_y + (\lambda_{44} - \lambda_{66})\dot{\theta}_x\dot{\theta}_z + (\lambda_{11} - \lambda_{33})\dot{y}\dot{z} \\[2mm] -M_{z_1} = \dfrac{\mathrm{d}L_z}{\mathrm{d}t} + (\dot{\theta}_x L_z - \dot{\theta}_y L_x) + (\dot{y}H_y - \dot{x}H_x) \\[1mm] \qquad = \lambda_{66}\ddot{\theta}_z + (\lambda_{55} - \lambda_{44})\dot{\theta}_x\dot{\theta}_y + (\lambda_{22} - \lambda_{11})\dot{x}\dot{y} \end{cases} \tag{7-13}$$

在无限开阔深广的静水表面上，影响运动的浮子黏性类水动力和力矩的因素有：浮子的几何特性 B、流体的物理特性 L 及浮子的运动状态 S，即黏性类水动力可表示为

$$F = f(B, L, S) \tag{7-14}$$

假设：①浮子是一个刚体，几何特性不改变；②流体的物理特性不会改变；③忽略波浪影响。则黏性水动力和力矩可以写成：

$$\begin{cases} F_{x_{\mathrm{HL}}} = f_{F_x}(\dot{x}, \dot{y}, \dot{z}, \dot{\theta}_x, \dot{\theta}_y, \dot{\theta}_z) \\ F_{y_{\mathrm{HL}}} = f_{F_y}(\dot{x}, \dot{y}, \dot{z}, \dot{\theta}_x, \dot{\theta}_y, \dot{\theta}_z) \\ F_{z_{\mathrm{HL}}} = f_{F_z}(\dot{x}, \dot{y}, \dot{z}, \dot{\theta}_x, \dot{\theta}_y, \dot{\theta}_z) \\ M_{x_{\mathrm{HL}}} = f_{M_x}(\dot{x}, \dot{y}, \dot{z}, \dot{\theta}_x, \dot{\theta}_y, \dot{\theta}_z) \\ M_{y_{\mathrm{HL}}} = f_{M_y}(\dot{x}, \dot{y}, \dot{z}, \dot{\theta}_x, \dot{\theta}_y, \dot{\theta}_z) \\ M_{z_{\mathrm{HL}}} = f_{M_z}(\dot{x}, \dot{y}, \dot{z}, \dot{\theta}_x, \dot{\theta}_y, \dot{\theta}_z) \end{cases} \tag{7-15}$$

对于式(7-15)的处理现在还没有精确的算法和理论，一般采用泰勒展开忽略高阶项，再通过实验确定系数的方法加以计算。

海洋上的波浪变化十分复杂，波浪轮廓是不能完全确定的，是不规则波，通常可以用各个不同方向的规则波通过线性叠加来近似模拟海洋上的波浪。假设波浪为微幅波，则规则波流场中浮子表面的压强表达式为

$$P = -\rho \frac{\partial \theta_x}{\partial t} - \frac{1}{2}\rho(\dot{x}^2 + \dot{y}^2 + \dot{z}^2) - \rho g \zeta \tag{7-16}$$

式中，$\rho g \zeta$ 为静水产生的压强项；由波浪扰动产生的动压强项分为 $\frac{1}{2}\rho(\dot{x}^2 + \dot{y}^2 + \dot{z}^2)$ 项及 $-\rho \partial \theta_x / \partial t$ 项，在微幅波假设前提下，可以忽略运动能量 $\frac{1}{2}\rho(\dot{x}^2 + \dot{y}^2 + \dot{z}^2)$ 这一高阶小项，则由波浪引起的动压强近似为

$$\Delta P = -\rho \frac{\partial \theta_x}{\partial t} = \rho g a e^{-kt} \cos(kx_0 + \omega t) \tag{7-17}$$

式中，k 为波数；ρ 为海水密度；g 为重力加速度；ω 为波角速度；a 为波幅。

当浮子在 $o_0\text{-}x_0 y_0 z_0$ 坐标系中运动时，$o_1\text{-}x_1 y_1 z_1$ 坐标系也随之运动。当 t=0 时，艏摇角为 Ψ=0，横摇角 φ=0，纵摇角为 θ=0，两坐标原点重合，两坐标系间的坐标转化关系为

$$\begin{cases} x_0 = x_1 \\ y_0 = y_1 \\ z_0 = z_1 \end{cases} \tag{7-18}$$

假设波浪沿坐标系 o_2-$\xi\eta\zeta$ 中的 $o_2\xi$ 轴运动，设初始相位角 $\varepsilon=0$，则波面方程可表示为

$$\zeta(\xi,t) = a\cos(k\xi - \omega t) \tag{7-19}$$

设 $o_2\xi$ 轴与 o_0-$x_0y_0z_0$ 坐标系 o_0x_0 轴的夹角为 μ，该夹角为绝对波向角。波浪坐标系与大地坐标系之间的转化为

$$\begin{cases} \xi = x_0\cos\mu + y_0\sin\dot{y} \\ \eta = y_0\cos\mu - x_0\sin\dot{y} \\ \zeta = z_0 \end{cases} \tag{7-20}$$

将式(7-20)代入式(7-19)可得波面方程在 o_0-$x_0y_0z_0$ 坐标中的表达式为

$$\zeta(x_0,y_0,t) = a\cos[k(x_0\cos\mu + y_0\sin\mu) - \omega t] \tag{7-21}$$

将式(7-18)代入式(7-21)可得波面方程在 o_1-$x_1y_1z_1$ 坐标中的表达式为

$$\zeta(x,y,t) = a\cos(kx\cos\mu + ky\sin\mu - \omega t) \tag{7-22}$$

在计算规则波作用于浮子上的波浪干扰力时，应用 F-K 法假设浮子的存在不会影响波浪的压力分布。根据式(7-17)和式(7-22)，得到深水规则波动压力在 o_1-$x_1y_1z_1$ 坐标中的分布表达式为

$$\Delta P = \rho g a e^{kz}\cos(kx\cos\mu - ky\sin\mu - \omega t) \tag{7-23}$$

作用在浮子上的波浪力与力矩即波浪动压力和静压力沿浮子水中表面积的积分为

$$\begin{cases} \boldsymbol{F}_{\mathrm{w}} = -\iint\limits_{S} P\boldsymbol{n}\mathrm{d}S \\ \boldsymbol{M}_{\mathrm{w}} = -\iint\limits_{S} P(\boldsymbol{r}\times\boldsymbol{n})\mathrm{d}S \end{cases} \tag{7-24}$$

式中，S 为浮子的水下面积；$\boldsymbol{n}$ 为 S 的单位外法线矢量，方向指向浮子外部；$\boldsymbol{r}$ 为动压力作用点相对于浮子坐标系 o_1-$x_1y_1z_1$ 的位置向量。

根据高斯定理有

$$\begin{cases} \boldsymbol{F}_{\mathrm{w}} = -\iint\limits_{S} P\boldsymbol{n}\mathrm{d}S = -\iiint\limits_{V} \nabla(P)\mathrm{d}V \\ \boldsymbol{M}_{\mathrm{w}} = -\iint\limits_{S} P(\boldsymbol{r}\times\boldsymbol{n})\mathrm{d}S = \iiint\limits_{V} \nabla\times(P\boldsymbol{r})\mathrm{d}V \end{cases} \tag{7-25}$$

再将其投影到 o_1-$x_1y_1z_1$ 坐标系中，写成坐标系中的分量形式，则波浪作用在船上六个自由度的力和力矩为

$$
\begin{cases}
F_{x_\mathrm{w}} = -\iiint\limits_V \dfrac{\partial(\Delta P)}{\partial x}\mathrm{d}V \\[2ex]
F_{y_\mathrm{w}} = -\iiint\limits_V \dfrac{\partial P}{\partial y}\mathrm{d}V \\[2ex]
F_{z_\mathrm{w}} = -\iiint\limits_V \dfrac{\partial P}{\partial z}\mathrm{d}V \\[2ex]
M_{x_\mathrm{w}} = -\iiint\limits_V \left(\dfrac{\partial P}{\partial y}z - \dfrac{\partial P}{\partial z}y\right)\mathrm{d}V \\[2ex]
M_{y_\mathrm{w}} = -\iiint\limits_V \left(\dfrac{\partial P}{\partial z}x - \dfrac{\partial P}{\partial x}z\right)\mathrm{d}V \\[2ex]
M_{z_\mathrm{w}} = -\iiint\limits_V \left(\dfrac{\partial P}{\partial x}y - \dfrac{\partial P}{\partial y}x\right)\mathrm{d}V
\end{cases}
\tag{7-26}
$$

系泊力和动力输出系统的反作用力由于锚泊系统和动力输出系统输出形式的不同，其计算方法会有很大的差异，这里就不再赘述。

7.3.3　垂荡自由度波浪发电装置的数学模型及受力分析

图 7-9 为基本的垂荡自由度波浪发电装置的数学模型及其对应的坐标系。该装置主要由浮子、缆绳、直线电机等器件构成。装置的上部是一个可自由运动的浮子，通过缆绳与下部的发电机部分相连。发电机内部包括上部终点止动弹簧、动子、定子及下部的回位弹簧。

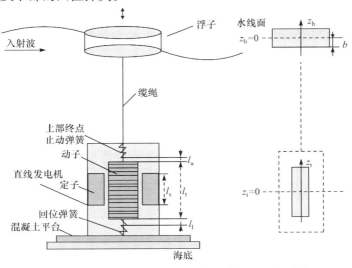

图 7-9　垂荡自由度波浪发电装置数学模型及坐标系建立

在进行受力分析及推导运动方程前，首先假设[31,32]：浮子的运动可以用微幅波理论进行分析，浮子为刚体，其重心与几何中心重合；浮子在水面上的运动可分解为六个自由度；浮子和配重均仅做垂荡运动和横荡运动；缆绳的质量和内部阻尼忽略不计，将其视为轻绳。

根据图 7-10 的受力分析，规定竖直向上为浮子运动的正方向，得出垂荡自由度波浪发电装置的运动状态方程。

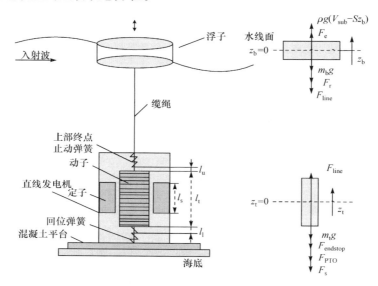

图 7-10　垂荡自由度波浪发电装置的受力分析

1. 缆绳紧固状态分析

对浮子而言，存在：

$$m_b\ddot{z}_b(t)=F_e(t)-F_r(t)-F_{line}(t)-m_bg+\rho g\left(V_{sub}-Sz_b(t)\right) \tag{7-27}$$

对动子而言，存在：

$$m_t\ddot{z}_t(t)=F_{line}(t)-F_{endstop}(t)-F_{PTO}(t)-m_tg+F_s \tag{7-28}$$

式中，下标 b 表示浮子；下标 t 表示动子；m 代表质量；$z_t(t)$ 代表相对于平衡位置的垂直位移；$\dot{z}_t(t)$ 和 $\ddot{z}_t(t)$ 相应地代表速度和加速度；$\rho g Sz_b(t)$ 代表浮子静水压力可变化的部分。

2. 缆绳松弛状态分析

对浮子而言，$m_bg=\rho gV_{sub}$、$F_{line}(t)=0$，则浮子的受力方程为

$$m_b \ddot{z}_b(t) = F_e(t) - F_r(t) - \rho g S z_b(t) \tag{7-29}$$

对动子而言，$F_{line}(t) = 0$，则动子的受力方程为

$$m_t \ddot{z}_t(t) = -F_{endstop}(t) - F_{PTO}(t) - m_t g + F_s \tag{7-30}$$

式(7-27)~式(7-30)为垂荡自由度波浪发电装置的运动方程。

1) 入射力及辐射力的计算

波浪的入射力 F_e 是点吸收式波能转换装置的唯一动力来源。对于垂直圆柱形浮子，波浪入射力 F_e 的表达式为[33]

$$F_e = C_z \rho g H \pi \frac{\cosh(k(h-d))}{\cosh(kh)} \cos(\omega t) \int_0^{R_b} J_0(k R_b) R_b \mathrm{d}R_b \tag{7-31}$$

式中，C_z 是垂直绕射系数，对于圆柱形浮子一般取 1；d 是浮子浸没于水下的深度；$J_0(x)$ 是零阶贝塞尔函数；R_b 是浮子圆形横截面的半径。

由于正数 kd 相对于正数 kh 是一个很小的数值，式(7-31)可简化为

$$F_e = C_z \rho g H \pi \mathrm{e}^{-kd} \cos(\omega t) \int_0^{R_b} J_0(k R_b) R_b \mathrm{d}R_b \tag{7-32}$$

入射力可进一步化简为

$$F_e = F \cos(\omega t) \tag{7-33}$$

式中，F 是入射力的幅值。式(7-33)表明在规则正弦波浪的作用下，入射力是与波浪同相的正弦作用力。

在波浪运动过程中，浮子受辐射力的影响，会产生一种以浮子为中心，向四周散射并逐渐减弱的现象。已知在流动的空间中，物体的流速及压强是随时间和空间变化的函数。因此，浮子在波浪运动时会产生速度，进而产生压强。由于力的作用是相互的，浮子也会对周围的流场产生反作用力，此时相当于附加质量受到附加惯性力的作用；当浮子动作时，会向流体中辐射能量，相当于受到了阻尼，这称为辐射阻尼力。两者统称为波浪的辐射力。根据文献[34]，辐射力 F_r 可表示为

$$
\begin{aligned}
F_r &= -\rho \mathrm{j} \omega \iint\limits_{S_0} \phi_{Ra} z_b \boldsymbol{n} \mathrm{d}S \\
&= \rho \omega z_b \iint\limits_{S_0} \phi_{Ra}^{Im} \boldsymbol{n} \mathrm{d}S - \rho \mathrm{j} \omega z_b \iint\limits_{S_0} \phi_{Ra}^{Re} \boldsymbol{n} \mathrm{d}S \\
&= -m_{add} \ddot{z}_b(t) - c_{add} \dot{z}_b(t)
\end{aligned}
\tag{7-34}
$$

式(7-34)表明，辐射势可表示为一个阻力性质的惯性力和阻尼力的叠加。式中，m_{add} 是附加质量；c_{add} 是附加阻尼系数。

由于辐射力难以用解析的方式求解，因此一般在工程上多用数值分析方法得到辐射力的幅频响应后，使用在极限频率下的附加质量 $m_{add}(\infty)$ 代替附加质量

m_{add}，使用典型频率下的附加阻尼系数代替真实的附加阻尼系数。对于附加阻尼系数而言，其本质上属于波浪频率的函数，因此可记作 $c_{\text{add}}(\omega)$，在需精确阻尼系数的情况下，可使用一个 4 阶传递函数进行拟合[35]。本节使用 AQWA 软件计算圆柱形浮子在不同频率的波浪作用下所有的附加阻尼系数，并且使用 MATLAB 软件进行传递函数的拟合。考虑到海洋波浪的周期普遍集中在 30s 以内，使用 AQWA 软件得到了附加阻尼系数关于波浪周期的数据如表 7-1 所示(周期精确到 1s)。

使用 MATLAB 的 invfreqs 函数对其拟合，得到的 4 阶传递函数如下：

$$c_{\text{add}}(s) = \frac{-2.3015s^4 - 71.3381s^2 + 79.6115}{s^4 + 9.0149s^2 + 21.4557} \tag{7-35}$$

则在复频域下，附加阻尼可以表示为

$$F_{\text{B\_add}}(s) = sc_{\text{add}}(s)z_{\text{b}}(s) \tag{7-36}$$

表 7-1　附加阻尼系数与波浪周期的关系

T/s	$c_{\text{add}}/(\text{N}\cdot\text{s/m})$	T/s	$c_{\text{add}}/(\text{N}\cdot\text{s/m})$	T/s	$c_{\text{add}}/(\text{N}\cdot\text{s/m})$
1	0.0001	11	5.23	21	0.848
2	36.6	12	4.04	22	0.767
3	67.5	13	3.17	23	0.699
4	54	14	2.52	24	0.643
5	37.2	15	2.05	25	0.595
6	25.3	16	1.7	26	0.554
7	17.5	17	1.43	27	0.518
8	12.5	18	1.23	28	0.487
9	9.16	19	1.07	29	0.459
10	6.86	20	0.947	30	0.435

2) 缆绳力的计算

F_{line} 是缆绳力，当缆绳松弛时，缆绳上的力会消失：

$$F_{\text{line}} = \begin{cases} k_{\text{line}}(z_{\text{b}} - z_{\text{t}}), & z_{\text{b}} > z_{\text{t}} \\ 0, & \text{其他} \end{cases} \tag{7-37}$$

浮子与动子的相对位移直接影响缆绳的形变量，形变量缩小到 0 甚至小于 0(实际缆绳松弛)时，缆绳失去作用力。

3) 终点止动力的计算

当动子向上运动到顶端时产生终点止动力 F_{endstop}，图 7-10 中上部和底部都会出现使动子停止运动的终点止动力

$$F_{\text{endstop}} = \begin{cases} k_{\text{endstop}}(z_t - l_u), & l_u < z_t < l_{u,\max} \\ 0, & \text{其他} \end{cases} \quad (7\text{-}38)$$

式中，l_u 为动子未碰及顶部弹簧时的间隙长度；$l_{u,\max}$ 为顶部弹簧最大程度压缩时的间隙长度。当 $|z_t| = l_{u,\max}$ 时，动子不再继续运动。

4）回位弹簧力

当动子向下运动到最底部时产生了回位弹簧力，如图 7-10 所示，动子底部连接回位弹簧使动子做自由下落运动，同时作为底端的终点止动力，防止动子撞击直线电机的腔体导致电机损坏：

$$F_s = \begin{cases} k_s z_t(t) + F_{\text{preload}}, & z_b > z_t \\ k_s z_t(t), & z_b \leqslant z_t \end{cases} \quad (7\text{-}39)$$

式中，k_s 为回位弹簧的弹簧常数。当 $z_b \leqslant z_t$ 时，即缆绳处于松弛状态时，回位弹簧产生与动子位移成正比的可变弹簧力。当 $z_b > z_t$ 时，即缆绳处于紧固状态时，回位弹簧除了可变弹簧力之外还会产生一恒定的预紧力 F_{preload}。

5）电磁阻力的计算

F_{PTO} 是 PTO 模块产生的电磁阻力，可由式(7-40)计算：

$$F_{\text{PTO}} = A_{\text{act}} \gamma \dot{z}_t(t) \quad (7\text{-}40)$$

式中，γ 为电磁阻尼系数；A_{act} 的取值为[0, 1]。

7.3.4 垂荡自由度波浪发电装置的等效电路

基于受力分析和波浪发电装置可能遇到的情况，建立的等效电路模型如图 7-11 所示。

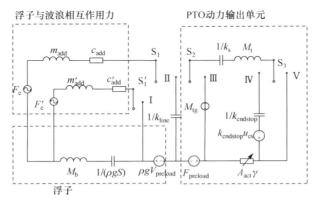

图 7-11 垂荡自由度波浪发电装置的等效电路图

图 7-11 中，入射力 F_e 作为驱动力，等效为交流电压源。等效电路中的电流表

示动子的速度 $\dot{z}_t$。在动子端大小为 $F_{preload}$ 的直流电压源与浮子端受到的弹簧预紧力等效的电压源数值相等，方向相反。等效电路模型由三部分组成：入射波浪和浮子之间的相互作用、浮子的物理参数以及 PTO 动力输出单元的机械和电气阻尼。

图 7-11 中设有四个开关，分别是 S_1、S_2、S_3、S_1'，该波浪发电装置工作时，浮子与动子处于运动状态，且两者的相对位置有所变化，对应在电路图中的四个开关则会处于不同的开断或者闭合状态，具体的工作状态列于表 7-2。

考虑到简便性因素，本章节选择第一类电气模拟，即力/力矩模拟为电压，速度/角速度模拟为电流，并且为了更方便地利用固定模式进行结构变换，首先将式(7-27)~式(7-30)变换为标准微分方程形式：

$$(m_b+m_{add})\ddot{z}_b+c_{add}\dot{z}_b+\rho g S z_b = F_e - F_{line} - m_b g + \rho g V_{sub} \tag{7-41}$$

$$m_t\ddot{z}_t(t)+c_{PTO}\dot{z}_t+k_s z_t = F_{line} - F_{endstop} - m_t g - F_{preload} \tag{7-42}$$

$$(m_b+m_{add})\ddot{z}_b+c_{add}\dot{z}_b+\rho g S z_b = F_e \tag{7-43}$$

$$m_t\ddot{z}_t(t)+c_{PTO}\dot{z}_t+k_s z_t = - F_{endstop} - m_t g \tag{7-44}$$

表 7-2　垂荡自由度波浪发电装置的工作状态

序号	时间间隔	各开关状态	浮子与动子的运动状态
1	$0\sim t_1$	S_1-Ⅱ, S_2-Ⅱ, S_3-Ⅴ	动子从平衡位置向上运动
2	$t_1\sim t_2$	S_1-Ⅱ, S_2-Ⅱ, S_3-Ⅳ	动子碰到上部弹簧继续上升
3	$t_2\sim t_3$	S_1-Ⅱ, S_2空, S_3-Ⅳ	动子到顶端停止运动，浮子受到来自波浪的牵引力
4	$t_3\sim t_4$	S_1-Ⅰ, S_2-Ⅲ, S_3-Ⅳ	浮子下降得比动子快，缆绳仍松弛
5	$t_4\sim t_5$	S_1-Ⅱ, S_2-Ⅱ, S_3-Ⅴ	动子继续下降，缆绳变紧
6	$t_5\sim t_6$	S_1-Ⅱ, S_2-Ⅱ, S_3-Ⅳ	动子碰到底部终点止动弹簧并继续下降
7	$t_6\sim t_7$	S_1-Ⅰ, S_2-Ⅲ, S_3-Ⅳ	动子到最底部，缆绳变松
8	$t_7\sim t_8$	S_1-Ⅱ, S_2-Ⅱ, S_3-Ⅳ	动子向上运动，底部弹簧仍处于压缩状态
9	$t_8\sim T$	S_1-Ⅱ, S_2-Ⅱ, S_3-Ⅳ	动子继续向上运动

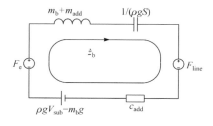

图 7-12　式(7-41)的第一类电气化模拟电路

式(7-41)的等效电路如图 7-12 所示。图 7-12 中表示电压的正负号和表示电流方向的箭头仅仅代表其各自的参考方向，其真实方向不一定如此，下文同。由第一类电气化模拟的关系，F_e 表示交流电压源，$\dot{z}_b$ 表示电流，$-m_b g + \rho g V_{sub}$ 为直流电压源，$m_b + m_{add}$ 表示电感，c_{add} 表示电阻，$1/(\rho gS)$ 被表示电容，F_{line} 通过替代定理暂时表示为一个电压源。回路中的电流用 $\dot{z}_b$ 表示，所有的模拟关系都在国际单位制下进行。

式(7-42)的等效电路如图 7-13 所示。图中，F_{line} 和 $k_{endstop}l_u$ 表示一个电压源，$m_t g$ 表示一个直流电压源，m_t 表示电感，c_{PTO} 表示电阻，$1/k_s$ 和 $1/k_{endstop}$ 表示电容。回路中的电流用 $\dot{z}_t$ 表示。

式(7-43)的等效电路图如图 7-14 所示。与图 7-12 对比，缆绳松弛的状态下，F_{line} 的值为 0，并且浮子的浮力与浮子自身的重力相抵消，其余无变化。

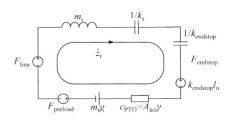 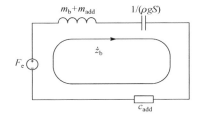

图 7-13　式(7-42)的第一类电气化模拟电路　　图 7-14　式(7-43)的第一类电气化模拟电路

式(7-44)的等效电路图如图 7-15 所示，与图 7-13 相比，在缆绳松弛状态下，F_{line} 的值为 0，回位弹簧上的力为 0，其余没有变化。

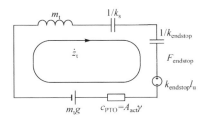

图 7-15　式(7-44)的第一类电气化模拟电路

7.3.5　两自由度波浪发电装置的数学模型及受力分析

在实际的海况中，海浪运动充满着不确定性和随机性，所以垂荡自由度波浪发电装置的数学模型只是最基本的分析基础。海浪分解为垂荡方向的作用力和横荡方向的作用力，根据力的相互作用，浮子也会受到两个方向上的作用力。因此，本节考虑浮子在海洋中做多自由度运动的可能性，在垂荡自由度的基础上，增加一个自由度，即在垂荡运动的同时，做横荡移动。

图 7-16 给出了两自由度波浪发电装置的模型。如图 7-16(a)所示，通过建立直角坐标系可以看出，浮子的运动可以看成两个自由度上的运动，分别是垂荡方向和横荡方向，即 z 轴方向和 x 轴方向。因此，两个自由度上的综合作用力是水平

方向与动子垂直方向的耦合作用力。两自由度波浪发电装置的等效电路图如图 7-16(b) 所示。粗线条表示横荡自由度上的作用力，细线条表示垂荡自由度上的作用力。整个等效电路也包括浮子运动的等效部分、浮子与缆绳和波浪相互作用力的等效部分以及 PTO 动力输出单元部分。

假设 $F_{\text{line,t}}$ 表示动子受到的缆绳作用力，$F_{\text{line,b}}$ 表示浮子受到的缆绳作用力。当缆绳不松弛时，动子和浮子上所受的缆绳力大小相等，即 $F_{\text{line,t}} = F_{\text{line,b}}$。

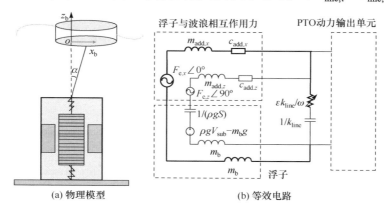

图 7-16　两自由度波浪发电装置模型及等效电路

由于浮子在横荡方向运动，因此浮子受到水平力。当浮子横荡运动时，会与垂直方向产生夹角，记为 α，$\alpha(t)$ 称为浮子位移的极角。横荡方向浮子位移与垂荡方向浮子位移的关系为

$$\varepsilon(t) = \frac{x_{\text{b}}(t)}{l + z_{\text{b}}(t)} = \tan\alpha(t) \tag{7-45}$$

式中，l 为浮子自由表面和动子转接点之间的长度。

由式 (7-45) 的位移关系，可得浮子在 x 轴方向受到的作用力可表示成 $F_{\text{line,b}x} = \varepsilon F_{\text{line,b}z}$，则浮子受到的缆绳作用力为两个方向的合力：

$$F_{\text{line,b}} = \sqrt{F_{\text{line,b}x}^2 + F_{\text{line,b}z}^2} = \sqrt{1 + \text{e}^2}\, F_{\text{line,b}z} \tag{7-46}$$

只要缆绳不松弛，动子的垂直位移都与浮子的位置有关，即

$$z_{\text{t}}(t) = \left[1 + z_{\text{b}}(t)\right]\sqrt{1 + \varepsilon(t)^2} - l \tag{7-47}$$

因此，当缆绳紧固时，浮子的运动方程可表示为

$$\begin{cases} m_{\text{b}}\ddot{x}_{\text{b}}(t) = F_{e,x}(t) - F_{r,x}(t) - \varepsilon(t)F_{\text{line,b}z}(t) \\ m_{\text{b}}\ddot{z}_{\text{b}}(t) = F_{e,z}(t) - F_{r,z}(t) - F_{\text{line,b}z}(t) - m_{\text{b}}g + \rho g(V_{\text{sub}} - Sz_{\text{b}}(t)) \end{cases} \tag{7-48}$$

对于圆柱形浮子来说，由于其是轴对称的，所以横荡方向与垂荡方向的运动

是流体动力学解耦的，即相互独立，则两个方向的辐射力可表示为

$$\begin{cases} F_{\mathrm{r},x}(t) = m_{\mathrm{a}}(\infty)_{11}\ddot{x}_{\mathrm{b}}(t) + L_{11}(t)x_{\mathrm{b}}(t) \\ F_{\mathrm{r},z}(t) = m_{\mathrm{a}}(\infty)_{33}\ddot{z}_{\mathrm{b}}(t) + L_{33}(t)z_{\mathrm{b}}(t) \end{cases} \qquad (7\text{-}49)$$

由于 $F_{\mathrm{line,t}} = F_{\mathrm{line,b}}$，则动子的运动方程可表示为

$$m_{\mathrm{t}}\ddot{z}_{\mathrm{t}}(t) = \sqrt{1+\varepsilon(t)^2}\,F_{\mathrm{line,bz}}(t) - F_{\mathrm{PTO}}(t) - F_{\mathrm{endstop}}(t) - m_{\mathrm{t}}g \qquad (7\text{-}50)$$

综上，两自由度波浪发电装置的运动方程由式(7-48)和式(7-50)组成。

7.3.6　两自由度波浪发电装置等效电路

基于 7.3.5 节中对两自由度波浪发电装置进行数学建模和受力分析，结合第一类电气化模拟方法，可以得出两自由度波浪发电装置的等效电路图，如图 7-17 所示。

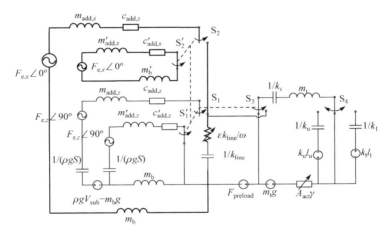

图 7-17　两自由度波浪发电装置等效电路图

在将所述动力学分析转化为相应的等效电路时，要考虑力的分解与合成。缆绳上的力被分解为竖直方向上的力 $F_{\mathrm{line,bz}}$ 和水平方向上的力 $F_{\mathrm{line,bx}}$。$F_{\mathrm{line,bz}}$ 和 $F_{\mathrm{line,bx}}$ 正交，这在电路图中对应 90°的相移。浮子横荡自由度和垂荡自由度上的运动与缆绳上的力相关联意味着提供线力的两部分是串联关系，并且它们之间的电压降存在 90°的相移。因此，x 方向上的线力被建模等效为电阻上的电压降，z 方向上的线力被建模等效为电容上的电压降。电阻的值为 $\varepsilon k_{\mathrm{line}}/\omega$，可根据竖直方向上的线力 $F_{\mathrm{line,bz}}=k_{\mathrm{line}}\Delta z$ 和水平方向的线力 $F_{\mathrm{line,bx}}=\varepsilon F_{\mathrm{line,bz}}$ 推导出来。

浮子在横荡自由度和垂荡自由度上的运动是相互独立的。因此，若垂荡自由度上没有波浪的作用，则在电路模型中，垂荡自由度上的分支开路，横荡自

由度上的分支形成自己的回路。同理，若横荡自由度上没有波浪的作用，则与竖直分支并联连接的横荡自由度分支开路，同时 $\varepsilon=0$，这就意味着对应电阻值为 0。

图 7-17 所示电路图包含三个部分：第一部分是波浪发电装置的浮子部分，在海浪作用下做垂荡平移运动和横荡平移运动；第二部分是浮子受到缆绳作用力、弹簧力等相互作用力部分；第三部分则是由 PTO 动力输出单元发出的电磁阻力部分。其中粗线条部分为浮子横荡运动的等效部分。如图 7-17 所示，开关 S_1 和 S_1'、S_2 和 S_2' 一起开断或闭合，开关 S_3 为单刀双置开关，当开关 S_1、S_1'、S_2、S_2' 同时左置时，开关 S_3 也对应左置，反之则开关 S_3 右置。开关 S_4 为单刀三置开关，开关位置不同，浮子和动子的运动状态也不同，具体的运动状态如表 7-3 所示。

由图 7-17 可见，当开关 S_1、S_1' 和开关 S_2、S_2' 同时左置时，即图 7-17 所示情况，开关 S_3 也左置，粗线条部分未连通，浮子只在垂荡方向运动。当开关 S_1、S_1' 和开关 S_2、S_2' 同时右置时，粗线条部分连通，开关 S_3 也右置，浮子在垂荡和横荡两个自由度同时运动。开关 S_4 为单刀三置开关，其开通及闭合状态表示弹簧终点止动力的有无，也能间接反映浮子与动子的相对位置。当开关 S_4 处于如图 7-17 所示位置时，相当于电阻为 0、弹簧力为 0。当开关 S_4 右置时，浮子带动动子处于向上运动过程中，触及上部的弹簧受到的终点止动力。当开关 S_4 左置时，动子带动浮子下沉，向下垂直运动，触及底部的弹簧受到的终点止动力。图 7-17 中可以看到开关 S_4 右置和左置时分别等效的两个电压源大小相等、方向相反，这与受力分析相对应。

表 7-3　多自由度波浪发电装置的工作状态

序号	时间间隔	各开关状态	浮子与动子的运动状态
1	$0\sim t_1$	S_1、S_1'、S_2、S_2' 同时左置 S_3 左置 S_4 置于中间	浮子只做垂直方向运动，与动子没有相互作用力
2	$t_1\sim t_2$	S_1、S_1'、S_2、S_2' 同时右置 S_3 右置 S_4 置于中间	浮子做两自由度运动
3	$t_2\sim t_3$	S_1、S_1'、S_2、S_2' 同时左置 S_3 左置 S_4 右置	浮子带动动子处于向上运动过程中，触及上部的弹簧受到的终点止动力
4	$t_3\sim T$	S_1、S_1'、S_2、S_2' 同时左置 S_3 左置 S_4 左置	动子带动浮子下沉，向下垂直运动，触及底部的弹簧受到的终点止动力

7.3.7 多自由度波浪发电装置的解耦分析

7.3.6 节推导出的两自由度波浪发电装置的等效电路中,垂荡和横荡两个自由度上的力相互独立,两个自由度上的电源也相互独立,即相互之间不会产生影响。垂荡自由度上的激励力不会导致横荡自由度上的辐射力,反之亦然,即两个支路是分开的。而该多自由度等效电路模型主要分为缆绳松弛和紧固两种情况。缆绳松弛的情况下,各个电路相互独立,满足上述条件。但是,在缆绳紧固的情况下,横荡和垂荡两个自由度同时存在时,共用一条电流为 i 的支路,支路中横荡运动只通过电阻,垂荡运动只通过电容,电容和电阻在支路中串联,但是这种电路不便于对两个自由度上的浮子运动进行单独分析。

同时,该等效电路不满足叠加原理。例如,浮子如果只有一个横荡运动,这个横荡运动只会引起辐射力,那么等效电路中的横荡分支是不存在电源的,这个运动会逐渐衰减并消失;若垂荡方向存在电源,此时在电路中会使垂荡方向的电源对横荡分支供电,与实际情况不符。而在如仿真和其他情况下的电路,叠加定理都是适用的。

其实在正常的受力分析中,力的分解是将合力分解后,分别运算两个部分上的力,最后通过勾股定理进行力的合成,那么此处就可以考虑将两个方向上的电路分开,最后通过勾股定理将力的结果进行合成。当然需要注意的是,勾股定理不能在功率的运算中直接使用,但是可以在电压和电流的计算中使用,通常通过对电压和电流进行合成后再进行输出功率的计算。也可以将两个方向上的功率结果分别计算,再通过线性关系叠加。

为了更好地对两自由度波能转换系统的每个自由度进行仿真和分析,在此对多个自由度解耦。两个方向的电源互相不会造成影响,分别产生电路,输出的功率进行叠加,为两个自由度上共同产生的功率。

对于横荡-垂荡两自由度波能转换系统的研究,可以将缆绳上的线力分解为横荡自由度和垂荡自由度:

$$F_{\text{line,t}} = F_{\text{line,b}} = |-F_{\text{line,b}x}\boldsymbol{x} - F_{\text{line,b}z}\boldsymbol{z}| \tag{7-51}$$

由式(7-45)可得横荡自由度浮子位移和垂荡自由度浮子位移的关系为

$$F_{\text{line,b}x} = \varepsilon F_{\text{line,b}z} = \varepsilon k_{\text{line}}\Delta z \tag{7-52}$$

式(7-52)两边同时除以速度(即电路中端电压除以电流)得出:

$$Z_{\text{line,b}x} = \varepsilon Z_{\text{line,b}z} \tag{7-53}$$

缆绳力都等效为电容上的端电压,所以有

$$c_{\text{line,b}x} = \frac{c_{\text{line,b}z}}{\varepsilon}, \quad \text{即} \ k_{\text{line,b}x} = \varepsilon k_{\text{line,b}z} \tag{7-54}$$

因此，得到缆绳紧固时系统的等效电路模型如图 7-18 所示。

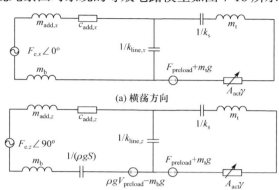

图 7-18　缆绳紧固时系统的等效电路模型

7.4　两自由度点吸收式波浪发电装置的稳定性分析

本节通过传递函数对系统解耦后垂荡和横荡两个自由度上的波浪转换装置等效电路模型进行稳定性分析。利用劳斯-赫尔维茨判据分别得到了系统在垂荡和横荡两个自由度上的稳定性条件，进而推导出两自由度点吸收式波浪发电装置稳定的必要条件。

7.4.1　垂荡自由度波浪发电装置的稳定性分析

垂荡自由度波能转换装置的等效电路中，开关在周期内不同时刻进行通断，相当于周期性脉冲对等效电路进行选择。为了对系统稳定性进行判断，利用传递函数对开关电路进行分析，将周期性脉冲通过开关函数建模[36,37]。假设波浪入射力为周期正弦运动，那么等效电路中的三组开关周期地经历九个时间间隔，如表 7-2 所示。这九个固定的时间间隔交替出现四种状态的电路，转换规律如图 7-19 所示。

如图 7-19 所示，粗线条脉冲表示图 7-11 等效电路中每组开关的开通，每组开关中只能导通一个。第一组开关控制脉冲显示为 0 的时候开关Ⅰ开通，显示为 1 时开关Ⅱ开通。第二组开关控制脉冲显示为 0 的时候开关Ⅱ开通，显示为 1 时开关Ⅲ开通。第三组开关控制脉冲显示为 0 的时候，开关Ⅳ开通，显示为 1 时开关Ⅴ开通。细线条脉冲 S_a～S_d 表示四种等效电路模型导通的控制脉冲。交替出现的四种状态电路的时域模型如图 7-20 所示。那么系统就可以对四种等效电路模型给予如图 7-19 所示的脉冲 S_a～S_d 进行控制。

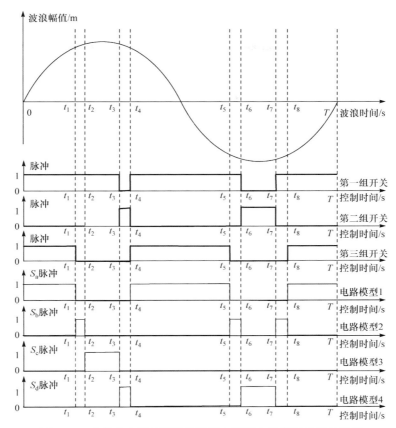

图 7-19　垂荡自由度波能转换装置中等效电路模型分析的转换

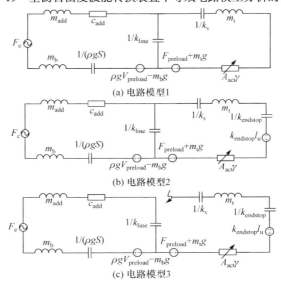

(a) 电路模型1

(b) 电路模型2

(c) 电路模型3

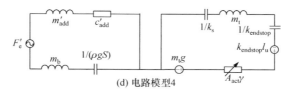

图 7-20　周期内循环出现的四种等效电路模型图

对周期内循环出现的四种等效电路模型进行复频域分析，书写传递函数，进行系统稳定性分析。如图 7-20(a)所示的等效电路模型，可以代表动子从平衡位置向上运动；动子继续下降，缆绳变紧；动子由离开下端止动弹簧向上运动三个状态。利用弥尔曼定理得出该等效电路模型中缆绳力在复频域下的表达式为

$$U_{c1,z}(s) = \cfrac{\cfrac{U_m \dfrac{\omega}{s^2+\omega^2} + \rho gV - m_b g}{s}}{sm_{add}+sm_b+c_{add}+\rho gS/s} + \cfrac{\cfrac{m_t g + F_{preload}}{s}}{A_{act}\gamma+sm_t+k_s/s}}{\cfrac{1}{sm_{add}+sm_b+c_{add}+\rho gS/s} + \cfrac{s}{k_{line}} + \cfrac{1}{A_{act}\gamma+sm_t+k_s/s}} \tag{7-55}$$

根据缆绳上的作用力，利用电路理论求得这种等效电路模型中流过 $A_{act}\gamma$ 的电流为

$$I_1(s) = \frac{U_{c1}(s) + \dfrac{u_{1/k_s}(0_-)}{s} + \dfrac{m_t g + F_{preload}}{s}}{k_s/s + sm_t + A_{act}\gamma} \tag{7-56}$$

式中，$u_{1/k_s}(0_-)$ 表示电路中数值为 $1/k_s$ 的电容在开关导通起始条件下时域表达中的数值。

同理，通过缆绳上峰值力的求取就可以求得如图 7-20(b)所示等效电路模型的输出功率。这种模型可以代表：动子碰到上端止动弹簧继续上升；动子碰到底端止动弹簧继续下降；动子向上运动，底部弹簧仍处于被压缩这三种状态。该等效电路模型中缆绳力在复频域下的表达式为

$$U_{c2,z}(s) = \cfrac{\cfrac{U_m \dfrac{\omega}{s^2+\omega^2} + \rho gV - m_b g}{s}}{sm_{add}+sm_b+c_{add}+\rho gS/s} + \cfrac{\cfrac{m_t g + F_{preload} - k_{endstop}l_u}{s}}{A_{act}\gamma+sm_t+(k_s+k_{endstop})/s}}{\cfrac{1}{sm_{add}+sm_b+c_{add}+\rho gS/s} + \cfrac{s}{k_{line}} + \cfrac{1}{A_{act}\gamma+sm_t+(k_s+k_{endstop})/s}} \tag{7-57}$$

根据缆绳上的作用力，利用电路理论求得这种等效电路模型中流过 $A_{act}\gamma$ 的电流为

$$I_2(s) = \frac{U_{c2}(s) + \dfrac{u_{1/k_s}(0_-)+u_{1/k_{endstop}}(0_-)}{s} + \dfrac{m_t g + F_{preload} - k_{endstop}l_u}{s}}{(k_s+k_{endstop})/s + sm_t + A_{act}\gamma} \tag{7-58}$$

式中，$u_{1/k_{endstop}}(0_-)$ 表示电路中数值为 $1/k_{endstop}$ 的电容在开关导通起始条件下时域表达中的数值。

图 7-20(c)中等效电路模型可以代表动子碰到顶端停止运动，浮子受到来自波浪的牵引力这个状态。这种模型并不具有捕获波能的作用，而且持续时间很短，输出功率 $P_3(s)=0$，故不做进一步的讨论。图 7-20(d)中等效电路模型可以代表缆绳松弛的两种状态：浮子下降的速度比动子快；动子运动到最底部，止动弹簧压缩到极限。此时缆绳上的峰值力为 0，输出功率完全由弹簧和动子重力提供。根据分压定理可得

$$U_{A_{act}\gamma}(s) = \frac{m_t g - k_{endstop} l_u}{s} \frac{A_{act}\gamma}{A_{act}\gamma + sm_t + (k_s + k_{endstop})/s} \tag{7-59}$$

因此，这种等效电路模型中流过 $A_{act}\gamma$ 的电流为

$$I_4(s) = \frac{U_{A_{act}\gamma}(s)}{A_{act}\gamma} \tag{7-60}$$

每个等效电路模型中系统的输出功率为

$$P_i(s) = I_i^2(s) A_{act}\gamma, \quad i = 1, 2, 3, 4 \tag{7-61}$$

整个系统的输出表达式为

$$\begin{aligned} P_{总}(s) &= S_a P_1(s) + S_b P_2(s) + S_c P_3(s) + S_d P_4(s) \\ &= S_a P_1(s) + S_b P_2(s) + S_d P_4(s) \end{aligned} \tag{7-62}$$

对于上述多输入源表达式中，五个传递函数总共包括三个特征方程，分别为

$$\begin{aligned} D_{1,z}(s) &= s^4 \left[m_t(m_{add} + m_b) \right] + s^3 \left[c_{add} m_t + A_{act}\gamma(m_{add} + m_b) \right] \\ &\quad + s^2 \left[k_{line}(m_t + m_{add} + m_b) + k_s(m_{add} + m_b) + \rho g S m_t + c_{add} A_{act}\gamma \right] \\ &\quad + s \left[k_{line}(c_{add} + A_{act}\gamma) + \rho g S A_{act}\gamma + c_{add} k_s \right] + \left[k_{line}(\rho g S + k_s) + \rho g S k_s \right] \\ &= s^4 a_0 + s^3 a_1 + s^2 a_2 + s a_3 + a_4 \end{aligned} \tag{7-63}$$

$$\begin{aligned} D_{2,z}(s) &= s^4 \left[m_t(m_{add} + m_b) \right] + s^3 \left[c_{add} m_t + A_{act}\gamma(m_{add} + m_b) \right] \\ &\quad + s^2 \left[k_{line}(m_t + m_{add} + m_b) + (k_s + k_{endstop})(m_{add} + m_b) + \rho g S m_t + c_{add} A_{act}\gamma \right] \\ &\quad + s \left[k_{line}(c_{add} + A_{act}\gamma) + \rho g S A_{act}\gamma + c_{add}(k_s + k_{endstop}) \right] \\ &\quad + \left[\rho g S(k_s + k_{endstop}) + k_{line}(\rho g S + k_s + k_{endstop}) \right] \\ &= s^4 a_0 + s^3 a_1 + s^2 a_2 + s a_3 + a_4 \end{aligned}$$

$$\tag{7-64}$$

$$D_{3,z}(s) = s^2 m_t + s A_{\text{act}} \gamma + (k_s + k_{\text{endstop}})$$

$$= s^2 a_0 + s a_1 + a_2 \tag{7-65}$$

通过劳斯-赫尔维茨稳定判据对系统稳定性进行分析。特征方程 D_{3z} 的幂次为 2，系统稳定的充要条件为 $a_i > 0 (i=1,2)$，由式(7-65)可知该条件肯定满足，所以 $D_{3,z}$ 系统稳定。特征方程 D_{1z}、D_{2z} 的幂次为 4，系统稳定的充要条件为 $a_i > 0(i=1,2,3,4)$，并且 $a_1 a - a_0 a_3 > 0$，$a_3(a_1 a_2 - a_0 a_3) - a_1^2 a_4 > 0$。对于 D_{1z}，需满足

$$a_1 a_2 - a_0 a_3 = \gamma(m_{\text{add}} + m_b)\left[(m_{\text{add}} + m_b)(k_{\text{line}} + k_s) + c_{\text{add}}\gamma\right]$$

$$+ B m_t\left[m_t(k_{\text{line}} + \rho g S) + c_{\text{add}}\gamma\right] > 0 \tag{7-66}$$

$$\begin{aligned}
a_3(a_1 a_2 - a_0 a_3) - a_1^2 a_4 = & c_{\text{add}} m_t^2\left[k_{\text{line}}(m_t k_{\text{line}} + \gamma k_{\text{line}} + \rho g S \gamma)\right. \\
& \left. + \rho g S \gamma(k_{\text{line}} + \rho g S)\right] \\
& + c_{\text{add}}^2 m_t \gamma(c_{\text{add}} k_{\text{line}} + \gamma k_{\text{line}} + \rho g S \gamma + c_{\text{add}} k_s) \\
& + c_{\text{add}}\gamma\left[c_{\text{add}}\gamma(k_{\text{line}} + k_s) + \gamma^2(k_{\text{line}} + \rho g S)\right. \\
& + (m_{\text{add}} + m_b)(2 k_s k_{\text{line}} + k_s^2 + \frac{1}{c_{\text{add}}}\gamma k_{\text{line}}^2) \\
& \left. - 2 m_t(k_s k_{\text{line}} + \gamma k_{\text{line}} + \rho g S k_s)\right] > 0
\end{aligned} \tag{7-67}$$

对于 D_{2z}，需满足

$$\begin{aligned}
a_1 a_2 - a_0 a_3 \approx & c_{\text{add}} m_t\left[m_t(k_{\text{line}} + \rho g S) + c_{\text{add}}\gamma\right] + \gamma(m_{\text{add}} + m_b) \\
& \times\left[(m_{\text{add}} + m_b)(k_{\text{endstop}} + k_s) + c_{\text{add}}\gamma - m_t k_{\text{line}}\right] > 0
\end{aligned} \tag{7-68}$$

$$\begin{aligned}
a_3(a_1 a_2 - a_0 a_3) - a_1^2 a_4 = & c_{\text{add}} m_t\left\{m_t k_{\text{line}}(c_{\text{add}} + \gamma + \rho g S \gamma)\right. \\
& \left. + c_{\text{add}}\gamma\left[\gamma k_{\text{line}} + c_{\text{add}}(k_{\text{endstop}} + k_s)\right]\right\} \\
& + \gamma(m_{\text{add}} + m_b)(k_{\text{line}}(c_{\text{add}} + \gamma)(c_{\text{add}}\gamma - m_t k_{\text{line}}) \\
& + \rho g S\left\{c_{\text{add}}\gamma^2 - k_{\text{line}}\left[\gamma(m_{\text{add}} + m_b + m_t) + 2 c_{\text{add}} m_t\right]\right\}) \\
& + c_{\text{add}}\gamma(m_{\text{add}} + m_b)(k_{\text{endstop}} + k_s)[(m_{\text{add}} + m_b)(k_{\text{line}} + k_{\text{endstop}} + k_s) \\
& + c_{\text{add}}\gamma - m_t(3 k_{\text{line}} + 2 \rho g S)] > 0
\end{aligned} \tag{7-69}$$

由此得到垂荡自由度下系统稳定的必要条件为

$$\begin{cases}
m_{\text{add}} + m_b - m_t \geqslant 0 \\
k_s(m_{\text{add}} + m_b) \geqslant \rho g S m_t \\
c_{\text{add}}\gamma \geqslant \rho g S m_t
\end{cases} \tag{7-70}$$

7.4.2 横荡自由度波浪发电装置的稳定性分析

在横荡自由度波浪发电装置中，解耦后九种开关状态下的四种等效电路与垂荡自由度波浪发电装置的对比如图 7-21 所示。其中，横荡等效电路模型与垂荡等效电路模型中数值设置不同的等效元件包括缆绳力等效部分和浮子与波浪相互作用部分。

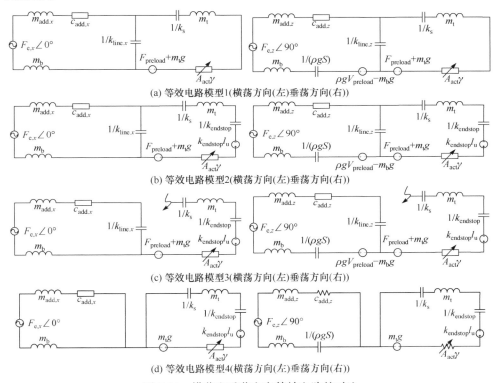

(a) 等效电路模型1(横荡方向(左)垂荡方向(右))

(b) 等效电路模型2(横荡方向(左)垂荡方向(右))

(c) 等效电路模型3(横荡方向(左)垂荡方向(右))

(d) 等效电路模型4(横荡方向(左)垂荡方向(右))

图 7-21　横荡和垂荡方向等效电路的对比

对于横荡自由度来说，在复频域中分析周期内循环出现的四种等效电路模型，通过传递函数进行稳定性分析。首先，第三种情况下的等效电路模型因为输出功率为 0 不再继续讨论，第四种情况下的等效电路模型中输出功率表达式在两个自由度上没有差别。对于前两种情况下的等效电路 模型，横荡自由度与垂荡自由度的差别在于缆绳力的等效数值发生变化，因此着重研究前两种情况下系统横荡自由度上的缆绳力。

在第一种情况和第二种情况下，利用弥尔曼定理得出横荡自由度波能转换装置等效电路模型中缆绳力在复频域下的表达式分别为

$$U_{c1,x}(s) = \cfrac{\cfrac{U_m \cfrac{s}{s^2+\omega^2}}{sm_{add}+sm_b+c_{add}} + \cfrac{\cfrac{m_t g + F_{preload}}{s}}{A_{act}\gamma+sm_t+k_s/s}}{\cfrac{1}{sm_{add}+sm_b+c_{add}} + \cfrac{s}{k_{line}} + \cfrac{1}{A_{act}\gamma+sm_t+k_s/s}} \tag{7-71}$$

这种等效电路模型中缆绳力在复频域下的表达式为

$$U_{c2,x}(s) = \cfrac{\cfrac{U_m \cfrac{s}{s^2+\omega^2}}{sm_{add}+sm_b+c_{add}} + \cfrac{\cfrac{m_t g + F_{preload}-k_{endstop}l_u}{s}}{A_{act}\gamma+sm_t+(k_s+k_{endstop})/s}}{\cfrac{1}{sm_{add}+sm_b+c_{add}} + \cfrac{s}{k_{line}} + \cfrac{1}{A_{act}\gamma+sm_t+(k_s+k_{endstop})/s}} \tag{7-72}$$

在横荡自由度波能转化装置等效电路模型中的多输入源表达式中，包含三个特征方程，其中与式(7-63)、式(7-64)、式(7-65)有差别的为

$$\begin{aligned}
D_{1,x}(s) &= s^4\left[m_t(m_{add}+m_b)\right] + s^3\left[c_{add}m_t + A_{act}\gamma(m_{add}+m_b)\right] \\
&\quad + s^2\left[k_{line}(m_t+m_{add}+m_b) + k_s(m_{add}+m_b) + c_{add}A_{act}\gamma\right] \\
&\quad + s\left[k_{line}(c_{add}+A_{act}\gamma) + c_{add}k_s\right] + k_s k_{line} \\
&= s^4 a_0 + s^3 a_1 + s^2 a_2 + s a_3 + a_4
\end{aligned} \tag{7-73}$$

$$\begin{aligned}
D_{2,x}(s) &= s^4\left[m_t(m_{add}+m_b)\right] + s^3\left[c_{add}m_t + A_{act}\gamma(m_{add}+m_b)\right] \\
&\quad + s^2\left[k_{line}(m_t+m_{add}+m_b) + (k_s+k_{endstop})(m_{add}+m_b) + c_{add}A_{act}\gamma\right] \\
&\quad + s\left[k_{line}(c_{add}+A_{act}\gamma) + c_{add}(k_s+k_{endstop})\right] + k_{line}(k_s+k_{endstop}) \\
&= s^4 a_0 + s^3 a_1 + s^2 a_2 + s a_3 + a_4
\end{aligned} \tag{7-74}$$

通过劳斯-赫尔维茨稳定判据对系统稳定性进行分析。特征方程 D_{1x}、D_{2x} 的幂次为 4，系统稳定的充要条件为 $a_i>0(i=1,2,3,4)$，并且 $a_1 a_2 - a_0 a_3 > 0$，$a_3(a_1 a_2 - a_0 a_3) - a_1^2 a_4 > 0$。

对于 $D_{1,x}$，需满足

$$\begin{aligned}
a_1 a_2 - a_0 a_3 &= \gamma(m_{add}+m_b)^2(k_{line}+k_s) \\
&\quad + c_{add}\gamma^2(m_{add}+m_b) + c_{add}m_t(m_t k_{line}+c_{add}\gamma) > 0
\end{aligned} \tag{7-75}$$

$$\begin{aligned}
a_3(a_1 a_2 - a_0 a_3) - a_1^2 a_4 &= \gamma(m_{add}+m_b)^2\left[k_{line}^2(c_{add}+\gamma)+c_{add}k_s^2\right] \\
&\quad + c_{add}m_t k_{line}(c_{add}+\gamma)(m_t k_{line}+c_{add}\gamma) \\
&\quad + 2k_s k_{line}c_{add}\gamma(m_{add}+m_b)(m_{add}+m_b-m_t) \\
&\quad + c_{add}\gamma^2(m_{add}+m_b)[c_{add}k_s + k_{line}(c_{add}+\gamma)] \\
&\quad + c_{add}^3 k_s \gamma m_t > 0
\end{aligned} \tag{7-76}$$

对于 $D_{2,x}$，需满足

$$a_1a_2 - a_0a_3 = \gamma(m_{add} + m_b)^2(k_{line} + k_{endstop} + k_s)$$
$$+ c_{add}\gamma^2(m_{add} + m_b) + c_{add}m_t(m_tk_{line} + c_{add}\gamma) > 0 \qquad (7\text{-}77)$$

$$a_3(a_1a_2 - a_0a_3) - a_1^2a_4 = \gamma(m_{add} + m_b)^2[k_{line}^2(c_{add} + \gamma) + c_{add}(k_{endstop} + k_s)^2]$$
$$+ c_{add}m_tk_{line}(c_{add} + \gamma)(m_tk_{line} + c_{add}\gamma)$$
$$+ 2c_{add}\gamma k_{line}(k_{endstop} + k_s)(m_{add} + m_b)(m_{add} + m_b - m_t)$$
$$+ c_{add}\gamma(m_{add} + m_b)[k_{line}\gamma(c_{add} + \gamma) + c_{add}\gamma(k_{endstop} + k_s)]$$
$$+ c_{add}^3 m_t\gamma(k_{endstop} + k_s) > 0$$

$$(7\text{-}78)$$

由此得到横荡自由度下系统稳定的必要条件为

$$m_{add} + m_b - m_t \geqslant 0 \qquad (7\text{-}79)$$

综合波能转换装置在横荡和垂荡两个自由度上的运动，得到该两自由度波能转换装置的稳定性条件为

$$\begin{cases} m_{add} + m_b - m_t \geqslant 0 \\ k_s(m_{add} + m_b) \geqslant \rho gSm_t \\ c_{add}\gamma \geqslant \rho gSm_t \end{cases} \qquad (7\text{-}80)$$

7.5　两自由度波浪发电系统的模拟与分析

在垂荡自由度和垂荡-横荡两自由度波浪发电装置的受力分析及电气化模拟的基础上，本节首先通过 MATLAB/Simulink 软件对垂荡运动下的波能转换装置进行仿真分析，分析波浪参数对共振条件下的波能转换装置输出功率的影响因素。其次，对解耦的垂荡-横荡两自由度波能转换装置进行仿真分析，与垂荡自由度波能转换装置的输出功率进行对比，结果显示两自由度波能转换系统的波能捕获能力高于单自由度波能转换系统，验证了多自由度的优越性。

7.5.1　垂荡自由度波能转换装置仿真分析

波能转换装置的输出功率是评价装置优劣的重要指标。本节主要研究波能转换装置输出的机械功率。在 MATLAB 的 Simulink 环境中对所搭建的等效电路模型进行分析，系统中的参数设置如表 7-4 所示。

表 7-4　波能转换装置的参数设置

参数	取值	参数	取值
浮子半径 r	1.5m	浮子高度 h	0.8m
缆绳紧固时的吃水深度 b	0.4m	缆绳松弛时的吃水深度 b'	0.14m
浮子质量 m_b	1000kg	动子质量 m_t	1000kg
回缩弹簧常数 k_s	6.2kN/m	弹簧预紧力 $F_{preload}$	8.12kN
电磁阻尼系数 γ	56kN·s/m	缆绳的弹簧常数 k_{line}	450kN/m
止动弹簧的弹簧常数 $k_{endstop}$	243kN/m	波浪频率 f	0.01Hz
弹簧两端自由行程长度 l_1	0.895m	弹簧两端自由行程长度最大值 l_{1max}	1.1m

为了维持输出波形的完整性,系统中缓冲电容值设置为无穷大,缓冲电阻值设置为相对于电路中电阻值较大的值,即开关关断后,电路呈高阻态,显示为断路。此外,开关通断过程中会产生巨大的电压尖峰,因此电路中设置限幅环节以消除电压尖峰对波能转换装置输出功率波形的影响。

图 7-22 为一个波浪周期范围内垂荡自由度点吸收式波能转换装置输出功率的瞬时值。其中,波浪频率 f 设置为 0.001Hz,电磁阻尼系数 γ 设置为 5.6kN·s/m,正弦波浪入射力在缆绳紧固和松弛状态下的波幅 F_e 和 F_e' 分别设置 $8×10^5$N 和 $1×10^5$N。

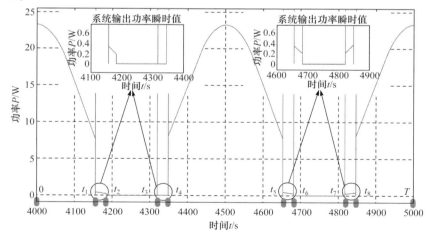

图 7-22　垂荡自由度点吸收式波能转换装置输出功率

在一个正弦波浪周期内,如图 7-19 所示,$0\sim t_1$、$t_4\sim t_5$、$t_8\sim T$ 这三个时间间隔是输出功率的主要产生时间,此时等效电路处于第一种状态的等效电路模型下。当等效电路模型处于 $t_1\sim t_2$、$t_5\sim t_6$、$t_7\sim t_8$ 这三个时间间隔时会输出少量的功率,此时等效电路处于第二种状态的等效电路模型下。当系统处于第三种和第四种状态的等效电路模型下，系统的输出功率几乎为 0，与理论分析一致。

7.5.2　共振条件下波能转换装置输出功率影响因素分析

就垂荡自由度波浪发电装置而言，波浪力作用在浮子上使其上下运动，浮子的运动通过绳索或铰链传递到发电机的动子上去，发电机的定子和动子之间产生一个位移差 x 进而发电。因为波能转换装置对波能的吸收主要在缆绳紧固的时候，所以着重讨论缆绳紧固时系统的动力学模型。结合式(7-41)和式(7-42)，利用缆绳上的力将浮子与直线电机联系起来，得出：

$$(m_b + m_t + m_{add})\ddot{z}(t)+(c_{add} + A_{act}\gamma)\dot{z}(t)+(\rho gA + k_s)z(t)$$
$$=F_e(t) - (m_b g + m_t g + \rho gV_{sub} + F_{endstop}) \tag{7-81}$$

因此，点吸收式波能转换系统的动力学模型可以简化为

$$M\ddot{z} + C\dot{z} + kz = F_0\sin(\omega t) + N \tag{7-82}$$

式中，M 表示附加质量、浮子质量和动子质量的总和；C 表示附加阻尼系数与直线电机动、定子之间电磁力阻尼系数的总和；k 表示海水等效的弹性系数 ρgS、回缩弹簧的弹性系数的总和；N 为常数，表示浮子的重力、动子的重力、水对浮子的浮力、回缩弹簧紧固时产生的恒定预紧力和上端止动弹簧的弹簧力的总和。因此，式(7-82)的稳态解为

$$x = \frac{F_0}{\sqrt{(k - M\omega^2)^2 + (C\omega)^2}}\sin(\omega t - \varphi) + \frac{A}{k} \tag{7-83}$$

浮子的振幅 X_0 可表示为

$$X_0 = \frac{F_0}{k\sqrt{(1-\lambda^2)^2 + (2\xi\lambda)^2}} \tag{7-84}$$

式中，$\xi = \dfrac{C}{2\sqrt{Mk}}$ 表示系统阻尼系数比；$\lambda = \dfrac{\omega}{\sqrt{k/M}}$ 表示强迫振动频率比。

发电机的平均发电功率可表示为

$$P_{avg} = \int_0^{2\pi/T} A_{act}\gamma\left(\frac{\mathrm{d}x}{\mathrm{d}t}\right)^2 \mathrm{d}t = \frac{1}{2}A_{act}\gamma\omega^2 X_0^2 = \frac{1}{2}\gamma\omega^2 X_0^2 \tag{7-85}$$

因此，点吸收式波能转换系统在固有频率下的发电功率与电磁阻尼系数成正比，与波浪频率的平方成正比，与浮子振幅的平方成正比。在固有频率下，浮子的振幅与波浪振幅在极限范围内成正比，所以波能转换系统的输出功率与波频的平方和波幅的平方成正比。

固定系统电磁阻尼系数 γ 为 $5.6\times10^3\mathrm{N}\cdot\mathrm{s/m}$，正弦波浪入射力在缆绳紧固和松

弛状态下的波幅 F_e 和 F_e' 为 8×10^5N 和 1×10^5N，改变系统频率，观察系统输出功率跟随波浪频率变化的仿真波形如图 7-23 所示。图中，输出功率的波形随着波浪频率的变化不发生改变，只有幅值产生一定的变化。而随着频率的增大，波形出现轻微改变的原因是在开关通断过程中存在一定时间间隔的暂态过程，当频率逐渐增大时，周期逐渐减小，暂态过程对于输出的影响越来越大。当暂态过程还没有结束就进入下一个工作状态时，就会导致波形出现一定的畸变。

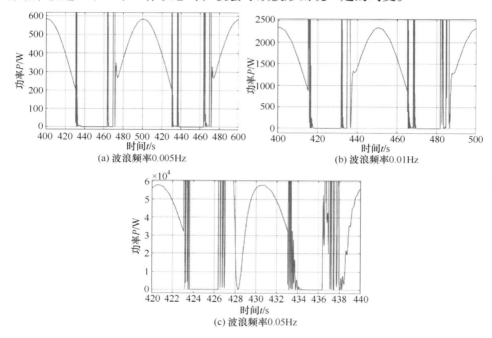

(a) 波浪频率0.005Hz (b) 波浪频率0.01Hz

(c) 波浪频率0.05Hz

图 7-23　不同波浪频率下的输出功率瞬时值

系统平均功率随波浪频率的变化情况如图 7-24 所示。在波能转化装置最大波能捕获的状态点，波浪频率越大，输出功率越大，这与风力发电装置的原理具有一致性。对于点吸收式波能转换装置来说，平均输出功率 P_{avg} 与波浪频率 f 之间的关系满足 $P_{avg}=a_1 f^{b_1}$，其中 $a_1=2.86\times10^6$，$b_1=1.76\approx2$。这与式(7-85)的推导大体一致，偏差的原因主要是开关通断过程中的瞬态过程导致电路变化，波形失真。随着波浪频率的增加，波周期将逐渐减小，瞬态过程对输出波形的影响扩大。因此，仿真输出功率将小于理论值。

固定波浪频率为 0.02Hz，系统电磁阻尼系数 γ 为 5.6×10^3N·s/m，保持其他参数不变，改变入射波等效电源的幅值，则系统输出功率跟随波浪幅值变化的波形如图 7-25 所示。结果表明，波浪入射力等效元件幅值的增大都会引起输出功率变化。入射波的幅值不影响输出波形形状的变化，只会引起数量级的变化。系统平均功率随入射波幅的变化情况如图 7-26 所示。

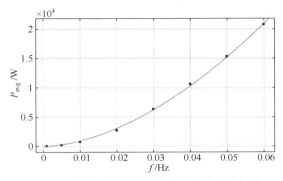

图 7-24 系统平均功率随波浪频率变化的规律

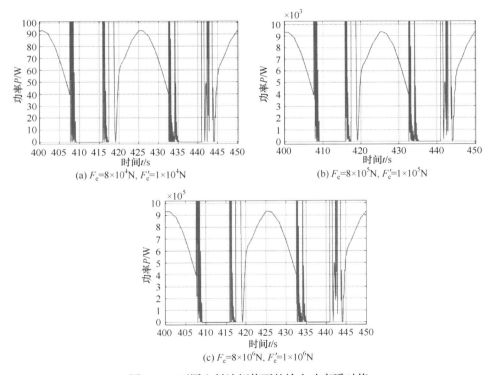

(a) $F_e=8\times10^4$N, $F_e'=1\times10^4$N

(b) $F_e=8\times10^5$N, $F_e'=1\times10^5$N

(c) $F_e=8\times10^6$N, $F_e'=1\times10^6$N

图 7-25 不同入射波幅值下的输出功率瞬时值

由图 7-26 可知，系统平均输出功率 P_{avg} 与波浪频率 f 之间的关系满足 $P_{avg} = a_2(F_e')^{b_2}$，其中 $a_2=2.74\times10^{-7}$，$b_2=2$。即对于共振条件下的点吸收式波能转换装置，系统输出功率与波幅的平方成正比。

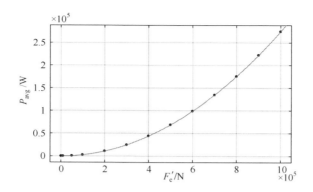

图 7-26　系统平均功率随入射波幅值变化的规律

固定波浪频率为 0.04Hz，正弦波浪入射力在缆绳紧固和松弛状态下的波幅 F_e 和 F_e' 分别为 $8×10^5$N 和 $1×10^5$N，保持其他参数不变，改变电磁阻尼系数 γ，系统跟随电磁阻尼系数变化的仿真波形如图 7-27 所示。

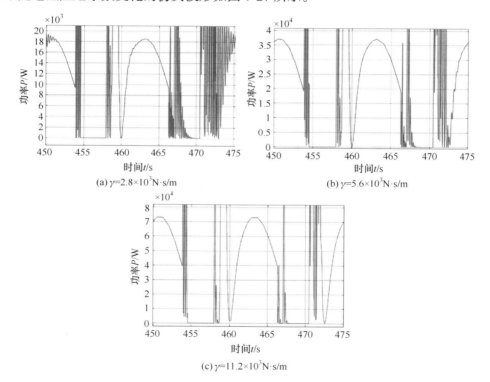

图 7-27　不同阻尼系数下的输出功率瞬时值

如图 7-27 所示，当波浪发电机电磁阻尼系数越大，等效元件的阻值越大，输出波形越明显，系统其他元件对输出功率的影响越小，由开关通断引起的波形畸变程度越低。但是电磁阻尼系数与波浪发电机的大小与设置有关，需满足 $B\gamma \geqslant \rho g S m_t$，否则系统就会处于不稳定状态。图 7-28 为系统平均功率随直线发电机电磁阻尼系数的变化情况。系统平均输出功率 P_{avg} 与波浪频率 f 之间的关系满足 $P_{avg} = a_3 \gamma^{b_3}$，其中 a_3=2.51，b_3=0.97。即系统输出功率与直线发电机电磁阻尼系数成正比。

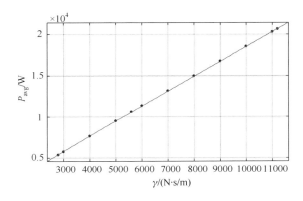

图 7-28　系统平均功率随直线发电机电磁阻尼系数变化的规律

7.5.3　两自由度波浪发电装置仿真分析

缆绳力等效元件部分的设置值关系依照式(7-53)。对于圆柱形浮子来说，横荡运动的波浪力数值比垂荡运动的波浪力数值的数量级略小[17]。此外，波浪入射力两个自由度方向上的相角关系相差 90°，按照此关系对等效电路中的参数值进行设置。

固定波浪频率为 0.001Hz，垂荡波浪入射力的波幅 F_e 和 F_e' 分别为 8×10⁵N 和 1×10⁵N，横荡波浪入射力的波幅 F_e 和 F_e' 分别为 8×10⁴N 和 1×10⁴N，系统电磁阻尼系数 γ 为 5.6×10³N·s/m。在等效电路模型的横荡支路中，缆绳等效电容设置为 7.407×10⁻⁶F，纵荡支路中，缆绳等效电容设置为 2.222×10⁻⁶F，得到两个周期内两自由度波浪发电装置解耦下的输出功率和总输出功率的波形如图 7-29 所示。

如图 7-28 所示，在两自由度波浪发电装置的等效电路模型中，横荡分支和垂荡分支的一致等效元件参数设置相同时，两个自由度上的输出功率的波形类似，本节所研究的波能转换系统在垂荡自由度上的输出功率略大于横荡自由度上的输出功率。横荡自由度上的输出功率角度超前垂荡自由度上输出功率 90°。两自由度波浪发电装置总输出功率大于波浪发电装置仅做垂荡自由度时的输出功率，并且横荡方向上的自由度对波浪发电装置总输出功率具有一定的贡献，不可忽略。因此，两自由度波浪发电装置相对单自由度波浪发电装置具有更高的波能捕获效率。

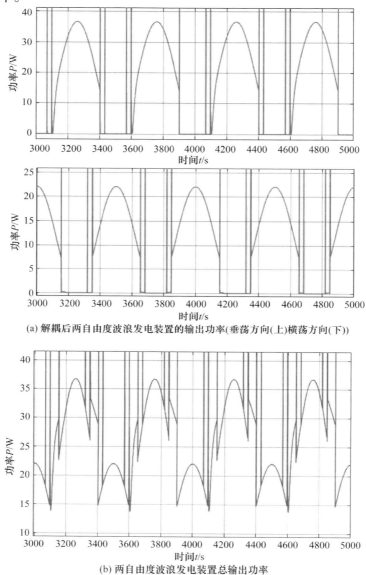

(a) 解耦后两自由度波浪发电装置的输出功率(垂荡方向(上)横荡方向(下))

(b) 两自由度波浪发电装置总输出功率

图 7-29　两自由度波浪发电装置输出功率

参 考 文 献

[1] 国家海洋局海洋发展战略研究所课题组. 中国海洋发展报告(2014)[M]. 北京: 海洋出版社, 2014.

[2] 单长飞, 谢永和, 李德堂, 等. 单自由度浮式圆柱形波能发电装置的水动力计算[J]. 船舶工程, 2012, 34(增2): 213-216, 231.

[3] 程友良, 党岳, 吴英杰. 波力发电技术现状及发展趋势[J]. 应用能源技术, 2009, (12): 26-30.

[4] 刘春元, 余海涛, 胡敏强, 等. 永磁直线发电机在直驱式波浪发电系统的应用[J]. 中国电机工程学报, 2013, 33(21): 90-98.

[5] Kofoed J P, Frigaard P, Friis-Madsen E, et al. Prototype testing of the wave energy converter wave dragon[J]. Renewable Energy, 2006, 31(2): 181-189.

[6] Henderson R. Design, simulation, and testing of a novel hydraulic power take-off system for the pelamis wave energy converter[J]. Renewable Energy, 2006, 31(2): 271-283.

[7] Wu F, Zhang X P, Ju P, et al. Modeling and control of AWS-based wave energy conversion system integrated into power grid [J]. IEEE Transactions on Power Systems, 2008, 23(3): 1196 -1204.

[8] Li Y, Yu Y H. A synthesis of numerical methods for modeling wave energy converter-point absorbers [J]. Renewable and Sustainable Energy Reviews, 2012, 16(6): 4352-4364.

[9] Scott J B. Analysis and development of a three body heaving wave energy converter[D]. Vancouver: British Columbia University, 2003.

[10] Drew B, Plummer A R, Sahinkaya M N. A review of wave energy converter technology[J]. Proceedings of the Institution of Mechanical Engineers, Part A: Journal of Power and Energy, 2009, 223(8): 887-902.

[11] Yavuz H. On control of a pitching and surging wave energy converter[J]. International Journal of Green Energy, 2011, 8(5): 555-584.

[12] Shi H, Huang S, Cao F. Hydrodynamic performance and power absorption of a multi-freedom buoy wave energy device[J]. Ocean Engineering, 2019, 172: 541-549.

[13] Zou S Y, Abdelkhalik O, Robinett R, et al. Model predictive control of parametric excited pitch-surge modes in wave energy converters[J]. International Journal of Marine Energy, 2017, 19: 32-46.

[14] Abdelkhalik O, Zou S Y, Robinett R D, et al. Multi resonant feedback control of a three-degree-of-freedom wave energy converter[J]. IEEE Transactions on Sustainable Energy, 2017, 8(4): 1518-1527.

[15] Seung K S, Yong J S, Jin B P. Numerical modeling and 3D investigation of INWAVE device[J]. Sustainability, 2017, 9(4): 523-547.

[16] 刘柱, 董再励, 于鹏. 一种可移动波浪能吸收和转换装置[P]. 中国: CN201120064461. 2011.

[17] 彭建军. 振荡浮子式波浪能发电装置水动力性能研究[D]. 济南: 山东大学, 2014.

[18] 杨琳. 浮立式圆柱体振荡水动力及运动的解析数值解[D]. 哈尔滨: 哈尔滨工程大学, 2017.

[19] Siddorn P, Taylor R E. Diffraction and independent radiation by an array of floating cylinders[J]. Ocean Engineering, 2008, 35(13): 1289-1303.

[20] Brekken T K A, von Jouanne A, Han H Y. Ocean wave energy overview and research at Oregon State University[C]. Power Electronics and Machines in Wind Applications, Lincoln, 2009: 1-7.

[21] Ferziger J H, Peric M. Computational Methods for Fluid Dynamics[M]. Berlin: Springer, 2002.

[22] Chen X, Ding Y, Zhang J, et al. Coupled dynamic analysis of a mini TLP: Comparison with measurements[J]. Ocean Engineering, 2006, 33(1): 93-117.

[23] Ruehl K, Paasch R, Brekken T K A, et al. Wave energy converter design tool for point absorbers

with arbitrary device geometry[C]. International Offshore and Polar Engineering Conference, Anchorage, 2013: 538-545.

[24] Elisabetta T, Marta M, Matteo C, et al. Analysis of power extraction from irregular waves by all-electric power take off[C]. Proceedings of the 2nd IEEE Energy Conversion Conference and Exposition, Atlanta, 2010: 2370-2377.

[25] 郑崇伟, 李训强. 基于 WAVEWATCH-Ⅲ模式的近 22 年中国海波浪能资源评估[J]. 中国海洋大学学报(自然科学版), 2011, 41(11): 5-12.

[26] 方红伟. 多自由度波浪能吸收装置[P]. 中国: CN 2014100792142. 2014.

[27] 张永良, 林政. 海洋波浪压电发电装置的进展[J]. 水力发电学报, 2011, 30(5): 145-148.

[28] 褚会敏. 基于模块组合多电平变换器的阵列式波浪发电控制[D]. 天津: 天津大学, 2014.

[29] Yoshimura Y. Mathematical model for manoeuvring ship motion (MMG Model)[C]. Proceedings of Workshop on Mathematical Models for Operations Involving Ship-Ship Interaction, Tokyo, 2005:1-6.

[30] 莫建. 波浪中船舶六自由度操纵运动数值仿真[D]. 哈尔滨: 哈尔滨工程大学, 2009.

[31] Shek J, Macpherson D, Mueller M, et al. Reaction force control of a linear electrical generator for direct drive wave energy conversion[J]. IET Renewable Power Generation, 2007, 1(1): 17-24.

[32] 方红伟. 浮子式波浪发电装置的浮子受力分析[J]. 天津大学学报, 2014, 47(5): 446-451.

[33] 林凯东. 点吸收式波浪发电系统结构优化与最大波浪能捕获控制[D]. 广州: 华南理工大学, 2018.

[34] Fang H W, Feng Y Z, Li G P. Optimization of wave energy converter arrays by an improved differential evolution algorithm[J]. Energies, 2018, 11(12): 1996-1073.

[35] Fusco F, Ringwood J V. A simple and effective real-time controller for wave energy converters[J]. IEEE Transactions on Sustainable Energy, 2013, 4(1): 21-30.

[36] 宋可荐. 交流机车 PWM 整流器谐波特性优化控制与调制算法研究[D]. 北京: 北京交通大学, 2017.

[37] 冯郁竹. 多自由度波浪能转换装置设计及其阵列优化[D]. 天津: 天津大学, 2019.

第 8 章　阵列式波浪发电系统优化与控制

随着波浪发电技术的日趋成熟，阵列式波浪发电场的建设也被提上了研究日程，相比单台波浪发电机组，它能大大节省系统系泊、电力传输和设备维护的成本，同时其输出功率波动也将减小，可提高系统输出功率的平滑性。阵列式波浪发电装置位置的分布优化是波浪发电场建设亟须解决的首要问题，即在同一海域优化布置多个波浪发电装置，使得阵列波浪发电系统输出功率最大。

8.1　阵列式波浪发电系统

阵列式波浪发电系统是指在同一海域内合理布置多个波浪发电单元，形成阵列式波浪发电场，如图 8-1 所示。单个波浪发电装置对波能的利用效率较低，对波浪的折射、散射和衍射等余能利用较低，而阵列式波浪发电系统能通过阵列内各单元的相互作用尽可能地利用折射、散射和衍射等余能，使得发电场的整体效率得到大大提高。

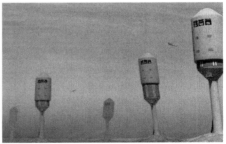

图 8-1　阵列式波浪发电系统

国内外针对阵列式波浪发电系统的研究还处于起步阶段，相关的装置研究大多还处于实验阶段[1-6]。英国爱丁堡大学对 5 个浮子阵列在不同浮子间距和不同布放方式等情况下进行了分析，结果显示在优化状态下浮子阵列比单个浮子具有更高的采能效率[1]；比利时的根特大学在实验室的造波水槽中进行了 5×5 个浮子阵列的波能转化实验，重点研究了各浮子间的相互影响，实验结果显示浮子阵列能够较好地吸收来自各个方向的波能[2]；挪威的奥斯陆大学开发了 FO3 波浪发电装置，如图 8-2(a)所示，该装置具有 21 个振荡浮子，并进行了 1∶20 比例装置的造波水槽模拟实验和 1：3 比例装置的实海况实验[3]；另外，Trident 能源公司在布利斯建立的"Trident"号系统如图 8-2(b)所示，也属于典型的多浮子阵列式波浪发电系统，其浮子之间的距离较小，所采取的发电机为直线电机[4]。国内，各研究所和高校也争相进行了对阵列式波浪发电系统的研究。其中，香港大学开发了 Motor Wave 阵列式波浪发电装置[5]；浙江海洋大学进行了"海院 1 号"波力发电平台的开发，该装置如图 8-2(c)所示，有 3 个振荡浮子，它是通过浮子、波浪板及群组油缸技术来获取波能，此外再使用蓄能稳压的方式来保证液压系统的压力稳定，最后通过调节液压马达排量来达到电量输出稳定；中国海洋大学研发了"10kW 级组合振荡 4 浮子波浪发电装置"如图 8-2(d)所示[6,7]。

(a) 挪威FO3波浪发电装置

(b) "Trident"号波浪发电装置

(c) "海院1号"波浪发电装置

(d) 中国海洋大学波浪发电装置

图 8-2　波浪发电装置

如上所述，对阵列式波浪发电系统的研究虽已获得一定的成就，但现阶段阵列式发电装置的水运动学和力学方面还有很多问题尚待解决，需要继续累积各种实测数据加以分析。在波浪发电场里，波浪会产生散射波和辐射波，因此入射波不再只是由原来的波浪产生，而是受到了其他发电装置相互作用的影响，不能简单看成是孤立发电装置的倍数。波浪发电场产生的电能受其布置方位的干扰极大，波浪发电装置的部件和能量传输、转换方式是由相关厂家设计且固化的，通过后期改变其放置的方位和调整相互间位置来进行优化布局，则可使得系统的波能捕获效率在"阵列级"达到最大。

同时，阵列式波浪发电系统还存在许多不同于传统独立发电设备及其并联运行的其他问题[8-12]。例如，阵列系统物理选址对系统规划容量的影响；阵列系统建设对周围环境的影响，当采用大型阵列式系统时，应该认真评估其对附近海洋生物及对邻近海岸的影响；阵列发电系统的系泊子系统的安全性与经济性。

8.2　阵列式波浪发电系统数学模型

如果要对阵列式波浪发电系统进行分析，首先就要对系统建立正确的数学模型。本节从场入射波速度势、辐射波速度势、散射波速度势出发，通过浮子的散射方程、运动方程建立起阵列式波浪发电系统的数学模型，并且引入相互作用系数以分析阵列系统的性能。

8.2.1　阵列式波浪发电系统的水动力模型

线性波浪理论是进行波浪发电系统研究的常用假设条件。在这种假设条件下，非静止波浪面的非线性运动学能够被近似视为线性，从而水面势函数就能够被理想静止水面的势函数代替[13]。在此基础上，本节采用频域理论在一个稳定的状态下分析水动力系统。

本节中所讨论的阵列式波浪发电系统由在水中漂浮的 N 个波浪发电系统单元组成，并按照一定的规律进行合理排布。波浪发电系统单元统一采用一种改进型浮子式波浪发电系统：棘轮-绳轮式，该装置的结构示意图如图 8-3 所示。这种装置属于半潜型点吸式波浪发电系统，既可近岸又可离岸，适应性较强[14]。该装置中浮子通过滑轮与反作用体相连并且只能产生起伏动作，从而带动转轴运转，再通过棘轮装置转换为转轴的单方向转动[15]。反作用体具有一定的重量，通过缆绳拉扯浮子可以保持缆绳张力，并对装置的固有频率进行控制。

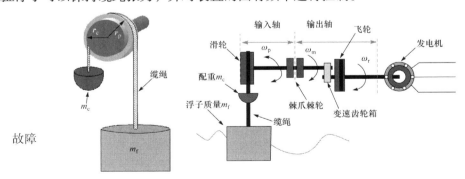

图 8-3　浮子式波浪发电系统结构示意图

　　图 8-4 为海水中浮子的简化模型，选择极坐标系进行分析，极点为 O，极轴为 z，r 表示极角为 90°时的水平方向。水平面到海底的距离为 d，浮子半径为 a，浮子吃水深度为 b，浮子底部到海底的距离为 $h(h=d-b)$。假设阵列大小为 N，即由 N 个点吸收式波能转换装置组成阵列。对阵列中的每个浮子编号 $j(j=1,2,\cdots,N)$。其中，第 j 个浮子的半径为 a_j，质量为 m_{fj}，浮子中心为 $O_j(x_j,y_j)$，第 j 个波能转换装置的缆绳等效弹性系数为 δ_j，等效阻尼系数为 γ_j。浮子 i 的中心坐标为 $O_i(0,0)$，O_i 和 O_j 间的距离为 L_{ij}。两个浮子中心的连接线方向到 x 轴正方向的夹角为 θ_{ij}，β 是入射方向和 x 轴正方向之间的夹角。近场入射波的波幅为 H，波数为 k_0，波长为 $\lambda=2\pi/k_0$，笛卡儿坐标系中的双浮子阵列如图 8-5 所示。浮子的内部区域表示 $0 \leqslant r_j < \alpha_j$ 时的部分，浮子的外部区域表示 $r_j \geqslant \alpha_j$ 的部分。

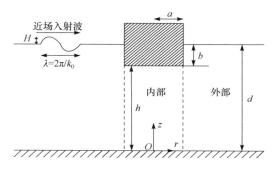

图 8-4　海水中浮子的简化模型

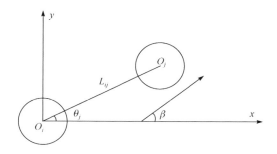

图 8-5　双浮子阵列示意图

　　这些浮子均统一为垂直圆柱形，可以独立地运动，但被限制在垂直方向上平衡浮力静止的位置上。选择这种上下升降的模式是因为：这种运动是大多数点吸收式波能转换装置和多浮子装置获得动力的方式。波能相互作用的主要原理可以通过这一模式清楚地表示出来。如果必要的话，系统的分析可以很容易地扩展到其他五个自由度。可以肯定的是，一旦动作加大，那么与其他模式相关的动作可能会变得重要。这些措施包括从所需模型中减少发电量，并改变浮力和阵列配置的扰动。

这一装置的垂直运动受到外部强度和阻尼力的影响。本节假设这些力能够被分解为低速状态下位移和速度的线性函数。对于一个浮子 j，它具有弹性常数 δ_j 和阻尼常数 γ_j，除此以外，没有其他的机械力量作用在该装置上。对于单波频率来说，在某种意义上，它们被固定起来是最优的，而功率消耗特性是次优的。

对每个波浪发电系统进行建模，就必须明确系统的控制方程和临界条件。首先，不可压缩性条件意味着时间独立的速度势必须满足流体中各处的拉普拉斯方程。Neumann 边界条件可应用于海床和船体两侧正常流体速度为零的情况。将每个浮子的下表面条件进行线性化，导致其在法向速度上的运动幅度与主体的相同。此外，潜力受制于自由表面条件。

将单个浮子底面的临界条件置于线性坐标系中即产生一种理想条件。在某一个临界平衡点，波浪与浮子的速度相同，从而可以推导出浮子阵列方程。此外，根据速度势符合的自由表平面条件，可得

$$\nabla^2 \phi = 0 \tag{8-1}$$

$$\frac{\partial \phi}{\partial z} = 0, \quad z = 0 \tag{8-2}$$

$$\frac{\partial \phi}{\partial r_j} = 0, \quad r_j = a_j, \quad h_j \leqslant z \leqslant d, \quad j = 1, 2, \cdots, N \tag{8-3}$$

$$\frac{\partial \phi}{\partial z} = X_j', \quad z = h_j, \quad 0 \leqslant r_j \leqslant a_j, \quad j = 1, 2, \cdots, N \tag{8-4}$$

$$\frac{\partial \phi}{\partial z} = \frac{\omega^2}{g} \phi, \quad z = d, \quad r_j \geqslant a_j, \quad j = 1, 2, \cdots, N \tag{8-5}$$

最后，为使辐射条件成立，散射波和辐射波速度势应满足：

$$\lim_{k_0 r_j \to \infty} \sqrt{r_j} \left(\frac{\partial \phi}{\partial r_j} - \mathrm{j} k_0 \phi \right) = 0, \quad j = 1, 2, \cdots, N \tag{8-6}$$

8.2.2 近场入射波速度势

一个幅值为 H 的平面行进波，其在竖直方向上相对于平衡位置 $z = d$ 的位移为

$$\zeta(x^{\mathrm{A}}, y^{\mathrm{A}}, t) = \mathrm{Re}\left\{ H \mathrm{e}^{\mathrm{j}(k_0 x^{\mathrm{A}} - \omega t + \varphi)} \right\} \tag{8-7}$$

式中，x^{A}、y^{A} 为近场入射波在笛卡儿坐标系中的横纵坐标；φ 为相移。

如果近场入射波与 x 轴正方向成 β 角，则浮子 j 处对应的近场入射波速度势在极坐标下的表达式应为

$$\phi_j^{\mathrm{A}} = \frac{gH}{\omega} \frac{\cosh(k_0 z)}{\cosh(k_0 d)} I_j \mathrm{e}^{\mathrm{j} k_0 r_j \cos(\theta_j - \beta)} \tag{8-8}$$

式中，$I_j \mathrm{e}^{\mathrm{j} k_0 (x_j \cos\beta + y_j \sin\beta)}$ 是全局笛卡儿坐标系转换到以浮子 j 圆心为原点的极坐标系的相位转换因子，ω 满足色散方程 $\omega^2 = k_0 g \tanh(k_0 d)$，式(8-8)也可写为

$$\phi_j^{\mathrm{A}} = \frac{gH}{\omega} \frac{\cosh(k_0 z)}{\cosh(k_0 d)} I_j \sum_{n=-\infty}^{\infty} \mathrm{J}_n(k_0 r_j) \, \mathrm{e}^{\mathrm{j} n(\pi/2 + \theta_j - \beta)} \tag{8-9}$$

式中，J_n 为 n 阶第一类贝塞尔函数。方便起见，可将 ϕ_j^{A} 用系数向量 $\boldsymbol{\alpha}_j$ 与浮子 j 入射波的一组空间函数的向量积表示。浮子 j 所有可能的入射波都可以用这种方式表示，而且必须考虑波数为 $k_m(m=1,2,\cdots)$ 的消逝波，$\omega^2 = -k_m g \tan(k_m d)$。矢量 $\boldsymbol{\psi}_j^{\mathrm{I}}$ 是一组空间向量，其表达式为

$$(\boldsymbol{\psi}_j^{\mathrm{I}})_m^n = \begin{cases} \dfrac{\cosh(k_0 z) \mathrm{J}_n(k_0 r_j)}{\cosh(k_0 d) \mathrm{J}_n(k_0 a_j)} \mathrm{e}^{\mathrm{j} n \theta_j}, & m = 0 \\[3mm] \cos(k_m z) \dfrac{\mathrm{I}_n(k_m r_j)}{\mathrm{I}_n(k_m a_j)} \mathrm{e}^{\mathrm{j} n \theta_j}, & m = 1 \end{cases} \tag{8-10}$$

式中，I_n 表示 n 阶第一类改进型贝塞尔函数。定义矢量 $\boldsymbol{\alpha}_j$ 的元素为

$$(\boldsymbol{\alpha}_j)_m^n = \begin{cases} I_j \mathrm{J}_n(k_0 a_j) \mathrm{e}^{\mathrm{j} n(\pi/2 - \beta)}, & m = 0 \\[2mm] 0, & m \geqslant 1 \end{cases} \tag{8-11}$$

式(8-8)可以表示为

$$\phi_j^{\mathrm{A}} = \frac{gH}{\omega} \boldsymbol{\alpha}_j^{\mathrm{T}} \boldsymbol{\psi}_j^{\mathrm{I}} \tag{8-12}$$

式中，上标 T 表示转置。

8.2.3 散射波速度势

结合式(8-1)~式(8-6)可以推导出散射波速度势的解为

$$\frac{\partial \phi}{\partial z} = 0, \quad z = h_j, \quad 0 \leqslant r_j \leqslant a_j, \quad j = 1, 2, \cdots, N \tag{8-13}$$

在浮子 i 的外部区域，应用分离变量法求出散射波速度势的表达式为

$$\phi_i^{\mathrm{S}} = \frac{gH}{\omega} \Bigg[\frac{\cosh(k_0 z)}{\cosh(k_0 d)} \sum_{n=-\infty}^{\infty} (A_i)_0^n \frac{\mathrm{H}_n(k_0 r_i)}{\mathrm{H}_n(k_0 a_i)} \mathrm{e}^{\mathrm{j} n \theta_i}$$
$$+ \sum_{m=1}^{\infty} \cos(k_m z) \sum_{n=-\infty}^{\infty} (A_i)_m^n \frac{\mathrm{K}_n(k_m r_i)}{\mathrm{K}_n(k_m a_i)} \mathrm{e}^{\mathrm{j} n \theta_i} \Bigg] \tag{8-14}$$

式中，H_n 是第一类汉克尔函数；K_n 是第二类改进型贝塞尔函数。

与近场入射波速度势一样,散射波速度势 ϕ_i^{S} 也可以用系数向量 $\boldsymbol{A}_i$ 与浮子 i 处散射波的一组空间函数 $\boldsymbol{\psi}_i^{\mathrm{S}}$ 的向量积表示, $\boldsymbol{\psi}_i^{\mathrm{S}}$ 的表达式为

$$(\boldsymbol{\psi}_i^{\mathrm{S}})_m^n = \begin{cases} \dfrac{\cosh(k_0 z)\mathrm{H}_n(k_0 r_i)}{\cosh(k_0 d)\mathrm{H}_n(k_0 a_i)}\mathrm{e}^{\mathrm{j}n\theta_i}, & m = 0 \\ \cos(k_m z)\dfrac{\mathrm{K}_n(k_m r_i)}{\mathrm{K}_n(k_m a_i)}\mathrm{e}^{\mathrm{j}n\theta_i}, & m \geqslant 1 \end{cases} \tag{8-15}$$

因此,式(8-14)可改写为

$$\phi_i^{\mathrm{S}} = \frac{gH}{\omega}\boldsymbol{A}_i^{\mathrm{T}}\boldsymbol{\psi}_i^{\mathrm{S}}, \quad r_i \geqslant a_i \tag{8-16}$$

一个浮子产生的散射波,可以认为是另一个浮子入射波的一部分。因此,来自浮子 i 的散射波叠加到近场入射波成为浮子 j 入射波的一部分。通过上面的分析可知, $\boldsymbol{\psi}_i^{\mathrm{S}}$ 与 $\boldsymbol{\psi}_j^{\mathrm{I}}$ 之间存在一个坐标转换矩阵 $\boldsymbol{T}_{ij}$,对所有的 i、$j(i \neq j)$ 都有

$$\boldsymbol{\psi}_i^{\mathrm{S}} = \boldsymbol{T}_{ij}\boldsymbol{\psi}_j^{\mathrm{I}} \tag{8-17}$$

对于固定的 z 轴阶数 m, $\boldsymbol{T}_{ij}$ 的元素乘以浮子 j 处 θ 阶数为 l 的入射波,表示 θ 模数为 n,来自浮子 i 的散射波,则 $\boldsymbol{T}_{ij}$ 的表达式为

$$\left(\boldsymbol{T}_{ij}\right)_{mm}^{nl} = \begin{cases} \dfrac{\mathrm{J}_l\left(k_0 a_j\right)}{\mathrm{H}_n\left(k_0 a_i\right)}\mathrm{H}_{n-l}\left(k_0 L_{ij}\right)\mathrm{e}^{\mathrm{j}\alpha_{ij}(n-l)}, & m = 0 \\ \dfrac{\mathrm{I}_l\left(k_m a_j\right)}{\mathrm{K}_n\left(k_m a_i\right)}\mathrm{K}_{n-l}\left(k_m L_{ij}\right)\mathrm{e}^{\mathrm{j}\alpha_{ij}(n-l)}\left(-1\right)^l, & m \geqslant 1 \end{cases} \tag{8-18}$$

由于边界条件不同,在浮子 i 的内部区域的速度势表达式不同于外部区域。对于浮子的内部区域,由分离变量法可得

$$\left(\tilde{\boldsymbol{\psi}}_i^{\mathrm{D}}\right)_m^n = \begin{cases} \left(\dfrac{r_i}{a_i}\right)^{|n|}\mathrm{e}^{\mathrm{j}n\theta_i}, & m = 0 \\ \cos\left(m\pi z / h_i\right)\dfrac{\mathrm{I}_n\left(m\pi r_i / h_i\right)}{\mathrm{I}_n\left(m\pi a_i / h_i\right)}\mathrm{e}^{\mathrm{j}n\theta_i}, & m \geqslant 1 \end{cases} \tag{8-19}$$

因为近场入射波速度势在浮子内部区域的表达式不同于其原来的形式,散射波速度势与近场入射波速度势叠加在一起难以区分开。因此,浮子内部区域的散射波场与近场入射波场叠加的波场称为衍射波场。在浮子 i 处的衍射波速度势可表示为

$$\tilde{\phi}_i^{\mathrm{D}} = \frac{gH}{\omega}\tilde{\boldsymbol{A}}_i^{\mathrm{T}}\tilde{\boldsymbol{\psi}}_i^{\mathrm{D}}, \quad 0 \leqslant r_i \leqslant a_i \tag{8-20}$$

8.2.4 辐射波速度势

辐射问题指的是由浮子自身上下运动产生的波场，辐射波速度势的解可以参照散射波速度势的解。振动幅度一定的浮子产生的速度势称为辐射特性。$R(r_i,z)$ 与 $\tilde{R}(r_i,z)$ 分别表示浮子 i 内部区域和外部区域的辐射特性。在外部区域，辐射波特性可以表示为散射波基函数的线性组合。浮子 i 外部区域的辐射波速度势为

$$\phi_i^{\mathrm{R}} = \frac{gH}{\omega}\hat{X}_i R_i(r_i,z) = \frac{gH}{\omega}\hat{X}_i \boldsymbol{R}_i^{\mathrm{T}}\boldsymbol{\psi}_i^{\mathrm{S}}, \quad r_i \geqslant a_i \tag{8-21}$$

式中，$\hat{X}_i$ 表示浮子 i 的无量纲运动幅值，则浮子的运动幅值、速度和加速度用 $\hat{X}_i$ 表示为

$$X_i = H\hat{X}_i \tag{8-22}$$

$$X_i' = -\mathrm{j}\omega H\hat{X}_i \tag{8-23}$$

$$X_i'' = -\omega^2 H\hat{X}_i \tag{8-24}$$

式中，j 表示虚数单位；下标 i 表示浮子的编号。

式(8-21)为单个浮子产生的辐射波速度势，则浮子 i 的散射波速度势作为浮子 j 的入射波速度势为

$$\phi_i^{\mathrm{R}}\Big|_j = \frac{gH}{\omega}\hat{X}_i \boldsymbol{R}_i^{\mathrm{T}}\boldsymbol{T}_{ij}\boldsymbol{\psi}_j^{\mathrm{I}} \tag{8-25}$$

与式(8-21)相似，浮子内部区域的辐射波速度势表达式为

$$\tilde{\phi}_i^{\mathrm{R}} = \frac{gH}{\omega}\hat{X}_i \tilde{R}_i(r_i,z) = \frac{gH}{\omega}\hat{X}_i(\tilde{R}_i^{\mathrm{p}} + \tilde{\boldsymbol{R}}_i^{\mathrm{T}}\tilde{\boldsymbol{\psi}}_i^{\mathrm{D}}), \quad 0 \leqslant r_i \leqslant a_i \tag{8-26}$$

式中，$\tilde{R}^{\mathrm{p}} = \dfrac{-\mathrm{j}\omega^2}{2gh}\left(z^2 - \dfrac{r^2}{2}\right), 0 \leqslant r \leqslant a$。

8.2.5 散射方程

作用于浮子 j 的总速度势可以用近场入射波场和由其他浮子产生的散射波和辐射波的总和表示，即

$$\phi_j^{\mathrm{I}} = \frac{gH}{\omega}\left[\boldsymbol{a}_j^{\mathrm{T}} + \sum_{i=1,i\neq j}^{N}\left(\boldsymbol{A}_i + \hat{X}_i \boldsymbol{R}_i\right)^{\mathrm{T}}\boldsymbol{T}_{ij}\right]\boldsymbol{\psi}_j^{\mathrm{I}} \tag{8-27}$$

对于每个浮子，式(8-27)中 $\boldsymbol{\psi}_j^{\mathrm{I}}$ 前的系数与式(8-16)中 $\boldsymbol{\psi}_j^{\mathrm{S}}$ 前的系数在外部区域关于衍射转换矩阵 $\boldsymbol{B}_j$ 具有如下关系：

$$A_j = B_j[\alpha_j + \sum_{i=1,i\neq j}^{N} T_{ij}^{\mathrm{T}}(A_i + \hat{X}_i R_i)] \tag{8-28}$$

为了计算作用于浮子底部的起伏力，需计算浮子内部区域的入射波速度势。如前所述，内部区域衍射波速度势的表达式与外部区域不同，所以，在内部区域入射波速度势表达式中的系数与对应的衍射波速度势表达式中系数的转换矩阵 $\tilde{B}_j$ 为

$$\tilde{A}_j = \tilde{B}_j[\alpha_j + \sum_{i=1,i\neq j}^{N} T_{ij}^{\mathrm{T}}(A_i + \hat{X}_i R_i)] \tag{8-29}$$

8.2.6　运动方程

对任意浮子 j，其内部区域总的速度势为衍射波速度势与辐射波速度势之和，用 ϕ_j 表示。浮子所受的力为波浪作用于浮子底部的起伏力，因此应用伯努利方程对浮子底部积分，计算出浮子在 z 轴正方向上的水动力为

$$F_j^{\mathrm{H}} = \mathrm{j}\omega\rho \iint\limits_{S_j} \phi_j(r_j,\theta_j,h_j)\mathrm{d}S \tag{8-30}$$

另外，由于浮子本身的重力和其在水中受到的浮力，浮子 j 受到弹性力 F_j^{B}，同时能量提取装置对浮子也有一个作用力 F_j^{G}，浮子的运动方程如下：

$$F_j^{\mathrm{B}} = -\rho\pi a_j^2 X_j g \tag{8-31}$$

$$F_j^{\mathrm{G}} = -\delta_j X_j - \gamma_j X_j' \tag{8-32}$$

$$M_j X_j'' = F_j^{\mathrm{H}} + F_j^{\mathrm{B}} + F_j^{\mathrm{G}} \tag{8-33}$$

将式(8-30)～式(8-32)代入式(8-33)，化简整理得到：

$$\sum_{i=1,i\neq j}^{N}(R_i^{\mathrm{T}}T_{ij}\tilde{B}_j^{\mathrm{T}}\tilde{Y}_j^{\mathrm{D}})\hat{X}_i + W_j\hat{X}_j + \sum_{i=1,i\neq j}^{N}(T_{ij}\tilde{B}_j^{\mathrm{T}}\tilde{Y}_j^{\mathrm{D}})^{\mathrm{T}}A_i = -\alpha_j^{\mathrm{T}}\tilde{B}_j^{\mathrm{T}}\tilde{Y}_j^{\mathrm{D}} \tag{8-34}$$

式(8-34)是一组 N 维标量方程组，具有 N 个标量未知数 $\hat{X}_i$ 和 N 个矢量未知数 A_i。式(8-28)是一个 N 维矢量方程组，与式(8-34)一样，具有相同未知数。因此，联立式(8-28)与式(8-34)解方程，确定阵列中浮子的运动情况。

式(8-28)和式(8-34)都具有矩阵乘积和的形式。其中乘积的结果是标量，可以写成一个行向量和列向量乘积的形式。简单来说，可以把矩阵转换成行向量，用行向量与列向量的乘积来等效表达一个矩阵乘积和的形式。对每个浮子 i，空间波的矢量 A_i 与浮子运动幅度 $\hat{X}_i$ 可以组成一个矢量 z：

$$z = \frac{A_i}{\hat{X}_i} \tag{8-35}$$

对浮子 j 来说，方程组中已知的常量可以写为矢量形式：

$$h = \frac{-B_j a_j}{-\frac{1}{W_j} a_j^{\mathrm{T}} \tilde{B}_j^{\mathrm{T}} \tilde{Y}_j^{\mathrm{D}}} \tag{8-36}$$

因此，为了求解 z，可将式(8-28)和式(8-34)变换为如下形式：

$$Mz = h \tag{8-37}$$

$$z = M^{-1}h \tag{8-38}$$

式中，矩阵 M 的定义为

$$M = \begin{bmatrix} -1 & B_j T_{ij}^{\mathrm{T}} & 0 & B_j T_{ij}^{\mathrm{T}} R_i \\ & \ddots & & \ddots \\ B_i T_{ij} & -1 & B_j T_{ij}^{\mathrm{T}} R_i & 0 \\ 0 & \frac{1}{W_j}(T_{ij}\tilde{B}_j^{\mathrm{T}}\tilde{Y}_j^{\mathrm{D}})^{\mathrm{T}} & 1 & \frac{1}{W_j} R_i^{\mathrm{T}} T_{ij} \tilde{B}_j^{\mathrm{T}} \tilde{Y}_j^{\mathrm{D}} \\ & \ddots & & \ddots \\ \frac{1}{W_j}(T_{ij}\tilde{B}_j^{\mathrm{T}}\tilde{Y}_j^{\mathrm{D}})^{\mathrm{T}} & 0 & \frac{1}{W_j} R_i^{\mathrm{T}} T_{ij} \tilde{B}_j^{\mathrm{T}} \tilde{Y}_j^{\mathrm{D}} & 1 \end{bmatrix} \tag{8-39}$$

矩阵 M 是分块矩阵，可分为四部分。每部分的非对角线表达式用于评估每对浮子 i 和浮子 j 之间的水动力影响，剩余的对角线部分与非对角线部分具有相同的行列数，为 $i=j$ 时的情况。

每个浮子转换的功率可以由波浪作用于浮子上的起伏水动力计算得出，浮子 j 所采集的波能功率为

$$P_j = 0.5\gamma_j \omega^2 H^2 \left| \hat{X}_j \right|^2 \tag{8-40}$$

8.2.7 相互作用系数

为了描述阵列布局对阵列系统总输出功率的影响，本节定义了一个参数：相互作用系数 $q(k_0, \beta)$。相互作用系数指的是具有 N 个浮子阵列系统的总输出功率与 N 倍孤立波浪发电装置输出功率的比值：

$$q(k_0,\beta) = \frac{\sum_{j=1}^{N} P_j(k_0,\beta)}{NP_0(k_0,\beta)} \tag{8-41}$$

式中，P_0 表示孤立波浪发电装置输出的功率，其与波浪的波数和波浪的入射角有关。

相互作用系数是近场入射波波数与入射波角度的函数，对于同一个阵列发电场，近场入射波不同，阵列系统的总输出功率也不同。相互作用系数用于表征阵列发电场布局的合理性。

8.3　垂荡自由度波浪发电系统的阵列优化

波浪发电系统的阵列优化能够有效地提高系统输出功率的数值和稳定性、降低系统成本和能量传输损耗，满足供需平衡，有利于实现波浪发电技术的实用化和规模化。本节提出一种改进的差分进化算法对垂荡自由度波浪发电系统的阵列进行优化。引入自适应变异算子改进差分进化算法，以同时满足精度和收敛速度的要求，并通过 MATLAB 仿真验证算法的正确性。

8.3.1　标准差分进化算法概述

差分进化(differential evolution, DE)算法(又称微分进化算法)是一种用于求解最优化问题的启发式算法，具有原理简单、鲁棒性好、易于理解和编程实现等优点，广泛应用于求解不可微、高维的复杂非线性函数。DE 算法具有很强的使用性，它不要求目标函数具有可导性，有时甚至对连续性也不要求[16]。该算法首先随机生成规模为 N_p 的种群，N_p 中每个量又由 D 维参数 x_l^p (p= 1, 2,…,N_p; l=1, 2,…, D)组成，然后利用缩放因子 $F \in [0,2]$进行变异，利用交叉概率因子 $C_R \in [0, 1]$进行交叉，最后，与上一代个体进行比较，保留结果较优的个体，当没取得最优解时再次进行以上过程。在此，定义一个最大迭代次数 G_m。值得注意的是，N_p 中每一个个体均要进行变异、交叉、选择操作，并且选择操作是与只进行了变异、交叉的个体进行比较，而不是直接替换掉种群中最差的个体，因此每一代的种群规模大小不变，并且种群中每一个个体都会逐渐接近最优值，为此可以给定一个阈值，当种群的适应值范围小于该阈值，即取得了最优解[17-22]。

差分进化算法的具体过程如下：

(1) 参数初始化。随机生成第 0 代种群 $\boldsymbol{X}(0)=\{\boldsymbol{X}_1(0), \boldsymbol{X}_2(0), \cdots, \boldsymbol{X}_{N_p}(0)\}$，其中 $\boldsymbol{X}_i(0)=(x_1^i(0), x_2^i(0),\cdots,x_D^i(0))$。在大多数情况下，搜寻初始种群的方法中最原始的一种是采用随机的方式，将搜寻的范围限定在某一划定的固定界限条件中，大多设定的这些原始种群满足理想状态的均匀分布条件。现假设这些变量的范围

是 $x_j^{(L)} < x_j < x_j^{(U)}$，则：

$$x_j^i(0) = \text{rand}[0,1](x_j^{(U)} - x_j^{(L)}) + x_j^{(L)} \tag{8-42}$$

式中，$i = 1,2,\cdots,N_p$；$j = 1,2,\cdots,D$；rand[0,1]为[0,1]之间的均匀随机数。

(2) 个体评价。计算每个个体的适应值 $f(\boldsymbol{X}_i(G))$。

(3) 变异操作。随机生成 3 个值 r_1、r_2、$r_3(r_1,\ r_2,\ r_3 = 1,2,\cdots,N_p)$，其中 $r_1 \neq r_2$ $\neq r_3 \neq p$，对每个 $\boldsymbol{X}_i(G)$都进行以下变异操作生成变异矢量 $\boldsymbol{V}_i(G+1)$：

$$\begin{aligned}\boldsymbol{V}_i(G+1) &= (v_1^i(G+1), v_2^i(G+1), \cdots, v_D^i(G+1)) \\ &= \boldsymbol{X}_{r_1}(G) + F(\boldsymbol{X}_{r_2}(G) - \boldsymbol{X}_{r_3}(G))\end{aligned} \tag{8-43}$$

(4) 交叉操作。通过以下交叉操作获得试验矢量 $\boldsymbol{U}_i(G+1) = (u_1^i(G+1),$ $u_2^i(G+1), \cdots, u_D^i(G+1))$：

$$u_j^i(G+1) = \begin{cases} v_j^i(G), & (\text{randb}(j) \leqslant C_R)\text{或}\ j = \text{rnbr}(i) \\ x_j^i(G), & (\text{randb}(j) > C_R)\text{或}\ j \neq \text{rnbr}(i) \end{cases} \tag{8-44}$$

式中，randb(j)是指产生[0,1]随机数发生器的第 j 个估计值；rnbr(i) $= 1,2,\cdots,D$ 是从整数 1 到 D 中随机选择的序列，以保证 $\boldsymbol{U}_i(G+1)$能从 $\boldsymbol{V}_i(G+1)$中获得一个参数。

(5) 选择操作。计算每个实验矢量的适应值 $f(\boldsymbol{U}_i(G+1))$，并与 $f(\boldsymbol{X}_i(G))$比较求得最小值：

$$\boldsymbol{X}_i(G+1) = \begin{cases} \boldsymbol{U}_i(G+1), & f(\boldsymbol{U}_i(G+1)) < f(\boldsymbol{X}_i(G)) \\ \boldsymbol{X}_i(G), & f(\boldsymbol{U}_i(G+1)) \geqslant f(\boldsymbol{X}_i(G)) \end{cases} \tag{8-45}$$

值得注意的是，每个实验矢量只与所对应的 $\boldsymbol{X}_i(G)$竞争，而不与种群中每个矢量比较。

(6) 判断新的种群 $\boldsymbol{X}(G+1)$所对应的适应值 $f(\boldsymbol{X}(G+1))$的最大值与最小值之差是否小于提前设定好的阈值，若大于阈值且未达到提前设定的最大迭代次数(即 $G<G_m$)，则重复以上(2)到(6)的操作[23]。

8.3.2　差分进化算法的改进

缩放因子 $F \in [0,2]$，大量文献和实验证明当 F 取值为[0.5,1]得到的结果更好[24]，当 F 较大时，能产生较大扰动，有利于保持种群的多样性，但搜索效率低下，结果精度低；当 F 较小时，局部搜索能力强，有利于探索到最优结果。但正因如此，容易使得种群很快丧失多样性，并早熟即达到局部最优。如果能在早期使用较大的 F 有利于保持种群多样性避免局部最优，后期使用较小的 F 确保精度，使结果误差较小，这样便可使得算法比 F 为固定值时的结果更优。为此引入自适应变异算子[25-27]：

$$\begin{cases} F = 2^{\lambda} F_0 \\ \lambda = e^{1 - \dfrac{G_{\mathrm{m}}}{G_{\mathrm{m}} + 1 - G}} \end{cases} \tag{8-46}$$

由式(8-46)可知，F 的变化范围为 $2F_0 \sim F_0$，若令 $F_0 = 0.5$，则 F 的变化范围正好为 $1 \sim 0.5$，不仅满足 F 的理想取值范围，而且能使得结果更优。

交叉概率因子 $C_R \in [0,1]$，当 C_R 较小时能确保精度较高，理论上 $C_R = 0.1$ 时结果最好，但因其收敛速度非常缓慢，在实际运用中却并不常用，适当地增大 C_R 有利于提高收敛速度，在目前的研究中常认为 $C_R = 0.9$ 是比较有效的经典设置[28]。

上面阐述的是最标准的差分进化算法，后期经过大量研究发展了很多其他形式，并用 DE/x/y/z 进行区分，上面最标准的差分进化算法也可以用此方法表示为 DE/rand/1/bin，除了本节需要用到的，其他形式的差分进化算法就不再一一介绍了。DE/rand/1/bin 形式中的变异矢量因其均由随机选择的 3 个量组成，虽然可以进行全局搜索，然而每一代种群里的最优个体并没有得到利用，一方面"浪费"了每一代的最优解，另一方面随机性很大。为此本节将采用 DE/best/1/bin 形式的差分进化算法，如下所示：

$$V_i(G+1) = X_{\mathrm{best}}(G) + F(X_{r_1}(G) - X_{r_2}(G)) \tag{8-47}$$

式中，$X_{\mathrm{best}}(G)$ 为第 G 代中能使适应值取得最优的那个个体。

综上所述，结合波浪发电系统的阵列优化，在差分进化算法的基础上引入自适应变异算子以兼顾种群多样性和收敛速度与精度，得到改进型差分进化算法，流程如图 8-6 所示，具体步骤如下[25,26]：

(1) 改进型差分进化算法应用于浮子阵列优化的初始化过程与标准算法一致：假设阵列规模为 N，固定第一个浮子位置的坐标为 $(0,0)$，需优化其他 $N-1$ 个浮子的位置坐标；每个浮子位置信息包含垂直和水平坐标两个部分，$D = 2(N-1)$。

(2) 计算每个浮子的相互作用系数 $q_x(x_2, y_2, \ldots, x_N, y_N)$，该阵列布局下目标函数的最优解随着浮子位置的变化而改变。

(3) 设置 $F_0 = 0.5$，变异操作过程中 $F \in [0.5, 1]$，并以 DE/best/1/bin 的形式产生变异矢量 $V_i(G+1) = q_{\mathrm{best}}(G) + F(q_{r_1}(G) - q_{r_2}(G))$。

(4) 设置 $C_R = 0.9$，通过交叉操作生成矢量 $U_i(G+1)$。

(5) 计算 $U_i(G+1)$ 的相互作用系数 q_u，并与 q_x 比较，选择最优值。最后如果 $G \gg G_{\mathrm{m}}$ 或 q_u 的最值之间的差值大于 0.001，结束程序确定最佳值，否则重复步骤 (2) 到 (5)。

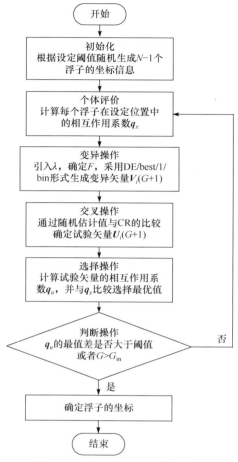

图 8-6　改进的差分进化算法流程

8.3.3　阵列初始条件选择

在本节的研究中，所有浮子将采用统一规模进行计算，方便与孤立浮子进行对比，选取的参数如表 8-1 所示[27]。

表 8-1　浮子参数选择

参数	取值	参数	取值
浮子半径 a	5m	波高 H	1m
吃水深度 b	5m	重力加速度 g	9.8m/s²
水深 d	40m	海水密度 ρ	1025kg/m³
变异算子 F_0	0.5	波数 k_0	0.08
交叉概率因子 C_R	0.9	入射角度 β	0rad
种群规模 N_p	10		

相互作用系数 q 与 k_0 和 β 的大小有关，为了更好地对阵列进行优化，需要研究 q 与 k_0 和 β 的关系。

(1) q 与 k_0 的关系。从图 8-7 中可以看出波数不同时，q 的大小也会变化，而本节的目的是优化阵列，研究的是浮子之间的位置关系，不可能针对每个波数的值均对阵列进行优化，这样不仅烦琐，而且波数的取值有无限个，无法全部计算。图 8-7(a)和(b)对比的是阵列规模 N 一样时浮子间距 L 不同的情况，图 8-7(c)和(d)对比的是浮子间距一样时阵列规模不同的情况。

而观察图 8-7 可知，不管是阵列规模不同还是浮子间距不同时，在 $2ak_0=0.8$ 附近均能取得较大的 q，因此在接下来的优化中，k_0 的取值均满足条件：$2ak_0=0.8$。

(2) q 与 β 的关系。针对不同的浮子间距和不同的浮子数，研究波浪入射角度 β 对 q 的影响，如图 8-8 所示，同样可以看到波浪入射角度不同时，q 的大小也会发生变化。其中，图 8-8 (a)和(b)对比的是阵列规模一致时浮子间距不同的情况，图 8-8 (c)和(d)对比的是浮子间距一样时阵列规模不同的情况。观察图 8-8 可知，不管是阵列规模不同还是浮子间距不同时，在 $\beta=0$ 时都能取得较大的 q，因此在接下来的计算中，均选取 $\beta=0$。

本小节选取 $2ak_0=0.8$、$\beta=0$，以 2 个浮子为例仿真得出各种速度势的图形如图 8-9 所示。

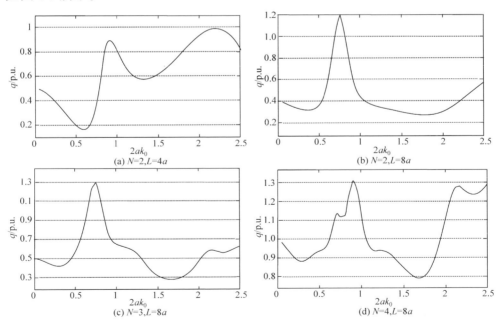

图 8-7　q 与 k_0 的关系图

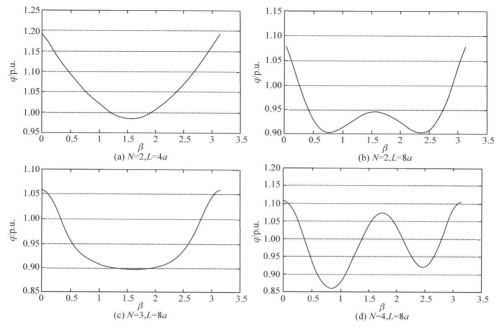

图 8-8 q 与 β 的关系图

如图 8-9(a)所示，浮子 1 和浮子 2 的散射波速度势大小不一样，并且分布情况也不一样，这说明了浮子之间会相互影响。

如图 8-9(b)所示，浮子 1 和浮子 2 的辐射波速度势也不相同，而辐射波是由浮子的上下运动产生的，这说明浮子之间相互影响导致了每个浮子运动情况的差异，需逐一计算。

图 8-9(a)、(b)、(c)中浮子之间的差距，证明了阵列式波浪发电系统和孤立浮子时获取的能量情况不同，至于是更好还是更劣，则要继续进行推导。接下来在 MATLAB 中对阵列式波浪发电系统水动力模型进行仿真分析。

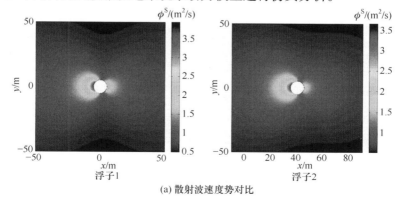

(a) 散射波速度势对比

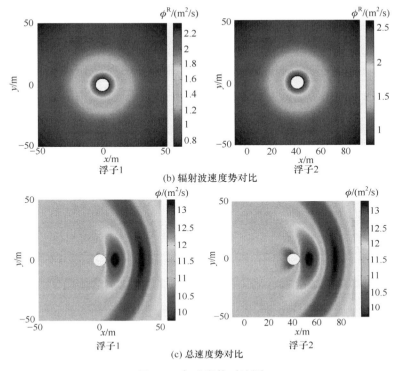

(b) 辐射波速度势对比

(c) 总速度势对比

图 8-9　各速度势对比图

8.3.4　算法改进后的性能比较

　　为了判断改进的差分进化算法是否优于传统的差分进化算法，本节以简单并具有代表性的三个浮子阵列为例，对两种算法的仿真结果进行比较。

　　当浮子数为 3 时，传统差分进化算法优化后的阵列排布如图 8-10(a)所示，迭代中的个体适应值如图 8-10(b)所示。阵列布局对应的相互作用系数如表 8-2 所示。

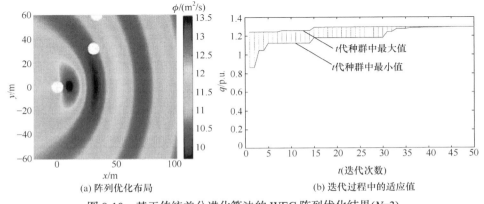

(a) 阵列优化布局

(b) 迭代过程中的适应值

图 8-10　基于传统差分进化算法的 WEC 阵列优化结果($N=3$)

表 8-2　基于传统差分进化算法的 WEC 阵列布局对应的相互作用系数(N=3)

浮子编号 j	横坐标 x/m	纵坐标 y/m	相互作用系数 q/p.u.	综合相互作用系数 q/p.u.
1	0	0	1.220	
2	33.001	60.000	1.505	1.295
3	30.401	32.040	1.163	

　　改进的差分进化算法的 WEC 阵列优化布局如图 8-11(a)所示，每次迭代过程中的个体适应值如图 8-11(b)所示。其中，迭代过程中的适应值反映了种群中个体的最值，下方的线条表示每次迭代过程中适应值最小的个体，上方的线条表示每次迭代过程中适应值最大的个体。当种群中个体适应值的最值差小于阈值时，即图中的两线条接近重合，WEC 阵列优化的目标函数得到最优解。WEC 阵列优化后的布局对应的相互作用系数如表 8-3 所示。

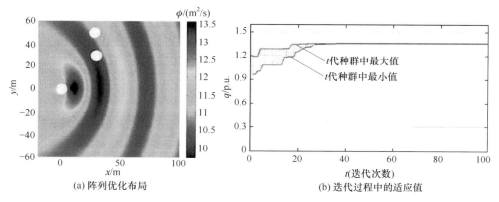

(a) 阵列优化布局　　　　　　　　　　　(b) 迭代过程中的适应值

图 8-11　基于改进型差分进化算法的 WEC 阵列优化结果(N=3)

表 8-3　基于改进型差分进化算法的 WEC 阵列优化布局对应的相互作用系数(N=3)

浮子编号 j	横坐标 x/m	纵坐标 y/m	相互作用系数 q/p.u.	综合相互作用系数 q/p.u.
1	0	0	1.295	
2	27.895	49.928	1.554	1.358
3	29.175	29.323	1.226	

　　如图 8-10、图 8-11、表 8-2 和表 8-3 所示，通过对改进型差分进化算法与传统差分进化算法的比较，可以得出，传统差分进化算法下，三个浮子组成的 WEC 阵列吸收的总波能低于改进型差分进化算法的优化结果，并且传统差分算法收敛速度相对较慢。三个浮子时，程序运行时间都不超过 2min，差异不大。但是当阵

列规模变大时，差异就相当明显。例如，5 个浮子组成的阵列在改进型差分进化算法下程序运行时间约 10min，传统差分进化算法达到 12min，在阵列规模变大的情况下，差值还会继续扩大。综上所述，随着自适应变异算子的引入，WEC 阵列的优化布局结果优于缩放因子恒定的原始算法；改进型差分进化算法在收敛速度和优化结果上的优越性得到验证，提高了 WEC 阵列的输出功率。

8.3.5　阵列式波能转换装置优化分析

进一步对 2 个浮子、5 个浮子和 8 个浮子在改进型差分进化算法下的优化布局进行仿真分析。2 个浮子、5 个浮子和 8 个浮子阵列优化后的布局分布如图 8-12(a)、图 8-13(a)和图 8-14(a)所示，每次迭代过程中的个体适应值分别如图 8-12(b)、图 8-13(b)和图 8-14(b)所示。WEC 阵列的优化布局对应的相互作用系数分别如表 8-4～表 8-6 所示。

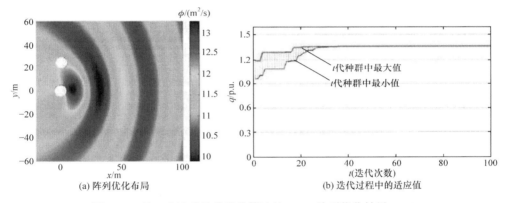

(a) 阵列优化布局　　　　　　　　　(b) 迭代过程中的适应值

图 8-12　基于改进型差分进化算法的 WEC 阵列优化结果($N=2$)

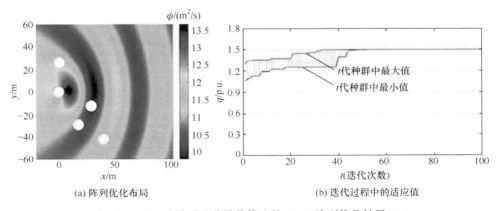

(a) 阵列优化布局　　　　　　　　　(b) 迭代过程中的适应值

图 8-13　基于改进型差分进化算法的 WEC 阵列优化结果($N=5$)

表 8-4　基于改进型差分进化算法的 WEC 阵列优化布局对应的相互作用系数(*N*=2)

浮子编号 *j*	横坐标 *x*/m	纵坐标 *y*/m	相互作用系数 q_j/p.u.	综合相互作用系数 *q*/p.u.
1	0	0	1.174	
3	0.669	24.397	1.160	1.167

表 8-5　基于改进型差分进化算法的 WEC 阵列优化布局对应的相互作用系数(*N*=5)

浮子编号 *j*	横坐标 *x*/m	纵坐标 *y*/m	相互作用系数 q_j/p.u.	综合相互作用系数 *q*/p.u.
1	0	0	1.408	
2	0.808	26.149	1.673	
3	17.149	−29.055	1.459	1.500
4	28.355	−12.462	1.438	
5	39.021	−41.860	1.524	

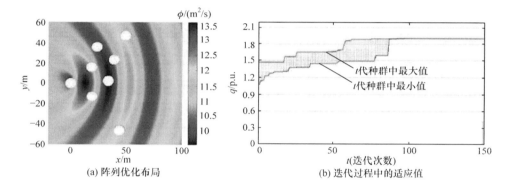

(a) 阵列优化布局　　　　　　　　　　(b) 迭代过程中的适应值

图 8-14　基于改进型差分进化算法的 WEC 阵列优化结果(*N*=8)

表 8-6　基于改进型差分进化算法的 WEC 阵列优化布局对应的相互作用系数(*N*=8)

浮子编号 *j*	横坐标 *x*/m	纵坐标 *y*/m	相互作用系数 q_j/p.u.	综合相互作用系数 *q*/p.u.
1	0	0	1.636	
2	18.661	15.639	2.969	
3	19.117	−12.829	2.010	
4	23.598	35.684	1.817	
5	33.668	2.395	3.076	1.898
6	38.959	22.869	1.771	
7	43.899	−46.321	1.203	
8	49.457	46.982	0.706	

可以看出，在改进型差分进化算法优化后：

(1) WEC 阵列捕获的波能比 WEC 单元数量叠加所捕获的总波能更大；

(2) WEC 阵列的规模越大，浮子间的相互作用系数越大，WEC 阵列捕获的总波能更高；

(3) WEC 阵列在改进型差分进化算法优化后的排列布局是诸项前提条件下波能捕获最大的情况，结果显示的最优分布并非均匀分布，即非均匀分布下的 WEC 阵列比均匀分布情况下捕获的波能更大。

8.3.6　WEC 阵列分布规律比较

现有的 WEC 阵列研究大多考虑均匀分布条件下的阵列规模和单元间距离对波能捕获能力的影响，包括已经投入海上试验的 WEC 阵列系统[26,27]。因此本节得出的优化结果有必要与均匀分布情况下的 WEC 阵列进行比较分析。以 3 个 WEC 单元组成的阵列为例，着重探究目前应用较多的直线形 WEC 阵列布局和等腰三角形 WEC 阵列布局。由 8.3.4 节和 8.3.5 节的结果可以看出，假设浮子间距离约为 30m，WEC 阵列捕获的波能最优，因此，3 个 WEC 单元直线形布局和等腰三角形布局的单元距离设置为 30m。当 WEC 阵列规模为 3 时，均匀分布下的布局和速度势如图 8-15 所示，相互作用系数如表 8-7 所示。

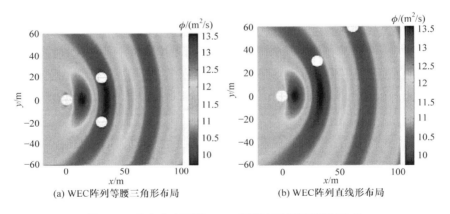

(a) WEC阵列等腰三角形布局　　　　　　　(b) WEC阵列直线形布局

图 8-15　均匀分布下的 WEC 阵列布局和速度势(N=3)

如图 8-15 和表 8-7 所示，与改进型差分进化算法优化的布局相比，均匀分布下的 WEC 阵列并不能提高波能捕获效率。图 8-15(a)中等腰三角形布局的浮子间距和直线形布局下的浮子间距与改进型差分进化算法优化的浮子间距类似。但是这两种均匀分布情况下的相互作用系数 q 却远低于算法优化后的阵列布局。因此，验证了 WEC 阵列非均匀分布相比均匀分布具有更大的波能捕获能力。

表 8-7　　WEC 阵列均匀分布下的相互作用系数(*N*=3)

布局类型	浮子编号 *j*	横坐标 *x*/m	纵坐标 *y*/m	相互作用系数 *q*/p.u.	综合相互作用系数 *q*/p.u.
等腰 三角形	1	0	0	0.894	
	2	30	20	0.862	0.873
	3	30	−20	0.862	
直线形	1	0	0	1.216	
	2	30	30	1.044	0.983
	3	60	60	0.691	

8.4　垂荡-横荡两自由度波浪发电系统的阵列优化

上述研究的 WEC 阵列均假设浮子仅做垂荡运动。研究发现多自由度波浪发电系统能够捕获更多的波能，大大提高波能捕获效率。而 MOOF-WEC 的阵列优化是建立大规模、高转换效率波能发电场的理论前提。本节基于点吸式垂荡单自由度 WEC 系统，添加浮子的横荡运动，组成两自由度阵列式波浪发电场，并在 MATLAB 中对浮子的排布规律进行分析。

8.4.1　垂荡-横荡两自由度波浪发电系统阵列模型

本节采用 F-K 法假定建立垂荡-横荡两自由度波浪发电系统阵列的数学模型。垂荡单自由度 WEC 和垂荡-横荡两自由度 WEC 求解的浮子速度势一致。而两者不一致的是，系统 z 轴方向上的水动力 F_j^H、缆绳的张力、整体的运动方程和提取的波能大小[26]。根据 F-K 法，假定浮子横荡自由度和垂荡自由度的受力关系式为

$$F_x = \left[\frac{C_H}{C_V}R\sinh\left(\frac{kd}{2}\right)\tan(\omega t)\right]F_z \tag{8-48}$$

式中，垂直绕射系数 C_V=1.4；水平绕射系数 C_H=1.5[29]。

因此，浮子在横荡自由度上的水动力能够通过垂荡自由度上的水动力推导而来。浮子在横荡自由度上的水动力 F_{jy}^H 表达式为

$$F_{jy}^H = j\omega\rho\iint_{S_j}\varphi_j(r_j,\theta_j,h_j)dS = \left[\frac{C_H}{C_V}R\sinh\left(\frac{kd}{2}\right)\tan(\omega t)\right]F_z$$

$$= \left[\frac{C_H}{C_V}R\sinh\left(\frac{kd}{2}\right)\tan(\omega t)\right]F_j^H \tag{8-49}$$

缆绳的张力为

$$\begin{cases} F_{xj}^{G} = -\delta_j X_j - \gamma_j X_j' \\ F_{yj}^{G} = -\delta_j Y_j - \gamma_j Y_j' \end{cases} \Rightarrow \begin{cases} F_{xj}^{G} = -\delta_j X_j - \gamma_j X_j' \\ F_{yj}^{G} = -\delta_j \cos\alpha \dfrac{X_j}{\tan\alpha} - \gamma_j \cos\alpha \dfrac{X_j'}{\tan\alpha} \end{cases} \tag{8-50}$$

式中，α 为浮子横荡位移导致缆绳偏移竖直方向的夹角。

浮子的运动方程为

$$\begin{cases} M_j X_j'' = F_{xj}^{H} + F_j^{B} + F_{xj}^{G} \\ M_j Y_j'' = F_{yj}^{H} + F_{yj}^{G} \end{cases} \tag{8-51}$$

浮子的水平运动幅值 Y_i、速度 Y_i' 和加速度 Y_i'' 可以分别用 $\hat{Y}_i$ 表示为

$$Y_i = \tan\alpha(t)(l + X_i) \tag{8-52}$$

$$Y_i' = \tan\alpha(t)X' \tag{8-53}$$

$$Y_i'' = \tan\alpha(t)X'' \tag{8-54}$$

每个浮子捕获的波能为[26]

$$P_j = \frac{1}{2}\gamma_j\omega^2 H^2\left(\left|\hat{X}_j\right|^2 + \left|\hat{Y}_j\right|^2\right) \tag{8-55}$$

8.4.2 两自由度 WEC 阵列优化与单自由度 WEC 阵列优化的对比

本节以 3 个浮子为例，对垂荡-横荡两自由度 WEC 阵列和垂荡单自由度 WEC 阵列进行对比分析，从而判断两自由度 WEC 阵列的优越性[26]。仿真实验中，假设 α=0.04rad(α 较小时，$\varepsilon\approx\alpha$)，l=30m，垂荡-横荡两自由度 WEC 阵列的布局优化如图 8-16(a)所示，迭代过程中的适应值如图 8-16(b)所示，阵列最优布局对应的相互作用系数如表 8-8 所示。

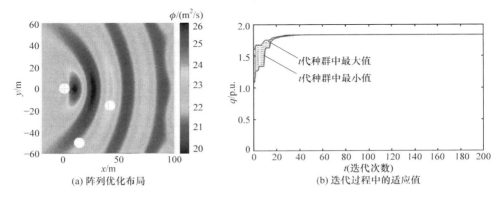

(a) 阵列优化布局　　　　　　　　(b) 迭代过程中的适应值

图 8-16　α=0.04rad 时两自由度 WEC 阵列优化结果(N=3)

采用改进型差分进化算法，将垂荡-横荡两自由度 WEC 阵列的布局优化结果

与垂荡单自由度 WEC 阵列的布局优化对比可以看出，垂荡-横荡两自由度 WEC 阵列中，浮子的布局优化位置发生变化，布局优化后阵列系统的相互作用系数大大增加，即系统能够捕获更多的波能。但是，阵列在算法中得到最优解时的迭代次数也明显增加，即增加自由度后，阵列优化的计算量更大。

表 8-8　α=0.04rad 时两自由度 WEC 阵列最优布局对应的相互作用系数(N=3)

浮子编号 j	横坐标 x/m	纵坐标 y/m	相互作用系数 q/p.u.	综合相互作用系数 q/p.u.
1	0	0	0.9035	
2	41.63	−15.82	2.4124	1.8311
3	13.55	−50.00	2.1776	

8.4.3　横荡运动对阵列式波浪发电系统的影响

以 3 个浮子为例，保持垂荡-横荡两自由度 WEC 阵列的其他参数不变，改变 α，探索横荡运动相对垂荡运动对横荡-垂荡两自由度 WEC 阵列布局和系统波能捕获能力的影响。α=0rad 时，WEC 阵列的浮子优化布局如图 8-17(a)所示，迭代过程中的适应值如图 8-17(b)所示，最优布局对应的相互作用系数如表 8-9 所示。

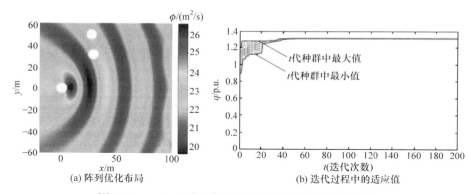

(a) 阵列优化布局　　　(b) 迭代过程中的适应值

图 8-17　α=0rad 时两自由度 WEC 阵列优化结果(N=3)

表 8-9　α=0rad 时两自由度 WEC 阵列最优布局对应的相互作用系数(N=3)

浮子编号 j	横坐标 x/m	纵坐标 y/m	相互作用系数 q/p.u.	综合相互作用系数 q/p.u.
1	0	0	1.2444	
2	28.56	31.23	1.2739	1.3445
3	26.89	50.00	1.5154	

由图 8-17 和表 8-9 所示，α=0rad 时，即相当于 WEC 阵列系统中的单元仅做垂荡自由度上的运动，浮子不存在横荡自由度上的偏移，结果显示 WEC 阵列中浮子的布局与图 8-11 相近，布局对应的相互作用系数和 WEC 阵列系统的总相互

作用系数相近,由此验证了两自由度 WEC 阵列优化程序的正确性。偏差的原因主要是系统精度的取值为有限值 0.001,而并非无穷小值。若系统精度取值更低,则阵列优化结果的偏差越小,但是会导致迭代次数和收敛时间的增加。

本节进一步取典型 α 值分别为 0.03rad、0.06rad、0.12rad、0.25rad 时,算法优化后两自由度 WEC 阵列优化布局分别如图 8-18(a)、图 8-19(a)、图 8-20(a)、图 8-21(a)所示,迭代过程中的适应值分别如图 8-18(b)、图 8-19(b)、图 8-20(b)、图 8-21(b)所示,WEC 阵列优化布局对应的相互作用系数分别如表 8-10～表 8-13 所示。

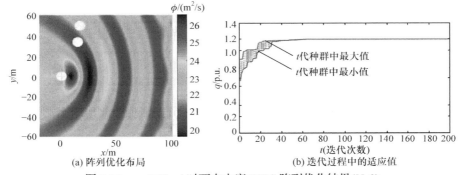

图 8-18 　α=0.03rad 时两自由度 WEC 阵列优化结果(N=3)

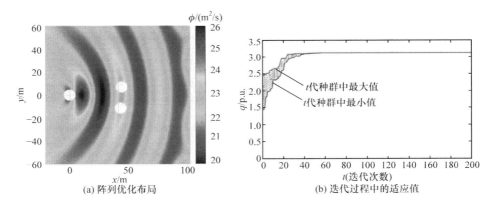

图 8-19 　α=0.07rad 时两自由度 WEC 阵列优化结果(N=3)

表 8-10　α=0.03rad 时两自由度 WEC 阵列优化布局对应的相互作用系数(N=3)

浮子编号 j	横坐标 x/m	纵坐标 y/m	相互作用系数 q/p.u.	综合相互作用系数 q/p.u.
1	0	0	1.2394	
2	14.61	33.91	1.6795	1.7069
3	16.69	49.79	2.2020	

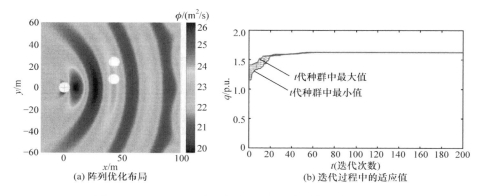

图 8-20　　α=0.13rad 时两自由度 WEC 阵列优化结果(N=3)

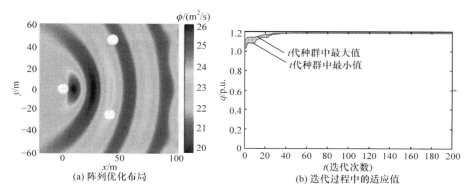

图 8-21　　α=0.30rad 时两自由度 WEC 阵列优化结果(N=3)

表 8-11　　α=0.07rad 时两自由度 WEC 阵列优化布局对应的相互作用系数(N=3)

浮子编号 j	横坐标 x/m	纵坐标 y/m	相互作用系数 q_j/p.u.	综合相互作用系数 q/p.u.
1	0	0	1.5169	
2	42.96	6.918	3.8628	3.0763
3	42.14	−11.39	3.8492	

表 8-12　　α=0.13rad 时两自由度 WEC 阵列优化布局对应的相互作用系数(N=3)

浮子编号 j	横坐标 x/m	纵坐标 y/m	相互作用系数 q_j/p.u.	综合相互作用系数 q/p.u.
1	0	0	1.0821	
2	42.75	7.833	1.9216	1.6233
3	43.06	23.85	1.8661	

当系泊缆绳长度保持恒定值 30m 时改变α值，即横荡运动不断增加时，两自

由度 WEC 阵列的总相互系数呈现先增加后减小的趋势，这与实际情况相符。当在垂荡运动的基础上增加横荡自由度运动时，相互作用系数增大，两自由度比单自由度会产生更大的波能；当横荡运动不断加大时，垂荡运动对系统的影响可忽略不计，而在仅剩横荡运动的情况下，波能转换效率降低，将小于垂荡运动单独作用时系统的波能捕获效率。现有的研究结果表明，在六个自由度单独作用的情况下，垂荡运动下波能转换效率较大，这与本书的仿真实验结果相符。但是无论浮子在这两个自由度上如何运行，WEC 阵列系统的综合波能捕获能力高于单元WEC 捕获能力的直接叠加。

表 8-13　α=0.30rad 时两自由度 WEC 阵列优化布局对应的相互作用系数(N=3)

浮子编号 j	横坐标 x/m	纵坐标 y/m	相互作用系数 q/p.u.	综合相互作用系数 q/p.u.
1	0	0	0.9982	
2	40.48	−24.17	1.2891	1.1883
3	43.07	45.27	1.2775	

其他 α 参数值变化的阵列优化布局和迭代过程中适应值不再列出。由 α 参数值变化绘制的 WEC 阵列总相互作用系数的曲线图如图 8-22 所示。

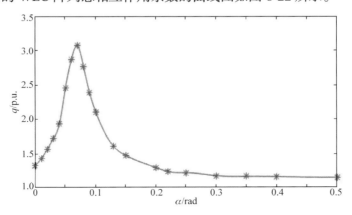

图 8-22　两自由度 WEC 阵列相互作用系数随 α 变化的规律(N=3)

图 8-22 显示，当 α 大约在 0.07rad 左右，浮子横荡运动约 2m 左右，垂荡运动约 1m 左右，此时两自由度 WEC 阵列(N=3)捕获的总相互作用系数最大，能实现单元叠加供电的 3 倍左右。当浮子横荡运动的幅值再增大或者减小时，系统的波能捕获总效率急剧下降。而且，WEC 阵列系统的 α 参数值不会超过 0.3rad，否则有可能导致 WEC 阵列中浮子的相互碰撞，致使装置损坏。

8.4.4　阵列规模对两自由度阵列式波浪发电系统的影响

固定 α=0.04rad，l=30m，当垂荡-横荡两自由度 WEC 阵列浮子数分别为 5 和 8 时，优化后的阵列布局分别如图 8-23(a)、图 8-24(a)所示，迭代过程中的适应值分别如图 8-23(b)、图 8-24(b)所示，优化布局对应的相互作用系数分别如表 8-14、表 8-15 所示。

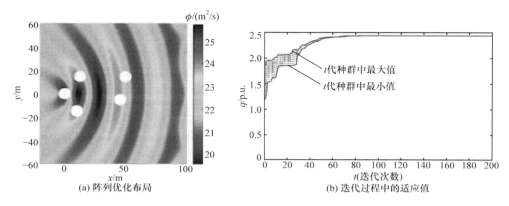

图 8-23　基于改进型差分进化算法的两自由度 WEC 阵列优化结果(N=5)

表 8-14　基于改进型差分进化算法的两自由度 WEC 阵列优化布局对应的相互作用系数(N=5)

浮子编号 j	横坐标 x/m	纵坐标 y/m	相互作用系数 q_j/p.u.	综合相互作用系数 q/p.u.
1	0	0	1.3652	
2	12.42	14.64	2.0330	
3	9.771	−14.61	2.1196	2.4564
4	49.61	14.57	3.0243	
5	45.38	−4.996	3.7401	

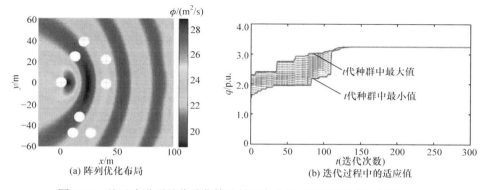

图 8-24　基于改进型差分进化算法的两自由度 WEC 阵列优化结果(N=8)

表 8-15　基于改进型差分进化算法的两自由度 WEC 阵列优化布局对应的相互作用系数(N=8)

浮子编号 j	横坐标 x/m	纵坐标 y/m	相互作用系数 q_j/p.u.	综合相互作用系数 q/p.u.
1	0	0	1.8059	
2	12.38	24.41	2.9072	
3	20.24	38.35	4.6063	
4	40.13	21.61	1.5678	3.2411
5	40.13	−1.454	3.8498	
6	16.40	−32.48	3.2725	
7	10.64	−47.41	3.6664	
8	26.64	−47.43	4.2528	

　　由上可以看出横荡-垂荡两自由度 WEC 阵列的波能捕获能力随阵列规模的扩大而增长，浮子横荡自由度上的运动大大提高了系统的波能捕获效率。但是自由度增加的同时也提高了计算和控制难度，WEC 阵列优化的收敛速度会降低，迭代次数也将增加。

参 考 文 献

[1] Child B F M. On the configuration of arrays of floating wave energy converters[D]. Edinburgh: Edinburgh University, 2011.

[2] Child B F M. Hydrodynamic analysis of the wave energy device SPERBOY[D]. Bristol: University of Bristol, 2006.

[3] Stratigaki V, Troch P, Stallard T, et al. Wave basin experiments with large wave energy converter arrays to study interactions between the converters and effects on other users in the sea and the coastal area[J]. Energies, 2014, 7(2): 701-734.

[4] Yilmaz O. Hydrodynamic interactions of waves with group of truncated vertical cylinders[J]. Journal of Waterway, Port, Coastal and Ocean Engineering, 1998, 124(5): 272-279.

[5] 王东. 组合型振荡浮子布置的优化研究[D]. 青岛: 中国海洋大学, 2015.

[6] Qin L, Detang L I, Date L I, et al. Design of energy harvesting efficiency of Haiyuan 1 wave power generating platform's buoy testing system based on LabVIEW[J]. Journal of Ship Mechanics, 2015, 19(3): 264-272.

[7] 徐超, 石晶鑫, 李德堂. 自升式波浪能发电装置设计与试验研究[J]. 船舶, 2015, 151(1): 79-84.

[8] Molinas M, Skjervheim O, Andreasen P, et al. Power electronics as grid interface for actively controlled wave energy converters[C]. IEEE International Conference on Clean Electrical Power, Capri, 2007: 188-195.

[9] Child B F M, Venugopal V. Optimal configurations of wave energy device arrays[J]. Ocean Engineering, 2010, 37 (16): 1402-1417.

[10] Budal K. Theory for absorption of wave power by a system of interacting bodies[J]. Journal of Ship Research, 1977, 21(4): 248-253.

[11] Budal K, Falnes J. A resonant point absorber of ocean-wave power[J]. Nature, 1975, 256: 478-479.

[12] 褚会敏. 基于模块组合多电平变换器的阵列式波浪发电控制[D]. 天津: 天津大学, 2014.

[13] 竺艳蓉. 几种波浪理论适用范围的分析[J]. 海岸工程, 1983, 2(2): 13-29.

[14] 方红伟, 陈雅, 胡孝利. 波浪发电系统及其控制[J]. 沈阳大学学报(自然科学版), 2015, 27(5): 376-384.

[15] 方红伟, 程佳佳, 任永琴. 浮子式波浪能转换装置的浮子浮力受力分析[J]. 天津大学学报 (自然科学与工程技术版), 2014, 47(5): 446-451.

[16] 刘波, 王凌, 金以慧. 差分进化算法研究进展[J]. 控制与决策, 2007, 22(7): 721-729.

[17] 周艳平, 顾幸生. 差分进化算法研究进程[J]. 化工自动化及仪表, 2007, 34(3): 1-5.

[18] Babu B V, Angira R. Modified differential evolution(MDE) for optimization of non-linear chemical processes[J]. Computers and Chemical Engineering, 2006, 30(6-7): 989-1002.

[19] Michalewicz Z, Schoenauer M. Evolutionary algorithms for constrained parameter optimization problems[J]. Evolutionary Computation, 1996, 4(1): 1-32.

[20] Storn R, Price K. Differential evolution-A simple and efficient adaptive scheme for global optimization over continuous spaces[R]. Berkeley: International Computer Science Institute, 1995.

[21] Storn R, Price K. Minimizing the real functions of the ICEC, 96 contest by differential evolution[C]. Proceedings of IEEE International Conference on Evolutionary Computation, Nagoya, 1996: 842-844.

[22] Zhang J, Sanderson A C. JADE: Adaptive differential evolution with optional external archive[J]. IEEE Transactions on Evolutionary Computation, 2009, 13(5): 945-958.

[23] 吴亮红. 差分进化算法及应用研究[D]. 长沙: 湖南大学, 2007.

[24] 高岳林, 刘军民. 差分进化算法的参数研究[J]. 黑龙江大学自然科学学报, 2009, 26(1): 81-85.

[25] 方红伟, 宋如楠, 冯郁竹, 等. 基于差分进化的波浪能转换装置阵列优化[J]. 电工技术学报, 2019, 34(12): 2597-2605.

[26] 冯郁竹. 多自由度波浪能转换装置设计及其阵列优化[D]. 天津: 天津大学, 2019.

[27] Fang H W, Feng Y Z, Li G P. Optimization of wave energy converter arrays by an improved differential evolution algorithm[J]. Energies, 2018, 11(12): 1-19.

[28] 杨振宇, 唐珂. 差分进化算法参数控制与适应策略综述[J]. 智能系统学报, 2011, 6(5): 415-423.

[29] 彭建军. 振荡浮子式波浪能发电装置水动力性能研究[D]. 济南: 山东大学, 2014.

第9章　波浪发电系统的应用与前景

波浪是可预测的，波浪发电也属于绿色、清洁、可再生的新能源发电方式，这些优势使得波浪发电的开发和利用日趋成熟。但波浪发电系统的运行环境又具有其特殊和复杂性，相关系统的设计与控制的关键技术还有待进一步深入研究。本章主要介绍 Oyster、Pelamis、Power Buoy 及"鹰式一号"等几种国内外典型的波浪发电装置的特点与应用情况，分析目前波浪发电技术在成本、效率、可靠性等方面存在的问题，并探讨波浪发电相关技术的发展趋势。

9.1　波浪发电的典型应用

波能利用的方式众多，经过各国科技工作者的不懈努力，国内外在波浪发电技术研究与应用方面都取得了长足的进步，现已有很多波浪发电站进入商业运行阶段。我国已研究建立了 100kW 振荡水柱式和 30kW 摆式波浪发电试验电站，依靠波能供电的海上导航灯更是早已商业化并出口至海外。本节主要介绍几种国内外较为成熟的典型波浪发电装置的应用情况。

9.1.1　Oyster 波浪发电装置

Oyster(牡蛎)波浪发电装置是由英国 Aquamarine Power 公司和贝尔法斯特女王大学's 联合研发的一种摆式波浪发电系统，图 9-1 为其波能转换本体结构。它由固定在海床的振荡浮力摆和液压缸组成，坐落于海床上，外形似牡蛎，故而得其名。该系统的工作原理如图 9-2 所示。Oyster 波浪发电装置的工作水深为 10~15m，离海岸距离约 500m，为近岸式波浪发电装置，其摆体安装于水下大约 12m 深的海床上，顶部稍高于海平面。为了便于监控和维护，该装置的发电机及其控制系统安装在岸上。在波浪作用下，装置来回摆动，驱动对应的水压活塞产生高压流体，海底管道将高压流体输送至岸上以驱动对应发电机进行发电[1,2]。

波浪发电容量通常由装置型号和安装地点等因素共同决定，一组 Oyster 波浪发电装置的最大电能输出值可达 300~600kW。Aquamarine Power 公司已经完成首台 315kW 的 Oyster 波能发电装置的投入运行，并于 2009 年开始向苏格兰国家电网供电[3]。

图 9-1　Oyster 波浪发电装置本体

图 9-2　Oyster 工作原理示意图

9.1.2　Pelamis 波浪发电装置

　　Pelamis(海蛇)波浪发电装置由 Pelamis 波能公司研发,其工作时漂浮在水面上,外形似一条"海蛇",如图 9-3 所示。直径 3.5m、总长 140m 的 Pelamis 波浪发电装置能够提供 750kW 的电能,可供大约 500 个家庭使用。每条"海蛇"由 4 节直径为 3.5m 的圆柱形浮筒组成,每两个相邻漂浮装置之间用铰链连接,装置的长度方向与海浪的传播方向一致,浮筒会像海蛇的身子一样随波浪上下起伏,关节处的垂直运动与侧向运动会推动圆筒内的液压活塞做往复运动,使液压缸收集到浮体间相对运动的能量,液压马达在高压油液作用下旋转,并驱动电机发电。Pelamis 波浪发电装置的关节结构如图 9-4 所示。它的一个显著优点在于浮筒间仅发生角位移,而且即使在大浪的条件下,角位移也不会过大。因此,其抗浪性能较好,海上适应性强。Pelamis 波浪发电装置已经通过了欧洲海洋能源中心的相关性能测试,在超过 1000h 的试运行中未发生重大技术故障。目前,Pelamis 波浪发电装置已经在葡萄牙北海海域中投放安装并投入使用,该装置可产生 2.2MW 的电能,能满足 1500 个当地家庭的用电需求[3,4]。

图 9-3　Pelamis 波浪发电装置

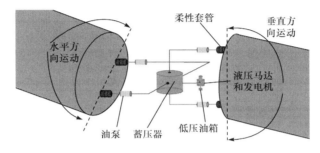

图 9-4　Pelamis 波浪发电装置关节结构

9.1.3　Power Buoy 波浪发电装置

如图 9-5 所示的 Power Buoy(电力浮标)波浪发电装置，是美国 Ocean Power Technology(OPT)公司研制的一种点吸收式波能转换装置，为美国海军基地提供电力。Power Buoy 波浪发电装置的波能转换本体是一种钢材质的大型圆筒式浮标，工作原理如图 9-6 所示。波能转换本体主要由三个部分组成：一个直径 1.5m、高 1.5m 的运动浮标，一块高 9m 的晶石固定浮标及一个置于装置底部的水平阻尼板[1,3,5]。当波浪涌来时，运动浮标随着海浪上下浮动，晶石固定浮标固有频率较低，在海浪的作用下运动幅度有限，两者产生相对运动，使得基座中液压装置做活塞运动，再通过回转马达和发电机将波能转化为电能，并通过海底电缆将电能输送到海岸上，实现并网或给负载直接供电。水平阻尼板的作用是调节浮体与周围海水的附加质量力。当波浪较小时，要求浮标与晶石之间的阻力较小，以便能够吸收能量。当波浪较大时，需要增大浮标所能捕获的力，从而可更多地获取波能。为了适应不同的海况，Power Buoy 波浪发电装置使用计算机以 10 次/s 的速率调整发电装置的阻力，从而大幅度提高装置的工作效率，增大波能转化效率。2008 年 9 月，在西班牙南部的桑托尼亚海岸线建成了一个 40kW 离网独立运行的 Power Buoy 试验发电系统。2009 年，苏格兰建设成功一座 9 个浮子的 Power Buoy 发电厂，每个浮子的输出功率均达到 150kW[5]。

图 9-5　Power Buoy 波浪发电装置

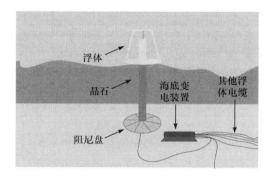

图 9-6　Power Buoy 波浪发电装置原理

9.1.4　鹰式波浪发电装置

　　中国科学院广州能源研究所在国家海洋可再生能源专项资金资助下，成功研发了 10kW 波浪发电装置"鹰式一号"。该发电装置于 2012 年 12 月 28 日投放运行，2014 年 5 月回收。运行期间，该装置在无人值守的条件下单次无故障连续运行超过 6 个月，并成功抵御了台风"海燕"，实现了真实海况下的测试与稳定运行。它共由三部分组成：鹰式吸波浮体、能量转换单元及半潜船体。吸波浮体在海浪的作用下通过支撑臂绕着铰链做往复旋转运动。当波浪由波谷到波峰的过程中，吸波浮体在波浪推动作用下向上运动，从而牵引着液压缸的活塞杆向外运动，液压缸中杆腔的液压油通过单向阀被挤压进入蓄能器。在波浪由波峰到波谷的过程中，由于失去波浪推力，吸波浮体在重力作用下向下运动，在外力作用下液压缸的活塞杆向内运动复位，压力油箱中的液压油进入液压缸有杆腔。如此反复，液压油逐渐被挤进高压蓄能器，把波能转化成液压能储存起来，当液压能达到设定值时，通过液压自治控制器释放，液压马达驱动发电机发电，实现波能到电能的转化[6]。"鹰式一号"非工作状态时像船一样漂浮在水面，可以被拖着在海中航行，如图 9-7 所示。在工作状态时，装置基体的 90% 在水面之下，如图 9-8 所示。

图 9-7　"鹰式一号"非工作状态

图 9-8　"鹰式一号"工作状态

2013 年，中国科学院广州能源研究所开展了 100 kW 鹰式波浪发电装置的样机研建工作，并于 2015 年在珠海市万山岛海域顺利投放运行了鹰式波浪发电装置"万山号"。长 36m、宽 24m、高 16m 的发电装置实体如图 9-9 所示，与"鹰式一号"的单吸波浮体相比，它采用了双向四鹰头的布局，以保证装置能最大幅度地吸收各个方向的入射波。其造型结构如图 9-10 所示，这样的一基多体式设计，使各个波能吸收体共享半潜母船、能量转换系统与锚泊系统，形成一个波能阵列装置。该装置具有很好的故障容错能力，当迎波方向的鹰头出现问题时，装置可调转方向，即将另外一端的两个鹰头投入使用，代替故障部件的工作，从而减少系统的故障时间。"万山号"鹰式波浪发电装置在海试期间累计发电量超过 3 万 kW · h，转换效率达到国际领先水平[7-9]。

图 9-9　"万山号"波浪发电装置

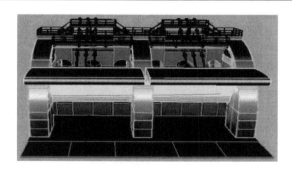

图 9-10   "万山号"造型结构

9.2   波浪发电的现存问题

目前，全世界建设完成的波浪发电站已达上千座，制作原理百花齐放，功率大小也不同。但是，相比火力与水力发电等成熟的发电形式，波浪发电在装机容量和普及率上，还相差甚远。即使与太阳能和风能等其他新能源发电方式相比，也存在着明显的技术与成本劣势。下面仅从发电成本、效率、材料和可靠性等方面介绍波浪发电技术发展所存在的一些问题。

9.2.1   成本问题

现有的各种常见发电形式的成本如表 9-1 所示[10]。从表中可以看出，当前波浪发电成本是常规燃煤火力发电的 10 倍左右，即使对比光伏发电和风力发电等其他新能源发电形式，其成本也高出不少。技术不成熟、发电效率低、难以产业化是波浪发电成本较高的主要原因。在没有批量生产前，波浪发电装置各部分组件基本都是定制的，其模具费、设计费等都很高。

表 9-1   中国各种发电方式成本表

发电类别	成本/(元/(kW·h))
火力发电	0.2～0.45
风力发电	0.5～0.65
核电	0.3～0.4
生物质发电	0.6～0.8
光伏发电	1.2～1.5
太阳能光热发电	>2
地热能发电	>1
波浪发电	约为 3(水电 0.4)

成本问题是波浪发电产业化和大规模利用的最大障碍之一。只有不断改进目前的波浪发电技术，引入新颖的、更为高效且成本低的设计方案和技术，才能使波浪发电装置逐渐达到实用化水平。我国波能能流密度较小，仅为欧洲的 1/10～1/5。因此，波浪发电成本更高，目前估计约为 3 元/(kW·h)，但这已经低于小型柴油机的发电成本，适合代替柴油发电机向偏远岛屿供电。技术成熟后，其成本预计还可下降一半左右，达到 1.5 元/(kW·h)[10]。但这需要我国做好长期规划，出台激励政策并加大支持力度，如实施电价补贴、税务减免、投资补助及贷款贴息等财政优惠措施，从而提高对企业的吸引力，促进波浪可再生能源开发利用的产业化进程，形成具备国际市场竞争能力的波浪发电装备。

9.2.2　效率问题

正常情况下，海洋的波浪是时刻变化的，波能的能量分散不易集中，并且现有的波浪发电装置一般需要二、三次以上的能量转换过程，大部分波浪发电装置从波能到电能的转换效率只有 10%～30%，发电总效率较低。目前，一级转换效率较高的有点头鸭式、Pelamis 等波浪发电装置[11]，这些装置的主要特点是能够吸收波浪多个方向的动能和势能，但它们的共同缺点是在水中有除捕获波能的运动本体之外的其他活动部件，抵抗极端风浪条件的能力较差。波浪发电装置的中间能量转换方式主要有机械式、液压式和磁动式等，也可以是取消中间能量转换过程的直驱式发电方式[12]。我国"十三五"海洋波浪发电技术要求单机 100kW 波浪发电装置的总体效率不低于 25%，整机无故障运行时间不低于 2000h。

要提升波浪发电效率，可从波能转换装置本体、波浪发电系统和波浪发电阵列优化等方向开展工作[13,14]。从波能转换装置本体出发，要求装置可以吸收更多的波能，使得一级转换效率得到提升乃至最大化。从系统层次考虑，直线电机与磁齿轮复合电机等直驱式系统的设计与应用可以省去中间转换环节，阻尼自适应控制等可实现系统层次的最大波能捕获[15]。借助先进的电力电子技术、电机设计技术和智能控制算法等，也可以实现系统级的效率提升。从多单元联合发电角度出发，研究发现，通过多个波浪发电系统的阵列优化，可以实现对波浪的衍射、折射等余能的利用，从而提高波浪发电阵列系统的总效率[16]。另外，提高效率的途径还有通过改变海底形状来提高波浪发电系统所在海域的波能密度的方法，该法可以结合海防工程共同建设，在提高波浪发电效率的同时降低开发成本[17]。

9.2.3　材料问题

波浪发电装备同其他海洋工程和各种舰船一样，其结构材料对力学和工艺性能要求都较高，要求能耐海水腐蚀等特殊要求。海水腐蚀情况十分复杂，一些可以耐酸碱腐蚀的高级材料，却经不住海水的长期腐蚀。海水中主要含有 3%左右的氯化物, Cl⁻的存在可以加速材料的钝化膜形成, 引起各种特殊形态的腐蚀, 如点蚀、应力腐蚀等。离岸式波浪发电装置的另外一个优势就是远海环境对材料腐蚀影响小, 因为海洋中 Cl⁻的含量, 随着离海岸线距离的增加而减小。海洋生物如牡蛎等常常会附着在装置的某些环节上, 产生生物腐蚀、间隙腐蚀等现象, 这也会使得发电装置的通流受阻, 转动环节失灵, 最终造成装置不能正常工作。随着工业性污染增加, 在近海和港湾区的腐蚀情况更加严重。另外, 海水温度、波浪、流速、深度、飞溅等条件不同也更增加了海水腐蚀的复杂性。材料在海水中的腐蚀类型很多, 除一般的均匀腐蚀外, 还有应力腐蚀、沉积腐蚀、冲刷、空泡腐蚀和腐蚀疲劳等。每种腐蚀形态在特定的条件下, 都可能成为装备失效的主要原因[13,18]。

波浪发电装置工作于海水中, 恶劣的海洋环境对装置造成的严重腐蚀不容忽视。此外, 波浪的破坏性极强, 复杂的波浪环境会给波浪发电装置带来很大的破坏力, 造成装置的损坏。针对以上问题, 材料的设计选择成为波浪发电装置发展的瓶颈之一。不锈钢材料满足抗腐蚀性和耐久可靠性, 但价格昂贵, 成本不够低廉。工程塑料在强度上已经有了显著提高, 但是其耐久性和可靠性较差。因此, 现有的波能转换装置大多只是采用普通钢材, 靠表面涂层(涂锌、涂铝、镀镍、镀铜等)提高抗腐蚀能力, 但是成本也较高, 耐久性不显著[14-16, 19-21]。如何保证波浪发电装置材料的耐腐蚀性、耐降解性、耐久性和可靠性是今后波浪发电装备产业化必须解决的技术难点。

9.2.4 可靠性问题

近十多年来, 远海区域的离岸式波浪发电装置占60%以上, 其与近岸式、岸式装置相比有较大的优势。远海区域离岸式波浪发电场可选取的区域广阔, 波能密度也高, 适合大规模开发。例如, 如果要建一座30MW的波浪发电场, 岸式发电场选址就相对困难, 而且投资成本也较高。但是, 远海拥有广大的可选取区域, 而且远海区域发电装置的单位发电效率较高。所以, 离岸式装置装机容量一般比岸式装置大很多, 适用于远距离输电以及为偏远岛屿供电。但此类装置远离大陆, 其工程安全性与可靠性问题则会更加突出。

远海区域的波浪发电装置大多是直接放置在海水中的, 海洋环境下极端天气时常发生, 其巨大的破坏力会导致波浪发电装置发生故障或损坏, 并且具有腐蚀性的海水也会损害装置的各种材料。1995年8月, 英国ART公司耗时5年斥巨资建造的Osprey波浪发电装置, 预计寿命25年左右, 但在恶劣的天气下其运行寿命很短暂[17,22]。对于我国海域而言, 台风天气较多, 极易导致波浪发电装置失效甚至完全损毁。而波浪发电系统的整套装置结构一般比较复杂, 在海洋的大波浪环境下稳定性和可控性较差, 维修也较困难。所以, 为了提高系统的可靠性,波浪发电系统的鲁棒控制、冗余发电、远程监控与维修、极端条件下的自我保护技术等问题也急需深入研究[23]。此外，为保证波浪发电系统的安全可靠运行，还需考虑海洋中的生物威胁与保护，相应的安全防护与生物保护措施在设计与安装过程中也不容忽视。

9.2.5　环境问题

波能有着可观的应用前景，如果能够替代化石能源的使用，会有着巨大的经济和环境效益。人类的活动在一个地区对生态环境造成的影响是非常迅速的，但对影响结果的预测却相当困难，需要进行长期的研究。人类对海洋生态环境的认识相比于陆地生态环境来说相当匮乏。而且研究海洋环境，尤其是离岸和深海区域，需要先进的水下技术，研究投入巨大。因此，调查波浪发电对海洋环境的影响，特别是负面影响将是一项重要的任务与挑战。这要求波浪发电所在海域相邻各国的生态学家和工程师之间能开展密切的合作研究[18, 24]。

欧洲各国早在 2006 年的欧洲海洋能合作企划书中就已提到了波能的开发利用对于环境的影响。小规模的波浪发电试验装置可能不会引起太大的环境冲击，但是如果以后利用大面积海域进行发电，就必然会改变海洋生态系统的原有平衡。例如，直接影响海洋浮游生物的分布，从而影响到一些捕食浮游生物的鱼类，改变它们的产卵地和捕食地。也有专家认为，波浪发电装置会像海底人工暗礁一样给海洋生物提供新的生存场所。但这种观点的科学性有待商榷，因为对人工暗礁地的选择有很多要求，在海洋环境原本较恶劣的海底修建暗礁会提高海洋生物的存活率，但是如果在一些本来环境很好的海域修建暗礁则可能会对海洋生物的生存产生负面影响。漂浮在海面上的装置会大大减小海洋表层海水的流动，这对许多港口大有好处，会大大减少波浪对海岸的冲击，从而减少波浪对岸边建筑的影响，但是又可能会影响海洋上的正常商业航运。因此，波浪发电场的地址选择与规模大小对周围环境的影响非常重要，需慎重设计。

9.2.6　其他问题

在我国，海洋波能的开发和利用还存在一些其他问题。首先，缺乏对海洋能发展的整体规划。在我国海洋能开发历史中，缺乏对海洋能资源的全面调查、评价、规划、设计和论证等前期工作，没有形成对海洋开发系统科学的长期规划，对各种海洋能的开发和利用基本处于"小马过河"的探索阶段，不利于我国海洋能的开发利用。

其次，企业与研究人员研发能力和热情不足，且研发力量分散，缺乏专门的研发机构和公共研发平台。我国的海洋可再生能源项目用海、用地等配套政策还不完善。现有从事相关技术研究的科技人员分布在各大院校与科研院所，各研究单位开展了一些研究工作，但力量较为分散。这种发展态势，可能会造成今后工作的重复，浪费国家资源和耽误追赶西方发达国家先进技术的时间。同时，此种发展模式下波浪发电的上下游相关产业难以形成规模，投入产出比低。

再次，研发经费不足以支撑波浪发电行业的飞速发展。波浪发电采用大型结构件，属于重工业的范畴，因而研究波浪发电所需的投入资金非常大。与国外的波能研究相比，我国的研发经费较少，近 15 年的经费投入仅相当于英国近 5 年投入研究费用的 1/60。研究费用的欠缺，对我国波能研究进展有负面影响[19,25]。

此外，与海上风电相比，波浪发电缺少相关的政策和规范，国家标准和行业标准中涉及波浪发电的内容甚少，对波浪发电装置的设计方案缺少基本的标准对照，各种试验(如结构强度试验、疲劳试验、发电机型式试验、材料耐腐蚀试验等)也缺少相应的试验标准，这也是波浪发电研究中的一个难点[20,26]。如何早日建立自己的标准，防止被西方国家"卡脖子"，也是我国波浪发电产业需要思考的重要问题。

最后，波能开发市场化运作难度较大。我国乃至世界波浪发电技术都还处于初级阶段，技术不成熟，投入风险较大。如果缺乏政府的支持，难以和其他类型能源的开发共同竞争。波能利用除国家投资的少数试验电站外，其他民营资本等社会资金难以进入。因此，政府需要积极发挥引导、支持、调控作用，促进波浪发电装备产业链的全速发展。

9.3　波浪发电的发展趋势

我国幅员辽阔，资源丰富，但是资源分配并不平均。我国东南沿海城市经济发达，工业用电量远远大于煤炭资源丰富的西北、华北、东北等地，远距离输电会产生很大的损耗，化石燃料的发电方式同样加重了雾霾等环境问题，并且不符合可持续发展的要求。因此，我国作为海浪能源资源较为丰富的国家，充分利用波能这一清洁的可再生能源，建立高效率的新型波浪发电装备及其控制系统，解决可靠性提升和效率提高等关键技术，在波能丰富的地区进行波浪发电系统研究以缓解能源压力，对支持我国沿海城市用电和促进我国海洋资源、海洋经济的可持续开发和实现船舶动力的梦想具有重要意义。如图 9-11 所示，包括波浪发电在内的海洋能源的使用将在未来海洋城市的建设中起着举足轻重的作用。

在波浪发电规模方面，国外发达国家已从 10^2kW 级发展到了 10^4kW 级，我国波能的开发规模还远小于挪威、英国等国家，目前仍停留在 10kW、10^2kW 级的水平上，2020 年也只是步入 10^2~10^3kW 级波能电站行列[21,27]。对于波浪发电的研究，我国目前还基本处于基础研究与技术突破阶段，因此还需要对其进行长期的积极投入与研究。鉴于波能具有与风能相似的分散性、随机性等特点,对于波能的研究可参照风能开发的一些成熟设计与控制技术。开发包括波浪发电在内的海洋可再生能源技术已列入《国家海洋事业发展规划纲要》,我国的波浪发电技术中长期发展规划如图 9-12 所示。

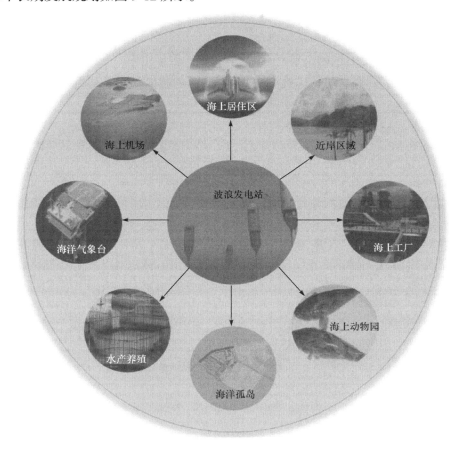

图 9-11　未来海洋城市蓝图

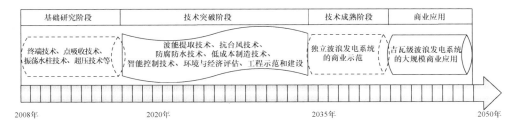

图 9-12　我国家波浪发电技术的中长期发展规划

　　未来，为了促进我国波浪发电系统的实用化和商业化进程，提高波浪发电系统的效率、降低投入和维护成本、改善电能质量和实现系统的稳定可靠运行，波浪发电将向大规模、阵列式、多自由度、直驱化、变速恒频、智能化、高可靠性等方向发展[14,28-32]。

　　(1) 大规模波浪发电场。选择合适场址，建设大规模的波浪发电场有利于节省成本，提高波能利用率和电能质量。对波浪发电场中的波浪发电单元进行合理的位置排布，可大大提高阵列系统的发电能力。需要注意的是，应处理好装置之间的相互作用以及它们与周围环境的相互影响。同时，为了考虑波浪发电场对环境的影响及其经济性，最好在建设时将其与石油开采、海上旅游和防浪救险等工程一并规划。

　　(2) 多自由度波能转换装置。多自由度波能转换装置比单自由度波能转换装置波能利用效率高，可提高波能利用率。为了设计出适应性强、效率高的多自由度波能转换装置，需要对浮子的运动状态进行分析，建立精确化的物理和数学模型。但多自由度的波能捕获在拓宽能量捕获频谱的同时，容易给系统带来自由度间的耦合、控制上的复杂等难题。

　　(3) 直驱化发展。直驱式波能转换装置和直驱式电机结构简单、可靠性高，省去了齿轮箱、双向棘轮等中间能量传递机构，从而可有效地提高能量转换效率，减少系统能量损失、降低噪声和成本，并提高系统的效率和可靠性。

　　(4) 变速恒频化。波浪发电机直接发出的电能一般不为负载和电网所接受，各种电力电子拓扑结构和先进控制技术通过控制系统的电压与频率，可实现系统的变速恒频，从而实现高质量的电能输出。

　　(5) 智能化控制。现代社会正处于信息化、智能化的时代。建立基于模糊逻辑、神经网络控制等智能算法的系统输出功率与波浪高度、周期之间的非线性估计关系，实现系统的人工智能控制，提高系统自学习、自适应能力，从而提高系统工作效率、发电功率和电能质量，解决波浪发电系统的参数时变与非线性因素的影响等问题。同时，远程智能控制与维修服务也是未来波浪发电系统设计与维护的发展方向之一。

　　(6) 高可靠性设计。波浪发电系统应能抵御飓风、地震、海啸等极端恶劣天气，并具有较长的寿命，因此防腐、防潮、抗振、密封等新技术需加以应用。同时，波浪发电阵列系统、风-光-波-储互补系统均能提高系统的供电可靠性。

　　总体来说，虽然目前全世界对波能的开发利用还处于初级阶段，但是其发展已得到越来越多国家的重视，波浪发电技术难题正在不断被突破。相信不久的将来，波能一定可以取得长足的发展，成为真正可以大面积使用的绿色可再生能源，为全人类谋福祉。

参 考 文 献

[1] 赵裕明, 李岩, 王志岩. 国外海浪发电装置的研究现状[J]. 农机使用与维修, 2018, (1): 17-18.

[2] Renzi E, Doherty K, Henry A, et al. How does Oyster work? The simple interpretation of Oyster mathematics[J]. European Journal of Mechanics B-Fluids, 2014, 47: 124-131.

[3] 高大晓, 王方杰, 史宏达, 等. 国外波浪能发电装置的研究进展[J]. 海洋开发与管理, 2012, (11): 21-26.

[4] 刘臻. 岸式振荡水柱波能发电装置的试验及数值模拟研究[D]. 青岛: 中国海洋大学, 2008.

[5] Falcao A F D. Wave energy utilization: A review of the technologies[J]. Renewable and Sustainable Energy Reviews, 2010, 14(3): 899-918.

[6] 盛松伟, 张亚群, 王坤林, 等. "鹰式一号"波浪能发电装置研究[J]. 船舶工程, 2015, (9): 104-108.

[7] 盛松伟, 张亚群, 王坤林, 等. 鹰式装置"万山号"总体设计概述[J]. 船舶工程, 2015, 37(S1): 10-14.

[8] 鹰式波浪能发电装置"万山号"成功发电[J]. 电世界, 2016, 57(2): 52.

[9] 朱汉斌. "万山号"在大浪中稳定发电[J]. 军民两用技术与产品, 2016,(13): 5.

[10] 袁恩来. 波浪发电技术研究与成本分析[J]. 能源与节能, 2013, (12): 38-39.

[11] Henderson R. Design, simulation, and testing of a novel hydraulic power take-off system for the Pelamis wave energy converter[J]. Renewable Energy, 2006, 31(2): 271-283.

[12] 韩冰峰, 褚金奎, 熊叶胜, 等. 海洋波浪能发电研究进展[J]. 电网与清洁能源, 2012, 28(2): 61-66.

[13] Fang H W, Tao Y. Design and analysis of a bidirectional driven float-type wave power generation system[J]. Journal of Modern Power Systems & Clean Energy, 2018, 6(1): 50-60.

[14] Fang H W, Wang D. A novel design method of permanent magnet synchronous generator from perspective of permanent magnet material saving[J]. IEEE Transactions on Energy Conversion, 2017, 32(1): 48-54.

[15] Fang H W, Song R N, Xiao Z X. Optimal design of permanent magnet linear generator and its application in a wave energy conversion system[J]. Energies, 2018, 11: 1-12.

[16] Babarit A. On the park effect in arrays of oscillating wave energy converters[J]. Renewable Energy, 2013, 58: 68-78.

[17] 王懿, 陶爱峰, 祁峰, 等. 考虑波浪与地形共振机制的波浪能发电新概念[C]. 第十七届中国海洋(岸)工程学术讨论会, 南宁, 2015: 535-538.

[18] 不锈钢在造船和海洋工程中的应用及发展[J]. 国外舰船技术(材料类), 1984, (7): 1-15.

[19] 姚琦, 王世明, 胡海鹏. 波浪能发电装置的发展与展望[J]. 海洋开发与管理, 2016, 1: 86-91.

[20] 郭红玉, 殷刚. 波浪能发电技术研究[J]. 能源与节能, 2013, (9): 52-53.

[21] 杨豪, 吴康明, 孙昱声, 等. 微小型波浪能发电机的发展[J]. 电子制作, 2015, (2): 262.

[22] 范航宇. 一种新型漂浮式波浪发电系统研究[D]. 北京: 清华大学, 2005.

[23] 方红伟, 陶月, 肖朝霞, 等. 并网逆变器并联系统的鲁棒控制与环流分析[J]. 电工技术学报, 2017, 18(32): 248-258.

[24] Langhamer O, Haikonen K, Sundberg J. Wave power-sustainable energy or environmentally costly? A review with special emphasis on linear wave energy converters[J]. Renewable and Sustainable Energy Reviews, 2010, 14(4): 1329-1335.

[25] 肖文平. 摆式波浪发电系统建模与功率控制关键技术研究[D]. 广州: 华南理工大学, 2011.

[26] 王灏, 王广大, 赵尚. 我国波浪能发电现状及未来发展探究[J]. 现代商贸工业, 2018, 39(7): 188-189.

[27] 彭建军. 振荡浮子式波浪能发电装置水动力性能研究[D]. 济南: 山东大学, 2014.

[28] Fang H W, Feng Y Z, Li G P. Optimization of wave energy converter arrays by an improved differential evolution algorithm[J]. Energies, 2018, 11(2): 1-19.

[29] Fang H W, Lin S, Chu H M, et al. Coordinated and stable control of a hybrid energy storage system for wave generation system[C]. The 12th World Congress on Intelligent Control and Automation (WCICA), Guilin, 2016: 1986-1991.

[30] 方红伟, 陈雅, 胡孝利. 波浪发电系统及其控制[J]. 沈阳大学学报, 2015, 27(5): 376-384.

[31] 方红伟, 宋如楠, 冯郁竹, 等. 基于差分进化的波浪能转换装置阵列优化[J]. 电工技术学报, 2019, 34(12): 2597-2605.

[32] 方红伟, 宋如楠, 姜茹, 等. 振荡浮子式波浪能转换装置的全电气化模拟研究[J]. 电工技术学报, 2019, 34(14): 3059-3065.